에듀윌과 함께 시작하면,
당신도 합격할 수 있습니다!

대학 졸업 후 취업을 위해 바쁜 시간을 쪼개며
가스기능사 자격시험을 준비하는 취준생

비전공자이지만 더 많은 기회를 만들기 위해
가스기능사에 도전하는 수험생

낮에는 현장에서 일하면서도 더 나은 미래를 위해
가스기능사 교재를 펼치는 주경야독 직장인

누구나 합격할 수 있습니다.
시작하겠다는 '다짐' 하나면 충분합니다.

마지막 페이지를 덮으면,

**에듀윌과 함께
가스기능사 합격이 시작됩니다.**

나에게 맞는 최적 학습법
2주 합격 플래너

관련 분야 재직자 플랜
- 하루 3시간 이상 학습
- 기출문제 위주로 학습하여 빠르게 합격하기

WEEK	DAY	CHAPTER	완료
WEEK 1	DAY 1	이론 1	☐
	DAY 2	이론 2	☐
	DAY 3	이론 3	☐
	DAY 4	2025년~2024년 CBT 복원문제	☐
	DAY 5	2023년~2021년 CBT 복원문제	☐
	DAY 6	2020년~2018년 CBT 복원문제 1회독	☐
	DAY 7	2025년~2024년 CBT 복원문제	☐
WEEK 2	DAY 8	2023년~2021년 CBT 복원문제	☐
	DAY 9	2020년~2018년 CBT 복원문제 2회독	☐
	DAY 10	2025년~2022년 CBT 복원문제	☐
	DAY 11	2021년~2018년 CBT 복원문제 3회독	☐
	DAY 12	보충 학습 (3개년 온라인 모의고사)	☐
	DAY 13	마무리 학습	☐
	DAY 14	마무리 학습	☐

학생/취준생 플랜
- 하루 6시간 이상 학습
- 부족한 개념은 무료특강과 함께

WEEK	DAY	CHAPTER	완료
WEEK 1	DAY 1	이론 1	☐
	DAY 2	이론 2	☐
	DAY 3	이론 3	☐
	DAY 4	2025년~2024년 CBT 복원문제	☐
	DAY 5	2023년~2021년 CBT 복원문제	☐
	DAY 6	2020년~2018년 CBT 복원문제 1회독	☐
	DAY 7	오답 정리, 보충 학습 (3개년 온라인 모의고사)	☐
WEEK 2	DAY 8	2025년~2024년 CBT 복원문제	☐
	DAY 9	2023년~2021년 CBT 복원문제	☐
	DAY 10	2020년~2018년 CBT 복원문제 2회독	☐
	DAY 11	오답 정리, 보충 학습 (3개년 온라인 모의고사)	☐
	DAY 12	2025년~2022년 CBT 복원문제	☐
	DAY 13	2021년~2018년 CBT 복원문제 3회독	☐
	DAY 14	마무리 학습	☐

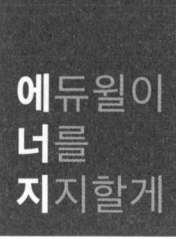

시작하는 방법은
말을 멈추고
즉시 행동하는 것이다.

– 월트 디즈니(Walt Disney)

에듀윌 가스기능사
필기 2주끝장

안전·가스 관리의 핵심, 가스기능사

꾸준한 수요, 안정적인 자격
가스기능사로 산업 현장에 바로 서다!

최근 강화된 안전관리 정책과 에너지 산업 구조의 변화에 따라 가스기능사는 산업 안전의 핵심이자 변화하는 에너지 산업 속 필수 자격증으로 주목받고 있습니다. 도시가스 인프라 확장과 수소경제·청정에너지 보급에 맞춰 기술 전문성 확보와 안전 법규 대응을 위한 자격 인력 확대로 가스기능사의 수요는 지속적으로 증가할 것으로 전망됩니다.

1 에너지 산업 구조 변화 및 도시가스, 산업용 가스 수요 증가

최근 에너지 소비 구조가 도시가스 및 산업용 가스 중심으로 전환되면서, 가스 설비의 안전한 시공·운전·유지보수에 대한 전문 인력의 중요성이 높아지고 있습니다. 또한, 향후 수소경제와 탄소중립 정책의 확산, LNG·천연가스 인프라 고도화에 따라 전문 인력의 수요는 더욱 증가할 것으로 보입니다.

2 가스사고 예방을 위한 기술관리자 선임 의무화 강화

가스 누출·폭발 사고로 인해 가스 안전관리의 중요성이 다시 부각됨에 따라 가스 시설에 대한 기술관리자의 선임을 의무화하는 등 안전관리 인력 기준이 한층 강화되고 있습니다. 일정 규모 이상의 고압가스 제조소, 충전소, 도시가스 공급시설, 산업용 가스설비 등은 법적으로 가스기능사 이상의 자격을 갖춘 기술인력을 확보하고 상시 배치해야 합니다.

3 실무형 자격으로 취업 연계도 우수

가스기능사는 실무 중심의 자격으로, 배관 시공, 정압기 설치, 가스 누설 점검 등 산업 현장에서 요구되는 작업을 직접 수행하는 전문인력입니다. 또한 한국가스공사, 가스안전공사, 도시가스 및 플랜트 설비업체 등에서 우대 채용하거나 자격 보유를 필수 조건으로 요구하는 경우가 많아 취업 연계성도 높은 편입니다.

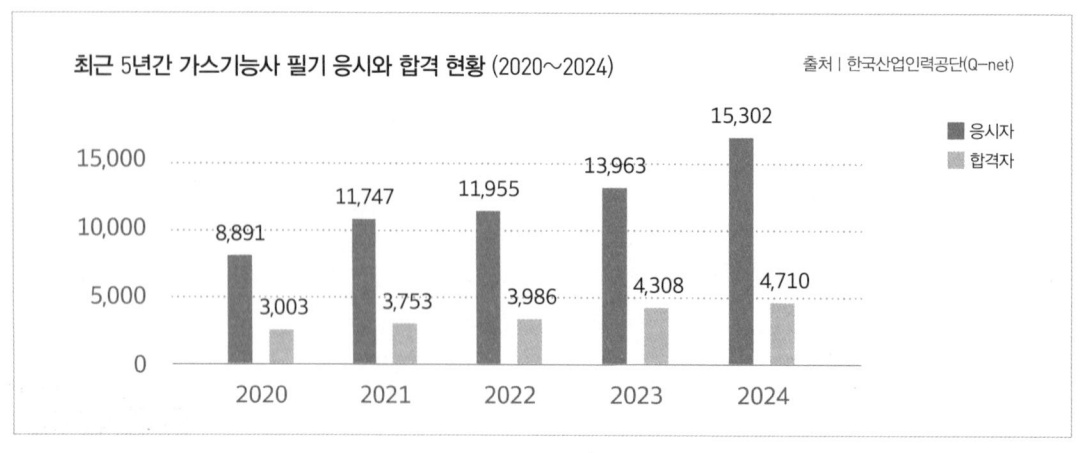

가스기능사 시험 정보

시험일정

구분	필기시험	필기합격 (예정자) 발표	실기시험	최종합격자 발표
1회	1월 중	2월 중	3월 중	4월 중
2회	4월 중	5월 중	6월 중	7월 중
3회	6월 중	7월 중	9월 중	10월 중
4회	9월 중	10월 중	11월 중	12월 중

※ 정확한 시험일정은 한국산업인력공단(Q-net) 참고

검정방법 & 합격기준

① 검정방법: 객관식 4지택일형, CBT 시험방식으로 진행
② 합격기준

필기	• 60문항 중 36문제 이상을 맞힌 경우 　(100점을 기준으로는 60점 이상 획득한 경우임) • 과목 구분이 없음
실기	100점을 만점으로 하여 60점 이상 획득한 경우

※ 필기시험 시간은 총 60분입니다.

응시정보

시행처	한국산업인력공단
필기 응시료	14,500원
응시자격	자격에 제한없이 누구나 응시 가능

쉽고 빠르게 가스기능사 2주 완성

단기 합격의 길,
에듀윌 교재면 충분합니다!

STEP 01 　압축 핵심이론 + 빈출문제 풀이

시험에 자주 출제되었거나 출제될 가능성이 높은 핵심 개념에 집중하고, 이론 학습 후 빈출문제를 통해 최신 기출 경향을 파악하고 개념을 확고히 다지는 것이 중요합니다.

- 최신 기출문제를 분석하여 자주 출제된 개념으로 정리한 핵심이론을 수록하였습니다.
- 빈출문제를 수록하여 이론 학습 후 즉시 문제풀이를 하여 개념을 다질 수 있도록 구성하였습니다.
- 2주 단기 합격을 위한 합격 플랜을 제공하여 최적의 학습 가이드라인을 제공합니다.

STEP 02 　독학이 가능한 무료특강

교재와 함께 무료특강을 병행하여 학습한다면 혼자서도 충분히 체계적인 학습은 물론, 단기간 내에 핵심을 효과적으로 정리할 수 있어 초단기 합격할 수 있습니다.

- 빈출 개념으로 정리된 핵심이론 전범위 포인트 강의를 무료로 제공합니다.
- 효율적인 기출문제 학습을 위해 빈출문제 해설 저자 직강을 무료로 제공합니다.

STEP 03 　합격을 부르는 상세 해설로 기출문제 학습

단순히 정답만 맞추는 것이 아닌 오답 이유와 관련 개념을 확장하면서 기출문제를 반복하여 학습하는 것이 초단기 합격의 지름길입니다.

- 문제 바로 아래 상세한 해설과 문제와 연결된 이론인 '관련개념'을 수록하여 기출문제의 폭넓은 이해를 돕습니다.
- 전문항 빈출도를 별 표시로 표기하여 효율적인 학습을 도모하였으며, 심화 개념이 필요한 문제는 '고난도'로 표시하였습니다.
- 확실한 합격을 위해 3개년 기출문제 온라인 CBT 모의고사를 추가 제공합니다.

최신 출제기준 완벽 반영!
단 한 권으로 효율적인 학습

STEP 04   최신 출제기준을 반영한 효율적인 학습

가스기능사 필기시험은 최신 출제기준을 반영하여 출제되고 있습니다. 변화된 기준에 맞춰 구성된 교재로 학습하는 것이 실제 시험을 효과적으로 대비할 수 있는 핵심 전략입니다.

- 수소 제조, 수소경제육성 등 개편된 출제기준 항목을 반영하였습니다.
- 최신 출제기준에 따라 시험에 나오는 이론과 문제만을 담았습니다.

NCS 출제기준 완벽 반영!

필기과목	주요항목	세부항목
가스법령활용, 가스사고 예방·관리, 가스시설 유지관리, 가스 특성 활용	가스 법령 활용	• 가스제조 공급·충전 • 가스저장·사용시설 • 고압가스 관련 설비 등의 제조·검사 • 가스판매, 운반·취급 • 가스관련법 활용
	가스사고 예방·관리	• 가스사고 예방·관리 및 조치 • 가스화재·폭발예방 • 부식·비파괴 검사
	가스시설 유지관리	• 가스장치 • 가스설비 • 가스계측기기
	가스 특성 활용	• 가스의 기초 • 가스의 연소 • 고압가스 특성 활용 • 액화석유가스 특성 활용 • 도시가스 특성 활용 • 독성가스 특성 활용

※ 위 출제기준 적용기간은 2025.01.01~2028.12.31입니다.

" 최신 출제기준 반영하여 실전 완벽 대비 "
확실하고 빠른 합격 완성

초단기 합격에 최적화된 교재

단숨에 끝내는 핵심이론+빈출문제

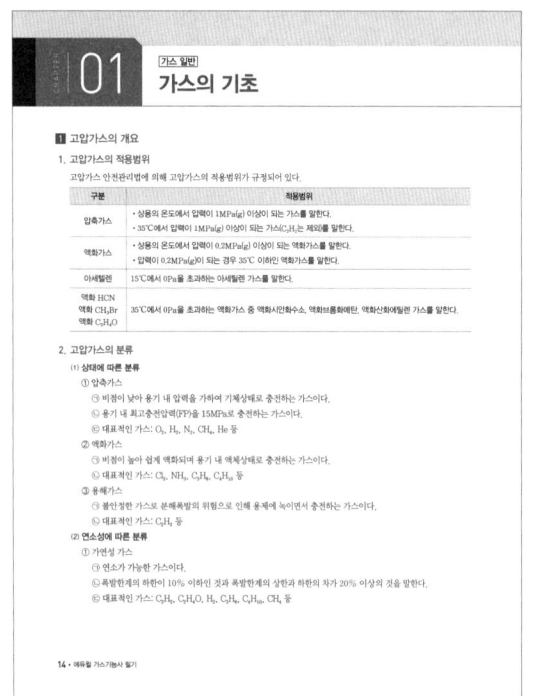
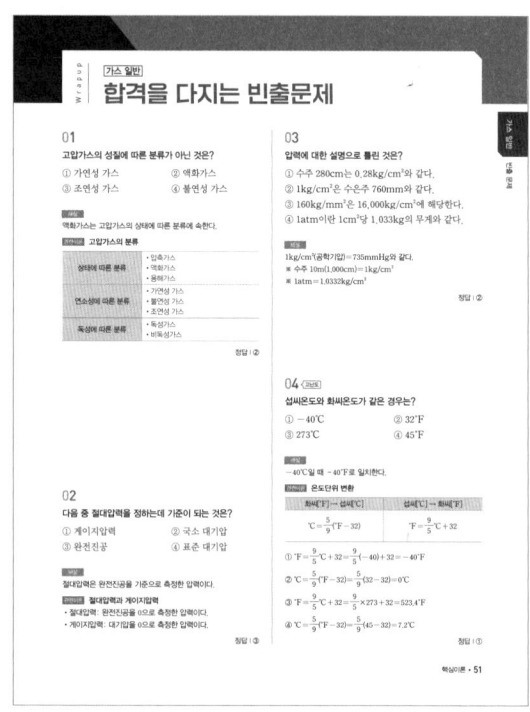

시험에 꼭 나오는 핵심이론
기출문제를 분석하여 시험에 자주 출제되는 내용을 NCS 출제기준에 따라 수록하였습니다.

합격을 다지는 빈출문제
이론마다 빈출문제를 수록하여 학습내용을 완벽하게 정리하고, 최신 시험 출제경향을 파악할 수 있습니다.

핵심이론 전범위 포인트 & 빈출문제 해설 무료특강 제공!

핵심이론 전범위 요약 정리와 빈출문제 해설을 쉽고 상세하게 풀이하는 **저자 직강**을 **무료**로 제공합니다.

경로안내 에듀윌 도서몰(book.eduwill.net) → 동영상강의실 → '가스기능사' 검색
※ 25년 10월 제공 예정

핵심이론과 기출문제 반복학습이 가능한
초단기 합격 구성

단박에 푸는 최신 8개년 기출+추가 3개년 기출(온라인)

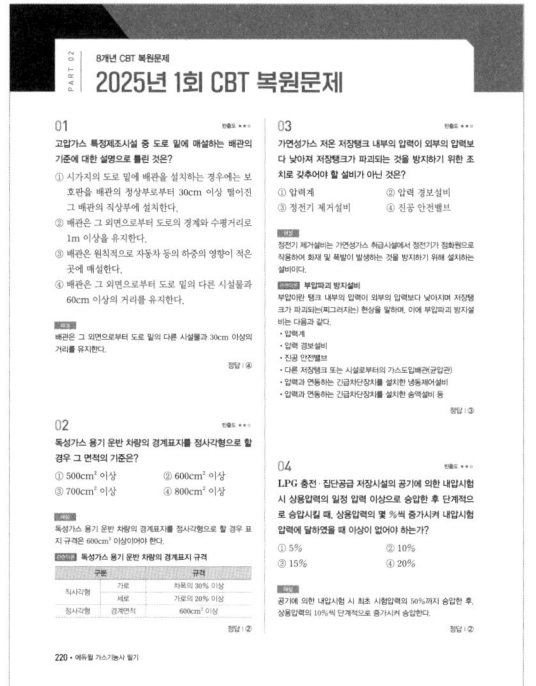 +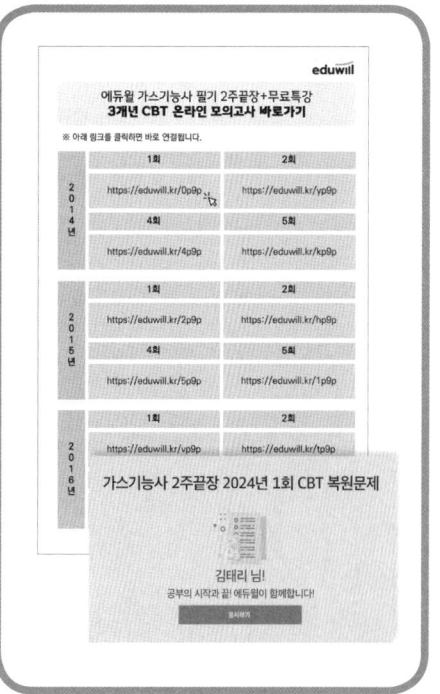

상세한 해설 수록

정답과 상세 해설을 빠르게 학습할 수 있어 효율적인 다회독 학습을 돕습니다.

폭넓은 개념 확장을 위한 관련개념

단순해설을 넘어 해당 문제와 연결되는 확장 개념까지 '관련개념'으로 함께 정리하여 학습의 깊이를 더했습니다.

3개년 CBT 온라인 모의고사

기출문제 반복 학습을 통한 확실한 합격을 위해 과년도 기출 3개년 CBT 온라인 모의고사(2014년 ~2016년)를 추가로 제공합니다.

3개년 CBT 온라인 모의고사 제공!

과년도 기출 3개년 CBT 온라인 모의고사(2014년~2016년)를 추가로 제공합니다.

경로안내 에듀윌 도서몰(book.eduwill.net) → 부가학습자료 → '가스기능사' 검색
※ eduwill.kr/899p

차례

PART 01 핵심이론

가스 일반

CHAPTER 01	가스의 기초	14
CHAPTER 02	가스의 성질	24
CHAPTER 03	가스의 연소	44
• 합격을 다지는 빈출문제		51

가스 장치 및 기기

CHAPTER 01	가스 장치	60
CHAPTER 02	저온장치 및 가스설비	90
CHAPTER 03	가스 계측 및 분석	103
• 합격을 다지는 빈출문제		119

가스 안전관리

CHAPTER 01	고압가스 안전관리	134
CHAPTER 02	액화석유가스 안전관리	171
CHAPTER 03	도시가스 안전관리	181
CHAPTER 04	수소 안전관리	198
• 합격을 다지는 빈출문제		205

PART 02
8개년 CBT 복원문제

2025년
- 1회 CBT 복원문제 — 220
- 2회 CBT 복원문제 — 234

2024년
- 1회 CBT 복원문제 — 248
- 2회 CBT 복원문제 — 263

2023년
- 1회 CBT 복원문제 — 278
- 2회 CBT 복원문제 — 292

2022년
- 1회 CBT 복원문제 — 306
- 2회 CBT 복원문제 — 321

2021년
- 1회 CBT 복원문제 — 336
- 2회 CBT 복원문제 — 351

2020년
- 1회 CBT 복원문제 — 366
- 2회 CBT 복원문제 — 380

2019년
- 1회 CBT 복원문제 — 396
- 2회 CBT 복원문제 — 411

2018년
- 1회 CBT 복원문제 — 426
- 2회 CBT 복원문제 — 440

※ 3개년 CBT 온라인 모의고사(2014년~2016년)는 아래 경로를 통해 학습할 수 있습니다.

(경로안내) 에듀윌 도서몰(book.eduwill.net) → 부가학습자료 →'가스기능사' 검색

핵심이론
가스 일반

기출기반으로
압축 정리한
핵심이론

┤ 학습전략 ├

가스 일반에서는 가스의 기본적인 성질 및 종류, 특성 등 가스에 대한 기초 개념을 학습하여 전반적인 이해를 다집니다. 특히, 각 가스의 특성, 용도와 관련된 개념을 표로 만들어 비교하며 확실하게 암기하는 것이 중요하며, 가스의 기초 공식을 포함한 계산문제는 압력, 온도, 부피 단위 변환하면서 풀이에 익숙해지도록 학습하면 단기 합격이 충분히 가능합니다.

CHAPTER 01 가스의 기초	14
CHAPTER 02 가스의 성질	24
CHAPTER 03 가스의 연소	44
합격을 다지는 빈출문제	51

CHAPTER 01 가스의 기초

가스 일반

1 고압가스의 개요

1. 고압가스의 적용범위

고압가스 안전관리법에 의해 고압가스의 적용범위가 규정되어 있다.

구분	적용범위
압축가스	• 상용의 온도에서 압력이 1MPa(g) 이상이 되는 가스를 말한다. • 35°C에서 압력이 1MPa(g) 이상이 되는 가스(C_2H_2는 제외)를 말한다.
액화가스	• 상용의 온도에서 압력이 0.2MPa(g) 이상이 되는 액화가스를 말한다. • 압력이 0.2MPa(g)이 되는 경우 35°C 이하인 액화가스를 말한다.
아세틸렌	15°C에서 0Pa을 초과하는 아세틸렌 가스를 말한다.
액화 HCN 액화 CH_3Br 액화 C_2H_4O	35°C에서 0Pa을 초과하는 액화가스 중 액화시안화수소, 액화브롬화메탄, 액화산화에틸렌 가스를 말한다.

2. 고압가스의 분류

(1) 상태에 따른 분류

① 압축가스
  ㉠ 비점이 낮아 용기 내 압력을 가하여 기체상태로 충전하는 가스이다.
  ㉡ 용기 내 최고충전압력(FP)을 15MPa로 충전하는 가스이다.
  ㉢ 대표적인 가스: O_2, H_2, N_2, CH_4, He 등

② 액화가스
  ㉠ 비점이 높아 쉽게 액화되며 용기 내 액체상태로 충전하는 가스이다.
  ㉡ 대표적인 가스: Cl_2, NH_3, C_3H_8, C_4H_{10} 등

③ 용해가스
  ㉠ 불안정한 가스로 분해폭발의 위험으로 인해 용제에 녹이면서 충전하는 가스이다.
  ㉡ 대표적인 가스: C_2H_2 등

(2) 연소성에 따른 분류

① 가연성 가스
  ㉠ 연소가 가능한 가스이다.
  ㉡ 폭발한계의 하한이 10% 이하인 것과 폭발한계의 상한과 하한의 차가 20% 이상의 것을 말한다.
  ㉢ 대표적인 가스: C_2H_2, C_2H_4O, H_2, C_3H_8, C_4H_{10}, CH_4 등

② 조연성 가스
  ㉠ 스스로 연소하지 않고 가연성 가스의 연소를 도와주는 가스이다.
  ㉡ 대표적인 가스: O_2, O_3, 공기, Cl_2 등
③ 불연성 가스
  ㉠ 불에 타지 않는 가스이다.
  ㉡ 대표적인 가스: CO_2, N_2, Ar, He 등

(3) **독성에 따른 분류**
① 독성 가스
  ㉠ LC_{50} 기준: 허용농도 5,000ppm 이하인 가스(100만 분의 5,000)를 말한다.
  ㉡ TLV-TWA 기준: 200ppm 이하인 가스(100만 분의 200)를 말한다.
  ㉢ 대표적인 가스: NH_3, F_2, Cl_2, CO 등이 있다.
② 독성 가스의 분류
  ㉠ 비독성 가스: LC_{50} 기준으로 허용농도가 5,000ppm 초과인 가스
  ㉡ 독성 가스: LC_{50} 기준으로 허용농도 200ppm 초과 5,000ppm 이하인 가스
  ㉢ 맹독성 가스: LC_{50} 기준으로 허용농도가 200ppm 이하인 가스
  ※ 비독성 가스와 맹독성 가스는 일반적인 분류이며, 고압가스 안전관리법에 규정되어 있지 않다.

2 기초 열역학

1. 온도(Temperature)

(1) **개념**: 물체의 차갑고 뜨거운 정도를 수치로 나타내는 값이다.

(2) **온도의 구분**
① 섭씨온도(Celsius, [℃]): 물의 어는점(0℃)과 끓는점(100℃) 사이를 100등분하였을 때 1등분을 1℃로 나타낸다.
② 화씨온도(Fahrenheit, [℉]): 물의 어는점(32℉)과 끓는점(212℉) 사이를 180등분하였을 때 1등분을 1℉로 나타낸다.
③ 절대온도(Absolute temperature): 분자의 운동에너지가 정지 상태의 온도를 의미한다.
  ㉠ 켈빈온도(Kelvin, [K]): 0K=-273℃ (섭씨의 절대온도)
  ㉡ 랭킨온도(Rankine, [°R]): 0°R=-460℉ (화씨의 절대온도)

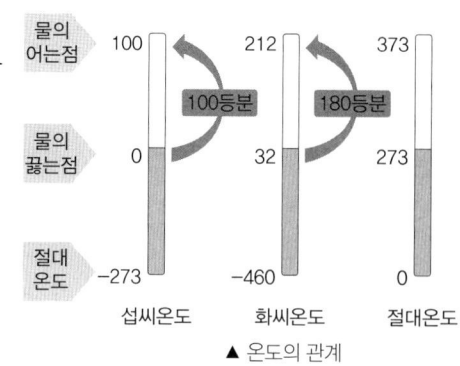
▲ 온도의 관계

(3) **온도의 변환**

섭씨 → 화씨	섭씨 → 절대온도	화씨 → 섭씨	화씨 → 절대온도
$[℉]=\dfrac{9}{5}[℃]+32$	$[K]=273+[℃]$	$[℃]=\dfrac{5}{9}([℉]-32)$	$[°R]=460+[℉]$

> **보충 TIP** [℃]와 일치하는 [℉]
>
> 섭씨와 화씨가 같은 온도를 x로 두면
> $[℃]=[℉]=x$
> $[℃]=\dfrac{9}{5}([℉]-32)$
> $x=\dfrac{9}{5}(x-32)$, $x=-40$
> 즉, 섭씨 $-40℃$와 화씨 $-40℉$는 같은 눈금을 가리킨다.

2. 압력(Pressure)

(1) **개념**: 단위 면적당 작용하는 힘$[kg/cm^2]$을 말한다.

$$P=\dfrac{W}{A}$$

P: 압력$[kg/cm^2]$, W: 하중$[kg]$, A: 면적$[cm^2]$

(2) **표준 대기압(Atmospheric Pressure)**
① 1643년 이탈리아의 과학자이자 물리학자인 토리첼리(Evangelista Torricelli)가 고안하였다.
② 조건: $0℃$, 위도 $45°$, 해수면 기준, 중력가속도($9.806655m/s^2$)를 적용한다.
③ 수은주($760mmHg$)로 표시될 때의 압력이며, 단위는 $[atm]$을 사용한다.

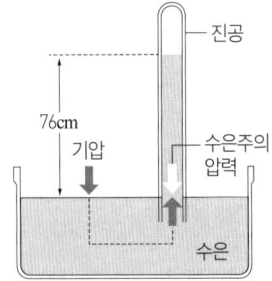

(3) **대기압**
대기의 압력이므로 대기의 높이에 따라 중력의 영향을 다르게 받는다. 일반 지면과 높은 산 정상 꼭대기의 대기압이 다른 이유이다.

(4) **절대압력(Absolute pressure)**: 완전 진공상태를 기준으로 측정한 압력을 말하며, 단위 끝에 a 또는 abs를 붙여 표현한다.

(5) **게이지압력(Gauge pressure)**: 대기압을 0으로 측정한 압력, 기기 및 장치 등에 부착되어 있는 게이지의 압력을 말하며 단위 끝에 g를 붙여 표현한다.

(6) **진공압력(Vacuum pressure)**: 대기압보다 낮은 압력을 말한다.

(7) **압력과의 관계**
① 절대압력＝대기압＋게이지압력＝대기압－진공압력
② 대기압＝절대압력－게이지압력
③ 게이지압력＝절대압력－대기압

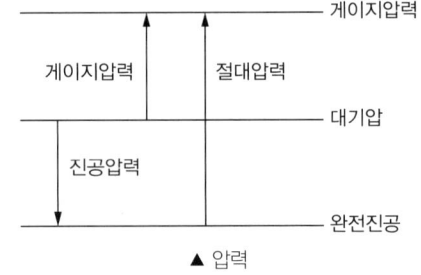

▲ 압력

> **핵심 Point** 압력의 단위변환
>
> $1[atm]=1.0332[kg/cm^2]=10.332[mmH_2O]=1.013[bar]=101.325[kPa]=760[mmHg]=14.7[PSI]=29.92[inHg]$

3. 열량(Heat)

(1) 열량의 단위
① 1kcal: 대기압에서 물 1kg의 온도를 1℃ 올리는데 필요한 열량을 의미한다.
② 1BTU: 대기압에서 물 1lb의 온도를 1℉ 올리는데 필요한 열량을 의미한다.
③ 1CHU: 대기압에서 물 1lb의 온도를 1℃ 올리는데 필요한 열량을 의미한다.
④ 1kcal=3.968BTU=2.205CHU

(2) 비열(Specific heat)
① 어떤 물질 1kg의 온도를 1℃ 올리는데 필요한 열량[kcal/kg·℃]을 의미한다.

물의 비열[kcal/kg·℃]	얼음의 비열[kcal/kg·℃]	공기의 비열[kcal/kg·℃]
1	0.5	0.24

② 기체의 상태에 따른 비열
　㉠ 정압비열(C_p): 기체의 압력이 일정한 상태에서의 비열이다
　㉡ 정적비열(C_v): 기체의 체적이 일정한 상태에서의 비열이다.
③ 비열비(k)
　㉠ 기체의 정압비열과 정적비열의 비이다.
　㉡ 비열비(k)는 항상 1보다 크다. ($k = \dfrac{C_p}{C_v} > 1$)

(3) 현열과 잠열
① 현열(Sensible heat): 물질의 상태는 변화하지 않고, 온도만 변화하는 열량을 의미한다.

$$Q = G \cdot C \cdot \varDelta T$$

Q: 열량[kcal], G: 질량[kg], C: 비열[kcal/kg·℃], $\varDelta t$: 온도차[℃]

② 잠열(Latent heat): 물질의 온도는 변화하지 않고, 상태만 변화하는 열량을 의미한다.

$$Q = G \cdot r$$

Q: 열량[kcal], G: 질량[kg], r: 잠열[kcal/kg]

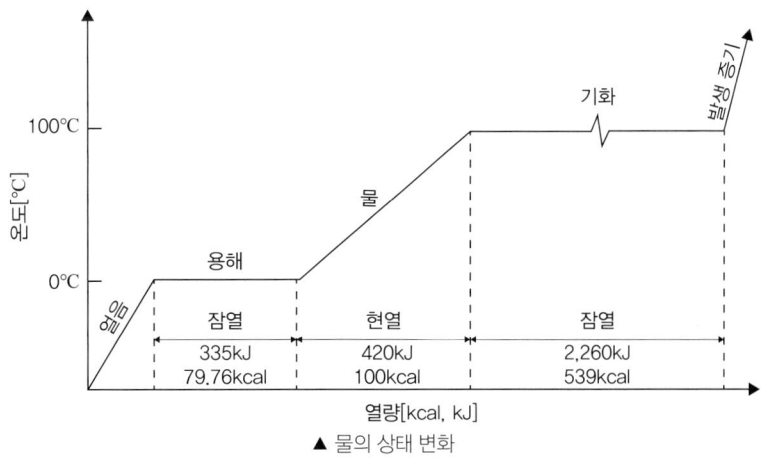
▲ 물의 상태 변화

> **핵심 Point** 물과 얼음의 잠열
> - 물의 증발잠열: 539kcal/kg (2,258.41kJ/kg)
> - 얼음의 증발잠열: 79.76kcal/kg (335.2kJ/kg)

(4) 엔탈피와 엔트로피
① 엔탈피(Enthalpy): 단위중량당 열량[kcal/kg]을 의미한다.
② 엔트로피(Entropy): 단위중량당 열량[kcal/kg]을 해당 절대온도로 나눈 값이다.

$$\varDelta S = \frac{dQ}{T}$$

$\varDelta S$: 엔트로피 변화량[kcal/kg·K], dQ: 열량의 변화량[kcal/kg], T: 절대온도[K]

(5) 물질의 상태변화
① 고체에서 기체로의 상태변화: 승화 과정
② 기체에서 고체로의 상태변화: 승화 과정
③ 고체에서 액체로의 상태변화: 융해 과정
④ 액체에서 고체로의 상태변화: 응고 과정
⑤ 액체에서 기체로의 상태변화: 기화 과정
⑥ 기체에서 액체로의 상태변화: 액화 과정

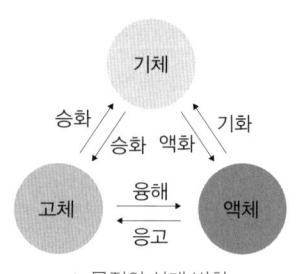
▲ 물질의 상태 변화

4. 상태변화 선도

(1) 임계점
① 포화액선과 포화증기선이 만나는 점이다.
② 액체와 기체의 구별이 명확하지 않다.
③ 임계점에서의 증발잠열은 0kcal/kg이다.

(2) 포화액선
포화액을 구분하는 선으로 좌측은 포화액(과냉각) 구역, 우측은 습증기 구역으로 구분된다.

(3) 포화증기선
포화증기를 구분하는 선으로 좌측은 습증기 구역, 우측은 포화증기(과열) 구역으로 구분된다.

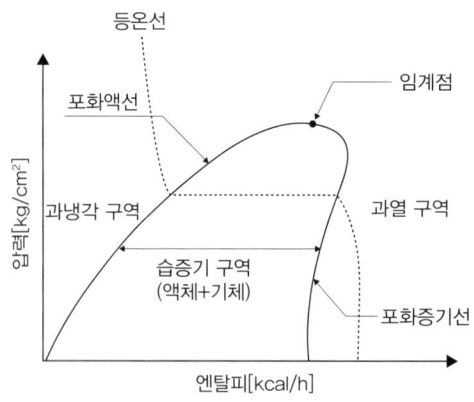
▲ 상태변화 압력(P)-엔탈피(H) 선도

5. 밀도, 비중, 비중량

(1) 밀도(Density)
단위 체적당 질량을 의미한다.

① 액밀도

$$\rho_{액체} = \frac{m}{V}$$

$\rho_{액체}$: 액체의 밀도[kg/m³], m: 질량[kg], V: 체적[m³]

② 기체의 밀도

$$\rho_{기체} = \frac{M}{22.4L}$$

$\rho_{기체}$: 기체의 밀도[g/L], M: 분자량[g]

(2) 비중(Specific Gravity)
1atm, 4℃ 물의 질량과 같은 체적을 갖는 어떤 물질의 밀도비를 의미한다.

① 액비중

$$S_{액체} = \frac{\rho}{\rho_{4℃물}}$$

$S_{액체}$: 액체의 비중, ρ: 밀도[kg/m³], $\rho_{4℃물}$: 4℃ 물의 밀도[kg/m³]

② 기체의 비중

$$S_{기체} = \frac{M}{29}$$

$S_{기체}$: 기체의 비중, M: 분자량, 29: 공기분자량

(3) 비중량(Specific Weight)
① 단위 체적이 갖는 중량을 의미한다.
② 물의 비중량은 1,000kg/m³이다.

$$\gamma = \frac{G}{V}$$

γ: 비중량[kgf/m³], G: 중량[kgf], V: 체적[m³]

> **보충 TIP** 아보가드로 법칙
>
> 기체의 종류에 관계없이 표준상태(0℃, 1atm)에서 기체 1mol의 부피는 22.4L를 갖는다.
> 즉, 표준상태의 기체의 밀도, 비중, 비중량을 계산할 때 $V = 22.4L$을 적용할 수 있다.

3 가스의 기초이론

1. 열역학의 법칙

(1) 열역학 제0법칙(열의 평형법칙)

고온의 물체와 저온의 물체가 혼합되면 시간이 경과 후 온도가 같아진다.

$$t_m = \frac{G_1 C_1 t_1 + G_2 C_2 t_2}{G_1 C_1 + G_2 C_2}$$

t_m: 혼합물질의 평균 온도[°C], G_1, G_2: 각 물질의 무게[kg]
C_1, C_2: 각 물질의 비열[kcal/kg·°C], t_1, t_2: 각 물질의 온도[°C]

(2) 열역학 제1법칙(에너지 보존의 법칙 = 이론적인 법칙)

① 열은 본질상 일과 같은 에너지의 형태이다.
② 열과 일은 일정한 관계로 서로 전환이 가능하다.

$$Q = AW, \quad W = JQ$$

Q: 열량[kcal], W: 일[kg·m]
A: 일의 열당량($=\frac{1}{427}$ kcal/kg·m), J: 열의 일당량($=427$ kg·m/kcal)

③ 엔탈피는 내부에너지와 압력, 체적의 관계로 정의된다.
④ 제1종 영구기관은 제작할 수 없다.

$$H = U + PV$$

H: 엔탈피[J], U: 내부에너지[J], P: 압력[Pa], V: 체적[m³]

(3) 열역학 제2법칙(가역비가역의 법칙 = 실질적인 법칙)

① 일(W)은 열(Q)로 바꿀 수 있다. (W[kg·m] = Q[kcal]: 가역)
② 열(Q)은 일(W)을 100% 효율로 작동할 수 없다. (Q[kcal] ≠ W[kg·m]: 비가역)
③ 저온의 유체에서 고온의 유체로는 이동이 안된다.
④ 일을 할 수 있는 능력을 표시하는 엔트로피를 나타낸다.
⑤ 엔트로피는 가역 과정에서는 0이다.
⑥ 비가역 과정에서는 엔트로피의 변화량이 항상 증가된다.
⑦ 제2종 영구기관은 제작할 수 없다.

$$\Delta S = \frac{dQ}{T}$$

ΔS: 엔트로피 변화량[kcal/kg·K], dQ: 열량의 변화량[kcal/kg], T: 절대온도[K]

(4) 열역학 제3법칙(절대온도)

어떠한 방법으로도 물질의 온도를 0K 이하로 내릴 수 없다.

> **핵심 Point** 일과 동력의 환산
>
> - 1HP-h(마력-시)=76kg·m/s×(60×60s)×$\frac{1}{427}$kcal/kg·m=641kcal
> - 1PS-h(마력-시)=75kg·m/s×(60×60s)×$\frac{1}{427}$kcal/kg·m=632kcal
> - 1kW=102kg·m/s
> - 1kW-h=102kg·m/s×(60×60s)×$\frac{1}{427}$kcal/kg·m=860kcal

2. 기체의 성질

(1) 기체의 기초

① 원자: 단위 물질을 구성하는 최소한의 입자를 의미한다.

② 분자: 원자가 모여 안정화된 분자로 나타낸다.

③ 원자량 및 분자량

	수소	헬륨	탄소	질소	산소	나트륨	황	염소	아르곤
원소기호	H	He	C	N	O	Na	S	Cl	Ar
원자량	1	4	12	14	16	23	32	35.5	40
분자기호	H_2	He	C	N_2	O_2	Na	S	Cl_2	Ar
분자량	2	4	12	28	32	23	32	71	40

(2) 이상기체(Ideal Gas)의 성질

① 이상기체는 보일-샤를의 법칙을 따르는 기체를 말한다.

② 액화하지 않는다.

③ 분자간의 충돌은 탄성체이다.

④ 분자 간 인력이나 반발력이 존재하지 않는다.

⑤ 분자간의 크기는 없다.

⑥ 0K에서 부피는 0, 평균 운동에너지는 절대온도에 비례한다.

(3) 보일의 법칙(Boyle's Law)

기체의 온도가 일정할 때 부피(V)는 압력(P)에 반비례한다.

$$P_1V_1 = P_2V_2$$

(4) 샤를의 법칙(Charles's Law)

기체의 압력이 일정할 때 부피(V)는 절대온도(T)에 비례한다.

$$\frac{V_1}{T_1} = \frac{V_2}{T_2}$$

(5) 보일-샤를의 법칙(Boyle-Charles's Law)

기체의 부피(V)는 압력(P)에 반비례하고, 절대온도(T)에 비례한다.

$$\frac{P_1 V_1}{T_1} = \frac{P_2 V_2}{T_2}$$

(6) 상태방정식

상태방정식으로 압력(P), 온도(T), 기체의 몰수(n) 그리고 부피(V) 사이의 관계를 나타낸 수식을 말한다.

① 이상기체상태방정식

$$PV = nRT = \frac{W}{M}RT$$

P: 압력[atm], V: 체적[L], n: 몰수($= \frac{W(질량[g])}{M(분자량[g/mol])}$)

R: 기체상수(0.082atm·L/mol·K), T: 절대온도[K]

② 실제기체상태방정식

$$P = \frac{nRT}{V - nb} - \frac{n^2 a}{PV^2}$$

a: 기체 분자간 인력[L²·atm/mol²], b: 기체 자신이 차지하는 부피[L/mol]

(7) 돌턴의 분압법칙(Dalton's Law)

혼합기체가 가지는 전 압력은 각 성분기체의 분압의 합과 같다.

$$P(전압) = P_1 + P_2 + P_3 + \cdots \ (P_1, P_2, P_3: 성분기체의 분압)$$

$$P = \frac{P_1 V_1 + P_2 V_2}{V_1 + V_2}$$

$$P_n(분압) = P(전압) \times \frac{성분기체\ 몰수}{전몰수} = P(전압) \times \frac{성분부피}{전부피}$$

P: 압력, V: 부피

(8) 르 샤틀리에의 법칙(혼합가스의 폭발한계)

연소범위가 다른 가스가 혼합되어 있을 때 폭발한계를 구하는 식이다.

$$\frac{100}{L} = \frac{V_1}{L_1} + \frac{V_2}{L_2} + \frac{V_3}{L_3} \cdots$$

L: 혼합가스의 폭발한계[%], V_n: 각 가스의 부피[%], L_n: 각 가스의 폭발한계[%]

(9) 그레이엄의 법칙(Graham's Law)

같은 온도와 압력 하에서 기체의 확산속도는 분자량과 밀도의 제곱근에 반비례한다.

$$\frac{U_b}{U_a} = \sqrt{\frac{M_a}{M_b}} = \sqrt{\frac{d_a}{d_b}}$$

U: 성분기체의 확산속도[m/s], M: 성분기체의 분자량[g/mol], d: 성분기체의 밀도[g/L]

⑽ 헨리의 법칙(Henry's Law)
① 일정한 온도에서 일정 부피의 액체 용매에 녹는 기체의 질량, 즉 용해도는 용매와 평형을 이루고 있는 그 기체의 부분압력에 비례한다.
② 온도가 일정할 때 기체의 용해도는 기체의 부분압에 비례한다.
③ 적용되는 가스는 H_2, O_2, N_2, CO_2 등이며, NH_3, HCl, H_2S 등은 적용되지 않는다.

보충 TIP 이상기체와 실제기체의 비교

구분	이상기체	실제기체
온도 및 압력	고온, 저압	저온, 고압
분자의 크기	질량은 있으나 부피가 없다.	기체에 따라 다르다.
분자간의 인력	없다.	있다.
보일-샤를의 법칙	완전히 적용된다.	부분적으로 적용된다.
절대온도(0K)	기체의 부피는 0이다.	응고되어 고체상태이다.
액화 여부	액화되지 않는다.	액화된다.

• 이상기체가 실제기체처럼 행동하는 조건: 저온, 고압
• 실제기체가 이상기체처럼 행동하는 조건: 고온, 저압

CHAPTER 02

가스 일반

가스의 성질

1 수소(H_2, Hydrogen)

1. 개요

(1) **수소의 특성**

① 압축가스이면서 가연성 가스로 분류된다.
② 가장 작은 밀도로서 가장 가볍고, 확산속도가 빠른 기체이다.
③ 분자량은 2이며, 비등점(Boiling Point)은 -252℃이다.
④ 물리, 화학적 성질은 다음과 같다.
  ㉠ 상온에서 무색, 무미, 무취의 가연성 기체이다.
  ㉡ 열전도율이 좋으며 열에 대하여 안정적이다.
  ㉢ 산소와 수소의 혼합가스를 연소시킴으로써 2,000℃ 이상의 고온을 발생시킨다.

(2) **수소의 용도**

① 암모니아(NH_3) 제조
② 연료전지(Fuel Cell)의 연료
③ 자동차(수소자동차)의 연료

2. 수소의 위험성 및 부식성

(1) **위험성**

① 폭발범위는 공기 중에서 4~75%, 산소 중에서 4~94%이다.
② 폭명기: 수소와 접촉하여 반응하면 연소(폭발)반응이 일어나는 현상을 말한다.
  ㉠ 산소와 접촉·반응 시: $O_2 + 2H_2 \rightarrow 2H_2O$(수소 폭명기)
  ㉡ 염소와 접촉·반응 시: $Cl_2 + H_2 \rightarrow 2HCl$(염소 폭명기)
  ㉢ 불소와 접촉·반응 시: $F_2 + H_2 \rightarrow 2HF$(불소 폭명기)

(2) **부식성**

① 수소와 접촉되는 시설에는 수소취성(강의 탈탄)이 발생할 수 있다.
② 수소 취급에 따른 재료 선정 시 수소취성을 고려하여 재료를 선정해야 한다.
③ 수소취성은 5~6% Cr(크롬)강에 Ti(티타늄), V(바나듐), W(텅스텐), Mo(몰리브덴) 등을 첨가하여 방지한다.

3. 수소의 제법

수소 제조시 품질검사 기준은 98.5% 이상이다.

① 수전해법: 순수한 물(H_2O)을 전기분해하여 수소를 생산한다.
② 수성가스법: 석탄, 코크스 등의 가스화(Gasification)를 통하여 수소를 생산한다.
③ 석유분해법: 수증기를 이용한 개질법(Reforming), 부분산화법 등이 있다.
④ 이외에도 천연가스 분해법, 일산화탄소 전화법 등이 있다.

> **보충 TIP** 수소 경제(Hydrogen Economy)
>
> **(1) 개요**
> 수소는 화석연료를 대체하며 온실가스를 감축하고 탄소중립을 실현할 수 있는 미래의 청정 에너지원이다. 하지만 수소의 생산과정에서 수전해 설비 이외의 생산방식에는 여전히 온실가스가 발생하고 있으며, 완전한 청정에너지라고 하기에는 한계가 있다.
>
> **(2) 수소의 생산방식에 따른 분류**
> - 브라운수소(Brown Hydrogen): 고온, 고압에서 석탄 또는 갈탄을 가스화하여 수소를 얻는 방식이며, 생산과정 중에 다량의 온실가스가 발생한다.
> - 그레이수소(Gray Hydrogen): 천연가스를 고온·고압의 수증기와 반응(개질)시켜 수소를 생산하는 방식이며, 생산과정 중에 다량의 온실가스가 발생한다.
> - 블루수소(Blue Hydrogen): 그레이수소 방식으로 수소를 생산하며, 생산과정 중에 발생한 온실가스는 CCS기술을 적용하여 처리한다.
> - 그린수소(Green Hydrogen): 재생에너지를 이용하여 물을 전기분해(수전해)하여 수소를 생산하는 방식이며, 생산과정 중에 온실가스 발생이 없는 이상적인 시스템이다.
> - 핑크수소(Pink Hydrogen): 원자력 발전에서 생성된 전기와 증기를 활용하여 수소를 생산하는 방식이며, 물을 전기분해(수전해)하므로 생산과정 중에 온실가스 발생이 없다.
>
> **(3) 연료전지(Fuel cell)**
> 수소를 원료로 하여 전기에너지를 생산할 수 있으며, 온실가스 발생이 전혀 없고 물(H_2O)이 발생한다.
> - 연료전지의 역할
>   - 화력 발전소를 대체하는 자립형 발전 시스템
>   - 소형화를 통해 가정용으로 보급 가능
>   - 수소 인프라 확대를 통한 수소차 보급 확대
>
>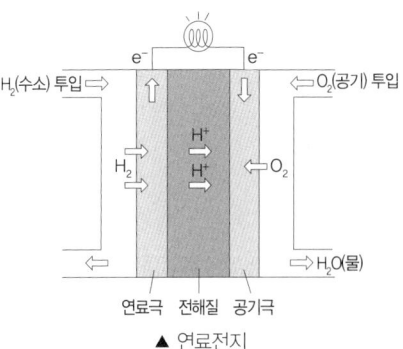
> ▲ 연료전지
>
> **(4) 수소의 액화**
> 기체상태의 수소를 액화하면 비체적이 감소하여 경제적이다. 하지만, 비등점이 -252℃인 수소는 액화하기 힘들며, 액화하더라도 저장, 운반하는 데 많은 비용이 소요된다. 수소는 고압의 기체상태로 튜브트레일러에 가압하여 수송되고 있다.
>
> **(5) CCUS(Carbon Capture, Utilization&Storage)**
> 탄소포집 및 활용, 저장기술 CCUS는 온실가스의 대부분을 차지하는 이산화탄소(CO_2)를 포집하여 활용하고 저장하는 기술을 의미한다.
> - Carbon Capture: 발전소, 제철소, 석유화학 플랜트 등에서 발생되는 CO_2를 선택적으로 포집하는 기술이다.
> - Utilization: 포집된 CO_2를 폐기하지 않고 화학원료 등 재자원화할 수 있도록 활용하는 기술이다.
> - Storage: 활용되지 않는 CO_2를 지하의 폐유전이나 폐가스 전에 주입하고 안전하게 저장하는 기술이다.

2 산소(O_2, Oxygen)

1. 개요

(1) 산소의 특성

① 압축가스이면서 조연성가스로 분류된다.

② 대기(공기) 중에 부피는 21%를 차지하며, 무게 기준으로는 23.2%를 차지한다.

③ 분자량은 32이며, 비등점(Boiling point)는 -183℃이다.

④ 물리, 화학적 성질은 다음과 같다.

  ㉠ 무색, 무취, 무미의 기체이며 물에는 약간 녹는다.

  ㉡ 액체산소는 담청색을 띠고, 비중이 약 1.13이며 기체, 액체, 고체 모두 자성이 있다.

  ㉢ 산소의 분압이 높아지면 폭굉범위가 넓어진다.

  ㉣ 화학적으로 활성이 강하여 다른 원소와 반응하여 산화물을 만들고, 폭발의 원인이 될 수 있다.

  ㉤ 공기 중에서 무성 방전을 하면 오존(O_3)이 된다.

(2) 산소의 용도

① 가스 중독, 질식 등에 의한 산소 흡입용으로 사용한다.

② 산소 용접용, 금속판 절단용으로 사용한다.

③ 치료의 목적으로 의료계에 널리 이용되고 있다.

2. 산소의 위험성 및 부식성

(1) **위험성**

① 산소의 농도가 높아지면 아래와 같이 연소반응에 영향을 받는다.

㉠ 연소범위가 넓어진다.

㉡ 연소속도가 빨라진다.

㉢ 화염의 온도가 높아진다.

㉣ 발화점과 인화점이 낮아진다.

② 산소의 농도가 높아진다는 것은 연소반응을 촉진시킨다는 의미이다.

③ 수소와 접촉하여 격렬한 반응 시 폭명기가 만들어질 수 있다.

$$2H_2 + O_2 \rightarrow 2H_2O$$

④ 산소 자체의 위험성은 없으나 가연성가스, 유지류, 탄화수소 등과 결합 시 연소 및 폭발로 이어질 수 있다.

⑤ 산소 압축기에 사용되는 윤활유는 물 또는 10% 글리세린 수이다. 일반적인 윤활유는 탄화수소가 생성되며, 산소와 결합 시 점화원으로 작용하여 연소, 폭발을 일으킬 수 있으므로 사용할 수 없다.

(2) **부식성**

① 산소와 접촉되는 시설에는 산화가 발생할 수 있다.

② 산소 취급에 따른 재료 선정 시 산화를 고려하여 재료를 선정해야 한다.

③ 산화는 재료에 Cr(크롬), Al(알루미늄), Si(규소) 등을 첨가하여 방지한다.

3. 산소의 제법

산소 제조 시 품질검사 기준은 99.5% 이상이다.

① 수전해법: 순수한 물(H_2O)을 전기분해하여 산소를 생산한다.

$$2H_2O \rightarrow 2H_2 + O_2$$

② 공기액화분리법: 공기를 액화·분리시켜 액화산소, 액화질소, 액화아르곤을 생산한다.

> **보충 TIP** 공기액화분리장치(ASU: Air Separation Unit)
>
> (1) 개요
>
> 공기 중의 질소, 산소, 아르곤을 액화시켜 분리하는 장치를 말한다.
> - 공기내 가스별 비등점: 액화질소(-196℃), 액화산소(-183℃), 액화아르곤(-186℃)
>
> (2) 공기액화분리장치의 운전정지 조건
> - 액화산소 5L 중 C_2H_2(아세틸렌)의 질량이 5mg 이상인 경우
> - 액화산소 5L 중 탄화수소 중 탄소의 질량이 500mg 이상인 경우
>
> (3) 공기액화분리장치의 폭발원인 및 방지대책
>
> | 폭발원인 | · 공기 취입구로부터 아세틸렌(C_2H_2)이 혼입되었을 때
· 압축기용 윤활유 분해로 탄화수소가 생성되었을 때
· 액체 산소 내 오존(O_3)이 혼입되었을 때
· 공기 중 질소화합물(NO, NO_2)이 혼입되었을 때 |
> |---|---|
> | 방지대책 | · 공기 취입구는 아세틸렌(C_2H_2)이 혼입되지 않는 장소에 설치할 것
· 공기 취입구 부근에 카바이드 작업을 하지 말 것
· 압축기 윤활유는 양질의 광유를 사용할 것
· 장치를 사염화탄소(CCl_4)로 연1회 세척할 것
· 장치내 여과기를 설치할 것 |
>
> (4) 공기액화장치의 불순물 및 제거방법
> - CO_2: 드라이아이스가 되어 배관내 유체 흐름을 방해한다. → NaOH로 제거한다. ($2NaOH + CO_2 \rightarrow Na_2CO_3 + H_2O$)
> - H_2O: 수분의 동결(얼음)로 장치내 흐름을 방해한다.
> - 건조제(실리카겔, 알루미나, 소바비드, 몰리큘러시브 등)를 사용하여 제거한다.

3 질소(N_2, Nitrogen)

1. 개요

(1) **질소의 특성**

① 불연성 압축가스이다.

② 상온에서는 무색·무취의 기체이다.

③ 공기 중에 78%를 차지하고 있다.

④ 분자(N_2)상으로는 안전하나 원자(N)상의 질소는 화학적으로 활발하다.

⑤ 분자량은 28이며, 비등점(Boiling point)은 -196℃이다.

⑥ 물리, 화학적 성질은 다음과 같다.

　㉠ 질소가 다른 원소들과 결합하여 부식을 일으키는 것을 질화라고 하며, 질화방지 금속은 니켈(Ni)이 있다.

　㉡ 무독성이며, 밀폐공간에서 산소의 농도를 낮춰 질식위험이 있다.

　㉢ 높은 에너지 및 고온의 내연기관에서 반응하여 질소산화물(NO_x)를 생성한다.

(2) **질소의 용도**

① 암모니아의 제조 원료로 사용한다.

② 급속동결용 냉매로 사용한다.

③ 기기의 기밀 시험용, 퍼지(치환)용 가스로 이용한다.

2. 질소의 제조

① 공기액화분리장치를 이용하여 제조한다.

② 아질산암모늄(NH_4NO_2)을 가열하여 제조한다.

4 시안화수소(HCN, Hydrogen Cyanide)

1. 개요

(1) 시안화수소의 특성

① 가연성 가스이면서 독성가스로 분류된다.

② 복숭아 냄새의 무색 기체, 무색 액체이다.

③ 분자량은 27이며, 비등점(Boiling point)은 $-26℃$이다.

④ 물리, 화학적 성질은 다음과 같다.

　㉠ 고농도를 흡입하면 사망까지 이르는 위험한 가스이다.

　㉡ 물에 잘 녹고, 약산성을 가진다.

　㉢ 인화성이 있고, 화염 스파크에 의해 연소한다.

(2) 시안화수소의 용도

① 살충용, 아크릴계 합성섬유의 원료로 사용한다.

② 메타크릴수지 합성용 원료로 사용한다.

2. 시안화수소의 위험성

(1) 폭발범위: 6~41%

(2) 허용농도

① LC_{50} 기준: 140ppm

② TLV-TWA 기준: 10ppm

(3) 중합폭발

① 수분이 2% 이상 침투 시 발생할 수 있는 폭발이다.

② 폭발을 방지하기 위해 98% 이상의 순도를 유지해야 한다.

3. 시안화수소의 제조 및 취급

(1) 시안화수소의 제조법

① 엔드류소법: 암모니아, 메탄에 공기를 가한 후 백금촉매를 이용하여 시안화수소를 제조한다.

$$CH_4 + NH_3 + \frac{2}{3}O_2 \rightarrow HCN + 3H_2O$$

② 포름아미드법: 일산화탄소와 암모니아에서 포름아미드를 거쳐 시안화수소를 제조한다.

$$CO + NH_3 \rightarrow HCONH_2 \rightarrow HCN + H_2O$$

(2) 취급기준

① 98% 미만의 순도는 충전 후 60일을 넘지 않아야 한다.
② 60일이 경과 되기 전에 다른 용기로 옮겨 충전해야 한다.
③ 중합폭발을 방지하기 위한 안정제는 황산, 염화칼슘, 인산, 동, 동망, 오산화인 등이 있다.
④ 건조상태에서는 부식성이 없으나 수분 존재 시 염산이 생성되어 부식을 일으킨다.

5 암모니아(NH_3, Ammonia)

1. 개요

(1) **암모니아의 특성**

① 가연성 가스이면서 독성가스로 분류된다.
② 상온, 상압에서 무색의 기체로서 강한 자극성의 냄새가 있고 물에 잘 녹는다.
③ 분자량은 17이며, 비등점(Boiling point)은 -33℃이다.
④ 물리, 화학적 성질은 다음과 같다.
　㉠ 고온, 고압에서 질화작용과 수소취화작용이 일어난다.
　㉡ 가스일 때 공기보다 가볍다.
　㉢ 동을 부식하고, 고온·고압에서는 강재를 침식한다.
　㉣ 구리, 아연, 은, 코발트 등과 같은 금속과 반응하여 착이온을 만든다.

(2) **암모니아의 용도**

① 질소 비료, 나일론 등에 쓰인다.
② 황산암모늄을 제조하는데 사용한다.
③ 아민류의 원료 및 냉동기의 냉매로 사용한다.

2. 암모니아의 위험성

(1) **폭발범위**: 15~28%

(2) **허용농도**

① LC_{50} 기준: 7,338ppm
② TLV-TWA 기준: 25ppm

3. 암모니아의 제조 및 취급

(1) **암모니아의 제조법**

① 하버-보슈법: $N_2 + 3H_2 \rightarrow 2NH_3$
　㉠ 고압법(60~100MPa): 클로드법, 카자레법
　㉡ 중압법(30MPa 전후): J·C·I법, 뉴파우더법, 동공시법
　㉢ 저압법(15MPa 전후): 구우데법, 케로그법
② 석회질소법: $CaCN_2 + 3H_2O \rightarrow 2NH_3 + CaCO_3$

(2) 취급 기준
① 대부분의 가연성가스 충전구는 왼나사이다. 단, 암모니아(NH_3)와 브롬화메탄(CH_3Br)은 오른나사이다.
② 가연성가스를 취급하는 시설의 전기설비는 방폭구조로 하여야 한다. 단, 암모니아(NH_3)와 브롬화메탄(CH_3Br)은 방폭구조로 하지 않을 수 있다.
③ 아세틸렌(C_2H_2), 암모니아(NH_3), 황화수소(H_2S)는 구리 재질을 사용할 수 없다. 단, 구리 재질을 사용할 때에는 아세틸렌과 같이 62% 미만의 구리합금을 사용하여야 한다.

4. 암모니아의 누설 검지법
① 냄새(취기)로 알 수 있다.
② 염산수용액과 반응 시 흰 연기(NH_4Cl) 발생한다.
③ 시약 및 시험지의 색깔로 알 수 있다.

적색 리트머스지	청색
네슬러시약	황갈색(농도가 진하면 적갈색으로 변함)
페놀프탈레인 시험지	적색

6 염소(Cl_2, Chlorine)

1. 개요

(1) **염소의 특성**
① 조연성 가스이면서 독성가스로 분류된다.
② 냄새가 심하게 자극적이고 황록색을 띠며, 공기보다 무겁다.
③ 분자량은 71이며, 비등점(Boiling point)은 −34℃이다.
④ 물리, 화학적 성질은 다음과 같다.
  ㉠ 비교적 쉽게 액화하고, 물에는 잘 녹는다.
  ㉡ 염소 자체는 폭발성, 인화성은 없다.

(2) **염소의 용도**
① 수돗물의 살균 소독제, 하수도의 살균제로 사용한다.
② 펄프, 종이의 표백분 제조, 섬유의 표백용에 사용한다.

2. 염소의 위험성

(1) **허용농도**
① LC_{50} 기준: 293ppm
② TLV-TWA 기준: 1ppm

(2) **특징**
① 독성가스이므로 흡입 시 유해하다.
② 아세틸렌과 접촉하게 되면 자연발화의 가능성이 높다.
③ 수소와 혼합되면 폭발성을 나타내며, 염소폭명기가 발생한다.

$$H_2 + Cl_2 \rightarrow 2HCl + 44kcal$$

3. 염소의 제조 및 취급

(1) 염소의 제조법
① 실험적 제조법
　㉠ 소금물을 전기분해하여 제조한다.

$$2NaCl + 2H_2O \rightarrow 2NaOH + Cl_2 + H_2$$

　㉡ 소금물에 진한 황산과 이산화망간을 첨가하고 가열하여 제조한다.
　㉢ 표백분에 진한 염산을 첨가하여 제조한다.
　㉣ 염산에 이산화망간, 과망간산칼륨 등 산화제를 작용시켜 제조한다.
② 공업적 제조법
　㉠ 수은법: 양극에 탄소, 음극에 수은을 사용하여 나트륨 아말감(Na·Hg)을 생성하여 수은에 용해시키고 물로 분해하여 가성소다와 수소를 생성하며 양극에서는 염소(Cl_2)가 발생한다.
　㉡ 격막법: 양극에 탄소, 음극에 철을 사용하고, 두 극 사이에 석면으로 된 격막을 설치하여 양극과 음극에서 생성되는 물질이 서로 섞이지 않도록 한다.
　㉢ 염산을 전기분해하여 제조할 수 있다.

(2) 취급 기준
① 용기 안전밸브는 가용전으로 한다.
② 중화액은 가성소다 수용액, 탄산소다 수용액, 소석회 등이 있다.
③ 건조상태에서는 부식성이 없으나 수분 존재 시 염산이 생성되어 부식을 일으킨다.
④ 압축기 윤활유 및 건조제는 진한 황산으로 한다.

4. 염소의 누설 검지법
① 냄새(취기)로 알 수 있다.
② KI 전분지: 청색으로 변한다.
③ 암모니아수는 염소와 접촉하면 염화암모늄의 흰 연기가 발생한다.

7 아세틸렌(C_2H_2, Acetylene)

1. 개요

(1) 아세틸렌의 특성
① 용해가스이면서 가연성 가스로 분류된다.
② 공기보다 가볍고 무색인 기체이다.
③ 분자량은 26이며, 비등점(Boiling point)은 -84℃이다.
④ 물리, 화학적 성질은 다음과 같다.
　㉠ 액체 아세틸렌은 불안정하지만, 고체 아세틸렌은 비교적 안정하다.
　㉡ 15℃에서 물에는 1.1배 정도 녹지만, 아세톤에는 25배 정도 녹는다.
　㉢ 융점과 비점이 비슷하여 고체 아세틸렌을 융해하지 않고 승화한다.
　㉣ 탄소 원자간 3중 결합을 갖는 불포화 탄화수소로서 반응성이 크다.

(2) 아세틸렌의 용도
① 연소 시 고열을 얻을 수 있어 용접용으로 쓰인다.
② 아세틸렌을 고온으로 가열하면 탄소와 수소로 분해된다. 이때 생긴 탄소를 카본블랙이라 하며, 인쇄용 잉크 제조, 전지용 전극 등에 사용한다.
③ 유기합성화학(합성수지, 합성섬유, 합성고무)의 주요 원료로 사용한다.

2. 아세틸렌의 위험성

(1) 폭발범위

공기 중에서 2.5~81%, 산소 중에서 2.5~93%이다.

(2) 폭발성

① 분해폭발: 스스로 분해하는 분해폭발이다.

$$C_2H_2 \rightarrow 2C + H_2$$

② 화합폭발
㉠ 구리와 접촉 시: 폭발성 물질인 동아세틸라이드 생성한다.

$$2Cu + C_2H_2 \rightarrow 2CuC_2 + H_2$$

㉡ 은과 접촉 시: 폭발성 물질인 은아세틸라이드 생성한다.

$$2Ag + C_2H_2 \rightarrow 2AgC_2 + H_2$$

㉢ 수은과 접촉 시: 폭발성 물질인 수은아세틸라이드 생성한다.

$$2Hg + C_2H_2 \rightarrow 2Hg_2C_2 + H_2$$

③ 산화폭발: 산소와 접촉 시 산화폭발한다.

$$C_2H_2 + 2.5O_2 \rightarrow 2CO_2 + H_2O$$

3. 아세틸렌의 제조

(1) 개요
① 제조 반응식: $CaC_2 + 2H_2O \rightarrow C_2H_2 + Ca(OH)_2$
② 제조 방법: 카바이드를 원료로 물과 반응하여 제조한다.
③ 아세틸렌 제조 시 품질검사 기준은 98% 이상이다.

④ 제조 방식

주수식	• 카바이드에 물을 넣는 방식으로 제조 시 불순물이 많다. • 주수량의 가감에 의해 가스 발생량을 조절할 수 있다. • 카바이드에 접촉하는 물이 적어 온도 상승이 쉽게 일어나 아세틸렌의 분해 및 중합의 위험이 있다. • 카바이드 교체 시 공기의 혼입이 있다.
침지식	• 카바이드와 물을 소량씩 접촉시켜 제조하는 방식으로 제조 시 불순물이 많다. • 물과의 접촉이 충분하지 못하므로 온도 상승이 쉽게 일어난다. • 카바이드 교체 시 공기의 혼입이 있다. • 후기가스가 발생한다.
투입식	• 물에 카바이드를 넣는 방식으로 공업적으로 대량생산에 적합하다. • 다량의 물속에 CaC_2를 투입하는 방법으로 CaC_2가 수중에 있기 때문에 온도 상승이 적고, 불순가스와 후기가스의 발생이 적다. • 카바이드 투입량으로 가스 발생량을 조절한다. • 습식 아세틸렌가스 발생기의 표면 온도는 70℃ 이하로 유지한다.

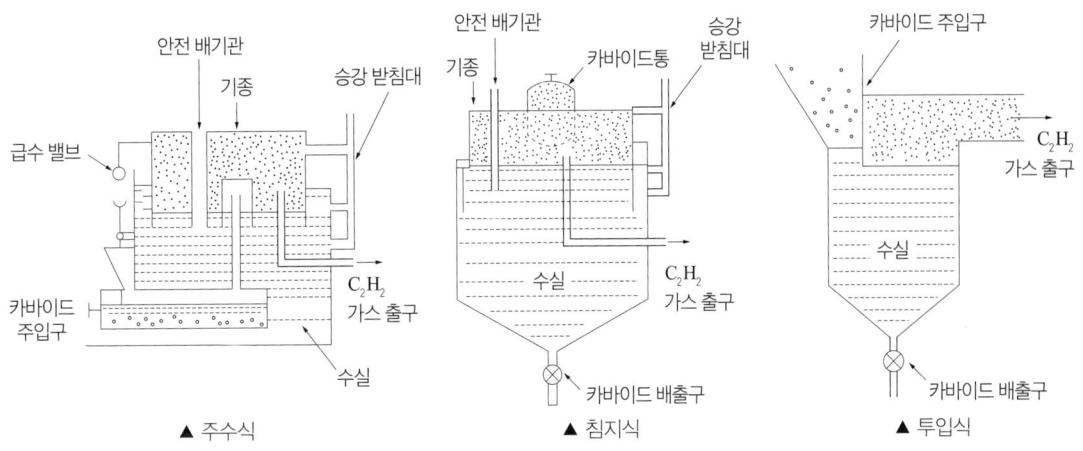

▲ 주수식 ▲ 침지식 ▲ 투입식

(2) **제조상 불순물**

① 불순물의 종류
  ㉠ 황화수소(H_2S) ㉡ 인화수소(PH_3) ㉢ 암모니아(NH_3) ㉣ 모노실란(SiH_4)
  ㉤ 산소(O_2) ㉥ 질소(N_2) ㉦ 메탄(CH_4)

② 불순물의 영향
  ㉠ 아세틸렌의 순도가 저하된다.
  ㉡ 폭발의 위험이 있다.

③ 불순물 제거제
  ㉠ 카타리솔 ㉡ 리가솔 ㉢ 에퓨렌

4. 아세틸렌의 충전 및 압축

(1) 충전 순서

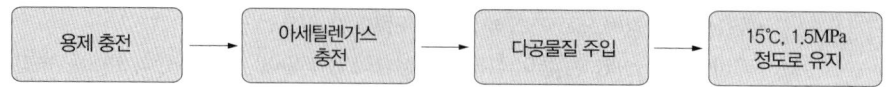

(2) 충전 압력
① 2.5MPa 이하로 충전한다.
② 2.5MPa 이상 충전 시 폭발방지를 위해 N_2, CH_4, CO, C_2H_4 등의 희석제를 첨가한다.

(3) 아세틸렌 용기 밸브
① 동 함유량이 62% 미만인 단조황동, 단조강을 사용한다.
② 아세틸렌 용기의 안전밸브는 가용전식이다.

(4) 아세틸렌의 용제
① 아세틸렌을 충전하기 위해 아세틸렌을 녹이는 물질이다.
② 용제의 종류는 다음과 같다.
　㉠ 아세톤(CH_3COCH_3)
　㉡ 디메틸포름아미드(Dimethylformamide, DMF)

(5) 아세틸렌 압축기
① 윤활유: 양질의 광유를 사용한다.
② 작동 장소: 수중에서 작동하며, 이때 냉각수의 온도는 20℃ 이하로 한다.
③ 압축기 회전수: 저속으로 운전한다.

핵심 Point 다공물질

(1) 개요
- 아세틸렌 충전 후 미세 공간으로 확산하여 분해폭발을 방지하기 위해 사용한다.
- 다공물질의 종류: 석면, 규조토, 목탄, 석회, 다공성 플라스틱 등이 있다.
- 다공물질의 다공도는 75% 이상 92% 미만이다.

(2) 다공도 공식

$$\frac{V-E}{V} \times 100$$

V: 다공물질의 용적[m³], E: 침윤되지 않은 아세톤의 잔량[m³]

(3) 다공물질의 구비조건
- 경제적일 것
- 고다공도일 것
- 안정성이 있을 것
- 기계적 강도가 있을 것
- 가스충전이 용이할 것

8 에틸렌(C_2H_4, Ethylene)

1. 개요

(1) 에틸렌의 특성

① 가연성 가스로 분류된다.
② 무색이며 물에 녹지 않고, 알코올, 에테르에는 잘 용해된다.
③ 분자량은 28이며, 비등점(Boiling point)은 −169℃이다.
④ 물리, 화학적 성질은 다음과 같다.
　㉠ 2중 결합을 가지고 있어 각종 첨가반응을 일으킨다.
　㉡ 공기와의 혼합하면 폭발성을 가진다.

(2) 에틸렌의 용도

폴리에틸렌, 산화에틸렌, 에틸알콜의 제조에 이용된다.

2. 에틸렌의 제조

① 진한 황산이나 알루미나 존재 하에 에탄올을 160~180℃로 가열하여 탈수시켜 만든다.
② 에탄, 프로판, 나프타 등의 탄화수소를 700~900℃의 고온으로 가열하여 크래킹시켜 만든다.

9 산화에틸렌(C_2H_4O, Ethylene Oxide)

1. 개요

(1) 산화에틸렌의 특성

① 가연성 가스이면서 독성가스로 분류된다.
② 상온에서는 무색가스로 에테르 냄새, 고농도에서는 자극적인 냄새가 난다.
③ 분자량은 44이고, 비등점(Boiling point)은 −10℃이다.
④ 물리, 화학적 성질은 다음과 같다.
　㉠ 반응성이 크다.
　㉡ 물, 알코올, 에테르에 용해된다.
　㉢ 물의 수화반응에 의해 글리콜을 만든다.
　㉣ 알코올과의 반응에 의해 글리콜에테르를 만든다.
　㉤ 아세틸라이드를 생성하는 금속(Cu, Ag, Hg)을 사용해서는 안된다.

(2) 산화에틸렌의 용도

에틸렌 글리콜, 폴리에스테르섬유 등 화학공정의 합성원료로 사용된다.

2. 산화에틸렌의 위험성

(1) 폭발범위: 3~80%

(2) 허용농도

① LC_{50} 기준: 2,900ppm
② TLV−TWA 기준: 50ppm

(3) 폭발성

① 분해폭발 및 중합폭발의 위험성을 동시에 갖고 있으며, 금속염화물과 반응 시 중합폭발을 일으킨다.
② 분해폭발을 일으키는 가스: 아세틸렌(C_2H_2), 산화에틸렌(C_2H_4O), 히드라진(N_2H_4) 등

3. 산화에틸렌의 취급

(1) 용기 충전
① 충전 시 미리 안정한 가스를 충전(45℃에서 0.4MPa 이상)한 후 산화에틸렌을 충전한다.
② 충전 시 저장탱크는 그 내부의 가스를 질소 또는 탄산가스로 치환하고 5℃ 이하로 유지한다.

(2) 충전 시 사용되는 안정제
① 질소(N_2)
② 이산화탄소(CO_2)
③ 수증기

10 희가스(불활성 가스)

1. 개요

(1) 희가스의 특성
① 불활성 가스이다.
② 주기율표 0족에 속하는 가스이다.
③ 무색·무취의 기체이며 방전관 속에서 특유의 빛을 발생한다.
④ 분자 간에 반데르발스의 힘이 존재하여 비등점이 낮다.

(2) 희가스의 용도
① 네온사인용, 형광등 방전관용으로 이용한다.
② 금속가공 제련 보호가스 등에 쓰인다.
③ 가스 크로마토그래피(G/C)의 캐리어가스(He, Ar, H_2, N_2)로 사용한다.

2. 희가스의 제조

공기액화 시 비점의 차이에 의해 분별증류한다.

핵심 Point 희가스의 발광색

가스	He	Ne	Ar	Kr	Xe	Rn
발광색	황백색	주황색	적색	녹자색	청자색	청록색

11 포스겐($COCl_2$, Phosgene)

1. 개요

(1) 포스겐의 특성
① 독성가스로서 가장 독성이 강하며, 자극적인 냄새(풀 냄새)가 난다.
② 분자량은 99이며, 비등점(Boiling point)은 8℃이다.
③ 물리, 화학적 성질은 다음과 같다.
  ㉠ 수분 존재 시 염산이 생성되며 부식된다.

$$COCl_2 + H_2O \rightarrow CO_2 + 2HCl$$

ⓒ 가열하면 일산화탄소와 염소로 분해된다.
　　　ⓒ 사염화탄소(CCl_4)에 잘 녹는다.
　　　ⓔ 가수분해하여 이산화탄소와 염산이 생성된다.
　(2) **포스겐의 용도**
　　① 염소화합물, 요소 및 유기화합물의 제조과정 및 원료로 사용한다.
　　② 염료 및 염료 중간체의 제조, 폴리우레탄, 접착제, 도료 등의 원료에 사용한다.
　　③ 알코올, 페놀과의 반응성을 이용해 의약, 농약, 가소제 등을 제조한다.

2. 포스겐의 위험성

　(1) **허용농도**
　　① LC_{50} 기준: 5ppm
　　② TLV-TWA 기준: 0.1ppm

3. 포스겐의 제조 및 취급

　(1) **포스겐의 제조법**
　　① 일산화탄소와 염소를 활성탄 촉매 존재하에 반응시켜 제조한다.

$$CO + Cl_2 \rightarrow COCl_2$$

　　② 공기 중이나 산화철 및 습도가 있는 곳에서 사염화탄소(CCl_4)를 생성한다.
　(2) **취급기준**
　　① 중화액으로는 가성소다 수용액, 소석회 등이 있다.
　　② 포스겐은 염소와 성질이 비슷하여 중화액, 윤활유 및 건조제가 동일하게 사용된다. 즉, 진한 황산을 사용한다.

12 메탄(CH_4, Methane)

1. 개요

　(1) **메탄의 특성**
　　① 가연성 가스로 분류된다.
　　② 메탄은 천연가스의 주성분이다.
　　③ 공기보다 가볍다.
　　④ 분자량은 16이며, 비등점(Boiling point)은 -162℃이다.
　　⑤ 물리, 화학적 성질은 다음과 같다.
　　　ⓞ 용해도가 작으며, 공기 중에 연소한다.
　　　ⓒ 고온에서 산소, 물과 반응할 때 니켈 촉매를 사용하여 일산화탄소와 수소를 생성한다.
　　　ⓒ 가스 누설 시 조기 발견을 위해 첨가하는 향료 부취제 역할을 한다.

THT	석탄가스 냄새
TBM	양파썩는 냄새
DMS	마늘냄새

(2) **메탄의 용도**

① 천연가스의 주성분으로서 도시가스로 사용된다.

② LNG로서 발전용 연료로 공급된다.

③ 염소와 반응시켜 다양한 가스로 사용된다.(탈수소반응)

㉠ $CH_4 + Cl_2 \rightarrow CH_3Cl + HCl$ ············ CH_3Cl(염화메틸): 냉동용 냉매

㉡ $CH_3Cl + Cl_2 \rightarrow CH_2Cl_2 + HCl$ ············ CH_2Cl_2(염화메틸렌): 소독제

㉢ $CH_2Cl_2 + Cl_2 \rightarrow CHCl_3 + HCl$ ············ $CHCl_3$(클로로포름): 마취제

2. 메탄의 위험성

무색, 무취, 무미의 특성이 있어 누설 시 조기 발견이 어려우며, 폭발범위는 5~15%이다.

3. 메탄의 제조 및 취급

(1) **메탄의 제조법**

천연가스, 석유 분해 가스에 포함되어 있다.

(2) **취급기준**

① 도시가스 취급시설의 가스누설검지기는 천정면에서 30cm 이내에 설치한다.

② 도기가스 공급시설의 매설배관은 방식구조를 갖추어야 한다.(PE배관은 제외한다.)

13 일산화탄소(CO, Carbon Monoxide)

1. 개요

(1) **일산화탄소의 특성**

① 가연성 가스이면서 독성가스로서 독성이 강하다.

② 무색, 무취, 무미, 환원성 가스이다.

③ 분자량은 28이며, 비등점(Boiling point)은 $-192℃$이다.

④ 물리, 화학적 성질은 다음과 같다.

㉠ 상온에서 염소와 반응 시 포스겐을 생성한다.

$$CO + Cl_2 \rightarrow COCl_2$$

㉡ 금속과 반응하여 금속카보닐을 생성한다.

- 철카보닐: $Fe + 5CO \rightarrow Fe(CO)_5$
- 니켈카보닐: $Ni + 4CO \rightarrow Ni(CO)_4$

㉢ 물에는 녹기 어렵고 알코올에 녹는다.

(2) **일산화탄소의 용도**

① 메탄올을 합성하며, 포스겐을 제조한다.

② 부탄올 합성 및 개미산 또는 화학공업 원료로 사용된다.

2. 일산화탄소의 위험성

(1) 폭발범위
① 12.5~74%이다.
② 대부분의 가연성 가스는 압력을 높이면 폭발범위가 증가하지만 CO는 감소한다. (단, 수소(H_2)는 압력을 높이면 폭발범위가 감소하다가 다시 증가한다.)

(2) 허용농도
① LC_{50} 기준: 3,760ppm
② TLV-TWA 기준: 50ppm

3. 일산화탄소의 제조
① 수성가스화법: $CH_4 + H_2O \rightarrow CO + 3H_2$
② 석탄 코크스 습증기 분해법: $C + H_2O \rightarrow CO + H_2$

> **보충 TIP** 일산화탄소의 부식성
>
> **(1) 개요**
> 일산화탄소는 부식성 물질이며, 부식하면 카보닐(침탄)을 생성한다.
> - 철카보닐 생성: $Fe + 5CO \rightarrow Fe(CO)_5$
> - 니켈카보닐 생성: $Ni + 4CO \rightarrow Ni(CO)_4$
>
> **(2) 부식방지법**
> - Ni-Cr계 스테인리스강을 사용한다.
> - 내면을 구리나 알루미늄 등으로 피복한다.

14 이산화탄소(CO_2, Carbon Dioxide)

1. 개요

(1) 이산화탄소의 특성
① 불연성 가스로 분류된다.
② 대기 중에 영향을 미치는 대표적인 온실가스로 분류된다.
③ 분자량은 44이며, 비등점(Boiling point)은 $-78°C$이다.
④ 물리, 화학적 성질은 다음과 같다.
    ㉠ 무색, 무취의 기체로 공기보다 무거우며, 공기 중에 약 0.03%가 함유되어 있다.
    ㉡ 액체 탄산가스를 냉각 또는 급격히 기화시키면 고체 탄산인 드라이아이스를 얻는다.
    ㉢ 나트륨이나 마그네슘 등은 이산화탄소 중에서도 격렬하게 연소한다.

(2) 이산화탄소의 용도
① 드라이아이스를 제조한다.
② 요소의 원료로 사용한다.
③ 탄산수, 소화제 등으로 쓰인다.

2. 이산화탄소의 위험성

(1) 허용농도
① TLV-TWA 기준: 5,000ppm
② 공기 중에 다량으로 존재 시 산소 결핍에 의한 질식이 발생할 수 있다.
③ 중화제로는 수산화칼륨(KOH) 등이 있다.

3. 이산화탄소의 제조
① CO의 전화반응법에 의해 회수된다.
② 석회석을 가열하여 생성한다.
③ 코크스를 연소하여 부생물로 생성한다.

15 황화수소(H_2S, Hydrogen Sulfide)

1. 개요

(1) 황화수소의 특성
① 가연성 가스이면서 독성가스로 분류된다.
② 분자량은 44이며, 비등점(Boiling point)은 $-78°C$이다.
③ 물리, 화학적 성질은 다음과 같다.
    ㉠ 물에 녹아 수용액은 약한 산성이 된다.
    ㉡ 인화성이 아주 강하다.
    ㉢ 금속염의 수용액에 H_2S를 통하면 액성에 따라 특유 색깔의 금속 황화물 침전이 생기므로 금속 이온의 정성 분석에 사용된다.

(2) 황화수소의 용도
① 금속, 제련, 형광 물질 원료로 사용한다.
② 공업약품, 의약품의 제조 원료로 사용한다.
③ 유황 제조에 사용한다.

2. 황화수소의 위험성
동이나 동 합금이 함유된 장치를 사용하였을 때 폭발의 위험성이 있다.

(1) 폭발범위: 4.3~45%

(2) 허용농도
① LC_{50} 기준: 444ppm
② TLV-TWA 기준: 10ppm

3. 황화수소의 제조 및 취급

(1) 황화수소의 제조법
① 황화철에 묽은 황산이나 묽은 염산을 작용시켜 만든다.
② 합성가스 제조 공정, 정제 단계의 탈황 설비에서 회수된다.

(2) 취급 기준
중화액으로는 가성소다 수용액, 탄산소다 수용액이 있다.

16 아황산가스(SO_2, Sulfur Dioxide)

1. 개요

(1) 아황산가스의 특성
① 불연성 가스이면서 독성가스로 분류된다.
② 누출 시 눈, 코, 기도를 강하게 자극시킨다.
③ 분자량은 64이며, 비등점(Boiling point)은 -78.5℃이다.
④ 물리, 화학적 성질은 다음과 같다.
　㉠ 압력을 가하면 쉽게 액화하여 약산성인 액체 아황산이 된다.
　㉡ 알칼리에 잘 흡수된다.

$$SO_2 + 2NaOH \rightarrow Na_2SO_3 + H_2O$$

(2) 허용농도
① LC_{50} 기준: 2,520ppm
② TLV-TWA 기준: 5ppm

(3) 아황산가스의 용도
① 황산의 제조 원료로 사용된다.
② 펄프의 표백제로 이용된다.

2. 아황산가스의 제조

황이나 황화물을 공기 중에서 연소하여 생성한다.

17 액화석유가스(LPG, Liquefied Petroleum Gas)

1. 개요

(1) 액화석유가스의 특성
① 가연성 가스로 분류된다.
② 주성분은 프로판(C_3H_8)과 부탄(C_4H_{10})이다.

가스	분자량	비등점	폭발범위
프로판(C_3H_8)	44	-42℃	2.1~9.5%
부탄(C_4H_{10})	58	-0.5℃	1.8~8.4%

③ 물리, 화학적 성질은 다음과 같다.
　㉠ 가스는 공기보다 무거우며, 액체는 물보다 가볍다.
　㉡ 연소 시 다량의 공기가 필요하고, 발열량이 크다.
　㉢ 기화 및 액화가 용이하며, 기화 시 체적이 커진다.
　㉣ 증발잠열이 크고, 발화온도가 높다.
　㉤ 연소속도가 느리고, 연소범위가 좁다.

(2) **액화석유가스의 용도**
① 가정용, 공업용 연료로 사용한다.
② 액화석유가스 내연기관의 연료로 사용한다.

2. 액화석유가스의 제조 및 취급

(1) **액화석유가스의 제조**
① 원유로부터의 제조: 압축 냉각법, 흡수유 흡수법, 활성탄 흡착법이 있다.
② 제유소 가스에서 회수: 원유 정제공정에서 발생하는 가스에서 회수하여 제조한다.
③ 나프타 분해생성물에서 회수: 나프타를 이용하여 에틸렌 제조시 회수하여 제조한다.
④ 나프타의 수소화 분해: 나프타를 이용하여 LPG를 생산한다.

(2) **취급 기준**
① 가스누설검지기는 바닥면에서 30cm 이내에 설치한다.
② 천연고무는 용해하기 때문에 배관 패킹재료는 합성고무제인 실리콘 고무를 사용한다.

(3) **LP가스에 공기를 희석시키는 목적**
① 열량을 조절한다.
② 누설손실을 감소하고 연소효율이 증대한다.
③ 재액화를 방지한다.

핵심 Point 가스별 누설검지 시험지 및 변색상태

가스(화학식)	시험지	변색 상태
암모니아(NH_3)	적색 리트머스지	청색
염소(Cl_2)	KI 전분지	청색
시안화수소(HCN)	초산(질산구리) 벤젠지	청색
아세틸렌(C_2H_2)	염화제1동 착염지	적색
황화수소(H_2S)	연당지	흑색
일산화탄소(CO)	염화파라듐지	흑색
포스겐($COCl_2$)	하리슨 시험지	심등색(오렌지색)

보충 TIP 독성가스별 허용농도

가스(화학식)	허용농도 기준(ppm)		제독제(중화제)
	TLV-TWA	LC_{50}	
암모니아(NH_3)	25	7,338	다량의 물
산화에틸렌(C_2H_4O)	50	2,900	다량의 물
염화메탄(CH_3Cl)	100	8,300	다량의 물
아황산가스(SO_2)	5	2,520	가성소다 수용액, 탄산소다 수용액, 다량의 물
염소(Cl_2)	1	293	가성소다 수용액, 탄산소다 수용액, 소석회
시안화수소(HCN)	10	140	가성소다 수용액
황화수소(H_2S)	10	444	가성소다 수용액, 탄산소다 수용액

• TLV-TWA: 시간가중치로서 1일 8시간 동안 노출이 허용되는 유해물질의 평균 농도를 의미한다.
• LC_{50}(Lethal Concentration 50): 실험동물의 50%를 사망시키는 독성물질의 농도를 의미한다.
  – 독성가스: 5,000ppm 이하
  – 맹독성가스: 200ppm 이하
• 고압가스안전관리법의 독성가스 기준은 5,000ppm 이하이며 맹독성가스의 경우에는 고압가스안전관리법에 정의되어 있지 않다.

18 기타 가스

1. 이황화탄소(CS_2)

(1) 개요

① 가연성가스이면서 독성가스이다.

② 폭발범위: 1~50%

③ 허용범위: TLV-TWA 기준 20ppm

(2) 물리, 화학적 성질

① 인화점(-30℃)과 발화점(100℃)이 낮다.

② 정전기에 의한 인화폭발의 위험이 있다.

③ 불안정하며 상온에서 빛에 의해 서서히 분해된다.

2. 염화메탄(CH_3Cl)

(1) 개요

① 가연성가스이면서 독성가스이다.

② 폭발범위: 8.3~18.7%

③ LC_{50} 기준: 8,300ppm, TLV-TWA 기준: 100ppm

(2) 물리, 화학적 성질

① 상온, 고압에서 무색의 기체이다.

② 에테르 냄새와 함께 단 맛이 있다.

③ 냉동기 냉매로 사용되었으나 현재는 거의 사용되지 않는다.

3. 브롬화메탄(CH_3Br)

(1) 개요

① 가연성가스이면서 독성가스이다.

② 폭발범위: 13.5~14.5%

③ LC_{50} 기준: 850ppm, TLV-TWA 기준: 5ppm

④ 암모니아(NH_3)와 함께 가연성 가스에 대한 기준(충전구 나사, 방폭)을 적용받지 않는다.

(2) 물리, 화학적 성질

① 무색이며 기체상태로 존재한다.

② 무기화합물이며 심한 악취가 난다.

③ 물에 대한 용해도가 크다.

4. 프레온(Freon)

(1) 개요

① 탄화수소와 할로겐 원소의 결합 화합물이다.

② 대부분 냉동장치의 냉매 및 에어졸 용제로 사용된다.

(2) 물리, 화학적 성질

① 무색, 무미, 무취의 기체이며 독성이 없다.

② 불연성, 비폭발성으로서 열에 안정적이다.

③ 액화가 용이하며 증발잠열이 크다.

CHAPTER 03 가스의 연소

〔가스 일반〕

1 연소

1. 연소의 기초

(1) **정의**

① 가연물이 산소와 결합하여 빛과 열을 동반한 산화반응을 의미한다.

② 산소의 공급에 따라 완전연소와 불완전연소로 분류한다.

구분	의미	생성물
완전연소	산소와 완전하게 결합하여 연소반응을 마친 상태	CO_2, H_2O
불완전연소	산소와 완전하게 결합하지 못해 연소반응을 마치지 못한 상태	CO, H_2

(2) **연소의 3요소**

① 가연물: 점화원에 의해 타기 쉬운 물질이나 물건 즉, 타기 쉬운 물질을 말한다.

② 점화원: 열원이라고도 하며, 연소반응에 필요한 에너지를 공급하는 에너지원을 말한다. 종류로는 화기, 스파크, 정전기, 마찰열, 타격, 충격 등이 있다.

③ 산소공급원: 연소는 산화반응이므로 가연물이 산소와 결합되어야 한다. 즉, 조연성 가스로서 다른 물질의 산화를 돕는 물질이다.

> **핵심 Point** 가연물이 되기 쉬운 조건
> - 산소와 친화력이 커야 한다.
> - 열전도율이 작아야 한다.
> - 활성화에너지가 작아야 한다.
> - 발열량이 커야 한다.
> - 수분이 적게 포함되어 있어야 한다.
> - 표면적이 넓어야 한다.

2. 연소의 형태

(1) **연소의 종류**

① 표면연소: 숯, 석탄 등 고체 표면에서 이루어지는 연소이다.

② 분해연소: 종이, 목재, 섬유 등 고체물질의 연소이다.

③ 증발연소: 알코올, 에테르 등 가연성액체의 연소이다.

④ 확산연소: 수소, 아세틸렌 등 가연성가스의 연소이다.

(2) **물질별 연소의 분류**

① 고체 물질

㉠ 연료성질에 따른 분류 중 고체물질의 연소 종류는 다음과 같다.

표면연소	고체의 표면에서 일어나는 일반적인 연소반응이다.
분해연소	연소물질이 완전분해를 일으키며 발생하는 연소반응이다.
증발연소	고체물질이 녹아 액체로 변한 후 증발하는 연소반응이다.
내부연소	다량의 연기를 동반하여 일어나는 연소반응이다.

㉡ 연소방법에 따른 분류 중 고체물질의 연소 종류는 다음과 같다.

미분탄연소	석탄을 미립화하여 연소되는 부분의 표면적을 크게 한다.
유동층연소	연료가 유동층을 형성하면서 저온에서 연소하는 방법이다.
화격자연소	화격자 위에 고정층을 만들고 공기를 넣어 연소하는 방법이다.

② 액체 물질

㉠ 증발연소: 증발하는 성질을 이용하여 증발관에서 증발시켜 연소하는 방법이다.

㉡ 액면연소: 액체 연료의 표면에서 연소시키는 방법이다.

㉢ 분무연소: 액체연료를 분무하여 미세한 액적으로 미립화시켜 연소시키는 방법이다.

㉣ 등심연소: 심지연소라고 하며 램프 등과 같이 연료를 심지로 빨아올려 연소한다.

③ 기체 물질

㉠ 예혼합연소: 공기(산소)를 미리 혼합한 후 연소하는 방법이다.

㉡ 확산연소: 공기보다 가벼운 기체를 확산시키면서 연소하는 방법이다.

㉢ 층류연소: 공기 중의 산소와 만나 불꽃을 형성하면서 규칙적인 층을 이루는 상태에서 발생한다.

㉣ 난류연소: 유체의 흐름이 불규칙하고 복잡한 소용돌이를 형성하며 발생한다.

3. 인화점과 발화점

(1) **인화점(Flash Point)**

① 점화원에 의해 연소가 시작되는 최저온도를 말한다.

② 인화점이 낮을수록 위험성이 큰 물질이다.

(2) **발화점(Ignition Point)**

① 점화원 없이 스스로 연소가 일어나는 최저온도를 말한다.

② 불꽃이나 스파크 없이 자연발화되는 온도이다.

③ 발화의 발생원인은 온도, 압력, 조성, 용기의 크기와 형태 등이 있다.

(3) **인화점과 발화점이 낮아지는 조건**

① 발열량이 높을수록 낮아진다.

② 반응활성도가 클수록 낮아진다.

③ 산소의 농도가 높을수록 낮아진다.

④ 압력이 높을수록 낮아진다.

⑤ 탄화수소에서 탄소수가 많은 분자일수록 낮아진다.

(4) 발화점에 영향을 주는 인자
① 가연성 가스와 공기의 혼합비(조성)
② 발화가 생기는 공간의 형태와 크기
③ 가열속도와 지속시간
④ 기벽의 재질과 촉매효과
⑤ 점화원의 종류와 에너지 투여

(5) **최소점화에너지(MIE, Minimum Ignition Energy)**
가스가 발화하는데 필요한 최소 에너지로서 MIE 값이 낮을수록 위험하다.
① 연소속도가 빠를수록 최소점화에너지는 낮아진다.
② 산소농도가 높을수록 최소점화에너지는 낮아진다.
③ 압력이 높을수록 최소점화에너지는 낮아진다.

4. 연소현상

(1) **선화(Lifting)**
① 정의: 가스의 연소속도보다 유출속도가 빨라 염공에서 떨어진 상태로 연소하는 현상이다.
② 원인
  ㉠ 노즐 구멍이 작을 때
  ㉡ 염공이 작을 때
  ㉢ 가스 공급압력이 높을 때
  ㉣ 공기조절장치가 많이 개방되었을 때

(2) **역화(Back Fire)**
① 정의: 가스의 유출속도보다 연소속도가 빨라 연소기 내부에서 연소하는 현상이다.
② 원인
  ㉠ 노즐 구멍이 클 때
  ㉡ 가스 공급압력이 낮을 때
  ㉢ 버너가 과열되었을 때
  ㉣ 콕을 불충분하게 개방하였을 때

(3) **블로우오프(Blow-Off)**
불꽃 주위 공기의 흐름이 강해지면 불꽃이 노즐에 정착하지 않고 꺼져버리는 현상이다.

(4) **옐로우팁(Yellow Tip)**
연소 반응속도가 느려 적황색의 불꽃을 띄며, 1차 공기가 부족하거나 철가루 등의 이상물질이 원인이다.

5. 연소 계산

(1) 이론산소량(O_o)

기체연료를 이론적으로 완전연소시키는 데 필요한 최소 산소량을 말한다.

① 체적 기준[Nm³/kg]

$$이론산소량(O_o) = mol수$$

② 중량 기준[kg/kg]

$$이론산소량(O_o) = mol수 \times \frac{22.4L}{mol}$$

(2) 이론공기량(A_o)

기체연료를 이론적으로 완전연소시키는 데 필요한 최소 공기량을 말한다.

① 체적 기준[Nm³/kg]

$$이론공기량(A_o) = O_o \times \frac{1}{0.21}$$

② 중량 기준[kg/kg]

$$이론공기량(A_o) = O_o \times \frac{1}{0.23}$$

(3) 계산 순서

① 산소량과 공기량을 구하기 위해 해당 연료의 완전연소반응식을 작성한다.

② 연료의 단위와 산소의 단위를 통일하여 적용한다.

③ 연료의 단위가 체적 기준일 경우

> 예 프로판(C_3H_8)
>
> 완전연소반응식: $C_3H_8 + 5O_2 \rightarrow 3CO_2 + 4H_2O$
>
> 프로판(C_3H_8) 1mol을 반응하기 위해서 산소(O_2) 5mol이 필요하다.
>
> - 이론산소량(O_o): 5 (연료와 산소의 단위를 맞추고 비율 또는 비례식 계산)
> - 이론공기량(A_o): $5 \times \frac{1}{0.21} = 23.81 Nm^3/kg$

④ 연료의 단위가 중량 기준일 경우

> 예 프로판(C_3H_8)
>
> 완전연소반응식: $C_3H_8 + 5O_2 \rightarrow 3CO_2 + 4H_2O$
>
> $44kg : 5 \times 22.4 = 1kg : x$
>
> - 이론산소량(O_o): $\frac{5 \times 22.4}{44} = 2.545$ (연료와 산소의 단위를 맞추고 비례식으로 계산)
> - 이론공기량(A_o): $2.545 \times \frac{1}{0.23} = 11.07 kg/kg$

> **핵심 Point** 탄화수소계 물질의 완전연소 반응식
>
> $$C_mH_n + \left(m + \frac{n}{4}O_2\right) \rightarrow mCO_2 + \frac{n}{2}H_2O$$
>
> [예]
> - 메탄(CH_4): $CH_4 + 2O_2 \rightarrow CO_2 + 2H_2O$
> - 프로판(C_3H_8): $C_3H_8 + 5O_2 \rightarrow 3CO_2 + 4H_2O$
> - 에틸렌(C_2H_4): $C_2H_4 + 3O_2 \rightarrow 2CO_2 + 2H_2O$

2 폭발 이론

1. 폭발(Explosion)

(1) 정의
① 연소가 빠르게 진행되어 파열, 팽창 등 격렬한 파괴반응을 일으키는 것을 의미한다.
② 폭음 및 충격, 압력 등을 발생시켜 반응이 순간적으로 진행한다.

(2) 폭발범위
① 가연성 가스가 산소와 혼합하여 연소 또는 폭발이 일어날 수 있는 범위를 부피(%)로 표현한다.
② 낮은 쪽의 농도를 폭발 하한계(LEL), 높은 쪽의 농도를 폭발 상한계(UEL)로 표현한다.

(3) 폭발의 영향인자

인자	폭발의 영향
온도	• 온도가 높아지면 폭발범위는 넓어진다. • 발화온도가 낮을수록 폭발하기 쉽다.
압력	• 일반적으로 압력이 높아질수록 폭발범위는 넓어지며, 폭발의 위험이 크다. 단, 수소(H_2)는 폭발범위가 좁아지다가 일정 압력 이상이 되면 다시 넓어진다. • 일산화탄소(CO)는 압력이 높아질수록 폭발범위가 좁아진다.
조성	• 폭발범위가 넓을수록 폭발의 위험성이 크다. • 산소 농도가 많아지면 폭발범위는 넓어진다.
용기의 크기와 형태	• 용기의 크기와 형태에 따라 폭발의 영향이 달라질 수 있다. • 용기가 작으면 발화하지 않거나 발화하더라도 화염이 전파되지 않을 수 있다.

2. 폭굉(Detonation)

(1) 개요
① 음속보다 화염전파속도가 큰 경우로서 파면선단에 충격파라는 압력파가 발생하며, 격렬한 파괴작용을 일으키는 현상을 말한다.
② 가스의 정상연소속도는 0.03~10m/s이며, 폭굉속도는 약 1,000~3,500m/s이다.

(2) 폭굉유도거리(DID: Detonation Inducement Distance)
① 정의: 최초에 발생한 완만한 연소가 격렬한 폭굉으로 발전하는 거리를 의미한다.
② DID가 짧아지는 조건
 ㉠ 정상연소속도가 큰 혼합가스일 경우 짧아진다.
 ㉡ 관 속에 방해물이 있거나 관경이 가늘수록 짧아진다.
 ㉢ 압력이 높을수록 짧아진다.
 ㉣ 점화원의 에너지가 클수록 짧아진다.

> **보충 TIP** 가연성 가스별 폭발범위
> 폭발 하한값이 낮을수록 또는 하한과 상한의 범위가 넓을수록 위험하다.
>
> | 가스 | 화학식 | 폭발범위[%] | 가스 | 화학식 | 폭발범위[%] |
> |---|---|---|---|---|---|
> | 아세틸렌 | C_2H_2 | 2.5~81 | 메탄 | CH_4 | 5~15 |
> | 산화에틸렌 | C_2H_4O | 3~80 | 프로판 | C_3H_8 | 2.1~9.5 |
> | 수소 | H_2 | 4~75 | 부탄 | C_4H_{10} | 1.8~8.4 |
> | 일산화탄소 | CO | 12.5~74 | 암모니아 | NH_3 | 15~28 |
> | 브롬화메탄 | CH_3Br | 13.5~14.5 | 에틸렌 | C_2H_4 | 2.7~36 |
> | 시안화수소 | HCN | 6~41 | 황화수소 | H_2S | 4.3~45 |
> | 에탄 | C_2H_6 | 3~12.5 | 염화메탄 | CH_3Cl | 8.3~18.7 |

3. 위험도
가연성 가스의 위험정도를 판단하기 위한 것을 의미한다.

$$H = \frac{U-L}{L}$$

H: 위험도, U: 폭발 상한값[%], L: 폭발 하한값[%]

4. 안전간격 및 폭발등급

(1) 개요
① 점화된 폭발성 혼합가스의 화염이 외부로 전달되지 않는 한계의 틈을 말한다.
② 8L 구형용기 안에 폭발성 혼합가스를 채우고 화염 전달여부를 측정하였을 때 화염이 전파되지 않는 간격이다.

▲ 최대안전틈새

(2) 안전간격에 따른 폭발 등급

폭발등급	안전간격	대표 가스	비고
폭발 1등급	0.6mm 초과	메탄, 에탄, 프로판 등	폭발범위가 좁은 가스
폭발 2등급	0.6mm 이하 0.4mm 초과	에틸렌, 석탄가스 등	−
폭발 3등급	0.4mm 이하	수소, 아세틸렌, 이황화탄소 등	폭발범위가 넓은 가스

5. 폭발 현상

(1) **증기운폭발**(UVCE, Unconfined Vapor Cloud Explosion)
① 탱크에서 방출된 다량의 가연성가스가 공기와 혼합하여 폭발성을 가진 증기 구름을 형성하며 점화원이 있으면 폭발하는 현상이다.
② 누출된 가스가 공기와 혼합기가 되면 점화원 존재 시 발생한다.
③ 특징
  ㉠ 누출된 가스가 공기와 혼합기가 되면 점화원 존재 시 폭발한다.
  ㉡ 증기운의 크기가 증가하면 점화 확률이 높아진다.
  ㉢ 증기운의 재해는 폭발보다 화재가 보통이다.
  ㉣ 폭발의 효율은 BLEVE보다 적으며 연소에너지 중 약 20%만 폭풍파로 전환된다.
  ㉤ 증기와 공기와의 난류혼합 또는 방출점으로부터 번짐점에서의 증기운 점화는 폭발의 충격을 가중시킨다.

(2) **비등액체팽창증기폭발**(BLEVE, Boiling Liquid Expanding Vapor Explosion)
① 탱크 및 용기 내 액체의 비등 및 증기 팽창으로 폭발하는 현상이다.
② 저장탱크 주변에서 화재 발생 시 발생한다.
③ 화재의 열로 인하여 저장탱크 내부의 팽창, 압력상승, 탱크파괴로 발전한다.

> **핵심 Point** 화재의 종류
>
> 화재는 물질이 연소하면서 손실 및 피해를 주는 현상을 말하며, 연소되는 물질의 성질에 따라 A급, B급, C급 및 D급 등으로 분류한다.
>
> | 화재 등급 | 화재 구분 | 예시 | 표시 색상 |
> |---|---|---|---|
> | A급 화재 | 일반 화재 | 목재, 종이 등 | 백색 |
> | B급 화재 | 유류 화재 | 유류, 가스 등 | 황색 |
> | C급 화재 | 전기 화재 | 누전, 합선 등 | 청색 |
> | D급 화재 | 금속 화재 | 금속분(Na, K) 등 | − |

가스 일반
합격을 다지는 빈출문제

01
고압가스의 성질에 따른 분류가 아닌 것은?

① 가연성 가스
② 액화가스
③ 조연성 가스
④ 불연성 가스

해설
액화가스는 고압가스의 상태에 따른 분류에 속한다.

관련이론 고압가스의 분류

상태에 따른 분류	• 압축가스 • 액화가스 • 용해가스
연소성에 따른 분류	• 가연성 가스 • 불연성 가스 • 조연성 가스
독성에 따른 분류	• 독성가스 • 비독성가스

정답 | ②

02
다음 중 절대압력을 정하는데 기준이 되는 것은?

① 게이지압력
② 국소 대기압
③ 완전진공
④ 표준 대기압

해설
절대압력은 완전진공을 기준으로 측정한 압력이다.

관련이론 절대압력과 게이지압력
• 절대압력: 완전진공을 0으로 측정한 압력이다.
• 게이지압력: 대기압을 0으로 측정한 압력이다.

정답 | ③

03
압력에 대한 설명으로 틀린 것은?

① 수주 280cm는 0.28kg/cm²와 같다.
② 1kg/cm²은 수은주 760mm와 같다.
③ 160kg/mm²은 16,000kg/cm²에 해당한다.
④ 1atm이란 1cm²당 1.033kg의 무게와 같다.

해설
1kg/cm²(공학기압)=735mmHg와 같다.
※ 수주 10m(1,000cm)=1kg/cm²
※ 1atm=1.0332kg/cm²

정답 | ②

04 〈고난도〉
섭씨온도와 화씨온도가 같은 경우는?

① −40℃
② 32°F
③ 273℃
④ 45°F

해설
−40℃일 때 −40°F로 일치한다.

관련이론 온도단위 변환

화씨[°F] → 섭씨[℃]	섭씨[℃] → 화씨[°F]
$℃=\dfrac{5}{9}(°F-32)$	$°F=\dfrac{9}{5}℃+32$

① $°F=\dfrac{9}{5}℃+32=\dfrac{9}{5}(-40)+32=-40°F$
② $℃=\dfrac{5}{9}(°F-32)=\dfrac{5}{9}(32-32)=0℃$
③ $°F=\dfrac{9}{5}℃+32=\dfrac{9}{5}×273+32=523.4°F$
④ $℃=\dfrac{5}{9}(°F-32)=\dfrac{5}{9}(45-32)=7.2℃$

정답 | ①

05

단위 질량인 물질의 온도를 단위 온도차 만큼 올리는데 필요한 열량을 무엇이라고 하는가?

① 일률 ② 비열
③ 비중 ④ 엔트로피

해설
비열[kJ/kg·℃]이란 단위 물질의 온도를 1℃ 올리는 데 필요한 열량을 말한다.

선지분석
① 일률: 단위 시간당 하는 일의 양[J/s]이다.
③ 비중: 물의 밀도를 기준으로 어떤 물질의 밀도를 비교한 상대적인 값이다.
④ 엔트로피(Entropy): 단위 중량당 열량을 절대온도로 나눈 값 [kcal/kg·K]이다.

정답 | ②

06 〈고난도〉

정압비열(C_p)와 정적비열(C_v)의 관계를 나타내는 비열비(k)를 옳게 나타낸 것은?

① $k = C_p/C_v$ ② $k = C_v/C_p$
③ $k < 1$ ④ $k = C_v - C_p$

해설
비열비는 다음과 같다.

비열비(k) = $\dfrac{정압비열(C_p)}{정적비열(C_v)}$

- 비열비(k)는 항상 1보다 크다.
- $C_p - C_v = R$(기체상수)

정답 | ①

07

다음 중 아세틸렌의 폭발과 관계가 없는 것은?

① 산화폭발 ② 중합폭발
③ 분해폭발 ④ 화합폭발

해설
아세틸렌은 산화, 분해, 화합폭발의 성질이 있으며, 시안화수소 (HCN)가 중합폭발의 성질이 있다.

정답 | ②

08

수소에 대한 설명으로 틀린 것은?

① 상온에서 자극성을 가지는 가연성 기체이다.
② 폭발범위는 공기 중에서 약 4~75%이다.
③ 염소와 반응하여 폭명기를 형성한다.
④ 고온·고압에서 강재 중 탄소와 반응하여 수소취성을 일으킨다.

해설
수소는 무색, 무취의 자극성이 없는 가연성가스이다.

관련이론 수소(H_2)
- 압축가스이면서 가연성 가스로 분류된다.
- 가장 작은 밀도로서 가장 가볍고, 확산속도가 빠른 기체이다.
- 상온에서 무색, 무미, 무취의 가연성 기체이다.
- 고온 조건에서 철과 반응한다.
- 열전도율이 크고 열에 대해 안정적이다.

정답 | ①

09

산소의 물리적인 성질에 대한 설명으로 틀린 것은?

① 산소는 약 −183℃에서 액화한다.
② 액체산소는 청색으로 비중이 약 1.13이다.
③ 무색, 무취의 기체이며 물에는 약간 녹는다.
④ 강력한 조연성 가스이므로 자신이 연소한다.

해설
산소(O_2)는 조연성 가스로 자신은 연소하지 않으며 가연물의 연소를 돕는다.

관련이론 산소(O_2)
- 물에 녹으며 액화산소는 담청색이다.
- 기체, 액체, 고체 모두 자성이 있다.
- 무색, 무취, 무미의 기체이다.
- 강력한 조연성 가스로서 자신은 연소하지 않는다.
- 대기(공기) 중에서 21%를 차지한다.
- 분자량은 32, 비등점은 −183℃이다.
- 산화(부식)의 주체이다.

정답 | ④

10
다음 중 수소(H_2)의 제조법이 아닌 것은?

① 공기액화 분리법　② 석유 분해법
③ 천연가스 분해법　④ 일산화탄소 전화법

해설
공기액화 분리법은 수소(H_2)의 제조법이 아니다.

관련이론 수소의 제조법
- 석유 분해법
- 천연가스 분해법
- 일산화탄소 전화법
- 물의 전기분해

정답 | ①

11
아세틸렌(C_2H_2)에 대한 설명 중 틀린 것은?

① 공기보다 무거워 낮은 곳에 체류한다.
② 카바이트(CaC_2)에 물을 넣어 제조한다.
③ 공기 중 폭발범위는 약 2.5~81%이다.
④ 흡열화합물이므로 압축하면 폭발을 일으킬 수 있다.

해설
아세틸렌(분자량 26)은 공기(분자량 29)보다 가벼워 높은 곳에 체류한다.

정답 | ①

12
수소의 공업적 용도가 아닌 것은?

① 수증기의 합성　② 경화유의 제조
③ 메탄올의 합성　④ 암모니아 합성

해설
수증기의 합성은 수소의 공업적 용도에 해당하지 않는다.

관련이론 수소의 공업적 용도
- 경화유의 제조
- 메탄올의 합성
- 암모니아 합성
- 유지공업

정답 | ①

13
수돗물의 살균과 섬유의 표백용으로 주로 사용되는 가스는?

① F_2　② Cl_2
③ O_2　④ CO_2

해설
염소(Cl_2)는 상온에서 물에 용해되며 살균, 표백작용을 한다.

관련이론 염소(Cl_2)
- 황록색의 기체로 조연성이 있다.
- 강한 자극성의 취기가 있는 독성가스이다.
- 독성가스이므로 흡입시 유해하다.
- 수소와 염소의 등량 혼합기체를 염소폭명기라 한다.
- 수분이 존재하는 상온에서 강재에 대하여 부식성을 가진다.
- 표백제 및 수돗물의 살균·소독에 사용된다.

정답 | ②

14
다음 중 연소의 형태가 아닌 것은?

① 분해연소　② 확산연소
③ 증발연소　④ 물리연소

해설
물리연소는 연소의 형태에 해당하지 않는다.

관련이론 연료의 종류별 연소의 형태

구분	연소	특징
고체	분해연소	목재, 종이, 플라스틱 등
	표면연소	숯, 코크스, 목탄 등
고체·액체	증발연소	양초 및 액체물질 등
액체	분무연소	액체의 미립화
	액면연소	연료의 표면
기체	확산연소	가벼운 기체
	예혼합연소	미리 공기와 혼합후 연소

정답 | ④

15
다음 중 연소의 3요소가 아닌 것은?

① 가연물 ② 산소공급원
③ 점화원 ④ 인화점

해설
연소의 3요소는 가연물, 산소공급원, 점화원이다.

정답 | ④

16
착화원이 있을 때 가연성액체나 고체의 표면에 연소하한계 농도의 가연성 혼합기가 형성되는 최저온도는?

① 인화온도 ② 임계온도
③ 발화온도 ④ 포화온도

해설
인화온도란 착화원이 있을 때 가연성액체나 고체의 표면에 연소하한계 농도의 가연성 혼합기가 형성되는 최저온도를 말한다.

정답 | ①

17
프로판의 완전연소반응식으로 옳은 것은?

① $C_3H_8 + 4O_2 \rightarrow 3CO_2 + 2H_2O$
② $C_3H_8 + 5O_2 \rightarrow 3CO_2 + 4H_2O$
③ $C_3H_8 + 2O_2 \rightarrow 3CO + H_2O$
④ $C_3H_8 + O_2 \rightarrow CO_2 + H_2O$

해설
프로판의 완전연소 반응식은 다음과 같다.
$C_3H_8 + 5O_2 \rightarrow 3CO_2 + 4H_2O$

정답 | ②

18
기체연료의 연소 특성으로 틀린 것은?

① 소형의 버너도 매연이 적고, 완전연소가 가능하다.
② 하나의 연료 공급원으로부터 다수의 연소로와 버너에 쉽게 공급된다.
③ 미세한 연소 조정이 어렵다.
④ 연소율의 가변범위가 넓다.

해설
기체연료는 미세한 연소 조정이 가능하다.

관련이론 기체연료의 연소
- 완전연소가 가능하다.
- 연소범위가 넓으며, 고온을 얻을 수 있다.
- 화재나 폭발의 위험성이 크므로 취급에 주의하여야 한다.
- 미세한 연소 조정이 가능하다
- 다수의 연소로와 버너에 쉽게 공급된다.
- 연소조절 및 점화, 소화가 용이하다.

정답 | ③

19
불완전연소 현상의 원인으로 옳지 않은 것은?

① 가스압력에 비하여 공급 공기량이 부족할 때
② 환기가 불충분한 공간에 연소기가 설치되었을 때
③ 공기와의 접촉 혼합이 불충분할 때
④ 불꽃의 온도가 증대되었을 때

해설
불완전연소란 가연성가스의 연소반응에 필요한 산소수가 부족하다는 의미이다.

관련이론 불완전연소 원인
- 공기량 부족
- 프레임 냉각
- 가스조성 불량
- 배기, 환기 불량
- 연소기구 불량

정답 | ④

20

가연물의 종류에 따른 화재의 구분이 잘못된 것은?

① A급: 일반화재
② B급: 유류화재
③ C급: 전기화재
④ D급: 식용유 화재

해설

구분	화재	종류
A급	일반화재	종이, 섬유, 목재 등
B급	유류화재	가솔린, 알코올, 등유 등
C급	전기화재	전기합선, 과전류, 누전 등
D급	금속 화재	금속분(Na, K) 등

정답 | ④

21

가스의 연소한계에 대하여 가장 바르게 나타낸 것은?

① 착화온도의 상한과 하한
② 물질이 탈 수 있는 최저온도
③ 완전연소가 될 때의 산소공급 한계
④ 연소가 가능한 가스의 공기와의 혼합비율의 상한과 하한

해설

가스의 연소한계란 폭발범위와 같은 의미로, 연소가 가능한 가스의 공기와의 혼합비율의 상한(%)과 하한(%)을 말한다.

정답 | ④

22 〈고난도〉

표준상태의 가스 $1m^3$를 완전연소시키기 위하여 필요한 최소한의 공기를 이론공기량이라고 한다. 다음 중 이론공기량으로 적합한 것은? (단, 공기 중에 산소는 21% 존재한다.)

① 메탄: 9.5배
② 메탄: 12.5배
③ 프로판: 15배
④ 프로판: 30배

해설

이론공기량(A_0) = 이론산소량(O_0) × $\frac{1}{0.21}$

- 메탄(CH_4)
  $CH_4 + 2O_2 \rightarrow CO_2 + H_2O$
  메탄(CH_4)의 이론산소량은 2mol이다.

  메탄의 이론공기량(A_0) = $2 \times \frac{1}{0.21}$ = $9.52 Nm^3/m^3$

- 프로판(C_3H_8)
  $C_3H_8 + 5O_2 \rightarrow 3CO_2 + 4H_2O$
  C_3H_8의 이론산소량은 5mol이다.

  프로판의 이론공기량(A_0) = $5 \times \frac{1}{0.21}$ = $23.81 Nm^3/m^3$

정답 | ①

23

다음 중 폭발방지대책으로서 가장 거리가 먼 것은?

① 방폭성능 전기설비 설치
② 정전기 제거를 위한 접지
③ 압력계 설치
④ 폭발하한 이내로 불활성가스에 의한 희석

해설

압력계는 유체의 압력을 측정하는 장치로 폭발 방지와는 거리가 멀다.

정답 | ③

24

비등액체팽창증기폭발(BLEVE)이 일어날 가능성이 가장 낮은 곳은?

① LPG 저장탱크
② 액화가스 탱크로리
③ 천연가스 지구정압기
④ LNG 저장탱크

해설
비등액체팽창증기폭발(BLEVE)은 저장탱크에서 발생가능성이 있으므로 지구정압기는 해당사항이 없다.

정답 | ③

25 〈고난도〉

부탄 $1Nm^3$을 완전연소시키는데 필요한 이론공기량은 약 몇 Nm^3인가? (단, 공기 중의 산소농도는 21v%이다.)

① 5
② 6.5
③ 23.8
④ 31

해설
부탄(C_4H_{10})의 완전연소 반응식
$C_4H_{10} + 6.5O_2 \rightarrow 4CO_2 + 5H_2O$
이론산소량: $6.5Nm^3$
공기량=이론산소량$\times \dfrac{1}{0.21} = 6.5 \times \dfrac{1}{0.21} ≒ 31Nm^3$

정답 | ④

26 〈고난도〉

20℃의 물 50kg을 90℃로 올리기 위해 LPG를 사용하였다면, 이 때 필요한 LPG의 양은 몇 kg인가? (단, LPG발열량은 10,000kcal/kg이고, 열효율은 50%이다.)

① 0.5
② 0.6
③ 0.7
④ 0.8

해설
Q(물의 현열량)$= G \cdot C \cdot \Delta t$
- G: 질량[kg], C: 비열[kcal/kg·K, 물의 비열은 1]
- Δt: 온도 변화량[K]

$Q = 50 \times 1 \times (90-20) = 3,500$kcal

연료(LPG) 소비량$= \dfrac{\text{필요한 총열량}(Q)}{\text{연료 발열량} \times \text{열효율}}$

$= \dfrac{3,500}{10,000 \times 0.5} = 0.7$kg

정답 | ③

27

다음 가스 1몰을 완전연소시키고자 할 때 공기가 가장 적게 필요한 것은?

① 수소
② 메탄
③ 아세틸렌
④ 에탄

해설
공기량$= \dfrac{\text{산소량}}{0.21}$이므로 산소요구량이 적다는 것은 공기량이 적다는 의미이다.
따라서, 가스 1몰당 산소량이 적게 필요한 것은 0.5몰 산소가 필요한 수소(H_2)이다.

선지분석
완전연소 반응식
① 수소: $H_2 + 0.5O_2 \rightarrow H_2O$
② 메탄: $CH_4 + 2O_2 \rightarrow CO_2 + 2H_2O$
③ 아세틸렌: $C_2H_2 + 2.5O_2 \rightarrow 2CO_2 + H_2O$
④ 에탄: $C_2H_6 + 3.5O_2 \rightarrow 2CO_2 + 3H_2O$

정답 | ①

28 〈고난도〉

다음 가스 중 위험도(H)가 가장 큰 것은?

① 프로판
② 일산화탄소
③ 아세틸렌
④ 암모니아

선지분석

위험도(H) = $\dfrac{U-L}{L}$

- H: 위험도, U: 연소상한계[%], L: 연소하한계[%]

① 프로판의 위험도 = $\dfrac{9.5-2.1}{2.1}$ = 3.52

② 일산화탄소의 위험도 = $\dfrac{74-12.5}{12.5}$ = 4.92

③ 아세틸렌의 위험도 = $\dfrac{81-2.5}{2.5}$ = 31.4

④ 암모니아의 위험도 = $\dfrac{28-15}{15}$ = 0.87

관련이론 폭발범위

가스	폭발범위	가스	폭발범위
프로판	2.1~9.5%	일산화탄소	12.5~74%
아세틸렌	2.5~81%	암모니아	15~28%

정답 | ③

29

가스의 경우 폭굉(Detonation)의 연소속도는 약 몇 m/s 정도인가?

① 0.03~10
② 10~50
③ 100~600
④ 1,000~3,000

해설

폭굉이란 화염전파속도가 음속보다 큰 경우로 파면선단에 충격파가 발생하고 격렬한 파괴작용을 일으키는 현상이다.

관련이론 폭굉과 폭연의 연소속도

구분	연소속도
폭굉(Detonation)	1,000~3,500m/s
폭연(Deflagration)	0.1~10m/s

정답 | ④

30 〈고난도〉

0℃에서 10L의 밀폐된 용기 속에 32g의 산소가 들어있다. 온도를 150℃로 가열하면 압력은 약 얼마가 되는가?

① 0.11atm
② 3.47atm
③ 34.7atm
④ 111atm

해설

이상기체상태방정식에 따라 가열 전 압력을 구한다.

$PV = nRT$

- P: 압력[atm], V: 부피[L], n: 몰수[mol]
- R: 기체 상수[L·atm/mol·K], T: 절대온도[K]

여기서, $n = \dfrac{w(\text{질량})}{M(\text{분자량})}$

$P = \dfrac{wRT}{VM} = \dfrac{32 \times 0.082 \times (273+0)}{10 \times 32} = 2.2386\text{atm}$

보일-샤를 법칙에 따라 가열 후 압력을 구한다.

$\dfrac{P_1 V_1}{T_1} = \dfrac{P_2 V_2}{T_2}$ ($V_1 = V_2$)

$P_2 = \dfrac{P_1 T_2}{T_1} = \dfrac{2.2386 \times (273+150)}{273} = 3.47\text{atm}$

정답 | ②

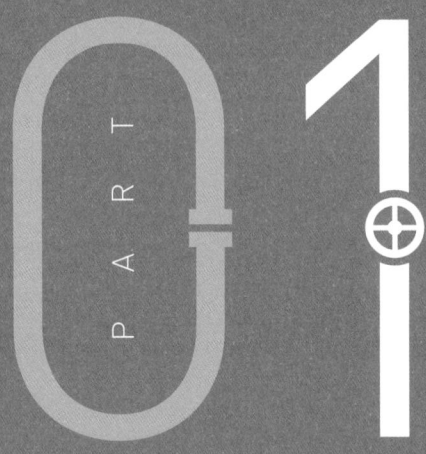

핵심이론
가스 장치 및 기기

에듀윌 가스기능사 필기

기출기반으로
압축 정리한
핵심이론

| 학습전략 |

가스 장치 및 기기는 가스 시설에 사용되는 각종 장치와 기기의 원리, 구조 기능 등 실무와 연결되는 개념이 많이 출제됩니다. 단순 암기로 풀 수 있는 문제가 대부분이지만, 고득점을 받기 위해서는 교재에 수록된 실제 가스 시설에서 접하는 장치의 그림을 보면서 각 장치의 구조와 기능을 시각적으로 이해하고, 용도별로 장치를 분류하여 학습하는 것이 중요합니다.

CHAPTER 01 가스 장치 — 60

CHAPTER 02 저온장치 및 가스설비 — 90

CHAPTER 03 가스 계측 및 분석 — 103

합격을 다지는 빈출문제 — 119

CHAPTER 01

가스 장치 및 기기

가스 장치

1 기화장치(Vaporizer)

1. 개요

(1) 정의 및 특징

① 액화가스를 기화시켜 사용처로 공급하는 장치로, 기화기라고 한다.

② 구성 3요소에는 기화부, 제어부, 조압부가 있다.

열교환기	액체 상태의 LP가스를 기화하기 위해 열교환하는 장치이다.
온도제어장치	열매체의 공급 온도를 일정하게 제어하기 위한 장치이다.
과열방지장치	열매체 온도의 이상 상승시 공급열을 차단시키는 장치이다.
액면제어장치	액체 상태의 LP가스가 누출되는 것을 방지하는 장치이다.
압력조정기	기화된 LP가스를 사용압력으로 조정하는 장치이다.
안전밸브	기화기 내부 압력 상승시 외부로 과압을 방출하는 장치이다.

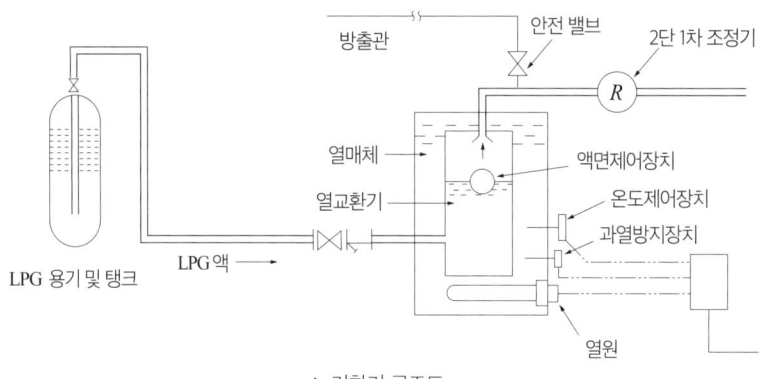

▲ 기화기 구조도

③ 기화기 사용시 장점은 다음과 같다.

㉠ LP가스의 종류에 관계없이 한랭 시에도 충분히 기화시킬 수 있다.

㉡ 공급가스의 조성이 일정하다.

㉢ 기화기의 설치장소가 적어도 된다.

㉣ 기화량의 효율이 향상한다.

㉤ 설비비 및 인건비가 절약된다.

(2) 기화기의 분류

분류 체계	종류
구성에 따른 분류	단관식, 다관식, 사관식, 열판식
증발형식에 따른 분류	순간증발식, 유입증발식
작동원리에 따른 분류	가온감압방식, 감압가온방식
가열방식에 따른 분류	자연기화방식, 강제기화방식

> **보충 TIP** 가온감압방식과 감압가온방식
> - 가온감압방식: 가열 후 기화된 가스를 감압하여 공급하는 방식을 말한다.
> - 감압가온방식: 감압 후 가열하고 기화된 가스를 감압하여 공급하는 방식을 말한다.
>
>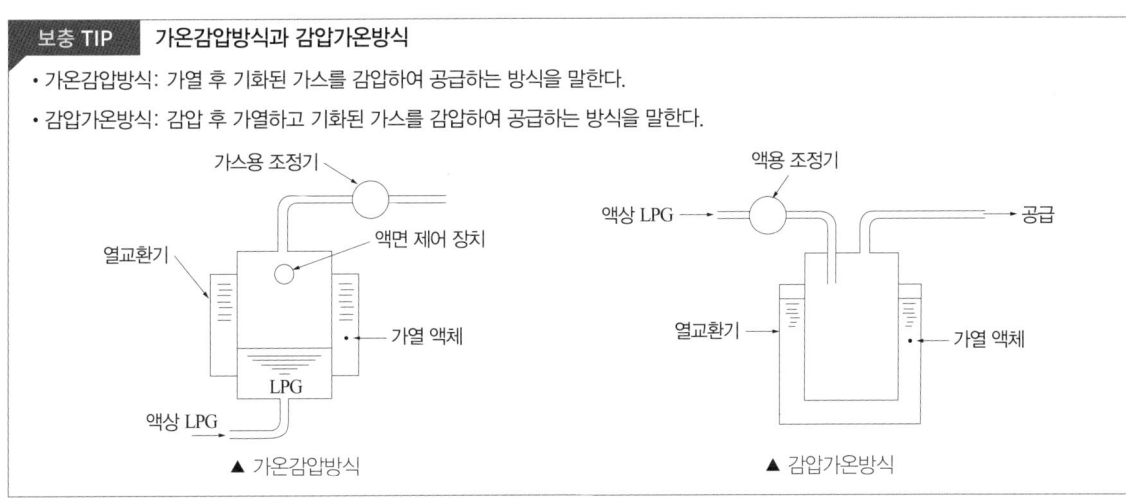
> ▲ 가온감압방식　　　　　　　　　▲ 감압가온방식

2. 자연기화방식과 강제기화방식

(1) 자연기화방식
　① 기화능력에 한계가 있으므로 소량 소비에 적당하다.
　② 가스의 조성 변화량이 크다.
　③ 발열량의 변화가 크다.
　④ 용기의 수가 많이 필요하다.

(2) 강제기화방식(강제기화 시스템)
　용기 또는 탱크에서 액체의 LP가스를 도관을 통하여 기화기에 의해 기화시키는 방식을 말한다.
　① 생가스 공급방식
　　㉠ 기화기에서 기화된 그대로의 가스를 공급하는 방식이다.
　　㉡ 재액화를 방지하기 위해 가스배관은 고온처리한다.
　② 공기혼합 공급방식
　　㉠ 기화된 LP가스에 공기를 혼합하여 공급하는 방식이다.
　　㉡ 재액화 방지 및 발열량을 조정할 수 있으며, 누설 시 손실감소, 연소효율이 증대된다.
　③ 변성가스 공급방식
　　㉠ LP가스를 고온의 촉매로 분해하여 연질가스로 변성시켜 공급하는 방식이다.
　　㉡ 금속의 열처리나 특수제품의 가열 등 특수용도에 사용하기 위해 이용된다.

2 조정기(Regulator)

1. 개요

(1) 정의 및 특징

① 연소기구에 가스를 일정한 압력으로 공급하여 안정된 연소를 위해 사용한다.

② 용기에서 연소기구로 공급되는 가스의 압력을 감압시킨다.

③ 공급 가스의 압력을 일정하게 유지하며, 사용하지 않을 때에는 가스를 차단한다.

④ 저압조정기의 기능은 다음과 같다.

　㉠ 조정압력은 항상 2.3~3.3kPa 범위일 것

　㉡ 조정기의 최대폐쇄압력은 3.5kPa 이하일 것

　㉢ 저압조정기 안전장치의 작동개시압력은 7±1.4kPa일 것

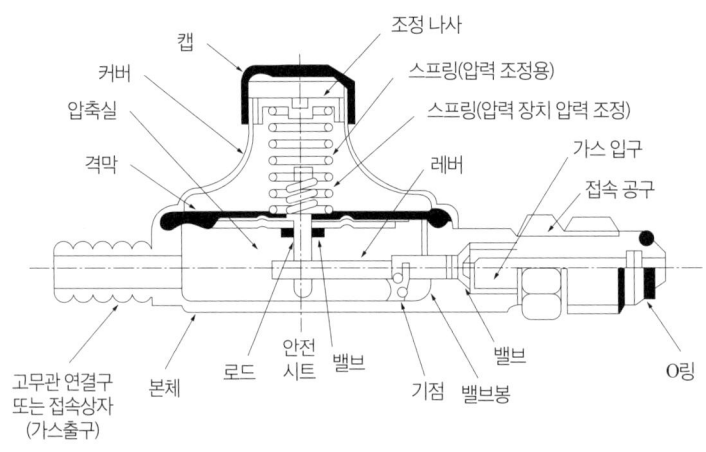

▲ 조정기

> **보충 TIP** 　조정기의 구조 및 용어
> - 기준압력: LP가스의 사용 시 표준이 되는 압력을 말한다.
> - 조정기 입구압력: 용기로부터 유출되는 고압측의 압력을 말한다.
> - 조정기 출구압력: 조정기를 통과한 후의 조정압력을 말한다.
> - 폐쇄압력: 가스유출이 정지될 때의 압력을 말한다.
> - 조정기 용량: 조정기로부터 나온 가스유출량이다.
> - 안전장치: 조정기의 압력상승을 방지하는 장치이다.

2. 조정기의 종류

(1) 1단 감압식 조정기

① 용기 내의 가스압력을 한 번에 사용압력까지 낮추는 방식이다.

② 특징은 다음과 같다.

　㉠ 장점
　　• 조작이 간단하다.
　　• 장치가 간단하다.

　㉡ 단점
　　• 배관의 지름이 커야 한다.
　　• 압력 조정의 정확성이 낮다.

③ 종류는 다음과 같다.
  ㉠ 1단 감압식 저압 조정기
    • 입구압력: 0.07~1.56MPa
    • 조정압력: 2.3~3.3kPa
  ㉡ 1단 감압식 준저압 조정기
    • 입구압력: 0.1~1.56MPa
    • 조정압력: 5~30kPa 이내에서 제조자가 설정한 기준압력의 ±20%

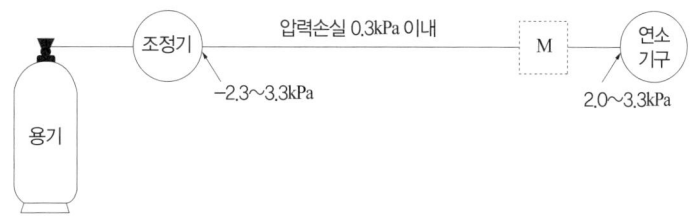

▲ 1단 감압식 저압 조정기

(2) 2단 감압식 조정기

① 용기 내의 가스압력을 소비압력보다 약간 높여 감압하고 소비압력까지 낮추는 방식이다.
② 특징은 다음과 같다.
  ㉠ 장점
    • 공급압력이 안정적이다.
    • 중간 배관의 관경이 작아도 된다.
    • 배관입상에 의한 압력손실을 보정할 수 있다.
    • 각 연소기구에 적절한 압력으로 공급할 수 있다.
  ㉡ 단점
    • 설비가 복잡하다.
    • 조정기가 많이 소요된다.
    • 검사방법이 복잡하다.
    • 재액화의 문제가 있다.
③ 종류는 다음과 같다.
  ㉠ 2단 감압식 1차용 조정기(용량 100kg/h 이하)
    • 입구압력: 0.1~1.56MPa
    • 조정압력: 57~83kPa
  ㉡ 2단 감압식 2차용 저압 조정기
    • 입구압력: 0.01~0.1MPa
    • 조정압력: 2.3~3.3kPa

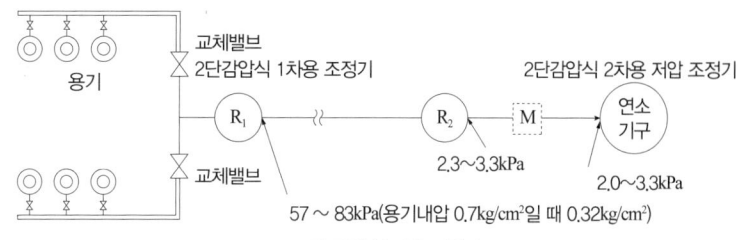

▲ 2단 감압식 2차 조정기

(3) **자동절환식(교체식) 조정기**
① 2차 감압식에 자동절환 기능과 1차 감압기능을 겸한 1차 조정기를 설치하여 사용처에 가스량을 충분히 공급하지 못할 경우 예비측 용기군으로 자동절환되어 공급한다.
② 종류는 다음과 같다.
  ㉠ 자동절환식(절체식) 분리형 조정기
   - 1차 감압된 압력이 설정치 이하로 떨어질 경우, 자동절환기가 이를 감지하여 예비측 용기군으로 자동 전환되어 가스가 연속적으로 공급되며 전환된 가스는 말단에 설치된 2차 감압용 조정기를 거쳐 사용처에 적정 압력으로 공급된다.
   - 입구압력: 0.1~1.56MPa
   - 조정압력: 57~83kPa
  ㉡ 자동절환식(절체식) 일체형 조정기
   - 2차용 조정기가 1차용 조정기의 출구측에 직접 연결되어 있거나 또는 일체로 구성되어 있으며, 출구압력이 저압이다.
   - 입구압력: 0.01~0.1MPa
   - 조정압력: 2.3~3.3kPa

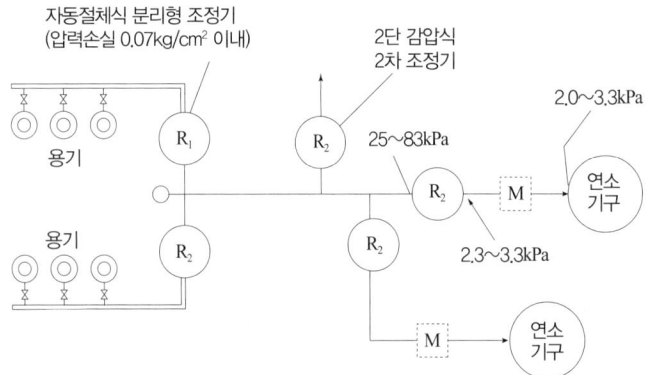

▲ 자동절환식(절체식) 분리형 조정기

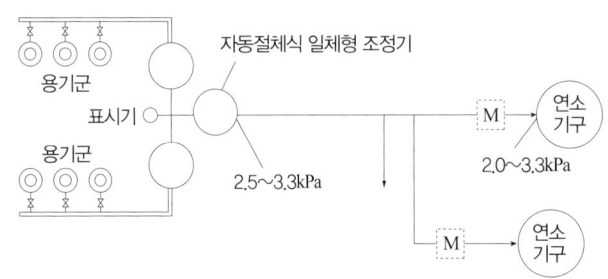

▲ 자동절환식(절체식) 일체형 조정기

보충 TIP	자동절환식(절체식) 조정기 사용시 이점

- 용기 교환주기의 폭을 넓힐 수 있다.
- 잔액이 없어질 때까지 소비할 수 있다.
- 전체 용기 수량이 수동교체식의 경우보다 적어도 된다.
- 자동절체식 분리형을 사용할 경우 1단 감압식에 비해 도관의 압력손실을 크게 해도 된다.

3 정압기(Governor)

1. 개요

(1) 정의

도시가스의 공급압력을 사용처에서 요구되는 압력으로 일정하게 공급하기 위한 설비이다.

감압기능	1차측 압력을 낮춘다.
정압기능	2차측 압력을 일정하게 유지한다.
폐쇄기능	가스의 흐름이 없을 때 폐쇄한다.

(2) 작동원리

① 직동식 정압기

㉠ 설정압력이 유지될 때: 다이어프램에 걸려있는 2차 압력과 스프링의 힘이 평형상태를 유지하며, 메인밸브가 움직이지 않는 상태로 가스를 공급한다.

㉡ 2차측 압력이 높을 때: 가스 수요량이 감소하여 다이어프램을 들어올리는 힘이 증가하고 직결된 메인밸브를 움직여 가스의 유량을 제한한다.

㉢ 2차측 압력이 낮을 때: 가스 수요량이 증가하여 다이어프램을 들어올리는 힘이 감소하고, 직결된 메인밸브를 움직여 가스의 유량을 증가시킨다.

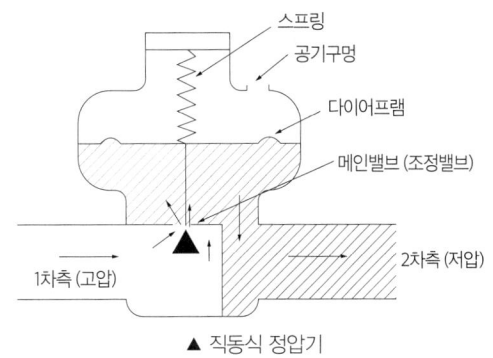

▲ 직동식 정압기

② 파일럿식 정압기

㉠ 언로딩(Unloading)형 정압기: 직동식의 본체와 파일럿으로 구성되어 있으며, 설정압력에 맞게 내부의 샤프트가 아래로 내려가면서 가스가 공급된다.

㉡ 로딩(Loading)형 정압기: 직동식의 본체와 파일럿으로 구성되어 있으며, 설정압력에 맞게 내부의 샤프트가 위로 올라가면서 가스가 공급된다.

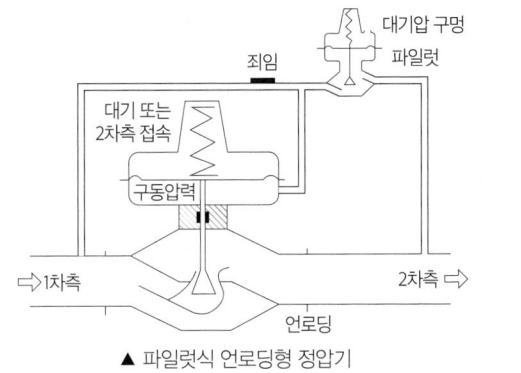

▲ 파일럿식 언로딩형 정압기

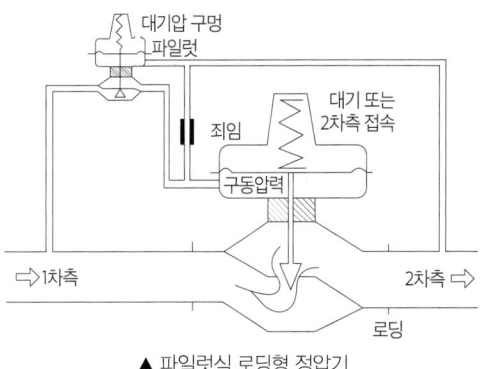

▲ 파일럿식 로딩형 정압기

(3) **정압기의 종류**
  ① 단독 정압기: 고압가스를 저압으로 낮추는 정압기로 대규모 사용시설에서 사용한다.
  ② 지역정압기
    ㉠ 지구정압기 또는 가스도매사업자로부터 공급받은 도시가스(고압 또는 중압가스) 저압으로 감압하여 다수의 사용자에게 공급하는 정압기이다.
    ㉡ 주로 일반도시가스 사업자의 소유시설에서 사용한다.
  ③ 지구정압기
    ㉠ 가스도매사업자로부터 공급받은 도시가스 압력을 1차적으로 낮춘다.
    ㉡ 주로 일반도시가스 사업자의 소유시설에서 사용한다.

지구정압기 종류	특징	사용압력
피셔식 (Fisher)	• 로딩형이다. • 정특성과 동특성이 양호하다. • 비교적 컴팩트하고 사용압력 범위가 넓다.	• 고압 → 중압 • 중압 → 중압
레이놀즈식 (Reynolds)	• 언로딩형이다. • 크기가 대형이다. • 정특성은 좋으나 안정성은 부족하다.	• 중압 → 저압 • 저압 → 저압
엑시얼-플로우식 (Axial-Flow)	• AFV식 정압기라 한다. • 변칙 언로딩형이다. • 정특성과 동특성이 양호하다. • 매우 컴팩트하다.	• 고압 → 중압 • 중압 → 중압 ※ 피셔식과 동일하다.
KRF식	레이놀즈식과 동일하다	• 중압 → 저압 • 저압 → 저압 ※ 레이놀즈식과 동일하다.

> **핵심 Point** 정압기의 평가 및 선정시 고려해야 할 특성
>
> (1) **정특성**: 정상상태에서 유량과 2차 입력과의 관계를 말한다.
>   • 로크업(Lock up): 유량이 0으로 되었을 때의 2차 압력과 기준유량일 때의 2차 압력과의 관계를 말한다.
>   • 오프셋(Off set): 유량이 변화되었을 때의 2차 압력과 기준유량일 때의 2차 압력과의 차이를 말한다.
>   • 시프트(Shift): 1차 압력의 변화에 의하여 정압곡선이 전체적으로 변화하는 현상이다.
> (2) **동특성**: 부하변화가 큰 곳에 사용되는 정압기이며, 부하변동에 대한 응답의 신속성과 안정성이 요구된다. 좋은 정압기의 동특성은 응답시간이 짧아 빠르게 안정화된다.
> (3) **유량특성**: 메인밸브의 열림정도와 유량과의 관계를 나타낸다.
>   • 직선형(메인밸브 개구부의 형상이 직사각형): 유량$=K$(비례 상수)×(메인밸브 개도)
>   • 2차형(메인밸브 개구부의 형상이 삼각형): 유량$=K$(비례 상수)×(메인밸브 개도)^2
>   • 평방근형(메인밸브 개구부의 형상이 접시모양): 유량$=K$(비례 상수)×(메인밸브 개도)$^{0.5}$
> (4) **사용 최대차압**: 메인밸브에 1차와 2차 압력이 작용하여 최대로 되었을 때의 차압을 말한다.
> (5) **작동 최소차압**: 정압기가 작동할 수 있는 최소 차압을 말한다.

2. 정압기의 유지관리

(1) 정압기실 설치 및 점검
① 정압기실의 입구에는 가스차단장치와 불순물제거장치를 설치한다.
② 정압기실의 출구에는 가스압력의 이상상승 방지장치와 압력기록장치를 설치한다.
③ 지하에 설치하는 정압기에는 침수와 동결 위험이 있으므로 침수방지조치와 동결방지조치를 한다.
④ 정압기실은 1주일에 1회 이상 작동상황에 대하여 점검한다.
⑤ 정압기실의 가스누출경보기는 1주일에 1회 이상 점검한다.

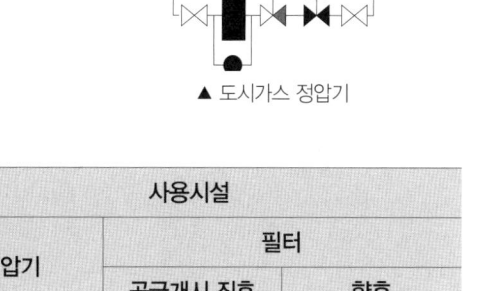

▲ 도시가스 정압기

(2) 정압기와 필터의 분해점검 주기

공급시설		필터		사용시설	필터	
정압기	예비정압기	공급개시 직후	향후	정압기	공급개시 직후	향후
2년 마다	3년 마다	1개월 이내	1년 마다	3년에 1회 이후 4년 마다	1개월 이내	3년에 1회 이후 4년 마다

※ 공급시설에서 3년에 1회 분해 점검하는 예비정압기는 다음과 같다.
 • 주정압기의 기능 상실시에만 사용하는 예비정압기
 • 월 1회 이상 작동점검을 실시하는 예비정압기

4 압축기(Compressor)

1. 개요

(1) 정의 및 구분
① 정의: 기체에 기계적 에너지를 전달하여 압력과 속도를 높이는 기기이다.
② 압축기의 구분
　㉠ 용적형 압축기
　　• 왕복동식: 피스톤의 왕복운동이 교대로 진행하며 압축한다.
　　• 회전식: 로터를 회전하며 실린더 내 기체를 흡입하여 압축한다.
　㉡ 터보형 압축기
　　• 원심식: 케이싱 내에 모인 임펠러가 회전하면서 압축한다.
　　• 축류식: 프로펠러의 축이 임펠러를 회전시키며 압축한다.

▲ 압축기의 구분

핵심 Point	작동압력에 따른 분류
구분	작동압력 범위
팬	토출압력 < 0.1kg/cm²
송풍기	0.1kg/cm² ≤ 토출압력 ≤ 1kg/cm²
압축기	1kg/cm² < 토출압력

2. 압축기의 종류 및 특징

(1) 왕복 압축기
① 용적형으로, 오일윤활식 또는 무급유식이다.
② 용량 조정범위가 넓고 쉽다.
③ 압축효율이 높아 쉽게 고압을 얻을 수 있으며, 토출압력변화에 따른 용량변화가 작다.
④ 실린더 내 압력은 저압이며 압축이 단속적이다.
⑤ 저속회전이며, 형태가 크고 중량이며, 설치면적이 크다.
⑥ 접촉부분이 많아 소음진동이 크다.

(2) 원심(터보) 압축기
① 원심력이며 무급유식이다.
② 토출압력변화에 따른 용량변화가 크다.
③ 용량조정은 가능하지만 어렵다.
④ 맥동이 없고 연속적으로 송출된다.
⑤ 경량, 대용량이고 서징현상이 일어날 우려가 있다.

(3) 회전 압축기
① 용적형으로, 오일윤활식이다.
② 왕복에 비해 소형이며 구조가 간단하고, 압축이 연속적이다.
③ 흡입밸브가 없고 크랭크케이스 내부는 고압이다.

(4) **나사 압축기**

① 용적형으로, 오일윤활식 또는 무급유식이다.

② 흡입 · 압축 · 토출의 3행정이다.

③ 설치면적이 작고, 맥동이 없으며 연속적으로 송출된다.

④ 고속회전 형태가 작고 경량, 대용량에 적합하다.

(5) **고속다기통 압축기**

① 고속이므로 소형 및 경량으로 제작한다.

② 기통수가 많아 실린더 직경이 작다.

③ 동적 · 정적 밸런스가 양호하며 진동이 적다.

④ 용량제어가 용이하고 자동운전이 가능하다.

⑤ 체적효율이 낮고 부품 교환이 간단하다.

> **보충 TIP** 임펠러의 출구각(α)에 따른 원심식 압축기의 분류
> - $\alpha < 90°$: 터보형
> - $\alpha = 90°$: 레이디얼형
> - $\alpha > 90°$: 다익형

3. 압축기의 용량 조정

(1) **목적**

① 경부하 운전(경제적 운전)이 가능하다.

② 소요동력의 절감할 수 있다.

③ 압축기 및 시스템을 보호한다.

④ 수요와 공급의 균형을 유지한다.

⑤ 기계의 수명을 연장한다.

(2) **용량조정 방법**

구분		용량조정 방법
왕복 압축기	연속적 조절	• 회전수를 변경하는 방법 • 바이패스 밸브를 제어하는 방법 • 타임드 밸브 제어하는 방법 • 흡입구 밸브를 폐쇄하는 방법
	단계적 조절	• 클리어런스 밸브에 의해 용적 효율을 낮추는 방법 • 흡입 밸브를 개방하여 가스의 흡입을 차단하는 방법
원심 압축기		• 회전수를 변경하는 방법 • 바이패스 밸브를 제어하는 방법 • 안내깃 각도를 조정하여 흡입량을 조절하는 방법 • 흡입밸브 조정법: 흡입관 밸브의 개도를 조정하는 방법 • 토출밸브 조정법: 토출관 밸브의 개도를 조정하는 방법

4. 관련 공식

(1) 왕복동압축기의 피스톤 압축량

$$Q = \frac{\pi}{4} d^2 \times L \times N \times n \times \eta_v \times 60$$

Q: 피스톤 압축량[m³/hr], d: 실린더 내경[m], N: 회전수[rpm],
L: 행정거리[m], n: 기통수, η_v: 체적효율, 60: 단위를 시간으로 변환하기 위한 상수

(2) 효율

① 체적효율

$$체적효율(\eta_v) = \frac{실제가스\ 흡입량[kg/hr]}{이론적인\ 가스\ 흡입량[kg/hr]}$$

② 압축효율

$$압축효율(\eta_e) = \frac{이론적인\ 가스\ 압축\ 소요동력(이론동력)[kW]}{실제가스\ 압축\ 소요동력(지시동력)[kW]}$$

③ 기계효율

$$기계효율(\eta_m) = \frac{실제가스\ 압축\ 소요동력(지시동력)[kW]}{축동력[kW]}$$

④ 축동력

$$축동력 = \frac{이론적인\ 가스\ 압축\ 소요동력(이론동력)[kW]}{\eta_e \times \eta_m}$$

5. 다단압축 및 압축비

(1) 다단압축의 목적

① 일량이 절약된다.
② 힘의 평형이 양호하다.
③ 이용효율이 증가한다.
④ 가스 온도 상승을 방지할 수 있다.

(2) 공식

① 1단 압축비(α)

$$\alpha = \frac{P_2}{P_1}$$

P_1: 흡입 절대압력[atm], P_2: 토출 절대압력[atm]

② n단 압축비(α)

$$\alpha = \sqrt[n]{\frac{P_2}{P_1}}$$

P_1: 흡입 절대압력[atm], P_2: 토출 절대압력[atm], n: 단수

(3) **압축비가 증대할 경우 미치는 영향**
① 소요동력이 증대한다.
② 실린더 내의 온도가 상승한다.
③ 체적효율이 저하한다.
④ 토출가스량이 저하한다.
⑤ 윤활유의 기능이 저하된다.

6. 압축 시 이상현상

(1) **서징(Surging)현상**
① 정의: 압축기 운전 중 토출측 저항이 커지면 풍량이 감소하고 불안정한 상태가 되는 현상이다.
② 방지법
  ㉠ 우상향 특성이 없게 하는 방법
  ㉡ 바이패스법(방출밸브에 의한 방법)
  ㉢ 안내깃 각도 조정법
  ㉣ 교축밸브를 근접 설치하는 방법

(2) **톱클리어런스(간극용적)**
① 정의: 피스톤이 상사점에 있을 때 차지하는 용적이 커지는 현상이다.
② 톱클리어런스가 커질 경우 나타나는 현상
  ㉠ 체적효율이 감소한다.
  ㉡ 압축비가 커진다.
  ㉢ 소요동력이 증대된다.
  ㉣ 기계수명이 단축된다.

7. 윤활유

(1) **목적 및 기대효과**
① 과열압축을 방지한다.
② 기계수명을 연장한다.
③ 작동 부위에 유막을 형성함으로써 가스의 누설을 방지하여 기밀을 유지한다.
④ 활동부의 마찰열을 제거하는 냉각작용을 한다.
⑤ 금속 표면에 보호막을 형성하여 부식을 방지하는 방청 효과가 있다.

(2) **각 가스별 압축기 윤활유**

산소	물 또는 10% 이하 글리세린 수
염소	진한 황산
LP가스	식물성유
수소, 아세틸렌, 공기	양질의 광유

(3) **윤활유의 구비조건**

① 경제적일 것
② 화학적으로 안정할 것
③ 인화점이 높을 것
④ 불순물이 적을 것
⑤ 점도가 적당할 것
⑥ 항유화성이 클 것
⑦ 저온에서 왁스분이 분리되지 않고, 고온에서 슬러지가 생성되지 않을 것

> **보충 TIP** 실린더의 냉각 목적
> • 체적효율 및 압축효율이 증대된다.
> • 실린더 내 온도가 저하된다.
> • 윤활유의 열화·탄화가 방지된다.
> • 윤활유의 기능이 향상된다.

5 펌프(Pump)

1. 개요

(1) **정의**

낮은 위치에 있는 액체를 높은 위치로 이송시키는 기기이다.

(2) **구분**

▲ 펌프의 구분

2. 펌프의 종류

(1) 터보식 펌프

① 원심펌프: 회전하는 임펠러(날개)의 원심력을 이용하여 유체에 속도와 압력을 주고, 이를 통해 유체를 이송하는 펌프이다.
  ㉠ 소형이며 맥동이 없다.
  ㉡ 원심력에 의해 액을 이송한다.
  ㉢ 설치면적이 작고 대용량에 적합하다.
  ㉣ 프라이밍 작업이 필요하다.
  ㉤ 벌류트 펌프는 안내깃이 없어 저양정에서 사용하고, 터빈 펌프는 안내깃이 있어 고양정에 사용한다.

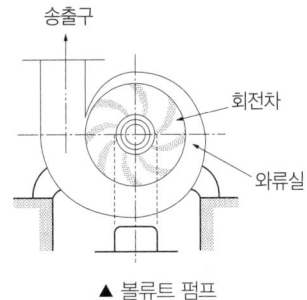

▲ 볼류트 펌프

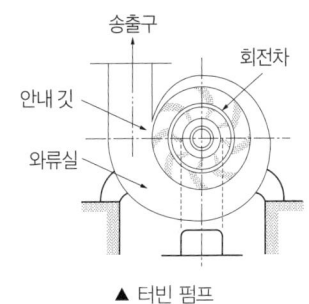

▲ 터빈 펌프

② 사류펌프
  ㉠ 토출되는 물의 흐름이 축에 대하여 비스듬히 토출한다.
  ㉡ 임펠러에서의 물을 가이드베인에 유도하여 그 회전 방향을 축 방향으로 변화시켜 토출하는 형식과 원심펌프와 같이 벌류트 케이싱에 유도하는 형식이 있다.

③ 축류펌프
  ㉠ 토출되는 물의 흐름이 축 방향으로 토출한다.
  ㉡ 사류펌프와 같이 임펠러에서의 물을 가이드베인에 유도하여 그 회전 방향을 축 방향으로 변화시켜 수력손실을 적게 하여 축 방향으로 토출하는 것이다.

(2) 용적식 펌프

① 왕복펌프: 피스톤 펌프, 플런저 펌프, 다이어프램 펌프 등이 있다.
  ㉠ 형태가 크고 설치면적이 크다.
  ㉡ 저속 회전 작동이 단속적이다.
  ㉢ 소음과 진동이 있다.
  ㉣ 왕복운동으로 액체를 끌어올린다.

② 회전식 펌프: 기어펌프, 베인펌프, 나사펌프 등이 있다.
  ㉠ 흡입밸브, 토출밸브가 없다.
  ㉡ 연속으로 송출하므로 맥동현상이 없다.
  ㉢ 점성이 있는 유체의 이송에 적합하다.
  ㉣ 고압의 유압펌프로 사용된다.

(3) **특수펌프**
① 제트펌프: 고속으로 분출되는 유체에 의해 흡입구에 연결된 유체를 흡입하여 토출한다.
② 재생펌프: 마찰펌프, 웨스코 펌프라고 하며 소유량, 고양정에 적합하다.
③ 기포펌프: 압축공기를 양수관 하부에서 내부로 분출시켜 액체를 이송한다.
④ 수격펌프: 펌프 또는 압축기 없이 유체의 위치에너지를 이용하여 액체를 이송한다.

3. 펌프의 성능

(1) **펌프의 축동력**

- 마력(PS) 기준
$$L_{ps} = \frac{\gamma \cdot H \cdot Q}{75 \cdot \eta}$$

- 동력(kW) 기준
$$L_{kW} = \frac{\gamma \cdot H \cdot Q}{102 \cdot \eta}$$

L_{ps}: 펌프의 마력[PS], L_{kW}: 펌프의 동력[kW], γ: 비중량[kgf/m³], H: 양정[m], Q: 유량[m³/s], η: 효율

(2) **펌프의 운전**
① 직렬 운전: 양정(H)이 2배로 늘어나며, 유량(Q)은 변화없다.
② 병렬 운전: 유량(Q)이 2배로 늘어나며, 양정(H)은 변화없다.

4. 축봉장치

펌프의 회전부에서 내부 유체가 누설되지 않도록 유지시켜주는 축 밀봉장치라고 한다.

형식	분류	특징
사이드 형식	인사이드형	일반적으로 사용된다.
	아웃사이드형	• 액의 내식성에 구조재, 스프링재가 이상이 있을 때 사용한다. • 점성계수가 100cP를 초과하는 고점도 액체일 때 사용한다. • 저응고점액일 때 사용한다. • 사타핑, 박스 내가 고진공일 때 사용한다.
실 형식	싱글실형	일반적으로 사용된다.
	더블실형	• 유독액 또는 인화성이 강한 액체일 때 사용한다. • 보냉, 보온이 필요할 때 사용한다. • 누설되면 응고되는 액체일 때 사용한다. • 내부가 고진공일 때 사용한다. • 기체를 실(Seal)할 때 사용한다.
면압밸런스 형식	언밸런스형	일반적으로 사용된다. (제품에 따라 차이가 있으나 윤활성이 좋은 액체로 약 7kg/cm² 이하, 윤활성이 나쁜 액체로 2.5kg/cm² 이하 사용)
	밸런스형	• 내압 4~5kg/cm² 이상일 때 사용한다. • LPG, 액화가스와 같이 저비점의 액체일 때 사용한다. • 하이드로카본일 때 사용한다.

5. 펌프의 이상현상

(1) 캐비테이션(Cavitation)
① 정의: 유수 중 그 수온의 증기압보다 낮은 부분이 발생하면 물의 증발과 기포를 발생하는 현상이다. 발생 시 소음, 진동, 깃의 침식, 양정효율 곡선의 저하 현상이 나타난다.
② 발생원인
  ㉠ 펌프와 흡수면 사이의 수직 거리가 부적당하게 너무 길 때
  ㉡ 펌프와 물이 과속으로 인하여 유량이 증가할 때
  ㉢ 관 속을 유동하고 있는 물속 어느 부분이 온도와 비례하여 포화수증기압이 상승할 때
③ 방지 방법
  ㉠ 펌프의 회전수를 낮춘다.
  ㉡ 양흡입펌프를 사용한다.
  ㉢ 펌프의 설치위치를 낮춘다.
  ㉣ 두 대 이상의 펌프를 사용한다.
  ㉤ 회전차를 수중에 잠기게 한다.

(2) 베이퍼록(Vapor-Lock)
① 정의: 액의 끓음에 의한 동요현상으로, 저비점의 액화가스를 이송하는 회전펌프에서 발생한다.
② 발생원인
  ㉠ 액 자체 또는 흡입배관 외부의 온도가 상승할 때
  ㉡ 펌프 냉각기가 정상 작동하지 않거나 설치되지 않은 경우
  ㉢ 흡입관 지름이 작거나 펌프의 설치 위치가 적당하지 않을 때
  ㉣ 흡입 관로의 막힘, 스케일 부착 등에 의해 저항이 증대하였을 때
③ 방지 방법
  ㉠ 펌프의 회전수를 낮춘다.
  ㉡ 흡입관경을 넓힌다.
  ㉢ 펌프의 설치위치를 낮춘다.
  ㉣ 외부와 단열조치한다.
  ㉤ 실린더 라이너를 냉각시킨다.

(3) 수격작용(Water Hammering)
① 정의: 관속에 흐르는 액체의 속도를 급격하게 변화시키면 액체에 심한 압력변화가 생기는 현상이다.
② 방지 방법
  ㉠ 관내 유속을 낮춘다.
  ㉡ 펌프에 플라이휠을 설치한다.
  ㉢ 조압수조를 관선에 설치한다.
  ㉣ 밸브를 송출구 가까이 설치하고 적절히 제어한다.

(4) 서징(Surging)

① 정의: 펌프를 운전하였을 때 주기적으로 운동, 양정 및 토출량이 규칙적으로 변동하는 현상이다.

② 발생 원인
  ㉠ 펌프의 양정곡선이 산고곡선이고 곡선의 산고 상승부에서 운전하였을 때
  ㉡ 유량조절밸브가 탱크 뒤쪽에 있을 때
  ㉢ 배관 중에 물탱크나 공기탱크가 있을 때

③ 방지 방법
  ㉠ 회전자나 안내 깃의 형상 치수를 바꾸어 그 특성을 변화시킨다.
  ㉡ 방출밸브 등을 사용하여 펌프의 양수량을 서징할 때의 양수량 이상으로 증가시키거나 무단변속기 등을 통해 회전자의 회전수를 변화시킨다.
  ㉢ 불필요한 공기탱크나 잔류 공기를 제거하고 관로의 단면적, 양액의 유속 및 저항 등을 변화시킨다.

> **핵심 Point** 펌프의 상사법칙(Law of Similarity)
>
> 회전수(N), 직경(D)의 변화에 따른 유량(Q), 양정(H), 동력(L)의 비례관계식은 다음과 같다.
>
> | 구분 | 공식 |
> |---|---|
> | 유량(Q)의 변화 | $Q_2 = Q_1 \times \left(\dfrac{N_2}{N_1}\right) \cdot \left(\dfrac{D_2}{D_1}\right)^3$ |
> | 양정(H)의 변화 | $H_2 = H_1 \times \left(\dfrac{N_2}{N_1}\right)^2 \cdot \left(\dfrac{D_2}{D_1}\right)^2$ |
> | 동력(L)의 변화 | $L_2 = L_1 \times \left(\dfrac{N_2}{N_1}\right)^3 \cdot \left(\dfrac{D_2}{D_1}\right)^5$ |

6 가스용기 및 탱크

1. 압력의 종류

(1) **내압시험압력(TP)[MPa]**

용기 또는 저장탱크, 배관 내부의 강도(압력)를 시험하는 압력이다.

(2) **최고충전압력(FP)[MPa]**

용기 또는 저장탱크에 가스를 충전할 때 최고사용압력 이하로 충전한다.

(3) **기밀시험압력(AP)[MPa]**

누설 유무를 측정하는 압력을 말한다.

(4) **상용압력[MPa]**

① 내압시험 및 기밀시험의 기준이 되는 압력이다.

② 사용상태에서 해당 설비 각부에 작용하는 최고사용압력이다.

(5) **안전밸브 작동압력[Mpa]**

내압시험압력의 80%에 해당하는 압력이다.(TP×0.8)

$$\text{상용압력} \times 1.5 \, [\text{MPa}]$$

2. 가스용기

(1) 용기 종류별 부속품의 기호
① AG: 아세틸렌 가스를 충전하는 용기의 부속품
② PG: 압축가스를 충전하는 용기의 부속품
③ LG: 액화석유가스 이외의 액화가스를 충전하는 용기의 부속품
④ LPG: 액화석유가스를 충전하는 용기의 부속품
⑤ LT: 초저온용기 및 저온용기의 부속품

(2) 일반(산업용) 용기의 도색(색상)

가스	색상	가스	색상
수소(H_2)	주황색	산소(O_2)	녹색
LPG	밝은 회색	이산화탄소(CO_2)	청색
아세틸렌(C_2H_2)	황색	질소(N_2)	회색
염소(Cl_2)	갈색	기타	회색

(3) 의료용 용기의 도색(색상)

가스	색상	가스	색상
산소(O_2)	백색	이산화탄소(CO_2)	회색
헬륨(He)	갈색	에틸렌(C_2H_4)	자색
질소(N_2)	흑색	사이클로프로판(C_3H_6)	주황색

3. 용기의 제조

(1) 용기재료의 구비조건
① 내식성, 내마모성을 가질 것
② 가볍고 충분한 강도를 가질 것
③ 저온 및 사용 중에 견디는 연성 및 점성, 강도가 있을 것
④ 용접성, 가공성이 뛰어나고 가공 중 결함이 없을 것

(2) 용기의 구분

	이음매 없는 용기(무이음용기, 심리스용기)	용접용기(이음용기, 심용기)
용도	고압의 압축가스를 충전하는 데 사용한다.	저압용 용기로 사용한다.
동판의 최대 두께와 최소 두께의 차	평균 두께의 20% 이하	평균 두께의 10% 이하
용기의 제작방법	• 만네스만식 • 에르하르트식 • 딥 드로잉식	경판과 동판을 용접하여 제작한다.
용기의 재료 (원소 함유량)	C: 0.55% 이하, P: 0.04% 이하, S: 0.05% 이하	C: 0.33% 이하, P: 0.04% 이하, S: 0.05% 이하
특징	• 고압력에 강도가 높다. • 응력분포가 균일하다. • 이음매 없는 용기의 내력비 = $\dfrac{내력}{인장강도}$	• 경제적이다. • 모양, 치수가 자유롭다. • 두께 공차가 적다

※ 탄소의 함량이 증가하면 연신율, 충격값은 감소한다.
※ 인의 함량이 증가하면 연신율이 감소한다.
※ 황의 함량이 증가하면 고열 가공성이 나빠진다.

(3) **용기 두께 계산식**

① 용접용기 동체 두께

$$t = \frac{PD}{2S_n - 1.2p} + C$$

t: 용기 두께[mm], P: 최고충전압력[MPa], D: 내경에 부식 여유의 두께를 더한 길이[mm], C: 부식여유치[mm]
S: 허용응력(= 인장강도 × $\dfrac{1}{4}$)[N/mm²], η: 용접효율, p: 사용 중 실제 내부압력[MPa]

② 이음매 없는 용기 동체 두께

$$t = \frac{d}{2}\left(\sqrt{\frac{S+0.4P}{S-0.3P}} - 1\right)$$

t: 용기 두께[mm], d: 안지름[mm], S: 허용응력[N/mm²]

P: 내압시험압력[MPa]

핵심 Point 부식 여유치

가스	1,000L 이하	1,000L 초과
암모니아(NH₃)	1mm	2mm
염소(Cl₂)	3mm	5mm

(4) **용기의 재질**

① LPG: 탄소강

② 산소(O_2): 크롬강(Cr 30%)

③ 수소(H_2): 크롬강(Cr 5~6%), 내수소성을 증가시키기 위하여 바나듐(V), 텅스텐(W), 몰리브덴(Mo), 티탄(Ti) 등을 첨가한다.

④ 암모니아(NH_3): 탄소강

㉠ 동 또는 동 합금 62% 이상은 사용할 수 없다.

㉡ 암모니아는 고온, 고압 하에 강재에 대하여 탈탄작용과 질화작용을 일으키므로 18-8 스테인리스강이 사용된다.

⑤ 아세틸렌(C_2H_2): 탄소강

㉠ 동 또는 동 합금 62% 이상은 사용할 수 없다.

⑥ 염소(Cl_2): 탄소강

㉠ 염소용기는 수분에 특히 주의해야 한다.

(5) **초저온용기**

① -50℃ 이하인 액화가스를 충전하기 위한 용기이다.

② 단열재로 피복하거나 냉동설비로 냉각하여 용기 내 온도가 상용온도를 초과하지 않도록 조치한다.

4. 용기의 검사 및 시험

(1) **용기의 검사**

가스용기를 포함한 규정된 설비들은 제조 시 신규검사를 받아 사용하게 되며, 사용기간이 경과함에 따라 검사주기에 맞춰 재검사를 받아야 한다.

① 신규검사 항목

㉠ 이음매 없는 용기: 외관검사, 인장시험, 충격시험, 파열시험, 내압시험, 기밀시험, 압궤시험

㉡ 용접 용기: 외관검사, 인장시험, 충격시험, 용접부 검사, 내압시험, 기밀검사, 압궤시험

㉢ 초저온용기: 외관검사, 인장시험, 용접부 검사, 내압시험, 기밀시험, 압궤시험, 단열성능시험

㉣ 납붙임 접합용기: 외관검사, 기밀시험, 고압가압시험(파열시험을 한 용기는 인장시험, 압궤시험을 생략할 수 있다)

② 재검사를 받아야 하는 용기

㉠ 일정한 기간이 경과된 용기

㉡ 합격표시가 훼손된 용기

㉢ 손상이 발생한 용기

㉣ 충전가스 명칭을 변경할 용기

㉤ 열영향을 받은 용기

③ 재검사 주기

구분		신규검사 이후 사용 경과(년)		
		15년 미만	15년~20년	20년 이상
		재검사 주기		
용접용기	500L 이상	5년마다	2년마다	1년마다
	500L 미만	3년마다	2년마다	1년마다
LPG 용접용기	500L 이상	5년마다	2년마다	1년마다
	500L 미만	5년마다		2년마다
이음매 없는 용기	500L 이상	5년마다		
	500L 미만	신규검사 후 10년 이하는 5년마다, 10년 초과는 3년마다		

(2) 용기의 시험

① 내압시험
  ㉠ 가스용기의 강도와 기밀성을 확인하기 위해 용기 내부에 일정 수준 이상의 압력을 가하여 누출이나 팽창 등의 이상 유무를 점검하는 시험이다.
  ㉡ 종류는 다음과 같다.
    • 수조식: 용기를 수조에 넣고 수압으로 가압하는 방식이다.
    • 비수조식: 용기를 수조에 넣지 않고 수압에 의해 가압하는 방식이다.
  ㉢ 용기의 내압시험압력은 다음과 같다.

압축가스 및 액화가스의 내압시험압력(TP)	최고충전압력(FP)×$\frac{5}{3}$배
아세틸렌 용기의 내압시험압력(TP)	최고충전압력(FP)×3배
고압가스 설비의 내압시험압력(TP)	상용압력×1.5배

② 기밀시험
  ㉠ 가스용기나 배관, 밸브 등의 접합부에서 가스의 누수 여부를 확인하는 시험이다.
  ㉡ 사용 가스는 질소(N_2), 이산화탄소(CO_2) 등 불활성 가스를 사용한다.
③ 용기의 기밀시험압력은 다음과 같다.

초저온 및 저온용기의 기밀시험압력(AP)	최고충전압력(FP)×1.1배
아세틸렌 용기의 기밀시험압력(AP)	최고충전압력(FP)×1.8배
기타 용기의 기밀시험압력(AP)	최고충전압력(FP) 이상

④ 압궤시험: 시험 용기의 대략 중앙부에서 원통축에 대하여 직각으로 서서히 눌러 균열을 확인한다.
⑤ 인장시험: 압궤시험 후 용기의 원통부로부터 길이 방향으로 잘라내어 인장강도와 연신율을 측정한다.
⑥ 충격시험: 용기제조에 사용된 금속 재료의 충격치를 측정한다.
⑦ 파열시험: 이음매 없는 용기에 압력을 가하여 파열 여부를 확인한다.

⑧ 단열성능시험
  ⊙ 용기에 시험용 저온 액화가스를 충전한 후 모든 밸브는 닫고 가스 방출밸브만 열어 대기 중으로 가스를 방출시키면서 기화 방출되는 양을 저울 또는 유량계로 측정한다.
  ⓒ 시험용 액화가스는 액화질소, 액화산소, 액화아르곤이 사용된다.
  ⓒ 시험가스의 충전량은 용기 내용적의 1/3 이상, 1/2 이하이여야 한다.
  ⓔ 침입열량 계산식

$$Q = \frac{W \times q}{H \times \Delta t \times V}$$

  Q: 침입열[J/h · ℃ · L], W: 기화가스량[kg], q: 시험용 액화가스의 기화잠열[J/kg], Δt: 시험용 액화가스의 비점과 외기와의 온도차[℃], H: 측정시간[h], V: 용기 내용적[L]

  ⓜ 판정 기준

용기 내용적	판정 기준
1,000L 이상	8.37J/℃ · L · h 이하(0.002kcal/℃ · L · h 이하)
1,000L 미만	2.09J/℃ · L · h 이하(0.005kcal/℃ · L · h 이하)

5. 용기의 부속장치

(1) **용기용 밸브**

① 충전구의 나사 형식에 따른 분류

구분		개요
충전구의 형태	A형	충전구가 숫나사
	B형	충전구가 암나사
	C형	충전구에 나사가 없음
충전구 접속부의 나사	왼나사	가연성 가스(암모니아(NH_3), 브롬화메탄(CH_3Br) 제외)
	오른나사	가연성 이외의 가스(암모니아(NH_3), 브롬화메탄(CH_3Br) 포함)

② 밸브 구조에 따른 분류: 패킹식, O-ring식, 백시트식, 다이어프램식 등이 있다.

6. 저장탱크

(1) **원통형 탱크**

① 동체와 경판으로 구성되며, 설치방법에 따라 수평형(횡형)과 수직형(종형)으로 구분한다.
② 경판은 압력의 구분에 따라 접시형, 타원형, 반구형 등이 있다.
③ 동일 용량 및 압력의 경우 원통형 탱크가 구형 탱크보다 두께가 두껍다.
④ 안전밸브, 유체의 출입구, 드레인장치, 액면계, 온도계 등을 설치한다.
⑤ 횡형 탱크는 강도, 설치 및 안정성이 수직형보다 뛰어나며, 수직형은 풍압, 지진에 의한 굽힘모멘트를 받기 때문에 판 두께를 두껍게 한다.

⑥ 수직 저장탱크는 저장물질 중에 침전물이 고일 가능성이 있는 경우에는 반추형 경판을 사용하여 저부의 배출이 용이하게 한다.

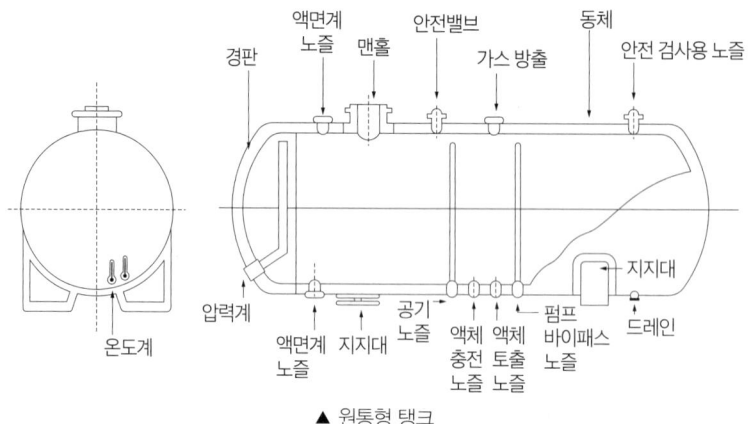

▲ 원통형 탱크

(2) 구형 탱크

① 횡형 원통형 저장탱크에 비해 표면적이 작고 강도가 높으며, 외관 모양이 안정적이다.
② 구형 저장탱크는 저장하는 유체가 가스인 경우 구형 가스홀더라 하고, 액체인 경우는 보통구형 탱크라고 한다.
③ 유체의 출입구에 안전밸브, 압력계, 온도계가 있고 액체인 경우는 액면계를 부착한다.

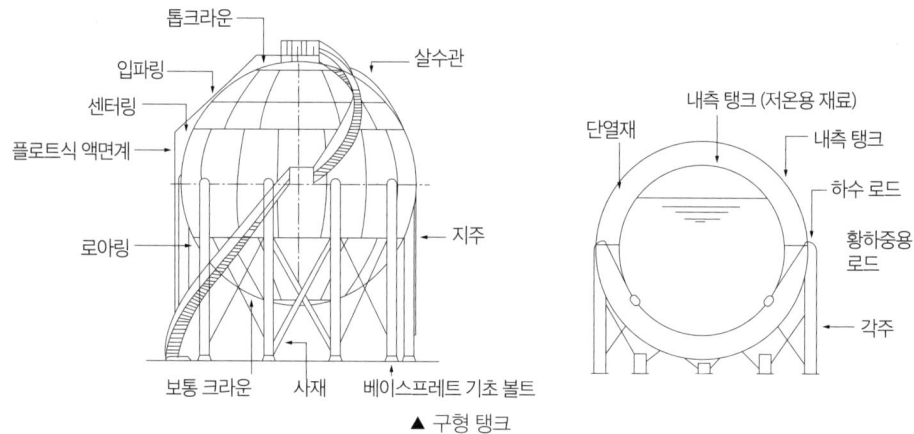

▲ 구형 탱크

(3) 저장능력 산정식

① 압축가스 저장탱크 및 용기

$$Q = (10P+1) \times V_1$$

Q: 저장능력[m³], P: 35℃에서 최고충전압력[MPa], V_1: 내용적[m³]

② 액화가스 저장탱크

$$W = 0.9 \times d \times V_2$$

W: 저장능력[kg], d: 액화가스의 비중[kg/L], V_2: 내용적[L]

③ 액화가스 용기

$$G = \frac{V_2}{C}$$

G: 저장능력[kg], V_2: 내용적[L], C: 액화가스의 충전상수

④ 안전공간

$$Q = \frac{V-E}{V} \times 100$$

Q: 안전공간[%], V: 저장시설의 내용적[m³], E: 액화가스의 부피[m³]

7 가스장치 요소

1. 고압밸브

(1) 고압밸브의 특징

① 주조품보다 단조품으로 제조한다.
② 벨브시트는 내식성과 견고한 재료로 사용된다.
③ 시트를 교체할 수 있는 구조이다.
④ 밸브 시트는 평면형 또는 원추형으로 제작되며, 소형 밸브의 경우 밸브 본체와 스핀들을 동일한 재료로 구성하는 경우도 있다.
⑤ 스핀들에는 나사가 없는 직선 부분이 형성되어 있으며, 밸브 본체와 스핀 사이에는 패킹 삽입이 가능하다.
⑥ 대형 밸브의 경우, 시트와 밸브 선단이 교체 가능하도록 설계된다.

(2) 밸브의 종류와 용도

① 체크밸브: 유체의 흐름방향을 한 방향으로만 흐르게 하는 밸브이다.
  ㉠ 리프트형: 수평 배관용 밸브이다.
  ㉡ 스윙형: 수직·수평 배관용 밸브이다.
② 스톱밸브: 유량 또는 유체의 흐름을 조절하는 밸브이다.
  ㉠ 앵글형: 유체의 흐름 방향을 90°로 바꿔준다.
  ㉡ 글로브형: 유체의 유량을 조절해준다.
③ 감압밸브: 유체의 높은 압력을 낮은 압력으로 낮추어 일정하게 공급하기 위해 사용한다.
④ 안전밸브
  ㉠ 스프링식 안전밸브
    • 평상 시 스프링의 장력에 의해 닫혀 있으며, 내부에 과압이 형성되면 신속하게 배출한다.
    • 과압 해소 후 스프링에 의해 복귀하며 한번 작동 후 다시 사용할 수 있다.
    • 밸브 시트면에 누설이 발생할 수 있다.
  ㉡ 파열판식 안전밸브
    • 구조가 간단하며 부식성 유체에 적합하다.
    • 밸브시트의 누설은 없다.
    • 신속하게 과압을 배출시키지만 일회용이기 때문에 사용 후 교체가 필요하다.

ⓒ 가용전식 안전밸브
- 주석(Sn), 납(Pb) 등 용융점이 낮은 금속을 합금으로 제작하여 설치한다.
- 주변의 온도 상승 시 가용전이 용융점에 도달하면 가용전이 녹으면서 용기 내 과압을 배출한다.
- 온도 상승까지 시간이 소요되므로 신속한 과압을 해소하는 데 부적합하다.

ⓓ 중추식 안전밸브
- 추의 일정한 무게를 이용한다.
- 내부에 과압이 형성되면 추를 밀어 올려 일부로 과압을 배출한다.

> **보충 TIP** 고압장치에서 안전밸브 설치장소
> - 저장탱크 상부
> - 압축기, 펌프의 토출측·흡입측
> - 왕복동식 압축기의 각 단
> - 반응탑, 정류탑 등
> - 감압밸브, 조정밸브 뒤 배관

3. 고압 조인트

(1) **배관용 조인트**
  ① 영구 조인트: 용접, 납땜 등의 작업을 통하여 시공하며 가스의 누설에 대하여 안전하다. 종류로는 버트 용접 조인트, 소켓 용접 조인트 등이 있다.
  ② 분해 조인트: 장치의 보수, 교체 시에 분해 결합을 할 수 있는 조인트이다. 종류로는 플랜지 이음과 유니언 이음 등이 있다.

(2) **다방 조인트**
  배관 라인에 분기 또는 합류를 필요로 하는 곳에 사용되며 티, 크로스 등을 용접으로 이음한다.

(3) **신축 조인트(Expansion Joint)**
  온도변화에 따른 배관의 신축 현상을 흡수, 완화시키며 배관의 손상 및 파손을 방지하기 위하여 설치한다.
  ① 루프형(Loop type): 곡관으로 만들어진 구조로서 간단하고 내구성이 좋아 고온, 고압 배관이나 옥외배관에 주로 사용된다. 곡률 반지름은 관지름의 6배 이상으로 한다.
  ② 벨로즈형(Bellows type): 주름통으로 만들어진 구조로서 설치장소에 제한을 받지 않으며, 가스, 증기, 물 등의 배관에 사용된다.
  ③ 슬리브형(Sleeve type): 신축에 의한 자체 응력이 발생되지 않고 설치장소가 필요하며, 단식과 복식이 있다.
  ④ 스위블형(Swivel type): 2개 이상의 엘보를 사용하여 관의 신축을 흡수하는 것으로서 신축량이 큰 배관에서는 누설의 위험이 크다.

8 가스 설비

1. 오토클레이브(Autoclave)

(1) **정의**
  액체를 가열하면 온도 상승과 함께 증기압도 증가하며, 이러한 조건을 유지한 상태에서 특정 반응을 유도할 때 사용하는 고압 반응용기를 오토클레이브라고 한다.

(2) **오토클레이브의 종류**

① 교반형

㉠ 모터에 연결된 교반 베인을 회전시키거나 전자 코일을 이용해 교반 베인을 고속으로 회전시켜 혼합한다.

㉡ 누설의 위험이 크기 때문에 압력과 회전속도에 제한이 있다.

② 진탕형

㉠ 오토클레이브 전체를 진동을 주듯이 흔들어 교반하는 방식이다.

㉡ 가스 누설의 위험이 적다.

㉢ 고압 사용에 적합하며, 반응물의 오손이 없다.

㉣ 장치 전체가 진동하기 때문에 압력계는 본체로부터 멀리 설치해야 한다.

㉤ 뚫린 구멍이 있는 뚜껑판에 촉매가 끼어 들어갈 가능성이 있다.

③ 회전형: 오토클레이브 자체를 회전시키는 방식으로 고체를 액체 또는 기체로 처리하거나 액체에 가스를 주입하는 공정에 적합하다.

④ 가스교반형: 레페 반응장치 등에서 사용되는 방식으로, 가늘고 긴 수직 반응기 내에서 유체 순환에 의해 교반이 이루어지며, 주로 대형 화학공장에 적용된다.

2. 암모니아 합성탑

(1) **구조**

① 내압 용기와 내부 구조물로 되어 있다.

② 내부 구조물은 촉매를 유지하고 반응과 열교환을 한다.

(2) **촉매**

암모니아 합성의 촉매는 주로 산화철에 Al_2O_3(산화알루미늄), K_2O(산화칼륨)를 첨가하지만 CaO(산화칼슘) 또는 MgO(산화마그네슘) 등을 첨가하기도 한다.

(3) **암모니아 합성공정의 종류**

구분	압력	종류
고압 합성	60~100MPa	클로드법, 카자레법 등
중압 합성	30MPa 전후	IG법, 공동시법, 뉴파티법, 뉴데법, JIC법, 케미그법 등
저압 합성	15MPa 전후	구데법, 케로그법 등

3. 벤트스택(Vent Stack)

(1) **정의**

정상운전 또는 비상운전 시 방출된 가스 또는 증기를 소각하지 않고 대기 중으로 안전하게 방출하는 설비이다.

(2) **종류별 설치기준**

① 긴급용 벤트스택

㉠ 가스 착지농도가 폭발하한계 미만이 되도록 충분한 높이로 설치한다.

㉡ 독성가스의 경우 허용농도값 미만이 되도록 충분한 높이로 설치하고, 제독조치 후 안전하게 방출한다.

㉢ 방출구는 작업원의 안전한 통행을 고려하여 10m 이상 떨어진 위치에 설치한다.

㉣ 정전기나 낙뢰 등에 의한 화재 방지 조치가 필요하며 소화 조치도 고려한다.

② 기타 벤트스택
　㉠ 가스 착지농도가 폭발하한계 미만이 되도록 충분한 높이로 설치한다.
　㉡ 독성가스의 경우 허용농도값 미만이 되도록 충분한 높이로 설치하고, 제독조치 후 안전하게 방출한다.
　㉢ 방출구는 작업원의 안전한 통행을 고려하여 5m 이상 떨어진 위치에 설치한다.
　㉣ 가연성 가스의 화재 방지 조치와 응축액의 제거 및 액화가스의 안전한 처리를 고려한다.

4. 플레어스택(Flare Stack)

(1) **정의**
공정에서 만들어진 가연성가스를 모아서 안전하게 연소시켜 배출하는 설비이다.

(2) **설치기준**
① 설치위치 및 높이는 플레어스택 바로 밑의 지표면에 미치는 복사열이 4,000kcal/m³·h 이하가 되도록 한다.
② 파이롯트버너 또는 항상 작동할 수 있는 자동점화장치를 설치한다.
③ 역화 및 공기 등과의 혼합 폭발을 방지하기 위한 장치를 설치한다.

9 가스 배관

1. 가스 배관의 개요

(1) **가스 배관 시공 시 고려사항**
① 배관 내의 압력손실
② 가스 소비량 결정(최대가스 유량)
③ 용기의 크기 및 필요 본수의 결정
④ 감압방식의 결정 및 조정기의 산정
⑤ 배관 경로 및 관지름의 결정

(2) **가스 배관의 경로 선정**
① 최단거리로 시공해야 한다.
② 구부러지거나 오르내림이 적어야 한다.
③ 은폐 매설을 피해야 한다.
④ 가능한 옥외에 설치해야 한다.

(3) **배관 내의 압력손실**
① 마찰저항에 의한 압력손실(직선배관)

$$H = \frac{Q^2 \times S \times L}{K^2 \times D^5}$$

H: 압력손실[mmH₂O], Q: 가스 유량[m³/h], S: 가스 비중, L: 관 길이[m], K: 유량계수, D: 관 내경[cm]

　㉠ 유속의 제곱에 비례한다.
　㉡ 관의 길이에 비례한다.
　㉢ 관 안지름의 5제곱에 반비례한다.
　㉣ 관 내벽의 상태가 거칠면 압력손실이 커진다.
　㉤ 유체의 점도가 커지면 압력손실이 커진다.
　㉥ 압력과는 관계가 없다.

② 입상배관에 의한 압력손실(수직상향) : 가스의 비중에 의해 압력차가 발생한다.

$$H = 1.293(S-1)h$$

H : 압력손실[mmH$_2$O], S : 가스 비중, h : 입상 높이[m]

2. 배관의 종류 및 용도

(1) 가스 배관

① 강관
  ㉠ 인장강도와 내충격성이 크다.
  ㉡ 배관 가공 및 작업이 용이하다.
  ㉢ 비철금속관에 비해 경제적이다.
  ㉣ 부식으로 인한 배관의 수명이 짧다.

② 폴리에틸렌관(PE관: Polyethylene pipe) : 대표적인 매설배관 재료로, 에틸렌을 중합시킨 열가소성 수지로 가열하면 경화되며 더 가열하면 녹아서 유동성을 가진다.

③ 폴리에틸렌 피복강관(PLP관) : 매설배관 재료로, 연료가스 배관용 탄소강관(SPPG) 외면에 폴리에틸렌을 코팅하여 부식에 견딜 수 있다.

(2) 배관용 강관의 종류

구분	종류	사용 용도
SPP	배관용 탄소강관	사용 압력이 낮은 1Mpa 이하의 배관
SPPS	압력배관용 탄소강관	350℃ 이하에서 압력이 1Mpa~10MPa 이하의 배관
SPPH	고압배관용 탄소강관	350℃ 이하에서 압력이 10Mpa 이상의 배관
SPHT	고온배관용 탄소강관	350℃ 이상에서 사용하는 배관
SPLT	저온배관용 탄소강관	빙점 이하의 저온 배관에 사용
SPW	아크용접 탄소강관	사용 압력이 낮은 1Mpa 이하의 배관
SPA	배관용 합금강관	주로 고온 배관에 사용

보충 TIP 스케줄 번호(Schedule Number)

배관의 두께를 나타내는 지표로, 배관의 사이즈가 동일하더라도 스케줄 번호가 커지면 배관이 두껍다는 의미이며 이는 배관이 높은 압력에 견딜 수 있는 강도를 갖고 있다는 의미이다.

스케줄 번호 (Sch No)	$10 \times \dfrac{P}{S}$	P : 사용압력 [kg/cm^2], S : 허용응력 [kg/mm^2]
	$1,000 \times \dfrac{P}{S}$	P : 사용압력 [kg/cm^2], S : 허용응력 [kg/cm^2]
		P : 사용압력 [MPa], S : 허용응력 [N/mm^2]

3. 배관의 응력 및 진동

(1) 응력
① 열팽창에 의한 응력
② 내압에 의한 응력
③ 냉간 가공에 의한 응력
④ 용접에 의한 응력
⑤ 배관 부속물의 중량에 의한 응력

(2) 진동
① 펌프, 압축기 등에 의한 진동
② 파이프를 흐르는 유체의 압력변화에 의한 진동
③ 파이프 굽힘에 의해 생기는 힘의 영향
④ 안전밸브의 분출에 의한 진동
⑤ 바람, 지진 등 자연의 영향

4. 배관의 관경 결정

(1) 저압 배관의 유량 관계식

$$Q = K_1 \sqrt{\frac{D^5 \times H}{S \times L}}$$

Q: 가스 유량[m³/h], K_1: 폴의 정수(0.701), D: 관 지름[cm]
H: 압력손실[mmH$_2$O], S: 가스 비중, L: 관 길이[m]

(2) 중·고압 배관의 유량 관계식

$$Q = K_2 \sqrt{\frac{D^5 \times (P_1^2 - P_2^2)}{S \times L}}$$

Q: 가스 유량[m³/h], K_2: 콕의 정수(52.31), D: 관 지름[cm],
S: 가스 비중, L: 관 길이[m], P_1: 시작부 압력[kg/cm²], P_2: 마지막부 압력[kg/cm²]

5. 부식(Corrosion)

(1) 개요
① 전해질 중의 금속이 양극부위에서 용출되는 현상으로서 일종의 전기화학적인 반응을 의미한다.
② 부식의 종류는 건식과 습식으로 분류된다.
  ㉠ 건식: 고온가스에 의한 화학변화로 발생한다.
  ㉡ 습식: 금속의 표면에 물이 젖어 산소와 금속이 화합하여 발생한 녹에 의해 발생한다.
③ 부식 속도에 영향을 주는 인자는 pH, 온도, 부식액 조성, 금속재료 조성, 응력, 표면상태 등이 있다.

(2) 부식의 형태

전면부식	전체면이 균일하게 일어나는 부식이다.
국부부식	특정 부분에만 집중되는 부식이다.
입계부식	결정입계가 선택적으로 부식된다.
선택부식	합금 중 특정 성분에만 일어나는 부식이다.
응력부식	연성 재료임에도 취성파괴를 일으키는 현상이다.

(3) **가스별 부식구분**: 고온·고압에서 발생한다.

가스종류	부식명	방지금속
산소(O_2)	산화	Cr, Al, Si
수소(H_2)	수소취성(강의탈탄)	5~6% Cr강에 W, Mo, Ti, V 첨가
암모니아(NH_3)	질화, 수소취성	Ni 및 STS
일산화탄소(CO)	카보닐(침탄)	장치 내면 피복, Ni-Cr계 STS
황화수소(H_2S)	황화	Cr, Al, Si

> **보충 TIP** 수분 존재 시 부식을 일으키는 가스
> 염소(Cl_2), 포스겐($COCl_2$), 이산화탄소(CO_2), 이산화황(SO_2), 황화수소(H_2S)

(4) **부식 방지법**
① 부식억제제(인히비터)에 의한 방식
② 부식환경 처리에 의한 방식
③ 피복에 의한 방식
④ 전기방식법: 매설배관의 부식을 방지하기 위하여 배관에 직류전기를 공급하거나 배관보다 저전위 금속을 배관에 연결한다.

방식종류	정의
유전(희생)양극법	양극의 금속 Mg, Zn 등을 지하 매설배관에 일정 간격으로 설치하면 양극의 금속이 Fe보다 먼저 소멸되어 매설배관의 부식을 방지한다.
외부전원법	방식 전류기를 이용하여 한전의 교류전원을 직류로 전환하여 매설배관에 전기를 공급함으로서 부식을 방지한다.
선택배류법	직류전철에서 누설되는 전류에 의한 전식을 방지하기 위해 배관의 직류전원선을 레일에 연결하여 부식을 방지한다.
강제배류법	레일에서 멀리 떨어져 있는 경우 외부의 전원장치로부터 가장 가까운 선택배류방법의 전기방식이다.

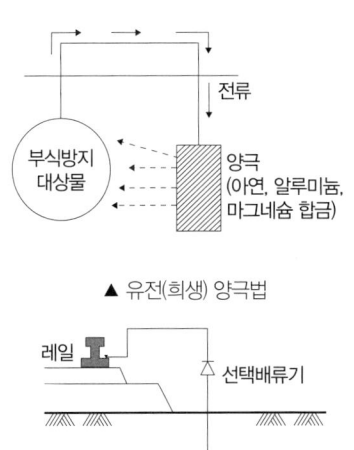

▲ 유전(희생) 양극법

▲ 선택 배류법

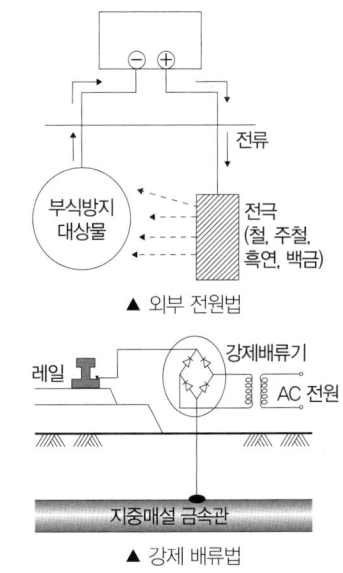

▲ 외부 전원법

▲ 강제 배류법

02 저온장치 및 가스설비

[가스 장치 및 기기]

1 공기액화분리장치

1. 가스액화사이클

(1) 줄-톰슨 효과

압축가스를 단열·팽창시키면 온도나 압력이 강하한다는 의미로, 저온을 얻는 기본적인 원리이다.

(2) 액화사이클의 종류

임계온도는 액화시킬 수 있는 최고의 온도를 말하며, 액화하기 위해서는 임계온도 이하, 임계압력 이상이어야 한다.

린데식 공기액화사이클	상온, 상압의 공기를 압축기에 의해 등온·압축 후 열교환기에서 저온으로 냉각하여 팽창밸브에서 단열 교축·팽창시킨다.(줄-톰슨 효과)
클로우드식 공기액화사이클	팽창기에 의한 단열 교축·팽창을 이용하며 피스톤식 팽창기를 사용한다.
캐피자식 공기액화사이클	공기의 압축압력은 약 7atm이며, 열교환기에서 축랭기를 통해 냉각한다. 주로 줄-톰슨 밸브 대신 터빈식 팽창기를 사용한다.
필립스식 공기액화사이클	실린더 중에 피스톤과 보조 피스톤이 있으며, 양 피스톤의 작용으로 상부에 팽창기, 하부에 압축기로 구성된다.
캐스케이드 액화사이클	증기압축식 냉동사이클에서 다원냉동사이클과 같이 비점이 낮은 냉매를 사용하여 저비점의 기체를 액화하는 사이클이다.

2. 공기액화분리장치

(1) 개요

① 공기를 액화하여 비등점의 차이로 액화 질소, 액화 산소, 액화 아르곤을 분리·생산한다.
  ㉠ 질소(N_2)의 비등점: $-196°C$
  ㉡ 산소(O_2)의 비등점: $-183°C$
  ㉢ 아르곤(Ar)의 비등점: $-186°C$
② 공기액화분리장치의 운전 중지 조건은 다음과 같다.
  ㉠ 액화산소 5L 중 C_2H_2의 질량이 5mg 이상일 때
  ㉡ 액화산소 5L 중 탄화수소의 탄소의 양이 500mg 이상일 때

(2) 불순물

① 아세틸렌(C_2H_2)
  ㉠ 폭발의 위험이 있다.
  ㉡ C_2H_2 흡착기에서 흡착하여 제거한다.
② 수분(H_2O)
  ㉠ 얼음(고체)이 되어 장치가 폐쇄되거나 고장 우려가 있다.
  ㉡ 건조제(실리카겔, 활성알루미나, 소바비드 등)로 제거한다.

③ 이산화탄소(CO_2)
   ㉠ 드라이아이스(고체)가 되어 장치가 폐쇄되거나 고장 우려가 있다.
   ㉡ NaOH로 제거한다.

$$2NaOH + CO_2 \rightarrow Na_2CO_3 + H_2O$$

(3) 공기액화분리장치의 폭발

① 발생원인
   ㉠ 공기 취입구로부터 아세틸렌(C_2H_2)의 혼입
   ㉡ 압축기용 윤활유 분해에 따른 탄화수소의 생성
   ㉢ 공기 중 질소화합물(NO, NO_2)의 혼입
   ㉣ 액체 산소 중 오존(O_3)의 혼입

② 방지대책
   ㉠ 장치 내에 여과기를 설치한다.
   ㉡ 공기가 맑은 곳에 공기 취입구를 설치한다.
   ㉢ 윤활유는 양질의 것을 사용한다.
   ㉣ 1년에 1회 이상 사염화탄소(CCl_4)로 세척한다.
   ㉤ 부근에 카바이드(CaC_2) 작업을 피한다.

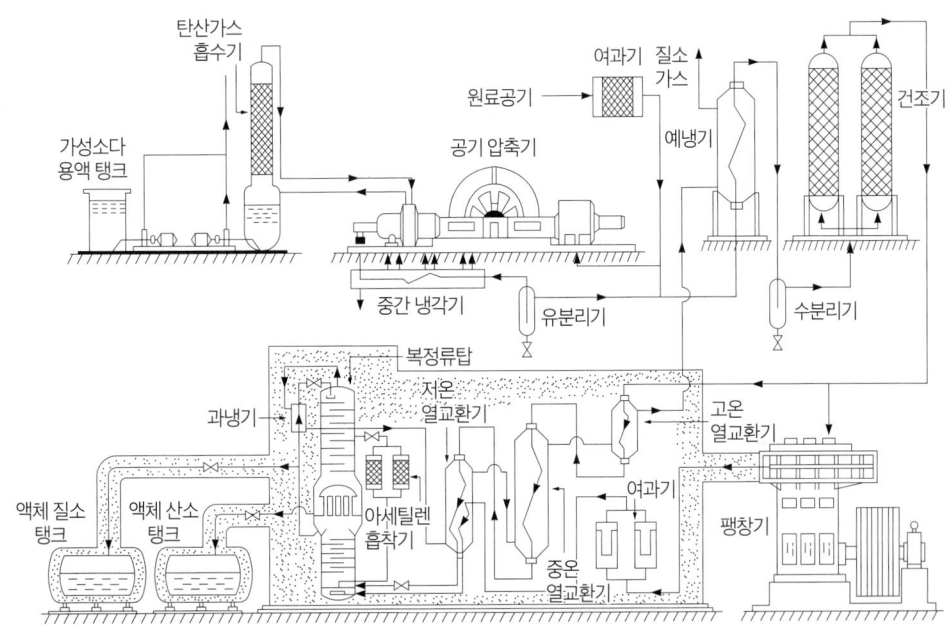

▲ 고압식 액화 산소 분리장치

2 저온장치 및 재료

1. 냉동능력

(1) 1 한국 냉동톤(1RT)

0℃의 물 1톤을 0℃ 얼음으로 만드는데 하루 동안 제거해야 할 열량을 의미한다.

$$Q = G \times \gamma = \frac{1,000\text{kg} \times 79.68\text{kcal/kg}}{24\text{hr}} = 3,320\text{kcal/hr}$$

Q: 냉동능력[kcal/hr], G: 물의 질량(1,000kg), γ: 물의 융해열(79.68kcal/kg)

(2) 냉동능력 산정기준

구분	1RT 적용 기준
한국 1 냉동톤 (미국 냉동톤)	3,320kcal/hr(3,024kcal/hr)
흡수식 냉동기	6,640kcal/hr
원심식 압축기	1.2kW

2. 냉동장치

(1) 증기 압축식 냉동장치

① 4대 구성요소

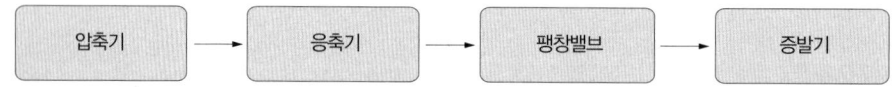

② 각 장치의 기능
  ㉠ 압축기: 저온, 저압의 냉매가스를 고온, 고압으로 압축한다.
  ㉡ 응축기: 고온, 고압의 냉매가스를 열교환을 통하여 액화시킨다.
  ㉢ 팽창밸브: 액화된 냉매액을 저온, 저압으로 교축·팽창시킨다.
  ㉣ 증발기: 저온, 저압의 냉매액이 피냉각체로부터 열을 흡수하여 증발한다.

(2) 흡수식 냉동장치

① 4대 구성요소

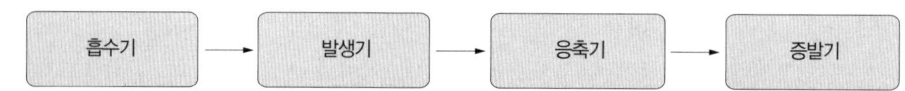

② 냉매 및 흡수제

냉매	흡수제
암모니아(NH_3)	물(H_2O)
물(H_2O)	리튬브로마이드(LiBr)
염화메틸(CH_3Cl)	사염화에탄
톨루엔($C_6H_5CH_3$)	파라핀유

3. 저온 저장탱크 단열법

(1) 상압 단열법
① 정의: 단열을 하는 공간에 섬유, 분말 등의 단열재를 충전하여 단열하는 방법이다.
② 종류로는 섬유 단열법, 분말 단열법 등이 있다.
③ 고려사항은 다음과 같다.
　㉠ 산소, 액화 질소장치 및 공기의 액화온도 이하의 장치에는 불연성의 단열재를 사용하여야 한다.
　㉡ 단열재 층에 수분이 존재하면 동결로 얼음이 생성될 수 있으므로 건조질소를 치환하여 공기와 수분의 침입을 방지하여야 한다.

(2) 진공 단열법
① 정의: 공기의 열전도율보다 낮은 값을 얻기 위해 공기에 의한 전열을 제거하는 방법이다.
② 종류는 다음과 같다.
　㉠ 고진공 단열법: 단열공간을 진공으로 처리하여 열전도를 차단하는 방법으로, 10^{-4}Torr 정도의 진공을 필요로 한다.
　㉡ 분말진공 단열법: 단열공간 양면에 미세 분말을 유지하여 단열효과를 높힌다. 충전용 분말로는 샌다셀, 펄라이트, 규조토, 알루미늄분말 등이 있다.
　㉢ 다층진공 단열법: 단열공간 양면에 복사 방지용 실드판(알루미늄박과 글라스울)을 다수로 포개어 설치하는 방법으로 단열효과가 매우 뛰어나다.

(3) 단열재의 구비조건
① 열전도율이 작을 것
② 흡습성, 흡수성이 작을 것
③ 적당한 기계적 강도를 가질 것
④ 시공이 편리할 것
⑤ 부피, 비중(밀도)이 작을 것
⑥ 경제적일 것

> **보충 TIP** 저온장치에서 열의 침입 요인
> - 단열재를 충전한 공간에 남은 가스의 열전도
> - 저장탱크 및 장치 외면에서의 열복사
> - 연결된 배관을 통한 열전도
> - 펌프, 밸브 등에 의한 열전도

4. 장치 재료

(1) **재료의 성질**

① 기계적 성질

경도(Hardness)	금속의 단단한 정도를 의미한다.
강도(Strength)	일반적으로 인장강도를 의미하며 전단강도, 압축강도 등으로 분류된다.
연성	금속을 잡아당겼을 때 가는 선으로 늘어나는 성질이다.
전성	타격이나 압연 작업에 의해 얇은 판처럼 넓어지는 성질이다.
인성	외력에 저항하는 성질로서 질긴 성질을 의미한다.
취성	물체의 변형에 견디지 못하고 파괴되는 성질로 인성과 반대되는 의미이다.
연신율	하중을 가했을 때 원래 길이에서 늘어난 길이의 비이다. $$\varepsilon = \frac{l_2 - l_1}{l_1} \times 100$$ l_1: 시험편의 처음의 표점 거리(최초 거리), l_2: 파단(절단) 후의 표점 거리
피로	반복하중에 의해 재료의 저항력이 저하하는 현상을 의미한다.
크리프(Creep)	어떠한 온도 이상에서는 재료에 일정한 하중을 가하여 그대로 방치하면 시간의 경과와 더불어 변형이 증대하고 파괴되는 현상을 말한다.
항복점	탄성 한계 이상의 하중을 가하면 하중을 증가시키지 않아도 시험편이 늘어나는 현상을 항복현상이라 하고, 항복현상이 일어나는 점을 항복점이라 한다.

② 물리적 성질: 비중, 용융점, 비열, 선팽창계수, 열전도율, 전기전도도(도전율), 자성, 융해잠열 등

③ 화학적 성질: 내열성, 내식성 등

(2) **재료의 종류 및 조건**

① 고온재료의 구비조건

　㉠ 고온에서 기계적 강도를 유지하고 냉각 시 열화를 일으키지 않을 것

　㉡ 접촉유체에 대한 내식성이 있을 것

　㉢ 가공이 용이하고 경제적일 것

　㉣ 크리프 강도가 클 것

> **보충 TIP** 금속 가공의 열처리
> - 담금질(소입, Quenching): 강의 강도를 증가시키기 위해 가열 후 급랭시킨다.
> - 불림(소준, Normalizing): 소성가공으로 거칠어진 조직을 미세화하거나 정상상태로 하기 위해 가열 후 급랭시킨다.
> - 풀림(소둔, Annealing): 잔류응력 제거, 강도 증가, 냉간 가공을 용이하게 하기 위해 뜨임보다 높게 가열 후 서냉시킨다.
> - 뜨임(소려, Tempering): 인성 증가를 위해 담금질보다 낮게 가열 후 서냉시킨다.

② 사용용도별 금속재료

구분		금속재료
고온·고압 장치용 금속재료		5% 크롬강, 9% 크롬강, 18-8 스테인리스강, 니켈-크롬-몰리브덴강
저온장치용 재료	응력이 작은 부분	동 및 동 합금, 알루미늄, 니켈, 모넬메탈 등
	응력이 큰 부분	• 상온보다 약간 낮은 곳: 탄소강을 적당히 열처리하여 사용한다. • -80℃까지: 저합금강을 적당히 열처리하여 사용한다. • 극저온: 오스테나이트계 스테인리스강(18-8 스테인리스강)
초저온용 금속재료		18-8 STS (오스테나이트계 스테인리스강), 9% Ni 강, Cu 및 Cu 합금, Al 및 Al 합금 등

5. 비파괴 검사

(1) 개요
① 제품을 파괴하지 않고 성능 및 결함 유무 등을 검사하는 방법이다.
② 물리적, 화학적 성질을 평가하여 결함을 찾고 품질을 확인한다.

(2) 비파괴 검사의 종류
① 육안검사(VT)
  ㉠ 가장 기본적인 검사로 눈으로 결함을 확인한다.
  ㉡ 조명, 확대경, 카메라 등을 활용하여 표면의 크랙, 부식, 찌그러짐 등을 살펴본다.
② 방사선투과검사(RT)
  ㉠ X-Ray 또는 감마선을 이용해 내부 구조를 촬영한다.
  ㉡ 결함이 그림자처럼 나타나 정확한 위치와 크기를 파악할 수 있다.
③ 자분탐상실험(MT)
  ㉠ 자성을 띠는 재료에 적용되며, 자석처럼 만든 후 철가루를 뿌려 결함을 시각화한다.
  ㉡ 용접부의 균열이나 미세 결함을 찾는데 효과적이다.
④ 초음파탐상검사(UT): 내부 결함을 찾는데 사용되며, 금속 안으로 초음파를 쏘면 반사되는 신호로 내부 균일이나 이물질을 탐지한다.
⑤ 침투탐상시험(PT)
  ㉠ 표면 결함(미세한 균열 등)을 붉은 액체로 확인하는 방법이다.
  ㉡ 표면 세척 후 침투액을 뿌리고 현상제를 바르면 결함 부위가 선명하게 드러난다.
⑥ 와전류탐상검사(ET)
  ㉠ 전자기장을 이용해 금속 표면이나 얇은 내부의 결함을 감지한다.
  ㉡ 비접촉 방식이라 빠르고 간편하며, 항공·전기분야에서 많이 사용된다.
⑦ 음향방출검사(AE)
  ㉠ 음향에 의해 결함 유무를 판단하는 방법이다.
  ㉡ 숙련도를 필요로 하며 개인차가 심하고 검사결과가 기록되지 않는다.
⑧ 전위차법: 표면 결함이 있는 금속 재료에 표면에서 결함으로 직류 또는 교류를 흐르게 하면 결함의 주위에 전류 분포가 균일하지 않고 장소에 따라 발생하는 전위차를 이용한 방법이다.

3 LP가스 설비

1. LP 가스

(1) 일반 특성
① 가스는 공기보다 무겁다.
② 액체상태는 물보다 가볍다.
③ 기화 및 액화가 용이하다.
④ 기화 시 체적이 커진다.
⑤ 증발잠열이 크다.

(2) 연소 특성
① 연소 시 발열량이 크다.
② 연소범위(폭발범위)가 좁다.
③ 연소속도가 느리다.
④ 착화온도(발화온도)가 높다.
⑤ 연소시 많은 공기가 필요하다.

2. LP가스의 이송

(1) 차압에 의한 방법
① 탱크로리와 저장탱크 간의 압력차를 이용하는 방법이다.
② 수송 중 외부열로 인한 온도 상승으로 압력이 높아져 생기는 압력차를 이용하여 이송시킨다.

(2) 펌프에 의한 방법
① 액 라인에 펌프를 설치하여 액상가스를 가입시켜 이송시킨다.
② 재액화 및 드레인 우려가 없으나 충전시간이 길고 잔가스 회수가 불가능하다.

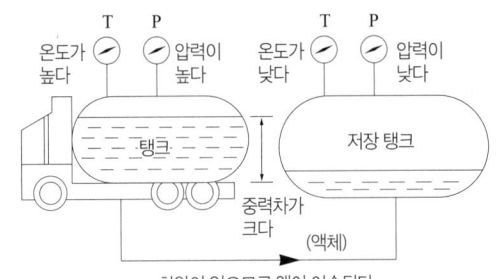

▲ 차압에 의한 이송방법

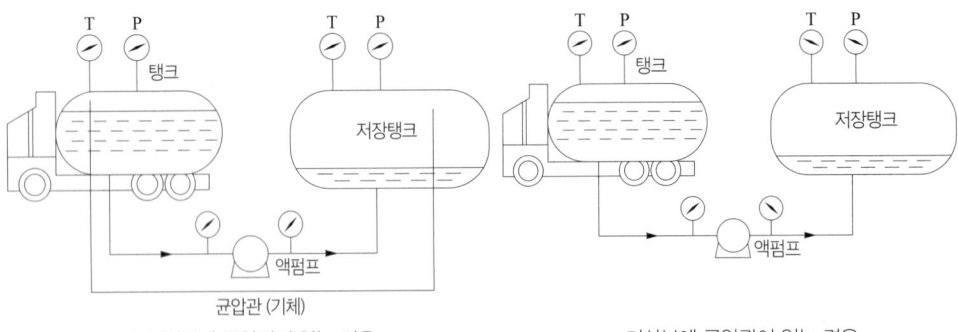

▲ 기상부에 균압관이 있는 경우   ▲ 기상부에 균압관이 없는 경우

(3) **압축기에 의한 방법**
    ① 압축기를 이용하여 이송하는 방식으로, 저장탱크 기상부에서 가스를 가입하고 베이퍼라인으로 압력을 사용한다.
    ② 충전시간이 짧고, 잔가스 회수가 가능하다.
    ③ 베이퍼록 우려가 없다.
    ④ 재액화 및 드레인 우려가 있다.
    ⑤ 세부 부속장치는 다음과 같다.

액트랩	압축기 흡입측에 설치하여 액압축을 방지하는 부속장치이다.
사방밸브 (4-Way Valve)	압축기의 흡입측과 토출측을 전환하여 액 이송과 가스회수를 동시에 할 수 있는 부속장치이다.
유분리기	압축기 토출측에 설치하여 오일을 분리시키는 부속장치이다.

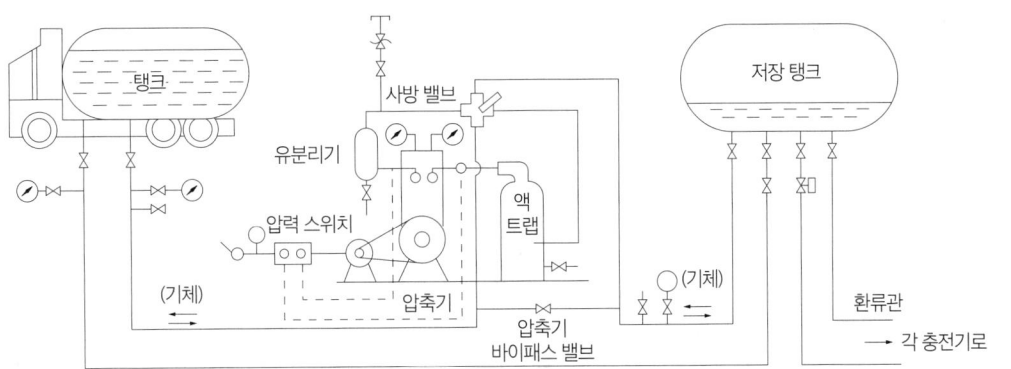

▲ 압축기에 의한 이송방법

(4) **펌프 이송과 압축기 이송의 비교**

구분	장점	단점
펌프에 의한 이송 방법	• 재액화 현상이 없다. • 드레인 현상이 없다.	• 충전시간이 길다. • 잔가스 회수가 불가능하다. • 베이퍼록 현상이 있다.
압축기에 의한 이송 방법	• 충전시간이 짧다. • 잔가스 회수가 가능하다. • 베이퍼록 현상이 없다.	• 재액화 현상이 있다. • 드레인 현상이 있다.

> **보충 TIP** 탱크로리에서 작업을 중단해야 하는 경우
> • 과충전이 되었을 때
> • 누설이 발생하였을 때
> • 액압축 및 베이퍼록이 발생하였을 때
> • 주변에 화재가 발생하였을 때
> • 안전관리책임자의 부재가 발생하였을 때

4 도시가스 설비

1. 도시가스

(1) 도시가스의 원료

① 천연가스(NG: Natural Gas): 지하의 탄화수소를 주성분으로 하는 가연성가스의 총칭을 말한다.
② 액화천연가스(LNG: Liquefied Natural Gas): 지하에서 생산된 천연가스를 -162℃까지 냉각, 액화한 것이다.
③ 정유가스(Off gas): 석유정제 또는 석유화학 계열의 플랜트에서 부산산물로 생산되는 가스로 수소와 메탄이 주성분이다.
④ 나프타(Naphtha): 원유를 상압에서 증류할 때 얻어지는 비점이 200℃ 이하인 유분(액체)이다. 경질의 것은 라이트 나프타, 중질의 것은 헤비 나프타라고 한다.

(2) 메탄(CH_4)

① 도시가스 대부분의 성분이 메탄으로 구성되어 있다.
② 폭발범위는 5~15%이며 비등점은 -162℃이다.
③ 공기보다 가벼우며 무색, 무미, 무취의 성질이다.
④ 용해도가 작으며, 공기 중에 연소한다.
⑤ 도시가스 누설시 조기 발견을 위해 부취제를 첨가한다.

2. 제조방식

도시가스 제조 공정 중 가스화 프로세스는 다음과 같다.

(1) 열분해 공정(Thermal cracking pocess)

고온 하에서 탄화수소를 가열하여 수소, 메탄, 에탄, 에틸렌, 프로판 등의 가스 상의 탄화수소로 분해하고 고열량 가스(10,000kcal/Nm^3)를 제조하는 방법이다.

(2) 접촉분해 공정(Steam reforming process)

촉매를 이용하여 반응온도 400~800℃에서 탄화수소와 수증기를 반응시켜 메탄, 수소, 일산화탄소, 이산화탄소로 변환하는 공정이다.

(3) 부분연소 공정(Partial combustion process)

탄화수소의 분해에 필요한 열을 노내에 산소 또는 공기를 흡입시킴에 의해 원료의 일부를 연소시켜 연속적으로 가스를 만드는 공정이다.

(4) 수첨분해 공정(Hydrogenation cracking process)

고온, 고압 하에서 탄화수소를 수소 기류 중에서 열분해 또는 접촉분해하여 메탄을 주성분으로 하는 고열량의 가스를 제조하는 공정이다.

(5) 대체천연가스 공정(Substitute natural process)

수분, 산소, 수소를 원료 탄화수소와 반응시켜 가스화하고 메탄합성, 탈산소 등의 공정을 병용하여 천연가스의 성상과 거의 일치하게끔 가스를 제조하는 공정이다. 이때, 제조된 가스를 대체천연가스(SNG) 또는 합성천연가스라고 한다.

3. 공급방식

(1) 저압 공급방식

① 가스압력 범위: 0.1MPa 미만

② 특징은 다음과 같다.

㉠ 저압 도관이므로 공급량이 적고 공급 계통이 비교적 간단하다.

㉡ 압송 비용이 불필요하며, 공급 구역이 작은 소규모 가스사업소 등에 적합하다.

㉢ 수송량이 많거나 수송 거리가 길 경우, 대구경 저압 도관이 필요하므로 비경제적이다.

㉣ 유수식 가스홀더를 사용하는 경우, 가스홀더 내의 가스가 수증기로 포화되기 때문에 도관이나 가스미터에 물이 고이지 않도록 수취기 등을 이용해 충분히 배수할 필요가 있다.

(2) 중압 공급방식

① 가스압력 범위: 0.1MPa 이상 1MPa 미만

② 특징은 다음과 같다.

㉠ 작은 지름의 도관으로도 다량의 가스 수송이 가능해 저압 공급보다 도관 비용을 줄일 수 있다.

㉡ 도관이 중압과 저압의 두 계통으로 구성되어 있고, 압송기와 정압기가 설치되어 있어 유지관리가 복잡하고 공급 비용이 증가한다.

㉢ 가스 공급량이 많고 공급 거리가 길기 때문에 도관 비용이 많이 드는 저압 공급 방식 경우에 사용된다.

㉣ 가스는 압송기에서 압축된 후 재팽창되기 때문에 비교적 건조하며, 가스 내 수분으로 인한 장애가 적다.

㉤ 지역별로 정압기를 적절히 배치함으로써 비교적 균일한 공급 압력의 유지가 가능하다.

(3) 고압 공급방식

① 가스압력 범위: 1MPa 이상

② 특징

㉠ 비교적 작은 지름의 도관으로도 많은 양의 가스를 효율적으로 수송할 수 있다.

㉡ 고압 압송기, 고압 도관, 고압 정압기 및 차단장치 등의 유지관리가 복잡하다.

㉢ 소음을 줄이기 위한 방음 조치가 필요하다.

4. 가스홀더(Gas holder)

(1) 가스홀더의 기능

① 가스수요의 시간적 변동에 대하여 공급가스량을 확보할 수 있다.

② 공급설비의 일시적인 중단에도 어느 정도 공급량을 확보할 수 있다.

③ 공급가스의 성분, 열량, 연소성 등의 성질을 균일화할 수 있다.

④ 소비가 많은 지역에 설치하여 피크 시의 공급 및 수송효과를 얻을 수 있다.

(2) **가스홀더의 종류**

① 유수식

㉠ 기능: 가스홀더 내부 밑부분에 물을 채우고 수봉에 의하여 외가스와 차단하고 가스의 양에 따라 가스홀더의 내용적이 증감한다.

㉡ 특징
- 제조설비가 저압인 경우에 사용된다.
- 구형 가스홀더에 비해 유효 가동량이 크다.
- 가스가 건조하면 물탱크의 수분을 흡수한다.
- 대량의 물 때문에 기초공사비가 많이 든다.
- 한랭지에서 동결방지가 필요하다.

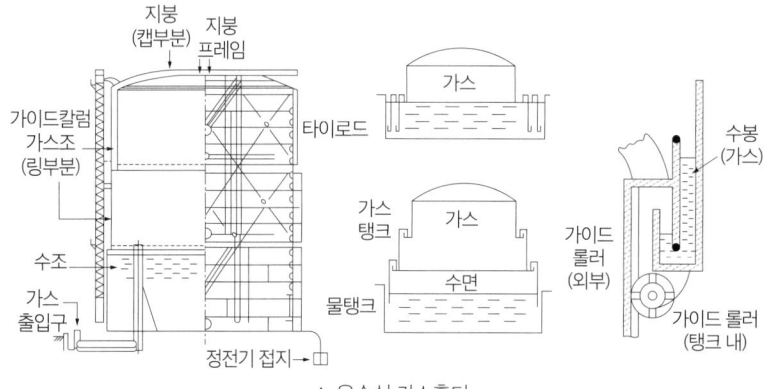

▲ 유수식 가스홀더

② 무수식

㉠ 기능: 가스가 피스톤 하부에 저장되며 저장가스량 증감에 따라 피스톤이 상하로 자유롭게 움직이는 형식으로 대용량 저장에 사용된다.

㉡ 특징
- 저압인 경우에 사용된다.
- 기초가 간단하여 기초공사비가 절감된다.
- 건조한 상태로 가스가 저장된다.
- 유수식에 비해 작업 중 가스의 압력변동이 적다.

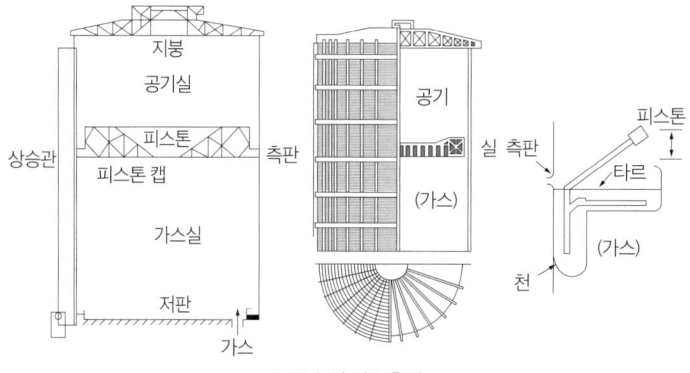

▲ 무수식 가스홀더

③ 구형(고압)
　㉠ 높은 내압성과 균일한 응력, 안정성으로 대규모 화학플랜트, 정유공장 등에 핵심적인 가스 저장설비로 활용한다.
　㉡ 특징
　　• 중고압용으로 사용된다.
　　• 표면적이 적어 다른 홀더에 비해 사용강제량이 적다.
　　• 부지면적과 기초공사비가 적다.
　　• 가스를 건조한 상태로 저장할 수 있다.
　　• 가스송출에 가스홀더 압력을 이용할 수 있다.
　　• 관리가 용이하다.

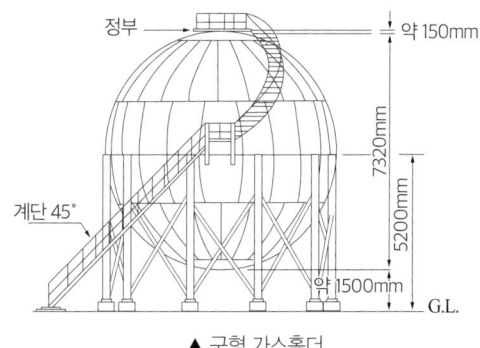

▲ 구형 가스홀더

보충 TIP	LNG 기화장치	
	오픈랙 기화방식 (ORV, Open Rack Vaporizer)	바닷물(해수)을 스프레이하여 기화하는 방식이다.
	중간매체 기화방식 (IFV, Intermediate Fluid Vaporizer)	중간 열전달 유체를 이용하여 기화하는 방식이다.
	수중연소 기화방식 (SCV, Submerged Combustion Vaporizer)	액중(수조)에 설치된 버너를 이용하여 기화하는 방식이다.

5. 도시가스 부취제

(1) 정의

무색·무취의 도시가스가 누설되었을 때 쉽고 신속하게 발견할 수 있도록 첨가하는 향료이다.

(2) 부취제의 구비조건

① 인체에 무해할 것
② 일반적인 냄새와 명확하게 구분될 것
③ 낮은 농도에서도 쉽게 구별될 것
④ 배관 및 장치를 부식시키지 않을 것
⑤ 화학적으로 안정하고 완전연소가 가능할 것
⑥ 상온에서 쉽게 응축되지 않을 것
⑦ 물에 녹지 않고 쉽게 액화되지 않을 것
⑧ 경제적이고 수급이 용이할 것
⑨ 가스관이나 가스미터에 흡착이 잘 되지 않을 것

(3) **부취제의 종류**

구분	THT (Tetra Hydro Thiophene)	TBM (Tertiary Butyl Mercaptan)	DMS (Di-Methyl Sulfide)
냄새	석탄가스 냄새	양파 썩는 냄새	마늘 냄새
취기	보통 취기	강한 취기	약한 취기
토양 투과성	보통	좋다	좋다

(4) **부취제 주입설비**

부취제 주입농도는 1/1,000이며, 방식은 아래와 같다.

① 액체 주입식

　㉠ 펌프 주입식: 다이어프램 펌프 등으로 부취제를 가스 중에 직접 주입하는 방식이다.

　㉡ 적하 주입식: 가장 간단한 방법으로 부취제를 중력에 의해 가스흐름 중에 떨어뜨려 주입하는 방식이다.

　㉢ 미터연결 바이패스식: 바이패스라인에 설치된 가스미터에 연결하여 부취제를 가스 중에 주입하는 방식이다.

② 증발식

　㉠ 바이패스 증발식

　㉡ 워크 증발식

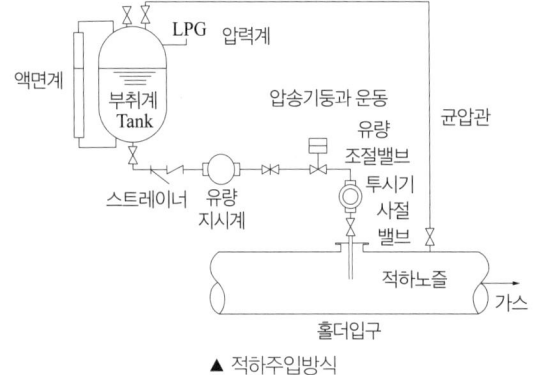

▲ 적하주입방식

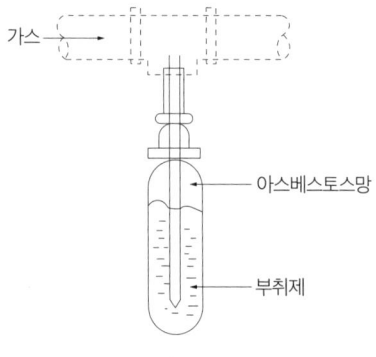

▲ 워크 증발식

CHAPTER 03 가스 계측 및 분석

[가스 장치 및 기기]

1 가스 계측기

1. 온도계

(1) **접촉식 온도계**

① 수은 온도계: 측정온도는 -35~350℃이며, 유리관 속의 체적변화에 의한 팽창 및 수축을 이용한다.

② 알코올 온도계: 측정온도는 -100~200℃이며, 유리관 속의 체적변화에 의한 팽창 및 수축을 이용하는 저온용 온도계이다.

③ 베크만 온도계
  ㉠ 측정온도는 0.01~150℃이며, 유리관 속의 체적변화에 의한 팽창 및 수축을 이용하는 초정밀용이다.
  ㉡ 0.01℃까지 측정이 가능할 정도로 미세온도를 정밀하게 측정한다.

④ 바이메탈 온도계: 측정온도는 -30~500℃이며, 선팽창계수가 다른 2종의 금속을 이용하며 휘어지는 성질을 활용한다.

⑤ 전기저항 온도계
  ㉠ 측정온도는 -100~500℃이며, 저항소자로 백금(Pt), 구리(Cu), 니켈(Ni)를 이용한다.
  ㉡ 온도 상승으로 인한 전기저항을 측정하며, 원격측정 및 자동제어에 적합하다.

⑥ 더미스트 온도계: 측정온도는 100~300℃이며, 온도 상승으로 인해 저항값이 증가되는 원리를 이용한다.

⑦ 열전대 온도계: 두 금속의 기전력을 이용한다.

열전대 온도계	측정온도	특징
백금-백금로듐(PR)	0~1,600℃	• 고온 측정에 사용된다. • 산화에 강하고 환원성에 약하다.
크로멜-알루멜(CA)	-20~1,200℃	• 열기전력이 크다. • 산화에 강하고 환원성에 약하다.
철-콘스탄탄(IC)	-20~800℃	• 가격이 저렴하다. • 환원성이 강하고 산화에 약하다.
동-콘스탄탄(CC)	-200~400℃	• 약산성에 사용된다. • 수분에 약하다.

(2) **비접촉식 온도계**
  ① 색 온도계
    ㉠ 측정온도는 500~2,500℃이며, 온도 고저의 파장이 색깔로 변하여 나타난다.
    ㉡ 정확한 측정이 불가능하고, 개인오차가 있을 수 있다.
    ㉢ 온도와 색의 관계

온도[℃]	600	800	1,000	1,200	1,500	2,000	2,500
색	어두운 색	붉은색	오렌지색	노란색	눈부신 황백색	매우 눈부신 흰색	푸른기가 있는 흰색

  ② 방사 온도계
    ㉠ 측정온도는 -60~3,000℃이며, 스테판볼츠만의 법칙(방사에너지는 절대온도 4승에 비례한다)을 적용한다.
    ㉡ 방사율 보정량이 크고 자동제어가 가능하다.
    ㉢ 이동물체 측정에 유리하다.
  ③ 광고온도계
    ㉠ 측정온도는 700~3,000℃이며, 광파장의 방사에너지와 표준온도를 가진 물체의 휘도와 비교 측정한다.
    ㉡ 정확도가 높고 방사율 보정량이 적으며, 먼지나 연기 등에 민감하다.
  ④ 광전관식 온도계
    ㉠ 측정온도는 700~3,000℃이며, 금속 표면에서 방출되는 광전효과를 이용한다.
    ㉡ 자동제어가 가능하고 이동물체 측정에 유리하다.

2. 압력계

(1) **1차 압력계**: 정확한 압력의 측정이나 2차 압력계의 눈금 교정에 사용되는 압력계를 의미한다.
  ① 액주식 압력계

U자관식 압력계	• U자형으로 굽힌 유리관에 수은, 물, 기름 등을 주입하고, 한쪽 끝에 측정압력을 가하여 그 차이에 따라 압력을 측정한다. • 정도는 ±0.05mmH$_2$O로, 절대압력을 측정한다. • 주로 통풍계로 사용된다.
경사관식 압력계	• 측정범위는 10~50mmH$_2$O이며, U자관식을 변형시킨 것이다. • 가장 미세한 압력을 측정하므로 정확한 압력값을 나타낸다. • 실험실에서 사용하고 통풍계로 사용된다.
환상천평식 (링밸런스식) 압력계	• 측정범위는 25~3,000mmH$_2$O이며, 통풍계로 사용된다. • 오차범위는 ±1~2%이다. • 봉입액으로 물, 기름, 수은을 사용한다.

② 자유피스톤식 압력계: 부르동관 압력계의 눈금 교정 및 연구실용으로 사용한다.

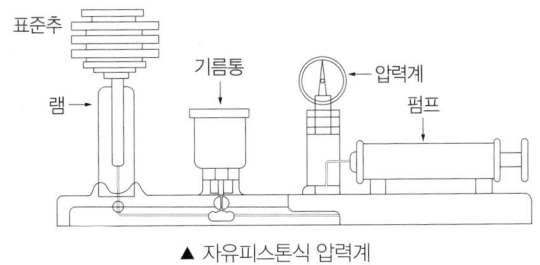

▲ 자유피스톤식 압력계

> **핵심 Point U자관 압력계**
>
> U자관 압력계는 양 액면의 높이차를 이용하여 측정하는 압력계로 관련 식은 다음과 같다.
>
> $$P_2 = P_2 + \gamma h$$
>
> P_1: 대기압[mmH$_2$O], P_2: 측정 절대압력[mmH$_2$O], γ: 비중량[kgf/m^3], h: 높이[m]

(2) **2차 압력계**: 물질의 성질이 압력에 의해 받는 변화를 측정하고, 그 변화율에 의해 압력을 측정한다.

① 부르동관식 압력계
  ㉠ 측정범위는 1~2,500kg/cm^{2}이며, 고압 측정용으로 사용된다.
  ㉡ 일반적으로 가장 많이 사용된다.
  ㉢ 정확도가 제일 낮다.

② 벨로스식 압력계
  ㉠ 측정범위는 0.01~10kg/cm^{2}이고, 오차범위는 ±1~2%이다.
  ㉡ 벨로스 재질은 인청동, 스테인리스를 사용한다.
  ㉢ 진공압이나 차압 측정용으로 사용된다.

③ 다이어프램식(박막식 또는 격막식) 압력계
  ㉠ 측정범위는 20~5,000mmH$_2$O이며, 미소압력 측정용이다.
  ㉡ 드래프트게이지(통풍계)로 사용되고, 부식성 액체, 고점도 액체에도 사용 가능하다.
  ㉢ 다이어프램 재질
    • 저압용: 고무, 종이
    • 고압용: 양은, 인청동, 스테인리스

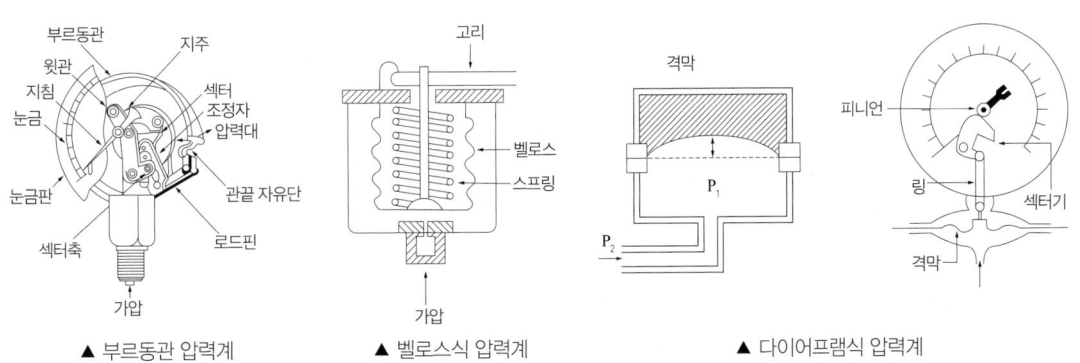

▲ 부르동관 압력계   ▲ 벨로스식 압력계   ▲ 다이어프램식 압력계

2 액면계 및 유량측정기

1. 액면계

(1) 개요
① 저장탱크 및 저장설비 내부의 액면을 직접 확인할 수 있는 기기를 말한다.
② 차압방식에 따라 직접식 액면계와 간접식 액면계로 분류한다.

(2) 액면계의 구비조건
① 구조가 간단하고 경제적일 것
② 고온고압에 견딜 수 있을 것
③ 연속·원격측정이 가능할 것
④ 자동제어장치에 적용 가능할 것
⑤ 보수·점검이 용이하고 내구성·내식성이 있을 것
⑥ 만족한 요구정도를 얻을 수 있을 것

(3) 액면계 선정 시 고려사항
① 측정범위와 측정정도
② 측정장소와 제반조건
③ 설치조건
④ 안정성 및 변동상태

(4) 액면계의 종류
① 직접식 액면계: 액면의 변화를 직접 검출한다.
  ㉠ 클링커식(유리관식) 액면계: 경질의 유리관을 탱크에 부착하여 내부의 액면을 직접 확인할 수 있는 액면계이다.
  ㉡ 플로트식(부자식) 액면계: 탱크 내부의 액체에 뜨는 물체(플로트)의 위치를 직접 확인하여 액면을 측정한다.
  ㉢ 검척식 액면계: 액면의 높이를 직접 자로 측정한다.
② 간접식 액면계: 높이, 압력 등 물리량의 변화를 측정하여 액면을 측정한다.
  ㉠ 압력검출식 액면계: 액면으로부터 작용하는 압력을 압력계에 의해 액면을 측정한다.
  ㉡ 초음파식 액면계: 발사된 초음파가 액면에서 왕복하는 시간으로 액면을 측정한다.
  ㉢ 정전용량식 액면계: 액면의 변화에 의한 정전용량(물질의 유전율)을 이용하여 액면을 측정한다.
  ㉣ 차압식(햄프스식) 액면계: 액화산소와 같은 극저온 저장조의 상·하부를 U자관에 연결해 차압에 의하여 액면을 측정한다.
  ㉤ 다이어프램식 액면계: 탱크 내 일정위치에 다이어프램을 설치하고 액면의 변위가 다이어프램으로 작용하는 유체의 압력을 이용하여 측정한다.
  ㉥ 슬립튜브식 액면계: 저장탱크 정상부에서 밑면까지 붙힌 스테인리스관을 상·하로 움직여 가스상태와 액체상태의 경계면을 찾아 액면을 측정한다.
  ㉦ 편위식 액면계: 아르키메데스의 원리를 이용한 것으로 측정액 중에 잠겨 있는 플로트의 부력으로 측정한다.
  ㉧ 방사선식 액면계: 플로트에 부착된 방사선원과 탱크 상부의 검출기를 이용해 액면 변화에 따른 방사선 세기의 변화를 측정하는 방법이다.

> **보충 TIP** 가스가 방출되었을 때 인화 또는 중독의 우려가 없는 곳에 사용되는 액면계
> • 슬립튜브식 액면계　　• 고정튜브식 액면계　　• 회전튜브식 액면계

2. 유량계

(1) 유량계의 구분

분류		유량계 종류
측정원리에 따른 분류	직접식	오발기어, 루트, 로터리피스톤, 습식가스미터, 회전원판, 왕복피스톤
	간접식	오리피스, 벤튜리, 로터미터, 피토관
측정방법에 따른 분류	차압식	오리피스, 벤튜리, 플로노즐
	면적식	로터미터
	유속식	피토관식, 열선식
	전자유도법칙	전자식 유량계
	유체와류 이용	와류식(Voltex) 유량계

(2) 유량계의 특징

① 면적식 유량계
  ㉠ 유량계수가 비교적 낮은 레이놀즈 수 영역에서도 일정하게 유지되므로, 점도가 높은 유체나 소량의 유체도 측정할 수 있다.
  ㉡ 종류로는 로터미터, 플로터미터 등이 있다.
  ㉢ 정도는 1~2%이다.
  ㉣ 압력손실이 적고, 슬러지 유체나 부식성 유체에 적합하다.
  ㉤ 측정범위가 넓다.

② 유속식 유량계
  ㉠ 측정원리로는 간접식, 측정방법으로는 유속식 유량계이다.
  ㉡ 종류로는 피토관식, 열선식 등이 있다.
  ㉢ 유속 5m/s 이하에는 적용할 수 없다.
  ㉣ 유체의 흐름방향과 평행하게 부착한다.
  ㉤ 유속 공식은 다음과 같다.

$$v = \sqrt{2gh}$$

v: 유속[m/s], g: 중력가속도(9.8m/s^2), h: 양정높이[m]

③ 차압식 유량계
    ㉠ 베르누이 정리의 원리로 교축기구의 전, 후단 압력차를 이용하여 유량을 측정한다.
    ㉡ 종류는 다음과 같다.

유량계	구조	특징
오리피스	$P_1 \rightarrow P_2$	• 설치가 쉽다. • 가격이 저렴하다. • 압력손실이 가장 크다.
플로노즐		• 구조가 복잡하다. • 설계 및 가공이 어렵다. • 침전물의 영향이 오리피스미터보다 적다. • 고압용에 사용된다. • Re수가 클 때 사용된다.
벤튜리		• 압력손실이 가장 적다. • 정도가 좋다. • 구조가 복잡하다. • 가격이 비싸다.

보충 TIP 　**차압식 유량계의 압력손실**
차압식 유량계의 압력손실이 큰 순서: 오리피스 > 플로노즐 > 벤튜리

3. 가스미터

(1) **개요**
   ① 소비자에게 공급하는 가스의 체적(사용량)을 측정하여 요금환산의 근거로 사용된다.
   ② 종류는 다음과 같다.

▲ 가스미터의 종류

(2) **가스미터의 필요조건**
① 구조가 간단하고, 수리가 용이할 것
② 감도가 예민하고, 압력손실이 적을 것
③ 소형이며 계량용량이 클 것
④ 기계 오차의 조정이 용이할 것
⑤ 내구성이 클 것

(3) **가스미터의 종류별 특징**
① 막식 가스미터
  ㉠ 용량범위: 1.5 ~200m^3/h
  ㉡ 가격이 저렴하다.
  ㉢ 유지관리에 많은 시간을 요구하지 않는다.
  ㉣ 주로 일반 수용가에서 사용하며, 대용량은 설치면적이 크다.
② 루츠(Roots) 미터
  ㉠ 용량범위: 100 ~5,000m^3/h
  ㉡ 대용량의 가스측정에 적합하며, 주로 대량 수용가에 사용된다.
  ㉢ 중압가스의 계량이 가능하다.
  ㉣ 설치면적이 작다.
  ㉤ 여과기 설치 등 유지관리가 필요하다.
  ㉥ 작은 유량(0.5m^3/h)은 부동의 우려가 있다.
③ 습식 가스미터
  ㉠ 용량범위: 1.5~3,000m^3/h
  ㉡ 계량이 정확하며, 사용 중에 오차의 변동이 적다.
  ㉢ 사용 중에 수위조정 등 관리가 필요하다.
  ㉣ 설치면적이 크기 때문에 기준용, 실험실용으로 사용된다.

(4) **가스미터 선정 시 고려사항**
① 사용하고자 하는 가스 전용일 것
② 사용 최대유량에 적합할 것
③ 사용 중 오차변화가 없고 정확히 계측할 수 있을 것
④ 내압, 내열성이 있으며 기밀성, 내구성이 좋을 것
⑤ 부착이 쉽고 유지관리가 용이할 것
⑥ 계량법에서 정한 유효기간에 충분히 만족할 것

(5) 가스미터 설치기준
① 저압배관에 부착해야 한다.
② 화기와 2m 이상 떨어지고 화기에 대하여 차열판을 설치해야 한다.
③ 검침이 용이한 장소이어야 한다.
④ 지면으로부터 1.6~2m 이내로 수직·수평으로 설치해야 한다.($30m^3/h$ 미만에 한함)
⑤ 가능한 한 배관의 길이가 짧아야 한다.
⑥ 통풍이 양호한 곳이어야 한다.
⑦ 가스미터의 입구 배관에는 드레인밸브를 부착해야 한다.
⑧ 부착 및 교환 작업이 용이해야 한다.
⑨ 화기와 습기에서 멀리 떨어져 있고 진동이 없는 곳이어야 한다.
⑩ 가스계량기와 전자계량기 및 전기개폐기와의 거리는 60cm 이상, 굴뚝, 전기점멸기 및 전기접속기와의 거리는 30cm 이상, 절연 조치를 하지 아니한 전선과의 거리는 15cm 이상의 거리를 유지해야 한다.

(6) 가스미터의 고장
① 부동: 가스는 미터를 통과하지만 미터지침이 작동하지 않는 고장이다.
② 불통: 가스가 미터를 통과하지 않는 고장이다.
③ 기차불량: 사용 중의 가스미터는 계량하고 있지만 계량법에 사용오차(3% 이내)를 넘는 경우이다.
④ 이물질로 인한 불량
⑤ 감도 불량
⑥ 누설

> **보충 TIP** 표시사항
>
> (1) 성능 표시사항
> - 기밀시험: 10kPa
> - 가스미터 및 배관에서의 압력손실: 0.3kPa 이하
> - 검정 시 최대허용오차: ±1.5%
> - 사용오차: 검정기준에서 정하는 최대허용오차의 2배의 값
> - 감도유량: 가스미터가 작동하는 최소 유량(가정용 막식: 3L/h, LPG용: 15L/h)
> - 계량실의 체적
>   - 0.5L/rev: 계량실의 1주기 체적이 0.5L
>   - MAX $1.5m^3/h$: 사용 최대유량은 시간당 $1.5m^3$
>
> (2) 계량능력 표시사항
> - 계량기의 호칭: '호'로 표시(1호의 의미: $1m^3/h$)
>   - 가정용: 1호~7호가 가장 많이 사용된다.
> - 크기 선정: 연소기구 중 최대 가스소비량의 60%
>
> (3) 제품 표시사항
> - 가스미터의 형식
> - 사용 최대유량
> - 계량실의 1주기 체적
> - 형식 승인번호
> - 가스의 흐름 방향(입구, 출구)
> - 검정 및 합격표시

3 가스분석기

1. 개요

(1) 가스 계측기기의 고려사항
① 구조가 간단하고 취급, 보수가 쉬워야 한다.
② 설비비 및 유지비가 적어야 한다.
③ 원거리 지시 및 기록이 가능해야 한다.
④ 내구성이 커야 한다.

(2) 가스분석계 종류

구분	종류
물리적 가스분석계	가스크로마토그래피법, 자기식, 초음파식, 열전도율법, 밀도법, 적외선흡수법 등
화학적 가스분석계	오르자트 분석계, 연소식 O_2계, 자동화학 O_2계, 광전식 등

2. 가스분석법

(1) 흡수분석법
① 혼합가스를 각각 특정한 흡수액과 반응하여 흡수된 가스량을 구하는 방법이다.
② 분석순서
  ㉠ 오르자트법: $CO_2 \rightarrow O_2 \rightarrow CO$ 순으로 분석하고 흡수되고 남은 것은 N_2로 계산한다.

가스 성분	흡수제
CO_2	수산화칼륨(KOH) 30% 수용액
O_2	알칼리성 피로갈롤 용액
CO	암모니아성 염화제1구리 용액

  ㉡ 헴펠법: $CO_2 \rightarrow C_mH_n \rightarrow O_2 \rightarrow CO$ 순으로 측정한다.

가스 성분	흡수제
CO_2	수산화칼륨(KOH) 30% 수용액
C_mH_n	발연 황산
O_2	알칼리성 피로갈롤 용액
CO	암모니아성 염화제1구리 용액

  ㉢ 게겔법: $CO_2 \rightarrow C_2H_2 \rightarrow C_mH_n \rightarrow n \rightarrow C_4H_{10} \rightarrow C_2H_4 \rightarrow O_2 \rightarrow CO$ 순으로 측정한다.

(2) **연소 분석법**
  ① 폭발법
    ㉠ 뷰렛에 일정량의 가연성 시료와 산소 또는 공기를 혼합하여 전기 스파크에 의해 폭발시켜 연소에 의한 용적의 변화로 목적 성분을 구하는 방법이다.
    ㉡ 생성 CO_2, 및 잔류 O_2를 구할 수 있다.
  ② 완만연소법: 백금선을 3~4mm의 코일로 한 적열부를 가진 연소 피펫으로 시료가스를 연소하여 측정한다.
  ③ 분말연소법
    ㉠ 동족 탄화수소가 2종류 이상 혼합된 시료는 폭발법이나 완만연소법으로 분석할 수 없으므로 탄화수소는 산화시키지 않고 수소와 일산화탄소만을 분리 산화시킨다.
    ㉡ 종류는 팔라듐관연소법, 산화구리법 등이 있다.

(3) **화학 분석법**
  ① 적정법
    ㉠ 정량하려는 시료 용액에 농도가 알려진 적절한 표준 용액을 반응시킨 후, 반응이 완료될 때까지 소비된 용적을 측정하고, 이를 당량 관계에 따라 계산하여 목적 성분의 함유량을 산출하는 방법이다.
    ㉡ 종류는 중화 적정법, 산화·환원 적정법, 침전 적정법, 킬레이트 적정법 등이 있다.
  ② 중량법
    ㉠ 시료에서 정량 대상 성분을 단체나 화합물로 분리하고 이를 측정하여 성분의 함유율을 구한다.
    ㉡ 분리 조작에 따른 분류
      • 침전법
      • 휘발법
      • 전기 분해법
      • 기타 추출법

> **보충 TIP** 흡광광도법
> 흡수광도법은 Lamber-beer 법칙의 원리를 응용하며, 공식은 다음과 같다.
> $$\log \frac{I_0}{I_t} = \log T = \varepsilon C l$$
> I_0: 입사하는 빛의 강도, I_t: 투과한 빛의 강도, T: 투과도, ε: 몰흡수계수[L/mol·cm], C: 몰농도[mol/L], l: 통과 거리[cm]

(4) 시험지에 의한 가스분석

가스	시험지	변색 상태
암모니아(NH_3)	적색 리트머스지	청색
염소(Cl_2)	KI 전분지	청색
시안화수소(HCN)	초산(질산구리) 벤젠지	청색
아세틸렌(C_2H_2)	염화제1동 착염지	적색
황화수소(H_2S)	연당지	흑색
일산화탄소(CO)	염화파라듐지	흑색
포스겐($COCl_2$)	하리슨 시험지	심등색(오렌지색)

(5) 검지관에 의한 가스분석

① 검지관은 내경 2~4mm의 글라스관 중에 발색시약을 흡착시킨 검지제를 충전하여 관의 양단을 액봉한다.

② 사용 시 양단을 절단하여 채취기로 시료가스를 넣은 후 착색층의 길이 및 정도에서 성분의 농도를 측정한다.

3. 기기 분석법

(1) **가스크로마토그래피법(G/C: Gas Chromatography)**

① 가스크로마토그래피의 구성요소

　㉠ 분리관(컬럼)

　㉡ 검출기

　㉢ 기록계

② 가스크로마토그래피의 원리

　㉠ 운반가스(Carrier Gas)의 유량을 조절하면서 공급한다.

　㉡ 운반가스는 수소(H_2), 헬륨(He), 아르곤(Ar), 질소(N_2) 등이 사용된다.

　㉡ 측정가스는 시료 주입부를 통하여 공급한다.

　㉢ 측정가스와 운반가스가 분리관(컬럼)을 지나면서 분리되어 시료의 각 성분을 검출기에서 측정한다.

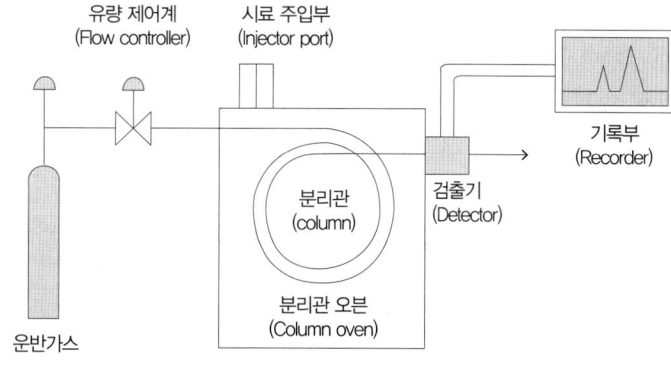

▲ 가스크로마토그래피의 구조

③ 가스크로마토그래피의 검출기 형식
  ㉠ 열전도도 검출기(TCD): 일반적으로 널리 사용하는 검출기로, 운반 가스와 시료 성분 가스 간의 열전도도 차이를 금속 필라멘트의 저항 변화로 검출한다.
  ㉡ 불꽃이온화 검출기(FID): 수소 불꽃을 이용하여 탄화수소의 누출을 감지하는 방식으로, 감도가 우수하고 유기화합물의 가스검지에 적합하다.
  ㉢ 전자포획 검출기(ECD): 방사선에 의해 운반 가스가 이온화되고, 생성된 자유전자를 시료 성분이 포획함으로써 이온 전류가 감소하는 원리를 이용한다. 할로겐 및 산소 화합물에 가장 민감하며, 탄화수소에 대한 감도가 낮다.
  ㉣ 광이온화 검출기(PID)
  ㉤ 질량 검출기(MSD)

> **핵심 Point 운반가스의 구비조건**
> - 시료와 반응하지 않는 불활성 기체일 것
> - 컬럼 내에서 시료의 확산이 최소화될 것
> - 순도가 높고 구입이 용이하고 경제적일 것
> - 사용하는 검출기에 적합할 것

(2) **질량분석법**
  미량의 시료로도 저농도에서 고농도까지 폭넓은 범위의 분석이 가능하고, 미지 성분의 교정에도 효과적이며, 천연가스 및 증열 수성가스의 조성 분석에 활용된다.

(3) **적외선 분광분석법**
  ① 분자의 진동 운동으로 인한 쌍극자 모멘트의 순변화에 따라 적외선을 흡수하는 특성을 이용한 분석 방법이다.
  ② Fourier 변환분광계를 사용하여 시간 영역에서 주파수 영역으로 변환하여 분석한다.

4. 가연성 가스 검출기

(1) **안전등형**
  ① 탄광 내에서 메탄(CH_4)의 발생을 검출하는데 안전등형 간이 가연성 가스 검지기가 사용되고 있다.
  ② 2중의 철강에 둘러싸인 석유램프의 일종이고 인화점 50℃ 전후의 등유를 사용한다.
  ③ 메탄(CH_4)이 존재하면 불꽃 주변의 발열량이 증가하므로 불꽃의 형상이 커진다.
  ④ 메탄의 농도와 불꽃길이와의 관계

불꽃길이[mm]	7	8	9.5	11	13.5	17	24.5	47
메탄 농도[%]	1	1.5	2	2.5	3	3.5	4	4.5

(2) **간섭계형**
  가스의 굴절율 차이를 이용하여 농도를 측정한다.

(3) **열선형**: 전기회로(브리지회로)의 전류 차이로 가스농도를 측정, 지시한다.
  ① 열전도식: 백금선의 전기저항 변화에 의해 검지하는 방식이다.
   ㉠ 공기와의 열전도도 차이가 클수록 감도가 좋다.
   ㉡ 가연성 가스 이외의 가스도 측정할 수 있다.
   ㉢ 고농도의 가스를 측정할 수 있다.
   ㉣ 자기 가열된 서미스터에 가스를 접촉시키는 방식이다.

② 접촉 연소식: 열선(필라멘트)으로 검지된 가스를 연소시켜 생기는 온도변화를 이용한다.
　　㉠ 가연성 가스는 모두 검지할 수 있으므로 특정한 성분만을 검지할 수 없다.
　　㉡ 연소에 필요한 산소는 공기 중의 산소와 반응한다.
　　㉢ 연소반응에 따른 필라멘트의 전기저항 증가를 검출한다.
　　㉣ 측정가스의 반응열을 이용하므로 가스는 일정 농도 이상이어야 한다.

(4) **반도체식 검지기**
　① 반도체 소자에 전류를 흐르게 하고 가스를 접촉시킬 때 변화된 전압을 이용한다.
　② 안정성이 우수하며 수명이 길다.
　③ 가연성 가스 이외의 가스도 검지할 수 있다.
　④ 응답속도를 빠르게 하기 위해 반도체 소결온도 전후(300~400℃)로 가열해 준다.
　⑤ 농도가 낮은 가스에 민감하게 반응하며 고감도로 검지할 수 있다.

4 가스누출

1. 가스누설검지 경보장치

(1) **개요**
　① 가스의 누설을 검지하여 경보농도에서 자동을 경보하는 장치이다.
　② 사고를 미리 방지하기 위한 자동 감지·경보 시스템이다.

(2) **가스누설검지 경보장치의 탐지부 종류**
　① 접촉연소방식
　② 격막갈바니 전지방식
　③ 반도체 방식

(3) **가스누설검지 경보장치의 경보농도**
　① 가연성 가스: 폭발하한(LEL)의 $\frac{1}{4}$ 이하
　② 독성 가스: 허용농도 이하(단, 암모니아를 실내에서 사용하는 경우 50ppm)

(4) **가스누설검지 경보장치의 정밀도**
　① 가연성 가스: ±25% 이하
　② 독성 가스: ±30% 이하

(5) **가스누설검지 경보장치 지시계의 눈금범위**
　① 가연성 가스: 0~폭발하한계
　② 독성 가스: 0~허용농도의 3배(단, 암모니아를 실내에서 사용하는 경우 150ppm)

2. 가스누설 검지, 경보, 차단

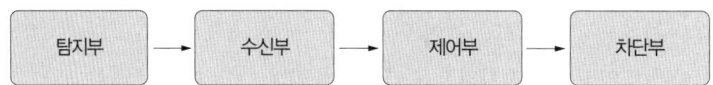

탐지부	가스를 저장 또는 취급하는 장소에서 누설된 가스를 검지한다.(검지 센서)
수신부	탐지부에서 검지된 신호를 받아 가스의 농도를 표시하며 경보를 발생시킨다.
제어부	수신부에서 신호를 받으며 가스의 공급을 차단하기 위해 차단부로 신호를 보낸다.
차단부	제어부에서 신호를 받으며 가스 공급라인에 설치된 밸브를 차단한다.

> **핵심 Point** 가스누설검지에서 발신까지의 시간
> - 경보농도의 1.6배 농도에서 30초 이내일 것
> - NH_3, CO 또는 이와 유사한 가스는 1분 이내일 것

> **보충 TIP** 가스누출감지경보장치의 설치
> - 통기가 잘 되지 않는 곳에 설치한다.
> - 가스의 누출을 신속하게 검지하고 경보하기에 충분한 개수 이상 설치한다.
> - 장치의 기능은 가스의 종류에 적절한 것으로 한다.
> - 가스가 체류할 우려가 있는 장소에 적절하게 설치한다.

5 제어기기

1. 연속동작

▲ 제어동작의 분류

(1) 비례동작(Proportinal Action, P동작)
   ① 정의: 조작량이 제어편차의 변화속도에 비례하는 동작으로 가장 기본적인 동작이다.
   ② 특징
      ㉠ 잔류편차가 발생한다.
      ㉡ 응답속도가 정확하다.
      ㉢ 계의 안정도가 있어야 한다.

(2) **적분동작(Integral Action, I동작)**
  ① 정의: 조작량이 제어편차의 적분치에 비례한 크기로 조작량을 변화시켜 잔류편차를 제거하는데 효과적이다.
  ② 특징
    ㉠ 잔류편차가 남지 않는다.
    ㉡ 안정성이 떨어지고 응답속도가 느리다.
(3) **미분동작(Derivative Action, D동작)**
  ① 정의: 조작량이 제어편차의 미분값에 비례하는 크기로 조작량을 변화시키는 동작이다.
  ② 특징
    ㉠ 빠른 응답시간으로 진동을 감소시킬 수 있다.
    ㉡ 비례동작이나 비례적분동작과 조합하여 사용한다.
(4) **혼합동작**
  ① 비례적분 동작(PI동작)
  ② 비례미분 동작(PD동작)
  ③ 비례적분미분 동작(PID동작)

2. 불연속 동작

ON-OFF 동작	2위치 동작이라고 하며 조작량 또는 제어량 신호가 2개의 정해진 값(ON, OFF)이다.
다위치 제어	편차의 크기에 따라 제어장치의 조작량이 3개 이상의 정해진 값을 제어한다.
단속도 제어	편차가 특정 범위를 넘으면 일정한 속도로 조작신호가 변하는 단속도 제어동작이다.
다속도 제어	편차의 크기에 따라 조작신호의 변화 속도를 3개 이상의 정해진 값으로 제어한다.

3. 자동제어

(1) **제어계의 종류**
  ① 시퀀스 제어(Sequence Control): 미리 정해진 순서에 따라 제어의 각 단계를 진행하여 제어한다.
  ② 피드백 제어(Feedback Control): 결과에 따라 원인을 가감하여 결과에 맞도록 수정을 반복하여 제어한다. 공기 전달방식은 공기압, 유압식, 전기식 등이 있다.

검출부	제어량을 검출하고 이것을 기준입력과 비교할 수 있는 양(값)이다.
조절부	동작신호에 의해서 이에 대응하는 연산출력을 만드는 곳으로 조작신호를 조작부로 보낸다.
조작부	제어대상에 대하여 작용을 걸어오는 부분으로 조작신호를 받아 조작량으로 바꾼다.

  ③ 캐스케이드 제어(Cascade Control): 2개의 제어계를 조합·수행하는 제어로서 1차 제어계는 제어량을 측정·제어 명령을 하고 2차 제어계는 명령되지 않는 제어량을 조절하는 제어이다.
  ④ 인터록 제어(Interlock Control): 설비가 잘못 조작되거나 정상적인 제조를 할 수 없는 경우 자동으로 원재료의 공급을 차단시키는 제어이다.

(2) **제어계의 분류**
　① 목표값에 의한 분류
　　㉠ 정치제어: 목표값이 시간에 관계없이 항상 일정한 제어이다.
　　㉡ 추종제어: 목표값이 위치, 크기가 시간에 따라 변화하는 제어이다.
　② 제어량에 의한 분류
　　㉠ 서보기구: 위치, 속도, 가속도, 방위 등의 기계적인 변수를 제어한다.
　　㉡ 프로세스: 온도, 압력, 유량, 농도 등의 프로세스 변수들을 일정하게 유지하거나 원하는 값으로 제어한다.
　　㉢ 자동조정: 변화하는 환경 조건에 맞추어 제어 시스템의 최적화한다.

> **보충 TIP** 　히스테리시스 오차
> 같은 것을 두 번 이상 측정할 경우 한번 측정했기 때문에 발생되는 측정량에 대한 지시값이 차이를 나타내는데 이를 히스테리시스 오차라고 한다.

가스 장치 및 기기
합격을 다지는 빈출문제

01
저온장치에서 열의 침입 원인으로 가장 거리가 먼 것은?

① 내면으로부터의 열전도
② 연결 배관 등에 의한 열전도
③ 지지 요크 등에 의한 열전도
④ 단열재를 넣은 공간에 남은 가스의 분자 열전도

해설
내면으로부터의 열전도는 열의 침입의 원인이 아니다.

관련이론 열의 침입요인
- 단열재를 충전한 공간에 남은 가스의 열전도
- 외면에서의 열복사
- 연결된 배관을 통한 열전도
- 밸브, 안전밸브에 의한 열전도

정답 | ①

02
다음 금속재료 중 저온재료로 부적당한 것은?

① 탄소강
② 니켈강
③ 스테인리스강
④ 황동

해설
저온장치용 재료로는 18-8 STS(오스테나이트계 스테인리스강), 9% Ni 강, Cu 및 Cu 합금, Al 및 Al 합금 등이 있다. 탄소강은 저온의 환경에서 연신율, 단면수축율, 충격치 등이 감소하여 취약해진다. 특히, -70℃ 부근에서는 충격치가 0에 가깝게 되는 저온취성이 발생하므로 저온장치의 재료로는 부적당하다.

정답 | ①

03
정압기를 평가·선정할 경우 고려해야 할 특성이 아닌 것은?

① 정특성
② 동특성
③ 유량특성
④ 압력특성

해설
압력특성은 정압기의 평가·선정시 고려요인과 거리가 멀다.

관련이론 정압기의 평가·선정시 고려해야 할 특성
- 정특성
- 동특성
- 유량특성
- 사용 최대차압
- 작동 최소차압

정답 | ④

04
압력조정기의 종류에 따른 조정압력이 틀린 것은?

① 1단 감압식 저압조정기: 2.3~3.3kPa
② 1단 감압식 준저압조정기: 5~30kPa 이내에서 제조자가 설정한 기준압력의 ±20%
③ 2단 감압식 2차용 저압조정기: 2.3~3.3kPa
④ 자동절체식 일체형 저압조정기: 2.3~3.3kPa

해설
자동절체식 일체형 저압조정기의 조정압력은 2.55~3.3kPa이다.

정답 | ④

05

자동교체식 조정기 사용 시 장점으로 틀린 것은?

① 전체 용기수량이 수동식보다 적어도 된다.
② 배관의 압력손실을 크게 해도 된다.
③ 잔액이 거의 없어질 때까지 소비된다.
④ 용기 교환주기의 폭을 좁힐 수 있다.

해설
용기 교환주기의 폭을 넓힐 수 있다.

관련이론 자동교체식 조정기
- 용기 교환주기의 폭을 넓힐 수 있다.
- 잔액이 없어질 때까지 소비할 수 있다.
- 전체 용기수량이 수동교체식의 경우보다 적어도 된다.
- 자동절체식 분리형을 사용할 경우 1단 감압식에 비해 도관의 압력손실을 크게 해도 된다.

정답 | ④

06

고압가스용 이음매 없는 용기에서 내력비란?

① 내력과 압궤강도의 비를 말한다.
② 내력과 파열강도의 비를 말한다.
③ 내력과 압축강도의 비를 말한다.
④ 내력과 인장강도의 비를 말한다.

해설
$$\text{내력비} = \frac{\text{내력}}{\text{인장강도}}$$

정답 | ④

07

LPG기화장치의 작동원리에 따른 구분으로 저온의 액화가스를 조정기를 통하여 감압한 후 열교환기에 공급해 강제기화시켜 공급하는 방식은?

① 감압가열 방식
② 가온감압 방식
③ 해수가열 방식
④ 중간매체 방식

선지분석
① 감압가열방식: 액화가스가 조정기를 통하여 열교환기로 공급되며 기화된 가스가 공급되는 방식이다.
② 가온감압방식: 액화가스가 열교환기에서 기화되고 기화된 가스가 조정기를 통하여 공급하는 방식이다.
③ 해수가열 방식, ④ 중간 매체 방식은 LNG 기화방식이다.

정답 | ①

08

다음 중 유체의 흐름방향을 한 방향으로만 흐르게 하는 밸브는?

① 글로우밸브
② 체크밸브
③ 앵글밸브
④ 게이트밸브

해설
체크밸브(Check valve)는 유체의 흐름을 한 방향으로만 흐르도록 하여 유체의 역류를 방지한다.

정답 | ②

09
고압가스용 용접용기 동판의 최대 두께와 최소 두께와의 차이는?

① 평균두께의 5% 이하
② 평균두께의 10% 이하
③ 평균두께의 20% 이하
④ 평균두께의 25% 이하

해설
용접용기 동판의 최대 두께와 최소 두께와의 차이는 평균두께의 10% 이하로 한다.

관련이론 용기 동판의 최대두께와 최소두께의 차
- 용접용기: 평균두께의 10% 이하
- 무이음 용기: 평균두께의 20% 이하

정답 | ②

10
공기액화분리장치에서 수분(H_2O)을 제거하기 위해 사용되는 건조제가 아닌것은?

① 실리카겔
② 소바비드
③ 몰리큘러시브
④ 이온교환수지

해설
공기액화분리장치에서 수분을 제거하기 위해 사용하는 건조제로는 실리카겔, 소바비드, 몰리큘러시브, 활성알루미나, 가성소다 등이 있다.

정답 | ④

11
정압기(Governor)의 기능을 모두 옳게 나열한 것은?

① 감압기능
② 정압기능
③ 감압기능, 정압기능
④ 감압기능, 정압기능, 폐쇄기능

해설
정압기(Governor)는 감압기능, 정압기능, 폐쇄기능이 있다.

정답 | ④

12
가스누출을 감지하고 차단하는 가스누출자동차단기의 구성요소가 아닌 것은?

① 제어부
② 중앙통제부
③ 검지부
④ 차단부

해설
중앙통제부는 가스누출자동차단기의 구성요소가 아니다.

관련이론 가스누출 자동차단기 구성요소

검지부	누출가스를 검지하고 제어부로 신호 전송한다.
제어부	차단부로 차단 신호를 전송한다.
차단부	신호를 받아 밸브를 자동으로 차단한다.

정답 | ②

13
배관 속을 흐르는 액체의 속도를 급격히 변화시키면 물이 관벽을 치는 현상이 일어나는데 이런 현상을 무엇이라 하는가?

① 캐비테이션 현상
② 워터햄머링 현상
③ 서징현상
④ 맥동현상

해설
워터햄머링 현상은 배관 속을 흐르는 액체의 속도를 급격히 변화시키면 물이 관벽을 치는 현상을 말한다.

선지분석
① 캐비테이션 현상: 유체 내 압력이 그 유체의 증기압 이하로 떨어질 때 발생하는 증발현상이다.
③ 서징현상: 펌프 운전 시 송출압력과 송출유량이 주기적으로 변동하여 진동과 소음이 발생하는 현상이다.
④ 맥동현상: 서징현상을 맥동현상이라고도 한다.

정답 | ②

14
비점이 점차 낮은 냉매를 사용하여 저비점의 기체를 액화하는 사이클은?

① 클라우드 액화사이클
② 플립스 액화사이클
③ 캐스케이드 액화사이클
④ 캐피자 액화사이클

해설

캐스케이드 액화사이클은 냉매를 사용하여 저비점의 기체 가스를 액체상태로 액화시키는 사이클이다.

정답 | ③

15
계측기기의 구비조건으로 틀린 것은?

① 설비비 및 유지비가 적게 들 것
② 원거리 지시 및 기록이 가능할 것
③ 구조가 간단하고 정도가 낮을 것
④ 설치장소 및 주위조건에 대한 내구성이 클 것

해설

계측기기는 정도가 높고 구조가 간단하여야 한다.

관련이론 계측기기 구비조건
- 견고하고 취급이 용이할 것
- 구조가 간단하고 정도가 높을 것
- 설치장소 및 주위조건에 대한 내구성이 클 것
- 설비비 및 유지비가 적게 들 것
- 원거리 지시 및 기록이 가능할 것

정답 | ③

16
다음 열전대 중 측정온도가 가장 높은 것은?

① 백금-백금·로듐형
② 크로멜-알루멜형
③ 철-콘스탄탄형
④ 동-콘스탄탄형

해설

측정온도가 가장 높은 열전대는 측정범위가 0~1,600℃인 백금-백금·로듐형이다.

관련이론 열전대의 측정범위

백금-백금·로듐형	0~1,600℃
크로멜-알루멜형	-20~1,200℃
철-콘스탄탄형	-20~800℃
동-콘스탄탄형	-200~350℃

정답 | ①

17
액주식 압력계가 아닌 것은?

① U자관식
② 경사관식
③ 벨로우즈식
④ 단관식

해설

벨로우즈식은 탄성식 압력계이다.

관련이론 압력계

압력계		종류
1차 압력계	액주식 압력계	• U자관식 압력계 • 경사관식 압력계 • 환상천평식 압력계(링밸런스식) • 단관식 압력계
	자유피스톤식 압력계	
2차 압력계		• 부르동관 압력계 • 벨로우즈식 압력계 • 다이어프램식 압력계(박막식 또는 격막식)

정답 | ③

18

액화산소, LNG 등에 일반적으로 사용될 수 있는 재질이 아닌 것은?

① Al 및 Al 합금
② Cu 및 Cu 합금
③ 고장력 주철강
④ 18-8 스테인리스강

해설

액화산소 및 LNG 등은 저온장치이기 때문에 저온장치 재료를 사용해야 하므로 고장력 주철강은 사용할 수 없다.

관련이론 저온장치 재료 종류

- 18-8 STS(오스테나이트계 스테인리스강)
- 9% Ni
- 구리 및 구리 합금
- 알루미늄 및 알루미늄 합금

정답 | ③

19

오리피스 유량계는 어떤 형식의 유량계인가?

① 차압식   ② 면적식
③ 용적식   ④ 터빈식

해설

차압식 유량계에는 오리피스, 벤투리관, 플로노즐 등이 있다.

관련이론 용적식 유량계와 차압식 유량계

용적식 유량계	오벌기어식, 가스미터기, 루트식, 회전원판식 등
차압식 유량계	오리피스, 플로노즐, 벤투리관 등

정답 | ①

20

부취제 주입용기를 가스압으로 밸런스시켜 중력에 의해서 부취제를 가스흐름 중에 주입하는 방식은?

① 적하주입 방식
② 펌프주입 방식
③ 위크 증발식주입 방식
④ 미터연결 바이패스주입 방식

해설

적하주입 방식에 대한 설명이다.

관련이론 부취제 주입방식

방식		개요
액체 주입식	펌프주입 방식	소용량의 다이어프램 펌프 등을 이용하여 부취제를 주입한다.
	적하주입 방식	가장 간단한 방법으로 부취제를 중력에 의해 가스흐름 중에 떨어뜨려 주입한다.
	미터연결 바이패스주입 방식	바이패스 라인에 설치된 가스미터에 연동된 부취제 첨가장치를 구동하여 주입한다.
증발식	바이패스 증발식	가스를 저유속으로 흐르게 하여 부취제를 증발시켜 주입한다.
	위크 증발식	부취제가 상승하면 가스가 접촉하고 부취제가 증발하여 주입한다.

정답 | ①

21

원심식 압축기 중 터보형의 날개출구각도에 해당하는 것은?

① 90°보다 작다.   ② 90°이다.
③ 90°보다 크다.   ④ 평행이다.

해설

원심식 압축기 중 터보형의 날개출구 각도는 90°보다 작다.

관련이론 원심식 압축기

터보형	임펠러 출구각 90° 미만
레이디얼형	임펠러 출구각 90°
다익형	임펠러 출구각 90° 초과

정답 | ①

22

LP가스 이송설비 중 압축기의 부속장치로서 토출측과 흡입측을 전환시키며 액송과 가스회수를 한 동작으로 할 수 있는 것은?

① 액트랩
② 액가스분리기
③ 전자밸브
④ 사방밸브

해설
사방밸브(4-way valve)는 LP가스 이송설비 중 압축기의 부속장치로서 토출측과 흡입측을 전환시키며 액송과 가스회수를 한 동작으로 할 수 있는 밸브를 말한다.

정답 | ④

23

가스크로마토그래피의 구성요소가 아닌 것은?

① 광원
② 컬럼
③ 검출기
④ 기록계

해설
광원은 가스크로마토그래피의 구성요소가 아니다.

관련이론 가스크로마토그래피(G/C)의 구성요소
- 컬럼(분리관)
- 검출기
- 기록계

정답 | ①

24

압축기에서 다단 압축을 하는 목적으로 틀린 것은?

① 소요 일량의 감소
② 이용 효율의 증대
③ 힘의 평형 향상
④ 토출온도 상승

해설
토출온도 상승을 방지하기 위해 다단 압축을 한다.

관련이론 압축기에서 다단 압축을 하는 목적
- 소요 일량의 감소
- 이용 효율의 증대
- 힘의 평형 향상
- 토출온도 상승 방지

정답 | ④

25

긴급차단장치의 동력원으로 가장 부적당한 것은?

① 스프링
② X선
③ 기압
④ 전기

해설
X선은 긴급차단장치의 동력원이 아니다.

관련이론 긴급차단장치 동력원
- 스프링
- 기압
- 전기

정답 | ②

26

배관용 보온재의 구비조건으로 옳지 않은 것은?

① 장시간 사용온도에 견디며, 변질되지 않을 것
② 가공이 균일하고 비중이 적을 것
③ 시공이 용이하고 열전도율이 클 것
④ 흡습, 흡수성이 적을 것

해설
배관용 보온재는 단열성능을 위해 열전도율이 작아야 한다.

정답 | ③

27

물체에 힘을 가하면 변형이 생긴다. 이 후크의 법칙에 대해 작용하는 힘과 변형이 비례하는 원리를 이용하는 압력계는?

① 액주식 압력계
② 분동식 압력계
③ 전기식 압력계
④ 탄성식 압력계

해설
탄성식 압력계는 물체에 가해진 힘의 변형을 이용하는 압력계이다.

정답 | ④

28
다음 배관재료 중 사용온도 350℃ 이하, 압력이 10MPa 이상의 고압관에 사용되는 것은?

① SPP
② SPPH
③ SPPW
④ SPPG

해설

SPPH는 사용압력 10MPa 이상의 고압관에 사용된다.

관련이론 배관재료

강관	사용압력
SPP (배관용 탄소강관)	1MPa 미만
SPPS (압력배관용 탄소강관)	1MPa~10MPa 미만
SPPH (고압배관용 탄소강관)	10MPa 이상
SPPW (수도용 아연도금강관)	급수관

정답 | ②

29
반복하중에 의해 재료의 저항력이 저하하는 현상을 무엇이라고 하는가?

① 교축
② 크리프
③ 피로
④ 응력

해설

피로란 재료에 반복적으로 하중을 가해 저항력이 저하되는 현상이다.

선지분석

① 교축: 금속재료의 온도가 낮아져 수축되는 현상이다.
② 크리프: 어느 온도 이상에서 재료에 하중을 가하면 시간과 더불어 변형이 증대되는 현상이다.
④ 응력: 물체에 하중이 작용할 때 그 재료 내부에 생기는 저항력을 내력이라 하고 단위면적당 내력의 크기를 응력이라고 한다.

정답 | ③

30
다음 가스 분석 중 화학분석법에 속하지 않는 방법은?

① 가스크로마토그래피법
② 중량법
③ 분광광도법
④ 요오드적정법

해설

가스크로마토그래피(G/C)법은 기기분석에 속한다.

관련이론 가스분석법

분석법	종류
흡수분석법	헴펠법, 오르자트법, 게겔법
연소분석법	폭발법, 완만연소법, 분별연소법
화학분석법	중량법, 요오드적정법, 분광광도법
기기분석법	가스크로마토그래피(G/C)법

정답 | ①

31
공기액화분리장치의 폭발원인이 아닌 것은?

① 액체공기 중의 아르곤의 흡입
② 공기 취입구로부터 아세틸렌 혼입
③ 공기 중의 질소화합물(NO, NO_2)의 혼입
④ 압축기용 윤활유 분해에 따른 탄화수소 생성

해설

액체공기 중 아르곤의 흡입은 공기액화분리장치의 폭발원인이 아니다.

관련이론 공기액화분리장치의 폭발원인

- 공기 취입구로부터 C_2H_2(아세틸렌)의 혼입
- 압축기용 윤활유 분해로 탄화수소 생성
- 액체 산소 내 오존(O_3)의 혼입
- 공기 중 NO, NO_2(질소산화물)의 혼입

정답 | ①

32
온도계의 선정방법에 대한 설명 중 틀린 것은?

① 지시 및 기록 등을 쉽게 행할 수 있을 것
② 견고하고 내구성이 있을 것
③ 취급하기가 쉽고 측정하기 간편할 것
④ 피측온체의 화학반응 등으로 온도계에 영향이 있을 것

해설
온도계 선정시 온도계는 피측온체의 화학반응 등으로 온도계에 영향이 없어야 한다.

정답 | ④

33
자동제어의 용어 중 피드백 제어에 대한 설명으로 틀린 것은?

① 자동제어에서 기본적인 제어이다.
② 출력측의 신호를 입력측으로 되돌리는 현상을 말한다.
③ 제어량의 값을 목표치와 비교하여 그것들을 일치하도록 정정동작을 행하는 제어이다.
④ 미리 정해진 순서에 따라서 제어의 각 단계가 순차적으로 진행되는 제어이다.

해설
미리 정해진 순서에 따라서 제어의 각 단계가 순차적으로 진행되는 제어는 시퀀스 제어이다.

관련이론 피드백 제어
(1) 개요
  • 자동제어에서 기본적인 제어이다.
  • 출력측의 신호를 입력측으로 되돌리는 현상을 말한다.
  • 제어량의 값을 목표치와 비교하여 그것들을 일치하도록 정정동작을 행하는 제어이다.
(2) 피드백 제어의 구성
  • 검출부: 제어대상의 출력값을 측정한다.
  • 제어부: 검출된 출력값과 목표값을 비교한다.
  • 조작부: 제어대상을 조작하는 장치이다.
  ※ 제어대상: 피드백 제어의 주체가 되는 대상이다.

정답 | ④

34
오르자트법으로 시료가스를 분석할 때의 성분분석 순서로서 옳은 것은?

① $CO_2 \rightarrow O_2 \rightarrow CO$
② $CO \rightarrow CO_2 \rightarrow O_2$
③ $O_2 \rightarrow CO \rightarrow CO_2$
④ $O_2 \rightarrow CO_2 \rightarrow CO$

해설
• 오르자트법: $CO_2 \rightarrow O_2 \rightarrow CO$
• 헴펠법: $CO_2 \rightarrow C_mH_n \rightarrow O_2 \rightarrow CO$

정답 | ①

35
산소 압축기의 윤활유로 사용되는 것은?

① 석유류
② 유지류
③ 글리세린
④ 물

해설
산소 압축기의 윤활유로 물 또는 10% 이하의 글리세린 수가 사용된다.

관련이론 압축기에 따른 윤활유

압축기	윤활유
산소(O_2)	물 또는 10% 이하 글리세린수
염소(Cl_2)	진한 황산
LP가스	식물성유
수소(H_2)	양질의 광유
아세틸렌(C_2H_2)	
공기	

정답 | ④

36

수소불꽃을 이용하여 탄화수소의 누출을 검지할 수 있는 가스누출검출기는?

① FID
② OMD
③ 접촉연소식
④ 반도체식

해설

FID는 수소불꽃을 이용하여 탄화수소의 누출을 검지할 수 있는 가스누출검출기이다.

선지분석

② OMD: 광학식 메탄가스 검출기이다.
③ 접촉연소식: 가스의 농도를 이용한 가스누출경보기 탐지부 센서이다.
④ 반도체식: 전기전도도를 이용한 가스누출경보기 탐지부 센서이다.

정답 | ①

37

초저온 저장탱크의 측정에 많이 사용되며 차압에 의해 액면을 측정하는 액면계는?

① 햄프슨식 액면계
② 전기저항식 액면계
③ 초음파식 액면계
④ 크링카식 액면계

해설

햄프슨식 액면계는 차압식 액면계로서 초저온의 저장탱크에 사용된다.

관련이론 액면계

클링커식 액면계 (유리관식 액면계)	경질의 유리관을 탱크에 부착하여 내부의 액면을 직접 확인할 수 있는 액면계이다.
플로트식 액면계 (부자식 액면계)	탱크 내부의 액체에 뜨는 물체(플로트)의 위치를 직접 확인하여 액면을 측정한다.
검척식 액면계	액면의 높이를 직접 자로 측정한다.
압력검출식 액면계	액면으로부터 작용하는 압력을 압력계에 의해 액면을 측정한다.
초음파식 액면계	발사된 초음파가 액면에서 왕복하는 시간으로 액면을 측정한다.
정전용량식 액면계	액면의 변화에 의한 정전 용량(물질의 유전율)을 이용하여 액면을 측정한다.
차압식 압력계 (햄프스식 액면계)	액화산소와 같은 극저온 저장조의 상·하부를 U자관에 연결해 차압에 의하여 액면을 측정한다.
다이어프램식 액면계	탱크 내 일정위치에 다이어프램을 설치하고 액면의 변위가 다이어프램으로 작용하는 유체의 압력을 이용하여 측정한다.
슬립 튜브식 액면계	저장탱크 정상부에서 밑면까지 스테인리스관을 붙인다. 이관을 상·하로 움직여 가스상태와 액체상태의 경계면을 찾아 액면을 측정한다.
편위식 액면계	아르키메데스의 원리를 이용한 것으로 측정액 중에 잠겨 있는 플로트의 부력으로 측정한다.

정답 | ①

38

원심펌프의 양정과 회전속도의 관계는? (단, N_1: 처음 회전수, N_2: 변화된 회전수)

① (N_2/N_1)
② $(N_2/N_1)^2$
③ $(N_2/N_1)^3$
④ $(N_2/N_1)^5$

해설

펌프의 상사법칙(Law of Similarity)

유량(Q)	$Q_2 = Q_1 \times \left(\dfrac{N_2}{N_1}\right) \cdot \left(\dfrac{D_2}{D_1}\right)^3$
양정(H)	$H_2 = H_1 \times \left(\dfrac{N_2}{N_1}\right)^2 \cdot \left(\dfrac{D_2}{D_1}\right)^2$
동력(P)	$P_2 = P_1 \times \left(\dfrac{N_2}{N_1}\right)^3 \cdot \left(\dfrac{D_2}{D_1}\right)^5$

• N: 회전 수, D: 직경

정답 | ②

39 고난도

다음 중 흡입압력이 대기압과 같으며 최종압력이 $15\,\text{kgf/cm}^2-\text{g}$인 4단 공기압축기의 압축비는 약 얼마인가? (단, 대기압은 $1\,\text{kgf/cm}^2$로 한다.)

① 2
② 4
③ 8
④ 16

해설

$a = \sqrt[n]{\dfrac{P_2}{P_1}}$

a: 압축비, n: 압축단수, P_1: 흡입절대압력[kgf/cm²], P_2: 최종절대압력[kgf/cm²]

$P_2 =$ 게이지압 + 대기압 $= 15 + 1 = 16\,\text{kgf/cm}^2$

$a = \sqrt[4]{\dfrac{15+1}{1}} = 2$

정답 | ①

40

저압가스 수송배관의 유량공식에 대한 설명으로 틀린 것은?

① 배관길이에 반비례한다.
② 가스비중에 비례한다.
③ 허용압력손실에 비례한다.
④ 관경에 의해 결정되는 계수에 비례한다.

해설

가스 수송배관의 유량공식에서 유량은 가스비중에 반비례한다.

관련이론 가스 수송배관의 유량공식

$Q = K\sqrt{\dfrac{D^5 H}{SL}}$

- Q: 가스 유량[m³/h]
- K: 계수(0.701)
- D: 관경[cm]
- H: 압력손실[mmH₂O]
- S: 가스비중
- L: 관 길이[m]

• 배관길이에 반비례한다.
• 가스비중에 반비례한다.
• 허용압력손실에 비례한다.
• 관경에 의해 결정되는 계수에 비례한다.

정답 | ②

41

가스홀더의 압력을 이용하여 가스를 공급하며 가스제조공장과 공급지역이 가깝거나 공급면적이 좁을 때 적당한 가스공급 방법은?

① 저압공급방식
② 중앙공급방식
③ 고압공급방식
④ 초고압공급방식

해설

저압공급방식은 가스홀더 압력을 이용하여 가스를 공급하며 가스제조공장과 공급지역이 가깝거나 공급면적이 좁을 때 적당하다.

관련이론 가스홀더의 분류

구분	방식
중·고압용	원통형
	구형
저압용	유수식
	무수식

정답 | ①

42 고난도
염화파라듐지로 검지할 수 있는 가스는?

① 아세틸렌　② 황화수소
③ 염소　　　④ 일산화탄소

해설
염화파라듐지로 검지할 수 있는 가스는 일산화탄소(CO)이다.

관련이론 가스별 누설검지 시험지 및 변색 상태

가스	시험지	변색 상태
암모니아(NH_3)	적색 리트머스지	청색
염소(Cl_2)	KI 전분지	청색
시안화수소(HCN)	초산(질산구리) 벤젠지	청색
아세틸렌(C_2H_2)	염화제1동 착염지	적색
황화수소(H_2S)	연당지	흑색
일산화탄소(CO)	염화파라듐지	흑색
포스겐($COCl_2$)	하리슨 시험지	심등색

정답 | ④

43
가스누출검지기의 검지부에 누출된 가스가 검지되었을 때 경보를 울릴 수 있는 해당 가스의 설정 농도는?

① 폭발하한계(LEL)의 1/2 이하
② 폭발하한계(LEL)의 1/3 이하
③ 폭발하한계(LEL)의 1/4 이하
④ 폭발하한계(LEL)의 1/5 이하

해설
가스누출검지기는 미리 설정된 폭발하한계(LEL)의 1/4 이하에서 자동으로 경보를 울릴 수 있어야 한다.

정답 | ③

44
저온장치 진공 단열법에 해당되지 않는 것은?

① 고진공 단열법　② 격막진공 단열법
③ 분말진공 단열법　④ 다층진공 단열법

해설
격막진공 단열법은 저온장치 진공 단열법이 아니다.

관련이론 저온장치 진공 단열법
- 고진공 단열법
- 분말진공 단열법
- 다층진공 단열법

정답 | ②

45
고압가스 설비에 설치하는 압력계의 최고눈금에 대한 측정범위의 기준으로 옳은 것은?

① 상용압력의 1.0배 이상, 1.2배 이하
② 상용압력의 1.2배 이상, 1.5배 이하
③ 상용압력의 1.5배 이상, 2.0배 이하
④ 상용압력의 2.0배 이상, 3.0배 이하

해설
고압가스 설비에 장치하는 압력계는 상용압력의 1.5배 이상 2배 이하의 최고눈금이 있는 것으로 한다.

정답 | ③

46 고난도

송수량 12,000L/min, 전양정 45m인 볼류트 펌프의 회전수를 1,000rpm에서 1,100rpm으로 변화시킨 경우 펌프의 축동력은 약 몇 PS인가? (단, 펌프의 효율은 80%이다.)

① 165
② 180
③ 200
④ 250

해설

$$L_{ps} = \frac{\gamma \cdot H \cdot Q}{75\eta}$$

- L_{ps}: 축동력[PS], γ: 물의 비중량[1,000kgf/m³], H: 높이[m]
- Q: 유량[m³/sec], η: 효율[%]

※ 문제상의 Q 단위를 보고 min: 60sec, hour: 3,600sec을 적용하여 Q의 기본단위를 맞춰주며 풀어야 한다.

$$Q = \frac{12,000L}{min} \times \frac{1min}{60sec} \times \frac{10^{-3}m^3}{1L} = 0.2 m^3/sec$$

$$L_{ps} = \frac{1,000 \times 45 \times 0.2}{75 \times 0.8} = 150 PS$$

펌프의 상사법칙에 따라

$$L_2 = L_1 \times \left(\frac{N_2}{N_1}\right)^3 = 150 \times \left(\frac{1,100}{1,000}\right)^3 = 199.65 ≒ 200 PS$$

- N: 회전수[rpm]

정답 | ③

47

일반도시가스사업자의 가스공급시설 중 정압기의 분해점검주기의 기준은?

① 1년에 1회 이상
② 2년에 1회 이상
③ 3년에 1회 이상
④ 5년에 1회 이상

해설

가스공급시설 중 정압기의 분해점검은 2년에 1회 이상 실시한다.

관련이론 분해점검 점검주기

시설구분		검사주기
공급시설 점검		2년 1회 이상
사용시설	신규 점검	3년 1회 이상
	향후 점검	4년 1회 이상

정답 | ②

48

아세틸렌 용접용기의 내압시험압력으로 옳은 것은?

① 최고충전압력의 1.5배
② 최고충전압력의 1.8배
③ 최고충전압력의 5/3배
④ 최고충전압력의 3배

해설

아세틸렌 용접용기의 내압시험압력(TP)은 최고충전압력(FP)의 3배이다.

관련이론 내압시험압력

용기 구분	내압시험 압력(TP)
아세틸렌 용기	FP×3배
초저온 및 저온용기	FP×5/3배
그 이외의 용기	FP×5/3배

정답 | ④

49

루트 미터에 대한 설명으로 옳은 것은?

① 설치공간이 크다.
② 일반 수용가에 적합하다.
③ 스트레이너가 필요 없다.
④ 대용량의 가스 측정에 적합하다.

해설

루트미터는 대용량의 가스 측정에 적합하다.

관련이론 가스미터의 종류와 특징

종류	용도	용량 [m^3/h]	특징
막식	일반 수용가	1.5~200	• 가격이 저렴하다. • 유지관리 용이하다. • 대용량은 설치면적이 크다.
습식	기준 가스미터, 실험실용	0.2~3,000	• 계량이 정확하다. • 기차변동이 없다. • 설치면적이 크다. • 수위 조정이 필요하다.
루트식	대 수용가	100~5,000	• 설치면적이 작다. • 중압 계량이 가능하다. • 대유량의 가스를 측정한다. • 스트레이너 설치 및 유지관리가 필요하다. • $0.5m^3/h$ 이하에서는 부동의 우려가 있다.

정답 | ④

50

오리피스 유량계의 특징에 대한 설명으로 옳은 것은?

① 내구성이 좋다.
② 저압, 저유량에 적당하다.
③ 유체의 압력손실이 크다.
④ 협소한 장소에는 설치가 어렵다.

해설

오리피스 유량계는 차압식 유량계에 속하며, 차압식 유량계는 유량계 전·후단의 압력 차이를 이용하기 때문에 압력손실이 크다.

관련이론 오리피스 미터

• 설치, 교환이 쉽다.
• 가격이 저렴하다.
• 제작이 간단하고 견고하다.
• 고형물이 포함된 유체나 고점도 유체에 적합하지 않으며, 정확도가 낮다.
• 상대적으로 압력손실이 크다.
• 측정범위가 좁다.

정답 | ③

핵심이론
가스 안전관리

기출기반으로
압축 정리한
핵심이론

| 학 습 전 략 |

가스 안전관리에서는 가스의 제조, 취급, 저장 등 관련 기준이 주된 내용으로, 고압가스 안전관리법, KGS 기준 등에 관련된 이론이 많습니다. 이 부분은 다루고 있는 내용의 범위가 매우 넓기 때문에 가스 관련 기준을 모두 이해하고 암기하는 것은 많은 시간이 걸리므로 기출문제에 출제된 개념만은 확실하게 암기하겠다는 전략을 가져야 합니다. 각 기준의 흐름을 이해한 뒤 빈출 개념 기준으로 학습하면 충분히 고득점을 노릴 수 있습니다.

CHAPTER 01 고압가스 안전관리   134

CHAPTER 02 액화석유가스 안전관리   171

CHAPTER 03 도시가스 안전관리   181

CHAPTER 04 수소 안전관리   198

합격을 다지는 빈출문제   205

CHAPTER 01 고압가스 안전관리

[가스 안전관리]

1 고압가스의 개념

1. 고압가스의 적용범위

고압가스 안전관리법에 의해 고압가스의 적용 범위가 규정되어 있다.

구분	적용 범위
압축가스	• 상용의 온도에서 압력이 1MPa(g) 이상이 되는 가스를 말한다. • 35℃에서 압력이 1MPa(g) 이상이 되는 가스(C_2H_2는 제외)이다.
액화가스	• 상용의 온도에서 압력이 0.2MPa(g) 이상이 되는 액화가스를 말한다. • 압력이 0.2MPa(g)이 되는 경우 35℃ 이하인 액화가스를 말한다.
아세틸렌	15℃에서 0Pa을 초과하는 아세틸렌가스이다.
액화 HCN 액화 CH_3Br 액화 C_2H_4O	35℃에서 0Pa을 초과하는 액화가스 중 액화 시안화수소, 액화 브롬화메탄, 액화 산화에틸렌가스이다.

2. 고압가스의 분류

(1) **상태에 따른 분류**

① 압축가스
  ㉠ 비점이 낮아 용기 내 압력을 가하여 기체상태로 충전하는 가스이다.
  ㉡ 용기 내 최고충전압력(FP)을 15MPa로 충전하는 가스이다.
  ㉢ 대표적인 가스: O_2, H_2, N_2, CH_4, He 등

② 액화가스
  ㉠ 비점이 높아 쉽게 액화되며 용기 내 액체 상태로 충전하는 가스이다.
  ㉡ 대표적인 가스: Cl_2, NH_3, C_3H_8, C_4H_{10} 등

③ 용해가스
  ㉠ 불안정한 가스로 분해폭발의 위험으로 인해 용제를 이용하여 녹이면서 충전하는 가스이다.
  ㉡ 대표적인 가스: C_2H_2 등

(2) **연소성에 따른 분류**

① 가연성 가스
  ㉠ 연소가 가능한 가스이다.
  ㉡ 폭발한계의 하한이 10% 이하인 것과 폭발한계의 상한과 하한의 차가 20% 이상의 것을 말한다.
  ㉢ 대표적인 가스: C_2H_2, C_2H_4O, H_2, C_3H_8, C_4H_{10}, CH_4 등

② 조연성 가스
  ㉠ 스스로 연소하지 않고 가연성 가스의 연소를 도와주는 가스이다.
  ㉡ 대표적인 가스: O_2, O_3, 공기, Cl_2 등

③ 불연성 가스
　㉠ 불에 타지 않는 가스이다.
　㉡ 대표적인 가스: CO_2, N_2, Ar, He 등

(3) 독성에 따른 분류
① 독성 가스
　㉠ LC_{50} 기준: 허용농도 5,000ppm 이하인 가스(100만 분의 5,000)를 말한다.
　㉡ TLV-TWA 기준: 200ppm 이하인 가스(100만 분의 200)를 말한다.
　㉢ 대표적인 가스: NH_3, F_2, Cl_2, CO 등
② 독성 가스의 분류
　㉠ 비독성 가스: LC_{50} 기준으로 허용농도가 5,000ppm 초과인 가스
　㉡ 독성 가스: LC_{50} 기준으로 허용농도 200ppm 초과 5,000ppm 이하인 가스
　㉢ 맹독성 가스: LC_{50} 기준으로 허용농도가 200ppm 이하인 가스
　※ 비독성 가스와 맹독성 가스는 일반적인 분류이며 고압가스 안전관리법에 규정되어 있지 않다.

핵심 Point 적용을 받지 않는 고압가스의 범위(고압가스 안전관리법 시행령 「별표 1」)

적용되는 법규	고압가스 적용을 받지 않는 가스
에너지이용 합리화법	보일러 안과 그 도관 안의 고압증기
선박안전법	선박 안의 고압가스
광산안전법	광업을 위한 설비 안의 고압가스
항공안전법	항공기 안의 고압가스
전기사업법	전기설비 안의 고압가스
원자력법	원자로 및 그 부속설비 안의 고압가스
철도 차량	에어컨디셔너 안의 고압가스
기타 기준	• 오토클레이브 안의 고압가스(수소, 아세틸렌, 염화비닐은 제외) • 액화브롬화메탄 제조설비 외에 있는 액화브롬화메탄 • 등화용의 아세틸렌가스 • 청량음료수, 과실주 또는 발포성 주류에 혼합된 고압가스 • 냉동능력이 3톤 미만인 냉동설비 안의 고압가스 • 내용적 1L 이하 소화용기의 고압가스

3. 압력의 분류

(1) 설계압력(Design Pressure)
고압가스 용기 등의 각부의 계산두께 또는 기계적 강도를 결정하기 위하여 설계된 압력을 말한다.

(2) 상용압력(Operation Pressure)
내압시험압력 및 기밀압력시험의 기준이 되는 압력으로서 사용상태에서 해당 설비 등의 각부에 작용하는 최고사용압력을 말한다.

(3) 설정압력(Set Pressure)
안전밸브의 설계상 정한 분출압력 또는 분출개시압력으로서 명판에 표시된 압력을 말한다.

(4) 축적압력(Accumulated Pressure)
내부유체가 배출될 때 안전밸브에 의하여 축적되는 압력으로서 그 설비 안에서 허용될 수 있는 최대압력을 말한다.

(5) 초과압력(Over Pressure)
안전밸브에서 내부유체가 배출될 때 설정압력 이상으로 올라가는 압력을 말한다.

2 특정 및 특수 고압가스

1. 특정고압가스

(1) 특정고압가스의 종류
① 수소
② 산소
③ 액화암모니아
④ 아세틸렌
⑤ 액화염소
⑥ 천연가스
⑦ 압축모노실란
⑧ 압축디보레인
⑨ 액화알진
⑩ 그 밖에 대통령령으로 정하는 가스: 포스핀, 셀렌화수소, 게르만, 디실란, 오불화비소, 오불화인, 삼불화인, 삼불화질소, 삼불화붕소, 사불화유황, 사불화규소

(2) 특정고압가스 사용신고
① 저장능력 500킬로그램 이상인 액화가스 저장설비를 갖추고 특정고압가스를 사용하려는 자
② 저장능력 50세제곱미터 이상인 압축가스 저장설비를 갖추고 특정고압가스를 사용하려는 자
③ 배관으로 특정고압가스(천연가스는 제외한다)를 공급받아 사용하려는 자
④ 압축모노실란·압축디보레인·액화알진·포스핀·셀렌화수소·게르만·디실란·오불화비소·오불화인·삼불화인·삼불화질소·삼불화붕소·사불화유황·사불화규소·액화염소 또는 액화암모니아를 사용하려는 자. 다만, 시험용(해당 고압가스를 직접 시험하는 경우만 해당한다)으로 사용하려 하거나 시장·군수 또는 구청장이 지정하는 지역에서 사료용으로 볏짚 등을 발효하기 위하여 액화암모니아를 사용하려는 경우는 제외한다.
⑤ 자동차 연료용으로 특정고압가스를 공급받아 사용하려는 자
⑥ 특정고압가스 사용신고를 하려는 자는 사용개시 7일 전까지 특정고압가스 사용신고서를 시장·군수 또는 구청장에게 제출하여야 한다.

2. 특수고압가스 「고압가스 안전관리법 시행규칙 제2조」

압축모노실란·압축디보레인·액화알진·포스핀·세렌화수소·게르만·디실란 및 그 밖에 반도체의 세정 등 산업통상자원부장관이 인정하는 특수한 용도에 사용되는 고압가스를 말한다.

※ 특수고압가스 7종류는 특정고압가스(20종류)의 범위에 포함된다.

3. 특정설비

저장탱크와 산업통상자원부령으로 정하는 고압가스 관련 설비를 말한다.

(1) 특정설비의 종류
① 저장탱크(원통형, 구형)
② 안전밸브 · 긴급차단장치 · 역화방지장치
③ 기화장치
④ 압력용기
⑤ 자동차용 가스 자동주입기
⑥ 독성가스 배관용 밸브
⑦ 냉동설비를 구성하는 압축기 · 응축기 · 증발기 또는 압력용기(일체형 냉동기 제외)
⑧ 고압가스용 실린더 캐비닛
⑨ 자동차용 압축천연가스 완속충전설비(처리능력 18.5㎥/h 미만인 충전설비)
⑩ 액화석유가스용 용기 잔류가스회수장치
⑪ 차량에 고정된 탱크

(2) 고압가스 특정제조 허가대상

사업자 구분	시설	저장능력(이상)	처리능력(이상)
석유정제업자	석유정제시설 또는 그 부대시설에서 제조시	100톤	–
석유화학공업자	석유화학공업시설 또는 그 부대시설에서 제조시	100톤	1만 ㎥
철강공업자	철강공업시설 또는 그 부대시설에서 제조시	–	10만 ㎥
비료생산업자	비료제조시설 또는 그 부대시설에서 제조시	100톤	10만 ㎥

그 밖에 산업통상자원부장관이 정하는 시설에서 정하는 규모 이상인 것

(3) 특수반응설비

특수반응설비란 고압가스설비 중 반응기 또는 이와 유사한 설비로서 현저한 발열반응 또는 부차적으로 발생하는 2차 반응으로 인하여 폭발 등의 위해(危害)가 발생할 가능성이 큰 반응설비를 말한다.

① 암모니아 2차 개질로
② 에틸렌 제조시설의 아세틸렌 수첨탑
③ 산화에틸렌 제조시설의 에틸렌과 산소 또는 공기와의 반응기
④ 사이크로핵산 제조시설의 벤젠 수첨반응기
⑤ 석유정제시설의 중유직접 수첨탈황반응기 및 수소화 분해반응기
⑥ 저밀도 폴리에틸렌 중합기
⑦ 메탄올 합성 반응탑

> **핵심 Point 특수반응설비의 내부 반응 감시장치**
>
> 특수반응설비에는 정상적인 반응(운전)조건을 벗어나거나 벗어날 우려가 있을 경우 자동으로 경보를 발생할 수 있도록 내부 반응 감시장치를 설치하며, 내부 반응 감시장치의 종류는 다음과 같다.
> - 온도 감시장치
> - 압력 감시장치
> - 유량 감시장치
> - 가스의 밀도 및 조성 감시장치

3 산정기준

1. 저장능력 산정기준

(1) 압축가스 저장탱크 및 용기

$$Q = (10P+1)V_1$$

Q: 저장능력[m³], P: 35℃(아세틸렌가스의 경우에는 15℃)에서의 최고충전압력[MPa], V_1: 내용적[m³]

(2) 액화가스의 저장탱크

$$W = 0.9 \times d \times V_2$$

W: 저장능력[kg], d: 액화가스의 비중[kg/L], V_2: 내용적[L]

(3) 액화가스의 용기 및 차량에 고정된 탱크

$$W = \frac{V_2}{C}$$

W: 저장능력[L], V_2: 내용적[L], C: 저온용기 및 차량에 고정된 저온탱크와 초저온용기 및 차량에 고정된 초저온탱크에 충전하는 액화가스의 경우 그 용기 및 탱크의 상용온도 중 최고 온도에서의 그 가스의 비중[kg/L]의 수치 $\times \frac{9}{10}$의 역수

(4) 저장능력의 합산

저장탱크 및 용기가 위 사항에 해당하는 경우에는 산정한 각각의 저장능력을 합산한다. 다만, 액화가스와 압축가스가 섞여 있는 경우에는 액화가스 10kg을 압축가스 1m³로 본다.
① 저장탱크 및 용기가 배관으로 연결된 경우
② ①의 경우를 제외한 경우로서 저장탱크 및 용기 사이의 중심거리가 30m 이하인 경우 또는 같은 구축물에 설치되어 있는 경우. 다만, 소화설비용 저장탱크 및 용기는 제외한다.

2. 냉동능력

(1) 냉동능력 산정기준

원심식 압축기를 사용하는 냉동설비는 그 압축기의 원동기 정격출력 1.2kW를 1일의 냉동능력 1톤으로 보고, 흡수식 냉동설비는 발생기를 가열하는 1시간의 입열량 6천640kcal를 1일의 냉동능력 1톤으로 보며, 그 밖의 것은 다음 산식에 따른다.

$$R = \frac{V}{C}$$

R: 1일의 냉동능력[ton], V: 피스톤압출량[m³/h], C: 냉매의 종류에 따른 상수

(2) **흡수식 냉동장치**

① 4대 구성요소: 흡수기 → 발생기 → 응축기 → 증발기

② 냉매 및 흡수제

냉매	흡수제
암모니아(NH_3)	물(H_2O)
물(H_2O)	리튬브로마이드(LiBr)
염화메틸(CH_3Cl)	사염화에탄
톨루엔($C_6H_5CH_3$)	파라핀유

4 고압가스 제조의 기준

1. 보호시설

(1) **보호시설의 구분**

① 제1종 보호시설

　㉠ 사람을 수용하는 건축물(가설건축물 제외)로서 독립된 부분의 연면적이 1,000m^3 이상인 것

　㉡ 예식장, 장례식장 및 전시장, 그 밖에 이와 유사한 시설로서 300명 이상 수용할 수 있는 건축물

　㉢ 아동복지시설 또는 장애인복지시설로서 20명 이상 수용할 수 있는 건축물

　㉣ 학교, 유치원, 어린이집, 놀이방, 어린이 놀이터, 학원, 병원, 도서관, 청소년수련시설, 경로당, 시장, 공중목욕탕, 호텔, 여관, 극장, 교회 및 공회당

　㉤ 「문화재보호법」에 따라 지정문화재로 지정된 건축물

② 제2종 보호시설

　㉠ 주택

　㉡ 사람을 수용하는 건축물(가설건축물 제외)로서 독립된 부분의 연면적이 100m^3 이상 1,000m^3 미만인 것

2. 시설기준

(1) **배치기준**

① 보호시설과의 거리

고압가스의 처리설비 및 저장설비는 그 외면으로부터 보호시설(사업소에 있는 보호시설 및 전용공업지역에 있는 보호시설은 제외한다)까지 다음 표에 따른 거리(저장설비를 지하에 설치하는 경우에는 보호시설과의 거리에 2분의 1을 곱한 거리, 시장·군수 또는 구청장이 필요하다고 인정하는 지역은 보호시설과의 거리에 일정 거리를 더한 거리) 이상을 유지할 것

구분	처리능력 및 저장능력	제1종 보호시설	제2종 보호시설
산소의 처리설비 및 저장설비	1만 이하	12m	8m
	1만 초과 2만 이하	14m	9m
	2만 초과 3만 이하	16m	11m
	3만 초과 4만 이하	18m	13m
	4만 초과	20m	14m
독성가스 또는 가연성 가스의 처리설비 및 저장설비	1만 이하	17m	12m
	1만 초과 2만 이하	21m	14m
	2만 초과 3만 이하	24m	16m
	3만 초과 4만 이하	27m	18m
	4만 초과 5만 이하	30m	20m
	5만 초과 99만 이하	30m (가연성가스 저온저장탱크는 $\frac{3}{25}\sqrt{X+10,000}\,\text{m}$)	20m (가연성가스 저온저장탱크는 $\frac{2}{25}\sqrt{X+10,000}\,\text{m}$)
	99만 초과	30m (가연성가스 저온저장탱크는 120m)	20m (가연성가스 저온저장탱크는 80m)
그 밖의 가스의 처리설비 및 저장설비	1만 이하	8m	5m
	1만 초과 2만 이하	9m	7m
	2만 초과 3만 이하	11m	8m
	3만 초과 4만 이하	13m	9m
	4만 초과	14m	10m

※ 위 표 중 각 처리능력 및 저장능력란의 단위 및 X는 1일간의 처리능력 또는 저장능력으로서 압축가스의 경우에는 m^3, 액화가스의 경우에는 kg으로 한다.

※ 한 사업소에 2개 이상의 처리설비 또는 저장설비가 있는 경우에는 그 처리능력별 또는 저장능력별로 각각 안전거리를 유지하여야 한다.

② 화기와의 거리
  ㉠ 가스설비와 저장설비 외면으로부터 화기를 취급하는 장소 사이의 유지 거리: 우회거리 2m 이상(가연성가스와 산소의 가스설비 또는 저장설비는 8m)
  ㉡ 가연성가스의 가스설비 또는 사용시설에 관련된 저장설비, 기화장치 및 이들 사이의 배관에서 누출된 가연성가스가 화기를 취급하는 장소로 유동하는 것을 방지하기 위하여 유동방지시설을 설치한다.
  ㉢ 유동방지시설은 높이 2m 이상의 내화성 벽으로 하고, 가스설비 등과 화기를 취급하는 장소와는 우회수평거리 8m 이상을 유지한다.
  ㉣ 불연성 건축물 안에서 화기를 사용하는 경우, 가스설비 등으로부터 수평거리 8m 이내에 있는 건축물 개구부는 방화문 또는 망입유리로 폐쇄하고, 사람이 출입하는 출입문은 2중문으로 한다.

③ 다른 설비와의 거리

안전구역 안의 고압가스설비와 다른 안전구역 안에 있는 고압가스설비의 외면	30m 이상
가연성가스 저장탱크와 처리능력 20만m³ 이상인 압축기	30m 이상
가연성가스 제조시설과 다른 가연성가스 제조시설	5m 이상
가연성가스 제조시설과 산소 제조시설	10m 이상

④ 사업소경계와의 거리 : 제조설비의 외면으로부터 그 제조소의 경계까지 유지하여야 하는 거리는 20m 이상으로 한다.

(2) 저장설비 기준

① 저장탱크 또는 가스홀더는 가스가 누출하지 않는 구조로 하고, 5m³ 이상의 가스를 저장하는 것에는 가스방출장치를 설치한다.
② 가연성가스 저장탱크(저장능력이 300m³ 또는 3톤 이상인 탱크)와 다른 가연성가스 저장탱크 또는 산소저장탱크 사이에는 두 저장탱크의 최대지름을 더한 길이의 4분의 1 이상의 거리를 유지한다.

(3) 배관설비 매몰설치 기준

① 사업소 안의 배관 매몰설치
  ㉠ 배관은 지면으로부터 최소한 1m 이상의 깊이에 매설한다. 이 경우 공도(公道)의 지하에는 그 위를 통과하는 차량의 교통량 및 배관의 관경 등을 고려하여 더 깊은 곳에 매설한다.
  ㉡ 도로폭이 8m 이상인 공도(公道)의 횡단부 지하에는 지면으로부터 1.2m 이상인 곳에 매설한다.
  ㉢ ㉠ 또는 ㉡에서 정한 매설깊이를 유지할 수 없을 경우는 커버플레이트·케이싱 등을 사용하여 보호한다.
  ㉣ 철도 등의 횡단부 지하에는 지면으로부터 1.2m 이상인 곳에 매설하거나 강제의 케이싱을 사용하여 보호한다.
  ㉤ 지하철도(전철) 등을 횡단하여 매설하는 배관에는 전기방식조치를 강구한다.
② 사업소 밖의 배관 매몰설치
  ㉠ 배관은 건축물과는 1.5m, 지하도로 및 터널과는 10m 이상의 거리를 유지한다.
  ㉡ 독성가스의 배관은 그 가스가 혼입될 우려가 있는 수도시설과는 300m 이상의 거리를 유지한다. 다만, 암모니아 배관을 2중관으로 설치하고 가스누출검지경보장치를 설치한 경우에는 50cm 이상 이격거리를 유지한다.
  ㉢ 배관은 그 외면으로부터 지하의 다른 시설물과 0.3m 이상의 거리를 유지한다. 다만, 보호관으로 보호한 경우에는 그렇지 않다.
  ㉣ 지표면으로부터 배관의 외면까지 매설깊이는 산이나 들에서는 1m 이상 그 밖의 지역에서는 1.2m 이상으로 한다.
③ 철도부지 매설
  ㉠ 배관의 외면으로부터 궤도중심까지 4m 이상, 그 철도부지의 경계까지는 1m 이상의 거리를 유지한다.
  ㉡ 지표면으로부터 배관의 외면까지의 깊이를 1.2m 이상으로 한다.

④ 지상 설치
  ㉠ 배관은 고압가스의 종류에 따라 주택·학교·병원·철도 그 밖의 이와 유사한 시설과 다음 기준에 따라 안전 확보상 필요한 거리를 유지한다.
  ㉡ 불활성가스 외의 가스의 배관 양측에는 다음 표의 상용압력 구분에 따른 폭 이상의 공지를 유지한다. 다만, 안전에 필요한 조치를 강구한 경우에는 공지를 유지하지 않을 수 있다.

상용압력	공지의 폭
0.2MPa 미만	5m
0.2MPa 이상 1MPa 미만	9m
1MPa 이상	15m

⑤ 해저 설치
  ㉠ 배관은 해저면 밑에 매설한다. 다만, 닻내림 등으로 인한 배관손상의 우려가 없거나 그 밖에 부득이한 경우에는 매설하지 않을 수 있다.
  ㉡ 배관은 원칙적으로 다른 배관과 교차하지 않아야 한다.
  ㉢ 배관은 원칙적으로 다른 배관과 30m 이상의 수평거리를 유지한다.
  ㉣ 두 개 이상의 배관을 동시에 설치하는 경우에는 해당 배관이 서로 접촉되지 않도록 조치를 강구한다.

3. 고압가스 제조 및 제조설비

(1) 가스 제조시 품질검사
1일 1회 이상 품질검사를 실시하여 품질 기준(순도)을 유지하여야 한다.

제조가스	품질 기준	검사방법	시약
산소(O_2)	99.5% 이상	오르자트법	동암모니아
수소(H_2)	98.5% 이상	오르자트법	피로카롤, 하이드로썰파이드
아세틸렌(C_2H_2)	98% 이상	오르자트법	발연황산
		뷰렛법	브롬시약

(2) 가스 제조시 압축금지 기준
① 가연성 가스 중에 산소의 용량이 전체 용량의 4% 이상인 것
② 산소 중에 가연성 가스의 용량이 전체 용량의 4% 이상인 것
③ 아세틸렌, 에틸렌, 수소 중에 산소의 용량이 전체 용량의 2% 이상인 것
④ 산소 중에 아세틸렌, 에틸렌, 수소의 용량 합계가 전체 용량의 2% 이상인 것

(3) 가스 제조설비의 점검기준
① 고압가스 제조설비의 사용개시 전과 사용종료 후에는 반드시 그 제조설비에 속하는 제조시설의 이상 유무를 점검하는 것 외에 1일 1회 이상 제조설비의 작동상황을 점검·확인한다.
② 충전용 주관의 압력계는 매월 1회 이상, 그 밖의 압력계는 1년에 1회 이상 검사한다.
③ 압축기의 최종단에 설치한 것은 1년에 1회 이상, 그 밖의 안전밸브는 2년에 1회 이상 점검한다.

> **보충 TIP** 지반조사
>
> 다음의 고압가스설비를 설치할 경우에는 그 장소에서 고압가스설비에 유해한 영향을 미치는 부등침하 등의 원인이 있는지 제1차 지반조사를 제외할 수 있다.
> - 저장능력이 100m³ 미만인 압축가스 저장탱크
> - 저장능력이 1톤 미만인 액화가스 저장탱크
> - 가스의 무게를 제외한 총 중량이 1톤 미만인 특정설비
> - 배관, 펌프, 압축기 및 압력조정기

(4) 통신설비 설치

고압가스사업소 안에는 긴급사태가 발생한 경우에 이를 신속히 전파할 수 있도록 사업소의 규모·구조에 적합한 통신설비를 설치한다.

사항별(통신범위)	설치해야 하는 통신설비		비고
안전관리자가 상주하는 사무소와 현장사무소 사이 또는 현장사무소 상호간	• 구내 전화 • 구내 방송설비	• 인터폰 • 페이징 설비	사무소가 같은 위치에 있는 경우 제외
사업소 안 전체	• 구내 방송설비 • 사이렌 • 휴대용 확성기	• 페이징 설비 • 메가폰	
종업원 상호간 (사업소 안 임의의 장소)	• 페이징 설비 • 휴대용 확성기	• 트랜시버 • 메가폰	사무소가 같은 위치에 있는 경우 제외

※ 메가폰은 해당 사업소 안 면적이 1,500m² 이하인 경우에 한정한다.

4. 고압가스 저장설비

(1) 저장설비 기준

① 저장량이 5m³ 이상인 가스를 저장하는 경우 가스방출장치를 설치해야 한다.

② 가연성가스의 저장탱크(저장능력이 300m³ 또는 3톤 이상의 것에 한정한다)와 다른 가연성가스 또는 산소의 저장탱크와의 사이에는 두 저장탱크의 최대지름을 합산한 길이의 4분의 1 이상에 해당하는 거리(두 저장탱크의 최대지름을 합산한 길이의 4분의 1이 1m 미만인 경우에는 1m 이상의 거리)를 유지한다.

③ 공기액화분리기에 설치된 액화산소통 안의 액화산소 5L 중 아세틸렌(C_2H_2) 5mg 또는 탄화수소에서 탄소의 질량이 500mg이 넘으면 즉시 방출해야 한다.

④ 공기압축기 내부 윤활유는 아래의 조건으로 교반하여도 분해되지 않는 것을 사용해야 한다.

잔류탄소량	인화점	교반조건	교반시간
1% 이하	200℃	170℃	8시간
1~1.5%	230℃	170℃	12시간

(2) **저장탱크의 지하설치 기준**
  ① 저장탱크의 외면은 부식방지코팅과 전기적 부식방지 조치를 한다.
  ② 천장, 벽, 바닥: 30cm 이상 방수조치를 한 철근콘크리트로 만든 곳(저장탱크실)에 설치한다.
  ③ 저장탱크 주위: 마른 모래로 채운다.
  ④ 탱크 정상부와 지면: 60cm 이상
  ⑤ 탱크 상호간: 1m 이상
  ⑥ 가스방출관: 지상에서 5m 이상
  ⑦ 지상에 경계표시를 한다.

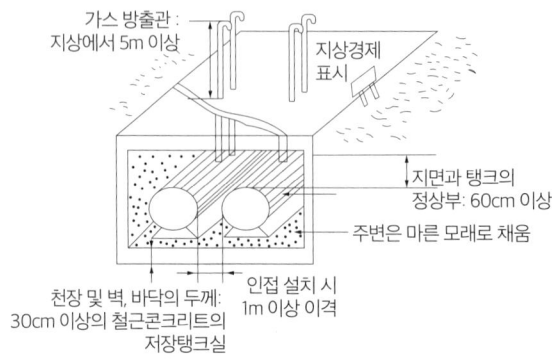

▲ 저장탱크의 지하설치

(3) **저장탱크 및 용기 충전**

	액화가스	압축가스
저장탱크	90% 이하	상용압력 이하
용기	90% 이하	최고충전압력 이하
85% 이하로 충전하는 경우	• 소형저장탱크 • LPG 차량용 용기	–

(4) **부압파괴 및 과충전 방지**
  ① 부압파괴 방지조치: 가연성가스 저온 저장탱크에는 그 저장탱크의 내부압력이 외부압력보다 낮아짐에 따라 그 저장탱크가 파괴되는 것을 방지하기 위하여 다음의 부압파괴방지설비를 설치한다.
    ㉠ 압력계
    ㉡ 압력경보설비
    ㉢ 그 이외에 다음 중 어느 하나 이상의 설비
      • 진공안전밸브
      • 다른 저장탱크 또는 시설로부터의 가스도입배관(균압관)
      • 압력과 연동하는 긴급차단장치를 설치한 냉동제어설비
      • 압력과 연동하는 긴급차단장치를 설치한 송액설비

② 과충전 방지조치

개요	• 충전시 저장탱크 내용적의 90%를 초과하는 것을 방지하기 위해 기준을 따른다. • 과충전 경보는 관계자가 상주하는 장소 및 작업 장소에서 명확히 들을 수 있어야 한다.
대상 가스	아황산가스, 암모니아, 염소, 염화메탄, 산화에틸렌, 시안화수소, 포스겐, 황화수소 등
과충전 방지법	• 용량 90% 시 액면 또는 액두압을 검지한다. • 용량 검지 시 경보장치를 작동한다.

(5) 경계책

고압가스시설의 안전을 확보하기 위하여 저장설비, 처리설비 및 감압설비를 설치한 장소 주위에는 외부인의 출입을 통제할 수 있도록 다음 기준에 따라 경계책을 설치한다.

① 개요
  ㉠ 설치높이는 1.5m 이상으로 하며, 철책, 철망 등으로 일반인의 출입을 통제한다.
  ㉡ 경계책 주위에는 외부 사람의 무단출입을 금하는 내용의 경계표지를 보기 쉬운 장소에 부착한다.
  ㉢ 경계책 안에는 누구도 화기, 발화 또는 인화하기 쉬운 물질을 휴대하고 들어갈 수 없도록 필요한 조치를 강구한다. 다만, 해당 설비의 정비수리 등 불가피한 사유가 발생한 경우에 한정하여 안전관리책임자의 감독 하에 휴대 조치할 수 있다.

② 경계책을 설치한 것으로 보는 경우
  ㉠ 철근콘크리트 및 콘크리트 블록제로 지상에 설치된 고압가스 저장실 및 도시가스 정압기실
  ㉡ 도로의 지하 또는 도로와 인접설치되어 사람과 차량의 통행에 영향을 주는 장소로서 경계책 설치가 부적당한 고압가스 저장실 및 도시가스 정압기실
  ㉢ 건축물 내에 설치되어 설치공간이 없는 도시가스 정압기실, 고압가스 저장실
  ㉣ 차량통행 등 조업시행이 곤란하여 위해요인 가중 우려 시
  ㉤ 상부 덮개에 시건조치를 한 매몰형 정압기
  ㉥ 공원지역, 녹지지역에 설치된 정압기실

(6) 기타 기술기준

① 이음쇠와 접속되는 부분에는 무리한 하중이 걸리지 않도록 하여야 하며 상용압력이 19.6MPa 이상이 되는 곳의 나사는 나사게이지로 검사할 것
② 안전밸브 또는 방출밸브에 설치된 스톱밸브는 그 밸브의 수리 등을 위하여 특별히 필요한 때를 제외하고는 항상 완전히 열어놓을 것
③ 화기를 취급하는 곳이나 인화성물질 또는 발화성물질이 있는 곳 및 그 부근에서는 가연성가스를 용기에 충전하지 않을 것
④ 차량에 고정된 탱크 내용적이 2천L 이상인 것에는 고압가스를 충전하거나 그로부터 가스를 이입받을 때에는 차량정지목을 설치하는 등 차량이 고정되도록 할 것
⑤ 탱크 또는 용기에 안전밸브를 설치할 경우 탱크 또는 용기의 내압시험압력의 10분의 8 이하의 압력에서 작동할 수 있는 것일 것
⑥ 긴급차단장치는 원격조작에 의하여 작동되고 차량에 고정된 탱크 또는 이에 접속하는 배관 외면의 온도가 110℃일 때에 자동적으로 작동할 수 있는 것일 것
⑦ 지상에 설치된 저장탱크와 가스 충전소 사이에는 방호벽을 설치할 것
⑧ 작업원은 3개월에 1회 이상 보호구의 사용훈련을 받아 사용방법을 숙지할 것

> **핵심 Point** 중간검사 기준
> - 가스설비 또는 배관의 설치가 완료되어 기밀시험, 내압시험을 할 수 있는 상태의 공정
> - 저장탱크를 지하에 매설하기 직전의 공정
> - 배관을 지하에 설치할 경우 한국가스안전공사가 지정하는 부분을 매몰하기 직전의 공정
> - 한국가스안전공사가 지정하는 부분의 비파괴시험을 하는 공정
> - 방호벽 또는 저장탱크의 기초 설치 공정
> - 내진설계 대상 설비의 기초 설치 공정

5 고압가스 시설 및 설비 기준

1. 방류둑

(1) **방류둑의 설치**

저장탱크의 액화가스가 액체상태로 누출된 경우 액체상태의 가스가 저장탱크 주위의 한정된 범위를 벗어나서 다른 곳으로 유출되는 것을 방지하기 위해 설치한다.

(2) **방류둑을 설치해야 하는 저장탱크의 용량**

관계 법령	가스의 구분		저장탱크 및 가스홀더의 용량	방류둑의 용량(저장능력)
고압가스 안전관리법	액화독성가스		5톤 이상	저장탱크의 저장능력 상당용적
	액화 가연성	일반제조	1,000톤 이상	
		특성제조	500톤 이상	
	액화산소		1,000톤 이상	저장탱크의 저장능력의 상당용적 60% 이상
	냉동제조		10,000L 이상	독성가스를 냉매로 사용할 경우
액화석유가스 안전관리 및 사업법	1,000톤 이상(LPG는 가연성 가스이다.)			• 방류둑 내 고인물을 외부로 배출할 것 • 배수 이외에는 반드시 닫아둘 것
도시가스 사업법	가스도매사업		500톤 이상	
	일반도시가스 사업		1,000톤 이상	

(3) **방류둑의 구조**

① 방류둑 재료는 철근콘크리트, 철골 · 철근콘크리트, 금속, 흙 또는 이들을 혼합한 것으로 한다.
② 성토는 수평에 대하여 45° 이하의 기울기로 한다.
③ 성토 윗 부분의 폭은 30cm 이상으로 한다.
④ 둘레 50m마다 1곳씩 계단형 사다리로 출입구를 설치한다. 단, 전둘레가 50m 미만일 경우 2곳에 분산하여 설치한다.
⑤ 방류둑 내측 및 외면으로부터 10m 이내에는 부속설비 이외의 것을 설치하지 않는다.
⑥ 방류둑은 그 높이에 상당하는 해당 액화가스의 액두압에 견딜 수 있는 것으로 한다.
⑦ 방류둑은 액밀한 것으로 한다.

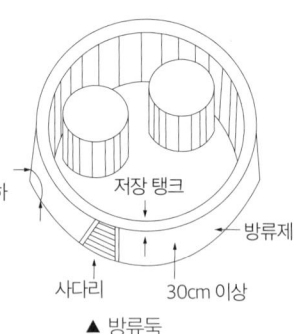

▲ 방류둑

(4) 방류둑 내외부에 설치 가능한 부속설비

방류둑 내부에 설치할 수 있는 시설 및 설비	• 송출 및 송액설비 • 불활성가스의 저장탱크 • 물분무장치 또는 살수장치 • 가스누출검지 경보설비(검지부에 한정) • 재해설비(누출된 가스의 흡입부에 한정) • 조명설비, 계기시스템, 배수설비 • 배관 및 그 파이프랙과 이들에 부속되는 시설 및 설비 • 위에서 정한 것 이외의 것으로서 안전확보에 지장이 없는 시설 및 설비
방류둑 외부 10m 이내에 설치할 수 있는 시설 및 설비	• 송출 및 송액설비 • 불활성가스의 저장탱크 • 냉동설비, 열교환기, 기화기, 재해설비, 조명설비, 가스누출검지 경보설비, 계기시스템 • 누출된 가스의 확산을 방지하기 위하여 설치된 건물형태의 구조물 • 배관 및 그 파이프랙과 이들에 부속되는 시설 및 설비 • 소화설비, 통로 또는 지하에 매설되어 있는 시설 • 위에서 정한 것 이외의 것으로서 안전확보에 지장이 없는 시설 및 설비

(5) 물분무장치

① 가연성가스의 저장탱크(저장능력이 300m³ 또는 3톤 이상의 것)와 다른 가연성가스 또는 산소의 저장탱크 사이에는 두 저장탱크의 최대지름을 합산한 길이의 $\frac{1}{4}$에 해당하는 거리를 유지해야 한다.

② ①에 따른 거리를 유지하지 못하는 경우에는 다음 기준에 따라 물분무장치를 설치한다.

구분	저장탱크의 전표면적	준내화구조	내화구조
탱크 상호 1m 또는 최대 직경 $\frac{1}{4}$길이 중 큰 쪽과의 거리를 유지하지 않은 경우	8L/min	6.5L/min	4L/min
저장탱크 최대직경의 $\frac{1}{4}$보다 작은 경우	7L/min	4.5L/min	2L/min

③ 저장탱크의 외면에서 15m 이상 떨어진 안전한 위치에서 조작할 수 있도록 한다.

④ 동시에 방사할 수 있는 최대수량을 30분 이상 연속하여 방사할 수 있는 수원에 접속된 것으로 한다.

⑤ 소화전은 호스 끝 압력이 0.3MPa 이상, 방수능력 400L/분 이상의 물을 방수할 수 있는 것을 말한다.

⑥ 저장탱크 외면으로부터 40m 이내에서 저장탱크에 어느 방향에서도 방사할 수 있는 것으로 한다.

2. 방호벽

(1) 방호벽 설치

아래의 공간에는 가스폭발에 따른 충격에 견딜 수 있는 방호벽을 설치하고, 그 한 쪽에서 발생하는 위해 요소가 다른 쪽으로 전이되는 것을 방지하기 위하여 필요한 조치를 할 것

구분	방호벽을 설치해야 하는 장소
아세틸렌 가스 또는 압력이 9.8MPa 이상인 압축가스 충전 시	• 압축기와 그 충전장소 사이의 공간 • 압축기와 그 가스충전용기 보관장소 사이의 공간 • 충전장소와 그 가스충전용기 보관장소 사이의 공간 • 충전장소와 그 충전용 주관 조작밸브 사이의 공간
고압가스 판매시설	용기보관실의 벽
특정고압가스	액화가스 300kg, 압축가스 60m³ 이상 사용시설의 용기보관실의 벽
충전시설	저장탱크와 가스 충전장소
저장탱크	사업소 내 보호시설

(2) 방호벽의 재료 및 기준

구분	두께	높이	기준
철근 콘크리트	12cm 이상	2m 이상	9m 이상의 철근을 40cm×40cm 이하의 간격으로 배근 결속한다.
콘크리트 블록	15cm 이상	2m 이상	9mm 이상의 철근을 40cm×40cm 이하의 간격으로 배근 결속하고, 블록 공동부를 콘크리트 몰타르로 채운다.
박강판	3.2mm 이상	2m 이상	1.8m 이하의 간격으로 지주를 세우고, 30mm×30mm 이상의 앵글을 40cm×40cm 이하의 간격으로 용접 보강한다.
후강판	6mm 이상	2m 이상	1.8m 이하의 간격으로 지주를 세운다.

3. 역화방지장치 및 역류방지밸브

(1) 역화방지장치

긴급 시 가스가 역화되는 것을 효과적으로 차단하기 위하여 역화방지장치를 설치하며, 설치장소는 다음과 같다.
① 가연성 가스를 압축하는 압축기와 오토클레이브 사이
② 아세틸렌(C_2H_2)의 고압건조기와 충전 교체밸브 사이의 배관
③ 아세틸렌(C_2H_2) 충전용 지관
④ 특정고압가스 사용시설의 산소, 수소, 아세틸렌의 화염 사용시설

(2) 역류방지장치

긴급시 가스가 역류되는 것을 효과적으로 차단하기 위하여 역류방지장치를 설치하며, 설치장소는 다음과 같다.
① 가연성 가스를 압축하는 압축기와 충전용 주관 사이
② 아세틸렌(C_2H_2) 압축기의 유분리기와 고압건조기 사이
③ 암모니아, 메탄올의 합성탑이나 정제탑과 압축기 사이
④ 특정고압가스 사용시설의 독성가스 감압설비와 그 반응설비 간의 배관 사이

4. 긴급차단장치, 벤트스택, 플레어스택

(1) 긴급차단장치

① 정의: 이상사태 발생시 작동하여 가스의 유동을 차단하며, 피해의 확대를 방지하는 장치(밸브)를 말한다.

② 가연성가스나 독성가스의 저장탱크(내용적 5천L 미만인 것을 제외한다)에 부착된 배관 및 시가지·주요 하천·호수 등을 횡단하는 배관(불활성 가스에 속하는 배관을 제외한다)에는 긴급시 가스의 누출을 효과적으로 차단하기 위하여 다음 기준에 따라 긴급차단장치를 설치한다.

설치위치	• 저장탱크의 내부 • 저장탱크 주밸브 외측에서 저장탱크에 가까운 위치 • 단, 주밸브와 겸용으로 사용해서는 아니된다.	
원격 조작온도	110℃ (배관의 온도가 110℃가 되었을 때 자동으로 작동될 것)	
밸브 동력원	유압, 공기압, 전기압, 스프링압	
조작위치	고압가스 일반제조시설, 액화석유가스 시설, 일반도시가스 사업 시설	저장탱크 외면으로부터 5m 이상 떨어진 위치
	고압가스 특정 제조시설, 가스도매사업 시설	저장탱크 외면으로부터 10m 이상 떨어진 위치
설치(적용) 기준	• 긴급차단장치에 달린 밸브 외에 2개 이상의 밸브를 설치한다. 그 중 1개는 그 배관에 속하는 저장탱크의 가장 가까운 부근에 설치한다. • 제조자 또는 수리자는 제조 또는 수리 후 수압시험을 통하여 밸브시트의 누출검사를 실시한다. • 주밸브와 겸용으로 사용해서는 안된다.	

(2) 벤트스택(Vent Stack)

① 가스를 연소시키지 않고 대기 중에 방출시키는 파이프 또는 탑을 의미한다.
② 가스확산 촉진을 위하여 150m/s 이상의 속도가 되도록 파이프 관경을 결정한다.
③ 액화가스가 방출되거나 급냉될 우려가 있는 곳에는 기액분리기를 설치한다.
④ 벤트스택에서 방출되는 가스의 종류·양·성질·상태 및 주위 상황에 따라 안전한 높이 및 위치에 설치한다.
  ㉠ 착지농도
    • 가연성 가스: 폭발하한 미만
    • 독성 가스: 허용농도 미만
  ㉡ 방출구의 위치
    • 긴급용 벤트스택, 공급시설 벤트스택: 10m 이상
    • 그 밖의 벤트스택: 5m 이상(독성가스의 경우)

(3) 플레어스택(Flare Stack)

① 가스를 연소하여 안전하게 처리하는 장치로, 공정에서 만들어진 가연성 가스물질을 모아서 안전하게 연소시켜 배출하는 설비이다.
② 연소 시 지면에 미치는 복사열이 4,000kcal/m² · h 이하가 되도록 결정한다.

5. 가스누출경보 및 자동차단장치

(1) 개요

① 목적: 독성가스 및 공기보다 무거운 가연성가스 누출 시 신속하게 검지하여 효과적으로 대응한다.

② 기능: 누출가스 검지 후 농도 지시와 동시에 경보가 울린다.

③ 가스누출경보기의 검지부 종류

　㉠ 접촉연소방식

　㉡ 격막갈바니전지방식

　㉢ 반도체식

④ 경보농도

가연성가스	폭발하한의 1/4 이하
독성가스	TLV-TWA의 허용농도 이하
암모니아(NH_3)	실내에서 사용시 50ppm 이하

⑤ 정밀도

　㉠ 가연성 가스: ±25% 이하

　㉡ 독성 가스: ±30% 이하

⑥ 검지에서 발신까지 시간(경보농도 1.6배 농도 기준)

　㉠ NH_3, CO: 1분

　㉡ 그 밖의 가스: 30초

⑦ 지시계 눈금

가연성 가스	0~폭발하한계
독성 가스	TLV-TWA의 허용농도의 3배 값
NH_3 실내 사용	150ppm

⑧ 경보기 작동

　㉠ 담배연기 및 잡가스 등에는 경보하지 않을 것

　㉡ 가스농도가 변화하여도 계속 경보를 울려야 하며 대책 및 조치 완료 후에 정지할 것

(2) 가스누출경보 및 자동차단장치의 설치

① 공기보다 가벼운 가스의 검지부는 천정면에서 30cm 이내에 설치한다.

② 공기보다 무거운 가스의 검지부는 바닥면에서 30cm 이내에 설치한다.

③ 각 법규에 따른 가스누출경보 및 자동차단장치 설치장소 및 검지부 설치개수는 다음과 같다.

구분			세부내용		
			설치장소	설치간격	개수
고압가스 안전관리법	제조 시설	건축물 내	바닥면 둘레	10m	1개
		건축물 밖		20m	1개
		가열로 발화원의 제조설비 주위		20m	1개
		특수반응설비		10m	1개
	그 밖의 사항		계기실 내부	1개 이상	
			방류둑 내 탱크	1개 이상	
			독성가스 충전용 접속군	1개 이상	
	배관		• 긴급차단장치 부분 • 슬리브관 이중관 밀폐 설치 부분 • 누출가스 체류가 쉬운 부분 • 방호구조물 등에 의하여 밀폐되어 설치된 배관 부분		
액화석유가스 안전관리 및 사업법	경보기의 검지부 설치장소		• 저장탱크, 소형저장탱크, 용기 • 충전설비, 로딩암, 압력용기 등 가스설비		
	검지부를 설치하면 안되는 장소		• 증기, 물방울, 기름기 섞인 연기 등이 직접 접촉할 우려가 있는 곳 • 온도가 40℃ 이상인 곳 • 누출가스 유동이 원활하지 못한 곳 • 경보기(검지부)의 파손 우려가 있는 곳		
도시가스 사업법	건축물 안		바닥면 둘레 및 설치개수	10m마다 1개 이상	
	지하의 전용탱크 처리설비실			20m마다 1개 이상	
	정압기(지하포함)실			20m마다 1개 이상	

6. 설비의 수리

(1) 가스의 치환

① 개요: 가스가 통하는 설비의 수리 등을 할 때에는 그 내부의 가스를 불활성가스 또는 물 등 해당 가스와 반응하지 아니하는 가스 또는 액체로 치환한다.

② 기준

㉠ 가연성 가스설비
- 다른 저장탱크 등에 회수한 후 잔류가스를 서서히 안전하게 방출한다.
- 연소장치에 유도하여 연소시키는 방법으로 대기압이 될 때까지 방출한다.
- 방출 후 잔류가스를 해당 가스와 반응하지 않는 불활성가스 등으로 서서히 치환한다.
- 방출한 가스의 착지농도가 해당 가연성가스의 폭발하한계의 $\frac{1}{4}$ 이하가 되도록한다.
- 가스검지기 등으로 측정하여 폭발하한계의 $\frac{1}{4}$ 이하가 될 때까지 치환을 계속한다.

㉡ 독성 가스설비
- 가스설비의 내부 압력이 대기압 가까이 될 때까지 다른 저장탱크 등에 회수한 후 잔류가스를 대기압이 될 때까지 제해설비로 유도하여 제해시킨다.
- 방출 후 잔류가스를 해당 가스와 반응하지 않는 불활성가스 등으로 서서히 치환한다. 이때 방출하는 가스는 제해설비에 유도하여 제해시킨다.
- 가스검지기 등으로 측정하여 TLV-TWA 기준 농도 이하로 될 때까지 치환을 계속한다.

㉢ 산소설비
- 가스설비 내부가스를 다른 용기에 회수하거나 체류하지 않도록 하여 서서히 방출한다.
- 방출 후 잔류가스를 해당 가스와 반응하지 않는 불활성가스 등으로 서서히 치환한다. 이때 가스치환에 사용하는 공기는 기름이 혼입될 우려가 없는 것을 선택한다.
- 산소측정기 등으로 측정하여 산소의 농도가 최대 22% 이하로 될 때까지 치환을 계속한다.

㉣ 그 밖의 가스설비: 가스의 성질에 따라 사업자가 확립한 작업 절차서에 따라 가스를 치환한다. 다만, 불연성 가스 설비에 대하여는 치환작업을 생략할 수 있다.

> **보충 TIP** 가스의 치환을 생략해도 되는 경우
> - 설비 내용적 $1m^3$ 이하일 때
> - 입구 밸브가 확실히 폐지되어 있고 내용적 $5m^3$ 이상의 설비에 2개 이상의 밸브가 설치되어 있을 때
> - 설비 밖에서 작업을 할 때
> - 화기를 사용하지 않고 경미한 작업을 할 때

7. 배관설비 기준

(1) 운영상태 감시장치 설치
① 개요: 사업소 밖의 배관장치에는 압력 또는 유량의 이상변동 등 이상상태가 발생한 경우에 그 상황을 경보하는 장치를 설치하여야 한다.
② 경보를 울려야 하는 경우
  ㉠ 배관 내 압력이 상용압력의 1.05배(상용압력이 4MPa 이상인 경우에는 상용압력의 0.2MPa를 더한 압력)를 초과할 때
  ㉡ 배관 내 압력이 정상운전 시의 압력보다 15% 이상 강하한 때
  ㉢ 배관 내 유량이 정상운전 시의 유량보다 7% 이상 변동한 때
  ㉣ 긴급차단밸브가 폐쇄되거나 조작회로가 고장난 때

(2) 안전제어장치 설치
① 개요: 사업소 외의 배관장치에는 고압가스 종류·성질·상태 및 압력과 배관의 길이에 따라 적절한 안전제어장치를 설치하여야 하며, 재해발생방지를 위하여 압축기·펌프·긴급차단장치 등을 신속하게 정지 또는 폐쇄하는 제어기능을 갖추어야 한다.
② 제어동작이 필요한 이상사태 기준
  ㉠ 압력계로 측정한 배관 내 압력이 상용압력의 1.1배를 초과하였을 때
  ㉡ 압력계로 측정한 압력이 정상운전 시의 압력보다 30% 이상 강하했을 때
  ㉢ 유량계로 측정한 유량이 정상운전 시의 유량보다 15% 이상 증가했을 때
  ㉣ 설치한 가스누출경보기가 작동하였을 때

(3) 배관의 해저·해상 설치
① 배관은 해저면 밑에 매설한다. 다만, 닻내림 등으로 인한 배관손상의 우려가 없거나 그 밖에 부득이한 경우에는 매설하지 않을 수 있다.
② 다른 배관과의 관계
  ㉠ 교차하지 않아야 한다.
  ㉡ 다른 배관과 30m 이상의 수평거리를 유지한다.
  ㉢ 배관의 입상부에는 방호시설물을 설치한다.
③ 두 개 이상의 배관을 동시에 설치하는 경우
  ㉠ 두 개 이상의 배관을 형강(形鋼) 등으로 매거나 구조물에 조립하여 설치한다.
  ㉡ 충분한 간격을 두고 부설한다.
  ㉢ 부설한 후 적절한 간격이 되도록 배관을 이동하여 매설한다.

(4) 배관 하천 병행매설
① 설치지역은 하상(河床)이 아닌 곳으로 한다.
② 배관은 견고하게 내구력을 갖는 방호구조물 안에 설치한다.
③ 매설심도는 배관의 외면으로부터 2.5m 이상 유지한다.
④ 배관손상으로 인한 가스누출 등 위급한 상황이 발생한 때에 그 배관에 유입되는 가스를 신속히 차단할 수 있는 장치를 설치한다. 다만, 매설된 배관이 포함된 구간 안의 가스를 30분 이내에 화기 등이 없는 안전한 장소로 방출할 수 있는 벤트스택 또는 플레어스택을 설치한 경우에는 차단장치를 설치하지 않을 수 있다.

(5) 독성가스 배관 중 2중관 설치

독성가스 배관은 그 가스의 종류, 성질, 압력 및 그 배관의 주위의 상황에 따라 안전한 구조를 갖도록 하기 위해 2중관 구조로 한다. (외층관 내경＝내층관의 외경×1.2배 이상)

구분	대상 가스
2중관 대상가스 및 제조시설에서 누출 시 확산을 방지해야 하는 독성가스	암모니아, 아황산가스, 염소, 염화메탄, 산화에틸렌, 시안화수소, 포스겐, 황화수소
하천수로를 횡단하여 배관을 매설할 때 2중관으로 해야 하는 가스	아황산가스, 염소, 시안화수소, 포스겐, 황화수소, 불소, 아크릴알데히드 (단, 암모니아, 염화메탄, 산화에틸렌, 물로서 중화가 가능하므로 피해확산이 적기 때문에 제외한다.)
하천수로를 횡단하여 배관을 매설할 때 방호구조물에 설치하는 가스	하천수로를 횡단하여 배관을 매설할 때 2중관으로 설치되는 독성가스를 제외한 그 밖의 독성, 가연성 가스

(6) 배관의 표지판 간격

법규 구분	구분	설치간격
고압가스 안전관리법	지상배관	1,000m 마다
	지하배관	500m 마다
도시가스사업법	–	500m 마다
일반 도시가스 사업법	제조 공급소 내	500m 마다
	제조 공급소 밖	200m 마다

8. 독성가스 제독제

독성가스의 종류에 따라 제독효과가 있는 제독제를 보유해야 한다.

독성가스	제독제	보유량[kg]
염소	가성소다 수용액	670
	탄산소다 수용액	870
	소석회	620
포스겐	가성소다 수용액	390
	소석회	360
황화수소	가성소다 수용액	1,140
	탄산소다 수용액	1,500
시안화수소	가성소다 수용액	250
아황산가스	가성소다 수용액	530
	탄산소다 수용액	700
	물	다량
암모니아, 산화에틸렌, 염화메탄	물	다량

6 고압가스 판매 및 운반

1. 용기보관실

(1) 용기보관실의 설치
① 용기보관실 및 사무실은 동일 부지 내에 구분하여 설치한다.
② 가연성가스, 산소 및 독성가스의 저장실은 각각 구분하여 설치한다.
③ 누출된 가스가 혼합되어 폭발성가스나 독성가스가 생성될 우려가 있는 경우 그 가스의 용기보관실은 분리하여 설치한다.

(2) 안전거리 및 시설기준
① 사업소의 부지는 고압가스운반차량의 통행이 지장이 없도록 폭 4m 이상의 도로와 접하는 곳으로 한다.
② 고압가스의 용적이 $300m^3$(액화가스는 3톤)를 넘는 보관실은 보호시설과의 안전거리를 유지한다.
③ 용기보관실의 벽은 방호벽을 설치한다.
④ 사무실의 면적은 $9m^2$ 이상으로, 원활한 하역작업을 위한 주차장 부지는 $11.5m^2$ 이상 확보한다.
⑤ 판매시설에는 압력계 및 계량기를 갖추어야 한다.

(3) 용기 보관장소의 기준
① 보관장소는 불연재료를 사용할 것
② 보관장소의 지붕은 불연성, 난연성 재료의 가벼운 것을 사용할 것
③ 충전용기와 잔가스용기는 각각 구분하여 용기 보관장소에 놓을 것
④ 가연성, 독성, 산소 용기는 각각 구분하여 설치하고 각각의 면적은 $10m^2$ 이상일 것
⑤ 용기보관장소에는 계량기 등 작업에 필요한 물건 이외는 두지 않을 것
⑥ 용기보관장소 주위 2m 이내에는 화기 또는 인화성, 발화성 물질을 두지 않을 것
⑦ 충전용기는 항상 40℃ 이하의 온도를 유지하고 직사광선을 받지 않도록 할 것
⑧ 충전용기에는 넘어짐 등에 의한 충격 및 밸브의 손상을 방지하는 조치를 할 것
⑨ 가연성가스 용기보관장소에는 방폭형 휴대용 손전등을 갖출 것
⑩ 가연성가스의 가스설비 중 전기설비는 적절한 방폭성능을 가지는 것일 것(단, 암모니아, 브롬화메탄 및 공기 중에서 자기 발화하는 가스는 제외한다)

(4) 합격용기의 각인사항
용기 제조자나 수입자는 용기의 어깨 부분 또는 프로텍터 부분 등 보기 쉬운 곳에 다음 사항을 각인한다. 다만, 각인하기가 곤란한 용기에는 다른 금속박판에 각인한 것을 그 용기에 부착함으로써 용기에 대한 각인에 갈음할 수 있다.
① 용기 제조업자의 명칭 또는 약호
② 충전하는 가스의 명칭
③ 용기의 번호
④ 용기의 내용적[V, L]
⑤ 용기의 질량[W, kg]
⑥ 아세틸렌 용기의 질량[TW, kg] (아세틸렌 용기에 다공물질, 용제 및 밸브의 질량을 합산한 총 질량을 말한다)
⑦ 내압시험 합격연월
⑧ 내압시험압력[TP, MPa]
⑨ 최고충전압력[FP, MPa]
⑩ 내용적이 500L를 초과하는 용기에는 동판의 두께[t, mm]

(5) 용기의 표시사항

▲ 가연성 가스

▲ 독성 가스

▲ 고압 가스

> **핵심 Point** 용기의 도색 및 표시
>
> (1) 가연성가스 또는 독성가스
>
> | 가스 종류 | 도색 색상 | 가스 종류 | 도색 색상 |
> |---|---|---|---|
> | 액화석유가스 | 밝은 회색 | 액화암모니아 | 백색 |
> | 수소 | 주황색 | 액화염소 | 갈색 |
> | 아세틸렌 | 황색 | 그 밖의 가스 | 회색 |
>
> (2) 의료용 가스
>
> | 가스 종류 | 도색 색상 | 가스 종류 | 도색 색상 |
> |---|---|---|---|
> | 산소 | 백색 | 질소 | 흑색 |
> | 액화탄산가스 | 회색 | 아산화질소 | 청색 |
> | 헬륨 | 갈색 | 사이클로프로판 | 주황색 |
> | 에틸렌 | 자색 | 그 밖의 가스 | 회색 |
>
> (3) 그 밖의 가스
>
> | 가스 종류 | 도색 색상 | 가스 종류 | 도색 색상 |
> |---|---|---|---|
> | 산소 | 녹색 | 소방용 용기 | 소방법에 의한 도색 |
> | 액화탄산가스 | 청색 | 그 밖의 가스 | 회색 |

(6) 용기 안전점검

① 용기의 내·외면을 점검하여 사용할 때에 위험한 부식·금·주름 등이 있는 것인지의 여부를 확인할 것
② 용기는 도색 및 표시가 되어 있는지의 여부를 확인할 것
③ 용기의 스커트에 찌그러짐이 있는지, 사용할 때에 위험하지 않도록 적정간격을 유지하고 있는지의 여부를 확인할 것
④ 유통 중 열영향을 받았는지의 여부를 점검할 것. 이 경우 열영향을 받은 용기는 재검사를 받을 것
⑤ 용기 캡이 씌워져 있거나 프로텍터가 부착되어 있는지의 여부를 확인할 것
⑥ 재검사기간의 도래 여부를 확인할 것
⑦ 용기 아랫부분의 부식 상태를 확인할 것
⑧ 밸브의 몸통·충전구 나사·안전밸브에 사용에 지장을 주는 흠, 주름, 스프링의 부식 등이 있는지의 여부를 확인할 것
⑨ 밸브의 그랜드너트가 고정핀 등에 의하여 이탈 방지를 위한 조치가 있는지 여부를 확인할 것
⑩ 밸브의 개폐조작이 쉬운 핸들이 부착되어 있는지 여부를 확인할 것
⑪ 용기에는 충전가스의 종류에 맞는 용기부속품이 부착되어 있는지 여부를 확인할 것
⑫ 용기에 충전된 고압가스(가연성가스 및 독성가스만 해당한다)를 판매한 자는 판매에서 회수까지 그 이력을 추적 관리하여 용기방치 등으로 인한 안전관리에 저해되지 않도록 할 것

(7) 고압가스 용기의 재충전 금지

① 충전 제한

㉠ 제조 후 합격 각인 또는 표시를 한 날로부터 3년이 경과한 후에는 충전하지 않을 것

㉡ 가연성가스 및 독성가스를 제외하고 충전할 것

② 재료

㉠ 스테인리스강, 알루미늄 합금

㉡ 탄소·인 및 황의 함유량이 각각 0.33% 이하, 0.04% 이하 및 0.05% 이하인 강

③ 두께 : 용기 동판의 최대두께와 최소두께와의 차이는 평균두께의 10% 이하로 한다.

④ 구조 : 용기와 용기 부속품을 분리할 수 없는 구조로 한다.

⑤ 치수

㉠ 최고충전압력[MPa]의 수치와 내용적[L]의 수치와의 곱이 100 이하로 한다.

㉡ 최고충전압력이 22.5MPa 이하이고 내용적이 25L 이하로 한다.

㉢ 최고충전압력이 3.5MPa 이상인 경우에는 내용적이 5L 이하로 한다.

㉣ 납붙임 부분은 용기 몸체 두께의 4배 이상의 길이로 한다.

2. 용기운반

(1) 독성가스 용기의 운반

① 충전용기는 세워서 적재한다.

② 차량의 최대 적재량을 초과하지 않도록 적재한다.

③ 충전용기는 단단히 묶어야 한다.

④ 밸브 돌출용기는 고정식 프로텍터 캡을 부착해야 한다.

⑤ 충전용기의 충격방지를 위하여 상하차 시 완충판을 사용해야 한다.

⑥ 독성 중 가연성, 조연성은 동일차량에 적재하여 운반하지 않아야 한다.

⑦ 충전용기는 자전거, 오토바이로 운반하지 않아야 한다.

(2) 독성가스 이외의 용기 운반

① 충전용기는 이륜차에 적재 운반하지 않아야 한다. 단, 예외적으로 이륜차 운반이 가능한 경우는 아래와 같다.

㉠ 차량통행 곤란지역 또는 시·도지사가 이륜차에 의한 운반 가능 인정 시

㉡ 용기운반 전용 적재함을 장착한 경우

㉢ 충전량 20kg 이하, 2개 이하 적재 시

② 염소와 아세틸렌, 암모니아, 수소는 한 차량에 운반하지 않아야 한다.

③ 가연성가스와 산소를 동일 차량에 적재 운반 시 그 충전용기 밸브가 마주보지 않도록 한다.

④ 충전용기와 위험물안전관리법에 정하는 위험물과 동일차량에 적재 운반하지 않아야 한다.

3. 차량에 고정된 탱크(탱크로리)

(1) 운반기준

① 두 개 이상의 탱크를 동일차량에 운반 시

㉠ 탱크마다 주밸브를 설치할 것

㉡ 탱크 상호 탱크와 차량 고정부착 조치할 것

㉢ 충전관에 안전밸브, 압력계, 긴급탈압밸브 설치할 것

② 탱크의 내용적

가연성 가스 (LPG 제외)	18,000L 초과 운반 금지
독성 가스 (암모니아 제외)	12,000L 초과 운반 금지

③ 차량의 뒷범퍼와 이격거리
  ㉠ 후부취출식 탱크(주밸브가 탱크 뒤쪽에 위치)는 40cm 이상 이격
  ㉡ 후부취출식 이외의 탱크는 30cm 이상 이격
  ㉢ 조작상자(공구 등 기타 필요한 것을 넣는 상자)는 20cm 이상 이격

④ 기타: 돌출 부속품에 보호장치를 하고 밸브콕 등에 개폐·표시방향을 할 것

> **보충 TIP** 액면요동방치를 위한 조치-방파판
> - 면적: 탱크 횡단면적의 40% 이상
> - 부착위치: 원호부 면적이 탱크 횡단면적의 20% 이하가 되는 위치
> - 두께: 3.2mm 이상
> - 재료: SS41 또는 이와 동등 이상의 강도
> - 설치 수: 내용적 5m^{3}마다 1개씩 설치

(2) 용기 운반시 주차기준

① 주차장소
  ㉠ 제1종 보호시설에서 15m 이상 떨어진 곳
  ㉡ 제2종 보호시설이 밀집되어 있는 지역으로 육교 및 고가차도 아래는 피할 것
  ㉢ 교통량이 적고 부근에 화기가 없는 안전하고 지반이 좋은 장소일 것

② 기타사항
  ㉠ 장시간 운행으로 가스온도가 상승하지 않도록 한다.
  ㉡ 비탈길 주차 시 주차 브레이크를 확실하게 걸고 차바퀴에 고정목으로 고정한다.
  ㉢ 차량운전자와 운반책임자는 차량에서 이탈하지 않으며 항상 눈에 띄는 장소에 위치한다.
  ㉣ 40℃ 초과 우려 시 급유소를 이용, 탱크에 물을 뿌려 냉각한다.
  ㉤ 노상주차 시 직사광선을 피하고 그늘에 주차하거나 탱크에 덮개를 씌운다.(단, 초저온탱크, 저온탱크는 제외)
  ㉥ 고속도로 운행 시 규정속도를 준수하고, 커브길은 신중하게 운행한다.
  ㉦ 200km 이상 운행 시 중간에 충분한 휴식을 취한다.
  ㉧ 운반책임자의 자격을 가진 운전자는 운반도중 응급조치에 대한 긴급지원 요청을 위하여 주변의 제조·저장 판매·수업업자·경찰서·소방서의 위치를 파악한다.
  ㉨ 차량 고정탱크로 고압가스 운반 시 고압가스에 대한 주의사항을 기재한 서면을 운반책임자 또는 운전자에게 교부하고 운반 중 휴대시킨다.

(3) 운반시 휴대품의 점검

① 차량에 고정된 탱크로 산소나 가연성가스를 운반할 경우에는 소화설비·자재 및 공구 등을 휴대하며, 이들이 차량에 구비되어 있는지를 확인한다.
② 차량에 고정된 탱크로 독성가스를 운반할 경우에는 보호구·자재·약재 및 공구 등을 휴대하며, 이들이 차량에 구비되어 있는지를 확인한다.

③ 차량에 고정된 탱크를 운행할 경우에는 다음 서류를 포함한 안전운행 서류철을 휴대한다.
  ㉠ 고압가스 이동계획서
  ㉡ 고압가스 관련 자격증(양성교육 및 정기교육 이수증)
  ㉢ 운전면허증
  ㉣ 탱크 테이블(용량 환산표)
  ㉤ 차량운행일지
  ㉥ 차량등록증
  ㉦ 그 밖에 필요한 서류

(4) **운반책임자**

고압가스를 200km 이상 운반 시 운반책임자를 동승시켜야 하며 그 기준은 아래와 같다.

가스의 종류		허용농도[ppm]	기준
액화가스	독성가스	200 초과 5,000 이하	1,000kg 이상
		200 이하	100kg 이상
	가연성가스		3,000kg 이상
	조연성가스		6,000kg 이상
압축가스	독성가스	200 초과 5,000 이하	100m³ 이상
		200 이하	10m³ 이상
	가연성가스		300m³ 이상
	조연성가스		600m³ 이상

4. 고압가스 운반차량의 안전기준

(1) **고압가스 운반차량의 경계 표시**

① 충전용기를 차량에 적재하여 운반하는 때에는 그 차량의 앞뒤 보기 쉬운 곳에 각각 붉은 글씨로 "위험고압가스", "독성가스"라는 경계표지와 위험을 알리는 도형, 상호, 전화번호, 운반기준 위반행위를 신고할 수 있는 허가·신고 또는 등록관청의 전화번호 등이 표시된 안내문을 부착한다.

② 차량의 앞뒤에서 명확하게 볼 수 있도록 "위험고압가스" 및 "독성가스"라 표시하고, 삼각기를 운전석 외부의 보기 쉬운 곳에 게시한다.

③ 가로 치수는 차체 폭의 30% 이상, 세로 치수는 가로 치수의 20% 이상으로 된 직사각형으로 한다. 다만, 차량 구조상 정사각형이나 이에 가까운 형상으로 표시하여야 할 경우에는 그 면적을 600cm² 이상으로 한다

④ 삼각기는 적색 바탕에 황색 글자, 경계표지는 적색으로 표시한다.

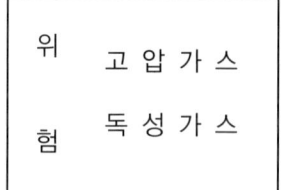

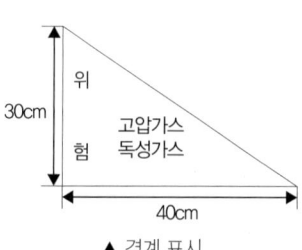

▲ 경계 표시

(2) 차량에 고정된 탱크로 고압가스 운반 시 응급조치장비 휴대하는 소화설비 기준

가스의 구분	소화기의 종류		비치할 개수
	소화약제 종류	소화기의 능력단위	
가연성가스	분말 소화제	BC용, B-10 이상 또는 ABC용, B-12 이상	차량 좌우 각 1개 이상
산소	분말 소화제	BC용, B-8 이상 또는 ABC용, B-10 이상	차량 좌우 각 1개 이상

(3) 독성가스 운반 시 응급조치에 필요한 약제

품명	액화가스의 질량 1,000kg		비고
	미만인 경우	이상인 경우	
소석회	20kg	40kg	염소, 염화수소, 포스겐, 아황산가스 등 효과가 있는 액화가스에 적용된다.

(4) 독성가스 운반 시 보호장비

구분	규격	액화가스의 질량: 1,000kg 압축가스의 질량: 100m³		비고
		미만	이상	
방독 마스크	안전인증을 받은 것 (전면형, 고농도용의 것)	○	○	안전인증 대상이 아닌 경우에는 인증을 받지 않은 것으로 할 수 있음
공기 호흡기	압축공기의 호흡기(전면형의 것)	-	○	모든 독성가스에 대비하여 방독마스크가 준비된 경우 제외
보호의	비닐피복제 또는 고무피복제의 상의 등 신속하게 착용할 수 있는 것	○	○	압축가스의 독성가스인 경우 제외
보호장갑	안전인증을 받은 것으로서 화학물질용	○	○	압축가스의 독성가스인 경우 제외
보호장화	안전인증을 받은 것으로서 화학물질용	○	○	압축가스의 독성가스인 경우 제외

※ 표의 '○'표시는 배치하는 것을 의미한다.

7 고압가스 용기 제조기준 및 검사기준

1. 용기 및 특정설비의 검사

(1) 용기 및 특정설비의 재검사기간

① 용기: 용기의 재검사기간은 다음 표와 같다. 다만, 재검사기간이 되었을 때에 소화용 충전용기 또는 고정장치된 시험용 충전용기의 경우에는 충전된 고압가스를 모두 사용한 후에 재검사 한다.

용기의 종류		신규검사 후 경과연수		
		15년 미만	15년 이상 20년 미만	20년 이상
		재검사 주기		
용접용기 (액화석유가스용 용접용기는 제외한다)	500L 이상	5년마다	2년마다	1년마다
	500L 미만	3년마다	2년마다	1년마다
액화석유가스용 용접용기	500L 이상	5년마다	2년마다	1년마다
	500L 미만	5년마다		2년마다
이음매 없는 용기 또는 복합재료용기	500L 이상	5년마다		
	500L 미만	신규검사 후 경과연수가 10년 이하인 것은 5년마다, 10년을 초과한 것은 3년마다		
액화석유가스용 복합재료용기		5년마다(설계조건에 반영되고, 산업통상자원부장관으로부터 안전한 것으로 인정을 받은 경우에는 10년마다)		
용기부속품	용기에 부착되지 아니한 것	용기에 부착되기 전(검사 후 2년이 지난 것만 해당한다)		
	용기에 부착된 것	검사 후 2년이 지나 용기부속품을 부착한 해당 용기의 재검사를 받을 때마다		

② 특정설비: 특정설비의 재검사기간은 다음 표와 같다. 다만, 다음의 특정설비는 재검사대상에서 제외한다.
㉠ 평저형 및 이중각 진공단열형 저온저장탱크
㉡ 역화방지장치
㉢ 독성가스 배관용 밸브
㉣ 자동차용 가스 자동주입기
㉤ 냉동용 특정설비
㉥ 대기식 기화장치
㉦ 저장탱크 또는 차량에 고정된 탱크에 부착되지 않은 안전밸브 및 긴급차단밸브
㉧ 저장탱크 및 압력용기 중 다음에서 정한 것
• 초저온저장탱크
• 초저온압력용기
• 분리할 수 없는 이중관식 열교환기
• 그 밖에 산업통상자원부장관이 재검사를 실시하는 것이 현저히 곤란하다고 인정하는 저장탱크 또는 압력용기

ⓩ 고압가스용 실린더캐비닛
ⓒ 자동차용 압축천연가스 완속충전설비
ⓚ 액화석유가스용 용기잔류가스회수장치

특정설비의 종류		재검사주기		
		신규검사 후 경과연수		
		15년 미만	15년 이상 20년 미만	20년 이상
차량에 고정된 탱크		5년마다	2년마다	1년마다
		해당 탱크를 다른 차량으로 이동하여 고정할 경우에는 이동하여 고정한 때마다		
저장탱크		• 5년(재검사에 불합격되어 수리한 것은 3년, 다만, 음향방출시험에 의하여 안전성이 확인된 경우에는 5년으로 한다)마다. 다만, 검사주기가 속하는 해에 음향방출시험 등의 신뢰성이 있다고 인정하는 방법에 의하여 안전성이 확인된 경우에는 검사주기를 2년간 연장할 수 있다. • 다른 장소로 이동하여 설치한 저장탱크(소형저장탱크는 제외한다)는 이동하여 설치한 때마다		
안전밸브 및 긴급차단장치		검사 후 2년을 경과하여 해당 안전밸브 또는 긴급차단장치가 설치된 저장탱크 또는 차량에 고정된 탱크의 재검사 시마다		
기화장치	저장탱크와 함께 설치된 것	검사 후 2년을 경과하여 해당 탱크의 재검사 시마다		
	저장탱크가 없는 곳에 설치된 것	3년마다		
	설치되지 아니한 것	설치되기 전(검사 후 2년이 지난 것만 해당한다)		
압력용기		4년마다. 다만, 산업통상자원부장관이 정하여 고시하는 기법에 따라 산정하여 그 적합성을 인정받는 경우 그 주기로 할 수 있다.		

(2) **용기 등의 수리자격별 수리범위**
① 용기 제조자
ⓐ 용기 몸체의 용접
ⓑ 아세틸렌 용기 내의 다공물질 교체
ⓒ 용기의 스커트, 프로텍터 및 네크링의 교체 및 가공
ⓓ 용기부속품의 부품 교체
ⓔ 저온 및 초저온용기의 단열재 교체
ⓕ 초저온용기 부속품의 탈·부착
② 특정설비 제조자
ⓐ 특정설비 몸체의 용접
ⓑ 특정설비의 부속품의 교체 및 가공
ⓒ 단열재 교체

③ 냉동기 제조자
- ㉠ 냉동기 용접부분의 용접
- ㉡ 냉동기 부속품의 교체 및 가공
- ㉢ 냉동기 단열재 교체

④ 고압가스 제조자
- ㉠ 초저온용기 부속품의 탈·부착 및 용기 부속품의 부품 교체
- ㉡ 특정설비의 부품 교체
- ㉢ 냉동기의 부품 교체
- ㉣ 단열재 교체(고압가스 특정제조자에 한한다)
- ㉤ 용접가공(고압가스 특정제조자에 한하여 특정 설비 몸체 용접가공은 제외한다.)

⑤ 액화석유가스 충전사업자: 액화석유가스 용기용 밸브의 부품 교체

⑥ 자동차관리 사업자: 자동차의 액화석유가스 용기에 부착된 용기 부속품의 수리

(3) 용기의 재료조건

① 무이음 용기: C 0.55% 이하, P 0.04% 이하, S 0.05% 이하
② 용접 용기: C 0.33% 이하, P 0.04% 이하, S 0.05% 이하
③ 용기 동체의 최대와 최소 두께 차이는 평균 두께의 20% 이하로 할 것(이음매 없는 용기의 경우)
④ 초저온 용기는 오스테나이트계 스테인리스강 또는 알루미늄 합금강을 사용할 것
⑤ 용접용기 내압시험의 영구증가율은 10% 이하 시 합격

(4) 용기 동판의 최대두께와 최소두께의 차

① 무이음 용기: 20% 이하
② 용접 용기: 10% 이하

(5) 에어졸 용기

① 제조기준 및 검사기준

내용적	1L 미만	누설시험온도	46~50℃ 미만
용기재료	강, 경금속	화기와 우회거리	8m 이상
금속체 용기 두께	0.125mm 이상	불꽃길이 시험온도	24~26℃ 이하
내압시험압력	0.8MPa	시료	충전용기 1조에서 3개 채취
가압시험압력	1.3MPa	버너와 시료간격	15cm
파열시험압력	1.5MPa	버너 불꽃길이	4.5~5.5cm
기타	• 정량을 충전할 수 있는 자동충전기 설치할 것 • 인체, 가정 사용, 제조시설에는 불꽃길이 시험장치 설치할 것 • 분사제는 독성이 아닐 것 • 인체에 사용 시 20cm 이상 떨어져 사용할 것 • 특정부위에 장시간 사용하지 말 것		

② 제품에 기재되는 사항
　㉠ 가연성(화기주의)
　　• 40℃ 이상의 장소에 보관하지 말 것
　　• 불 속에 버리지 말 것
　　• 사용 후 잔가스는 제거 후 버릴 것
　　• 밀폐장소에 보관하지 말 것
　　• 불꽃을 향해 사용하지 말 것
　　• 난로, 풍로 등 화기 부근에서 사용하지 말 것
　　• 화기를 사용하고 있는 실내에서 사용하지 말 것
　㉡ 가연성 외의 것
　　• 40℃ 이상의 장소에 보관하지 말 것
　　• 불 속에 버리지 말 것
　　• 사용 후 잔가스는 제거 후 버릴 것
　　• 밀폐장소에 보관하지 말 것

2. 불합격 용기 및 특정설비의 파기방법

① 절단 등의 방법으로 파기하여 원형으로 가공할 수 없도록 할 것
② 잔가스를 전부 제거한 후 절단할 것
③ 검사신청인에게 파기의 사유·일시·장소 및 인수시한 등을 통지하고 파기할 것
④ 파기할 때에는 검사장소에서 검사원으로 하여금 직접 실시하게 하거나 검사원 입회하에 용기 및 특정설비의 사용자로 하여금 실시하게 할 것
⑤ 파기한 물품은 검사신청인이 인수시한(통지한 날부터 1개월 이내) 내에 인수하지 아니할 때에는 검사기관으로 하여금 임의로 매각 처분할 수 있다.

8 위험장소 및 전기방폭기준

1. 위험장소의 분류

(1) 개요
가연성가스가 폭발할 위험이 있는 농도에 도달할 우려가 있는 장소를 3가지로 분류한다.

(2) 분류에 따른 방폭구조
① 0종 장소
　㉠ 적용장소: 상용의 상태에서 가연성가스의 농도가 연속해서 폭발 하한계 이상으로 유지되는 장소
　㉡ 적용할 방폭구조: 본질안전방폭구조
② 1종 장소
　㉠ 적용장소
　　• 상용의 상태에서 가연성 가스가 체류해 위험의 우려가 있는 장소
　　• 정비, 보수 또는 누출 등으로 인하여 종종 가연성가스가 체류하여 위험의 우려가 있는 장소
　㉡ 적용할 방폭구조: 본질안전방폭구조, 유입방폭구조, 압력방폭구조, 내압방폭구조

③ 2종 장소
  ㉠ 적용장소
    • 용기 또는 설비의 사고로 인하여 파손되거나 오조작의 경우에만 누출할 위험이 있는 장소
    • 환기장치에 이상이나 사고가 발생한 경우 가연성가스가 체류해 위험의 우려가 있는 장소
    • 1종 장소의 주변 또는 인접한 실내에서 위험한 농도의 가연성가스가 종종 침입할 우려가 있는 장소
  ㉡ 적용할 방폭구조: 본질안전방폭구조, 유입방폭구조, 압력방폭구조, 내압방폭구조, 안전증방폭구조

2. 가스시설의 전기방폭 기준

(1) 방폭구조

① 본질안전방폭구조(ia, ib): 정상 시 및 사고 시에 발생하는 전기불꽃, 아크 또는 고온부로 인하여 가연성가스가 점화되지 않는 것이 점화시험 또는 그 밖의 방법에 의해 확인된 구조를 말한다.
② 유입방폭구조(o): 불꽃, 아크 또는 고온 발생부분이 기름속에 잠기게 함으로써 기름면 위에 존재하는 가연성가스에 인화되지 않도록 한 구조를 말한다.
③ 압력방폭구조(p): 용기 내부에 보호가스를 압입하여 내부압력을 유지함으로써 가연성 가스가 용기 내부로 유입되지 않도록 한 구조를 말한다.
④ 내압방폭구조(d): 방폭기기 내부에서 폭발이 발생하여도 그 용기가 폭발압력에 견디고 외부의 가연성가스에 인화되지 않도록 한 구조를 말한다.
⑤ 안전증방폭구조(e): 점화원이 될 전기불꽃, 아크 또는 고온부분 등의 발생을 방지하기 위해 기계적, 전기적 구조상 또는 온도상승에 대하여 안전도를 증가시킨 구조를 말한다.
⑥ 특수방폭구조(s): 상기 구조 이외의 방폭구조로서 가연성가스에 점화를 방지할 수 있다는 것이 시험 또는 그 밖의 방법으로 확인된 구조를 말한다.

(2) 방폭구조의 안전틈새 범위

최대안전틈새[mm]	0.9 이상	0.5 초과 0.9 미만	0.5 이하
가연성가스의 폭발등급	A	B	C
방폭전기기기의 폭발등급	II A	II B	II C

※ 최대안전틈새[mm]는 내용적 8리터, 틈새깊이가 25mm인 표준용기 안에서 가스가 폭발할 때 발생한 화염이 용기 밖으로 전파되어 가연성가스에 점화되지 않는 최대값을 나타낸다.

(3) 방폭전기기기의 온도등급

가연성 가스의 발화도 범위	방폭전기기기의 온도등급
450℃ 초과	T1
350℃ 초과 450℃ 이하	T2
200℃ 초과 350℃ 이하	T3
135℃ 초과 200℃ 이하	T4
100℃ 초과 135℃ 이하	T5
85℃ 초과 100℃ 이하	T6

(4) 방폭전기기기의 설치관련

① 용기에는 방폭성능을 손상할 우려가 있는 유해한 홈, 부식, 균열 또는 기름 등의 누출 부위가 없도록 한다.
② 방폭전기기기 결합부의 나사류를 외부에서 쉽게 조작함으로써 방폭성능을 손상할 우려가 있는 것은 드라이버, 스패너, 플라이어 등의 일반 공구로 조작할 수 없도록 한 자물쇠식 죄임 구조로 한다. 다만, 분해·조립의 경우 이외에는 늦출 필요가 없으며, 책임자 이외의 자가 나사를 늦출 우려가 없는 것으로 방폭성능의 보전에 영향이 적은 것은 자물쇠식 죄임을 생략할 수 있다.
③ 방폭전기기기 설치에 사용되는 정션박스(Junction box), 풀박스(Pull box), 접속함 등은 내압방폭구조 또는 안전증방폭구조의 것으로 한다.
④ 조명기구를 천장이나 벽에 매달 경우에는 바람 등에 의한 진동에 충분히 견디도록 견고하게 설치하고, 매달리는 관의 길이는 가능한 한 짧게 한다.

3. 정전기 제거설비

가연성 가스 제조시설에서 정전기가 점화원으로 작용하지 않도록 이를 제거하여야 하며 아래의 기준을 따른다.

검사 사항		검사 내용
접지저항치	총합	100Ω 초과
	피뢰설비가 있는 것	10Ω 초과
본딩용 접속선의 접지접속선 단면적		• 5.5mm² 이상(단선은 제외)을 사용한다. • 경납붙임 용접, 접속금구 등으로 확실하게 접지한다.
단독 접지 대상설비		탑류, 저장탱크, 열교환기, 회전기계, 벤트스택
충전 전 접지를 실시해야 할 대상설비 (충전 작업 전에 접지 먼저 실시)		• 가연성가스를 용기, 저장탱크, 제조설비, 이충전 및 용기 등으로부터 충전한다. • 충전용으로 사용하는 저장탱크, 제조설비 • 차량에 고정된 탱크

9 내진설계 및 안전성 평가

1. 내진설계
지진으로부터 가스설비를 보호하기 위하여 다음에 해당하는 가스설비와 지상배관을 시공하는 때에는 내진설계를 한다. 다만, 가스설비 등이 내부에 있는 건축물의 경우에는 내부 가스설비 등의 내진등급이 요구하는 이상의 내진성능을 확보할 수 있도록 내진설계를 한다.

2. 내진설계 대상

관계 법규	적용대상 시설
고압가스 안전관리법	• 가연성, 독성 저장탱크: 5톤($500m^3$) 이상(비가연성, 비독성 저장탱크: 10톤($1,000m^3$)) • 탑류로서 동체부 높이가 5m 이상인 압력용기 • 세로로 설치된 동체 길이 5m 이상인 원통형 응축기 • 내용적 5,000L 이상의 수액기 • 지상에 설치되는 사업소 밖의 고압가스 배관 • 위 시설의 지지구조물 및 기초와 이들의 연결부
액화석유가스 안전관리 및 사업법	• 저장탱크: 3톤 • 지상에 설치되는 액화석유가스 배관망공급 제조소 밖의 배관(사용자 공급관과 내관은 제외한다) • 위 시설의 지지구조물 및 기초와 이들의 연결부 • 액화석유가스 배관망공급사업자의 철근콘크리트 구조의 정압기실(캐비닛 및 매몰형은 제외한다)

도시가스사업법	• 제조시설: 3톤($300m^3$) 이상 저장탱크 및 가스홀더
	• 충전시설: 5톤($500m^3$) 이상 저장탱크 및 가스홀더
	• 탑류로서 동체부 높이가 5m 이상인 압력용기
	• 지상에 설치하는 사업소 밖의 도시가스 배관(사용자 공급관과 내관은 제외한다)
	• 주요설비: 압축기, 펌프, 기화기, 열교환기, 냉동설비, 정제설비, 부취제주입설비
	• 위 시설의 지지구조물 및 기초와 이들의 연결부
	
	※ 가스도매사업자의 적용시설
	  • 정압기지 및 밸브기지 내
	    - 정압설비·계량설비·가열설비·배관의 지지구조물 및 기초
	    - 방산탑
	    - 건축물
	  • 사업소 밖의 배관에 긴급 차단장치를 설치 또는 관리하는 건축물
	※ 일반 도시가스 사업자의 철근콘크리트 구조의 정압기실. 다만, 캐비닛 및 매몰형은 제외한다.

3. 내진설계 등급

구분		개요
내진 특등급	시설	해당 설비의 손상이나 기능 상실이 사업소 경계 밖에 있는 공공의 생명과 재산에 막대한 피해를 초래하거나 사회의 정상적인 기능 유지에 심각한 지장을 가져 올 수 있는 것
	배관	독성 가스를 수송하는 고압가스 배관의 중요도
내진 Ⅰ등급	시설	해당 설비의 손상이나 기능 상실이 사업소 경계 밖에 있는 공공의 생명과 재산에 상당한 피해를 가져 올 수 있는 것
	배관	가연성가스를 수송하는 고압가스 배관의 중요도
내진 Ⅱ등급	시설	해당 설비의 손상이나 기능 상실이 사업소 경계 밖에 있는 공공의 생명과 재산에 경미한 피해를 가져 올 수 있는 것
	배관	독성·가연성 이외의 가스를 수송하는 고압가스 배관의 중요도

보충 TIP 안전성 평가 기법

보호시설 안전거리 변경 전후의 안전도에 관하여 한국가스안전공사의 안전성 평가를 받아야 한다.

구분		세부 내용
정성적 기법	체크리스트 (Check List)	공정 및 설비의 오류, 결함 상태, 위험 상황 등을 목록화한 형태로 작성하여 경험적으로 비교함으로써 위험성을 정성적으로 파악하는 안전성 평가기법을 말한다.
	상대위험 순위 결정 (Dow And Mond Indices)	설비에 존재하는 위험에 대하여 수치적으로 상대 위험순위를 지표화하여 피해 정도를 나타내는 안전성평가 기법을 말한다.
	사고예상 질문 분석 (What-if)	공정에 잠재하고 있으면서 원하지 않는 나쁜 결과를 초래할 수 있는 사고에 대하여 예상질문을 통해 사전에 확인함으로써 그 위험과 결과 및 위험을 줄이는 방법을 제시하는 정성적, 안정성 평가기법을 말한다.
	위험과 운전분석 (HAZOP)	공정에 존재하는 위험 요소들과 공정의 효율을 떨어뜨릴 수 있는 운전상의 문제점을 찾아내어 그 원인을 제거하는 정성적인 안전성 평가기법을 말한다.
	이상위험도 분석 (FMECA)	공정 및 설비의 고장의 형태 및 영향, 고장형태별 위험도 순위 등을 결정하는 기법을 말한다.
정량적 기법	결함수 분석 (FTA)	사고를 일으키는 장치의 이상이나 운전자 실수의 조합을 연역적으로 분석하는 기법을 말한다.
	사건수 분석 (ETA)	초기사건으로 알려진 특정한 장치의 이상이나 운전자 실수로부터 발생하는 잠재적 사고결과를 평가하는 기법이다.
	원인결과 분석 (CCA)	잠재된 사고의 결과와 사고의 근본적 원인을 찾아내고 사고결과와 원인의 상호관계를 예측, 평가하는 기법을 말한다.
	작업자 실수분석 (HEA)	설비의 운전원, 정비보수원, 기술자 등의 작업에 영향을 미칠만한 요소를 평가하여 그 실수의 원인을 파악하고 추적하여 정량적으로 실수의 상대적 순위를 결정하는 기법을 말한다.

10 전기방식 기준

1. 전기방식

(1) 개요
전기방식(電氣防蝕)이란 지중 및 수중에 설치하는 강재 배관 및 저장탱크 외면에 전류를 유입하여 양극반응을 저지함으로써 배관의 전기적 부식을 방지하는 것을 말한다.

(2) 종류

구분	정의	특징
희생(유전) 양극법	지중 또는 수중에 설치된 양극 금속(Mg, Zn 등)과 매설배관을 전선으로 연결해 양극 금속과 매설배관 사이의 전지작용으로 부식을 방지하는 방법을 말한다.	• 타 매설물의 간섭이 없다. • 시공이 간단하다. • 단거리 배관이 경제적이다. • 과방식의 우려가 없다. • 전류 조절이 어렵다. • 강한 전식에는 효과가 없고, 효과 범위가 좁다. • 양극의 보충이 필요하다.
외부전원법	외부직류전원장치의 양극(+)은 매설배관이 설치되어 있는 토양이나 수중에 설치한 외부전원용 전극에 접속하고, 음극(−)은 매설배관에 접속하여 부식을 방지하는 방법을 말한다.	• 전압전류 조절이 쉽다. • 방식효과 범위가 넓다. • 전식에 대한 방식이 가능하다. • 장거리 배관에 경제적이다. • 과방식의 우려가 있다. • 비경제적이다. • 타 매설물의 간섭이 있다. • 교류전원이 필요하다.
강제배류법	레일에서 멀리 떨어져 있는 경우에 외부전원장치로 가장 가까운 선택배류방법이다.	• 전압전류 조정이 가능하다. • 방식효과 범위가 넓다. • 전철 운행이 중지되어도 방식이 가능하다. • 과방식의 우려가 있다. • 전원이 필요하다. • 타 매설물의 장애가 있다. • 전철의 신호장애를 고려해야 한다.
선택배류법	직류전철에서 누설되는 전류에 의한 전식을 방지하기 위해 배관의 직류전원(−)선을 레일에 연결하여 부식을 방지하는 방식이다.	• 전철의 위치에 따라 효과범위가 넓다. • 시공비가 저렴하다. • 전철의 전류를 사용하여 비용절감의 효과가 있다. • 과방식의 우려가 있다. • 전철의 운행중지 시에는 효과가 없다. • 타 매설물의 간섭에 유의해야 한다.

2. 전기방식 측정 및 점검

(1) 점검주기
① 전기방식시설의 관대지전위 등을 1년에 1회 이상 점검한다.
② 외부전원법에 따른 전기방식시설은 외부전원점관대지전위, 정류기의 출력, 전압, 전류, 배선의 접속 상태 및 계기류 확인 등을 3개월에 1회 이상 점검한다.
③ 배류법에 따른 전기방식시설은 배류점 관대지전위, 배류기의 출력, 전압, 전류, 배선의 접속 상태 및 계기류 확인 등을 3개월에 1회 이상 점검한다.
④ 절연부속품, 역전류방지장치, 결선(Bond) 및 보호절연체의 성능은 6개월에 1회 이상 점검한다.

(2) 전위 측정용 터미널(T/B) 시공 방법
① 외부전원법: 500m 간격으로 시공한다.
② 희생양극법, 배류법: 300m 간격으로 시공한다.

(3) 전기방식 효과를 유지하기 위하여 절연조치를 해야하는 장소
① 교량횡단 배관의 양단
② 배관 등과 철근콘크리트 구조물 사이
③ 배관과 강재 보호관 사이
④ 배관과 지지물 사이
⑤ 타 시설물과 접근 교차지점
⑥ 지하에 매설된 부분과 지상에 설치된 부분의 경계
⑦ 저장탱크와 배관 사이
⑧ 고압가스·액화석유가스 시설과 철근콘크리트 구조물 사이

보충 TIP 고압가스시설, 액화석유가스시설, 도시가스시설의 전기방식 기준

구분	방식전위(포화황산동 기준전극)	황산염 환원박테리아가 번식하는 토양
고압가스	−5V 이상 −0.85V 이하	−0.95V 이하
액화석유가스	−0.85V 이하	−0.95V 이하
도시가스	−0.85V 이하	−0.95V 이하

CHAPTER 02 [가스 안전관리] 액화석유가스 안전관리

1 액화석유가스 일반사항 및 충전

1. 용어의 정의
① "저장설비"란 액화석유가스를 저장하기 위한 설비로서 저장탱크·마운드형 저장탱크·소형저장탱크 및 용기(용기집합설비와 충전용기보관실을 포함한다.)를 말한다.
② "저장탱크"란 액화석유가스를 저장하기 위하여 지상 또는 지하에 고정 설치된 탱크로서 그 저장능력이 3톤 이상인 탱크를 말한다.
③ "소형저장탱크"란 액화석유가스를 저장하기 위하여 지상이나 지하에 고정 설치된 탱크로서 그 저장능력이 3톤 미만인 탱크를 말한다.
④ "자동차에 고정된 탱크"란 액화석유가스의 수송·운반을 위하여 자동차에 고정 설치된 탱크를 말한다.
⑤ "벌크로리"란 소형저장탱크에 액화석유가스를 공급하기 위하여 펌프 또는 압축기가 부착된 자동차에 고정된 탱크를 말한다. 다만, 액화석유가스를 공급하는 경우에는 저장능력 10톤 이하인 저장탱크에 공급할 수 있다.
⑥ "충전용기"란 액화석유가스의 충전 질량의 2분의 1 이상이 충전되어 있는 상태의 용기를 말한다.
⑦ "잔가스용기"란 액화석유가스의 충전 질량의 2분의 1 미만이 충전되어 있는 상태의 용기를 말한다.
⑧ "가스설비"란 저장설비 외의 설비로서 액화석유가스가 통하는 설비(배관은 제외한다)와 그 부속설비를 말한다.
⑨ "충전설비"란 용기 또는 자동차에 고정된 탱크에 액화석유가스를 충전하기 위한 설비로서 충전기와 저장탱크에 부속된 펌프 및 압축기를 말한다.
⑩ "방호벽"이란 높이 2m 이상, 두께 12cm 이상의 철근콘크리트 또는 이와 같은 수준 이상의 강도를 가지는 구조의 벽을 말한다.

2. 액화석유가스 충전의 시설
(1) 액화석유가스 충전시설 중 저장설비의 그 바깥면으로부터 사업소 경계와의 거리
① 저장설비와 가스설비는 그 바깥면으로부터 화기를 취급하는 장소까지 8m 이상의 우회거리를 두어야 한다.
② 액화석유가스 충전시설 중 저장설비의 그 바깥면으로부터 사업소경계가 바다·호수·하천·도로까지 유지해야 할 거리는 다음 표와 같다. 다만, 저장설비를 지하에 설치하거나 지하에 설치된 저장설비 안에 액중펌프를 설치하는 경우에는 저장능력별 사업소경계와의 거리에 0.7을 곱한 거리 이상으로 할 수 있다.

저장 능력[톤]	사업 경계와의 거리[m]
10 이하	24
10 초과 20 이하	27
20 초과 30 이하	30
30 초과 40 이하	33
40 초과 200 이하	36
200 초과	39

(2) **안전거리**

저장설비 및 충전설비(전용공업지역 안에 있는 저장설비 및 충전설비는 제외한다)의 그 바깥면으로부터 사업소경계(사업소경계가 바다·호수·하천·도로 등의 경우에는 그 반대편 끝을 경계로 본다)까지 유지하여야 할 거리는 다음 표에서 정한 거리 이상으로 한다. 다만, 지하에 저장설비를 설치하는 경우에는 표에서 정한 거리의 2분의 1 이상을 유지할 수 있고, 저장설비가 지상에 설치된 저장능력이 30톤을 초과하는 용기충전시설의 충전설비는 사업소경계까지 24m 이상의 안전거리를 유지할 수 있다.

저장 능력[톤]	사업 경계와의 거리[m]
10 이하	17
10 초과 20 이하	21
20 초과 30 이하	24
30 초과 40 이하	27
40 초과	30

(3) **저장설비와 충전설비의 사업소 경계와의 거리**

누출된 가스가 화기를 취급하는 장소로 유동하는 것을 방지하고, 벌크로리의 안전을 확보하기 위한 유동 방지시설을 설치한다. 다만, 벌크로리의 주차 위치 중심으로부터 보호시설(사업소 안에 있는 보호시설과 전용공업지역 안에 있는 보호시설은 제외한다)까지 다음 표에 따른 안전거리를 유지하는 경우에는 그렇지 않고, 이 경우 벌크로리의 저장능력은 다음 식에 따라 계산한다.

저장 능력	제1종 보호시설[m]	제2종 보호시설[m]
10톤 이하	17	12
10톤 초과 20톤 이하	21	14
20톤 초과 30톤 이하	24	16
30톤 초과 40톤 이하	27	18
40톤 초과	30	20

(4) **벌크로리의 저장능력**

$$G = \frac{V}{C}$$

G: 액화석유가스의 질량[kg], V: 벌크로리의 내용적[L], C: 충전상수(프로판=2.35, 부탄=2.05)

3. 액화석유가스 충전사업 시설·기술 기준

(1) **저장탱크 사용시설**

① 저장·충전설비는 보호시설과 안전거리 유지를 유지한다.(지하에 저장설비 설치 시 안전거리의 $\frac{1}{2}$로 할 수 있다)

② 두 저장탱크의 최대지름을 합산한 길이의 $\frac{1}{4}$ 이상에 해당하는 거리를 유지해야 한다.

③ 두 저장탱크의 최대지름을 합산한 길이의 $\frac{1}{4}$이 1m 미만인 경우에는 1m 이상의 거리를 유지해야 한다.

④ 위 거리를 유지하지 못하는 경우에는 물분무장치를 설치한다.

⑤ 살수장치는 저장탱크 외면으로부터 5m 이상 떨어진 위치하여 조작할 수 있어야 한다.

> **핵심 Point** 폭발방지장치를 설치한 것으로 보는 경우
> - 물분무장치(살수장치 포함)나 소화전을 설치하는 저장탱크
> - 저온저장탱크(이중벽 단열 구조의 것)로서 그 단열재의 두께가 해당 저장탱크 주변의 화재를 고려하여 설계 시공된 저장탱크
> - 지하에 매몰하여 설치하는 저장탱크

(2) 저장탱크 기술기준
① 저장탱크의 안전을 위하여 1년에 1회 이상 정기적으로 적정한 방법으로 침하 상태를 측정하고, 그 침하 상태에 따라 적절한 안전조치를 할 것
② 정전기 제거설비를 정상상태로 유지하기 위하여 다음 기준에 따라 검사를 하여 기능을 확인할 것
　㉠ 지상에서의 접지저항치
　㉡ 지상에서의 접속부의 접속 상태
　㉢ 지상에서의 절선 부분이나 그 밖의 손상 부분의 유무
③ 소형저장탱크와 기화장치의 주위 5m 이내에서는 화기의 사용을 금지하고 인화성물질이나 발화성물질을 많이 쌓아두지 않을 것
④ 소형저장탱크 주위에 있는 밸브류의 조작은 원칙적으로 수동조작으로 할 것
⑤ 소형저장탱크의 안전 커플링의 주밸브는 액체의 열팽창으로 인하여 배관의 압력이 상승하는 것을 방지하기 위하여 항상 열어둘 것. 다만, 안전 커플링으로부터의 가스누출이나 긴급 시의 대책을 위하여 필요한 경우에는 닫아 두어야 한다.
⑥ 소형저장탱크에의 액화석유가스 충전은 벌크로리 등에서 발생하는 정전기를 제거하고, "화기엄금" 등의 표지판을 설치하는 등 안전에 필요한 수칙을 준수하고, 안전유지에 필요한 조치를 할 것

(3) 저장탱크의 온도상승방지설비의 설치
온도상승방지장치를 설치해야 하는 저장탱크는 가연성가스 및 독성가스의 저장탱크와 그 밖의 저장탱크로서 가연성가스 저장탱크나 가연성 물질을 취급하는 설비와 다음 거리 기준 이내에 있는 저장탱크를 선정해야 한다.
① 방류둑을 설치한 가연성가스 저장탱크의 경우 그 방류둑 외면으로부터 10m 이내
② 방류둑을 설치하지 않는 가연성가스 저장탱크의 경우 그 저장탱크 외면으로부터 20m 이내
③ 가연성물질을 취급하는 설비의 경우 그 외면으로부터 20m 이내

(4) 물분무장치
① 개요: 액화석유가스 저장탱크간 이격거리를 유지하지 않았을 때 물분무장치를 설치한다.
② 설치기준

저장탱크의 표면적	$1m^2$당 8L/min
소화전의 호스 끝 수압	0.35MPa 이상
소화전 방수능력	400L/min
소화전	저장탱크 외면으로부터 40m 이내 설치
조작위치	15m 이상 떨어진 위치에서 안전하게 조작할 수 있을 것
분무능력	30분 이상 연속 분무가 가능할 것

(5) 지반침하 방지조치를 해야하는 탱크의 용량: 3톤 이상의 저장탱크

(6) 자동차 용기 충전시설 기준

① 충전소에는 시설의 안전 확보에 필요한 사항을 적은 게시판을 주위에서 눈에 띄기 쉬운 위치에 다음 기준에 따라 표지판을 설치한다.
  ㉠ 노란색 바탕에 검은색 글씨로 "충전 중 엔진정지"라고 표시한다.
  ㉡ 흰색 바탕에 붉은 글씨로 "화기엄금"이라고 표시한 게시판을 따로 설치한다.
② 충전시설에는 자동차에 고정된 탱크에서 가스를 이입할 수 있도록 건축물 외부에 로딩암을 설치한다.
  ㉠ 내부에 설치하는 경우에는 건축물의 바닥면에 접하여 환기구를 2방향 이상 설치하고, 환기구 면적의 합계는 바닥면적의 6% 이상으로 한다.
  ㉡ 충전기 외면에서 가스설비실 외면까지의 거리가 8m 이하일 경우에는 로딩암을 충전기와 가스설비실 사이에 설치하지 않는다.
③ 고정충전설비(충전기) 공지의 바닥은 주위의 지면보다 높게 하고, 충전기는 자동차 진입으로부터 보호할 수 있도록 다음 기준에 따라 보호대 등의 방호조치를 한다.
  ㉠ 두께 12cm 이상의 철근콘크리트
  ㉡ 호칭지름 100A 이상의 배관용 탄소 강관
  ㉢ 보호대의 높이는 80cm 이상
④ 충전기의 충전호스의 길이는 5m 이내(자동차 제조공정 중에 설치된 것은 제외한다)로 하고, 그 끝에 축적되는 정전기를 유효하게 제거할 수 있는 정전기제거장치를 설치한다.
⑤ 충전호스에 부착하는 가스주입기는 원터치형으로 한다.
⑥ 충전호스에 과도한 인장력이 가해졌을 때 충전기와 가스주입기가 분리될 수 있는 안전장치를 설치한다.
⑦ 충전기 상부에는 캐노피를 설치하고, 그 면적은 공지면적의 2분의 1 이하로 한다.
⑧ 소형저장탱크가 손상을 받을 우려가 있는 경우에는 다음 기준에 따라 보호대 등의 방호조치를 한다.
  ㉠ 두께 12cm 이상의 철근콘크리트
  ㉡ 호칭지름 100A 이상의 배관용 탄소 강관
  ㉢ 보호대의 높이는 80cm 이상

> **핵심 Point** 충전기준
>
> 액화석유가스 충전사업자가 액화석유가스 특정사용자 또는 주거용으로 액화석유가스를 직접 공급하는 경우에는 다음 기준에 따른다.
> - 자동차에 고정된 탱크로부터 액화석유가스를 저장탱크 또는 소형저장탱크에 송출하거나 이입하려면 "가스충전 중"이라 표시하고, 자동차가 고정되도록 자동차 정지목 등을 설치할 것
> - 저장탱크에 가스를 충전하려면 정전기를 제거한 후 저장탱크 내용적의 90%(소형저장탱크의 경우는 85%)를 넘지 않도록 충전할 것
> - 저장설비 또는 가스설비에는 방폭형 휴대용 전등 외의 등화를 지니고 들어가지 않을 것

2 액화석유가스 저장

1. 소형저장탱크

(1) 시설 기준

① 소형저장탱크의 가스충전구와 건축물 개구부 사이, 소형저장탱크와 다른 소형저장탱크 사이에 유지하여야 할 이격거리는 다음 표와 같다.

소형저장탱크의 충전질량[kg]	가스충전구로부터 토지경계선에 대한 수평거리[m]	탱크 간 거리 [m]	가스충전구로부터 건축물 개구부에 대한 거리[m]
1,000 미만	0.5 이상	0.3 이상	0.5 이상
1,000 이상 2,000 미만	3.0 이상	0.5 이상	3.0 이상
2,000 이상	5.5 이상	0.5 이상	3.5 이상

② 토지경계선이 바다·호수·하천·도로 등과 접하는 경우에는 그 반대편 끝을 토지경계선으로 보며, 이 경우 탱크 외면과 토지 경계선 사이에는 최소 0.5m 이상의 거리를 유지한다.

③ 충전질량이 1,000kg 이상인 저장설비의 경우로서 그 저장설비의 가스충전구와 토지경계선 및 건축물개구부 사이에 방호벽을 설치하는 경우에는 그 저장설비의 가스충전구와 토지경계선 및 건축물개구부 사이에 위 표에 따른 거리의 1/2 이상의 직선거리를 유지하고, 위 표에 따른 거리 이상의 우회거리를 유지한다. 이 경우 방호벽의 높이는 저장설비 정상부보다 50cm 이상 높게 한다.

④ 소형저장탱크를 사용하는 시설의 안전을 확보하기 위하여 위해의 우려가 없도록 동일 장소에 설치하는 소형저장탱크의 수는 6기 이하로 하고, 충전 질량의 합계는 5,000kg 미만이 되도록 한다.

(2) 기술 기준

① 소형저장탱크의 주위 5m 이내에서는 화기의 사용을 금지하고, 인화성 또는 발화성물질을 많이 쌓아두지 않는다.

② 소형저장탱크 주위에 있는 밸브류의 조작은 원칙적으로 수동으로 한다.

③ 소형저장탱크의 세이프티커플링의 주밸브는 액봉(液封)방지를 위하여 항상 열어둔다. 다만, 그 커플링으로부터의 가스누출 또는 긴급시의 대책을 위하여 필요한 경우에는 닫아둔다.

④ 벌크로리 및 자동차에 고정된 탱크에 발생하는 정전기를 소정의 접지로 제거하는 조치를 한다.

⑤ 주위에서 잘 보이는 장소에 "충전작업 중" 및 "화기엄금" 등의 표지를 설치할 것

⑥ 자동차에 고정된 탱크(내용적이 5,000L 이상의 것만을 말한다)로부터 가스를 이입 받을 때에는 자동차가 고정되도록 자동차정지목 등을 설치한다.

⑦ 가스를 용기에 충전하기 위하여 밸브 또는 충전용 지관을 가열할 필요가 있으면 열습포나 40℃ 이하의 물을 사용한다.

⑧ 물분무장치, 살수장치와 소화전은 매월 1회 이상 작동상황을 점검하여 원활하고 확실하게 작동하는지 확인한다.

2. 저장탱크

(1) 지하설치 기준

항목		세부 내용
저장 탱크실	재료	레디믹스트 콘크리트(Ready-mixed concrete)
	시공	수밀성 콘크리트 시공
	천장 벽 바닥의 재료와 두께	30cm 이상 방수조치를 한 철근콘크리트
	저장탱크와 저장탱크실의 빈 공간	세립분을 함유하지 않은 모래를 채움
	집수관(탱크실에 침입한 물을 확인하는 관)	직경: 80A 이상(바닥에 고정)
	검지관(가스 누출 여부를 확인하는 관)	직경: 40A 이상, 개수: 4개소 이상

- 탱크실 상부 윗면과 탱크실 상부: 60cm 이상
- 탱크실 바닥과 탱크 하부: 60cm 이상

항목		세부 내용
저장 탱크	저장탱크 2개 이상 인접 설치시	상호간 1m 이상 유지
	탱크 위 지상	경계표지 설치
	점검구 — 설치 수	20t 이하: 1개소
		20t 초과: 2개소
	점검구 — 규격	사각형: 0.8m × 1m
		원형: 직경 0.8m 이상
	가스방출관	지면에서 5m 이상

(2) 방출관 높이 기준

지상설치		지하설치
3톤 이상 (저장탱크)	3톤 미만 (소형저장탱크)	지면에서 5m 이상
지면에서 5m 이상, 탱크 정상부에서 2m 중 높은 위치	지면에서 2.5m 이상, 탱크 정상부에서 1m 중 높은 위치	

> **핵심 Point** 액화석유가스 용기보관실 및 소형저장탱크의 설치기준
>
> - 저장능력 500kg 초과 시 소형 저장탱크를 설치한다.
> - 저장능력 100kg 초과 시 용기보관실을 설치한다.
> - 저장능력 100kg 이하 시 용기밸브가 직사광선 및 빗물에 노출되지 않도록 조치한다.
> - 용기보관실 벽, 문, 지붕은 불연성재료 단층 구조로 설치한다.

3 액화석유가스 판매 및 충전사업자의 영업소

1. 액화석유가스 판매

(1) 시설기준
① 사업소 부지는 한면이 폭 4m 도로에 접할 것
② 용기보관실은 그 바깥 면으로부터 화기를 취급하는 장소까지 2m 이상의 우회거리를 두거나 용기보관실과 화기를 취급하는 장소의 사이에는 그 용기보관실로부터 누출된 가스가 유동하는 것을 방지하기 위한 적절한 조치를 할 것
③ 용기보관실은 불연성재료를 사용하고, 그 지붕은 불연성재료를 사용한 가벼운 지붕을 설치할 것
④ 용기보관실은 누출된 가스가 사무실로 유입되지 않는 구조로 하고, 용기보관실의 면적은 $19m^2$ 이상으로 할 것
⑤ 용기보관실과 사무실은 동일한 부지에 구분하여 설치하되, 사무실의 면적은 $9m^2$ 이상으로 할 것
⑥ 용기보관실 주위에 $11.5m^2$ 이상의 부지를 확보할 것
⑦ 용기전용 운반자동차에는 사업소의 상호와 전화번호를 가로·세로 5cm 이상 크기의 글자로 도색하여 표시할 것

(2) 사고예방설비기준
① 용기보관실에는 가스가 누출될 경우 이를 신속히 검지하여 효과적으로 대응할 수 있도록 하기 위하여 분리형 가스누출경보기를 설치할 것
② 용기보관실에 설치된 전기설비가 누출된 가스의 점화원이 되는 것을 방지하기 위하여 그 용기보관실에 설치된 전기설비는 방폭구조로 하고, 그 용기보관실 안에 전기스위치를 설치하지 않는 등의 적절한 조치를 할 것
③ 용기보관실에는 누출된 가스가 머물지 않도록 하기 위하여 그 구조에 따라 환기구를 갖추고 환기가 잘되지 않는 곳에는 강제통풍시설을 설치할 것

(3) 피해저감설비기준
① 용기보관실에는 온도계를 설치하고 실내의 온도는 40℃ 이하로 유지하여야 한다.
② 용기에 직사광선을 받지 않도록 할 것

(4) 기술기준
① 충전용기는 항상 40℃ 이하를 유지하여야 하고, 수요자의 주문에 따라 운반 중인 경우 외에는 충전용기와 잔가스용기를 구분하여 용기보관실에 저장할 것
② 용기를 차에 싣거나 차에서 내리거나 이동 시에는 난폭하게 취급하지 않아야 하고 필요한 경우 손수레를 이용할 것
③ 용기보관실 주위의 2m(우회거리) 이내에는 화기취급을 하거나 인화성물질과 가연성물질을 두지 않을 것
④ 용기보관실에서 사용하는 휴대용 손전등은 방폭형일 것
⑤ 용기보관실에는 계량기 등 작업에 필요한 물건 외에는 두지 않을 것
⑥ 용기는 2단 이상으로 쌓지 않을 것. 다만, 내용적 30L 미만의 용기는 2단으로 쌓을 수 있다.

2. 액화석유가스의 환기설비

(1) 자연환기
① 환기구는 바닥면에 접하고 외기에 향하게 설치한다.
② 통풍면적은 바닥면적 $1m^2$당 $300cm^2$ 이상으로 한다.
③ 1개소 환기구 면적은 $2,400cm^2$ 이하로 하고 통풍가능 면적은 부착된 철망 또는 틀의 면적을 뺀 면적으로 계산하고, 강판 갤러리 부착시 환기구 면적의 50%로 계산한다.
④ 한방향 환기구는 전체 환기구 필요 통풍가능 면적의 70%까지만 계산한다.
⑤ 사방이 방호벽으로 설치된 경우 환기구 방향은 2방향에 분산 설치한다.

(2) 강제환기
① 자연환기 설비 설치 불가능 시에 설치한다.
② 통풍능력은 바닥면적 $1m^2$당 $0.5m^3/min$ 이상으로 한다.
③ 흡입구는 바닥면 가까이에 설치한다.
④ 배기가스 방출구는 지면에서 5m 이상의 높이에 설치한다.

보충 TIP 액화석유가스 가스용품

(1) 콕의 종류 및 기능

종류	기능
퓨즈콕	가스 유로를 볼로 개폐하고, 과류차단안전기구가 부착된 것으로서, 배관과 호스, 호스와 호스, 배관과 배관 또는 배관과 커플러를 연결하는 구조로 한다.
상자콕	가스 유로를 핸들, 누름, 당김 등의 조작으로 개폐하고, 과류차단안전기구가 부착된 것으로서, 배관과 카플러를 연결하는 구조로 한다.
주물연소기용 노즐콕	주물 연소기 부품으로 사용하는 것으로서, 볼로 개폐하는 구조로 한다.
대형연소기용 노즐콕	콕의 핸들은 개폐 상태를 확인할 수 있어야 하며, 핸들의 회전은 90° 각도로 하며 열림 방향은 시계 반대 방향인 구조로 한다. 다만, 주물연소기용 노즐콕 및 업무용, 대형연소기용 노즐콕의 핸들 열림 방향은 그러지 않을 수 있다.

(2) 염화비닐 호스의 종류 및 규격

구분	안지름[mm]	허용차[mm]
1종	6.3	±0.7
2종	9.5	
3종	12.7	

4 액화석유가스 사용

1. 액화석유가스 사용시설

(1) 액화석유가스 사용시설 화기와의 우회거리

저장능력	화기와의 우회거리
1톤 미만	2m
1톤 이상 3톤 미만	5m
3톤 이상	8m

※ 2개 이상의 저장설비가 있는 경우 그 설비별로 각각 거리를 유지한다.

※ 저장설비 등과 화기를 취급하는 장소 사이에는 높이 2m 이상의 내화성 벽을 설치한다.

(2) 가스계량기

① 가스계량기와 화기(그 시설 안에서 사용하는 자체화기는 제외한다) 사이에 유지하여야 하는 거리는 2m 이상으로 한다.

② 가스계량기($30m^3/hr$ 미만인 경우만을 말한다)의 설치높이는 바닥으로부터 1.6m 이상 2m 이내에 수직·수평으로 설치하고 밴드·보호가대 등 고정 장치로 고정시킬 것. 다만, 격납상자에 설치하는 경우, 기계실 및 보일러실(가정에 설치된 보일러실은 제외한다)에 설치하는 경우와 문이 달린 파이프 덕트 안에 설치하는 경우에는 설치 높이의 제한을 하지 아니한다.

③ 가스계량기와 전기계량기 및 전기개폐기와의 거리는 60cm 이상, 굴뚝(단열조치를 하지 아니한 경우만을 말한다)·전기점멸기 및 전기접속기와의 거리는 30cm 이상, 절연조치를 하지 아니한 전선과의 거리는 15cm 이상의 거리를 유지할 것

④ 입상관과 화기(그 시설 안에서 사용하는 자체화기는 제외한다) 사이에 유지해야 하는 거리는 우회거리 2m 이상으로 하고, 환기가 양호한 장소에 설치해야 하며 입상관의 밸브는 바닥으로부터 1.6m 이상 2m 이내에 설치할 것. 다만, 보호 상자에 설치하는 경우에는 그러하지 아니하다.

2. 가스보일러

(1) 가스보일러의 설치

① 공통 설치기준

㉠ 보일러는 지하실, 반지하실에 설치하지 않는다.

㉡ 전용보일러실에 설치하지 않아도 되는 보일러의 종류는 다음과 같다.

- 밀폐식 보일러
- 보일러를 옥외 설치 시
- 전용급기통을 부착시키는 구조로서 검사에 합격한 강제식 보일러

㉢ 가스보일러는 전용보일러실에 설치한다.

② 반밀폐식 설치기준

자연배기식	• 배기통 굴곡수는 4개 이하로 한다. • 배기통 입상높이는 10m 이하로 하고, 10m 초과 시 보온조치를 해야 한다. • 배기통 가로길이는 5m 이하로 한다. • 급기구, 상부 환기구의 유효단면적은 배기통 단면적 이상으로 한다. • 배기통의 끝은 옥외로 뽑아내어 설치한다.
공동배기식	• 공동배기구 정상부에서 최상층 보일러에는 역풍방지장치 개구부 하단까지 거리가 4m 이상 시 공동배기구에 연결하고 그 이하는 단독배기통 방식으로 한다. • 동일층에서 공동배기구 연결되는 보일러 수는 2대 이하로 한다. • 공동배기구 최하부에는 청소구와 수취기를 설치한다. • 공동배기구 배기통에는 방화댐퍼를 설치하지 아니한다. • 공동배기구 유효단면적은 다음 식에 의해 산정한다. $$A = (0.6 \times Q \times L \times F) + P$$ A: 공동배기구 유효단면적$[mm^2]$, K: 형상계수, F: 보일러의 동시사용률 P: 배기통의 수평투영면적$[mm^2]$

(2) **가스보일러의 급·배기 방식**

① 반밀폐식

㉠ 자연배기식(CF): 연소용 공기는 실내에서, 배기가스는 자연통풍으로 옥외 배출한다.

㉡ 강제배기식(FE): 연소용 공기는 실내에서, 배기가스는 배기용 송풍기에 의해 강제로 옥외 배출하고, 단독배기통의 경우 풍압대와 관계없이 설치 가능하다.

② 밀폐식

㉠ 자연 급·배기식(BF): 급·배기통을 외기에 접하는 벽에 관통하여 옥외로 설치하고, 자연통기력에 의해 급·배기하는 방식이다.

㉡ 강제 급·배기식(FF): 급·배기통을 외기에 접하는 벽에 관통하여 옥외로 설치하고, 급·배기용 송풍기에 의해 강제로 급·배기하는 방식이다.

> **핵심 Point** 배관설비 기준
>
> • 배관(관 이음매와 밸브를 포함한다) 안전을 위하여 액화석유가스의 압력, 사용하는 온도 및 환경에 적절한 기계적 성질과 화학적 성분이 있는 재료로 되어 있을 것
> • 배관의 강도·두께 및 성능은 액화석유가스를 안전하게 취급할 수 있는 적절한 것일 것
> • 배관의 접합은 액화석유가스의 누출을 방지할 수 있도록 확실한 방법으로 하고, 이를 확인하기 위하여 필요한 경우에는 비파괴시험을 할 것
> • 배관은 신축(伸縮) 등으로 인하여 액화석유가스가 누출하는 것을 방지하기 위하여 필요한 조치를 할 것
> • 배관은 수송하는 액화석유가스의 특성과 설치 환경조건을 고려하여 위해의 우려가 없도록 설치하고, 배관의 안전한 유지·관리를 위하여 필요한 설비를 설치하거나 필요한 조치를 할 것
> • 배관의 안전을 위하여 배관 외부에는 액화석유가스를 사용하는 배관임을 명확하게 알아볼 수 있도록 도색하고 표시할 것

CHAPTER 03 도시가스 안전관리

[가스 안전관리]

1 도시가스사업법

1. 용어의 정의

① "배관"이란 도시가스를 공급하기 위하여 배치된 관(管)으로써 본관, 공급관, 내관 또는 그 밖의 관을 말한다.
② "본관"이란 다음의 것을 말한다.
  ㉠ 가스도매사업의 경우에는 도시가스제조사업소(액화천연가스의 인수기지를 포함한다.)의 부지 경계에서 정압기지(整壓基地)의 경계까지 이르는 배관. 다만, 밸브기지 안의 배관은 제외한다.
  ㉡ 일반도시가스사업의 경우에는 도시가스제조사업소의 부지 경계 또는 가스도매사업자의 가스시설 경계에서 정압기(整壓器)까지 이르는 배관
  ㉢ 나프타부생가스·바이오가스제조사업의 경우에는 해당 제조사업소의 부지 경계에서 가스도매사업자 또는 일반도시가스사업자의 가스시설 경계 또는 사업소 경계까지 이르는 배관
  ㉣ 합성천연가스제조사업의 경우에는 해당 제조사업소의 부지 경계에서 가스도매사업자의 가스시설 경계 또는 사업소 경계까지 이르는 배관
③ "공급관"이란 다음의 것을 말한다.
  ㉠ 공동주택, 오피스텔, 콘도미니엄, 그 밖에 안전관리를 위하여 산업통상자원부장관이 필요하다고 인정하여 정하는 건축물(이하 "공동주택등"이라 한다)에 도시가스를 공급하는 경우에는 정압기에서 가스사용자가 구분하여 소유하거나 점유하는 건축물의 외벽에 설치하는 계량기의 전단밸브(계량기가 건축물의 내부에 설치된 경우에는 건축물의 외벽)까지 이르는 배관
  ㉡ 공동주택등 외의 건축물 등에 도시가스를 공급하는 경우에는 정압기에서 가스사용자가 소유하거나 점유하고 있는 토지의 경계까지 이르는 배관
  ㉢ 가스도매사업의 경우에는 정압기지에서 일반도시가스사업자의 가스공급시설이나 대량수요자의 가스사용시설까지 이르는 배관
  ㉣ 나프타부생가스·바이오가스제조사업 및 합성천연가스 제조사업의 경우에는 해당 사업소의 본관 또는 부지 경계에서 가스사용자가 소유하거나 점유하고 있는 토지의 경계까지 이르는 배관
④ "사용자공급관"이란 공급관 중 가스사용자가 소유하거나 점유하고 있는 토지의 경계에서 가스사용자가 구분하여 소유하거나 점유하는 건축물의 외벽에 설치된 계량기의 전단밸브(계량기가 건축물의 내부에 설치된 경우에는 그 건축물의 외벽)까지 이르는 배관을 말한다.
⑤ "내관"이란 가스사용자가 소유하거나 점유하고 있는 토지의 경계(공동주택등으로서 가스사용자가 구분하여 소유하거나 점유하는 건축물의 외벽에 계량기가 설치된 경우에는 그 계량기의 전단밸브, 계량기가 건축물의 내부에 설치된 경우에는 건축물의 외벽)에서 연소기까지 이르는 배관을 말한다.
⑥ "고압"이란 1메가파스칼 이상의 압력(게이지압력을 말한다.)을 말한다. 다만, 액체상태의 액화가스는 고압으로 본다.
⑦ "중압"이란 0.1메가파스칼 이상 1메가파스칼 미만의 압력을 말한다. 다만, 액화가스가 기화되고 다른 물질과 혼합되지 아니한 경우에는 0.01메가파스칼 이상 0.2메가파스칼 미만의 압력을 말한다.

⑧ "저압"이란 0.1메가파스칼 미만의 압력을 말한다. 다만, 액화가스가 기화(氣化)되고 다른 물질과 혼합되지 아니한 경우에는 0.01메가파스칼 미만의 압력을 말한다.
⑨ "액화가스"란 상용의 온도 또는 섭씨 35도의 온도에서 압력이 0.2메가파스칼 이상이 되는 것을 말한다.
⑩ "보호시설"이란 제1종 보호시설 및 제2종 보호시설로서 정하는 것을 말한다.
⑪ "저장설비"란 도시가스를 저장하기 위한 설비로서 저장탱크 및 충전용기 보관실을 말한다.
⑫ "처리설비"란 압축·액화나 그 밖의 방법으로 도시가스를 처리할 수 있는 설비로서 도시가스의 충전에 필요한 압축기, 기화기 및 펌프를 말한다.
⑬ "압축가스설비"란 압축기를 통해 압축된 가스를 저장하기 위한 설비로서 압력용기를 말한다.
⑭ "충전설비"란 용기, 고압가스용기가 적재된 바퀴가 달린 자동차 또는 차량에 고정된 탱크에 도시가스를 충전하기 위한 설비로서 충전기 및 그 부속설비를 말한다.
⑮ "처리능력"이란 처리설비 또는 감압설비에 따라 압축·액화나 그 밖의 방법으로 1일 처리할 수 있는 도시가스의 양(온도 섭씨 0도, 게이지압력 0파스칼의 상태를 기준으로 한다)을 말한다.
⑯ "정압기지"란 도시가스의 압력을 조정하기 위한 시설로서 정압설비, 계량설비, 가열설비, 불순물제거장치, 방산탑(放散塔), 배관 또는 그 부대설비가 설치된 기지를 말한다.
⑰ "밸브기지"란 도시가스의 흐름을 차단하기 위한 시설로서 가스차단 장치, 방산탑, 배관 또는 그 부대설비가 설치된 기지를 말한다.
⑱ "전처리설비"란 바이오가스제조설비 중 가스품질향상설비 전단(前段)의 설비로서 포집(捕執)된 가스의 1차적인 탈황(脫黃)·탈수 등을 위한 처리설비(포집 설비는 제외한다)를 말한다.
⑲ "가스품질향상설비"란 나프타부생가스·바이오가스제조설비 및 합성천연가스 제조설비 중 도시가스로의 품질 향상을 위한 설비로서 정제설비, 압력조정설비, 열량조정설비, 품질모니터링설비, 압축설비, 계량설비 및 부취제(腐臭劑) 주입설비를 말한다.

2. 도시가스 공급 및 수요

(1) 도시가스 공급계획

① 일반도시가스사업자는 산업통상자원부령으로 정하는 바에 따라 다음 연도 이후 5년간의 가스공급계획을 작성하여 매년 11월 말일까지 시·도지사에게 제출하여야 한다.
② 가스도매사업자 및 합성천연가스 제조사업자는 산업통상자원부령으로 정하는 바에 따라 다음 연도 이후 5년간의 가스공급계획을 작성하여 매년 12월 말일까지 산업통상자원부장관에게 제출하여야 한다.
③ 나프타부생가스·바이오가스 제조사업자는 산업통상자원부령으로 정하는 바에 따라 다음 연도 이후 5년간의 가스공급계획을 작성하여 매년 11월 말일까지 시·도지사에게 제출하여야 한다.
④ 도시가스사업자가 가스공급계획을 변경한 경우에는 미리 산업통상자원부장관 또는 시·도지사에게 보고하여야 한다.
⑤ 산업통상자원부장관 또는 시·도지사는 가스공급계획이 사회적·경제적 사정의 변동으로 적절하지 못하게 되어 공공의 이익 증진에 지장을 가져올 염려가 있다고 인정되면 도시가스사업자에게 적절한 기간을 정하여 그 가스공급계획을 변경하도록 명할 수 있다.

(2) **도시가스 대량수요자**
① 월 100,000m³ 이상의 천연가스를 배관을 통하여 공급받아 사용하는 자 중 아래의 하나에 해당하는 자
　㉠ 일반도시가스사업자의 공급권역 외의 지역에서 천연가스를 사용하는 자
　㉡ 일반도시가스사업자의 공급권역에서 천연가스를 사용하는 자 중 정당한 사유로 일반도시가스 사업자로부터 천연가스를 공급받지 못하는 천연가스 사용자
② 아래의 하나에 해당하는 자
　㉠ 발전용: 전기를 생산하는 용도(시설용량이 100MW 이상인 경우만 해당한다)
　㉡ 열병합용: 전기와 열을 함께 생산하는 용도(시설용량이 100MW 이상인 경우만 해당한다) 및 열병합용 설비에 부속된 열 전용(專用) 설비로 열을 생산하는 용도
　㉢ 자동차, 설비 등에 설치된 연료전지에 공급하기 위하여 수소를 제조하는 용도
③ 액화천연가스 저장탱크를 설치하고 천연가스를 사용하는 자

3. 가스 시설

(1) **특정가스 사용시설**
① 월 사용예정량이 2,000m³ 이상인 가스사용시설(제1종 보호시설 내에는 1,000m³ 이상의 가스사용시설). 다만, 다음 각 항목에 해당하는 시설은 제외한다.
　㉠ 전기사업법의 전기설비 중 도시가스를 사용하여 전기를 발생시키는 발전설비 안의 가스 사용시설
　㉡ 에너지이용합리화법에 따른 검사대상기기에 해당하는 가스 사용시설
② 월 사용예정량이 2,000m³ 미만인 가스사용시설(제1종 보호시설 내에는 1,000m³ 미만의 가스사용 시설) 중 하나에 해당하는 시설
　㉠ 내관 및 그 부속시설이 바닥벽 등에 매립 또는 매몰 설치되는 가스사용시설
　㉡ 많은 사람이 이용하는 시설로서 시·도지사가 안전관리를 위해 필요하다고 인정하는 가스사용시설
③ 도시가스를 연료로 사용하는 자동차의 가스사용시설
④ 자동차용 압축천연가스 완속충전설비를 갖추고 도시가스를 자동차에 충전하는 가스사용시설
⑤ 액화천연가스 저장탱크를 설치하고 천연가스를 사용하는 가스사용시설

(2) **가스공급시설 임시사용**
가스공급시설을 임시로 사용하게 하려면 다음의 사항을 확인하여야 한다.
① 도시가스의 공급이 가능한지의 여부
② 가스 공급시설을 사용할 때 안전을 해칠 우려가 있는지 여부
③ 도시가스의 수급상태를 고려할 때 해당 지역에 도시가스의 공급이 필요한지의 여부

보충 TIP　**웨버지수(WI)**

- 가스의 연소성, 호환성을 판단하는 지수이다.
- 연소기에 대한 에너지의 크기를 나타내는 지수이다.
- 가스의 조성변화에 따라 값이 클수록 연소기 열량은 증가한다.
- 도시가스 웨버지수는 12,300~13,500kcal/m³이다.

$$WI = \frac{H_0}{\sqrt{d}}$$

WI: 웨버지수, H_0: 도시가스의 총발열량[kcal/m³], d: 도시가스의 공기에 대한 비중

4. 도시가스 제조공정

열분해 공정	• 원유, 중유, 나프타(분자량이 큰 탄화수소) 등의 원료를 사용한다. • 800~900°C로 분해한다. • 10,000kcal/Nm³의 고열량 가스를 제조한다.
부분연소 공정	• CH_4, H_2, CO, CO_2로 변환하는 방법으로, 메탄에서 원유까지 탄화수소를 가스화제로 사용한다. • 산소, 공기, 수증기를 이용한다.
수소화 분해 공정	• C/H비가 비교적 큰 탄화수소의 원료를 사용한다. • 수증기의 흐름 중 또는 Ni 등의 수소화 촉매를 사용하여 나프타 등 비교적 C/H가 낮은 탄화수소를 메탄으로 변화시키는 방법이다.
접촉분해 공정	• 사용온도 400~800°C에서 탄화수소와 수증기를 반응시킨다. • H_2, CO, CO_2, CH_4 등의 저급탄화수소를 변화시키는 반응이다.
사이클링식 접촉분해 공정	빠른 연소속도와 열량 3,000kcal/Nm³ 전후의 가스를 제조하기 위해 이용되는 저열량의 가스를 제조하는 장치이다.

2 가스도매사업

1. 안전거리

(1) 사업소 경계와의 거리

① 개요

액화천연가스 저장설비와 처리설비(1일 처리능력 52,500m³ 이하인 펌프, 압축기, 기화장치 제외)는 그 외면으로부터 사업소 경계까지 계산된 거리 이상을 유지하여야 한다.

② 계산식

$$L = C \times \sqrt[3]{143,000W}$$

L: 사업소 경계까지의 유지거리[m], W: 저장탱크는 저장능력의 제곱근[ton]
C: 상수(저압지하식: 0.24, 그 밖의 가스저장 처리설비: 0.576)

(2) 배치기준

① 고압의 가스공급시설은 안전구획 안에 설치하고 그 안전구역의 면적은 20,000m² 미만일 것
② 안전구역 안의 고압인 가스공급시설은 그 외면으로부터 다른 안전구역 안에 있는 고압인 가스공급시설의 외면까지 30m 이상의 거리를 유지할 것
③ 두 개 이상의 제조소가 인접하여 있는 경우의 가스공급시설은 그 외면으로부터 다른 제조소의 경계까지 20m 이상의 거리를 유지할 것
④ 액화천연가스의 저장탱크는 그 외면으로부터 처리능력이 200,000m³ 이상인 압축기까지 30m 이상의 거리를 유지할 것

(3) **시설 기준**

① 저장탱크와 다른 저장탱크 또는 가스홀더와의 사이에는 두 저장탱크의 최대지름을 더한 길이의 $\frac{1}{4}$ 이상에 해당하는 거리를 유지할 것(단, 저장탱크 상호 간에 물분무장치 설치 시 규정한 거리를 유지하지 않을 수 있다.)

② 저장탱크에는 폭발방지장치, 액면계, 물분무장치, 방류둑, 긴급차단장치 등 저장탱크의 안전을 확보하기 위하여 필요한 설비를 설치할 것

③ 액화가스 저장탱크의 저장능력이 500톤 이상인 것의 주위에는 액상의 가스가 누출된 경우에 그 유출을 방지하기 위한 조치를 마련할 것

④ 물분무장치 등은 매월 1회 이상 확실하게 작동하는지를 확인하고 그 기록을 유지할 것

⑤ 긴급차단장치는 1년에 1회 이상 밸브 몸체의 누출검사와 작동검사를 실시하여 누출양이 안전확보에 지장이 없는 양 이하이고, 원활하며 확실하게 개폐될 수 있는 작동기능을 가졌음을 확인할 것

⑥ 제조소 및 공급소에 설치된 가스누출경보기는 1주일에 1회 이상 작동상황을 점검할 것

⑦ 정압기는 설치 후 2년에 1회 이상 분해점검을 실시할 것

⑧ 도로와 평행하여 매설되어 있는 배관으로부터 도시가스의 사용자가 소유하거나 점유한 토지에 이르는 배관으로서 호칭지름이 65mm를 초과하는 것은 위급 시 가스를 신속하게 차단할 수 있는 장치를 도로 또는 가스사용자의 동의를 얻어 그 토지 안의 경계선 가까운 곳에 설치할 것

> **핵심 Point** **내진설계 대상 제외 시설**
> - 건축법령에 따라 내진 설계를 한 시설
> - 저장능력이 3톤(압축가스의 경우에는 300m³) 미만인 저장탱크 또는 가스홀더
> - 지하에 설치되는 시설

2. 물분무장치

저장탱크에는 그 시설의 규모·상태 및 주위 상황 등에 따라 적절한 곳에 물분무장치를 설치한다.

(1) **액화가스저장탱크의 물분무장치 설치기준**

① 저장탱크 표면적 1m² 당 5L/분 이상의 비율로 계산된 수량을 저장탱크 전 표면에 분무할 수 있도록 고정된 장치를 설치한다.(단, 준내화구조 저장탱크는 표면적 1m² 당 2.5L/분 이상의 비율로 계산된 수량을 분무할 수 있는 고정장치를 설치한다.)

② 해당 저장탱크 외면으로부터의 거리가 40m 이내인 위치에서 저장탱크를 향하여 어느 방향에서도 방수할 수 있는 소화전(호스 끝 수압 0.35MPa 이상으로서 방수능력이 400L/분 이상의 것)을 해당 저장탱크 표면적 50m² 당 1개의 비율로 계산된 수 이상을 설치한다.

③ 높이 1m 이상의 지주(구조물 위에 설치된 저장탱크에는 해당 구조물의 지주를 말한다)에는 두께 50mm 이상의 내화콘크리트 또는 이와 동등 이상의 내화 성능을 가지는 불연성의 단열피복재로 피복한다.

④ 저장탱크(저장능력이 압축가스인 경우에는 300m³, 액화가스인 경우에는 3톤 이상의 것)가 다른 저장탱크와 인접하여 그 간격이 1m 이하의 것 또는 해당 저장탱크의 최대 직경의 4분의 1의 길이 중 큰 것과 동등 이상의 거리를 유지하지 못할 경우

   ㉠ 해당 저장탱크 표면적 1m² 당 8L/분을 표준으로 하여 계산된 수량을 저장탱크의 전 표면에 균일하게 방사할 수 있는 것일 것

   ㉡ 내화구조저장탱크는 그 수량을 4L/분을 표준으로 하고, 준내화구조 저장탱크는 그 수량을 6.5L/분을 표준으로 하여 계산한 수량으로 할 수 있다.

(2) **기타**
　① 물분무장치 등은 해당 저장탱크의 외면으로부터 15m 이상 떨어진 안전한 위치에서 조작하거나 방류둑을 설치한 저장탱크의 경우 해당 방류둑의 밖에서 조작할 수 있는 것으로 한다.
　② 물분무장치 등은 다음의 수원에 접속되도록 한다. 이 경우 방수량은 물분무장치 등을 동시에 방수할 수 있는 양으로 한다.
　　㉠ 60분 이상 연속하여 방수할 수 있는 물이 저장된 수원
　　㉡ 30분 이상 연속하여 방수할 수 있는 물이 저장된 수원으로서, 다음의 방법으로 60분 이상 연속하여 방수할 수 있는 수원
　　　• 상수도 또는 공업용수 등에 연결
　　　• 물 순환구조에 따라 방수된 물의 재사용

3. 가스누출검지경보장치

(1) **가스누출검지경보장치의 구조**
　① 가스공급시설에는 분리형 공업용 가스누출경보기를 설치한다.
　② 충분한 강도를 가지며 취급과 정비가 용이한 것으로 한다.
　③ 경보부와 검지부는 분리하여 설치할 수 있는 것으로 한다.
　④ 검지부가 다점식인 경우에는 경보가 울릴 때 경보부에서 가스의 검지 장소를 알 수 있는 구조로 한다.
　⑤ 경보는 램프의 점등이나 점멸과 동시에 울리는 것으로 한다.

(2) **검지부 또는 검지구 설치장소**
　① 긴급 차단장치의 부분
　② 슬리브관·보호관·방호구조물 등으로 밀폐하여 설치한 배관의 부분
　③ 누출된 가스가 체류하기 쉬운 구조로 된 배관의 부분

(3) **가스누출검지경보장치의 설치 개수**
　① 배관이 건축물 안(지붕이 있고 둘레의 4분의 1 이상이 벽으로 싸여 있는 장소)에 설치된 경우에는 그 설비군의 바닥면 둘레 10m에 한 개 이상의 비율로 계산한 수
　② 배관이 건축물 밖에 설치된 경우에는 그 설비군의 주위 20m에 한 개 이상의 비율로 계산한 수

(4) **검지부를 설치하지 않는 장소**
　① 증기·물방울·기름이 섞인 연기 등과 직접 접촉할 우려가 있는 곳
　② 주위 온도나 복사열로 온도가 40℃ 이상이 되는 곳
　③ 설비 등에 가려져 누출가스의 유통이 원활하지 못한 곳
　④ 차량 및 그 밖에 작업 등 때문에 경보기가 파손될 우려가 있는 곳

4. 도시가스 배관의 보호판 및 보호포 설치기준

(1) 보호판

① 보호판의 규격

두께(T)	중압 이하 배관	4mm 이상
	고압 배관	6mm 이상
곡률반경(R)	5~10mm	
길이(L)	1,500mm 이상	

② 보호판 설치기준

㉠ 보호판 설치가 필요한 경우는 다음과 같다.
- 중압 이상 배관 설치 시
- 배관의 매설심도를 확보할 수 없는 경우
- 타시설물과 이격거리를 유지하지 못했을 때

㉡ 배관 정상부에서 30cm 이상(보호판에서 보호포까지 30cm)으로 한다.

㉢ 직경 30mm 이상 50mm 이하 구멍을 3m 간격으로 뚫어 누출가스가 지면으로 확산되도록 한다.

(2) 보호포

배관을 지하에 매설하는 경우 배관의 직상부에 보호포를 설치한다.

종류		일반형, 탐지형
재질 및 두께		폴리에틸렌수지, 폴리프로필렌수지 0.2mm 이상
폭		• 도시가스 제조소공급소 밖 및 도시가스 사용시설: 15cm 이상 • 제조소공급소: 15~35cm
색상	저압관	황색
	중압 이상	적색
표시사항		20cm 도시가스(주) 도시가스, 중압, ○○도시가스(주) 20cm
설치위치	중압	보호판 상부 30cm 이상
	저압	• 매설깊이 1m 이상: 배관 정상부 60cm 이상 • 매설깊이 1m 미만: 배관 정상부 40cm 이상
	공동주택 부지 안	배관 정상부에서 40cm 이상
	설치기준	• 호칭경에 10cm를 더한 폭으로 한다. • 2열 설치시 보호포의 간격은 보호폭 이내로 한다.

5. 공급배관의 설치간격

(1) 배관매설

① 배관 매설 시 설치환경에 따른 설치 기준은 다음과 같다.

종류		매설깊이
지면으로부터 배관의 외면까지의 깊이	산이나 들	1m 이상
	그 밖의 지역	1.2m 이상
도로 경계까지 수평거리		1m 이상
도로 밑의 다른 시설물		0.3m 이상
시가지의 도로 밑 노면		1.5m 이상
시가지의 도로 밑 노면에서 방호구조물 안에 설치하는 경우		1.2m 이상
시가지 외의 도로 밑 노면		1.2m 이상
포장된 차도와 포장부 노반 최하부		0.5m 이상
인도 보도 등 노면 외의 도로 밑		1.2m 이상
인도보도 등 노면 외의 도로 밑에서 방호구조물 안에 설치하는 경우		0.6m 이상
인도 보도 등 노면 외의 도로 밑에서 시가지의 노면 이외의 도로 밑		0.9m 이상
철도부지	궤도의 중심까지	4m 이상
	경계까지	1m 이상
	지표면으로부터 배관 외면	1.2m 이상
하천 밑을 횡단하여 매설 시 배관의 외면과 계획 하상높이와의 거리		4m 이상
하천을 제외한 하천구역에 하천과 병행한 경우		배관 외면으로부터의 2.5m 이상

(2) 배관 설치기준

① 도로와 평행하여 매설시 배관의 호칭지름이 65mm를 초과하는 것은 위급 시 가스를 신속하게 차단할 수 있는 장치를 도로 또는 가스사용자의 동의를 얻어 경계선 가까운 곳에 설치할 것
② 물이 체류할 우려가 있는 배관에는 수취기를 콘크리트 등의 박스에 설치할 것
③ 배관의 외부에는 사용가스명, 최고사용압력, 가스의 흐름방향을 표시할 것
④ 굴착으로 인하여 20m 이상 노출된 배관에 대하여 20m마다 누출된 가스가 체류하기 쉬운 장소에 가스누출경보기를 설치할 것

(3) 배관 공지의 폭

노출된 배관의 양측에는 최고사용압력 구분에 따른 공지의 폭을 유지한다.

최고사용압력	공지의 폭
0.2MPa 미만	5m 이상
0.2MPa 이상 1MPa 미만	9m 이상
1MPa 이상	15m 이상

> **핵심 Point** 옥외의 공동구 안에 설치하는 배관
> - 환기장치가 있도록 한다.
> - 전기설비가 있는 경우 전기설비는 방폭구조로 한다.
> - 배관은 벨로즈형 신축이음매나 주름관 등으로 온도 변화에 따른 신축을 흡수하는 조치를 한다.
> - 옥외 공동구벽을 관통하는 배관의 관통부와 그 부근에 배관의 손상 방지를 위한 조치를 한다.

6. 기타

(1) 가스용 폴리에틸렌(PE)관의 접합 기준

① 눈, 우천 시 천막 등의 보호조치를 하고 융착한다.
② 수분, 먼지, 이물질 제거 후 접합한다.
③ 금속관과의 접합은 이형질이음관(T/F(Transition Fitting))을 사용한다.
④ 공칭 외경이 다를 경우에는 관 이음매(Fitting)를 사용하여 접합한다.
⑤ 접합은 열융착이나 전기융착으로 실시하고, 모든 융착은 융착기(Fusion machine)를 사용하여 실시한다.

열융착	맞대기	• 공칭 외경 90mm 이상 직관 연결 시 사용한다. • 이음부 연결오차는 배관두께의 10% 이하로 한다.
	소켓	배관 및 이음관의 접합은 일직선으로 한다.
	새들	새들 중심선과 배관의 중심선은 직각을 유지한다.
전기융착	소켓	이음부는 배관과 일직선을 유지한다.
	새들	이음매 중심선과 배관중심선은 직각을 유지한다.

⑥ 일반적 시공 시 매몰 시공한다.
⑦ 보호조치가 있는 경우 30cm 이하로 노출시공이 가능하다.
⑧ 굴곡허용반경은 외경의 20배 이상(단, 20배 미만 시 엘보 사용)으로 한다.
⑨ 온도가 40℃ 이상이 되는 장소에 설치하지 않는다. 다만, 파이프슬리브 등을 이용하여 단열조치를 한 경우에는 온도가 40℃ 이상이 되는 장소에 설치할 수 있다.
⑩ 매설 위치를 지상에서 탐지할 수 있는 탐지형 보호포·로케팅와이어(전선의 굵기는 $6mm^2$ 이상) 등을 설치한다.
⑪ SDR 값에 따른 사용압력(MPa) 구분(Standard dimension ratio)

SDR 11 이하	0.4MPa 이하
SDR 17 이하	0.25MPa 이하
SDR 21 이하	0.2MPa 이하

(2) 조명등 설치 및 조도

제조소 및 가스공급소에는 가스공급시설의 조작을 안전하고 확실하게 할 수 있는 조명등의 조도는 150lx 이상으로 한다.

3 일반도시가스 사업

1. 제조소 및 공급소

(1) 배치 기준

① 보호시설과의 거리
  ㉠ 가스혼합기, 가스정제설비, 배송기, 그 밖에 가스공급시설의 부대설비 그 외면으로부터 사업장의 경계까지의 거리는 3m 이상으로 한다.
  ㉡ 제1종 보호시설(사업소 안에 있는 시설 제외)까지의 거리는 30m 이상으로 한다.

② 화기와의 거리: 제조소 및 공급소에 설치하는 가스가 통하는 가스공급시설의 외면으로부터 8m 이상으로 한다.

③ 저장탱크 간 거리
  ㉠ 두 저장탱크의 최대지름을 합산한 길이의 $\frac{1}{4}$ 이상에 해당하는 거리를 유지하고, 이 값이 1m 미만인 경우 1m 이상을 유지한다.
  ㉡ 저장탱크 사이에 물분무장치를 설치한 경우에는 저장탱크 간 거리를 유지하지 않을 수 있다.

④ 저장탱크와 가스홀더와의 거리: 저장탱크는 그 외면으로부터 가스홀더와 그 저장탱크의 최대직경의 2분의 1(지하에 설치한 저장탱크는 $\frac{1}{4}$ 또는 그 가스홀더의 최대직경의 $\frac{1}{4}$)의 길이 중 큰 것과 동등한 길이 이상의 거리를 유지한다.

⑤ 가스발생기 및 가스홀더의 외면과 사업장 경계까지의 거리
  ㉠ 고압인 경우: 20m 이상으로 한다.
  ㉡ 중압인 경우: 10m 이상으로 한다.
  ㉢ 저압인 경우: 5m 이상으로 한다.

(2) 표지판 설치 기준

도시가스배관을 시가지 외의 도로, 산지, 농지 또는 철도부지에 매설하는 경우 표지판을 설치한다.
① 제조소 및 공급소: 500m 간격으로 설치한다.
② 제조소 및 공급소 밖: 200m 간격으로 설치한다.

2. 도시가스 배관의 색상

도시가스 지상배관		황색 (단, 황색의 띠를 3cm 간격으로 두줄로 표시한 경우 황색으로 하지 않아도 된다.)
도시가스 매몰배관	저압배관	황색
	중압배관	적색

3. 도시가스 배관 손상 방지기준

(1) 매설배관 위치 확인

① 지하 매설배관 탐지장치(Pipe Locator) 등으로 확인된 지점 중 확인이 곤란한 분기점, 곡선부, 장애물 우회지점은 시험굴착을 한다.
② 가스 배관 주위 1m 이내에는 인력으로 굴착한다.
③ 위치표시용 페인트, 표지판, 황색 깃발 등을 준비한다.

(2) **매설배관 위치 표시**

① 굴착예정지역을 흰색 페인트로 표시한다.(단, 표시곤란 시에는 말뚝, 표시 깃발 표지판을 사용한다.)
② 표시 말뚝의 전체 수직거리는 50cm로 한다.
③ 깃발의 바탕색은 황색, 글자색은 적색으로 한다.
④ 표지판은 80cm×40cm의 크기로, 바탕색은 황색, 글자색은 흑색, 위험글씨는 적색으로 한다.

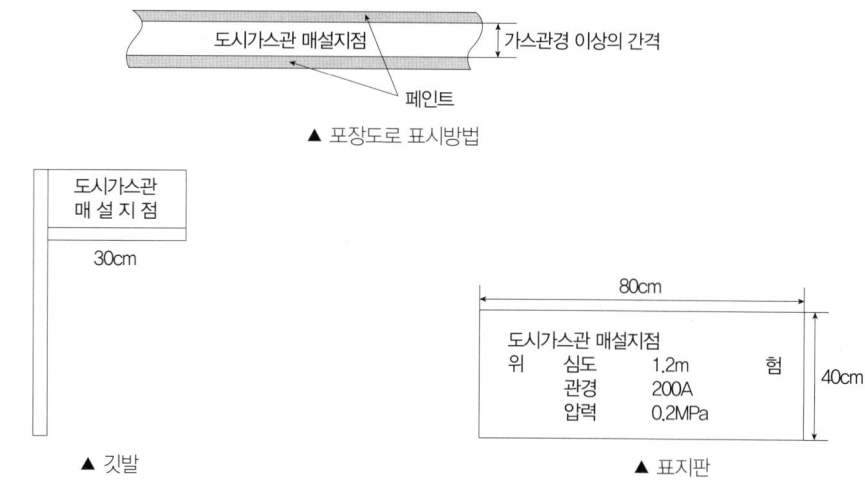

(3) **파일박기 또는 빼기작업**

① 공사 착공 전에 도시가스 사업자와의 현장 협의를 통하여 공사 장소 및 안전조치에 관하여 상호 확인한다.
② 배관 수평거리 2m 이내에서 파일박기를 할 경우, 위치를 파악한 후 표지판을 설치한다.
③ 가스배관 수평거리 30cm 이내에서는 파일박기를 금지한다.
④ 항타기는 배관 수평거리 2m 이상 되는 곳에 설치한다.

(4) **줄파기 작업**

① 줄파기 심도는 1.5m 이상으로 한다.
② 줄파기 공사 후 배관 1m 이내에 파일박기를 할 경우 유도관(Guide Pipe)을 먼저 설치한 후 되메우기를 실시한다.

4. 도시가스 공급배관 기준

(1) **되메움 재료 및 다짐공정**

① 배관의 침하를 방지하기 위하여 배관하부에는 모래(가스배관이 금속관인 경우에는 레디믹스트콘크리트에 따른 염분농도가 0.04% 이하일 것)또는 19mm 이상(순환골재의 경우에는 13mm 초과)의 큰 입자가 포함되지 않은 다음의 하나의 기초재료를 10cm 이상 포설한다.

  ㉠ 굴착현장에서 굴착한 흙(굴착토) 또는 모래와 유사한 성분이 함유된 흙(마사토). 다만, 유기질토(이탄등)·실트·점토질 등 연약한 흙은 제외한다.
  ㉡ 시험·분석기관으로부터 품질검사를 받은 순환골재 또는 콘크리트용 골재에 적합하게 생산한 순환골재
  ㉢ 건설재료시험 연구원 등 공인기관에서 흙의 공학적 분류기준에서 정한 방법에 따라 시험하여 판정을 받은 인공토양

② 배관에 작용하는 하중을 수직방향 및 횡방향에서 지지하고 하중을 기초 아래로 분산시키기 위하여 배관하단에서 배관 상단 30cm(가스용 폴리에틸렌관의 경우에는 10cm)까지에는 침상재료를 포설한다.
③ 배관에 작용하는 하중을 분산시켜주고 도로의 침하 등을 방지하기 위하여 침상재료 상단에서 도로노면까지 되메움재료를 포설한다.

④ 기초재료를 및 침상재료를 포설한 후에 다짐작업을 하고, 그 이후 되메움 공정에서는 배관 상단으로부터 되메움 재료를 30cm 높이로 포설한 후마다 다짐작업을 한다.

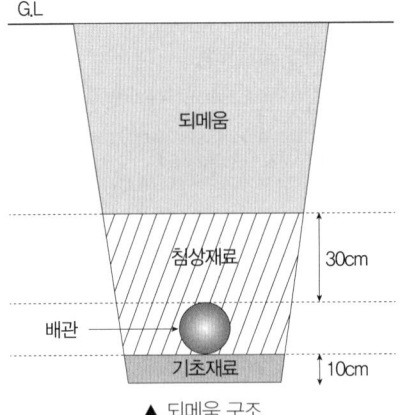

▲ 되메움 구조

⑤ 배관 매설 깊이 기준

공동주택 등의 부지 안	0.6m 이상
폭 8m 이상 도로	1.2m 이상
폭 4m 이상 8m 미만 도로	1m 이상

> **보충 TIP** 입상관
>
> 입상관의 밸브는 밸브 손잡이가 부착된 부분(중심)을 기준으로 바닥으로부터 1.6m 이상 2m 이내에 설치한다. (다만, 부득이하게 1.6m 이상 2m 이내에 설치하지 못할 경우 다음 기준을 따른다)
> (1) 입상관 밸브 높이가 1.6m 미만인 경우
>   입상관 밸브를 불연재료의 보호상자 안에 설치한다.
> (2) 입상관 밸브 높이가 2m를 초과한 경우
>   • 원격으로 차단이 가능한 전동밸브를 설치한다.
>   • 입상관 밸브 차단을 위한 전용계단을 견고하게 고정·설치한다.

5. 일반도시가스 공급시설 배관의 긴급차단장치 및 가스공급차단장치

(1) 긴급차단장치 설치

① 설치목적: 공급권역에 설치하는 배관에는 지진이나 대형가스 누출로 인한 긴급사태에 대비하여 구역별로 가스공급을 차단할 수 있는 원격조작에 의한 긴급차단장치나 이와 동등 이상의 효과가 있는 장치를 설치한다.

② 설치사항
   ㉠ 긴급차단장치가 설치된 가스도매사업자의 배관: 일반도시가스사업자에게 전용으로 공급하기 위한 것으로서, 긴급차단장치로 차단되는 구역의 수요자 수가 20만 미만일 것
   ㉡ 가스누출 등으로 인한 긴급차단 시: 사업자 상호간에 공용으로 긴급차단장치를 사용할 수 있도록 사용계약과 상호협의체제가 구축(문서로 증명)되어 있을 것
   ㉢ 연락 가능사항: 양사 간 유·무선으로 2개 이상의 통신망을 통해 상시 연락이 가능할 것
   ㉣ 합동 비상훈련 및 작동사항: 6개월에 1회 이상 실시할 것
   ㉤ 가스공급을 차단할 수 있는 구역: 수요자수가 20만 이하가 되도록 한다. 다만, 구역을 설정한 후 수요자수가 증가하여 20만을 초과하게 되는 경우에는 25만 미만으로 할 수 있다.

(2) 가스공급차단장치 설치

① 고압이나 중압배관에서 분기되는 배관: 분기점 부근이나 그 밖에 배관의 유지관리에 필요한 곳에는 위급한 때에 도시가스를 신속히 차단할 수 있는 장치를 설치한다. (다만, 분기하여 설치하는 배관의 길이가 50m 이하인 것으로서 도로와 평행하게 매몰되어 있는 규정에 따라 가스차단장치를 설치하는 경우는 제외한다)

② 도로와 평행하여 매설되어 있는 배관으로부터 가스의 사용자가 소유하거나 점유한 토지에 이르는 배관 호칭지름 65mm(가스용폴리에틸렌관은 공칭외경 75mm)를 초과하는 배관에 가스공급차단장치를 설치한다.

6. 도시가스공급시설의 계기실

가스공급시설을 제어하기 위해 기기를 설치한 계기실은 다음 기준을 따른다.

출입문, 창문	창문은 망입(網入)유리 및 안전유리로 한다. 또한, 유지관리 및 안전 확보에 필요한 최소한의 창문을 제외한 나머지 창문에 대하여는 가스공급시설에 인접한 방향으로 향하지 않도록 설치한다.
계기실 구조	내화구조로 한다.
내장재	불연성재료로 한다. 다만, 바닥재료는 난연성재료를 사용할 수 있다.
출입구 장소	출입구는 2곳 이상에 설치한다.
출입문	• 출입문은 방화문으로 하며, 그 중 1곳은 위험한 장소로 향하지 않도록 설치한다. • 쉽게 열리지 않도록 한다.

7. 노출가스 배관 설치 및 안전점검원 선임

(1) 노출배관 방호설비 기준

① 노출 배관길이가 15m 이상인 배관
   ㉠ 가드레일은 0.9m 이상 높이로 한다.
   ㉡ 점검통로 폭은 80cm 이상으로 한다.
   ㉢ 발판은 통행 상 지장이 없는 각목으로 한다.
   ㉣ 점검 통로 조명의 조도는 70lx 이상이고, 가스배관 수평거리 1m 이내에 설치한다.

② 노출 배관길이가 20m 이상인 배관에 설치하는 가스누출경보기 설치기준
   ㉠ 20m마다 설치하고, 근무자가 상주하는 곳에 경보음이 전달되어야 한다.
   ㉡ 현장 상황에 맞추어 작업장에 경광등을 설치한다.

(2) 도시가스 사업자의 안전점검원 선임기준 배관

① 선임대상 배관: 공공도로 내의 공급관(단, 사용자 공급관, 사용자 소유 본관, 내관은 제외한다.)
② 선임 시 고려사항
   ㉠ 배관 매설지역(도심지역, 시외곽 지역 등)
   ㉡ 시설의 특성(배관의 설치년도, 배관의 재질, 사용압력, 매설심도 등)
   ㉢ 배관의 노출유무, 굴착공사 빈도 등
   ㉣ 안전장치의 설치 유무(원격차단밸브, 전기방식 등)
   ㉤ 그 밖에 필요한 사항

(3) 선임기준 배관길이

배관길이 60km 이하의 범위에서 15km를 기준으로 1명씩 선임된 자(배관 안전점검원)로 한다.

8. 도시가스 공동주택 압력조정기 설치기준

공동주택 공급압력	전체 세대 수
중압 이상	150세대 미만인 경우
저압	250세대 미만인 경우

> **핵심 Point** 도시가스 배관망의 전산관리 대상 항목
> - 설치도면
> - 시방서
> - 시공자

4 사용시설

1. 도시가스 기준

(1) 도시가스의 구분
① 고압: 1MPa 이상의 압력을 말한다.
② 중압: 0.1MPa 이상 1MPa 미만의 압력을 말한다.(단, 액화가스가 기화되고 다른 물질과 혼합되지 않은 경우 0.01MPa 이상 0.2MPa 미만)
③ 저압: 0.1MPa 미만의 압력을 말한다.(단, 액화가스가 기화되고 다른 물질과 혼합되지 않은 경우 0.01MPa 미만)

(2) 설비 점검
① 가스설비 점검: 가스사용시설에 설치된 압력조정기는 1년에 1회 이상(필터 또는 스트레이너의 청소는 설치 후 3년까지는 1회 이상, 그 이후에는 4년에 1회 이상) 다음 사항에 대하여 안전점검을 실시한다.
  ㉠ 압력조정기의 정상 작동 유무
  ㉡ 필터 또는 스트레이너의 청소 및 손상 유무
  ㉢ 압력조정기의 몸체 및 연결부의 가스 누출 유무
  ㉣ 격납상자 내부에 설치된 압력조정기의 경우, 격납상자의 견고한 고정 여부
  ㉤ 건축물 내부에 설치된 압력조정기의 경우, 가스 방출구의 실외 안전장소 설치 여부
② 배관설비 점검: 가스 사용자는 가스사용시설의 안전을 확보하기 위하여 그 설비의 작동 상황을 1일 1회 이상 점검하고, 이상이 있을 때에는 지체 없이 보수 등 필요한 조치를 한다.
③ 정압기 분해 점검: 정압기와 필터의 경우에는 설치 후 3년까지는 1회 이상, 그 이후에는 4년에 1회 이상 분해점검을 실시한다.

(3) **사고예방설비 기준**

① 정압기에는 안전밸브와 가스 방출관을 설치하고, 가스 방출관의 방출구는 주위에 불 등이 없는 안전한 위치로서 지면으로부터 5m 이상의 높이에 설치한다. 다만, 전기시설물과의 접촉 등으로 사고의 우려가 있는 장소에서는 3m 이상으로 할 수 있다.

② 정압기실에는 누출된 가스를 검지하여 이를 안전관리자가 상주하는 곳에 통보할 수 있도록 가스 누출검지통보설비를 설치한다. 가스누출경보기의 기능은 다음 기준에 적합한 것으로 한다.

　㉠ 가스의 누출을 검지하여 그 농도를 지시함과 동시에 경보를 울리는 것으로 한다.

　㉡ 미리 설정된 가스 농도(폭발하한계의 1/4 이하)에서 60초 이내에 경보를 울리는 것으로 한다.

　㉢ 경보를 울린 후에는 주위의 가스 농도가 변화되어도 계속 경보를 울리며, 확인 또는 대책을 강구함에 따라 경보가 정지되는 것으로 한다.

　㉣ 담배연기 등 잡가스에 경보를 울리지 않는 것으로 한다.

(4) **가스사용시설의 월 사용 예정량**

$$Q = \frac{(A \times 240) + (B \times 90)}{11{,}000}$$

Q: 월사용예정량[m³], A: 산업용으로 사용하는 연소기 명판의 도시가스 소비량 합계[kcal/h]
B: 산업용이 아닌 연소기 명판의 도시가스 소비량 합계[kcal/h]

> **핵심 Point** 　건축물 내에 매설하는 배관의 재료
> - 스테인리스강관
> - 동관
> - 가스용 금속 플렉시블 호스

5 정압기 및 굴착공사

1. 정압기 기준

(1) **정압기실 재료**

① 정압기에 위해를 미치지 않도록 철근콘크리트 등 불연재료를 사용한다.

② 정압기실에 흡음재를 부착하는 경우 흡음재의 재료는 불연·준불연 또는 난연재료로 설치한다.

(2) **정압기 구조**

① 정압기실 내부 공간의 크기는 정압기를 조작하는 데 필요한 크기 이상으로 한다.

② 정압기실에는 가스공급시설 외의 시설물을 설치하지 않는다.

③ 침수 위험이 있는 지하에 설치하는 정압기에는 침수방지조치를 한다.

(3) **정압기 성능**

정압기는 도시가스를 안전하고 원활하게 수송할 수 있도록 하기 위하여 다음 기준에서 기밀성능(시공감리를 받은 후의 정기검사 및 자율적인 검사 시에는 사용압력 이상의 압력에서 누출 성능)을 갖는 것으로 한다.

① 정압기의 입구측: 최고사용압력의 1.1배

② 정압기의 출구측: 최고사용 압력의 1.1배 또는 8.4kPa 중 높은 압력 이상

(4) 정압기실 시설기준

① 방출관의 높이는 지면으로부터 5m 이상으로 한다.(단, 전기시설물과의 접촉 우려 시 3m 이상)
② 방출관(분출부)의 크기는 입구 압력과 유량에 따른 기준에 의해 산정한다.
　㉠ 입구압력 0.5MPa 이상인 경우 50A 이상으로 한다.
　㉡ 입구압력 0.5MPa 미만
　　• 유량이 1,000Nm³/h 이상인 경우 50A 이상으로 한다.
　　• 유량이 1,000Nm³/h 미만인 경우 25A 이상으로 한다.
③ 자연환기 적용 시설의 환기구 크기는 1m²당 300cm² 이상으로 한다.
④ 기계환기 적용 시설의 환기시설 용량은 1m²당 0.5m³/min으로 한다.
⑤ 가스누출경보기의 검지부 설치 개수는 바닥면 둘레 20m에 대하여 1개 이상으로 한다.
⑥ 지상에 설치하는 정압기실의 벽은 두께 120mm 이상으로 하되, 직경 9mm 이상의 철근을 가로·세로 400mm 이하의 간격으로 배근하고, 모서리 부분의 철근을 확실히 결속한다. (다만, 단독 사용자에게 가스를 공급하는 정압기의 경우에는 위 기준을 따르지 않을 수 있다)

(5) 지하에 설치되는 정압기실 설치기준

자연환기설비를 설치할 수 없거나 공기보다 비중이 무거운 가스로서 정압기실이 지하에 설치된 경우에는 다음 기준에 적합한 기계환기설비를 설치한다.

구분	공기보다 가벼움	공기보다 무거움
통풍능력	바닥면적 1m² 마다 0.5m³/분 이상	
흡입구, 배기구 관경	100mm 이상	
환기구 방향	2방향 분산설치	
배기구 위치	천장면에서 30cm	지면에서 30cm
배기가스 방출관 높이	지면에서 3m 이상	지면에서 5m 이상 (단, 공기보다 비중이 가벼운 배기가스인 경우 또는 전기시설물과의 접촉 우려시 3m 이상으로 할 수 있다.)

> **보충 TIP 과압안전장치 설정 압력**
>
> 정압기에 설치되는 이상압력 통보설비, 긴급차단장치 및 안전밸브의 설정압력은 아래와 같다.
>
> | 구분 | | 상용압력이 2.5kPa인 경우 | 그 밖의 경우 |
> |---|---|---|---|
> | 이상압력 통보설비 | 상한값 | 3.2kPa 이하 | 상용압력의 1.1배 이하 |
> | | 하한값 | 1.2kPa 이하 | 상용압력의 0.7배 이하 |
> | 주정압기에 설치하는 긴급차단장치 | | 3.6kPa 이하 | 상용압력의 1.2배 이하 |
> | 안전밸브 | | 4.0kPa 이하 | 상용압력의 1.4배 이하 |
> | 예비정압기에 설치하는 긴급차단장치 | | 4.4kPa 이하 | 상용압력의 1.5배 이하 |

2. 도로 굴착공사

(1) 굴착공사정보지원센터(EOCS, Excavation One-Call System)
① 개요 : 굴착공사로부터 가스배관의 파손사고 예방을 위한 굴착공사 지원 업무를 효율적으로 수행하기 위하여 한국가스안전공사에서 운영하고 있는 기구이다.
② 관계법령
  ㉠ 고압가스 안전관리법 제23조의2
  ㉡ 액화석유가스 안전관리 및 사업법 제49조의2
  ㉢ 도시가스사업법 제30조의2
③ 굴착공사 신고대상 : 도시가스 사업이 허가된 지역에서의 구멍 뚫기, 말뚝박기, 터파기 등의 굴착공사

(2) 도로 굴착공사에 의한 배관손상 방지기준
① 착공 전 도면을 확인하여 가스배관 및 기타 매설물을 조사해야 한다.
② 점검통로 조명시설을 하여야 하는 노출 배관 길이는 15m 이상이다.
③ 배관이 있는 2m 이내에서 줄파기 공사를 진행할 경우, 안전관리전담자의 입회 하에 작업을 시행해야 한다.
④ 가스배관 주위 1m 이내로는 인력으로 굴착하여야 한다.
⑤ 배관이 하천 횡단 시 주위 흙이 사질토라면 방호구조물의 비중은 물보다 커야 한다.

(3) 굴착공사 시 협의서를 작성하는 경우
① 배관길이가 100m 이상인 굴착공사
② 중압 이상 배관이 100m 이상의 노출이 예상되는 굴착공사
③ 천재지변 사고로 인한 긴급굴착공사
④ 급수를 위한 길이 100m, 너비 3m 이하 굴착공사(단, 현장에서 도시가스사업자와 공동으로 협의하고, 안전점검원 입회 하에 공사가 가능하다.)

CHAPTER 04 수소 안전관리

[가스 안전관리]

1 수소경제 육성 및 수소 안전관리

1. 수소법

(1) 목적

수소경제 이행 촉진을 위한 기반 조성 및 수소산업의 체계적 육성을 도모하고 수소의 안전관리에 관한 사항을 정함으로써 국민경제의 발전과 공공의 안전확보에 이바지함을 목적으로 한다.

(2) 수소경제 육성 분야의 주요사항

① 수소경제 이행에 필요한 기본계획에 관한 사항
② 수소전문기업의 육성에 관한 사항
③ 수소연료공급시설 설치에 관한 사항
④ 청정수소 인증에 관한 사항
⑤ 전문인력 양성에 관한 사항
⑥ 전담기관의 지정, 사업에 관한 사항

(3) 수소 안전관리 분야의 주요 업무 및 규제사항

① 수소용품 제조 등의 허가 및 등록에 관한 사항
② 안전관리규정 및 작성, 심사에 관한 사항
③ 안전관리자의 선임에 관한 사항
④ 수소용품의 검사기준에 관한 사항
⑤ 수소연료사용시설의 기술·검사기준에 관한 사항

2. 용어의 정의

① "수소경제"란 수소의 생산 및 활용이 국가, 사회 및 국민생활 전반에 근본적 변화를 선도하여 새로운 경제성장을 견인하고 수소를 주요한 에너지원으로 사용하는 경제산업구조를 말한다.
② "수소산업"이란 수소의 생산·저장·운송·충전·판매 및 연료전지, 수소가스 터빈 등 수소를 활용하는 장비와 이에 사용되는 제품·부품·소재 및 장비의 제조 등 수소와 관련한 산업을 말한다.
③ "수소전문기업"이란 수소산업과 관련된 사업을 영위하는 기업으로서 다음의 하나에 해당하는 기업을 말한다.
　㉠ 총매출액 중 수소사업과 관련된 매출액이 차지하는 비중이 대통령령으로 정하는 기준에 해당하는 기업
　㉡ 총매출액 대비 수소사업 관련 연구개발 등에 대한 투자금액이 차지하는 비중이 대통령령으로 정하는 기준에 해당하는 기업
④ "수소전문투자회사"란 자산을 운용하여 그 수익을 주주에게 배분하는 것을 목적으로 설립된 회사를 말한다.
⑤ "수소특화단지"란 수소경제 이행을 촉진하기 위하여 지정된 지역을 말한다.
⑥ "연료전지"란 신에너지의 하나로서 수소와 산소의 전기화학적 반응을 통하여 전기와 열을 생산하는 설비와 그 부대설비를 말한다.

⑦ "수소연료공급시설"이란 수송·건물·발전 등의 용도로 사용되는 연료전지, 수소가스터빈 등 수소를 활용하는 장비에 수소를 공급하는 시설로서 산업통상자원부령으로 정하는 시설을 말한다.
⑧ "청정수소"란 인증받은 수소 또는 수소화합물로서 다음의 하나에 해당하는 것을 말한다.
　㉠ 무탄소수소: 수소의 생산·수입 등의 과정에서 온실가스를 배출하지 아니하는 수소
　㉡ 저탄소수소: 수소의 생산·수입 등의 과정에서 온실가스를 대통령령으로 정하는 기준 이하로 배출하는 수소
　㉢ 저탄소수소화합물: 수소의 운송 등을 위하여 생산된 수소화합물로서 생산·수입 등의 과정에서 온실가스를 대통령령으로 정하는 기준 이하로 배출하는 수소화합물
⑨ "수소발전"이란 수소 또는 수소화합물을 연료로 전기 또는 전기와 열을 생산하는 것을 말한다.
⑩ "수소발전사업자"란 발전사업자 또는 자가용전기설비를 설치한 자로서 수소발전을 하는 사업자를 말한다.
⑪ "수소용품"이란 연료전지와 수소관련 용품으로서 산업통상자원부령으로 정하는 용품을 말한다.
　㉠ 고정형 연료전지(연료소비량 232.6kW 이하)와 그 부대설비
　㉡ 이동형 연료전지와 그 부대설비
　㉢ 수전해설비
　㉣ 수소추출설비
⑫ "수소연료사용시설"이란 연료전지, 수소가스터빈 등을 설치하여 전기 또는 열을 사용하기 위한 시설로서 산업통상자원부령으로 정하는 시설을 말한다.
⑬ "수소가스터빈"이란 수소 또는 수소를 포함하는 연료를 연소하여 발생하는 열에너지를 운동에너지로 전환하는 원동기를 말한다.

2 수소 인프라

1. 수소의 생산

(1) **수전해법**: 순수한 물(H_2O)을 전기분해하여 수소를 생산한다.

$$2H_2O \rightarrow 2H_2 + O_2$$

(2) **수성가스법**: 석탄, 코크스 등의 가스화(Gasification)를 통하여 수소를 생산한다.

$$CO + H_2O \rightarrow CO_2 + H_2$$

(3) **석유분해법**: 수증기를 이용한 개질법(Reforming), 부분산화법 등이 있다.

- 파라핀계 탄화수소의 분해: $C_{10}H_{22}$ (데칸) + $H_2 \rightarrow C_5H_{12}$ (펜탄) + C_5H_{12} (펜탄)
- 나프텐계 탄화수소의 분해: C_7H_{14} (사이클로헵테인) + $H_2 \rightarrow C_6H_{12}$ (사이클로헥세인) + CH_4 (메탄)
- 방향족 탄화수소의 분해: C_7H_8 (톨루엔) + $3H_2 \rightarrow C_6H_{12}$ (사이클로헥세인) + CH_4 (메탄)

(4) **이외에도 천연가스 분해법, 일산화탄소 전화법 등이 있다.**

$$CH_4 \rightarrow C + 2H_2$$

(5) 수소 추출설비 성능 유지 및 안전관리 기준
  ① 제조사업자의 안전관리자: 정기품질검사와 상시샘플검사를 실시한다.
  ② 수소추출설비의 범위: KGS AH171(수소추출설비 제조의 시설, 기술, 검사기준)

2. 수소의 저장 및 수송

(1) 수소의 저장
  ① 수소의 저장은 물리적 성상에 따라 고체 저장, 액체 저장, 기체 저장으로 나눌 수 있다.
  ② 금속 수산화물, 액체 유기 화합물과 같이 다른 물질과의 결합 형태로 저장할 수 있다.
  ③ 현재 가장 보편적인 저장방법은 기체 형태로 저장하는 것이다.

(2) 수소의 수송
  ① 기체 운송
    ㉠ 튜브트레일러를 이용한 고압 기체 운송방법이 있다.
    ㉡ 배관(Pipe line)을 이용한 저압 기체 운송방법이 있다.
  ② 액체 운송: 액화수소 운송과 액상수소 운송으로 구분된다.
  ③ 현재 국내의 수소 운송은 대부분 기체 운송으로 이루어지고 있다.

3 수소의 색상과 CCUS

1. 수소의 생산방식에 따른 색상 분류 체계

구분	내용
브라운 수소 (Brown Hydrogen)	• 원료: 석탄 또는 갈탄 • 제조 방식: 고온, 고압에서 가스화하여 수소를 얻는다. • 생산과정 중에 다량의 온실가스가 발생한다.
그레이 수소 (Gray Hydrogen)	• 원료: 천연가스 • 제조방식: 고온·고압의 수증기와 반응시켜 수소를 생산한다. • 생산과정 중에 다량의 온실가스가 발생한다.
블루 수소 (Blue Hydrogen)	• 원료: 천연가스 • 제조방식: 그레이수소 방식으로 수소를 생산한다. • 생산과정 중에 발생한 온실가스는 CCS 기술을 적용하여 처리한다.
그린 수소 (Green Hydrogen)	• 원료: 물(H_2O) • 제조방식: 재생에너지로 물을 전기분해(수전해)하여 수소를 생산한다. • 생산과정 중에 온실가스 발생이 없는 이상적인 시스템이다.
핑크수소 (Pink Hydrogen)	• 원료: 물(H_2O) • 제조방식: 원자력 발전에서 생성된 전기와 증기를 활용한 수전해 시스템이다. • 생산과정 중에 온실가스가 발생하지 않는다.

2. 탄소포집 및 활용, 저장기술(CCUS, Carbon Capture, Utilization & Storage)

온실가스의 대부분을 차지하는 이산화탄소(CO_2)를 포집하여 활용하고 저장하는 기술을 의미한다.

① Carbon Capture: 발전소, 제철소, 석유화학 플랜트 등에서 발생되는 CO_2를 선택적으로 포집하는 기술이다.
② Utilization: 포집된 CO_2를 폐기하지 않고 화학원료 등 재자원화 할 수 있도록 활용하는 기술이다.
③ Storage: 활용되지 않는 CO_2를 지하의 폐유전이나 폐가스전에 주입, 안전하게 저장하는 기술이다.

4 수소용품의 검사

1. 수소용품의 검사 일반사항

(1) 개요

① 수소용품을 제조하거나 수입한 자(외국수소용품 제조자를 포함한다)는 그 수소용품을 판매하거나 사용하기 전에 산업통상자원부장관(외국수소용품 제조자의 경우에만 해당한다) 또는 시장·군수·구청장의 검사를 받아야 한다.(다만, 대통령령으로 정하는 수소용품은 검사의 전부 또는 일부를 생략할 수 있다.)
② 산업통상자원부장관 또는 시장·군수·구청장은 검사에 합격한 수소용품에는 산업통상자원부령으로 정하는 바에 따라 필요한 사항을 각인하거나 표시하여야 한다.
③ 검사를 받아야 하는 수소용품으로서 검사를 받지 아니한 수소용품은 양도·임대 또는 사용하거나 판매를 목적으로 진열을 하여서는 아니 된다.
④ 검사의 기준과 기간, 그 밖에 검사에 필요한 사항은 산업통상자원부령으로 정한다. 검사를 받지 않은 수소용품 제조업자 또는 수입업자는 2년 이하의 징역 또는 2천만원 이하의 벌금을 부과한다.

(2) 검사기준

① 제조시설 검사기준: 수소용품 제조시설에 대한 검사는 제조설비 및 검사설비를 갖추었는지를 확인하기 위하여 필요한 항목에 대하여 적절한 방법으로 실시할 것
② 제품 검사기준

검사 종류	대상	항목	주기
제품확인검사	생산공정검사 또는 종합공정검사 대상 외의 품목	정기품질검사	2개월에 1회
		상시샘플검사	신청 시마다
생산공정검사	제조공정·자체검사 공정에 대한 품질시스템의 적합성을 충족할 수 있는 품목	정기품질검사	3개월에 1회
		공정확인심사	3개월에 1회
		수시품질검사	1년에 2회 이상
종합공정검사	공정 전체(설계·제조·자체검사)에 대한 품질시스템의 적합성을 충족할 수 있는 품목	종합품질관리체계검사	6개월에 1회
		수시품질검사	1년에 1회 이상

2. 수소용품의 합격표시

(1) 합격표시
검사에 합격한 수소용품에 대하여 국가통합인증마크(이하 "KC마크"라 한다)를 부착하거나 각인(刻印)하는 방법으로 표시해야 한다.

(2) 연료전지
쉽게 식별할 수 있는 곳에 다음과 같이 KC마크를 부착한다.

크기는 30mm×30mm로 하고 바탕색은 은백색, 문자색은 검은색으로 한다.
다만, 복수 인증제품으로 「국가표준기본법」에 따라 별도로 고시하는 경우에는 KC마크의 높이와 색상을 변경할 수 있다.

(3) 수전해설비 및 수소추출설비
수전해설비 및 수소추출설비에는 KC마크를 쉽게 식별할 수 있는 곳에 각인을 한다.(단, 크기는 6mm×10mm로 한다.)

5 연료전지 및 안전관리

1. 연료전지

(1) 개요
기본원리는 물(H_2O) 전기분해의 역반응으로 산화환원반응이며, 전자의 외부 흐름이 전류를 형성하여 전기를 발생시킨다.

(2) 구성
① 셀(Cell)
② 막전극접합체
③ 전해질막
④ 촉매층
⑤ 가스확산층
⑥ 가스켓, 분리판 등

(3) 연료전지의 종류

분류	연료전지 종류
고온형 연료전지 (대규모 발전 시스템용)	• 용융탄산염 연료전지(MCFC) • 고체산화물 연료전지(SOFC)
저온형 연료전지 (수송용, 휴대용, 가정용, 상업용)	• 인산형 연료전지(PAFC) • 고분자전해질 연료전지(PEMFC) • 직접메탄올 연료전지(DMFC) • 알칼리 연료전지(AFC)

(4) **고정형 연료전지에 관한 안전기준**

① 고정형 연료전지 안전기준: KGS AH371(고정형 연료전지 제조의 시설·기술·검사기준)

② 재료(수소취성) 및 용기: KGS AC111(고압가스용 저장탱크 및 압력용기 제조의 시설·기술·검사기준)

(5) **이동형 연료전지에 관한 안전기준**

① 지게차용 연료전지: KGS AH372(이동형 연료전지(지게차용) 제조의 시설·기술·검사기준)

② 드론용 연료전지: KGS AH373(이동형 연료전지(드론용) 제조의 시설·기술·검사기준)

2. 수소 안전관리

(1) **안전관리자의 자격과 선임 기준**

구분	선임인원	자격
안전관리총괄자	1명	해당 사업자(법인의 경우 그 대표자)
안전관리부총괄자	1명	해당 사업자의 수소용품 제조시설을 직접 관리하는 최고 책임자
안전관리책임자	1명 이상	• 일반기계기사, 화공기사, 금속기사, 가스산업기사 이상의 자격을 갖춘 자 • 일반시설 안전관리자 양성교육을 이수한 자(근로자 수 10명 미만인 시설로 한정)
안전관리원	1명 이상	• 가스기능사 이상의 자격을 가진 사람 • 일반시설 안전관리자 양성교육을 이수한 자

3. 수소 안전관리규정

(1) **개요**

수소용품 제조사업자는 규정을 준수, 이행하며 한국가스안전공사에 안전관리규정을 제출, 심사받아야 한다.

(2) **안전관리규정에 포함되어야 할 내용**

① 목적

② 안전관리자의 직무·조직 및 책임에 관한 사항

③ 종업원의 교육과 훈련에 관한 사항

④ 위해 발생 시의 소집방법·조치·훈련에 관한 사항

⑤ 검사장비에 관한 사항

⑥ 수소용품의 공정검사검사표 등에 관한 사항

⑦ 하청업자 등 외부인의 안전관리규정 적용에 관한 사항

⑧ 안전관리규정 위반행위자에 대한 조치에 관한 사항

⑨ 그 밖에 안전관리의 유지에 관한 사항

(3) **안전관리규정 심사**

① 안전관리규정에 대한 한국가스안전공사의 의견을 들으려는 자는 안전관리규정 심사신청서에 안전관리규정을 첨부하여 한국가스안전공사에 제출해야 한다.

② 한국가스안전공사는 신청을 받으면 7일 이내에 심사의견서를 신청인에게 송부해야 한다. (다만, 내용을 보완할 필요가 있는 경우에는 그 기간을 연장할 수 있다.)

③ 안전관리규정의 심사기준과 그 밖에 심사에 필요한 사항은 산업통상자원부장관이 정하여 고시한다.

(4) **안전교육 실시**
① 교육계획의 수립
　㉠ 수립 기관: 한국가스안전공사
　㉡ 관련 내용: 다음 연도의 전문교육과 양성교육 실시계획
　㉢ 보고 기관: 관할 시장·군수·구청장
② 교육신청
　㉠ 전문교육 대상자: 1개월 이내 교육 수강 신청(다만, 부득이한 사유로 교육 수강 신청을 하지 못한 사람은 그 사유가 없어진 날부터 1개월 이내에 교육 수강 신청을 해야 한다.)
　㉡ 양성교육 대상자: 한국가스안전공사가 매년 초에 지정하는 기간에 교육 수강 신청을 해야 한다.
③ 교육일시 통보: 교육 시작일 10일 전까지 교육대상자에게 교육장소와 교육일시를 알려야 한다.
④ 교육과정, 대상자 및 시기

교육과정	교육대상자	교육내용	교육시기
전문교육	• 안전관리책임자 • 안전관리원	• 수소용품 검사실무 • 검사장비 및 안전관리규정 운용 등	신규 종사 후 6개월 이내 및 그 후에는 3년이 되는 해마다 1회
양성교육	• 일반시설 안전관리자가 되려는 사람	• 수소안전관리 관련 법규 • 가스개론 등	—

가스 안전관리
합격을 다지는 빈출문제

01
고압가스안전관리법의 적용을 받는 고압가스의 종류 및 범위로서 틀린 것은?

① 상용의 온도에서 압력이 1MPa 이상이 되는 압축가스
② 섭씨 35도의 온도에서 압력이 0MPa를 초과하는 아세틸렌 가스
③ 상용의 온도에서 압력이 0.2MPa 이상이 되는 액화가스
④ 섭씨 35도의 온도에서 압력이 0Pa을 초과하는 액화가스 중 액화시안화수소

해설
아세틸렌 가스는 섭씨 15도의 온도에서 압력이 0Pa을 초과할 때 고압가스 안전관리법 적용가스이다.

관련이론 고압가스안전관리법의 고압가스 범위
- 상용 또는 35°C에서 1MPa 이상이 되는 압축가스(단, 아세틸렌 가스는 제외한다.)
- 15°C에서 0Pa을 초과하는 아세틸렌 가스
- 상용 온도에서 0.2MPa 이상이 되는 액화가스
- 압력이 0.2MPa이 되는 경우 35°C 이하인 액화가스
- 35°C에서 0Pa을 초과하는 액화가스 중 액화시안화수소, 액화브롬화메탄 및 액화산화에틸렌 가스

정답 | ②

02
고압가스 저장탱크 및 처리설비에 대한 설명으로 틀린 것은?

① 가연성 저장탱크를 2개 이상 인접 설치 시에는 0.5m 이상의 거리를 유지한다.
② 지면으로부터 매설된 저장탱크 정상부까지의 깊이는 60cm 이상으로 한다.
③ 저장탱크를 매설한 곳의 주위에는 지상에 경계 표지를 한다.
④ 독성가스 저장탱크실과 처리설비실에는 가스누출 검지경보장치를 설치한다.

해설
가연성 저장탱크를 2개 이상 인접 설치 시에는 두 저장탱크의 최대지름을 합산한 길이의 $\frac{1}{4}$ 이상의 거리를 유지해야 한다.

정답 | ①

03
다음 각 가스의 품질검사 합격기준으로 옳은 것은?

① 수소: 99.0% 이상
② 산소: 98.5% 이상
③ 아세틸렌: 98.0% 이상
④ 모든 가스: 99.5% 이상

해설
아세틸렌 가스의 품질검사 합격기준은 98.0% 이상이다.

관련이론 고압가스의 제조시 품질검사 기준
- 수소: 98.5% 이상
- 산소: 99.5% 이상
- 아세틸렌: 98.0% 이상

정답 | ③

04 〈고난도〉

다음 중 방류둑을 설치하여야 할 기준으로 옳지 않은 것은?

① 저장능력이 5톤 이상인 독성가스 저장탱크
② 저장능력이 300톤 이상인 가연성가스 저장탱크
③ 저장능력이 1,000톤 이상인 액화석유가스 저장탱크
④ 저장능력이 1,000톤 이상인 액화산소 저장탱크

해설
가연성가스 저장탱크의 저장능력이 500톤 이상인 경우 방류둑을 설치한다.

관련이론 저장탱크 방류둑 설치기준
- 저장능력이 5톤 이상인 독성가스
- 저장능력이 500톤 이상인 가연성가스 저장탱크
- 저장능력이 1,000톤 이상인 액화산소 및 액화석유가스 저장탱크
- 저장능력이 1,000톤 이상인 도시가스 저장탱크
- 저장능력이 10,000L 이상의 고압가스 냉동 수액기

정답 | ②

05 〈고난도〉

독성가스 사용시설에서 처리설비의 저장능력이 45,000kg인 경우 제2종 보호시설까지 안전거리는 얼마 이상 유지하여야 하는가?

① 14m ② 16m
③ 18m ④ 20m

해설
처리 및 저장능력이 40,000m³ 초과 50,000m³ 이하인 경우 제2종 보호시설까지의 안전거리는 20m 이상으로 한다.

관련이론 독성가스 사용시설과의 안전거리

처리 및 저장능력	제1종 보호시설	제2종 보호시설
1만 이하	17m 이상	12m 이상
1만 초과 2만 이하	21m 이상	14m 이상
2만 초과 3만 이하	24m 이상	16m 이상
3만 초과 4만 이하	27m 이상	18m 이상
4만 초과 5만 이하	30m 이상	20m 이상

정답 | ④

06

특정설비 중 압력용기의 재검사 주기는?

① 3년마다 ② 4년마다
③ 5년마다 ④ 10년마다

해설
압력용기는 4년마다 재검사를 해야 한다.

관련이론 용기 및 특정설비의 재검사기간

용기 구분		신규검사 이후 사용 경과연수		
		15년 미만	15년~ 20년	20년이상
		재검사 주기		
용접 용기	500L 이상	5년마다	2년마다	1년마다
	500L 미만	3년마다	2년마다	1년마다
LPG 용접 용기	500L 이상	5년마다	2년마다	1년마다
	500L 미만	5년마다		2년마다
이음매 없는 용기	500L 이상	5년마다		
	500L 미만	신규검사 후 10년 이하		5년마다
		신규검사 후 10년 초과		3년마다
기화 장치	저장탱크 함께 설치	검사 후 2년 경과시 설치되어 있는 저장탱크의 재검사 때마다		
	저장탱크 없는 곳	3년마다		
압력용기		4년마다		

정답 | ②

07

액화석유가스 취급시설에서 정전기를 제거하기 위한 접지접속선(Bonding)의 단면적은 얼마 이상으로 하여야 하는가?

① 3.5mm² ② 4.5mm²
③ 5.5mm² ④ 6.5mm²

해설
본딩용 접지접속선의 단면적은 5.5mm² 이상이어야 하며, 접지저항의 총합은 100Ω 이하여야 한다. (단, 피뢰설비 설치 시 10Ω 이하여야 한다.)

정답 | ③

08

다음 중 전기설비 방폭구조의 종류가 아닌 것은?

① 접지방폭구조 ② 유입방폭구조
③ 압력방폭구조 ④ 안전증방폭구조

해설
접지방폭구조는 전기설비 방폭구조가 아니다.

관련이론 전기설비 방폭구조

종류	기호
본질안전방폭구조	ia, ib
안전증방폭구조	e
내압방폭구조	d
압력방폭구조	p
유입방폭구조	o
특수방폭구조	s

정답 | ①

09

액화석유가스의 용기보관소 시설기준으로 틀린 것은?

① 용기보관실은 사무실과 구분하여 동일 부지에 설치한다.
② 저장 설비는 용기 집합식으로 한다.
③ 용기보관실은 불연재료를 사용한다.
④ 용기보관실 창의 유리는 망입유리 또는 안전유리로 한다.

해설
저장 설비는 용기 집합식으로 하지 않는다.

관련이론 액화석유가스 용기저장소 시설·기술·검사 기준
- 용기보관실은 불연재료를 사용한다.
- 지붕은 불연재료를 사용한 가벼운 지붕으로 설치한다.
- 용기보관실의 벽은 방호벽으로 한다.
- 용기보관실은 사무실과 구분하여 동일 부지에 설치한다.
- 용기보관실 창의 유리는 망입유리 또는 안전유리로 한다.
- 저장 설비는 용기 집합식으로 하지 않는다.
- 용기보관실은 누출가스가 사무실로 유입되지 않도록 한다.

정답 | ②

10

고압가스 판매소의 시설기준에 대한 설명으로 틀린 것은?

① 충전용기의 보관실은 불연재료를 사용한다.
② 가연성가스·산소 및 독성가스의 저장실은 각각 구분하여 설치한다.
③ 용기보관실 및 사무실은 부지를 구분하여 설치한다.
④ 산소, 독성가스 또는 가연성가스를 보관하는 용기 보관실의 면적은 각 고압가스별로 $10m^2$ 이상으로 한다.

해설
용기보관실 및 사무실은 동일 부지 안에 구분하여 설치한다.

정답 | ③

11

가연성가스의 제조설비 중 전기설비를 방폭성능을 가지는 구조로 갖추지 아니하여도 되는 가스는?

① 암모니아 ② 염화메탄
③ 아크릴알데히드 ④ 산화에틸렌

해설
위험장소 안에 있는 전기설비에는 그 전기설비가 누출된 가스의 점화원이 되는 것을 방지하기 위하여 가연성가스(암모니아, 브롬화메탄 및 공기 중에서 자기발화하는 가스를 제외한다)의 제조설비 또는 저장설비 중 전기설비는 방폭성능을 갖도록 설치한다.

관련이론 전기방폭설비 설치 기준
가연성 가스를 저장, 취급하는 장소에서의 전기설비는 방폭구조를 하여야 한다. 암모니아와 브롬메탄은 가연성가스이기는 하나 폭발범위가 작고 화재·폭발에 대한 위험성이 적어 방폭구조를 적용하지 않아도 된다.

가스 구분	시공 기준
가연성 이외 가스(NH_3, CH_3Br 포함)	비방폭구조
가연성 가스(NH_3, CH_3Br 제외)	방폭구조

정답 | ①

12

액화독성가스의 운반질량이 1,000kg 미만 이동 시 휴대해야할 소석회는 몇 kg 이상이어야 하는가?

① 20kg
② 30kg
③ 40kg
④ 50kg

해설

운반하는 독성가스의 질량이 1,000kg 미만인 경우 20kg 이상의 소석회를, 1,000kg 이상인 경우 40kg 이상의 소석회를 휴대해야 한다.

운반하는 독성가스	1,000kg 미만	20kg 이상의 소석회
	1,000kg 이상	40kg 이상의 소석회

정답 | ①

13

고압가스 충전용 밸브를 가열할 때의 방법으로 가장 적당한 것은?

① 60℃ 이상의 더운물을 사용한다.
② 열습포를 사용한다.
③ 가스버너를 사용한다.
④ 복사열을 사용한다.

해설

고압가스 충전용 밸브는 40℃ 이하의 온수 및 열습포를 사용하여 가열한다.

정답 | ②

14

액화석유가스 충전소에서 저장탱크를 지하에 설치하는 경우에는 철근콘크리트로 저장탱크실을 만들고, 그 실내에 설치하여야 한다. 이 때 저장탱크 주위의 빈 공간에는 무엇을 채워야 하는가?

① 물
② 마른 모래
③ 자갈
④ 콜타르

해설

지하에 철근콘크리트 탱크실 내 저장탱크 설치시 저장탱크 주위 빈 공간에는 마른 모래를 채워 고정한다.

정답 | ②

15

가연성가스 충전용기 보관실의 벽 재료의 기준은?

① 불연재료
② 난연재료
③ 가벼운 재료
④ 불연 또는 난연재료

해설

가연성가스 및 산소의 충전용기 보관실의 벽은 그 저장설비의 보호와 그 저장설비를 사용하는 시설의 안전 확보를 위하여 불연재료를 사용하고, 가연성가스의 충전용기 보관실의 지붕은 가벼운 불연재료 또는 난연재료를 사용할 것

정답 | ①

16

도시가스로 천연가스를 사용하는 경우 가스누출경보기의 검지부 설치위치로 가장 적합한 것은?

① 바닥에서 15cm 이내
② 바닥에서 30cm 이내
③ 천장에서 15cm 이내
④ 천장에서 30cm 이내

해설

도시가스는 공기보다 가볍기 때문에 가스누출경보기의 검지부는 천장으로부터 30cm 이내에 설치하여야 한다.

관련이론 가스누출경보기의 검지부 설치 위치

- 공기보다 가벼운 가스: 천장에서 30cm 이내
- 공기보다 무거운 가스: 바닥에서 30cm 이내

정답 | ④

17

도시가스사업자는 가스공급시설을 효율적으로 관리하기 위하여 배관·정압기에 대하여 도시가스배관망을 전산화하여야 한다. 이 때 전산관리 대상이 아닌 것은?

① 설치도면   ② 시방서
③ 시공자   ④ 배관제조자

해설
배관제조자는 전산관리 대상이 아니다.

관련이론 도시가스 정압기, 배관 전산화 전산관리 대상
- 설치도면
- 시방서
- 시공자

정답 | ④

18

일반도시가스사업의 설치하는 가스공급시설 중 정압기의 설치에 대한 설명으로 틀린 것은?

① 건축물 내부에 설치된 도시가스사업자의 정압기로서 가스누출경보기와 연동하여 작동하는 기계환기설비를 설치하고 1일 1회 이상 안전점검을 실시하는 경우에는 건축물의 내부에 설치할 수 있다.
② 정압기에 설치되는 가스방출관의 방출구는 주위에 불 등이 없는 안전한 위치로서 지면으로부터 3m 이상의 높이에 설치하여야 하며, 전기시설물과의 접촉 등으로 사고의 우려가 있는 장소에서는 5m 이상의 높이로 설치한다.
③ 정압기에 설치하는 가스차단장치는 정압기의 입구 및 출구에 설치한다.
④ 정압기는 2년에 1회 이상 분해점검을 실시하고 필터는 가스공급 개시 후 1월 이내 및 가스공급개시 후 매년 1회 이상 분해점검을 실시한다.

해설
정압기에는 안전밸브 및 가스방출관을 설치하고 가스방출관의 방출구는 주위에 불 등이 없는 안전한 위치로서 지면으로부터 5m 이상의 높이에 설치한다. 다만, 전기시설물과의 접촉 등으로 사고의 우려가 있는 장소에서는 3m 이상으로 한다.

정답 | ②

19

고압가스판매자가 실시하는 용기의 안전점검 및 유지관리의 기준으로 틀린 것은?

① 용기아래부분의 부식상태를 확인할 것
② 완성검사 도래 여부를 확인할 것
③ 밸브의 그랜드너트가 고정핀으로 이탈방지를 위한 조치가 되어 있는지의 여부를 확인할 것
④ 용기캡이 씌워져 있거나 프로텍터가 부착되어 있는지의 여부를 확인할 것

해설
완성검사 도래 여부는 용기의 안전점검 및 유지관리의 기준이 아니다.

관련이론 용기의 안전점검 및 유지관리 기준
- 용기아래부분의 부식상태를 확인할 것
- 충전기한(재검사) 도래 여부를 확인할 것
- 밸브의 그랜드너트가 고정핀으로 이탈방지를 위한 조치가 되어 있는지의 여부를 확인할 것
- 용기캡이 씌워져 있거나 프로텍터가 부착되어 있는지의 여부를 확인할 것

정답 | ②

20

일반도시가스 배관을 지하에 매설하는 경우에는 표지판을 설치해야 하는데 몇 m 간격으로 1개 이상을 설치해야 하는가?

① 100m   ② 200m
③ 500m   ④ 1,000m

해설
일반도시가스 배관을 지하에 매설하는 경우 표지판을 200m 간격으로 설치해야 한다.

관련이론 표지판의 설치간격

도시가스 배관의 표지판		설치간격
일반도시가스 공급시설	제조소 및 공급소	500m
	제조소 및 공급소 밖	200m
가스도매사업 공급시설	제조소 및 공급소	500m
	제조소 및 공급소 밖	500m

※ 표지판 기준: 200mm(가로) × 152mm(세로), 황색바탕에 검정색 글자

정답 | ②

21

지하에 매설된 도시가스 배관의 전기방식 기준으로 틀린 것은?

① 전기방식전류가 흐르는 상태에서 토양 중에 있는 배관 등의 방식전위 상한값은 포화황산동 기준전극으로 −0.85V 이하일 것
② 전기방식전류가 흐르는 상태에서 자연전위와의 전위변화가 최소한 −300mV일 것
③ 배관에 대한 전위측정은 가능한 배관 가까운 위치에서 실시할 것
④ 전기방식시설의 관대지전위 등을 2년에 1회 이상 점검할 것

해설
전기방식시설의 관대지전위 등을 1년에 1회 이상 점검한다.

정답 | ④

22

다음 중 보일러 중독사고의 주원인이 되는 가스는?

① 이산화탄소　② 일산화탄소
③ 질소　　　　④ 염소

해설
보일러에서 연료의 불완전연소시 일산화탄소(CO)가 발생하며 일산화탄소를 흡입하면 중독 및 호흡계 질환이 발생할 수 있고 장시간 흡입하면 사망할 수도 있다.

정답 | ②

23

액화석유가스의 안전관리 및 사업법에서 정한 용어에 대한 설명으로 틀린 것은?

① 저장설비란 액화석유가스를 저장하기 위한 설비로서 각종 저장탱크 및 용기를 말한다.
② 저장탱크란 액화석유가스를 저장하기 위하여 지상 또는 지하에 고정 설치된 탱크로서 그 저장능력이 3톤 이상인 탱크를 말한다.
③ 용기집합설비란 2개 이상의 용기를 집합하여 액화석유가스를 저장하기 위한 설비를 말한다.
④ 충전용기란 액화석유가스 충전 질량의 90% 이상이 충전되어 있는 상태의 용기를 말한다.

해설
충전용기란 액화석유가스 충전 질량의 50% 이상 충전되어 있는 상태를 말한다.
잔가스용기란 액화석유가스 충전 질량의 50% 미만 충전되어 있는 상태를 말한다.

정답 | ④

24　　　　　　　　　　　　　빈출도 ★★☆

LPG충전자가 실시하는 용기의 안전점검기준에서 내용적 얼마 이하의 용기에 대하여 "실내보관 금지" 표시여부를 확인하여야 하는가?

① 15L　　　　② 20L
③ 30L　　　　④ 50L

해설
LPG용기의 안전점검기준에서 15L 이하 용기는 실내보관 금지 표시를 부착하여야 하며 충전자가 직접 확인해야 한다.

정답 | ①

25

용기의 내부에 절연유를 주입하여 불꽃, 아크 또는 고온 발생 부분이 기름 속에 잠기게 함으로써 기름면 위에 존재하는 가연성 가스에 인화되지 않도록 한 방폭구조는?

① 압력방폭구조
② 유입방폭구조
③ 내압방폭구조
④ 안전증방폭구조

해설

용기의 내부에 절연유를 주입하여 불꽃, 아크 또는 고온발생 부분이 기름 속에 잠기도록 한 구조를 유입방폭구조(기호: o)라고 한다.

관련이론 방폭구조

방폭구조	기호	개요
내압방폭구조	d	용기 내부에서 폭발성 가스 또는 증기 폭발 시 용기가 해당 압력을 견디는 구조이다.
안전증방폭구조	e	점화원 또는 고온 부분 등의 발생을 방지하기 위해 기계적, 전기적으로 안전도를 증가시킨 구조이다.
압력방폭구조	p	용기 내부에 보호가스를 압입하여 내부압력을 유지함으로써 가연성가스가 용기 내부로 유입되지 않는 구조이다.
본질안전방폭구조	ia ib	전기불꽃아크 또는 고온부로 인하여 가연성가스가 점화되지 않는 것이 점화시험 등의 방법에 의해 확인된 구조이다.
유입방폭구조	o	용기 내부에 절연유를 주입하여 불꽃, 아크 또는 고온발생 부분이 기름 속에 잠기게 함으로써 가연성가스에 인화되지 않도록 한 구조이다.
특수방폭구조	s	명확하게 정해진 방법이 없으며 어느 조건이든 발화 가능성이 없도록 정해진 수준의 안전을 제공하는 방폭구조이다.

정답 | ②

26

LPG 충전·집단공급 저장시설의 공기에 의한 내압시험 시 상용압력의 일정 압력 이상으로 승압한 후 단계적으로 승압시킬 때, 상용압력의 몇 %씩 증가시켜 내압시험 압력에 달하였을 때 이상이 없어야 하는가?

① 5%
② 10%
③ 15%
④ 20%

해설

공기에 의한 내압시험 시 최초 시험압력의 50%까지 승압한 후, 상용압력의 10%씩 단계적으로 증가시켜 승압한다.

정답 | ②

27 〈고난도〉

고압가스의 충전 용기를 차량에 적재하여 운반하는 때의 기준에 대한 설명으로 옳은 것은?

① 염소와 아세틸렌 충전용기는 동일 차량에 적재하여 운반이 가능하다.
② 염소와 수소 충전용기는 동일 차량에 적재하여 운반이 가능하다.
③ 독성가스가 아닌 300m³의 압축 가연성 가스를 차량에 적재하여 운반하는 때에는 운반책임자를 동승시켜야 한다.
④ 독성가스가 아닌 2천kg의 액화 조연성가스를 차량에 적재하여 운반하는 때에는 운반책임자를 동승시켜야 한다.

해설

압축 가연성가스는 300m³ 이상을 차량에 적재하여 운반할 때 운반 책임자가 동승하여 운반에 대한 감독 또는 지원을 해야 한다.

관련이론 가스 운반 시 운반 책임자 동승 조건

가스종류		허용농도	적재용량
독성	압축가스	200ppm 초과 5,000ppm 이하	100m³ 이상
		200ppm 이하	10m³ 이상
	액화가스	200ppm 초과 5,000ppm 이하	1,000kg 이상
		200ppm 이하	100kg 이상
가연성 조연성	압축가스	가연성	300m³ 이상
		조연성	600m³ 이상
	액화가스	가연성	3,000kg 이상
		조연성	6,000kg 이상

정답 | ③

28

교량에 도시가스 배관을 설치하는 경우 보호조치 등 설계·시공에 대한 설명으로 옳은 것은?

① 교량첨가 배관은 강관을 사용하며, 기계적 접합을 원칙으로 한다.
② 제3자의 출입이 용이한 교량설치 배관의 경우 보행방지철조망 또는 방호철조망을 설치한다.
③ 지진발생 시 등 비상 시 긴급차단을 목적으로 첨가배관의 길이가 200m 이상인 경우 교량 양단의 가까운 곳에 밸브를 설치토록 한다.
④ 교량첨가 배관에 가해지는 여러 하중에 대한 합성응력이 배관의 허용응력을 초과하도록 설계한다.

선지분석
① 교량첨가 배관은 강관을 사용하며, 용접접합을 원칙으로 한다.
③ 긴급차단을 목적으로 첨가배관의 길이가 500m 이상인 경우 교량 양단의 가까운 곳에 밸브를 설치토록 한다.
④ 교량첨가 배관에 가해지는 여러 하중에 대한 합성 응력이 배관의 허용응력을 초과하지 않도록 설계한다.

정답 | ②

29

최대지름이 6m인 가연성가스 저장탱크 2개가 서로 유지하여야 할 최소 거리는?

① 0.6m ② 1m
③ 2m   ④ 3m

해설
탱크 간 이격거리 $= (D_1 + D_2) \times \dfrac{1}{4}$

- D: 지름[m]

이격거리 $= (6+6) \times \dfrac{1}{4} = 3m$

정답 | ④

30

LP가스 충전설비의 작동상황 점검주기로 옳은 것은?

① 1일 1회 이상   ② 1주일 1회 이상
③ 1월 1회 이상   ④ 1년 1회 이상

해설
액화석유가스 충전설비 작동상황 점검은 1일 1회 이상 한다.

정답 | ①

31

정전기에 대한 설명 중 틀린 것은?

① 습도가 낮을수록 정전기를 축적하기 쉽다.
② 화학섬유로 된 의류는 흡수성이 높으므로 정전기가 대전하기 쉽다.
③ 액상의 LP가스는 전기 절연성이 높으므로 유동 시에는 대전하기 쉽다.
④ 재료 선택 시 접촉 전위차를 적게 하여 정전기 발생을 줄인다.

해설
화학섬유로 된 의류는 흡수성이 낮으므로 정전기가 대전하기 쉽다.

정답 | ②

32

도시가스는 공기 중의 혼합비율의 용량이 얼마인 상태에서 감지할 수 있도록 냄새가 나는 물질을 섞어 용기에 충전하여야 하는가?

① 1/10   ② 1/100
③ 1/1,000   ④ 1/10,000

해설
부취제 주입 농도: $\dfrac{1}{1,000} = 0.1\%$

정답 | ③

33

고압가스안전관리법에서 규정된 특수반응설비가 아닌 것은?

① 암모니아 2차 개질로
② 에틸렌 제조시설의 아세틸렌 수첨탑
③ 메탄올 합성 반응탑
④ 도시가스 기화설비

해설
도시가스 기화설비는 특수반응설비에 해당하지 않는다.

관련이론 특수반응설비
- 암모니아 2차 개질로
- 에틸렌 제조시설의 아세틸렌 수첨탑
- 산화에틸렌 제조시설의 에틸렌과 산소 또는 공기와의 반응기
- 사이크로헥산 제조시설의 벤젠 수첨반응기
- 석유 정제 시의 중유 직접수첨탈황반응기 및 수소화분해반응기
- 저밀도 폴리에틸렌 중합기 또는 메탄올 합성 반응탑

정답 | ④

34

LP가스 사용시설에서 호스의 길이는 연소기까지 몇 m 이내로 하여야 하는가?

① 3m
② 5m
③ 7m
④ 9m

해설
호스의 길이는 연소기까지 3m 이내로 하고, 호스는 T형으로 연결하지 않는다.

관련이론 연소기까지의 호스길이
- 사용시설 배관 중 호스길이: 3m 이내
- LPG 충전기 호스길이: 5m 이내
- LNG 고정식, 이동식 충전기 호스길이: 8m 이내

정답 | ①

35

인체용 에어졸 제품의 용기에 기재하여야 할 사항으로 틀린 것은?

① 불 속에 버리지 말 것
② 가능한 한 인체에서 10cm 이상 떨어져서 사용할 것
③ 온도가 40℃ 이상 되는 장소에 보관하지 말 것
④ 특정부위에 계속하여 장시간 사용하지 말 것

해설
가능한 한 인체에서 20cm 이상 떨어져 사용할 것

관련이론 에어졸 제품의 용기 기재사항
- 불 속에 버리지 말 것
- 가능한 한 인체에서 20cm 이상 떨어져서 사용할 것
- 온도가 40℃ 이상 되는 장소에 보관하지 말 것
- 특정부위에 계속하여 장시간 사용하지 말 것
- 밀폐실 내에서 사용 후 환기시킬 것
- 사용 후 잔가스 제거 후 버릴 것

정답 | ②

36

독성가스 충전용기를 차량에 적재할 때의 기준에 대한 설명으로 틀린 것은?

① 운반차량에 세워서 운반한다.
② 차량의 적재함을 초과하여 적재하지 아니한다.
③ 차량의 최대적재량을 초과하여 적재하지 아니한다.
④ 충전용기는 2단 이상으로 겹쳐 쌓아 용기가 서로 이격되지 않도록 한다.

해설
충전용기 등을 목재·플라스틱이나 강철제로 만든 팔레트(견고한 상자 또는 틀) 내부에 넣어 안전하게 적재하는 경우와 용량 10kg 미만의 액화석유가스 충전용기를 적재할 경우를 제외하고 모든 충전용기는 1단으로 쌓는다.

정답 | ④

37
가스공급 배관 용접 후 검사하는 비파괴 검사방법이 아닌 것은?

① 방사선투과검사 ② 초음파탐상검사
③ 자분탐상검사 ④ 전자현미경검사

해설
전자현미경검사는 비파괴검사가 아니다.

관련이론 비파괴검사(NDT)의 종류
- 육안검사(VT)
- 와전류탐상검사(ET)
- 방사선투과검사(RT)
- 초음파탐상검사(UT)
- 자분탐상검사(MT)
- 음향검사(AE)

정답 | ④

38
가연성가스의 폭발등급 및 이에 대응하는 본질안전방폭구조의 폭발등급 분류 시 사용하는 최소점화전류비는 어느 가스의 최소점화전류를 기준으로 하는가?

① 메탄 ② 프로판
③ 수소 ④ 아세틸렌

해설
본질안전방폭구조(ia, ib)에서 최소점화전류비는 메탄가스의 최소점화전류를 기준으로 한다.

정답 | ①

39
가연성 가스용 가스누출경보 및 자동차단장치의 경보농도설정치의 기준은?

① ±5% 이하 ② ±10% 이하
③ ±15% 이하 ④ ±25% 이하

해설
가연성 가스의 가스누출경보 및 자동차단장치의 경보농도설정치는 ±25% 이하이다.

관련이론 가스누출경보 및 자동차단장치의 경보농도설정치 기준

구분	설정치
가연성 가스	±25% 이하
독성 가스	±30% 이하

정답 | ④

40
내진설계 기준에 의한 가스시설은 중요도 및 영향도를 고려하여 내진 등급을 구분한다. 내진 등급의 구분으로 맞지 않은 것은?

① 내진 1등급 ② 내진 2등급
③ 내진 3등급 ④ 내진 특등급

해설
내진 등급의 구분은 다음과 같다.
- 내진 특등급: 공공의 생명과 재산에 막대한 피해
- 내진 1등급: 공공의 생명과 재산에 상당한 피해
- 내진 2등급: 공공의 생명과 재산에 경미한 피해

정답 | ③

41
일반 도시가스 배관 중 중압 이하의 배관과 고압배관을 매설하는 경우 서로간의 거리를 몇 m 이상을 유지하여야 하는가?

① 1 ② 2
③ 3 ④ 5

해설
중압 이하의 배관과 고압배관을 매설하는 경우, 그 사이의 거리는 2m 이상으로 한다.

정답 | ②

42

도시가스 도매사업의 가스공급시설 기준에 대한 설명으로 옳은 것은?

① 고압인 가스공급시설은 안전구획 안에 설치하고 그 안전구역의 면적은 1만m² 미만으로 한다.
② 안전구역 안의 고압인 가스공급시설은 그 외면으로부터 다른 안전구역 안에 있는 고압인 가스공급시설의 외면까지 20m 이상의 거리를 유지한다.
③ 액화천연가스의 저장탱크는 그 외면으로부터 처리 능력이 20만m³ 이상인 압축기까지 30m 이상의 거리를 유지한다.
④ 두개 이상의 제조소가 인접하여 있는 경우의 가스공급시설은 그 외면으로부터 그 제조소와 다른 제조소의 경계까지 10m 이상의 거리를 유지한다.

선지분석
① 고압인 가스공급시설 안전구역 안에 설치하고 안전구역의 면적은 20,000m² 미만이어야 한다.
② 안전구역 안의 고압인 가스공급시설은 그 외면으로부터 다른 안전구역 안에 있는 고압인 가스공급시설의 외면까지 30m 이상의 거리를 유지해야 한다.
④ 두개 이상의 제조소가 인접하여 있는 경우의 가스공급시설은 그 외면으로부터 다른 제조소의 경계까지 20m 이상의 거리를 유지해야 한다.

정답 | ③

43

방류둑 시설 기준에 따르면 방류둑 외측 및 내면으로부터 10m 이내에는 그 어떤 설비도 설치할 수 없도록 되어 있지만 부속 설비는 설치 가능하다. 설치 가능한 부속 설비로 옳지 않은 것은?

① 저장탱크의 송출, 송액설비
② 불활성가스의 저장탱크
③ 가스누출검지경보설비
④ 연소측정 분석설비

해설
(1) 방류둑 내부에 설치할 수 있는 시설 및 설비
 • 송출 및 송액설비
 • 불활성가스의 저장탱크
 • 물분무장치 또는 살수장치
 • 가스누출검지경보설비(검지부에 한정)
 • 재해설비(누출된 가스의 흡입부에 한정)
 • 조명설비, 계기시스템, 배수설비
 • 배관 및 그 파이프랙(Pipe rack)과 이들에 부속하는 시설 및 설비
 • 위에서 정한 것 이외의 것으로서 안전확보에 지장이 없는 시설 및 설비

(2) 방류둑 외부 10m 이내에 설치할 수 있는 시설 및 설비
 • 송출 및 송액설비
 • 불활성가스의 저장탱크
 • 냉동설비, 열교환기, 기화기, 재해설비, 조명설비
 • 가스누출검지경보설비, 계기시스템
 • 누출된 가스의 확산을 방지하기 위하여 설치된 건물형태의 구조물
 • 배관 및 그 파이프랙과 이들에 부속하는 시설 및 설비
 • 소화설비, 통로 또는 지하에 매설되어 있는 시설
 • 위에서 정한 것 이외의 것으로서 안전확보에 지장이 없는 시설 및 설비

정답 | ④

44

도시가스의 매설 배관에 설치하는 보호판은 누출 가스가 지면으로 확산되도록 구멍을 뚫는데 그 간격의 기준으로 옳은 것은?

① 1m 이하 간격　② 2m 이하 간격
③ 3m 이하 간격　④ 5m 이하 간격

해설

도시가스의 매설 배관에 설치하는 보호판에 뚫는 구멍은 3m 이하의 간격으로 한다.

관련이론 보호판 설치기준

(1) 보호판 설치가 필요한 경우
  - 중압 이상 배관을 설치하는 경우
  - 배관의 매설 심도를 확보할 수 없는 경우
  - 타 시설물과 이격 거리를 유지하지 못하는 경우

(2) 보호판 설치기준
  - 배관 정상부에서 30cm 이상(보호판에서 보호포까지 30cm 이상)
  - 직경 30mm 이상 50mm 이하의 구멍을 3m 간격으로 뚫어 누출시 가스가 지면으로 확산되도록 한다.

(3) 배관 보호판의 규격

두께	중압 이하 배관	4mm 이상
	고압 배관	6mm 이상
	지상노출배관	4mm 이상
곡률반경		5~10mm
길이		1,500mm 이상

정답 | ③

45

고압가스제조소의 작업원은 얼마의 기간 이내에 1회 이상 보호구의 사용훈련을 받아 사용방법을 숙지하여야 하는가?

① 1개월　② 3개월
③ 6개월　④ 12개월

해설

고압가스제조소의 작업원은 3개월마다 1회 이상 보호구 사용훈련을 받으며 사용방법을 숙지하여야 한다.

정답 | ②

46 〈고난도〉

비중이 공기보다 커서 바닥에 체류하는 가스로만 나열된 것은?

① 염소, 암모니아, 아세틸렌
② 프로판, 수소, 아세틸렌
③ 프로판, 염소, 포스겐
④ 염소, 포스겐, 암모니아

해설

비중은 분자량과 비례하므로 공기의 분자량보다 크면 비중이 크기 때문에 바닥에 체류한다. 이때, 공기의 분자량은 29g/mol이므로, 공기보다 비중이 큰 기체는 프로판(44g/mol), 염소(71g/mol), 포스겐(99g/mol)이다.

관련이론 가스별 분자량

가스명	분자량[g/mol]	가스명	분자량[g/mol]
포스겐($COCl_2$)	99	아세틸렌(C_2H_2)	26
염소(Cl_2)	71	암모니아(NH_3)	17
프로판(C_3H_8)	44	수소(H_2)	2

정답 | ③

47

도시가스 배관을 노출하여 설치하고자 할 때 배관 손상 방지를 위한 방호조치 기준으로 옳은 것은?

① 방호철판 두께는 최소 10mm 이상으로 한다.
② 방호 구조물 두께 10cm 이상 높이 1m 이상으로 한다.
③ 철근 콘크리트재 방호 구조물은 두께가 15cm 이상이어야 한다.
④ 철근 콘크리트재 방호 구조물은 높이가 1.5m 이상이어야 한다.

선지분석

① 방호철판 두께는 최소 4mm 이상으로 한다.
③ 철근 콘크리트재 방호 구조물은 두께가 10cm 이상이어야 한다.
④ 철근 콘크리트재 방호 구조물은 높이가 1m 이상이어야 한다.

정답 | ②

48

가스도매사업의 가스공급시설 중 배관을 지하에 매설할 때의 기준으로 틀린 것은?

① 배관은 그 외면으로부터 수평거리로 건축물까지 1.0m 이상을 유지한다.
② 배관은 그 외면으로부터 지하의 다른 시설물과 0.3m 이상의 거리를 유지한다.
③ 배관을 산과 들에 매설할 때는 지표면으로부터 배관의 외면까지의 매설깊이를 1m 이상으로 한다.
④ 배관은 지반 동결로 손상을 받지 아니하는 깊이로 매설한다.

해설

배관은 그 외면으로부터 수평거리로 건축물까지 1.5m 이상을 유지한다.

관련이론 가스도매사업 배관매설 기준

매설 위치	설치 환경	매설 깊이 또는 설치 간격
지하 매설 배관	건축물	1.5m 이상
	타 시설물	0.3m 이상
	산·들	1m 이상
	산·들 이외 지역	1.2m 이상

정답 | ①

49

다음 굴착공사 중 굴착공사를 하기 전에 도시가스사업자와 협의해야 하는 상황은?

① 굴착공사 예정지역 범위에 묻혀 있는 도시가스 배관의 길이가 110m인 굴착공사
② 굴착공사 예정지역 범위에 묻혀 있는 송유관의 길이가 200m인 굴착공사
③ 해당 굴착공사로 인하여 압력이 3.2kPa인 도시가스배관의 길이가 30m 노출될 것으로 예상되는 굴착공사
④ 해당 굴착공사로 인하여 압력이 0.8MPa인 도시가스배관의 길이가 8m 노출될 것으로 예상되는 굴착공사

해설

굴착공사 예정지역 범위에 묻혀 있는 도시가스 배관의 길이가 100m 이상인 굴착공사를 하려는 자는 도시가스 배관을 보호하기 위하여 도시가스사업자와 협의를 하여야 한다.

정답 | ①

50

수소와 다음 중 어떤 가스를 동일차량에 적재하여 운반하는 때에 그 충전용기와 밸브가 서로 마주보지 않도록 적재하여야 하는가?

① 산소　　　　　　② 아세틸렌
③ 브롬화메탄　　　④ 염소

해설

가연성 용기(수소, H_2)와 산소 용기의 충전밸브는 서로 마주보지 않도록 적재하여야 한다.

관련이론 혼합적재 금지

- 염소와 아세틸렌, 암모니아, 수소를 함께 적재하는 경우
- 가연성 용기와 산소 용기 충전밸브가 마주보는 경우
- 독성가스 중 가연성가스와 조연성가스를 함께 적재하는 경우

정답 | ①

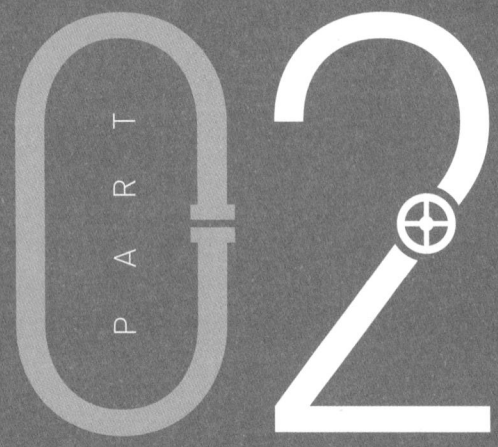

최신의 출제경향을 파악할 수 있는
8개년 CBT 복원문제

2025년 제1회 CBT 복원문제	220
2025년 제2회 CBT 복원문제	234
2024년 제1회 CBT 복원문제	248
2024년 제2회 CBT 복원문제	263
2023년 제1회 CBT 복원문제	278
2023년 제2회 CBT 복원문제	292
2022년 제1회 CBT 복원문제	306
2022년 제2회 CBT 복원문제	321
2021년 제1회 CBT 복원문제	336
2021년 제2회 CBT 복원문제	351
2020년 제1회 CBT 복원문제	366
2020년 제2회 CBT 복원문제	380
2019년 제1회 CBT 복원문제	396
2019년 제2회 CBT 복원문제	411
2018년 제1회 CBT 복원문제	426
2018년 제2회 CBT 복원문제	440

2025년 1회 CBT 복원문제

PART 02 · 8개년 CBT 복원문제

01
빈출도 ★★☆

고압가스 특정제조시설 중 도로 밑에 매설하는 배관의 기준에 대한 설명으로 틀린 것은?

① 시가지의 도로 밑에 배관을 설치하는 경우에는 보호판을 배관의 정상부로부터 30cm 이상 떨어진 그 배관의 직상부에 설치한다.
② 배관은 그 외면으로부터 도로의 경계와 수평거리로 1m 이상을 유지한다.
③ 배관은 원칙적으로 자동차 등의 하중의 영향이 적은 곳에 매설한다.
④ 배관은 그 외면으로부터 도로 밑의 다른 시설물과 60cm 이상의 거리를 유지한다.

해설
배관은 그 외면으로부터 도로 밑의 다른 시설물과 30cm 이상의 거리를 유지한다.

정답 | ④

02
빈출도 ★★☆

독성가스 용기 운반 차량의 경계표지를 정사각형으로 할 경우 그 면적의 기준은?

① 500cm² 이상
② 600cm² 이상
③ 700cm² 이상
④ 800cm² 이상

해설
독성가스 용기 운반 차량의 경계표지를 정사각형으로 할 경우 표지 규격은 600cm² 이상이어야 한다.

관련이론 독성가스 용기 운반 차량의 경계표지 규격

구분		규격
직사각형	가로	차폭의 30% 이상
	세로	가로의 20% 이상
정사각형	경계면적	600cm² 이상

정답 | ②

03
빈출도 ★★☆

가연성가스 저온 저장탱크 내부의 압력이 외부의 압력보다 낮아져 저장탱크가 파괴되는 것을 방지하기 위한 조치로 갖추어야 할 설비가 아닌 것은?

① 압력계
② 압력 경보설비
③ 정전기 제거설비
④ 진공 안전밸브

해설
정전기 제거설비는 가연성가스 취급시설에서 정전기가 점화원으로 작용하여 화재 및 폭발이 발생하는 것을 방지하기 위해 설치하는 설비이다.

관련이론 부압파괴 방지설비
부압이란 탱크 내부의 압력이 외부의 압력보다 낮아지며 저장탱크가 파괴되는(찌그러지는) 현상을 말하며, 이에 부압파괴 방지설비는 다음과 같다.
• 압력계
• 압력 경보설비
• 진공 안전밸브
• 다른 저장탱크 또는 시설로부터의 가스도입배관(균압관)
• 압력과 연동하는 긴급차단장치를 설치한 냉동제어설비
• 압력과 연동하는 긴급차단장치를 설치한 송액설비 등

정답 | ③

04
빈출도 ★★☆

LPG 충전·집단공급 저장시설의 공기에 의한 내압시험 시 상용압력의 일정 압력 이상으로 승압 후 단계적으로 승압시킬 때, 상용압력의 몇 %씩 증가시켜 내압시험 압력에 달하였을 때 이상이 없어야 하는가?

① 5%
② 10%
③ 15%
④ 20%

해설
공기에 의한 내압시험 시 최초 시험압력의 50%까지 승압한 후, 상용압력의 10%씩 단계적으로 증가시켜 승압한다.

정답 | ②

05

고압가스판매자가 실시하는 용기의 안전점검 및 유지관리의 기준으로 틀린 것은?

① 용기아래부분의 부식상태를 확인할 것
② 완성검사 도래 여부를 확인할 것
③ 밸브의 그랜드너트가 고정핀으로 이탈방지를 위한 조치가 되어 있는지의 여부를 확인할 것
④ 용기캡이 씌워져 있거나 프로텍터가 부착되어 있는지의 여부를 확인할 것

해설
완성검사 도래 여부는 용기의 안전점검 및 유지관리의 기준이 아니다.

관련이론 용기의 안전점검 기준
- 용기의 내면·외면을 점검하여 사용에 지장을 주는 부식·금·주름 등이 있는지를 확인할 것
- 용기에 도색과 표시가 되어 있는지를 확인할 것
- 용기의 스커트에 찌그러짐이 있는지와 사용에 지장이 없도록 적정 간격을 유지하고 있는지를 확인할 것
- 유통 중 열 영향을 받았는지를 점검할 것
- 열 영향을 받은 용기는 재검사를 할 것
- 용기캡이 씌워져 있거나 프로텍터가 부착되어 있는지를 확인할 것
- 재검사기간의 도래 여부를 확인할 것
- 용기 아랫부분의 부식상태를 확인할 것
- 밸브의 몸통·충전구나사 및 안전밸브에 사용에 지장을 주는 홈, 주름, 스프링의 부식 등이 있는지를 확인할 것
- 밸브의 그랜드너트가 이탈하는 것을 방지하기 위하여 고정핀 등을 이용하는 등의 조치가 있는지를 확인할 것
- 밸브의 개폐 조작이 쉬운 핸들이 부착되어 있는지를 확인할 것

정답 | ②

06

아세틸렌은 폭발 형태에 따라 크게 3가지로 분류된다. 이에 해당하지 않는 폭발은?

① 화합폭발 ② 중합폭발
③ 산화폭발 ④ 분해폭발

해설
아세틸렌(C_2H_2)은 산화, 분해, 화합폭발의 성질이 있으며, 시안화수소(HCN)가 중합폭발의 성질이 있다.

정답 | ②

07

과압안전장치 형식에서 가용전의 용융온도로서 옳은 것은? (단, 저압부에 사용하는 것은 제외한다.)

① 40℃ 이하 ② 60℃ 이하
③ 75℃ 이하 ④ 105℃ 이하

해설
가용전의 용융온도는 75℃ 이하이다.

관련이론 가용전식 안전밸브
- 주변 화재로 인한 용기 등의 내부온도 상승시 용기의 파열을 방지하는 안전밸브이다.
- 주변온도 상승시 적정온도에 도달하면 용기에 부착된 가용전이 녹아 내부의 상승된 압력을 배출한다.
- 납과 주석의 합금으로 가용전을 제작 및 설치한다.
- 가용전의 용융온도는 75℃ 이하이다.

정답 | ③

08

용기에 의한 액화석유가스 저장소에서 실외저장소 주위의 경계 울타리와 용기 보관장소 사이에는 얼마 이상의 거리를 유지하여야 하는가?

① 2m ② 8m
③ 15m ④ 20m

해설
LPG 저장소에서 실외저장소 주위의 경계 울타리와 용기 보관장소 사이에는 20m 이상의 거리를 유지하여야 한다.

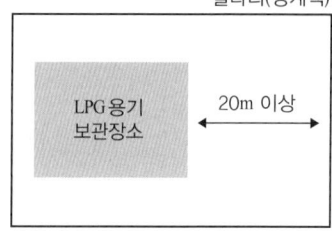

정답 | ④

09

플레어스택에 대한 설명으로 틀린 것은?

① 플레어스택에서 발생하는 복사열이 다른 제조 시설에 나쁜 영향을 미치지 아니하도록 안전한 높이 및 위치에 설치한다.
② 플레어스택에서 발생하는 최대열량에 장시간 견딜 수 있는 재료 및 구조로 되어 있는 것으로 한다.
③ 파이롯트버너를 항상 점화하여 두는 등 플레어스택에 관련된 폭발을 방지하기 위한 조치가 되어 있는 것으로 한다.
④ 특수반응설비 또는 이와 유사한 고압가스 설비에는 그 특수반응설비 또는 고압가스설비마다 설치한다.

해설

특수반응설비 또는 이와 유사한 고압가스 설비에서 발생하는 가연성가스는 플레어스택으로 이송하여 모아진 가스를 연소시켜 처리한다.

정답 | ④

10

액화석유가스 판매업소의 충전용기 보관실에 강제통풍장치 설치 시 통풍능력의 기준은?

① 바닥면적 $1m^2$당 $0.5m^3$/분 이상
② 바닥면적 $1m^2$당 $1.0m^3$/분 이상
③ 바닥면적 $1m^2$당 $1.5m^3$/분 이상
④ 바닥면적 $1m^2$당 $2.0m^3$/분 이상

해설

강제통풍장치 설치 시 통풍능력은 바닥면적 $1m^2$마다 $0.5m^3$/분 이상으로 한다.

관련이론 통풍 기준

구분	기준(통풍능력 및 환기구면적)
강제통풍	바닥면적 $1m^2$당 $0.5m^3$/분 이상
자연통풍	바닥면적 $1m^2$당 $300cm^2$ 이상

정답 | ①

11 〈고난도〉

비중이 공기보다 커서 바닥에 체류하는 가스로만 나열된 것은?

① 염소, 암모니아, 아세틸렌
② 프로판, 수소, 아세틸렌
③ 프로판, 염소, 포스겐
④ 염소, 포스겐, 암모니아

해설

비중은 분자량과 비례하므로 공기의 분자량보다 크면 비중이 크기 때문에 바닥에 체류한다. 이때, 공기의 분자량은 29g/mol이므로, 공기보다 비중이 큰 기체는 프로판(44g/mol), 염소(71g/mol), 포스겐(99g/mol)이다.

관련이론 가스별 분자량

가스명	분자량[g/mol]	가스명	분자량[g/mol]
포스겐($COCl_2$)	99	아세틸렌(C_2H_2)	26
염소(Cl_2)	71	암모니아(NH_3)	17
프로판(C_3H_8)	44	수소(H_2)	2

정답 | ③

12

암모니아 취급 시 피부에 닿았을 때 조치사항으로 가장 적당한 것은?

① 열습포로 감싸준다.
② 아연화 연고를 바른다.
③ 산으로 중화시키고 붕대로 감는다.
④ 다량의 물로 세척 후 붕산수를 바른다.

해설

암모니아가 피부에 닿았을 때 다량의 물로 세척 후 붕산수를 발라야 한다.

정답 | ④

13

아세틸렌 충전용기에 사용되는 다공물질의 구비조건이 아닌 것은?

① 경제적일 것
② 고다공도일 것
③ 안정성이 있을 것
④ 쉽게 산화될 것

해설
다공물질은 화학적으로 안정해야 하므로 쉽게 산화되면 안된다.

관련이론 다공물질의 종류 및 구비조건
(1) 다공물질의 종류
- 석면
- 규조토
- 석회
- 다공성 플라스틱
- 목탄

(2) 다공물질의 구비조건
- 경제적일 것
- 고다공도일 것
- 안정성이 있을 것
- 기계적 강도가 있을 것
- 가스충전이 용이할 것

정답 | ④

14

고압가스 저장능력 산정기준에서 액화가스의 저장탱크 저장능력을 구하는 식은? (단, Q, W는 저장능력, P는 최고충전압력, V는 내용적, C는 가스종류에 따른 정수, d는 가스의 비중이다.)

① $W = 0.9dV$
② $Q = 10PV$
③ $W = V/C$
④ $Q = (10P+1)V$

해설
액화가스의 저장탱크 저장능력을 구하는 공식은 다음과 같다.
$W = 0.9dV$
- W: 저장능력, d: 가스의 비중, V: 내용적

선지분석
② 압축가스 설비(저장탱크, 가스홀더): $Q = 10PV$
③ 액화가스 용기: $W = V/C$
④ 압축가스 용기: $Q = (10P+1)V$

정답 | ①

15

도시가스 배관의 지하매설 시 사용하는 침상재료(Bedding)는 배관 하단에서 배관 상단 몇 cm까지 포설하는가?

① 10
② 20
③ 30
④ 40

해설
도시가스 배관의 지하매설 시 사용하는 침상재료(Bedding)는 배관 하단에서 배관 상단 30cm까지 포설하여야 한다.

관련이론 도시가스 배관의 지하매설의 침상

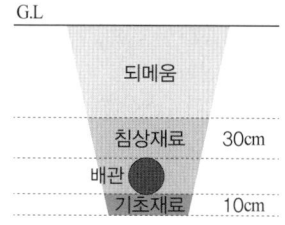

정답 | ③

16 [고난도]

다음 중 2중관으로 하여야 하는 가스가 아닌 것은?

① 일산화탄소
② 암모니아
③ 염화메탄
④ 염소

해설
2중관으로 시공하는 가스의 종류는 아래와 같다.
- 염소
- 황화수소
- 포스겐
- 염화메탄
- 산화에틸렌
- 암모니아
- 아황산가스
- 시안화수소

정답 | ①

17

빈출도 ★★★

수소의 특징에 대한 설명으로 옳은 것은?

① 조연성 기체이다.
② 폭발범위가 넓다.
③ 가스의 비중이 커서 확산이 느리다.
④ 저온에서 탄소와 수소취성을 일으킨다.

해설
수소의 폭발범위는 4~75%로 폭발범위가 넓다.

관련이론 수소(H_2)
- 상온에서 무색·무취·무미로, 가연성 압축가스이다.
- 폭발범위가 넓다.(4~75%)
- 열전도율이 크고 열에 대해 안정적이다.
- 가스의 비중이 작아 확산이 빠르다.
- 고온에서 탄소와 반응하여 수소취성을 일으킨다.

정답 | ②

18

빈출도 ★★★

가스 충전용기 운반 시 동일 차량에 적재할 수 없는 것은?

① 염소와 아세틸렌
② 질소와 아세틸렌
③ 프로판과 아세틸렌
④ 염소와 산소

해설
가스 충전용기 운반 시 염소와 아세틸렌, 암모니아, 수소는 동일 차량에 적재할 수 없다.

관련이론 가스 충전용기 운반 시 혼합 적재 금지
- 염소와 아세틸렌, 암모니아, 수소를 함께 적재하는 경우
- 가연가스와 산소 용기 충전밸브가 마주보는 경우
- 독성가스 중 가연성 가스와 조연성 가스를 함께 적재하는 경우

정답 | ①

19

빈출도 ★☆☆

고압가스용 이음매 없는 용기의 재검사 시 내압시험 합격 판정의 기준이 되는 영구증가율은?

① 0.1% 이하
② 3% 이하
③ 5% 이하
④ 10% 이하

해설
고압가스용 이음매 없는 용기의 재검사 시 내압시험 합격 판정의 기준이 되는 영구증가율은 10% 이하이다.

관련이론 고압가스용 용기의 재검사 시 내압시험 합격 판정 기준

신규검사	항구 증가율 10% 이하
재검사	• 질량검사 95% 이상: 항구 증가율 10% 이하 • 질량검사 90% 이상 95% 미만: 항구 증가율 6%

※ 항구(영구) 증가율(%) = $\dfrac{\text{항구 증가량}}{\text{전 증가량}} \times 100$

정답 | ④

20

빈출도 ★★★

도시가스배관에 설치하는 희생양극법에 의한 전위측정용 터미널은 몇 m 이내의 간격으로 하여야 하는가?

① 200m
② 300m
③ 500m
④ 600m

해설
희생양극법에 의한 전위측정용 터미널은 300m 이내의 간격으로 설치한다.

관련이론 전기방식법에 의한 전위측정용 터미널 간격

희생양극법	300m 이내
배류법	300m 이내
외부전원법	500m 이내

정답 | ②

21

아르곤(Ar)가스 충전용기의 도색은 어떤 색상으로 하여야 하는가?

① 백색 ② 녹색
③ 갈색 ④ 회색

해설
아르곤(Ar) 가스의 충전 용기는 회색으로 해야 한다.

관련이론 일반 공업용 가스의 용기 도색

가스	색상	가스	색상
질소	회색	아세틸렌	황색
수소	주황색	염소	갈색
암모니아	백색	탄산가스	청색
LPG	밝은 회색	지정되지 않은 기타 가스	회색

정답 | ④

22

도시가스 제조소 저장탱크의 방류둑에 대한 설명으로 틀린 것은?

① 지하에 묻은 저장탱크 내의 액화가스가 전부 유출된 경우에 그 액면이 지면보다 낮도록 된 구조는 방류둑을 설치한 것으로 본다.
② 방류둑의 용량은 저장탱크 저장능력의 90%에 상당하는 용적 이상이어야 한다.
③ 방류둑의 재료는 철근콘크리트, 금속, 흙, 철골·철근 콘크리트 또는 이들을 혼합하여야 한다.
④ 방류둑은 액밀한 것이어야 한다.

해설
방류둑의 용량은 저장탱크 저장능력에 상당하는 용적 이상이어야 한다.

관련이론 액화가스 저장탱크의 방류둑 용량

구분	저장탱크 상당용적대비
액화산소 가스	60% 이상
액화독성 및 가연성 가스	100% 이상

정답 | ②

23

액화석유가스 충전시설 중 충전설비는 그 외면으로부터 사업소 경계까지 몇 m 이상의 거리를 유지하여야 하는가?

① 5 ② 10
③ 15 ④ 24

해설
액화석유가스 충전시설의 충전설비는 외면으로부터 사업소의 경계까지 24m 이상의 거리를 유지하여야 한다.

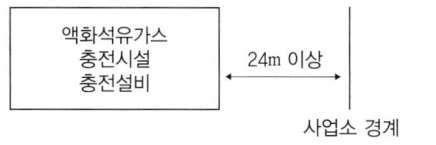

정답 | ④

24

다음 중 가스사고를 분류하는 일반적인 방법이 아닌 것은?

① 원인에 따른 분류
② 사용처에 따른 분류
③ 사고형태에 따른 분류
④ 사용자의 연령에 따른 분류

해설
사용자의 연령에 따른 분류는 가스사고를 분류하는 일반적인 방법으로 잘 사용하지 않는다.

정답 | ④

25

가연성가스와 동일차량에 적재하여 운반할 경우 충전용기의 밸브가 서로 마주보지 않도록 적재해야 할 가스는?

① 수소 ② 산소
③ 질소 ④ 아르곤

해설
가연성가스와 산소의 충전용기를 동일차량에 적재할 경우 밸브가 서로 마주보지 않도록 적재해야 한다.

정답 | ②

26

충전용기 등을 적재한 차량의 운반 개시 전 용기 적재상태의 점검내용이 아닌 것은?

① 차량의 적재중량 확인
② 용기 고정상태 확인
③ 용기 보호캡의 부착유무 확인
④ 운반계획서 확인

해설
운반계획서 확인은 운반 개시 전 용기 적재상태의 점검내용에 해당하지 않는다.

정답 | ④

27

다음 중 연소의 형태가 아닌 것은?

① 분해연소
② 확산연소
③ 증발연소
④ 물리연소

해설
물리연소는 연소의 형태에 해당하지 않는다.

관련이론 연료의 종류별 연소의 형태

구분	연소	특징
고체	분해연소	목재, 종이, 플라스틱 등
	표면연소	숯, 코크스, 목탄 등
고체·액체	증발연소	양초 및 액체물질 등
액체	분무연소	액체의 미립화
	액면연소	연료의 표면
기체	확산연소	가벼운 기체
	예혼합연소	미리 공기와 혼합후 연소

정답 | ④

28

일반도시가스 배관을 지하에 매설하는 경우에는 표지판을 설치해야 하는데 몇 m 간격으로 1개 이상을 설치해야 하는가?

① 100m
② 200m
③ 500m
④ 1,000m

해설
일반도시가스 배관을 지하에 매설하는 경우 표지판을 200m 간격으로 설치해야 한다.

관련이론 표지판의 설치간격

도시가스 배관의 표지판		설치간격
일반도시가스 공급시설	제조소 및 공급소	500m
	제조소 및 공급소 밖	200m
가스도매사업 공급시설	제조소 및 공급소	500m
	제조소 및 공급소 밖	500m

※ 표지판 기준: 200mm(가로) × 152mm(세로), 황색바탕에 검정색 글자

정답 | ②

29

공기보다 비중이 가벼운 도시가스의 공급시설로서 공급시설이 지하에 설치된 경우의 통풍구조의 기준으로 틀린 것은?

① 통풍구조는 환기구를 2방향 이상 분산하여 설치한다.
② 배기구는 천장면으로부터 30cm 이내에 설치한다.
③ 흡입구 및 배기구의 관경은 500mm 이상으로 하되, 통풍이 양호하도록 한다.
④ 배기가스 방출구는 지면에서 3m 이상의 높이에 설치하되, 화기가 없는 안전한 장소에 설치한다.

해설
공기보다 비중이 가벼운 도시가스의 공급시설이 지하에 설치된 경우 흡입구 및 배기구의 관경은 100mm 이상으로 한다.

정답 | ③

30

내용적 47L인 용기에 C_3H_8 15kg이 충전되어 있을 때 용기 내 안전공간은 약 몇 %인가? (단, C_3H_8의 액 밀도는 0.5kg/L이다.)

① 20
② 25.2
③ 36.1
④ 40.1

해설

C_3H_8의 부피 $= \dfrac{15\text{kg}}{0.5\text{kg/L}} = 30\text{L}$

안전공간[%] $= \dfrac{V-E}{V} \times 100$

- V: 내용적[L], E: 가스의 부피[L]

안전공간 $= \dfrac{47-30}{47} \times 100 = 36.17\%$

정답 | ③

31

아세틸렌 용접용기의 내압시험압력으로 옳은 것은?

① 최고충전압력의 1.5배
② 최고충전압력의 1.8배
③ 최고충전압력의 5/3배
④ 최고충전압력의 3배

해설

아세틸렌 용접용기의 내압시험압력(TP)은 최고충전압력(FP)의 3배이다.

관련이론 내압시험압력

구분	내압시험압력(TP)
아세틸렌 용기	FP×3배
초저온 및 저온용기	FP×5/3배
그 이외의 용기	FP×5/3배

※ FP: 최고충전압력

정답 | ④

32

도시가스공급시설에서 사용되는 안전제어장치와 관계가 없는 것은?

① 중화장치
② 압력안전장치
③ 가스누출검지경보장치
④ 긴급차단장치

해설

중화장치는 독성가스의 제독설비 중 하나이다.

관련이론 도시가스공급시설의 안전제어장치
- 압력안전장치
- 가스누출검지경보장치
- 긴급차단장치 등

정답 | ①

33

다량의 메탄을 액화시키려면 어떤 액화 사이클을 사용해야 하는가?

① 캐스케이드 사이클
② 필립스 사이클
③ 캐피자 사이클
④ 클라우드 사이클

해설

캐스케이드 사이클은 다원 액화사이클로서 2개의 냉동사이클이 운영되며, 메탄(CH_4)가스를 다량으로 액화시킬 때 사용한다.

정답 | ①

34

오르자트법으로 시료가스를 분석할 때의 성분분석 순서로서 옳은 것은?

① $CO_2 \to O_2 \to CO$
② $CO \to CO_2 \to O_2$
③ $O_2 \to CO \to CO_2$
④ $O_2 \to CO_2 \to CO$

해설

- 오르자트법: $CO_2 \to O_2 \to CO$
- 헴펠법: $CO_2 \to C_mH_n \to O_2 \to CO$

정답 | ①

35 〈고난도〉 빈출도 ★★★
다음 중 포스겐을 검지할 때 사용되는 시험지는?

① 적색 리트머스지 ② KI 전분지
③ 하리슨 시험지 ④ 염화파라듐지

해설
포스겐($COCl_2$)을 검지할 때에는 하리슨 시험지를 사용한다.

관련이론 가스별 누설검지 시험지 및 변색 상태

가스	시험지	변색 상태
암모니아(NH_3)	적색 리트머스지	청색
염소(Cl_2)	KI 전분지	청색
시안화수소(HCN)	초산(질산구리) 벤젠지	청색
아세틸렌(C_2H_2)	염화제1동 착염지	적색
황화수소(H_2S)	연당지	흑색
일산화탄소(CO)	염화파라듐지	흑색
포스겐($COCl_2$)	하리슨 시험지	심등색

정답 | ③

36 빈출도 ★☆☆
다음 중 용적식 유량계에 해당하는 것은?

① 오리피스 유량계 ② 플로노즐 유량계
③ 벤투리관 유량계 ④ 오벌기어식 유량계

해설
용적식 유량계는 오벌기어식, 가스미터기, 루트식, 회전원판식 등이 있다.

관련이론 용적식 유량계와 차압식 유량계

용적식 유량계	오벌기어식, 가스미터기, 루트식, 회전원판식 등
차압식 유량계	오리피스, 플로노즐, 벤투리관 등

정답 | ④

37 빈출도 ★★☆
연소에 필요한 공기를 전부 2차 공기로 취하며 불꽃의 길이가 길고, 온도가 가장 낮은 연소방식은?

① 분젠식 ② 세미분젠식
③ 적화식 ④ 전 1차 공기식

해설
적화식은 2차 공기만으로 연소하여 불꽃의 길이가 길고 온도가 가장 낮다.

선지분석
① 분젠식: 1차, 2차 공기로 연소한다.
② 세미분젠식: 분젠식과 적화식의 중간 형태이다.
④ 전 1차 공기식: 1차 공기만으로 연소한다.

정답 | ③

38 빈출도 ★★☆
비접촉식 온도계의 종류로 맞는 것은?

① 열전대 온도계 ② 방사 온도계
③ 전기저항식 온도계 ④ 바이메탈식 온도계

해설
방사 온도계는 비접촉식 온도계에 해당한다.

관련이론 접촉식 온도계와 비접촉식 온도계

접촉식 온도계	압력식 온도계, 열전대 온도계, 전기저항식 온도계, 액주식 온도계, 바이메탈식 온도계 등
비접촉식 온도계	방사 온도계, 색 온도계, 광고온도계 등

정답 | ②

39

가스홀더의 압력을 이용하여 가스를 공급하며 가스제조공장과 공급지역이 가깝거나 공급면적이 좁을 때 적당한 가스공급 방법은?

① 저압공급방식
② 중앙공급방식
③ 고압공급방식
④ 초고압공급방식

해설

저압공급방식은 가스홀더 압력을 이용하여 가스를 공급하며 가스제조공장과 공급지역이 가깝거나 공급면적이 좁을 때 적당하다.

관련이론 가스홀더의 분류

구분	방식
중·고압용	원통형
	구형
저압용	유수식
	무수식

정답 | ①

40

도시가스의 품질검사 시 가장 많이 사용되는 검사방법은?

① 원자흡광광도법
② 가스크로마토그래피법
③ 자외선, 적외선 흡수분광법
④ ICP법

해설

가스크로마토그래피(GC)로 대부분 품질검사(성분 분석)를 실시한다.

정답 | ②

41 〈고난도〉

C_3H_8 비중이 1.5라고 할 때 20m 높이 옥상까지의 압력손실은 약 몇 mmH_2O인가?

① 12.9
② 16.9
③ 19.4
④ 21.4

해설

$P = 1.293 \times (S-1)H$

• P: 압력손실[mmH_2O], S: 비중, H: 높이[m]

$P = 1.293 \times (1.5 - 1) \times 20 = 12.9\,mmH_2O$

정답 | ①

42

다음 가연성 가스 검출기 중 가연성가스의 굴절률 차이를 이용하여 농도를 측정하는 것은?

① 간섭계형
② 안전등형
③ 검지관형
④ 열선형

해설

간섭계형 검출기는 가연성가스의 굴절률 차이를 이용하여 농도를 측정한다.

관련이론 가스검출기의 종류

• 간섭계형: 굴절률 차이로 농도를 측정한다.
• 안전등형: 등유를 사용하여 메탄가스 농도를 측정한다.
• 열선형: 브릿지 회로의 편위전류를 이용하여 농도를 측정한다.

정답 | ①

43

수소를 취급하는 고온, 고압 장치용 재료로서 사용할 수 있는 것은?

① 탄소강, 니켈강
② 탄소강, 망간강
③ 탄소강, 18-8 스테인리스강
④ 18-8 스테인리스강, 크롬-바나듐강

해설

수소를 취급하는 시설에서의 부식을 수소취성이라고 한다.
$Fe_3C + 2H_2 \rightarrow CH_4 + 3Fe$ (탄소강 사용금지)
수소취성을 방지하기 위해서는 5~6% Cr강에 Ti, V, W, Mo를 첨가한다.

정답 | ④

44

다음 중 터보(Turbo)형 펌프가 아닌 것은?

① 원심 펌프
② 사류 펌프
③ 축류 펌프
④ 플런저 펌프

해설

플런저 펌프는 용적식 왕복 펌프에 해당한다.

관련이론 펌프의 종류

구분		종류
용적식	왕복	피스톤, 플런저, 다이어프램 등
	회전	기어, 베인, 나사 등
터보형	원심	벌류트, 터빈 등
	축류	고정익 축류, 가동익 축류 등
	사류	고정익 사류, 가동익 사류 등

정답 | ④

45

부식성 유체나 고점도 유체 및 소량의 유체 측정에 가장 적합한 유량계는?

① 차압식 유량계
② 면적식 유량계
③ 용적식 유량계
④ 유속식 유량계

해설

면적식 유량계는 부식성 유체나 고점도 유체 및 소량의 유체 측정에 적합하다.

관련이론 유량계의 종류
- 차압식: 오리피스, 벤튜리, 플로노즐 등
- 터빈식: 임펠러식(용적식) 등
- 회전식: 오벌기어식, 루트식 등
- 면적식: 로터미터, 부자식(플로트식) 등

정답 | ②

46 고난도

송수량 12,000L/min, 전양정 45m인 볼류트 펌프의 회전수를 1,000rpm에서 1,100rpm으로 변화시킨 경우 펌프의 축동력은 약 몇 PS인가? (단, 펌프의 효율은 80%이다.)

① 165
② 180
③ 200
④ 250

해설

$$L_{ps} = \frac{\gamma \cdot H \cdot Q}{75\eta}$$

- L_{ps}: 축동력[PS], γ: 물의 비중량[1,000kgf/m³], H: 높이[m]
- Q: 유량[m³/sec], η: 효율[%]

※ 문제상의 Q 단위를 보고 min: 60sec, hour: 3,600sec을 적용하여 Q의 기본단위를 맞춰주며 풀어야 한다.

$$Q = \frac{12,000L}{min} \times \frac{1min}{60sec} \times \frac{10^{-3}m^3}{1L} = 0.2 m^3/sec$$

$$L_{ps} = \frac{1,000 \times 45 \times 0.2}{75 \times 0.8} = 150 PS$$

펌프의 상사법칙에 따라

$$L_2 = L_1 \times \left(\frac{N_2}{N_1}\right)^3 = 150 \times \left(\frac{1,100}{1,000}\right)^3 = 199.65 \fallingdotseq 200 PS$$

- N: 회전수[rpm]

정답 | ③

47

LPG 충전자가 실시하는 용기의 안전점검기준에서 내용적 얼마 이하의 용기에 대하여 "실내보관금지" 표시 여부를 확인하여야 하는가?

① 15L
② 20L
③ 30L
④ 50L

해설

LPG 충전자가 실시하는 용기의 안전점검기준에서 15L 이하 용기는 "실내보관금지" 표시를 부착하여야 하며, 충전자가 직접 확인해야 한다.

정답 | ①

48

표준상태에서 부탄가스의 비중은 약 얼마인가? (단, 부탄의 분자량은 58이다.)

① 1.6
② 1.8
③ 2.0
④ 2.2

해설

비중 = $\dfrac{\text{부탄의 분자량}}{\text{공기의 분자량}} = \dfrac{58}{29} = 2.0$

정답 | ③

49

수돗물의 살균과 섬유의 표백용으로 주로 사용되는 가스는?

① F_2
② Cl_2
③ O_2
④ CO_2

해설

염소(Cl_2)는 상온에서 물에 용해되며 살균, 표백작용을 한다.

관련이론 염소(Cl_2)

- 황록색의 기체로 조연성이 있다.
- 강한 자극성의 취기가 있는 독성가스이다.
- 독성가스이므로 흡입시 유해하다.
- 수소와 염소의 등량 혼합기체를 염소폭명기라고 한다.
- 수분이 존재하는 상온에서 강재에 대하여 부식성을 가진다.
- 표백제 및 수돗물의 살균·소독에 사용된다.

정답 | ②

50

'어떠한 방법으로도 물체의 온도를 절대온도 0K로 내리는 것은 불가능하다.' 라고 표현되는 법칙은?

① 열역학 제0법칙
② 열역학 제1법칙
③ 열역학 제2법칙
④ 열역학 제3법칙

해설

열역학 제3법칙(절대온도)이란 물체의 온도가 0K에 가까워지면서 엔트로피 변화량은 0에 수렴한다는 법칙으로, 실제로는 어떠한 방법으로도 0K에 도달할 수 없다.

관련이론 열역학 법칙

열역학 제0법칙	• 열의 평형 법칙이라고도 한다. • 고온의 물체와 저온의 물체가 혼합되면 시간이 경과 후 온도가 같아진다.
열역학 제1법칙	• 에너지보존의 법칙이라고도 한다. • 열은 본질상 일과 같이 에너지의 형태이다. • 열과 일은 일정한 관계로 서로 전환이 가능하다.
열역학 제2법칙	• 일은 열로 바꿀 수 있다. • 열은 일로 전부 바꿀 수 없다.(효율이 100%인 열기관은 제작이 불가능하다.) • 저온의 유체에서 고온의 유체로는 이동이 안된다. • 일을 할 수 있는 능력을 표시하는 엔트로피를 나타낸다. • 엔트로피는 가역 과정에서는 0이다. • 비가역 과정에서는 엔트로피의 변화량이 항상 증가된다.
열역학 제3법칙	어떠한 방법으로도 물질의 온도를 0K 이하로 내릴 수 없다.

정답 | ④

51

산소농도 증가에 대한 설명으로 틀린 것은?

① 연소속도가 빨라진다.
② 발화온도가 올라간다.
③ 화염온도가 올라간다.
④ 폭발력이 강해진다.

해설

산소의 농도가 증가하면 발화점 및 인화점은 낮아진다.

관련이론 산소의 농도 증가 시 일어나는 현상

- 연소속도가 빨라지고 연소범위가 넓어진다.
- 화염온도가 높아지며, 속도도 증가한다.
- 발화(점화)에너지가 낮아진다.
- 발화점 및 인화점이 낮아진다.

정답 | ②

52

도시가스 배관이 하천을 횡단하는 배관 주위의 흙이 사질토의 경우 방호구조물의 비중은?

① 배관 내 유체 비중 이상의 값
② 물의 비중 이상의 값
③ 토양의 비중 이상의 값
④ 공기의 비중 이상의 값

해설
보호관 또는 방호구조물의 비중은 주위의 흙이 사질토인 경우 물의 비중 이상이 되도록 한다.

정답 | ②

53

프로판의 완전연소반응식으로 옳은 것은?

① $C_3H_8 + 4O_2 \rightarrow 3CO_2 + 2H_2O$
② $C_3H_8 + 5O_2 \rightarrow 3CO_2 + 4H_2O$
③ $C_3H_8 + 2O_2 \rightarrow 3CO + H_2O$
④ $C_3H_8 + O_2 \rightarrow CO_2 + H_2O$

해설
프로판의 완전연소 반응식은 다음과 같다.
$C_3H_8 + 5O_2 \rightarrow 3CO_2 + 4H_2O$

정답 | ②

54

다음 중 저온을 얻는 기본적인 원리는?

① 등압 팽창
② 단열 팽창
③ 등온 팽창
④ 등적 팽창

해설
저온을 얻는 기본적인 원리 및 과정은 단열 팽창이다.

정답 | ②

55

고압가스 안전관리법령에 따라 "상용의 온도에서 압력이 1MPa 이상이 되는 압축가스로서 실제로 그 압력이 1MPa 이상이 되는 경우에는 고압가스에 해당한다." 여기에서 압력은 어떠한 압력을 말하는가?

① 대기압
② 게이지압력
③ 절대압력
④ 진공압력

해설
게이지압력은 상용(常用)의 온도에서 압력이 1메가파스칼 이상이 되는 압축가스로서 실제로 그 압력이 1메가파스칼 이상이 되는 것 또는 섭씨 35도의 온도에서 압력이 1메가파스칼 이상이 되는 압축가스(아세틸렌가스는 제외한다)를 말한다.

정답 | ②

56

단위 질량인 물질의 온도를 단위온도 차 만큼 올리는데 필요한 열량을 무엇이라고 하는가?

① 일률
② 비열
③ 비중
④ 엔트로피

해설
비열[kJ/kg·℃]이란 단위 물질의 온도를 1℃ 올리는 데 필요한 열량을 말한다.

선지분석
① 일률: 단위 시간당 하는 일의 양[J/s]이다.
③ 비중: 물의 밀도를 기준으로 어떤 물질의 밀도를 비교한 상대적인 값이다.
④ 엔트로피(Entropy): 단위 중량당 열량을 절대온도로 나눈 값 [kcal/kg·K]이다.

정답 | ②

57

LPG 1L가 기화해서 약 250L의 가스가 된다면 10kg의 액화 LPG가 기화하면 가스 체적은 얼마나 되는가? (단, 액화 LPG의 비중은 0.5이다.)

① $1.25m^3$
② $5.0m^3$
③ $10.0m^3$
④ $25m^3$

해설

가스용량 $=\dfrac{10kg}{0.5kg/L}=20$

기화가스량 $=20L \times 250$배 $=5,000L=5m^3$

정답 | ②

58

다음 중 표준상태에서 가스상 탄화수소의 점도가 가장 높은 가스는?

① 에탄
② 메탄
③ 부탄
④ 프로판

해설

점도는 분자량이 작을수록, 비점이 낮을수록 높아진다. 보기 중 분자량이 가장 작은 물질은 메탄(CH_4)으로, 점도가 가장 높다.

선지분석

① 에탄(C_2H_6)의 분자량: 30
② 메탄(CH_4)의 분자량: 16
③ 부탄(C_4H_{10})의 분자량: 58
④ 프로판(C_3H_8)의 분자량: 44

정답 | ②

59

다음 중 1기압(1atm)과 같지 않은 것은?

① 760mmHg
② 0.9807bar
③ $10.332mH_2O$
④ 101.3kPa

해설

1atm=1.013bar이다.

관련이론 기압의 단위 환산

$1atm = 1.033 kg/cm^2 = 10.332 mmH_2O = 10.332 mH_2O$
$= 101.325 Pa = 101.325 kPa = 101.325 N/m^2 = 760 mmHg$
$= 29.92 inHg = 14.7 PSI = 1.013 bar$

정답 | ②

60

포화온도에 대하여 가장 잘 나타낸 것은?

① 액체가 증발하기 시작할 때의 온도
② 액체가 증발현상 없이 기체로 변하기 시작할 때의 온도
③ 액체가 증발하여 어떤 용기 안이 증기로 꽉 차있을 때의 온도
④ 액체의 증기가 공존할 때 그 압력에 상당한 일정한 값의 온도

해설

포화온도란 액체의 증기가 공존할 때 그 압력에 상당하는 일정한 값의 온도를 의미하며, 물의 포화온도는 100°C이다.

정답 | ④

2025년 2회 CBT 복원문제

8개년 CBT 복원문제

01 빈출도 ★★★

가연성가스를 취급하는 장소에는 누출된 가스의 폭발사고를 방지하기 위하여 전기설비를 방폭구조로 한다. 다음 중 방폭구조가 아닌 것은?

① 안전증방폭구조
② 내열방폭구조
③ 압력방폭구조
④ 내압방폭구조

해설
방폭구조는 내압방폭구조, 안전증방폭구조, 압력방폭구조, 본질안전방폭구조, 유입방폭구조, 특수방폭구조 등이 있다.

관련이론 방폭구조

구분	기호	개요
내압방폭구조	d	용기 내부에서 폭발성 가스 또는 증기 폭발 시 용기가 해당 압력을 견디는 구조이다.
안전증방폭구조	e	점화원 또는 고온 부분 등의 발생을 방지하기 위해 기계적, 전기적으로 안전도를 증가시킨 구조이다.
압력방폭구조	p	용기 내부에 보호가스를 압입하여 내부압력을 유지함으로써 가연성가스가 용기 내부로 유입되지 않는 구조이다.
본질안전방폭구조	ia ib	전기불꽃아크 또는 고온부로 인하여 가연성가스가 점화되지 않는 것이 점화시험 등의 방법에 의해 확인된 구조이다.
유입방폭구조	o	용기 내부에 절연유를 주입하여 불꽃, 아크 또는 고온발생부분이 기름 속에 잠기게 함으로써 가연성가스에 인화되지 않도록 한 구조이다.
특수방폭구조	s	명확하게 정해진 방법이 없으며 어느 조건이든 발화 가능성이 없도록 정해진 수준의 안전을 제공하는 방폭구조이다.

정답 | ②

02 고난도 빈출도 ★★★

다음 [보기]의 독성가스 중 독성(LC_{50})이 가장 강한 것과 가장 약한 것을 바르게 나열한 것은?

㉠ 염화수소	㉡ 암모니아
㉢ 황화수소	㉣ 일산화탄소

① ㉠, ㉡
② ㉢, ㉡
③ ㉠, ㉣
④ ㉢, ㉣

선지분석
농도가 낮을수록 독성은 강하다.
㉠ 염화수소: 3,124ppm
㉡ 암모니아: 7,338ppm
㉢ 황화수소: 444ppm
㉣ 일산화탄소: 3,760ppm
따라서, 독성이 가장 강한 것은 황화수소(444ppm), 가장 약한 것은 암모니아(7,338ppm)이다.

정답 | ②

03 빈출도 ★☆☆

일반도시가스 공급시설의 시설기준으로 틀린 것은?

① 가스공급시설을 설치한 곳에는 누출된 가스가 머물지 아니하도록 환기설비를 설치한다.
② 공동구 안에는 환기장치를 설치하며 전기설비가 있는 공동구에는 그 전기설비를 방폭구조로 한다.
③ 저장탱크의 안전장치인 안전밸브나 파열판에는 가스방출관을 설치한다.
④ 저장탱크의 안전밸브는 다이어프램식 안전밸브로 한다.

해설
저장탱크 및 설비 등에 가장 많이 적용되는 안전밸브는 스프링식 안전밸브이다.

정답 | ④

04

용기 밸브 그랜드너트의 6각 모서리에 V형의 홈을 낸 것은 무엇을 표시하기 위한 것인가?

① 왼나사임을 표시
② 오른나사임을 표시
③ 암나사임을 표시
④ 수나사임을 표시

해설
용기 밸브 그랜드너트의 6각 모서리에 V형의 홈은 왼나사임을 표시하며, 이는 용기와 체결시 유의해야 함을 의미한다.

정답 | ①

05

2개 이상의 탱크를 동일한 차량에 고정하여 운반할 때 충전관에 설치하는 것이 아닌 것은?

① 안전밸브
② 온도계
③ 압력계
④ 긴급탈압밸브

해설
2개 이상의 탱크를 동일한 차량에 고정하여 운반할 때 충전관에 설치해야 하는 것은 안전밸브, 압력계, 긴급탈압밸브 등이 있다.

정답 | ②

06

1몰의 아세틸렌 가스를 완전연소하기 위하여 몇 몰의 산소가 필요한가?

① 1몰
② 1.5몰
③ 2.5몰
④ 3몰

해설
아세틸렌(C_2H_2)의 완전연소반응식은 다음과 같다.
$$C_2H_2 + 2.5O_2 \rightarrow 2CO_2 + H_2O$$
 1몰   2.5몰   2몰   1몰
따라서, 1몰의 아세틸렌(C_2H_2)을 완전연소하기 위해서는 2.5몰의 산소(O_2)가 필요하다.

정답 | ③

07

압력용기의 내압부분에 대한 비파괴시험으로 실시되는 초음파탐상시험 대상은?

① 두께가 35mm인 탄소강
② 두께가 5mm인 9% 니켈강
③ 두께가 15mm인 2.5% 니켈강
④ 두께가 30mm인 저합금강

선지분석
초음파탐상시험 대상조건
① 두께가 50mm 이상인 탄소강
② 두께가 6mm 이상인 니켈강
③ 두께가 13mm 이상인 2.5% 니켈강 또는 3.5% 니켈강
④ 두께가 38mm 이상인 저합금강

정답 | ③

08

가연성 가스가 폭발할 위험이 있는 장소에 전기설비를 할 경우 위험장소의 등급 분류에 해당하지 않는 것은?

① 0종 장소
② 1종 장소
③ 2종 장소
④ 3종 장소

해설
위험장소는 등급에 따라 0종 장소, 1종 장소, 2종 장소로 분류한다.

관련이론 위험장소의 분류

구분	정의
0종 장소	폭발성 가스 분위기가 연속적으로, 장기간 또는 빈번하게 존재하는 장소
1종 장소	정상 작동 중에 폭발성 가스 분위기가 주기적 또는 간헐적으로 생성되기 쉬운 장소
2종 장소	정상 작동 중 폭발성 가스 분위기가 조성되지 않을 것으로 예상되며, 생성된다 하더라도 짧은 기간에만 지속되는 장소

정답 | ④

09 빈출도 ★★★

고압가스 특정제조시설에서 배관을 해저에 설치하는 경우의 기준으로 틀린 것은?

① 배관은 해저면 밑에 매설한다.
② 배관은 원칙적으로 다른 배관과 교차하지 아니하여야 한다.
③ 배관은 원칙적으로 다른 배관과 수평거리로 30m 이상을 유지하여야 한다.
④ 배관의 입상부에는 방호시설물을 설치하지 아니한다.

해설
배관의 해저 및 해상 설치 시 배관의 입상부에는 방호시설물을 설치한다.

정답 | ④

10 빈출도 ★★☆

일반도시가스사업 가스공급시설의 입상관 밸브는 분리가 가능한 것으로서 바닥으로부터 몇 m 범위에 설치하여야 하는가?

① 0.5~1.0m ② 1.2~1.5m
③ 1.6~2.0m ④ 2.5~3.0m

해설
입상관 밸브는 바닥면에서 1.6~2.0m 이내 설치한다.

정답 | ③

11 빈출도 ★★☆

방류둑 성토 윗부분의 정상부 폭은 얼마 이상으로 하여야 하는가?

① 20cm ② 30cm
③ 40cm ④ 50cm

해설
방류둑 성토 정상부의 폭은 30cm 이상으로 한다.

정답 | ②

12 빈출도 ★★★

독성가스의 저장탱크에는 가스의 용량이 그 저장탱크 내용적의 90%를 초과하는 것을 방지하는 장치를 설치하여야 한다. 이 장치를 무엇이라고 하는가?

① 경보장치 ② 액면계
③ 긴급차단장치 ④ 과충전방지장치

해설
저장탱크 내용적의 90%를 초과하여 충전하지 않도록 과충전방지장치를 설치한다.

※ 단, 소형저장탱크, LPG 차량용 용기 등은 85%를 초과하여 충전하지 않도록 한다.

정답 | ④

13 빈출도 ★★☆

가연성가스, 독성가스 및 산소설비의 수리 시에 설비내의 가스 치환용으로 주로 사용되는 가스는?

① 질소 ② 수소
③ 일산화탄소 ④ 염소

해설
가연성가스, 독성가스, 산소설비의 수리시 치환용으로 사용되는 가스는 질소(N_2)이다.

정답 | ①

14 빈출도 ★★★

고압용기에 각인되어 있는 내용적의 기호는?

① V ② FP
③ TP ④ W

해설
내용적의 기호는 V이다.

관련이론 고압용기 기호
- V: 내용적
- FP: 최고충전압력
- TP: 내압시험압력
- W: 질량

정답 | ①

15
빈출도 ★☆☆

다음 특정설비 중 재검사 대상에서 제외되는 것이 아닌 것은?

① 역화방지장치
② 자동차용 가스자동주입기
③ 차량에 고정된 탱크
④ 독성가스배관용 밸브

해설

다음 하나에 해당하는 특정설비는 재검사대상에서 제외한다.
- 평저형 및 이중각 진공단열형 저온저장탱크
- 역화방지장치
- 독성가스배관용 밸브
- 자동차용 가스자동주입기
- 냉동용 특정설비
- 대기식 기화장치
- 저장탱크 또는 차량에 고정된 탱크에 부착되지 않은 안전밸브 및 긴급차단밸브
- 저장탱크 및 압력용기 중 다음에서 정한 것
  - 초저온 저장탱크
  - 초저온 압력용기
  - 분리할 수 없는 이중관식 열교환기
  - 그 밖에 산업통상자원부장관이 재검사를 실시하는 것이 현저히 곤란하다고 인정하는 저장탱크 또는 압력용기
- 고압가스용 실린더캐비닛
- 자동차용 압축천연가스 완속충전설비
- 액화석유가스용 용기잔류가스 회수장치

정답 | ③

16
빈출도 ★★★

내용적이 1천 리터를 초과하는 염소용기의 부식 여유 두께의 기준은?

① 2mm 이상
② 3mm 이상
③ 4mm 이상
④ 5mm 이상

해설

내용적이 1,000L를 초과하는 염소용기의 부식 여유치는 5mm 이상이다.

관련이론 암모니아 및 염소 충전용기의 부식 여유치

구분		부식 여유치
암모니아 충전용기	내용적 1천 L 이하	1mm 이상
	내용적 1천 L 초과	2mm 이상
염소 충전용기	내용적 1천 L 이하	3mm 이상
	내용적 1천 L 초과	5mm 이상

정답 | ④

17 〈고난도〉
빈출도 ★★★

다음 중 가연성이면서 독성가스인 것은?

① NH_3
② H_2
③ CH_4
④ N_2

해설

가연성이면서 독성가스인 것은 암모니아(NH_3)이다.

선지분석

② 수소(H_2)는 가연성가스이다.
③ 메탄(CH_4)은 가연성가스이다.
④ 질소(N_2)는 불연성가스이다.

관련이론 독성가스이면서 가연성인 가스
- 일산화탄소(CO)
- 산화에틸렌(C_2H_4O)
- 시안화수소(HCN)
- 황화수소(H_2S)
- 염화메탄(CH_3Cl)
- 이황화탄소(CS_2)
- 벤젠(C_6H_6)
- 암모니아(NH_3)
- 브롬화메탄(CH_3Br)

정답 | ①

18

도시가스 사용시설의 배관은 움직이지 아니하도록 고정 부착하는 조치를 하도록 규정하고 있는데 다음 중 배관의 호칭지름에 따른 고정 간격의 기준으로 옳은 것은?

① 배관의 호칭지름 20mm인 경우 2m마다 고정
② 배관의 호칭지름 32mm인 경우 3m마다 고정
③ 배관의 호칭지름 40mm인 경우 4m마다 고정
④ 배관의 호칭지름 65mm인 경우 5m마다 고정

해설

배관 고정장치 설치간격
- 13mm 미만: 1m 간격
- 13mm 이상 33mm 미만: 2m 간격
- 33mm 이상: 3m 간격

정답 | ①

19

도시가스는 무색, 무취이기 때문에 누출 시 중독 및 사고를 미연에 방지하기 위하여 부취제를 첨가하는데 그 첨가비율의 용량이 얼마의 상태에서 냄새를 감지할 수 있어야 하는가?

① 0.1%
② 0.01%
③ 0.2%
④ 0.02%

해설

도시가스 부취제 주입(착지농도): $\dfrac{1}{1,000} = 0.1\%$

정답 | ①

20

건축물 안에 매설할 수 없는 도시가스 배관의 재료는?

① 스테인리스강관
② 동관
③ 가스용 금속플렉시블호스
④ 가스용 탄소강관

해설

탄소강관은 부식성이 있으므로 도시가스 배관의 재료로 사용할 수 없다.

관련이론 건축물 내 매설가능한 배관 재료
- 스테인리스강관
- 동관
- 가스용 금속플렉시블호스

정답 | ④

21

특정고압가스사용시설 중 고압가스 저장량이 몇 kg 이상인 용기보관실에 있는 벽을 방호벽으로 설치하여야 하는가?

① 100
② 200
③ 300
④ 500

해설

300kg 이상의 액화가스를 저장하는 용기보관실의 벽은 방호벽으로 설치하여야 한다.

관련이론 방호벽 설치대상

구분	장소
고압가스 일반제조 중 C_2H_2 가스 또는 9.8MPa 이상 압축가스 충전 시	• 압축기와 충전장소 사이 • 압축기와 충전용기 보관장소 사이 • 충전장소와 충전용기 보관장소 사이 • 충전장소와 충전용 주관밸브 사이
고압가스 판매시설	용기보관실의 벽
특정고압가스	압축(60m³), 액화(300kg) 이상 시설의 용기보관실 벽
충전시설	저장탱크와 가스 충전장소
저장탱크	사업소 내 보호시설

정답 | ③

22 [고난도] 빈출도 ★★☆

압송기 출구에서 도시가스의 연소성을 측정한 결과 총 발열량이 $10,700\,\text{kcal/m}^3$, 가스비중이 0.56이었다. 웨버지수(WI)는 얼마인가?

① 14,298
② 19,107
③ 1.8
④ 6.9×10^{-5}

해설

웨버지수를 구하는 공식은 다음과 같다.

웨버지수[WI] $= \dfrac{H}{\sqrt{d}}$

WI: 웨버지수, H: 발열량[kcal/m³], d: 비중

$$WI = \dfrac{10,700}{\sqrt{0.56}} = 14,298$$

정답 | ①

23 빈출도 ★☆☆

고압가스 냉매설비의 기밀시험 시 압축공기를 공급할 때 공기의 온도는 몇 ℃ 이하로 정해져 있는가?

① 40℃ 이하
② 70℃ 이하
③ 100℃ 이하
④ 140℃ 이하

해설

냉매설비의 기밀시험 시 압축공기의 공급온도는 140℃ 이하로 유지하여야 한다.

정답 | ④

24 빈출도 ★☆☆

암모니아 가스검지경보장치는 검지에서 발신까지 걸리는 시간을 얼마 이내로 하는가?

① 30초
② 1분
③ 2분
④ 3분

해설

가스누출검지경보장치의 검지에서 발신까지 걸리는 시간은 30초 이내로 한다. 단, 암모니아, 일산화탄소는 1분 이내로 한다.

정답 | ②

25 빈출도 ★☆☆

고압가스 용기 밸브의 충전구 나사가 오른나사로 되어있는 가스는?

① C_2H_2
② NH_3
③ C_3H_8
④ C_4H_{10}

해설

고압가스 용기 밸브의 충전구 나사의 구분은 다음과 같다.
- 왼나사: NH_3와 CH_3Br을 제외한 가연성가스
- 오른나사: NH_3와 CH_3Br을 포함하는 일반가스

※ NH_3와 CH_3Br는 가연성가스로 분류되지만 위험성이 크지 않기 때문에 오른나사를 적용한다.

정답 | ②

26 빈출도 ★☆☆

다음 각 금속재료의 가스 작용에 대한 설명으로 옳은 것은?

① 수분을 함유한 염소는 상온에서도 철과 반응하지 않으므로 철강의 고압용기에 충전할 수 있다.
② 아세틸렌은 강과 직접 반응하여 폭발성의 금속 아세틸라이드를 생성한다.
③ 일산화탄소는 철족의 금속과 반응하여 금속카보닐을 생성한다.
④ 수소는 저온, 저압 하에서 질소와 반응하여 암모니아를 생성한다.

선지분석

① 수분을 함유한 염소는 철과 반응하여 부식을 일으킨다.
② 아세틸렌은 구리, 은, 수은과 반응하여 폭발성 아세틸라이드를 생성한다.
④ 수소는 고온, 고압 하에서 질소와 반응하여 암모니아를 생성한다.

정답 | ③

27

가스사용시설에서 원칙적으로 PE배관을 노출배관으로 사용할 수 있는 경우는?

① 지상배관과 연결하기 위하여 금속관을 사용하여 보호조치를 한 경우로서 지면에서 20cm 이하로 노출하여 시공하는 경우
② 지상배관과 연결하기 위하여 금속관을 사용하여 보호조치를 한 경우로서 지면에서 30cm 이하로 노출하여 시공하는 경우
③ 지상배관과 연결하기 위하여 금속관을 사용하여 보호조치를 한 경우로서 지면에서 50cm 이하로 노출하여 시공하는 경우
④ 지상배관과 연결하기 위하여 금속관을 사용하여 보호조치를 한 경우로서 지면에서 1m 이하로 노출하여 시공하는 경우

해설
원칙적으로 PE배관은 노출배관으로 사용하지 않는다. 단, 지상배관과 연결하기 위해 금속관으로 보호조치를 한 경우 지면에서 30cm 이하로 노출 시공이 가능하다.

정답 | ②

28

최대지름이 6m인 가연성가스 저장탱크 2개가 서로 유지하여야 할 최소 거리는?

① 0.6m ② 1m
③ 2m   ④ 3m

해설
탱크 간 이격거리 $= (D_1 + D_2) \times \dfrac{1}{4}$

- D_1: A탱크의 직경[m], D_2: B탱크의 직경[m]

이격거리 $= (6+6) \times \dfrac{1}{4} = 3m$

정답 | ④

29

고압가스의 제조시설에서 실시하는 가스설비의 점검 중 사용개시 전에 점검할 사항이 아닌 것은?

① 기초의 경사 및 침하
② 인터록, 자동제어장치의 기능
③ 가스설비의 전반적인 누출 유무
④ 배관 계통의 밸브 개폐 상황

해설
기초의 경사 및 침하는 평상시(상시) 점검사항이다.

정답 | ①

30

용기 파열사고의 원인으로 가장 거리가 먼 것은?

① 용기의 내압력 부족
② 용기 내 규정압력의 초과
③ 용기 내에서 폭발성 혼합가스에 의한 발화
④ 안전밸브의 작동

해설
안전밸브는 용기 내부의 과압을 외부로 방출하여 압력을 낮춤으로써 파열사고를 예방한다.

정답 | ④

31

수소의 성질에 대한 설명 중 옳지 않은 것은?

① 열전도도가 작다.
② 열에 대하여 안정하다.
③ 고온에서 철과 반응한다.
④ 확산속도가 빠른 무취의 기체이다.

해설

수소(H_2)는 열전도율(열전도도)이 크고 열에 대해 안정적이다.

관련이론 수소(H_2)

- 압축가스이면서 가연성 가스로 분류된다.
- 가장 작은 밀도로서 가장 가볍고, 확산속도가 빠른 기체이다.
- 상온에서 무색, 무미, 무취의 가연성 기체이다.
- 고온 조건에서 철과 반응한다.
- 열전도율이 크고 열에 대해 안정적이다.

정답 | ①

32

다음 고압가스 압축작업 중 작업을 즉시 중단해야 하는 경우인 것은?

① 산소 중의 아세틸렌, 에틸렌 및 수소의 용량합계가 전체 용량의 2% 이상인 것
② 아세틸렌 중의 산소용량이 전체 용량의 1% 이하의 것
③ 산소 중의 가연성가스(아세틸렌, 에틸렌 및 수소를 제외한다)의 용량이 전체 용량의 2% 이하의 것
④ 시안화수소중의 산소용량이 전체 용량의 2% 이상의 것

해설

산소 중 아세틸렌, 에틸렌, 수소의 용량합계가 전체 용량의 2% 이상인 경우 압축작업을 즉시 중단해야 한다.

관련이론 압축작업시 중단 조건

가연성가스 중 산소 용량	4% 이상
산소 중 가연성가스 용량	4% 이상
아세틸렌, 에틸렌, 수소 중 산소 용량	2% 이상
산소 중 아세틸렌, 에틸렌, 수소 용량합계	2% 이상

※ 전체 용량을 기준으로 한다.

정답 | ①

33

다음 가스폭발의 위험성 평가기법 중 정량적 평가방법은?

① HAZOP(위험성운전 분석기법)
② WHAT-if(사고예상질문 분석기법)
③ Check List법
④ FTA(결함수 분석기법)

해설

FTA(결함수 분석기법)는 정량적 평가방법으로, 사고를 일으키는 장치의 이상이나 운전자 실수의 조합을 연역적으로 분석한다.

관련이론 위험성 평가기법

평가기법	개요
예비위험분석 (PHA)	공정 및 설비 등에 관한 상세한 정보를 얻을 수 없는 상황에서 위험물질과 공정요소에 초점을 맞춰 초기위험을 확인한다.
사고예상질문 (What-if)	공정의 잠재위험성들에 대하여 예상 질문을 통해 사전에 확인하고 위험을 줄이는 방법이다(정성적).
위험과 운전 분석 (HAZOP)	공정에 존재하는 위험요소들과 공정의 효율을 떨어뜨릴 수 있는 운전상의 문제점을 찾아내어 그 원인을 제거한다(정성적).
결함수 분석 (FTA)	사고를 일으키는 장치의 이상이나 운전자 실수의 조합을 연역적으로 분석한다(정량적).
이상 위험도 분석 (FMECA)	공정과 설비의 고장형태 및 영향, 고장형태별 위험도 순위 등을 결정한다.

정답 | ④

34

다음 중 제백효과(Seebeck effect)를 이용한 온도계는?

① 열전대 온도계
② 광고 온도계
③ 서미스터 온도계
④ 전기저항 온도계

해설

열전대 온도계는 서로 다른 두 종류의 금속을 연결하고 폐회로를 통해 양 접점의 온도차로 금속에 열기전력이 발생하는 원리인 제백효과를 이용한 온도계이다.

정답 | ①

35

빈출도 ★★☆

다음 중 확산 속도가 가장 빠른 것은?

① O_2
② N_2
③ CH_4
④ CO_2

해설

그레이엄의 법칙에 따라 분자량이 가장 적은 CH_4(메탄)이 가장 확산속도가 빠르다.

선지분석

물질별 분자량
① O_2: 32
② N_2: 28
③ CH_4: 16
④ CO_2: 44

관련이론 그레이엄의 법칙

기체의 확산속도는 분자량, 밀도의 제곱근에 반비례한다.

$$\frac{v_1}{v_2} = \sqrt{\frac{M_2}{M_1}} = \sqrt{\frac{d_2}{d_1}}$$

v: 기체확산속도, M: 분자량, d: 밀도

정답 | ③

36

빈출도 ★★★

암모니아 가스의 특성에 대한 설명으로 옳은 것은?

① 물에 잘 녹지 않는다.
② 무색의 기체이다.
③ 상온에서 아주 불안정하다.
④ 물에 녹으면 산성이 된다.

선지분석

① 물에 잘 녹는다.
③ 상온에서 안정하다.
④ 물에 녹으면 염기성이 된다.

정답 | ②

37

빈출도 ★★★

한 쪽 조건이 충족되지 않으면 다른 제어는 정지되는 자동제어 방식은?

① 피드백
② 시퀀스
③ 인터록
④ 프로세스

해설

인터록 제어란 한 쪽 조건이 충족되지 않으면 다른 제어는 정지되는 자동제어방식을 말하며, 가스 설비의 잘못된 조작 및 이상 사태 발생 시 원재료의 공급을 차단한다.

정답 | ③

38

빈출도 ★☆☆

액면계로부터 가스가 방출되었을 때 인화 또는 중독의 우려가 없는 가스에만 사용할 수 있는 액면계가 아닌 것은?

① 고정튜브식
② 회전튜브식
③ 슬립튜브식
④ 평형튜브식

해설

인화 또는 중독의 우려가 없는 가스에 사용되는 액면계로는 고정튜브식 액면계, 회전튜브식 액면계, 슬립튜브식 액면계 등이 있다.

정답 | ④

39

빈출도 ★★★

다음 중 아세틸렌의 폭발과 관계가 없는 것은?

① 산화폭발
② 중합폭발
③ 분해폭발
④ 화합폭발

해설

아세틸렌(C_2H_2)은 산화, 분해, 화합폭발의 성질이 있으며, 시안화수소(HCN)가 중합폭발의 성질이 있다.

정답 | ②

40

재료에 하중을 작용하여 항복점 이상의 응력을 가하면, 하중을 제거하여도 본래의 형상으로 돌아가지 않도록 하는 성질을 무엇이라고 하는가?

① 피로
② 크리프
③ 소성
④ 탄성

해설
소성이란 재료에 항복점 이상의 하중을 가하면, 하중을 제거하여도 본래의 형상으로 돌아가지 않도록 하는 성질이다.

선지분석
① 피로: 재료에 반복적으로 하중을 가해 저항력이 저하되는 현상이다.
② 크리프: 어느 온도 이상에서 재료에 하중을 가하면 시간과 더불어 변형이 증대되는 현상이다.
④ 탄성: 하중을 제거하면 물체에 하중이 작용할 때의 변형이 원래대로 돌아오려는 성질이다.

정답 | ③

41

저온장치에 사용되고 있는 단열법 중 단열을 하는 공간에 분말, 섬유 등의 단열재를 충전하는 방법으로 일반적으로 사용되는 단열법은?

① 상압 단열법
② 고진공 단열법
③ 다층진공 단열법
④ 린데식 단열법

해설
상압 단열법에 대한 설명이다.

관련이론 단열법

상압 단열법	단열 공간에 섬유, 분말 등의 단열재를 충전한다.
고진공 단열법	단열 공간을 진공으로 처리하여 열전도를 차단(약 10^{-4} Torr)한다.
다층진공 단열법	단열 공간 양면에 복사방지용 실드판(알루미늄박과 글라스울)을 다수로 포개어 설치한다.
분말진공 단열법	단열 공간 양면에 미세 분말을 충전한다.

정답 | ①

42

펌프의 캐비테이션에 대한 설명으로 옳은 것은?

① 캐비테이션은 펌프 임펠러의 출구 부근에 더 일어나기 쉽다.
② 유체 중에 그 액온의 증기압보다 압력이 낮은 부분이 생기면 캐비테이션이 발생한다.
③ 캐비테이션은 유체의 온도가 낮을수록 생기기 쉽다.
④ 이용NPSH > 필요NPSH일 때 캐비테이션이 발생한다.

선지분석
① 캐비테이션은 펌프 임펠러의 입구 부근에 더 일어나기 쉽다.
③ 캐비테이션은 유체의 온도가 높을수록 생기기 쉽다.
④ 이용NPSH < 필요NPSH일 때 캐비테이션이 발생한다.

관련이론 유효흡입수두(NPSH, Net Positive Suction Head)
- 이용NPSH: 펌프가 작동되는 최소한의 흡입 수두
- 필요NPSH: 캐비테이션 없이 작동되는 최소의 흡입 수두

정답 | ②

43

고점도 액체나 부유 현탁액의 유체 압력측정에 가장 적당한 압력계는?

① 벨로우즈
② 다이어프램
③ 부르동관
④ 피스톤

해설
고점도 유체나 부유 현탁액 등의 유체에 압력계 내부에 직접 접촉되지 않고 측정가능한 다이어프램 압력계를 설치한다.

관련이론 다이어프램식 압력계
- 정확성이 높다.
- 반응속도가 빠르다.
- 온도에 따른 영향이 있다.
- 고감도이므로 미소압력을 측정할 때 유리하다.
- 부식성 및 점도가 있는 유체 측정이 가능하다.

정답 | ②

44

빈출도 ★★☆

다음 중 가스 1몰을 완전연소시키고자 할 때 공기가 가장 적게 필요한 것은?

① 수소
② 메탄
③ 아세틸렌
④ 에탄

해설

공기량 = $\dfrac{\text{산소량}}{0.21}$ 이므로 산소요구량이 적다는 것은 공기량이 적다는 의미이다.

따라서, 가스 1몰당 산소량이 적게 필요한 것은 0.5몰 산소가 필요한 수소(H_2)이므로 공기가 가장 적게 필요하다.

선지분석

완전연소 반응식

① 수소: $H_2 + 0.5O_2 \rightarrow H_2O$
② 메탄: $CH_4 + 2O_2 \rightarrow CO_2 + 2H_2O$
③ 아세틸렌: $C_2H_2 + 2.5O_2 \rightarrow 2CO_2 + H_2O$
④ 에탄: $C_2H_6 + 3.5O_2 \rightarrow 2CO_2 + 3H_2O$

정답 | ①

45

빈출도 ★☆☆

도시가스사업법령에서는 도시가스를 압력에 따라 고압, 중압 및 저압으로 구분하고 있다. 중압의 범위로 옳은 것은? (단, 액화가스가 기화되고 다른 물질과 혼합되지 않은 경우로 가정한다.)

① 0.1MPa 이상, 1MPa 미만
② 0.2MPa 이상, 1MPa 미만
③ 0.1MPa 이상, 0.2MPa 미만
④ 0.01MPa 이상, 0.2MPa 미만

해설

압력의 범위
- 고압: 1MPa 이상
- 중압: 0.1MPa 이상 1MPa 미만(단, 액화가스가 기화되고 다른 물질과 혼합되지 않은 경우는 0.01Mpa 이상 0.2MPa 미만이다.)
- 저압: 0.1MPa 미만(단, 액화가스가 기화되고 다른 물질과 혼합되지 않은 경우는 0.01Mpa 미만이다.)

정답 | ④

46

빈출도 ★★☆

공기액화분리장치의 폭발원인이 아닌 것은?

① 액체공기 중의 아르곤의 흡입
② 공기 취입구로부터 아세틸렌 혼입
③ 공기 중의 질소화합물(NO, NO_2)의 혼입
④ 압축기용 윤활유 분해에 따른 탄화수소 생성

해설

액체공기 중 아르곤의 흡입은 공기액화분리장치의 폭발원인이 아니다.

관련이론 공기액화분리장치의 폭발원인
- 공기 취입구로부터 C_2H_2(아세틸렌)의 혼입
- 압축기용 윤활유 분해로 탄화수소 생성
- 액체 산소 내 오존(O_3)의 혼입
- 공기 중 NO, NO_2(질소산화물)의 혼입

정답 | ①

47

빈출도 ★☆☆

LP가스 이송설비 중 압축기에 의한 이송방식에 대한 설명으로 틀린 것은?

① 베이퍼록 현상이 없다.
② 잔가스 회수가 용이하다.
③ 펌프에 비해 이송시간이 짧다.
④ 저온에서 부탄가스가 재액화되지 않는다.

해설

압축기에 의한 이송방법은 부탄가스의 재액화 우려가 있다.

관련이론 압축기와 펌프에 의한 이송방법

구분	장점	단점
압축기	• 충전시간이 짧음 • 잔가스 회수가 용이함 • 베이퍼록 우려가 없음	• 재액화 우려 • 드레인 우려
펌프	• 재액화 우려가 없음 • 드레인 우려가 없음	• 충전시간이 길음 • 잔가스 회수가 불가능함 • 베이퍼록 우려

정답 | ④

48

다음 배관재료 중 사용온도 350°C 이하, 압력이 10MPa 이상의 고압관에 사용되는 것은?

① SPP
② SPPH
③ SPPW
④ SPPG

해설

SPPH는 사용압력 10MPa 이상의 고압관에 사용된다.

관련이론 배관재료

강관	사용압력
SPP (배관용 탄소강관)	1MPa 미만
SPPS (압력배관용 탄소강관)	1MPa~10MPa 미만
SPPH (고압배관용 탄소강관)	10MPa 이상
SPPW (수도용 아연도금강관)	급수관

정답 | ②

49

윤활유 선택 시 유의할 사항에 대한 설명 중 틀린 것은?

① 사용 기체와 화학반응을 일으키지 않을 것
② 점도가 적당할 것
③ 인화점이 낮을 것
④ 전기 전열 내력이 클 것

해설

인화점이 높은 윤활유를 선택한다.

관련이론 윤활유 선택 시 고려사항

- 인화점이 높을 것
- 사용가스와 화학반응을 일으키지 않을 것
- 전기 전열 내력이 클 것
- 점도가 적당하고 항유화성이 클 것
- 잔류탄소의 양이 적을 것

정답 | ③

50

가스의 폭발범위에 영향을 주는 인자로서 가장 거리가 먼 것은?

① 비열
② 압력
③ 온도
④ 조성

해설

가스 폭발을 일으키는 영향 요소는 온도, 압력, 조성 등이 있다. 비열이란 어떠한 물질 1kg의 온도를 1°C 올리는데 필요한 열량[kcal/kg·°C, kJ/kg·°C]을 의미하며, 폭발범위와는 거리가 멀다.

정답 | ①

51

다음 각 가스의 특성에 대한 설명으로 틀린 것은?

① 수소는 고온, 고압에서 탄소강과 반응하여 수소취성을 일으킨다.
② 산소는 공기액화분리장치를 통해 제조하며, 질소와 분리 시 비등점 차이를 이용한다.
③ 일산화탄소는 담황색의 무취기체로 허용농도는 TLV-TWA 기준으로 50ppm이다.
④ 암모니아는 붉은 리트머스를 푸르게 변화시키는 성질을 이용하여 검출할 수 있다.

해설

일산화탄소(CO)는 무색·무취의 독성가스이다.

정답 | ③

52

다음 중 엔트로피의 단위는?

① kcal/h
② kcal/kg
③ kcal/kg·m
④ kcal/kg·K

해설

엔트로피(Entropy)는 단위 중량당 열량을 절대온도로 나눈 값으로 단위는 kcal/kg·K이다.
엔탈피의 단위는 kcal/kg이다.

정답 | ④

53 〈고난도〉　빈출도 ★★☆

가스의 기초법칙에 대한 설명으로 옳은 것은?

① 열역학 제1법칙: 100% 효율을 가지고 있는 열기관은 존재하지 않는다.
② 그라함(Graham)의 확산법칙: 기체의 확산(유출)속도는 그 기체의 분자량(밀도)의 제곱근에 반비례한다.
③ 아마가트(Amagat)의 분압법칙: 이상기체 혼합물의 전체 압력은 각 성분 기체의 분압의 합과 같다.
④ 돌턴(Dalton)의 분용법칙: 이상기체 혼합물의 전체 부피는 각 성분의 부피의 합과 같다.

해설

그라함(Graham)의 확산법칙이란 기체의 확산(유출)속도는 그 기체의 분자량(밀도)의 제곱근에 반비례한다는 법칙이다.

$$\frac{u_1}{u_2} = \sqrt{\frac{M_2}{M_1}} = \sqrt{\frac{d_2}{d_1}}$$

- u: 기체확산속도, M: 분자량, d: 밀도

선지분석

① 열역학 제2법칙: 100% 효율을 가지고 있는 열기관은 존재하지 않는다.
③ 돌턴(Dalton)의 분압법칙: 이상기체 혼합물의 전체 압력은 각 성분 기체의 분압의 합과 같다.
④ 아마가트(Amagat)의 분용법칙: 이상기체 혼합물의 전체 부피는 각 성분의 부피의 합과 같다.

정답 | ②

54 〈고난도〉　빈출도 ★★☆

다음 가스 중 위험도(H)가 가장 큰 것은?

① 프로판　　② 일산화탄소
③ 아세틸렌　④ 암모니아

선지분석

위험도(H) = $\dfrac{U-L}{L}$

- H: 위험도, U: 연소상한계[%], L: 연소하한계[%]

① 프로판의 위험도 = $\dfrac{9.5-2.1}{2.1}$ = 3.52

② 일산화탄소의 위험도 = $\dfrac{74-12.5}{12.5}$ = 4.92

③ 아세틸렌의 위험도 = $\dfrac{81-2.5}{2.5}$ = 31.4

④ 암모니아의 위험도 = $\dfrac{28-15}{15}$ = 0.87

관련이론 폭발범위

가스	폭발범위	가스	폭발범위
프로판	2.1~9.5%	일산화탄소	12.5~74%
아세틸렌	2.5~81%	암모니아	15~28%

정답 | ③

55　빈출도 ★★★

천연가스(NG)의 특징에 대한 설명으로 틀린 것은?

① 메탄이 주성분이다.
② 공기보다 가볍다.
③ 연소에 필요한 공기량은 LPG에 비해 적다.
④ 발열량[kcal/m³]은 LPG에 비해 크다.

해설

천연가스(CH_4)의 발열량(10,000kcal/m³)은 프로판 LPG의 발열량(22,400kcal/m³)과 부탄 LPG의 발열량(29,500kcal/m³)에 비해 작다.

정답 | ④

56

LP가스가 증발할 때 흡수하는 열을 무엇이라 하는가?

① 현열
② 비열
③ 잠열
④ 융해열

해설

LP가스가 증발하면 기체가 되며 상태가 변한다. 상태가 변화하므로 이때 흡수하는 열을 잠열이라고 한다.

관련이론 현열과 잠열
- 현열: 물질의 상태변화 없이 온도가 변할 때 필요한 열이다.
- 잠열: 물질의 온도변화 없이 상태가 변할 때 필요한 열이다.

정답 | ③

57

다음 중 착화온도가 가장 낮은 것은?

① 메탄
② 일산화탄소
③ 프로판
④ 수소

선지분석

① 메탄(CH_4): 650~750℃
② 일산화탄소(CO): 641~658℃
③ 프로판(C_3H_8): 440~460℃
④ 수소(H_2): 580~600℃

정답 | ③

58

LPG 기화장치의 작동원리에 따른 구분으로 저온의 액화가스를 조정기를 통하여 감압한 후 열교환기에 공급해 강제 기화시켜 공급하는 방식은?

① 감압가열 방식
② 가온감압 방식
③ 해수가열 방식
④ 중간 매체 방식

선지분석

① 감압가열방식: 액화가스가 조정기를 통하여 감압하고 열교환기로 공급되며 기화된 가스가 공급되는 방식이다.
② 가온감압방식: 액화가스가 열교환기에서 기화되고 기화된 가스가 조정기를 통하여 공급하는 방식이다.
③ 해수가열 방식, ④ 중간 매체 방식은 LNG 기화방식이다.

정답 | ①

59

화씨온도 86°F는 몇 ℃인가?

① 30
② 35
③ 40
④ 45

해설

$$℃ = \frac{5}{9}(℉-32) = \frac{5}{9}(86-32) = 30℃$$

정답 | ①

60

실제기체가 이상기체의 상태식을 만족시키는 경우는?

① 압력과 온도가 높을 때
② 압력과 온도가 낮을 때
③ 압력이 높고 온도가 낮을 때
④ 압력이 낮고 온도가 높을 때

해설

압력이 낮고, 온도가 높은 경우 실제기체가 이상기체상태방정식을 만족시킬 수 있다.

정답 | ④

2024년 1회 CBT 복원문제

PART 02 · 8개년 CBT 복원문제

01
빈출도 ★☆☆

고압가스 특정제조시설에서 가연성 또는 독성가스의 액화가스 저장탱크는 그 저장탱크의 외면으로부터 몇 m 이상 떨어진 위치에서 조작할 수 있는 긴급차단밸브를 설치해야 하는가?

① 5m
② 10m
③ 15m
④ 20m

해설

고압가스 특정제조시설에서 가연성 또는 독성가스의 액화가스 저장탱크는 그 저장탱크의 외면으로부터 10m 이상 떨어진 위치에서 조작할 수 있는 긴급차단밸브를 설치해야 한다.

관련이론 긴급차단밸브

(1) 개요
- 이상사태 발생 시 가스 공급을 차단하여 피해 확대를 방지하는 장치(밸브)이다.
- 적용시설: 내용적 5,000L 이상의 저장탱크
- 원격조작온도: 110℃
- 동력원: 유압, 공기압, 전기, 스프링유압, 공기압, 전기, 스프링 등
- 설치위치: 탱크 내부, 탱크와 주밸브 사이, 주밸브의 외측(단, 주밸브와 겸용으로 사용해서는 안된다.)

(2) 조작부 설치위치

고압가스 일반제조시설 액화석유가스법 일반 도시가스 사업법	고압가스특정제조시설 가스도매사업
탱크 외면 5m 이상	탱크 외면 10m 이상

정답 | ②

02
빈출도 ★☆☆

액화석유가스 사용시설에서 LPG 용기 집합설비의 저장능력이 얼마 이하일 때 용기, 용기 밸브, 압력 조정기가 직사광선, 눈 또는 빗물에 노출되지 않도록 해야 하는가?

① 50kg 이하
② 100kg 이하
③ 300kg 이하
④ 500kg 이하

해설
- LPG 용기 집합설비의 저장능력 100kg 이하: 용기, 용기 밸브, 압력 조정기가 직사광선, 눈, 빗물에 노출되지 않도록 한다.
- LPG 용기 집합설비의 저장능력 100kg 초과: 용기 저장실에 보관한다.

정답 | ②

03
빈출도 ★★★

공정과 설비의 고장형태 및 영향, 고장형태별 위험도 순위 등을 결정하는 안전성 평가기법은?

① 예비위험분석(PHA)
② 위험과 운전분석(HAZOP)
③ 결함수 분석(FTA)
④ 이상 위험도 분석(FMECA)

선지분석

① 예비위험분석(PHA): 공정 및 설비 등의 상세한 정보를 얻을 수 없는 상황에서 위험물질과 공정요소에 초점을 맞춰 초기위험을 확인한다.
② 위험과 운전분석(HAZOP): 공정에 존재하는 위험 요소들과 공정의 효율을 떨어뜨리는 운전상의 문제점 및 원인을 제거하는 정성적 평가기법이다.
③ 결함수 분석(FTA): 사고를 일으키는 장치의 이상이나 운전자 실수의 조합을 연역적으로 분석하는 정량적 평가기법이다.
④ 이상 위험도 분석(FMECA): 공정과 설비의 고장형태 및 영향, 고장형태별 위험도 순위 등을 결정한다.

정답 | ④

04

방류둑 시설 기준에 따르면 방류둑 외측 및 내면으로부터 10m 이내에는 그 어떤 설비도 설치할 수 없도록 되어 있지만 부속 설비는 설치 가능하다. 설치 가능한 부속 설비로 옳지 않은 것은?

① 저장탱크의 송출, 송액설비
② 불활성가스의 저장탱크
③ 가스누출검지경보설비
④ 연소측정 분석설비

해설

(1) 방류둑 내부에 설치할 수 있는 시설 및 설비
- 송출 및 송액설비
- 불활성가스의 저장탱크
- 물분무장치 또는 살수장치
- 가스누출검지경보설비(검지부에 한정)
- 재해설비(누출된 가스의 흡입부에 한정)
- 조명설비, 계기시스템, 배수설비
- 배관 및 그 파이프랙(Pipe rack)과 이들에 부속하는 시설 및 설비
- 위에서 정한 것 이외의 것으로서 안전확보에 지장이 없는 시설 및 설비

(2) 방류둑 외부 10m 이내에 설치할 수 있는 시설 및 설비
- 송출 및 송액설비
- 불활성가스의 저장탱크
- 냉동설비, 열교환기, 기화기, 재해설비, 조명설비
- 가스누출검지경보설비, 계기시스템
- 누출된 가스의 확산을 방지하기 위하여 설치된 건물형태의 구조물
- 배관 및 그 파이프랙과 이들에 부속하는 시설 및 설비
- 소화설비, 통로 또는 지하에 매설되어 있는 시설
- 위에서 정한 것 이외의 것으로서 안전확보에 지장이 없는 시설 및 설비

정답 | ④

05

고압가스용 냉동기에 설치하는 안전장치의 구조에 대한 설명으로 틀린 것은?

① 고압차단장치는 그 설정압력이 눈으로 판별할 수 있는 것으로 한다.
② 고압차단장치는 원칙적으로 자동복귀방식으로 한다.
③ 안전밸브는 작동압력을 설정한 후 봉인될 수 있는 구조로 한다.
④ 안전밸브 각부의 가스통과 면적은 안전밸브의 구경면적 이상으로 한다.

해설

고압차단장치는 원칙적으로 수동복귀방식으로 한다.

정답 | ②

06

에어졸 시험방법에서 불꽃길이 시험을 위해 채취한 시료의 온도 조건은?

① 24℃ 이상, 26℃ 미만
② 26℃ 이상, 30℃ 미만
③ 46℃ 이상, 50℃ 미만
④ 60℃ 이상, 66℃ 미만

해설

에어졸 시험방법에서 불꽃길이 시험을 위해 채취한 시료의 온도 조건은 24℃ 이상 26℃ 미만이다.

관련이론 에어졸 시험방법 시험기준
- 내용적: 1L 미만
- 용기재료: 강, 경금속
- 금속제 용기두께: 0.125mm 이상
- 내압시험압력: 0.8MPa
- 가압시험압력: 1.3MPa
- 파열시험압력: 1.5MPa
- 누설시험: 46℃ 이상 50℃ 미만의 온수
- 불꽃길이 시험: 24℃ 이상 26℃ 미만
- 화기와 우회거리: 8m 이상

정답 | ①

07

빈출도 ★★★

아세틸렌의 성질에 대한 설명으로 틀린 것은?

① 색이 없고 불순물이 있을 경우 악취가 난다.
② 융점과 비점이 비슷하여 고체 아세틸렌은 융해하지 않고 승화한다.
③ 발열 화합물이므로 대기에 개방하면 분해폭발할 우려가 있다.
④ 액체 아세틸렌보다 고체 아세틸렌이 안정하다.

해설
아세틸렌(C_2H_2)은 흡열 화합물로, 압축 시 분해폭발의 우려가 있다.

관련이론 아세틸렌(C_2H_2)
- 용해가스이면서 가연성가스이다.
- 공기보다 가볍고 무색인 기체이다.
- 융점과 비점이 비슷하여 고체 아세틸렌을 융해하지 않고 승화한다.
- 액체 아세틸렌은 불안정하지만, 고체 아세틸렌은 비교적 안정하다.
- 흡열 화합물이므로 압축 시 분해폭발의 우려가 있다.

정답 | ③

08

빈출도 ★★☆

가연물의 종류에 따른 화재의 구분이 잘못된 것은?

① A급: 일반화재 ② B급: 유류화재
③ C급: 전기화재 ④ D급: 식용유 화재

해설

구분	화재	종류
A급	일반화재	종이, 섬유, 목재 등
B급	유류화재	가솔린, 알코올, 등유 등
C급	전기화재	전기합선, 과전류, 누전 등
D급	금속 화재	금속분(Na, K) 등

정답 | ④

09

빈출도 ★★☆

도시가스의 매설 배관에 설치하는 보호판은 누출 가스가 지면으로 확산되도록 구멍을 뚫는데 그 간격의 기준으로 옳은 것은?

① 1m 이하 간격 ② 2m 이하 간격
③ 3m 이하 간격 ④ 5m 이하 간격

해설
도시가스의 매설 배관에 설치하는 보호판에 뚫는 구멍은 3m 이하의 간격으로 한다.

관련이론 보호판 설치기준

(1) 보호판 설치가 필요한 경우
- 중압 이상 배관을 설치하는 경우
- 배관의 매설 심도를 확보할 수 없는 경우
- 타 시설물과 이격 거리를 유지하지 못하는 경우

(2) 보호판 설치기준
- 배관 정상부에서 30cm 이상(보호판에서 보호포까지 30cm 이상)
- 직경 30mm 이상 50mm 이하의 구멍을 3m 간격으로 뚫어 누출시 가스가 지면으로 확산되도록 한다.

(3) 배관 보호판의 규격

	중압 이하 배관	4mm 이상
두께	고압 배관	6mm 이상
	지상노출배관	4mm 이상
곡률반경	5~10mm	
길이	1,500mm 이상	

정답 | ③

10

빈출도 ★★★

가연성가스라 함은 폭발한계의 상한과 하한의 차가 몇 % 이상인 것을 말하는가?

① 10% ② 20%
③ 30% ④ 40%

해설
가연성가스란 폭발한계의 하한이 10% 이하인 것과 폭발한계의 상한과 하한의 차가 20% 이상인 것을 말한다.

정답 | ②

11 [고난도] 빈출도 ★★☆

압축 가연성가스를 몇 m^3 이상을 차량에 적재하여 운반하는 때에 운반책임자를 동승시켜 운반에 대한 감독 또는 지원을 하도록 되어 있는가?

① 100
② 300
③ 600
④ 1,000

해설
압축 가연성가스는 300m^3 이상을 차량에 적재하여 운반할 때 운반 책임자가 동승하여 운반에 대한 감독 또는 지원을 해야 한다.

관련이론 가스 운반 시 운반 책임자 동승 조건

가스종류		허용농도	적재용량
독성	압축가스	200ppm 초과 5,000ppm 이하	100m^3 이상
		200ppm 이하	10m^3 이상
	액화가스	200ppm 초과 5,000ppm 이하	1,000kg 이상
		200ppm 이하	100kg 이상
가연성 및 조연성	압축가스	가연성	300m^3 이상
		조연성	600m^3 이상
	액화가스	가연성	3,000kg 이상
		조연성	6,000kg 이상

정답 | ②

12 빈출도 ★★☆

고압가스 판매소의 시설기준에 대한 설명으로 틀린 것은?

① 충전용기의 보관실은 불연재료를 사용한다.
② 가연성가스 · 산소 및 독성가스의 저장실은 각각 구분하여 설치한다.
③ 용기보관실 및 사무실은 부지를 구분하여 설치한다.
④ 산소, 독성가스 또는 가연성가스를 보관하는 용기 보관실의 면적은 각 고압가스별로 10m^2 이상으로 한다.

해설
고압가스 판매소의 용기보관실 및 사무실은 동일 부지 안에 구분하여 설치한다.

정답 | ③

13 [고난도] 빈출도 ★★★

용기의 재검사 주기에 대한 기준으로 맞는 것은?

① 압력용기는 1년마다 재검사
② 저장탱크가 없는 곳에 설치한 기화기는 2년마다 재검사
③ 500L 이상 이음매 없는 용기는 5년마다 재검사
④ 용접용기로서 신규검사 후 15년 이상 20년 미만인 용기는 3년마다 재검사

선지분석
① 압력용기는 4년마다 재검사한다.
② 저장탱크가 없는 곳에 설치한 기화기는 3년마다 재검사한다.
④ 용접용기로서 신규검사 후 15년 이상 20년 미만인 용기는 2년마다 재검사한다.

관련이론 용기의 재검사 주기(기간)

용기 구분		신규검사 이후 사용 경과연수		
		15년 미만	15년~ 20년	20년이상
		재검사 주기		
용접 용기	500L 이상	5년마다	2년마다	1년마다
	500L 미만	3년마다	2년마다	1년마다
LPG 용접 용기	500L 이상	5년마다	2년마다	1년마다
	500L 미만	5년마다		2년마다
이음매 없는 용기	500L 이상	5년마다		
	500L 미만	신규검사 후 10년 이하	5년마다	
		신규검사 후 10년 초과	3년마다	
기화 장치	저장탱크 함께 설치	검사 후 2년 경과시 설치되어 있는 저장탱크의 재검사 때마다		
	저장탱크 없는 곳	3년마다		
압력용기		4년마다		

※ 압력용기는 특정설비로 분류된다.

정답 | ③

14

빈출도 ★★★

방호벽을 설치하지 않아도 되는 곳은?

① 아세틸렌 가스 압축기와 충전장소 사이
② 판매소의 용기 보관실
③ 고압가스 저장설비와 사업소안의 보호시설과의 사이
④ 아세틸렌 가스 발생장치와 당해 가스충전용기 보관장소 사이

해설

아세틸렌 가스 발생장치와 당해 가스충전용기 보관장소 사이에는 방호벽을 설치하지 않아도 된다.

관련이론 방호벽 설치대상

구분	장소
고압가스 일반제조 중 C_2H_2가스 또는 9.8MPa 이상 압축가스 충전 시	• 압축기와 충전장소 사이 • 압축기와 충전용기 보관장소 사이 • 충전장소와 충전용기 보관장소 사이 • 충전장소와 충전용 주관밸브 사이
고압가스 판매시설	용기보관실의 벽
특정고압가스	압축($60m^3$), 액화(300kg) 이상 시설의 용기보관실 벽
충전시설	저장탱크와 가스 충전장소
저장탱크	사업소 내 보호시설

정답 | ④

15

빈출도 ★☆☆

도시가스 공급시설을 제어하기 위한 기기를 설치한 계기실의 구조에 대한 설명으로 틀린 것은?

① 계기실의 구조는 내화구조로 한다.
② 내장재는 불연성 재료로 한다.
③ 창문은 망입(網入)유리 및 안전유리 등으로 한다.
④ 출입구는 1곳 이상에 설치하고 출입문은 방폭문으로 한다.

해설

계기실의 출입구는 2곳 이상의 장소에 설치하고 출입문은 방화문으로 한다.

정답 | ④

16

빈출도 ★★☆

초저온용기란 몇 ℃ 이하의 액화가스를 충전하기 위한 용기를 말하는가?

① -20℃
② -30℃
③ -40℃
④ -50℃

해설

초저온용기란 -50℃ 이하의 액화가스를 충전하기 위한 용기로, 용기 내 가스의 온도가 상용온도를 초과하지 않도록 단열조치한 용기를 말한다.

정답 | ④

17

빈출도 ★☆☆

가스보일러의 안전사항에 대한 설명으로 틀린 것은?

① 가동 중 연소상태, 화염 유무를 수시로 확인한다.
② 가동 중지 후 노 내 잔류가스를 충분히 배출한다.
③ 수면계의 수위는 적정한지 자주 확인한다.
④ 점화전 연료가스를 노 내에 충분히 공급하여 착화를 원활하게 한다.

해설

점화전 연료가스를 노 내에 공급하면 역화(Back Fire)의 위험이 있다.

정답 | ④

18

빈출도 ★★★

가스 공급시설의 임시사용 기준 항목이 아닌 것은?

① 공급의 이익 여부
② 도시가스의 공급이 가능한지 여부
③ 가스공급시설을 사용할 때 안전을 해칠 우려가 있는지 여부
④ 도시가스의 수급상태를 고려할 때 해당 지역에 도시가스의 공급이 필요한지 여부

해설

가스 공급시설의 임시사용 기준은 공급의 가능 여부, 안전상태, 수급상태 등이 있으며 공급의 이익 여부와는 연관성이 없다.

정답 | ①

19 [고난도] 빈출도 ★★★

고압가스 품질검사에 대한 설명으로 틀린 것은?

① 품질검사 대상 가스는 산소, 아세틸렌, 수소이다.
② 품질검사는 안전관리책임자가 실시한다.
③ 산소는 동·암모니아 시약을 사용한 오르자트법에 의한 시험결과 순도가 99.5% 이상이어야 한다.
④ 수소는 하이드로설파이드 시약을 사용한 오르자트법에 의한 시험결과 순도가 99.0% 이상이어야 한다.

해설
고압가스 품질검사 시 수소는 하이드로설파이드 시약을 사용한 오르자트법에 의한 시험결과 순도가 98.5% 이상이어야 한다.

관련이론 고압가스 품질검사
품질검사는 1일 1회 이상, 안전관리책임자가 실시한다.

가스	검사시약	검사방법	순도
산소	동·암모니아	오르자트법	99.5% 이상
수소	피로카롤	오르자트법	98.5% 이상
	하이드로설파이드		
아세틸렌	발연황산	오르자트법	98% 이상
	브롬시약	뷰렛법	

정답 | ④

20 빈출도 ★☆☆

특수반응설비에 현저한 발열반응 또는 2차 반응으로 인한 폭발 등의 위해를 방지하기 위하여 설치되는 내부반응감시장치가 아닌 것은?

① 온도감시장치
② 압력감시장치
③ 유량감시장치
④ 배기감시장치

해설
특수반응설비에 설치되는 내부반응감시장치로는 배기감시장치가 아닌 가스의 밀도 및 조성 등의 감시장치가 있다. 이외에도 온도감시장치, 압력감시장치, 유량감시장치 등이 있다.

정답 | ④

21 빈출도 ★★☆

내진설계 기준에 의한 가스시설은 중요도 및 영향도를 고려하여 내진 등급을 구분한다. 내진 등급의 구분으로 맞지 않는 것은?

① 내진 1등급
② 내진 2등급
③ 내진 3등급
④ 내진 특등급

해설
내진 등급의 구분은 다음과 같다.
- 내진 특등급: 공공의 생명과 재산에 막대한 피해
- 내진 1등급: 공공의 생명과 재산에 상당한 피해
- 내진 2등급: 공공의 생명과 재산에 경미한 피해

정답 | ③

22 빈출도 ★☆☆

가스 용기 충전구의 나사형식 중 충전구 나사가 암나사로 되어있는 형식은?

① A형
② B형
③ C형
④ D형

해설
가스 용기 충전구의 나사형식 중 충전구 나사가 암나사인 것은 B형이다.

관련이론 용기 밸브 충전구의 나사형식

형식	나사의 형태
A형	충전구의 나사가 숫나사
B형	충전구의 나사가 암나사
C형	충전구에 나사가 없음

정답 | ②

23

가연성가스의 폭발등급 및 이에 대응하는 본질안전방폭구조의 폭발등급 분류 시 사용하는 최소점화전류비는 어느 가스의 최소점화전류를 기준으로 하는가?

① 메탄
② 프로판
③ 수소
④ 아세틸렌

해설
본질안전방폭구조(ia, ib)에서 최소점화전류비는 메탄가스의 최소점화전류를 기준으로 한다.

정답 | ①

24

독성가스 충전용기를 차량에 적재할 때의 기준에 대한 설명으로 틀린 것은?

① 운반차량에 세워서 운반한다.
② 차량의 적재함을 초과하여 적재하지 아니한다.
③ 차량의 최대적재량을 초과하여 적재하지 아니한다.
④ 충전용기는 2단 이상으로 겹쳐 쌓아 용기가 서로 이격되지 않도록 한다.

해설
충전용기 등을 목재·플라스틱이나 강철제로 만든 팔레트(견고한 상자 또는 틀) 내부에 넣어 안전하게 적재하는 경우와 용량 10kg 미만의 액화석유가스 충전용기를 적재할 경우를 제외하고 모든 충전용기는 1단으로 쌓는다.

정답 | ④

25

도시가스 중압 배관을 매몰할 경우 다음 중 적당한 색상은?

① 회색
② 청색
③ 녹색
④ 적색

해설
도시가스 중압 배관을 매몰할 경우 표면색상은 적색으로 하여야 한다.

관련이론 도시가스 사용시설 배관의 표면색상

배관 종류		색상
도시가스 지상배관		황색
도시가스 매몰배관	저압 배관	황색
	중압 배관	적색

정답 | ④

26

용기에 표시된 각인 기호 중 서로 연결이 틀린 것은?

① FP: 충전질량
② TP: 내압시험압력
③ V: 내용적
④ W: 질량

해설
용기에 표시된 각인 기호 중 FP는 최고충전압력을 의미한다.

정답 | ①

27

용기에 의한 고압가스 판매시설의 충전용기보관실 기준으로 옳지 않은 것은?

① 가연성가스 충전용기보관실은 불연성 재료나 난연성의 재료를 사용한 가벼운 지붕을 설치한다.
② 공기보다 무거운 가연성가스의 용기보관실에는 가스누출검지경보장치를 설치한다.
③ 충전용기보관실은 가연성가스가 새어나오지 못하도록 밀폐구조로 한다.
④ 용기보관실의 주변에는 화기 또는 인화성 물질이나 발화성물질을 두지 않는다.

해설

고압가스 판매시설의 충전용기보관실은 통풍이 양호한 구조로 해야 한다.

관련이론 충전용기보관실 기준

- 가연성가스 충전용기보관실은 불연성 재료나 난연성의 재료를 사용한 가벼운 지붕을 설치한다.
- 공기보다 무거운 가연성가스의 용기보관실에는 가스누출검지경보장치를 설치한다.
- 충전용기 보관실은 통풍이 양호한 구조로 한다.
- 용기보관실의 주변에는 화기 또는 인화성물질이나 발화성물질을 두지 않는다.

정답 | ③

28

가연성가스용 가스누출경보 및 자동차단장치의 경보농도설정치의 기준은?

① ±5% 이하
② ±10% 이하
③ ±15% 이하
④ ±25% 이하

해설

가연성가스의 가스누출경보 및 자동차단장치의 경보농도의 기준은 ±25% 이하로 설치해야 한다.

관련이론 가스누출검지기의 경보농도설정치 기준

구분	설정치
가연성가스	±25% 이하
독성가스	±30% 이하

정답 | ④

29

고압가스 일반제조에서 차량 정지목을 설치하는 탱크의 크기는?

① 4,000L 이상
② 3,000L 이상
③ 2,000L 이상
④ 1,000L 이상

해설

고압가스 일반제조 시 탱크 용량이 2,000L 이상일 경우 차량 정지목을 설치해야 한다.

관련이론 차량에 고정된 탱크의 정지목 설치기준

고압가스 일반제조	2,000L 이상
액화석유가스사업법	5,000L 이상

정답 | ③

30

단열재의 구비조건이 아닌 것은?

① 경제적일 것
② 화학적으로 안정할 것
③ 밀도가 작을 것
④ 열전도율이 클 것

해설

열전도율이 작아야 한다.

관련이론 단열재의 구비조건

- 경제적일 것
- 화학적으로 안정할 것
- 밀도가 작을 것
- 열전도율이 작을 것
- 시공이 편리할 것
- 안전사용 온도범위가 넓을 것

정답 | ④

31

빈출도 ★☆☆

자연발화의 열의 발생 속도에 대한 설명으로 틀린 것은?

① 발열량이 큰 쪽이 일어나기 쉽다.
② 표면적이 작을수록 일어나기 쉽다.
③ 초기 온도가 높은 쪽이 일어나기 쉽다.
④ 촉매 물질이 존재하면 반응속도가 빨라진다.

해설
표면적이 클수록 일어나기 쉽다.

관련이론 자연발화 열 발생 속도
- 발열량이 큰 쪽이 일어나기 쉽다.
- 표면적이 클수록 일어나기 쉽다.
- 초기 온도가 높은 쪽이 일어나기 쉽다.
- 촉매 물질이 존재하면 반응속도가 빨라진다.

정답 | ②

32

빈출도 ★☆☆

배관을 온도의 변화에 의한 길이의 변화에 대비하여 설치하는 장치는?

① 신축흡수장치
② 자동제어장치
③ 역류방지장치
④ 온도보정장치

해설
신축흡수장치는 배관의 온도 변화로 인한 팽창이나 수축에 대응하여 길이 변화에 대한 완충 역할을 하는 장치이다.

관련이론 가스장치 재료(신축흡수장치)

루프형	신축곡관으로, 설치공간이 많으며 고온고압에 사용한다.
벨로즈형	축 방향으로 신축성이 있으며, 저압에 사용한다.
슬리브형	축 방향으로 신축성이 있으며, 저압에 사용한다.
스위블형	2개 이상의 엘보로 구성되어 있으며 저압에 사용한다.

정답 | ①

33

빈출도 ★★★

반밀폐식 보일러의 급·배기설비에 대한 설명으로 틀린 것은?

① 배기통의 끝은 옥외로 뽑아낸다.
② 배기통의 굴곡부 수는 5개 이하로 한다.
③ 배기통의 가로 길이는 5m 이하로서 될 수 있는 한 짧게 한다.
④ 배기통의 입상높이는 원칙적으로 10m 이하로 한다.

해설
반밀폐식 보일러의 급·배기설비를 설치할 때 굴곡부 수가 많으면 배기가 원활하지 않을 수 있어 굴곡부를 4개 이하로 한다.

정답 | ②

34

빈출도 ★★★

오리피스 유량계의 특징에 대한 설명으로 옳은 것은?

① 내구성이 좋다.
② 저압, 저유량에 적당하다.
③ 유체의 압력손실이 크다.
④ 협소한 장소에는 설치가 어렵다.

해설
오리피스 유량계는 차압식 유량계에 속하며, 차압식 유량계는 유량계 전·후단의 압력 차이를 이용하기 때문에 압력손실이 크다.

관련이론 오리피스 미터
- 설치, 교환이 쉽다.
- 가격이 저렴하다.
- 제작이 간단하고 견고하다.
- 고형물이 포함된 유체나 고점도 유체에 적합하지 않으며, 정확도가 낮다.
- 상대적으로 압력손실이 크다.
- 측정범위가 좁다.

정답 | ③

35

액면측정 장치가 아닌 것은?

① 임펠러식 액면계
② 유리관식 액면계
③ 부자식 액면계
④ 퍼지식 액면계

해설
임펠러는 압축기 또는 펌프의 부속장치이다.

정답 | ①

36

가스누출을 감지하고 차단하는 가스누출자동차단기의 구성요소가 아닌 것은?

① 제어부
② 중앙통제부
③ 검지부
④ 차단부

해설
중앙통제부는 가스누출자동차단기의 구성요소가 아니다.

관련이론 가스누출 자동차단기 구성요소

검지부	누출가스를 감지하고 제어부로 신호 전송한다.
제어부	차단부로 차단 신호를 전송한다.
차단부	신호를 받아 밸브를 자동으로 차단한다.

정답 | ②

37

흡수식냉동기에서 냉매로 물을 사용할 경우 흡수제로 사용하는 것은?

① 암모니아
② 사염화에탄
③ 리튬 브로마이드
④ 파라핀유

해설
흡수식냉동기에서 냉매로 물을 사용할 경우 흡수제로는 리튬 브로마이드(LiBr)를 사용한다. 또한, 암모니아(NH_3) 냉매인 경우 흡수제로 물(H_2O)을 사용한다.

정답 | ③

38

LP가스의 자동교체식 조정기 설치 시의 장점에 대한 설명 중 틀린 것은?

① 도관의 압력손실을 적게 해야 한다.
② 용기 숫자가 수동식보다 적어도 된다.
③ 용기 교환 주기의 폭을 넓힐 수 있다.
④ 잔액이 거의 없어질 때까지 소비가 가능하다.

해설
LP 가스의 자동교체식 조정기를 설치할 때에는 도관의 압력손실이 커도 된다.

관련이론 자동교체식 조정기
- 용기 교환주기의 폭을 넓힐 수 있다.
- 잔액이 없어질 때까지 소비할 수 있다.
- 전체 용기수량이 수동교체식의 경우보다 적어도 된다.
- 자동절체식 분리형을 사용할 경우 1단 감압식에 비해 도관의 압력손실을 크게 해도 된다.

정답 | ①

39

다이어프램식 압력계의 특징에 대한 설명 중 틀린 것은?

① 정확성이 높다.
② 반응속도가 빠르다.
③ 온도에 따른 영향이 적다.
④ 미소압력을 측정할 때 유리하다.

해설
다이어프램식 압력계는 온도의 영향을 받는다.

관련이론 다이어프램식 압력계
- 정확성이 높다.
- 반응속도가 빠르다.
- 온도에 따른 영향을 받는다.
- 고감도이므로 미소압력을 측정할 때 유리하다.
- 부식성 유체 및 점도가 있는 유체 측정이 가능하다.

정답 | ③

40
수소 불꽃을 이용하여 탄화수소의 누출을 검지할 수 있는 가스누출검출기는?

① FID
② OMD
③ 접촉연소식
④ 반도체식

해설
FID(불꽃이온화검출기)는 수소 불꽃을 이용하여 탄화수소의 누출을 검지할 수 있다.

선지분석
② OMD: 광학식 메탄가스 검출기로, 메탄을 감지하는 장치이다.
③ 접촉연소식: 가스의 농도를 이용한 가스누출경보기 탐지부 센서이다.
④ 반도체식: 전기전도도를 이용한 가스누출경보기 탐지부 센서이다.

정답 | ①

41
다음은 어떤 안전설비에 대한 설명인가?

> 설비가 잘못 조작되거나 정상적인 제조를 할 수 없는 경우 자동으로 원재료의 공급을 차단시키는 등 고압가스 제조설비 안의 제조를 제어하는 기능을 한다.

① 안전밸브
② 긴급차단장치
③ 인터록기구
④ 벤트스택

해설
인터록기구는 설비가 잘못 조작되거나 정상적인 제조를 할 수 없는 경우 자동으로 원재료의 공급을 차단시키는 제어장치이다.

선지분석
① 안전밸브: 설비 내부에 형성된 과압을 안전하게 외부로 배출시켜 과압을 해소시키는 장치이다.
② 긴급차단장치: 누설, 화재 등 사고발생 시 작동하여 가스 유동 차단 및 피해 확산을 방지하는 장치이다.
④ 벤트스택(Vent stack): 공정 중에 발생하는 기타 가스 등을 적절하게 처리 후 대기로 배출하는 설비이다.

정답 | ③

42
LPG용 압력조정기 중 1단 감압식 저압조정기의 조정압력의 범위는?

① 2.3~3.3kPa
② 2.55~3.3kPa
③ 57~83kPa
④ 5.0~30kPa 이내에서 제조사가 설정한 기준압력의 ±20%

해설
1단 감압식 저압조정기의 조정압력은 2.3~3.3kPa이다.

관련이론 1단 감압식 저압조정기

입구압력	0.7~15.6kg/cm²
조정압력	2.3~3.3kPa
최대폐쇄압력	3.5kPa 이하

정답 | ①

43
공기액화분리장치에서 수분(H_2O)을 제거하기 위해 사용되는 건조제가 아닌것은?

① 실리카겔
② 소바비드
③ 몰리큘러시브
④ 이온교환수지

해설
공기액화분리장치에서 수분을 제거하기 위해 사용하는 건조제로는 실리카겔, 소바비드, 몰리큘러시브, 활성알루미나, 가성소다 등이 있다.

정답 | ④

44
빈출도 ★☆☆

이음매 없는 용기의 제조 시 화학성분 비로 옳은 것은?

① C 0.22%, P 0.04%, S 0.05% 이하
② C 0.33%, P 0.04%, S 0.05% 이하
③ C 0.55%, P 0.04%, S 0.05% 이하
④ C 0.66%, P 0.04%, S 0.05% 이하

해설

- 용접용기: C 0.33% 이하, P 0.04% 이하, S 0.05% 이하
- 무이음용기: C 0.55% 이하, P 0.04% 이하, S 0.05% 이하

정답 | ③

45 〈고난도〉
빈출도 ★★☆

사용압력이 2MPa, 관의 인장강도가 20kg/mm²일 때의 스케줄 번호(Sch No)는? (단, 안전율은 4로 한다.)

① 10
② 20
③ 40
④ 80

해설

허용압력(S) = 인장강도 × $\dfrac{1}{안전율}$ = $20 \times \dfrac{1}{4}$ = 5kg/mm²

SCH = $10 \times \dfrac{P}{S}$

- SCH: 스케줄 번호, P: 사용압력[kg/cm²], S: 허용압력[kg/mm²]

SCH = $10 \times \dfrac{20}{5}$ = 40

※ 1Mpa = 10kg/cm²

정답 | ③

46
빈출도 ★☆☆

다음 중 지역 정압기의 종류에 해당되지 않는 것은?

① 피셔식
② 레이놀즈식
③ AFV식
④ 파일럿식

해설

지역 정압기의 종류로는 피셔식, 레이놀즈식, AFV식, KRF식이 있다.

정답 | ④

47 〈고난도〉
빈출도 ★★☆

10L 용기에 들어있는 산소의 압력이 10MPa이었다. 이 기체를 20L 용기에 옮겨놓으면 압력은 몇 MPa로 변하는가?

① 2
② 5
③ 10
④ 20

해설

보일의 법칙에 따라 $P_1V_1 = P_2V_2$이므로

$P_2 = \dfrac{P_1V_1}{V_2} = \dfrac{10\text{MPa} \times 10\text{L}}{20\text{L}} = 5\text{MPa}$

정답 | ②

48
빈출도 ★★★

무색의 복숭아 냄새가 나는 독성가스는?

① Cl_2
② HCN
③ NH_3
④ PH_3

해설

시안화수소(HCN)는 무색의 복숭아 냄새가 나는 독성가스이다.

관련이론 시안화수소(HCN)

- 가연성가스이면서 독성가스이다.
- 복숭아 냄새의 무색 기체, 무색 액체이다.
- 고농도를 흡입하면 사망까지 이르는 위험한 가스이다.
- 물에 잘 녹고, 약산성을 가진다.

정답 | ②

49

빈출도 ★☆☆

도시가스 제조방식 중 촉매를 사용하여 사용온도 400~800°C에서 탄화수소와 수증기를 반응시켜 수소, 메탄, 일산화탄소, 탄산가스 등의 저급 탄화수소로 변환시키는 프로세스는?

① 열분해 프로세스
② 접촉분해 프로세스
③ 부분연소 프로세스
④ 수소화분해 프로세스

해설

도시가스 제조방식 중 접촉분해 프로세스란 촉매를 사용하여 탄화수소와 수증기를 반응시켜 저급 탄화수소로 변환하는 프로세스를 말한다.

정답 | ②

50

빈출도 ★★★

수은주 760mmHg 압력은 수주로 얼마가 되는가?

① 9.33mH$_2$O
② 10.33mH$_2$O
③ 11.33mH$_2$O
④ 12.33mH$_2$O

해설

$760\text{mmHg} \times \dfrac{10.332\text{mH}_2\text{O}}{760\text{mmHg}} = 10.332\text{mH}_2\text{O}$

관련이론 압력의 단위 환산

$1\text{atm} = 1.033\text{kg/cm}^2 = 10.332\text{mmH}_2\text{O} = 10.332\text{mH}_2\text{O}$
$= 101,325\text{Pa} = 101.325\text{kPa} = 101,325\text{N/m}^2 = 760\text{mmHg}$
$= 29.92\text{inHg} = 14.7\text{PSI} = 1.013\text{bar}$

정답 | ②

51

빈출도 ★★★

주기율표의 0족에 속하는 불활성 가스의 성질이 아닌 것은?

① 상온에서 기체이며, 단원자 분자이다.
② 다른 원소와 잘 화합한다.
③ 상온에서 무색, 무미, 무취의 기체이다.
④ 방전관에 넣어 방전시키면 특유의 색을 낸다.

해설

불활성 가스는 안정된 물질로 다른 원소와 거의 반응하지 않는다.

관련이론 주기율표 0족

- 비활성 기체로, 다른 원소와 거의 반응하지 않는다.
- 단원자 분자이며, 전자 배열이 채워져 있기 때문에 화학적으로 안정적이다.
- 상온에서 무색, 무취, 무미의 기체이다.
- 방전하면 특유의 색을 내기 때문에 네온사인, 전구 충전재 등 다양한 용도로 활용된다.

정답 | ②

52

빈출도 ★★☆

기체연료의 연소 특성으로 틀린 것은?

① 소형의 버너도 매연이 적고, 완전연소가 가능하다.
② 하나의 연료 공급원으로부터 다수의 연소로와 버너에 쉽게 공급된다.
③ 미세한 연소 조정이 어렵다.
④ 연소율의 가변범위가 넓다.

해설

기체연료는 미세한 연소 조정이 가능하다.

관련이론 기체연료의 연소

- 완전연소가 가능하다.
- 연소범위가 넓으며, 고온을 얻을 수 있다.
- 화재나 폭발의 위험성이 크므로 취급에 주의하여야 한다.
- 미세한 연소 조정이 가능하다
- 다수의 연소로와 버너에 쉽게 공급된다.
- 연소조절 및 점화, 소화가 용이하다.

정답 | ③

53

도시가스의 원료인 메탄가스를 완전연소시켰다. 이 때 어떤 가스가 주로 발생되는가?

① 부탄 ② 암모니아
③ 콜타르 ④ 이산화탄소

해설

메탄의 완전연소 반응식은 다음과 같다.
$CH_4 + 2O_2 \rightarrow CO_2 + H_2O$
이 때, 생성되는 가스는 이산화탄소(CO_2)이다.

정답 | ④

54

다음 중 불연성 가스는?

① 수소 ② 헬륨
③ 아세틸렌 ④ 히드라진

해설

헬륨(He)은 불활성가스로 불연성가스에 해당하며, 수소(H_2), 아세틸렌(C_2H_2), 히드라진(N_2H_4)은 가연성가스에 해당한다.

정답 | ②

55

다음 중 열(熱)에 대한 설명이 틀린 것은?

① 비열이 큰 물질은 열용량이 크다.
② 1cal는 약 4.2J이다.
③ 열은 고온에서 저온으로 흐른다.
④ 비열은 물보다 공기가 크다.

해설

물의 비열은 1kcal/kg·℃, 공기의 비열은 0.24kcal/kg·℃로 물의 비열이 공기의 비열보다 더 크다.

정답 | ④

56

다음 중 일반 기체상수(R)의 단위는?

① kg·m/kmol·K ② kg·m/kcal·K
③ kg·m/m³·K ④ kcal/kg·℃

해설

기체상수(R)의 단위별 값에 대한 표는 다음과 같다.

기체상수(R)	단위
0.082	atm·L/mol·K
848	kg·m/kmol·K
1.987	cal/mol·K
8.314	J/mol·K

정답 | ①

57

착화원이 있을 때 가연성액체나 고체의 표면에 연소하한계 농도의 가연성 혼합기가 형성되는 최저온도는?

① 인화온도 ② 임계온도
③ 발화온도 ④ 포화온도

해설

인화온도(인화점)란 가연물이 점화원에 의해 연소 가능한 최저온도를 말한다.

정답 | ①

58

불꽃의 적황색으로 연소하는 현상을 의미하는 것은?

① 리프팅
② 옐로우팁
③ 캐비테이션
④ 워터해머

해설

옐로우팁은 버너 선단에서 불꽃이 적황색으로 연소되는 현상을 말한다.

선지분석

① 리프팅(선화): 가스의 유출속도가 연소속도보다 빨라 염공에서 분리되어 연소되는 현상이다.
③ 캐비테이션: 유수 중 수온의 증기압보다 낮은 부분이 발생하면 물이 증발을 일으키면서 기포를 발생하는 펌프의 이상현상이다.
④ 워터해머: 관속에 흐르는 액체의 속도를 급격하게 변화시키면 액체에 심한 압력 변화가 생기는 현상이다.

정답 | ②

59

산소의 물리적인 성질에 대한 설명으로 틀린 것은?

① 산소는 약 $-183°C$에서 액화한다.
② 액체산소는 청색으로 비중이 약 1.13이다.
③ 무색, 무취의 기체이며 물에는 약간 녹는다.
④ 강력한 조연성 가스이므로 자신이 연소한다.

해설

산소(O_2)는 조연성 가스로 자신은 연소하지 않으며 가연물의 연소를 돕는다.

관련이론 산소(O_2)

- 물에 녹으며 액화산소는 담청색이다.
- 기체, 액체, 고체 모두 자성이 있다.
- 무색, 무취, 무미의 기체이다.
- 강력한 조연성 가스로서 자신은 연소하지 않는다.
- 대기(공기) 중에서 21%를 차지한다.
- 분자량은 32, 비등점은 $-183°C$이다.
- 산화(부식)의 주체이다.

정답 | ④

60

다음 중 액화가 가장 어려운 가스는?

① H_2
② He
③ N_2
④ CH_4

해설

비점이 낮으면 액화하기 어려우며, 비점이 가장 낮은 물질은 헬륨(He)이다.

선지분석

가스 종류별 비점

① H_2: $-252°C$
② He: $-269°C$
③ N_2: $-196°C$
④ CH_4: $-162°C$

정답 | ②

2024년 2회 CBT 복원문제

01
빈출도 ★★★

운전 중인 액화석유가스 충전설비의 작동상황에 대하여 주기적으로 점검하여야 한다. 점검주기는? (단, 철망 등이 부착되어 있지 않은 것으로 간주한다.)

① 1일에 1회 이상
② 1주일에 1회 이상
③ 3월에 1회 이상
④ 6월에 1회 이상

해설
액화석유가스 충전설비의 작동상황을 1일 1회 이상 점검한다.

정답 | ①

02
빈출도 ★★★

용접용기의 이점으로 옳지 않은 것은?

① 같은 내용적의 이음새가 없는 용기에 비하여 값이 싸다.
② 고압에 견디기 쉬운 구조이다.
③ 용기의 형태와 치수를 자유롭게 선택할 수 있다.
④ 강판을 사용하여 두께 공차가 적다.

해설
용접용기는 고압에는 사용이 곤란하며, 고압에 견디기 쉬운 것은 무이음용기이다.

관련이론 용접용기와 무이음용기의 특성

용접용기	• 모양과 치수가 자유롭다. • 경제성이 있다. • 두께 공차가 적다. • 고압에서는 사용이 곤란하다.
무이음용기	• 가격이 고가이다. • 응력분포가 균일하다. • 고압에 견딜 수 있어 주로 압축가스에 사용된다.

정답 | ②

03 고난도
빈출도 ★★★

고압가스 안전관리법의 적용을 받는 가스는?

① 철도차량의 에어컨디셔너 안의 고압가스
② 냉동능력 3톤 미만인 냉동설비 안의 고압가스
③ 용접용 아세틸렌 가스
④ 액화브롬화메탄 제조설비 외에 있는 액화브롬화메탄

해설
용접용 아세틸렌 가스는 15℃에서 0Pa을 초과하므로 고압가스에 해당한다.

관련이론 고압가스 안전관리법의 고압가스 범위
• 상용 온도 또는 35℃에서 압력이 1MPa 이상이 되는 압축가스 (단, 아세틸렌 가스는 제외한다)
• 15℃에서 0Pa을 초과하는 아세틸렌 가스
• 상용 온도에서 0.2MPa 이상인 액화가스 또는 압력이 0.2MPa이 되는 경우의 온도가 35℃ 이하인 액화가스
• 35℃에서 0Pa을 초과하는 액화 가스 중 액화시안화수소, 액화브롬화메탄 및 액화산화에틸렌 가스

정답 | ③

04 고난도
빈출도 ★★★

다음 중 독성(LC_{50})이 강한 가스는?

① 염소
② 시안화수소
③ 산화에틸렌
④ 불소

해설
농도가 낮을수록 독성은 강하다. 따라서, 선지 중 시안화수소의 농도(140ppm)가 가장 낮으므로 독성이 가장 강하다.

선지분석
① 염소: 293ppm
③ 산화에틸렌: 2,900ppm
④ 불소: 185ppm

정답 | ②

05

빈출도 ★★☆

가스도매사업의 가스공급시설 중 배관을 지하에 매설할 때의 기준으로 틀린 것은?

① 배관은 그 외면으로부터 수평거리로 건축물까지 1.0m 이상을 유지한다.
② 배관은 그 외면으로부터 지하의 다른 시설물과 0.3m 이상의 거리를 유지한다.
③ 배관을 산과 들에 매설할 때는 지표면으로부터 배관의 외면까지의 매설깊이를 1m 이상으로 한다.
④ 배관은 지반 동결로 손상을 받지 아니하는 깊이로 매설한다.

해설
배관은 그 외면으로부터 수평거리로 건축물까지 1.5m 이상을 유지한다.

관련이론 가스도매사업 배관매설 기준

매설 위치	설치 환경	매설 깊이 또는 설치 간격
지하 매설 배관	건축물	1.5m 이상
	타 시설물	0.3m 이상
	산·들	1m 이상
	산·들 이외 지역	1.2m 이상

정답 | ①

06

빈출도 ★★★

지상 배관은 안전을 확보하기 위해 그 배관의 외부에 다음의 항목들을 표기하여야 한다. 해당하지 않는 것은?

① 사용가스명
② 최고사용압력
③ 가스의 흐름방향
④ 공급회사명

해설
배관의 외부에 사용가스명, 최고사용압력 및 도시가스의 흐름방향을 표시할 것. 다만, 지하에 매설하는 경우에는 흐름방향을 표시하지 아니할 수 있다.

배관 외부 표기 예시
- 사용가스명: 도시가스
- 최고사용압력: 2.5kPa
- 흐름방향: →

도시가스 (2.5kPa) →

정답 | ④

07

빈출도 ★☆☆

도시가스 배관 굴착작업 시 배관의 보호를 위하여 배관 주위 얼마 이내에는 인력으로 굴착해야 하는가?

① 0.3m
② 0.6m
③ 1m
④ 1.5m

해설
도시가스 배관 주위를 굴착하는 경우 도시가스 배관의 좌우 1m 이내 부분은 인력으로 굴착해야 한다.

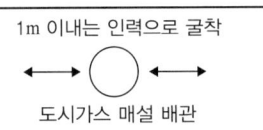

정답 | ③

08

빈출도 ★★★

가연성가스 정의에 대한 설명으로 맞는 것은?

① 폭발 한계의 하한이 10% 이하인 것과 폭발 한계의 상한과 하한의 차가 20% 이상인 것을 말한다.
② 폭발 한계의 하한이 20% 이하인 것과 폭발 한계의 상한과 하한의 차가 10% 이상인 것을 말한다.
③ 폭발 한계의 상한이 10% 이하인 것과 폭발 한계의 상한과 하한의 차가 20% 이하인 것을 말한다.
④ 폭발 한계의 상한이 10% 이상인 것과 폭발 한계의 상한과 하한의 차가 10% 이하인 것을 말한다.

해설
가연성가스는 폭발 한계의 하한이 10% 이하이며 폭발 한계의 상한과 하한의 차가 20% 이상인 것을 말한다.

정답 | ①

09 〈고난도〉 빈출도 ★★☆

다음의 고압가스의 용량을 차량에 적재하여 운반할 때 운반책임자를 동승시키지 않아도 되는 것은?

① 아세틸렌: 400m³
② 일산화탄소: 700m³
③ 액화염소: 6,500kg
④ 액화석유가스: 2,000kg

해설
액화석유가스는 가연성 액화가스로, 3,000kg 이상일 때 운반책임자가 동승하여야 한다.

관련이론 운반책임자 동승기준(용기에 의한 운반)

가스종류		허용농도	적재용량
독성	압축가스	200ppm 초과 5,000ppm 이하	100m³ 이상
		200ppm 이하	10m³ 이상
	액화가스	200ppm 초과 5,000ppm 이하	1,000kg 이상
		200ppm 이하	100kg 이상
가연성 및 조연성	압축가스	가연성	300m³ 이상
		조연성	600m³ 이상
	액화가스	가연성	3,000kg 이상
		조연성	6,000kg 이상

정답 | ④

10 빈출도 ★☆☆

도시가스 사용시설에서 배관의 호칭 지름이 25mm인 배관은 몇 m 간격으로 고정하여야 하는가?

① 1m 마다
② 2m 마다
③ 3m 마다
④ 4m 마다

해설
배관 고정장치 설치간격
- 13mm 미만: 1m 간격
- 13mm 이상 33mm 미만: 2m 간격
- 33mm 이상: 3m 간격

정답 | ②

11 〈고난도〉 빈출도 ★★☆

다음 중 암모니아 가스의 검출방법이 아닌 것은?

① 네슬러시약을 넣어본다.
② 초산연 시험지를 대어본다.
③ 진한 염산에 접촉시켜 본다.
④ 붉은 리트머스지를 대어본다.

해설
초산연 시험지(초산납시험지=연당지)는 황화수소(H_2S) 검출에 사용한다.

관련이론 가스별 누설검지 시험지 및 변색 상태

가스	시험지	변색 상태
암모니아(NH_3)	적색 리트머스지	청색
염소(Cl_2)	KI 전분지	청색
시안화수소(HCN)	초산(질산구리) 벤젠지	청색
아세틸렌(C_2H_2)	염화제1동 착염지	적색
황화수소(H_2S)	연당지	흑색
일산화탄소(CO)	염화파라듐지	흑색
포스겐($COCl_2$)	하리슨 시험지	심등색

정답 | ②

12 빈출도 ★★☆

액화 가스가 통하는 가스공급시설에서 발생하는 정전기를 제거하기 위한 접지접속선(Bonding)의 단면적은 얼마 이상으로 하여야 하는가?

① 3.5mm²
② 4.5mm²
③ 5.5mm²
④ 6.5mm²

해설
본딩용 접지접속선의 단면적은 5.5mm² 이상이어야 하며, 접지저항의 총합은 100Ω 이하여야 한다. (단, 피뢰설비 설치 시 10Ω 이하여야 한다.)

정답 | ③

13
빈출도 ★☆☆

재료에 하중을 작용하여 항복점 이상의 응력을 가하면, 하중을 제거하여도 본래의 형상으로 돌아가지 않도록 하는 성질을 무엇이라고 하는가?

① 피로
② 크리프
③ 소성
④ 탄성

해설
소성이란 재료에 항복점 이상의 하중을 가하면, 하중을 제거하여도 본래의 형상으로 돌아가지 않도록 하는 성질이다.

선지분석
① 피로: 재료에 반복적으로 하중을 가해 저항력이 저하되는 현상이다.
② 크리프: 어느 온도 이상에서 재료에 하중을 가하면 시간과 더불어 변형이 증대되는 현상이다.
④ 탄성: 하중을 제거하면 물체에 하중이 작용할 때의 변형이 원래대로 돌아오려는 성질이다.

정답 | ③

14
빈출도 ★★☆

액화석유가스의 안전관리 및 사업법에서 정한 용어에 대한 설명으로 틀린 것은?

① 저장설비란 액화석유가스를 저장하기 위한 설비로서 각종 저장탱크 및 용기를 말한다.
② 저장탱크란 액화석유가스를 저장하기 위하여 지상 또는 지하에 고정 설치된 탱크로서 그 저장능력이 3톤 이상인 탱크를 말한다.
③ 용기집합설비란 2개 이상의 용기를 집합하여 액화석유가스를 저장하기 위한 설비를 말한다.
④ 충전용기란 액화석유가스 충전 질량의 90% 이상이 충전되어 있는 상태의 용기를 말한다.

해설
충전용기란 액화석유가스 충전 질량의 50% 이상 충전되어 있는 상태를 말한다.
잔가스용기란 액화석유가스 충전 질량의 50% 미만 충전되어 있는 상태를 말한다.

정답 | ④

15
빈출도 ★★★

다음 용기종류별 부속품의 기호가 옳지 않은 것은?

① 저온용기의 부속품: LT
② 압축가스 충전용기 부속품: PG
③ 액화가스 충전용기 부속품: LPG
④ 아세틸렌 가스 충전용기 부속품: AG

해설
LPG는 액화석유가스를 충전하는 용기의 부속품을 의미한다.

관련이론 용기 종류별 부속품 기호

기호	설명
LPG	액화석유가스를 충전하는 용기의 부속품
AG	아세틸렌가스를 충전하는 용기의 부속품
LT	초저온용기 및 저온용기의 부속품
PG	압축가스를 충전하는 용기의 부속품
LG	LPG 이외의 액화가스를 충전하는 용기의 부속품

정답 | ③

16
빈출도 ★☆☆

사업자 등은 그의 시설이나 제품과 관련하여 가스 사고가 발생한 때에는 한국가스안전공사에 통보하여야 한다. 사고의 통보 시에 통보내용에 포함되어야 하는 사항으로 규정하고 있지 않은 사항은?

① 시설현황
② 피해현황(인명 및 재산)
③ 사고내용
④ 사고원인

해설
가스 사고 발생 시 한국가스안전공사에 사고 원인은 통보하지 않아도 된다.

관련이론 사고 발생 시 통보내용
• 통보자의 직위, 소속, 성명, 연락처
• 사고 발생 일시
• 사고 발생 장소
• 사고내용
• 시설현황
• 피해현황(인명 및 재산)

정답 | ④

17

압축천연가스자동차 충전의 저장설비 및 완충탱크 안전장치의 방출관 시설기준으로 옳은 것은?

① 방출관은 지상으로부터 20m 이상의 높이 또는 저장탱크 및 완충탱크의 정상부로부터 10m의 높이 중 높은 위치로 한다.
② 방출관은 지상으로부터 15m 이상의 높이 또는 저장탱크 및 완충탱크의 정상부로부터 5m의 높이 중 높은 위치로 한다.
③ 방출관은 지상으로부터 10m 이상의 높이 또는 저장탱크 및 완충탱크의 정상부로부터 3m의 높이 중 높은 위치로 한다.
④ 방출관은 지상으로부터 5m 이상의 높이 또는 저장탱크 및 완충탱크의 정상부로부터 2m의 높이 중 높은 위치로 한다.

해설
압축천연가스자동차 충전의 저장설비 및 완충탱크 안전장치의 방출관은 지상으로부터 5m 이상의 높이 또는 저장탱크 및 완충탱크의 정상부로부터 2m의 높이 중 높은 위치로 한다.

정답 | ④

18

특정고압가스 사용시설에서 취급하는 용기의 안전조치 사항으로 틀린 것은?

① 고압가스 충전용기는 항상 40℃ 이하를 유지한다.
② 고압가스 충전용기 밸브는 서서히 개폐하고 밸브 또는 배관을 가열하는 때에는 열습포나 40℃ 이하의 더운 물을 사용한다.
③ 고압가스 충전용기를 사용한 후에는 폭발을 방지하기 위하여 밸브를 열어둔다.
④ 용기보관실에 충전용기를 보관하는 경우에는 넘어짐 등으로 충격 및 밸브 등의 손상을 방지하는 조치를 한다.

해설
고압가스 충전용기를 사용한 후에는 반드시 밸브를 잠가 두어야 한다.

정답 | ③

19

고압가스안전관리법 시행령에 규정한 특정고압가스에 해당하지 않는 것은?

① 삼불화질소 ② 사불화규소
③ 이산화탄소 ④ 오불화비소

해설
이산화탄소는 특정고압가스에 해당하지 않는다.

관련이론 특정고압가스 및 특수고압가스
「고압가스 안전관리법 제20조」

	특정고압가스	특정고압가스 (대통령령)	특수고압가스
품명	• 수소 • 산소 • 액화암모니아 • 아세틸렌 • 액화염소 • 천연가스 • 압축모노실란 • 압축디보레인 • 액화알진	• 포스핀 • 셀렌화수소 • 사불화유황 • 사불화규소 • 오불화비소 • 오불화인 • 삼불화인 • 삼불화질소 • 삼불화붕소 • 게르만 • 디실란	• 포스핀 • 압축모노실란 • 디실란 • 압축디보레인 • 액화알진 • 셀렌화수소 • 게르만

정답 | ③

20

20kg LPG 용기의 내용적은 몇 L인가? (단, 충전상수 C는 2.35이다.)

① 8.51 ② 20
③ 42.3 ④ 47

해설
$$W = \frac{V}{C}$$

• W: 저장능력[kg], V: 부피[L], C: 충전상수
$V = W \times C = 20 \times 2.35 = 47L$

정답 | ④

21

고압가스 저장시설에 설치하는 방류둑에는 계단, 사다리 또는 토사를 높이 쌓아 올림 등에 의한 출입구를 둘레 몇 m마다 1개 이상을 두어야 하는가?

① 30
② 50
③ 75
④ 100

해설
방류둑에 계단, 사다리, 토사를 높게 쌓아 올림 등에 의한 출입구는 둘레 50m마다 1개 이상 두어야 하며, 전체 둘레가 50m 미만일 경우 2곳에 분산 설치한다.

정답 | ②

22

다음 가스의 용기 보관실 중 그 가스가 누출된 때에 체류하지 않도록 통풍구를 갖추고, 통풍이 잘되지 않는 곳에는 강제환기시설을 설치하여야 하는 곳은?

① 질소 저장소
② 탄산가스 저장소
③ 헬륨 저장소
④ 부탄 저장소

해설
부탄은 공기보다 무거운 가연성가스로서 누출 시 체류되지 않도록 통풍구를 갖추고 통풍이 잘 되지 않는 곳에서는 강제환기시설을 설치하여야 한다.

관련이론 가스용기 보관실의 환기장치 설치 기준
- 공기보다 무거운 가스: 누출 시 체류하지 않도록 통풍구를 갖추고, 통풍이 잘되지 않는 곳에는 강제환기시설을 설치하여야 한다.
- 공기보다 가벼운 가스: 자연환기시설을 설치한다. 다만, 누출된 가스가 체류할 가능성이 있는 장소는 강제환기시설을 설치한다.

정답 | ④

23

도시가스 도매사업의 가스공급시설 기준에 대한 설명으로 옳은 것은?

① 고압인 가스공급시설은 안전구획 안에 설치하고 그 안전구역의 면적은 1만m^2 미만으로 한다.
② 안전구역 안의 고압인 가스공급시설은 그 외면으로부터 다른 안전구역 안에 있는 고압인 가스공급시설의 외면까지 20m 이상의 거리를 유지한다.
③ 액화천연가스의 저장탱크는 그 외면으로부터 처리 능력이 20만m^3 이상인 압축기까지 30m 이상의 거리를 유지한다.
④ 두개 이상의 제조소가 인접하여 있는 경우의 가스공급시설은 그 외면으로부터 그 제조소와 다른 제조소의 경계까지 10m 이상의 거리를 유지한다.

선지분석
① 고압인 가스공급시설 안전구역 안에 설치하고 안전구역의 면적은 20,000m^2 미만이어야 한다.
② 안전구역 안의 고압인 가스공급시설은 그 외면으로부터 다른 안전구역 안에 있는 고압인 가스공급시설의 외면까지 30m 이상의 거리를 유지해야 한다.
④ 두개 이상의 제조소가 인접하여 있는 경우의 가스공급시설은 그 외면으로부터 다른 제조소의 경계까지 20m 이상의 거리를 유지해야 한다.

정답 | ③

24

빈출도 ★★☆

일반 공업용 용기의 도색의 기준으로 틀린 것은?

① 액화염소 – 갈색
② 액화암모니아 – 백색
③ 아세틸렌 – 황색
④ 수소 – 회색

해설

일반 공업용 용기 중 수소 용기는 주황색으로 도색한다.

관련이론 일반 공업용 용기의 도색 기준

가스 종류	도색 색상	가스 종류	도색 색상
액화염소	갈색	암모니아	백색
아세틸렌	황색	수소	주황색
이산화탄소	청색	산소	녹색
LPG	밝은 회색	기타	회색

정답 | ④

25

빈출도 ★★☆

가스누출감지경보장치의 설치에 대한 설명으로 틀린 것은?

① 통풍이 잘 되는 곳에 설치한다.
② 가스의 누출을 신속하게 검지하고 경보하기에 충분한 개수 이상 설치한다.
③ 장치의 기능은 가스의 종류에 적절한 것으로 한다.
④ 가스가 체류할 우려가 있는 장소에 적절하게 설치한다.

해설

가스누출감지경보장치는 누출된 가스가 체류할 가능성이 있는 즉, 통기가 잘 되지 않는 곳에 설치한다.

정답 | ①

26

빈출도 ★★☆

다음 중 고압가스 특정제조 허가의 대상이 아닌 것은?

① 석유정제시설에서 고압가스를 제조하는 것으로서 그 저장능력이 100톤 이상인 것
② 석유화학 공업시설에서 고압가스를 제조하는 것으로서 그 처리능력이 1만 세제곱미터 이상인 것
③ 철강공업시설에서 고압가스를 제조하는 것으로서 그 처리능력이 1만 세제곱미터 이상인 것
④ 비료제조시설에서 고압가스를 제조하는 것으로서 그 저장능력이 100톤 이상인 것

해설

철강공업자의 철강공업시설 또는 그 부대시설에서 고압가스를 제조하는 것으로서 그 처리능력이 $100{,}000m^3$ 이상이어야 한다.

관련이론 고압가스 특정제조 허가의 대상

- 석유정제시설에서 고압가스를 제조하는 것으로서 그 저장능력이 100톤 이상인 것
- 석유화학 공업시설에서 고압가스를 제조하는 것으로서 그 저장능력이 100톤 이상이거나 처리능력이 $10{,}000m^3$ 이상인 것
- 철강공업시설에서 고압가스를 제조하는 것으로서 그 처리능력이 $100{,}000m^3$ 이상인 것
- 비료제조시설에서 고압가스를 제조하는 것으로서 그 저장능력이 100톤 이상이거나 처리능력이 $100{,}000m^3$ 이상인 것

정답 | ③

27

액화석유가스를 저장하기 위하여 지상 또는 지하에 고정 설치된 탱크로서 액화석유가스의 안전관리 및 사업법에서 정한 "소형저장탱크"는 그 저장능력이 얼마인 것을 말하는가?

① 1톤 미만
② 3톤 미만
③ 5톤 미만
④ 10톤 미만

해설

액화석유가스 소형저장탱크의 저장능력은 3톤 미만이다.

관련이론 액화석유가스 저장시설

- 액화석유가스 저장탱크: 3톤 이상 (90% 충전)
- 액화석유가스 소형저장탱크: 3톤 미만 (85% 충전)

정답 | ②

28

공기와 혼합된 가스가 압력이 높아지면 폭발범위가 좁아지는 가스는?

① 메탄
② 프로판
③ 일산화탄소
④ 아세틸렌

해설

대부분의 가스는 고온, 고압일수록 폭발범위가 늘어나지만 예외로 일산화탄소(CO)는 고압일수록 폭발범위가 좁아진다.

정답 | ③

29

다음 중 전기설비 방폭구조의 종류가 아닌 것은?

① 접지방폭구조
② 유입방폭구조
③ 압력방폭구조
④ 안전증방폭구조

해설

접지방폭구조는 전기설비 방폭구조가 아니다.

관련이론 전기설비 방폭구조

종류	기호
본질안전방폭구조	ia, ib
안전증방폭구조	e
내압방폭구조	d
압력방폭구조	p
유입방폭구조	o
특수방폭구조	s

정답 | ①

30

수소 가스의 위험도(H)는 약 얼마인가?

① 13.5
② 17.8
③ 19.5
④ 21.3

해설

위험도(H) = $\dfrac{U-L}{L}$

- H: 위험도, U: 폭발 상한계[%], L: 폭발 하한계[%]

여기서, 수소 가스의 폭발범위는 4~75%이다.

$H = \dfrac{75-4}{4} = 17.75 ≒ 17.8$

정답 | ②

31

어떤 도시가스의 웨버지수를 측정하였더니 36.52MJ/m^3이었다. 품질검사기준에 의한 합격 여부는?

① 웨버지수 허용기준보다 높으므로 합격이다.
② 웨버지수 허용기준보다 낮으므로 합격이다.
③ 웨버지수 허용기준보다 높으므로 불합격이다.
④ 웨버지수 허용기준보다 낮으므로 불합격이다.

해설
도시가스 품질검사 기준 중 웨버지수(0℃, 101.3kPa 기준)의 허용 기준은 $51.50 \sim 56.52 \text{MJ/m}^3$(자동차 연료용 제외)이다.

정답 | ④

32

나사 압축기(Screw compressor)의 특징에 대한 설명으로 틀린 것은?

① 흡입, 압축, 토출의 3행정으로 이루어져 있다.
② 기체에는 맥동이 없고 연속적으로 송출한다.
③ 토출압력의 변화에 의한 용량변화가 크다.
④ 소음방지장치가 필요하다.

해설
나사 압축기는 토출압력의 변화에 의한 용량변화가 작다.

관련이론 나사 압축기(Screw compressor)
- 용적형이다.
- 급유식 또는 무급유식이다.
- 설치면적이 작다.
- 맥동이 없고 연속 송출된다.
- 흡입, 압축, 토출 3행정이다.
- 고속회전형태가 작고 경량, 대용량에 적합하다.
- 소음방지장치 등 별도의 장치가 필요하다.

정답 | ③

33

저온장치용 재료 선정에 있어서 가장 중요하게 고려해야 하는 사항은?

① 고온 취성에 의한 충격치의 증가
② 저온 취성에 의한 충격치의 감소
③ 고온 취성에 의한 충격치의 감소
④ 저온 취성에 의한 충격치의 증가

해설
저온장치용 재료 선정에 있어서 가장 중요하게 고려해야 하는 사항은 저온 취성에 의한 충격치의 감소이다.

정답 | ②

34

유량을 측정하는데 사용하는 계측기기가 아닌 것은?

① 피토관　　② 오리피스
③ 벨로우즈　　④ 벤투리

해설
벨로우즈는 압력변화에 의한 탄성변위를 이용하는 탄성압력계의 종류이다.

선지분석
① 피토관: 유속식 유량계
② 오리피스: 차압식 유량계
④ 벤투리: 차압식 유량계

정답 | ③

35
빈출도 ★★☆

대형 저장탱크 내를 가는 스테인리스 관으로 상하로 움직여 관내에서 분출하는 가스상태와 액체상태의 경계면을 찾아 액면을 측정하는 액면계로 옳은 것은?

① 슬립튜브식 액면계
② 유리관식 액면계
③ 클링커식 액면계
④ 플로트식 액면계

해설
슬립튜브식 액면계는 대형 저장탱크 내를 가는 스테인리스 관을 이용하여 상하로 움직여 관내에서 분출하는 가스와 액체의 경계면을 찾아 액면을 측정하는 액면계이다.

정답 | ①

36
빈출도 ★★☆

도시가스시설 중 입상관에 대한 설명으로 틀린 것은?

① 입상관이 화기가 있을 가능성이 있는 주위를 통과하여 불연 재료로 차단조치를 하였다.
② 입상관의 밸브는 분리 가능한 것으로서 바닥으로부터 1.7m의 높이에 설치하였다.
③ 입상관의 밸브를 어린아이들이 장난을 못하도록 3m의 높이에 설치하였다.
④ 입상관의 밸브 높이가 1m이어서 보호상자 안에 설치하였다.

해설
입상관이 화기가 있을 가능성이 있는 주위를 통과할 경우에는 불연성 재료로 차단조치를 하고, 입상관의 밸브는 바닥으로부터 1.6m 이상 2m 이내에 설치할 것. 다만, 보호 상자에 설치하는 경우에는 그러하지 아니하다.

정답 | ③

37
빈출도 ★☆☆

공기액화분리장치에는 다음 중 어떤 가스 때문에 가연성 물질을 단열재로 사용할 수 없는가?

① 질소
② 수소
③ 산소
④ 아르곤

해설
공기액화분리장치는 공기 중의 질소, 산소, 아르곤을 분리 및 액화하여 생산하는 대형 플랜트이다. 이 때, 산소(O_2)는 조연성 가스로서 가연성 물질의 연소를 돕기 때문에 가연성 물질을 단열재로 사용할 수 없다.

정답 | ③

38
빈출도 ★★★

수소를 취급하는 고온, 고압 장치용 재료로서 사용할 수 있는 것은?

① 탄소강, 니켈강
② 탄소강, 망간강
③ 탄소강, 18-8 스테인리스강
④ 18-8 스테인리스강, 크롬-바나듐강

해설
수소를 취급하는 시설에서의 부식을 수소취성이라고 한다.
$Fe_3C + 2H_2 \rightarrow CH_4 + 3Fe$ (탄소강 사용금지)
수소취성을 방지하기 위해서는 5~6% Cr강에 Ti, V, W, Mo를 첨가한다.

정답 | ④

39 [고난도]

외경이 300mm이고, 두께가 30mm인 가스용 폴리에틸렌(PE)관의 사용압력 범위는?

① 0.4MPa 이하
② 0.25MPa 이하
③ 0.2MPa 이하
④ 0.1MPa 이하

해설

PE 배관의 SDR(Standard Dimension Ratio)은 외경에 대한 두께의 비율로써 설계압력의 기준값을 결정한다.

$$SDR = \frac{D}{t}$$

D: 외경[mm], t: 두께[mm]

$$SDR = \frac{300}{30} = 10$$

SDR	압력
11 이하 (1호관)	0.4MPa 이하
17 이하 (1호관)	0.25MPa 이하
21 이하 (1호관)	0.2MPa 이하

SDR이 11 이하이므로 사용압력 범위는 0.4MPa 이하이다.

정답 | ①

40

원심펌프를 병렬로 연결하여 운전할 경우 무엇이 증가하는가?

① 양정
② 회전수
③ 유량
④ 효율

해설

원심펌프를 병렬로 운전할 경우, 유량은 증가하고 양정은 일정하다.

관련이론 원심펌프 운전 방식에 따른 변화

	유량	양정
병렬 운전	증가	일정
직렬 운전	일정	증가

정답 | ③

41

수소염이온화식(FID) 가스검출기에 대한 설명으로 틀린 것은?

① 감도가 우수하다.
② CO_2와 NO_2는 검출할 수 없다.
③ 연소하는 동안 시료가 파괴된다.
④ 무기화합물의 가스 감지에 적합하다.

해설

수소염이온화식(FID) 가스검출기는 유기화합물, 특히 탄화수소에 대한 감도가 좋으나 무기화합물과 H_2, O_2, CO, CO_2, SO_2에 대해서는 분석이 어렵다.

정답 | ④

42

조정압력이 2.8kPa인 액화석유가스 압력조정기의 안전장치 작동표준압력은?

① 5.0kPa
② 6.0kPa
③ 7.0kPa
④ 8.0kPa

해설

조정압력이 3.3kPa 이하인 안전장치의 작동압력은 다음과 같다.
- 작동표준압력: 7.0kPa
- 작동개시압력: 5.6~8.4kPa
- 작동정지압력: 5.04~8.4kPa

정답 | ③

43

빈출도 ★☆☆

압축기에 사용하는 윤활유 선택 시 주의사항으로 틀린 것은?

① 인화점이 높을 것
② 잔류탄소의 양이 적을 것
③ 점도가 적당하고 항유화성이 적을 것
④ 사용가스와 화학반응을 일으키지 않을 것

해설
압축기에 사용하는 윤활유는 점도가 적당하고 항유화성이 커야 한다.

관련이론 윤활유 선택 시 고려사항
- 인화점이 높을 것
- 사용가스와 화학반응을 일으키지 않을 것
- 전기 전열 내력이 클 것
- 점도가 적당하고 항유화성이 클 것
- 잔류탄소의 양이 적을 것

정답 | ③

44

빈출도 ★★★

원심펌프의 양정과 회전속도의 관계는? (단, N_1: 처음 회전수, N_2: 변화된 회전수)

① (N_2/N_1)
② $(N_2/N_1)^2$
③ $(N_2/N_1)^3$
④ $(N_2/N_1)^5$

해설
양정은 회전수의 제곱에 비례한다. $\left(\dfrac{H_1}{H_2} = \left(\dfrac{N_1}{N_2}\right)^2\right)$

관련이론 펌프의 상사법칙(Law of Similarity)

유량(Q)	$Q_2 = Q_1 \times \left(\dfrac{N_2}{N_1}\right), \left(\dfrac{D_2}{D_1}\right)^3$
양정(H)	$H_2 = H_1 \times \left(\dfrac{N_2}{N_1}\right)^2, \left(\dfrac{D_2}{D_1}\right)^2$
동력(P)	$P_2 = P_1 \times \left(\dfrac{N_2}{N_1}\right)^3, \left(\dfrac{D_2}{D_1}\right)^5$

- N: 회전수, D: 직경

정답 | ②

45 〈고난도〉

빈출도 ★★☆

다음 중 흡입압력이 대기압과 같으며 최종압력이 $15\text{kgf/cm}^2 - \text{g}$인 4단 공기압축기의 압축비는 약 얼마인가? (단, 대기압은 1kgf/cm^2로 한다.)

① 2
② 4
③ 8
④ 16

해설
$$a = \sqrt[n]{\dfrac{P_2}{P_1}}$$

a: 압축비, n: 압축단수, P_1: 흡입절대압력[kgf/cm^2], P_2: 최종절대압력[kgf/cm^2]

$P_2 =$ 게이지압 + 대기압 $= 15 + 1 = 16\text{kgf/cm}^2$

$$a = \sqrt[4]{\dfrac{15+1}{1}} = 2$$

정답 | ①

46

빈출도 ★★★

시안화수소 충전에 대한 설명 중 틀린 것은?

① 용기에 충전하는 시안화수소는 순도가 98% 이상이어야 한다.
② 시안화수소를 충전한 용기는 충전 후 24시간 이상 정치한다.
③ 시안화수소는 충전 후 30일이 경과되기 전에 다른 용기에 옮겨 충전하여야 한다.
④ 시안화수소 충전용기는 1일 1회 이상 질산구리 벤젠 등의 시험지로 가스누출 검사를 한다.

해설
시안화수소는 충전 후 60일이 경과하기 전에 다른 용기에 옮겨 충전하여야 한다.

정답 | ③

47
산소 용기의 최고 충전압력이 15MPa일 때 이 용기의 내압시험압력은 얼마인가?

① 15MPa
② 20MPa
③ 22.5MPa
④ 25MPa

해설

$TP = FP \times \dfrac{5}{3}$

- TP: 내압시험압력[MPa], FP: 최고충전압력[MPa]

$TP = 15 \times \dfrac{5}{3} = 25MPa$

따라서, 산소 용기의 내압시험압력은 25MPa이다.

정답 | ④

48
도시가스에 사용되는 부취제 중 DMS의 냄새는?

① 석탄가스 냄새
② 마늘 냄새
③ 양파 썩는 냄새
④ 암모니아 냄새

해설

부취제의 종류 및 냄새는 다음과 같다.

THT	석탄가스 냄새
TBM	양파 썩는 냄새
DMS	마늘 냄새

정답 | ②

49
공기 중에서의 폭발 하한값이 가장 낮은 가스는?

① 황화수소
② 암모니아
③ 산화에틸렌
④ 프로판

해설

프로판(C_3H_8)의 폭발범위는 2.1~9.5%로 폭발 하한값이 가장 낮다.

선지분석

① 황화수소(H_2S)의 폭발범위: 4.3~45%
② 암모니아(NH_3)의 폭발범위: 15~28%
③ 산화에틸렌(C_2H_4O)의 폭발범위: 3~80%

정답 | ④

50
액화가스의 비중이 0.8, 배관 직경이 50mm이고 유량이 15ton/h일 때 배관 내의 평균유속은 약 몇 m/s인가?

① 1.80
② 2.65
③ 7.56
④ 8.52

해설

$Q = A \times V$

- Q: 유량[m³/s], A: 단면적[m²], V: 유속[m/s]

$V = \dfrac{Q}{A}$

$V = \dfrac{15 \times \dfrac{1}{0.8} \times \dfrac{1}{3,600}}{\dfrac{\pi}{4} \times (0.05)^2} = 2.65 m/s$

정답 | ②

51 〈고난도〉
다음 가스 중 기체밀도가 가장 작은 것은?

① 프로판
② 메탄
③ 부탄
④ 아세틸렌

선지분석

밀도 = $\dfrac{\text{분자량}}{22.4L}$

① 프로판: $\dfrac{44}{22.4} = 1.96$

② 메탄: $\dfrac{16}{22.4} = 0.71$

③ 부탄: $\dfrac{58}{22.4} = 2.59$

④ 아세틸렌: $\dfrac{26}{22.4} = 1.16$

관련이론 분자량

가스	분자량
프로판(C_3H_8)	44
메탄(CH_4)	16
부탄(C_4H_{10})	58
아세틸렌(C_2H_2)	26

정답 | ②

52
빈출도 ★★★

"기체의 온도를 일정하게 유지할 때 기체가 차지하는 부피는 절대압력에 반비례한다."라는 법칙은?

① 보일의 법칙 ② 샤를의 법칙
③ 헨리의 법칙 ④ 아보가드로의 법칙

해설
보일의 법칙에 대한 설명이다.

관련이론 보일의 법칙과 샤를의 법칙
(1) **보일의 법칙**(Boyle's law)
    온도가 일정한 경우, 기체의 압력(P)과 부피(V)는 반비례한다.
    $P_1V_1 = P_2V_2$
(2) **샤를의 법칙**(Charles's law)
    압력이 일정한 경우, 기체의 부피(V)는 절대온도(T)와 비례한다.
    $\dfrac{V_1}{T_1} = \dfrac{V_2}{T_2}$

정답 | ①

53
빈출도 ★★★

LNG의 특징에 대한 설명 중 틀린 것은?

① 냉열을 이용할 수 있다.
② 천연에서 산출한 천연가스를 약 −162℃까지 냉각하여 액화시킨 것이다.
③ LNG는 도시가스, 발전용 이외에 일반 공업용으로도 사용된다.
④ LNG로부터 기화한 가스는 부탄이 주성분이다.

해설
LNG의 주성분은 메탄(CH_4)이다.

정답 | ④

54
빈출도 ★★★

다음 중 가연성 가스가 아닌 것은?

① 일산화탄소 ② 질소
③ 에탄   ④ 에틸렌

해설
질소(N_2)는 불연성 가스이다.

관련이론 질소(N_2)
• 불연성 압축가스이다.
• 상온에서는 무색·무취의 기체이다.
• 공기중에 78%를 차지하고 있다.
• 분자(N_2)상으로는 안정하나 원자(N)상의 질소는 화학적으로 활발하다.
• 기기의 기밀 시험용, 퍼지(치환)용 가스로 이용한다.

정답 | ②

55
빈출도 ★★☆

다음 각 가스의 성질에 대한 설명으로 옳은 것은?

① 질소는 안정한 가스로서 불활성 가스라고도 하고, 고온에서도 금속과 화합하지 않는다.
② 염소는 반응성이 강한 가스로 강재에 대하여 상온에서도 무수(無水) 상태로 현저한 부식성을 갖는다.
③ 산소는 액체 공기를 분류하여 제조하는 반응성이 강한 가스로 그 자신이 잘 연소한다.
④ 암모니아는 동을 부식하고 고온, 고압에서는 강재를 침식한다.

해설
암모니아(NH_3)는 동을 부식하고 고온, 고압에서 강재를 침식시킨다.

선지분석
① 질소(N_2): 안정한 가스로서 불활성 가스라고도 하고, 고온, 고압에서 금속과 화합한다.
② 염소(Cl_2): 반응성이 강하지만 수분이 없으면 부식되지 않는다.
③ 산소(O_2): 액체 공기를 분류하여 제조하며 자신이 연소되지 않고 가연물의 연소를 돕는 조연성 가스이다.

정답 | ④

56

다음 보기와 같은 성질을 갖는 것은?

> - 공기보다 무거워서 누출시 낮은 곳에 체류한다.
> - 기화 및 액화가 용이하며, 발열량이 크다.
> - 증발잠열이 크기 때문에 냉매로도 이용된다.

① O_2
② CO
③ LPG
④ C_2H_4

해설

LPG(액화석유가스)는 가연성가스로, 공기보다 무겁고 기화 및 액화가 용이하다.

정답 | ③

57

랭킨 온도가 $420°R$일 경우 섭씨온도로 환산한 값으로 옳은 것은?

① $-30°C$
② $-40°C$
③ $-50°C$
④ $-60°C$

해설

$°R = 1.8K$

$K = \dfrac{°R}{1.8} = \dfrac{420}{1.8} = 233.33K$

$°C = K - 273 = 233.33 - 273 = -39.67 ≒ -40°C$

따라서, $420°R = -40°C$이다.

정답 | ②

58

탄화수소에서 탄소(C)의 수가 증가할수록 높아지는 것은?

① 증기압
② 발화점
③ 비등점
④ 폭발하한계

해설

탄화수소에서 탄소(C)의 수가 증가할수록 비등점은 높아지며, 증기압, 발화점, 폭발하한계는 낮아진다.

정답 | ③

59

다음 중 부탄가스의 완전연소반응식은?

① $C_3H_8 + 4O_2 \rightarrow 3CO_2 + 5H_2O$
② $C_3H_8 + 5O_2 \rightarrow 3CO_2 + 4H_2O$
③ $C_4H_{10} + 6O_2 \rightarrow 4CO_2 + 5H_2O$
④ $2C_4H_{10} + 13O_2 \rightarrow 8CO_2 + 10H_2O$

해설

부탄의 완전연소반응식은 다음과 같다.

$C_4H_{10} + 6.5O_2 \rightarrow 4CO_2 + 5H_2O$

각 계수에 2를 곱하면

$2C_4H_{10} + 13O_2 \rightarrow 8CO_2 + 10H_2O$

정답 | ④

60

가정용 가스보일러에서 발생하는 가스중독사고 원인으로 배기가스의 어떤 성분에 의하여 주로 발생하는가?

① CH_4
② CO_2
③ CO
④ C_3H_8

해설

가스보일러의 가스중독사고 원인은 일산화탄소(CO)이다.

관련이론 탄소의 연소반응식

- $C + O_2 \rightarrow CO_2$ (완전연소)
- $C + 0.5O_2 \rightarrow CO$ (불완전연소)

정답 | ③

2023년 1회 CBT 복원문제

PART 02 · 8개년 CBT 복원문제

01 빈출도 ★★☆

가스계량기와 전기계량기 및 전기개폐기와의 거리는 몇 cm 이상이어야 하는가?

① 30cm
② 50cm
③ 60cm
④ 80cm

해설
가스계량기와 전기개폐기와의 최소 안전거리는 60cm 이상이다.

관련이론 가스계량기와의 최소 안전거리

구분	최소 안전거리
	공급시설 및 사용시설
전기계량기, 전기개폐기	60cm 이상
전기점멸기, 전기접속기	30cm 이상
절연전선	10cm 이상
절연조치 하지 않은 전선, 단열조치 하지 않은 굴뚝	15cm 이상

정답 | ③

02 빈출도 ★☆☆

고압가스 공급자의 안전점검 항목이 아닌 것은?

① 충전용기의 설치위치
② 충전용기의 운반방법 및 상태
③ 충전용기와 화기와의 거리
④ 독성가스의 경우 합수장치, 제해장치 및 보호구 등에 대한 적합여부

해설
충전용기의 운반방법 및 상태는 고압가스 공급자의 안전점검 항목에 해당하지 않는다.

관련이론 고압가스 공급자의 안전점검 항목
- 충전용기의 설치위치
- 충전용기와 화기와의 거리
- 독성가스의 경우 합수장치, 제해장치 및 보호구 등에 대한 적합여부

정답 | ②

03 빈출도 ★★★

고압가스 제조시설에 설치되는 피해저감설비로 방호벽을 설치해야 하는 경우가 아닌 것은?

① 압축기와 충전장소 사이
② 압축기와 가스충전용기 보관장소 사이
③ 충전장소와 충전용 주관밸브, 조작밸브 사이
④ 압축기와 저장탱크 사이

해설
압축기와 저장탱크 사이에는 방호벽을 설치하지 않아도 된다.

관련이론 방호벽 설치대상

구분	장소
고압가스 일반제조 중 C_2H_2가스 또는 9.8MPa 이상 압축가스 충전 시	• 압축기와 충전장소 사이 • 압축기와 충전용기 보관장소 사이 • 충전장소와 충전용기 보관장소 사이 • 충전장소와 충전용 주관밸브 사이
고압가스 판매시설	용기보관실의 벽
특정고압가스	압축($60m^3$), 액화(300kg) 이상 시설의 용기보관실 벽
충전시설	저장탱크와 가스 충전장소
저장탱크	사업소 내 보호시설

정답 | ④

04 빈출도 ★★★

운반책임자를 동승시키지 않고 운반하는 액화석유가스용 차량에서 고정된 탱크에 설치하여야 하는 장치는?

① 살수장치
② 누설방지장치
③ 폭발방지장치
④ 누설경보장치

해설
액화석유가스용 차량의 고정된 탱크에 폭발방지장치를 설치하고 운반하는 경우에는 운반책임자를 동승시키지 않을 수 있다.

정답 | ③

05

빈출도 ★★☆

다음 굴착공사 중 굴착공사를 하기 전에 도시가스사업자와 협의해야 하는 상황은?

① 굴착공사 예정지역 범위에 묻혀 있는 도시가스 배관의 길이가 110m인 굴착공사
② 굴착공사 예정지역 범위에 묻혀 있는 송유관의 길이가 200m인 굴착공사
③ 해당 굴착공사로 인하여 압력이 3.2kPa인 도시가스배관의 길이가 30m 노출될 것으로 예상되는 굴착공사
④ 해당 굴착공사로 인하여 압력이 0.8MPa인 도시가스배관의 길이가 8m 노출될 것으로 예상되는 굴착공사

해설

굴착공사 예정지역 범위에 묻혀 있는 도시가스 배관의 길이가 100m 이상인 굴착공사를 하려는 자는 도시가스 배관을 보호하기 위하여 도시가스사업자와 협의를 하여야 한다.

정답 | ①

06

빈출도 ★★★

산소, 아세틸렌 및 수소를 제조하는 자가 실시하여야 하는 품질검사 주기기준으로 옳은 것은?

① 1일 1회 이상
② 1주일 1회 이상
③ 3개월 1회 이상
④ 6개월 1회 이상

해설

품질검사는 1일 1회 이상, 안전관리책임자가 실시한다.

관련이론 품질검사의 순도 기준

물질	순도
수소	98.5% 이상
산소	99.5% 이상
아세틸렌	98% 이상

정답 | ①

07

빈출도 ★★★

운전 중인 액화석유가스 충전설비의 작동상황에 대하여 주기적으로 점검하여야 한다. 점검주기는? (단, 철망 등이 부착되어 있지 않은 것으로 간주한다.)

① 1일에 1회 이상
② 1주일에 1회 이상
③ 3월에 1회 이상
④ 6월에 1회 이상

해설

액화석유가스 충전설비의 작동상황은 1일 1회 이상 점검한다.

정답 | ①

08 〈고난도〉

빈출도 ★★★

다음 중 매설 깊이를 1.0m로 해야 하는 도시가스 배관 매설 지역은?

① 호칭경 300mm 이하 최고사용압력 저압배관
② 폭이 4m 미만인 도로
③ 폭이 4m 이상 8m 미만인 도로
④ 공동주택 부지 안

선지분석

① 호칭경 300mm 이하 최고사용압력 저압배관: 0.8m 이상
② 폭 4m 미만 도로: 0.6m 이상
③ 폭 4m 이상 8m 미만 도로: 1.0m 이상
④ 공동주택 부지 안: 0.6m 이상

관련이론 배관의 매설 깊이

구분		매설 깊이
폭 8m 이상 도로		1.2m 이상
폭 4m 이상 8m 미만 도로		1.0m 이상
도로에 매설된 최고사용압력이 저압인 배관에서 횡으로 분기 수요자에게 직접 연결되는 배관		0.8m 이상
호칭경 300mm 이하 최고사용압력 저압배관		0.8m 이상
폭 4m 미만 도로		0.6m 이상
공동주택 부지 안		0.6m 이상
철도 부지	궤도 중심(수평거리: 4m)	1.2m 이상
	부지 경계(수평거리: 1m)	
하천	횡단	4.0m 이상
	소하천 및 수로	2.5m 이상
	좁은 수로	1.2m 이상

정답 | ③

09

일반 도시가스 사업자 정압기의 분해점검 실시 주기는?

① 3개월에 1회 이상 ② 6개월에 1회 이상
③ 1년에 1회 이상   ④ 2년에 1회 이상

해설
일반 도시가스 사업자 정압기의 분해점검 주기는 2년에 1회 이상이다.

관련이론 분해점검 점검주기

시설구분		검사주기
공급시설 점검		2년 1회 이상
사용시설	신규점검	3년 1회 이상
	향후 점검	4년 1회 이상

정답 | ④

10

염소에 다음 가스를 혼합하였을 때 가장 위험할 수 있는 가스는?

① 일산화탄소   ② 수소
③ 이산화탄소   ④ 산소

해설
조연성 가스인 염소는 가연성 가스인 수소와 반응 시 염소 폭명기가 발생하기 때문에 위험하다.

관련이론 대표적인 폭명기

수소 폭명기	$2H_2 + O_2 \rightarrow 2H_2O$
염소 폭명기	$Cl_2 + H_2 \rightarrow 2HCl$
불소 폭명기	$F_2 + H_2 \rightarrow 2HF$

정답 | ②

11

고압가스의 충전용기는 항상 몇 ℃ 이하의 온도를 유지하여야 하는가?

① 15   ② 20
③ 30   ④ 40

해설
고압가스 충전용기는 항상 40℃ 이하의 온도를 유지한다.

정답 | ④

12

독성가스 외의 고압가스 충전 용기를 차량에 적재하여 운반할 때 부착하는 경계표지에 대한 내용으로 옳은 것은?

① 적색글씨로 "위험 고압가스"라고 표시
② 황색글씨로 "위험 고압가스"라고 표시
③ 적색글씨로 "주의 고압가스"라고 표시
④ 황색글씨로 "주의 고압가스"라고 표시

해설
충전용기를 차량에 적재하여 운반하는 때에는 그 차량의 앞뒤 보기 쉬운 곳에 각각 붉은 글씨로 "위험 고압가스", "독성가스"라는 경계표지와 위험을 알리는 도형, 상호, 사업자의 전화번호, 운반기준 위반행위를 신고할 수 있는 등록관청의 전화번호 등이 표시된 안내문을 부착한다.

정답 | ①

13

저온, 고압의 액화석유가스 저장 탱크가 있다. 이 탱크를 퍼지하여 수리 점검 작업할 때에 대한 설명으로 옳지 않은 것은?

① 공기로 재치환하여 산소 농도가 최소 18%인지 확인한다.
② 질소가스로 충분히 퍼지하여 가연성가스의 농도가 폭발하한계의 1/4 이하가 될 때까지 치환을 계속한다.
③ 단시간에 고온으로 가열하면 탱크가 손상될 우려가 있으므로 국부가열이 되지 않게 한다.
④ 가스는 공기보다 가벼우므로 상부 맨홀을 열어 자연적으로 퍼지가 되도록 한다.

해설
액화석유가스는 공기보다 무거워 바닥에 가라앉기 때문에 충분한 퍼지 후에도 강제통풍장치가 필요할 수 있다.

정답 | ④

14

액화석유가스 사용시설의 연소기 설치방법으로 옳지 않은 것은?

① 밀폐형 연소기는 급기구, 배기통과 벽과의 사이에 배기가스가 실내로 들어올 수 없게 한다.
② 반밀폐형 연소기는 급기구와 배기통을 설치한다.
③ 개방형 연소기를 설치한 실에는 환풍기 또는 환기구를 설치한다.
④ 배기통이 가연성 물질로 된 벽을 통과 시에는 금속 등 불연성 재료로 단열조치를 한다.

해설
배기통이 가연성 물질로 된 벽 또는 천장 등을 통과할 때에는 금속 외의 불연성 재료로 단열조치를 한다.

정답 | ④

15

다음 중 가스 시설 점검 시 점검하지 않아도 되는 부품은?

① 가스계량기
② 연소기
③ 중간밸브
④ 가스배관

해설
가스 시설 점검 시 점검해야 하는 부품은 가스계량기, 중간밸브, 가스배관 등이 있다.

관련이론 가스 시설 점검 시 점검항목

점검항목	점검내용
가스계량기	화기 및 변형상태 확인
중간밸브	고정 상태 및 작동 여부 점검
가스배관	배관 및 연결 호스 점검
누설점검	비눗물 검사로 누출여부 확인
주변점검	인화성물질 및 냄새 확인

정답 | ②

16

일반도시가스사업의 설치하는 가스공급시설 중 정압기의 설치에 대한 설명으로 틀린 것은?

① 건축물 내부에 설치된 도시가스사업자의 정압기로서 가스누출경보기와 연동하여 작동하는 기계환기설비를 설치하고 1일 1회 이상 안전점검을 실시하는 경우에는 건축물의 내부에 설치할 수 있다.
② 정압기에 설치되는 가스방출관의 방출구는 주위에 불 등이 없는 안전한 위치로서 지면으로부터 3m 이상의 높이에 설치하여야 하며, 전기시설물과의 접촉 등으로 사고의 우려가 있는 장소에서는 5m 이상의 높이로 설치한다.
③ 정압기에 설치하는 가스차단장치는 정압기의 입구 및 출구에 설치한다.
④ 정압기는 2년에 1회 이상 분해점검을 실시하고 필터는 가스공급 개시 후 1월 이내 및 가스공급개시 후 매년 1회 이상 분해점검을 실시한다.

해설
정압기에는 안전밸브 및 가스방출관을 설치하고 가스방출관의 방출구는 주위에 불 등이 없는 안전한 위치로서 지면으로부터 5m 이상의 높이에 설치한다. 다만, 전기시설물과의 접촉 등으로 사고의 우려가 있는 장소에서는 3m 이상으로 한다.

정답 | ②

17

압축기 최종단에 설치된 고압가스 냉동제조시설의 안전밸브는 얼마마다 작동압력을 조정하여야 하는가?

① 3개월에 1회 이상
② 6개월에 1회 이상
③ 1년에 1회 이상
④ 2년에 1회 이상

해설
압축기 최종단에 설치된 안전밸브는 1년에 1회 이상 작동압력을 조정한다.

관련이론 안전밸브 작동압력 조정주기

압축기 최종단 안전밸브	1년에 1회 이상
그 밖의 안전밸브	2년에 1회 이상

정답 | ③

18

냉동기 제조시설에서 내압성능을 확인하기 위한 시험압력의 기준으로 옳은 것은?

① 설계압력 이상
② 설계압력의 1.25배 이상
③ 설계압력의 1.5배 이상
④ 설계압력의 2배 이상

해설

냉동기 제조시설의 내압성능은 설계압력의 1.5배 이상의 시험압력을 기준으로 한다.

정답 | ③

19

방류둑 성토 윗부분의 정상부 폭은 얼마 이상으로 하여야 하는가?

① 20cm
② 30cm
③ 40cm
④ 50cm

해설

방류둑 성토 정상부의 폭은 30cm 이상으로 한다.

정답 | ②

20

고압가스 저장의 시설에서 가연성가스 시설에 설치하는 유동방지시설의 기준은?

① 높이 2m 이상의 내화성 벽으로 한다.
② 높이 1.5m 이상의 내화성 벽으로 한다.
③ 높이 2m 이상의 불연성 벽으로 한다.
④ 높이 1.5m 이상의 불연성 벽으로 한다.

해설

유동방지시설의 높이는 2m 이상의 내화성 벽으로 하고, 가스설비 등과 화기를 취급하는 장소의 우회수평거리는 8m 이상으로 유지한다.

정답 | ①

21

다음 중 독성가스 운반 시 필요한 보호구가 아닌 것은?

① 방진마스크
② 방독면
③ 고무장갑
④ 고무장화

해설

방진마스크는 먼지, 비산물, 분진 등의 발생장소에서 착용하는 보호구이다.

관련이론 독성가스 보호구

- 방독면(방독마스크)
- 고무장갑
- 고무장화
- 그 밖의 보호구와 재해발생방지를 위한 응급조치에 필요한 제독제, 자재 및 공구 등

정답 | ①

22

폭굉에 대한 설명으로 옳은 것은?

① 가스 중의 음속보다 화염전파속도가 큰 경우로 파면선단에 충격파라고 하는 압력파가 생겨 격렬한 파괴작용을 일으키는 현상을 말한다.
② 가스 중의 화염전파속도보다 음속이 큰 경우로 파면선단에 충격파라고 하는 압력파가 생겨 격렬한 파괴작용을 일으키는 현상을 말한다.
③ 가스 중의 연소속도가 화염전파속도보다 큰 경우로 파면선단에 음파가 발생해 격렬한 파괴작용을 일으키는 현상을 말한다.
④ 가스 중의 화염전파속도가 연소속도보다 큰 경우로 파면선단에 음파가 발생해 격렬한 파괴작용을 일으키는 현상을 말한다.

해설

폭굉이란 화염전파속도가 음속보다 큰 경우로 파면선단에 충격파가 발생하고 격렬한 파괴작용을 일으키는 현상이다.

관련이론 폭굉과 폭연의 연소속도

구분	연소속도
폭굉(Detonation)	1,000~3,500m/s
폭연(Deflagration)	0.1~10m/s

정답 | ①

23

다음 중 이음매 없는 용기의 특징이 아닌 것은?

① 독성 가스를 충전하는데 사용한다.
② 내압에 대한 응력 분포가 균일하다.
③ 고압에 견디기 어려운 구조이다.
④ 용접용기에 비해 값이 비싸다.

해설

무이음용기(이음매 없는 용기)는 고압에 견딜 수 있다.

관련이론 용접용기와 무이음용기의 특성

구분	특성
용접용기	• 모양과 치수가 자유롭다. • 경제성이 있다. • 두께 공차가 적다. • 고압에서는 사용이 곤란하다.
무이음용기	• 가격이 고가이다. • 응력분포가 균일하다. • 고압에 견딜 수 있어 주로 압축가스에 사용된다.

정답 | ③

24

도시가스시설의 설치공사 또는 변경공사를 하는 때에 이루어지는 주요공정 시공감리 대상은?

① 도시가스사업자 외의 가스공급시설설치자의 배관 설치공사
② 가스도매사업자의 가스공급시설 설치공사
③ 일반도시가스사업자의 정압기 설치공사
④ 일반도시가스사업자의 제조소 설치공사

해설

도시가스시설의 설치공사 또는 변경공사 시 주요공정 시공감리 대상

• 일반도시가스사업자 및 도시가스사업자 외의 가스공급시설설치자의 배관(그 부속시설 포함)
• 나프타부생가스 · 바이오가스제조사업자 및 합성천연가스제조사업자의 배관(그 부속시설 포함)

정답 | ①

25

C_2H_2 제조설비에서 제조된 C_2H_2를 충전용기에 충전 시 위험한 경우는?

① 아세틸렌이 접촉되는 설비부분에 동함량 72%의 동합금을 사용하였다.
② 충전 중의 압력을 2.5MPa 이하로 하였다.
③ 충전 후에 압력이 15℃에서 1.5MPa 이하로 될 때까지 정치하였다.
④ 충전용 지관은 탄소함유량 0.1% 이하의 강을 사용하였다.

해설

아세틸렌은 동(Cu, 구리)과 반응하여 폭발물을 생성한다.
$C_2H_2 + 2Cu \rightarrow CuC_2$(동아세틸라이드) $+ H_2$
아세틸렌이 접촉되는 설비부분은 폭발물이 생성되지 않도록 동함유량을 62% 미만으로 관리하여야 한다.

정답 | ①

26

가스제조시설에 설치하는 방호벽의 규격으로 옳은 것은?

① 박강판 벽으로 두께 3.2cm 이상, 높이 3m 이상
② 후강판 벽으로 두께 10mm 이상, 높이 3m 이상
③ 철근콘크리트 벽으로 두께 12cm 이상, 높이 2m 이상
④ 철근콘크리트블록 벽으로 두께 20cm 이상, 높이 2m 이상

해설

철근콘크리트 벽의 경우 두께 12cm 이상, 높이 2m 이상이어야 한다.

관련이론 가스제조시설에 설치하는 방호벽의 규격

방호벽 종류	높이	두께
철근콘크리트	2m 이상	12cm 이상
콘크리트블록	2m 이상	15cm 이상
박강판	2m 이상	3.2mm 이상
후강판	2m 이상	6mm 이상

정답 | ③

27

가스도매사업자 가스공급시설의 시설기준 및 기술기준에 의한 배관의 해저 설치의 기준에 대한 설명으로 틀린 것은?

① 배관은 원칙적으로 다른 배관과 교차하지 아니한다.
② 두 개 이상의 배관을 동시에 설치하는 경우에는 배관이 서로 접촉하지 아니하도록 설치한다.
③ 배관은 원칙적으로 이미 설치된 배관에 대하여 20m 이상의 안전거리를 둔다.
④ 배관의 입상부에는 방호시설물을 설치한다.

해설
배관은 원칙적으로 다른 배관과 30m 이상의 수평거리를 유지한다.

정답 | ③

28

도시가스도매사업자가 제조소 내에 저장능력이 20만 톤인 지상식 액화천연가스 저장탱크를 설치하고자 한다. 이때 처리능력이 30만m^3인 압축기와 얼마 이상의 거리를 유지하여야 하는가?

① 10m   ② 24m
③ 30m   ④ 50m

해설
액화천연가스의 저장탱크는 그 외면으로부터 처리능력이 20만m^3 이상인 압축기까지 30m 이상의 거리를 유지한다.

정답 | ③

29

포스겐의 취급 방법에 대한 설명 중 틀린 것은?

① 환기시설을 갖추어 작업한다.
② 취급 시에는 반드시 방독마스크를 착용한다.
③ 누출 시 용기가 부식되는 원인이 되므로 약간의 누출에도 주의한다.
④ 포스겐을 함유한 폐기액은 염화수소로 충분히 처리한 후 처분한다.

해설
포스겐을 함유한 폐기액은 가성소다 수용액(NaOH) 또는 소석회($Ca(OH)_2$)로 충분히 처리한 후 처분한다.

정답 | ④

30

도시가스사업자는 굴착공사정보지원센터로부터 굴착계획의 통보내용을 통지받은 때에는 얼마 이내에 매설된 배관이 있는지를 확인하고 그 결과를 굴착공사정보지원센터에 통지하여야 하는가?

① 24시간   ② 36시간
③ 48시간   ④ 60시간

해설
도시가스사업자는 굴착공사정보지원센터로부터 굴착계획의 통보내용을 통지받은 때에는 그 때부터 24시간 이내에 매설된 배관이 있는지를 확인하고 그 결과를 굴착공사정보지원센터에 통지하여야 한다.

정답 | ①

31

고압가스 설비에 설치하는 압력계의 최고눈금에 대한 측정범위의 기준으로 옳은 것은?

① 상용압력의 1.0배 이상, 1.2배 이하
② 상용압력의 1.2배 이상, 1.5배 이하
③ 상용압력의 1.5배 이상, 2.0배 이하
④ 상용압력의 2.0배 이상, 3.0배 이하

해설
고압가스 설비에 장치하는 압력계는 상용압력의 1.5배 이상 2배 이하의 최고눈금이 있는 것으로 한다.

정답 | ③

32

압력변화에 의한 탄성변위를 이용한 탄성압력계에 해당하지 않는 것은?

① 플로트식 압력계
② 부르동관식 압력계
③ 벨로우즈식 압력계
④ 다이어프램식 압력계

해설
플로트식은 내부의 액면을 이용한 액면계이다.

정답 | ①

33

원심식 압축기의 특징에 대한 설명으로 옳은 것은?

① 용량 조정범위는 비교적 좁고 어려운 편이다.
② 압축비가 크며, 효율이 대단히 높다.
③ 연속토출로 맥동현상이 크다.
④ 서징현상이 발생하지 않는다.

해설
원심식 압축기는 용량 조정범위가 비교적 좁고 어려운 편이므로 보조 장치가 필요하다.

관련이론 원심식(터보식) 압축기
- 원심력이며 무급유식이다.
- 토출압력 변화에 따른 용량변화가 크다.
- 용량조정은 가능하나 범위가 비교적 좁고 어렵다.
- 맥동이 없고 연속적으로 송출된다.
- 경량, 대용량이며 효율이 나쁘다.
- 서징현상이 일어날 우려가 있다.

정답 | ①

34

계측기기의 구비조건으로 틀린 것은?

① 설비비 및 유지비가 적게 들 것
② 원거리 지시 및 기록이 가능할 것
③ 구조가 간단하고 정도가 낮을 것
④ 설치장소 및 주위조건에 대한 내구성이 클 것

해설
계측기기는 정도가 높고 구조가 간단하여야 한다.

관련이론 계측기기 구비조건
- 견고하고 취급이 용이할 것
- 구조가 간단하고 정도가 높을 것
- 설치장소 및 주위조건에 대한 내구성이 클 것
- 설비비 및 유지비가 적게 들 것
- 원거리 지시 및 기록이 가능할 것

정답 | ③

35

다음 중 단별 최대 압축비를 가질 수 있는 압축기는?

① 원심식 ② 왕복식
③ 축류식 ④ 회전식

해설
왕복동식 압축기는 압축비가 높아 압축효율이 높다.

관련이론 왕복동식 압축기
- 용적형이다.
- 오일윤활식 또는 무급유식이다.
- 용량 조정범위가 넓고 쉽다.
- 압축효율이 높아 쉽게 고압을 얻을 수 있다.
- 토출압력변화에 따른 용량변화가 작다.
- 실린더 내 압력은 저압이며 압축이 단속적이다.
- 저속회전이며 형태가 크고 중량이며 설치면적이 크다.
- 접촉부분이 많아 소음진동이 크다.

정답 | ②

36

다음 중 공기액화분리장치에서 발생할 수 있는 폭발의 원인으로 볼 수 없는 것은?

① 액체공기 중에 산소의 혼입
② 공기 취입구에서 아세틸렌의 침입
③ 윤활유 분해에 의한 탄화수소의 생성
④ 산화질소(NO), 과산화질소(NO_2)의 혼입

해설
대기(공기) 중 오존(O_3)의 혼입으로 인해 공기액화분리장치에서 폭발이 발생한다.

관련이론 공기액화분리장치의 폭발원인 및 방지대책

원인	· 공기 취입구로부터 아세틸렌(C_2H_2)의 혼입 · 압축기용 윤활유의 분해로 탄화수소의 생성 · 액체 산소 내 오존(O_3)의 혼입 · 공기 중 질소산화물(NO, NO_2)의 혼입
방지 대책	· 근처에서 카바이드(CaC_2) 작업을 피할 것 · 윤활유는 양질의 것을 사용할 것 · 공기질이 좋은 곳에 공기 취입구를 설치할 것 · 장치 내 여과기를 설치할 것 · 1년에 1회 이상 사염화탄소(CCl_4)로 세척할 것

정답 | ①

37

열전대 온도계에 대한 설명으로 옳은 것은?

① 열팽창계수가 다른 두 종류의 금속 박판을 압연 접착시켜 만든 온도계이다.
② 온도의 변화에 따라 물질의 저항이 변하는 성질을 이용한 온도계이다.
③ 서로 다른 두 종류의 금속을 연결하여 폐회로를 만든 후, 양접점에 온도차를 주면 금속에 열기전력이 발생하는 원리를 이용한 온도계이다.
④ 광전지 혹은 광전관을 사용하여 자동 측정 광고온도계를 자동화시킨 온도계이다.

해설
열전대 온도계는 서로 다른 두 종류의 금속을 연결하여 폐회로를 통해 양 접점에 온도차로 금속에 열기전력이 발생하는 원리를 이용한 온도계이다.

관련이론 열전대 온도계의 종류별 사용가능한 온도범위

CC(동-콘스탄탄)	-200~400℃
IC(철-콘스탄탄)	-20~800℃
CA(크로멜-알루멜)	-20~1,200℃
PR(백금-백금로듐)	0~1,600℃

정답 | ③

38

LP가스 공급 방식 중 강제기화방식의 특징에 대한 설명 중 틀린 것은?

① 기화량 가감이 용이하다.
② 공급가스의 조성이 일정하다.
③ 계량기를 설치하지 않아도 된다.
④ 한냉시에도 충분히 기화시킬 수 있다.

해설
계량기는 강제기화방식과 자연기화방식에 모두 설치해야 한다.

정답 | ③

39

다음 배관재료 중 사용온도 350℃ 이하, 압력이 10MPa 이상의 고압관에 사용되는 것은?

① SPP
② SPPH
③ SPPW
④ SPPG

해설
10MPa 이상의 고압에 사용되는 배관은 SPPH(고압배관용 탄소강관)이다.

관련이론 탄소강관의 사용압력 범위

배관의 종류	사용압력 범위
SPP (배관용 탄소강관)	1MPa 미만
SPPS (압력배관용 탄소강관)	1MPa~10MPa 미만
SPPH (고압배관용 탄소강관)	10MPa 이상

정답 | ②

40

반복하중에 의해 재료의 저항력이 저하하는 현상을 무엇이라고 하는가?

① 교축
② 크리프
③ 피로
④ 응력

해설
피로란 재료에 반복적으로 하중을 가해 저항력이 저하되는 현상이다.

선지분석
① 교축: 금속재료의 온도가 낮아져 수축되는 현상이다.
② 크리프: 어느 온도 이상에서 재료에 하중을 가하면 시간과 더불어 변형이 증대되는 현상이다.
④ 응력: 물체에 하중이 작용할 때 그 재료 내부에 생기는 저항력을 내력이라 하고 단위면적당 내력의 크기를 응력이라고 한다.

정답 | ③

41

1단 감압식 저압조정기의 조정압력(출구압력)은?

① 2.3~3.3kPa
② 5~30kPa
③ 32~83kPa
④ 57~83kPa

해설
1단 감압식 저압조정기의 조정압력은 2.3~3.3kPa이다.

관련이론 1단 감압식 저압조정기

입구압력	0.7~15.6kg/cm^2
조정압력	2.3~3.3kPa
최대폐쇄압력	3.5kPa 이하

정답 | ①

42

자동제어의 용어 중 피드백 제어에 대한 설명으로 틀린 것은?

① 자동제어에서 기본적인 제어이다.
② 출력측의 신호를 입력측으로 되돌리는 현상을 말한다.
③ 제어량의 값을 목표치와 비교하여 그것들을 일치하도록 정정동작을 행하는 제어이다.
④ 미리 정해진 순서에 따라서 제어의 각 단계가 순차적으로 진행되는 제어이다.

해설
미리 정해진 순서에 따라서 제어의 각 단계가 순차적으로 진행되는 제어는 시퀀스 제어이다.

관련이론 피드백 제어
(1) 개요
 • 자동제어에서 기본적인 제어이다.
 • 출력측의 신호를 입력측으로 되돌리는 현상을 말한다.
 • 제어량의 값을 목표치와 비교하여 그것들을 일치하도록 정정동작을 행하는 제어이다.
(2) 피드백 제어의 구성
 • 검출부: 제어대상의 출력값을 측정한다.
 • 제어부: 검출된 출력값과 목표값을 비교한다.
 • 조작부: 제어대상을 조작하는 장치이다.
 ※ 제어대상: 피드백 제어의 주체가 되는 대상이다.

정답 | ④

43

다음 중 정압기의 부속설비가 아닌 것은?

① 불순물 제거장치
② 이상압력상승 방지장치
③ 검사용 맨홀
④ 압력기록장치

해설
정압기의 부속설비에는 불순물 제거장치(필터), 이상압력상승 방지장치, 압력기록장치 등이 있다.

정답 | ③

44

저온장치 진공 단열법에 해당되지 않는 것은?

① 고진공 단열법   ② 격막진공 단열법
③ 분말진공 단열법   ④ 다층진공 단열법

해설
격막진공 단열법은 저온장치 진공 단열법이 아니다.

관련이론 저온장치 진공 단열법
- 고진공 단열법
- 분말진공 단열법
- 다층진공 단열법

정답 | ②

45

가스누출을 감지하고 차단하는 가스누출자동차단기의 구성요소가 아닌 것은?

① 제어부   ② 중앙통제부
③ 검지부   ④ 차단부

해설
중앙통제부는 가스누출자동차단기의 구성요소가 아니다.

관련이론 가스누출자동차단기 구성요소

검지부	누출가스를 검지하고 제어부로 신호를 전송한다.
제어부	차단부로 차단 신호를 전송한다.
차단부	신호를 받아 밸브를 자동으로 차단한다.

정답 | ②

46

연소에 대한 일반적인 설명 중 옳지 않은 것은?

① 인화점이 낮을수록 위험성이 크다.
② 인화점보다 착화점의 온도가 낮다.
③ 발열량이 높을수록 착화온도는 낮아진다.
④ 가스의 온도가 높아지면 연소범위는 넓어진다.

해설
가연성 물질의 인화점은 착화점보다 낮다.

정답 | ②

47

실제기체가 이상기체의 상태식을 만족시키는 경우는?

① 압력과 온도가 높을 때
② 압력과 온도가 낮을 때
③ 압력이 높고 온도가 낮을 때
④ 압력이 낮고 온도가 높을 때

해설
압력이 낮고, 온도가 높은 경우 실제기체가 이상기체상태방정식을 만족시킬 수 있다.

정답 | ④

48

용기의 내용적이 105L인 액화암모니아 용기에 충전할 수 있는 가스의 충전량은 약 몇 kg인가? (단, 액화암모니아의 가스정수 C 값은 1.86이다.)

① 20.5   ② 45.5
③ 56.5   ④ 117.5

해설
충전량 구하는 공식은 다음과 같다.
$W = \dfrac{V}{C}$

- W: 충전량[kg], V: 내용적[L], C: 가스정수

$W = \dfrac{105}{1.86} = 56.5\text{kg}$

정답 | ③

49
빈출도 ★☆☆

파이프 커터로 강관을 절단하면 거스러미(Burr)가 생긴다. 이것을 제거하는 공구는?

① 파이프 벤더
② 파이프 렌치
③ 파이프 바이스
④ 파이프 리머

선지분석
① 파이프 벤더: 관을 구부릴 때 사용하는 공구이다.
② 파이프 렌치: 관 또는 부속을 조일 때 사용하는 공구이다.
③ 파이프 바이스: 관을 단단하게 고정해주는 장치이다.
④ 파이프 리머: 관 끝의 거스러미를 제거하는 공구이다.

정답 | ④

50
빈출도 ★★★

황화수소에 대한 설명으로 틀린 것은?

① 무색의 기체로서 유독하다.
② 공기 중에서 연소가 잘 된다.
③ 산화하면 주로 황산이 생성된다.
④ 형광물질 원료의 제조 시 사용된다.

해설
황화수소가 산화하면 아황산가스가 생성된다.
$2H_2S + 3O_2 \rightarrow 2H_2O + 2SO_2$ (아황산가스)

정답 | ③

51
빈출도 ★★★

수소의 성질에 대한 설명 중 옳지 않은 것은?

① 열전도도가 작다.
② 열에 대하여 안정하다.
③ 고온에서 철과 반응한다.
④ 확산속도가 빠른 무취의 기체이다.

해설
수소(H_2)는 열전도율(열전도도)이 크고 열에 대해 안정적이다.

관련이론 수소(H_2)
- 압축가스이면서 가연성 가스로 분류된다.
- 가장 작은 밀도로서 가장 가볍고, 확산속도가 빠른 기체이다.
- 상온에서 무색, 무미, 무취의 가연성 기체이다.
- 고온 조건에서 철과 반응한다.
- 열전도율이 크고 열에 대해 안정적이다.

정답 | ①

52 〈고난도〉
빈출도 ★★☆

25℃의 물 10kg을 대기압하에서 비등시켜 모두 기화시키는데 약 몇 kcal의 열이 필요한가? (단, 물의 증발잠열은 540kcal/kg이다.)

① 750
② 5,400
③ 6,150
④ 7,100

해설
기화에 필요한 열은 온도변화에 쓰이는 현열(Q_1)과 상태변화에 쓰이는 잠열(Q_2)을 더하여 구한다.
물의 현열량(Q_1) = $G \cdot C \cdot \Delta t$
- G: 질량[kg], C: 비열[kcal/kg·℃], Δt: 온도 변화량[℃]
$Q_1 = 10 \times 1 \times (100-25) = 750$ kcal
물의 잠열(Q_2) = $G \cdot r$
- G: 질량[kg], r: 잠열[kcal/kg]
$Q_2 = 10 \times 540 = 5,400$ kcal
$Q = Q_1 + Q_2 = 750 + 5,400 = 6,150$ kcal

정답 | ③

53

빈출도 ★☆☆

압축가스를 단열 팽창시켰을 때 나타나는 현상으로 옳은 것은?

① 압력 강하, 온도 감소
② 압력 강하, 온도 증가
③ 압력 증가, 온도 감소
④ 압력 증가, 온도 증가

해설

줄-톰슨효과(Joule-Thomson effect)에 따라 압축가스를 단열 팽창시키면 온도와 압력이 감소한다.

정답 | ①

54

빈출도 ★★☆

도시가스의 주원료인 메탄(CH_4)의 비점은 약 얼마인가?

① $-50°C$　　② $-82°C$
③ $-120°C$　　④ $-162°C$

해설

메탄(CH_4)의 비점은 $-162°C$이다.

관련이론 메탄(CH_4)

- 천연가스의 주성분으로 가연성 가스이다.
- 분자량은 16이며, 비등점(Boiling point)은 $-162°C$이다.
- 무색, 무취 기체이며 폭발범위는 5~15%이다.
- 용해도가 작고, 공기 중에 연소한다.

정답 | ④

55

빈출도 ★★★

천연가스의 성질에 대한 설명으로 틀린 것은?

① 주성분은 메탄이다.
② 독성이 없고 청결한 가스이다.
③ 공기보다 무거워 누출 시 바닥에 고인다.
④ 발열량은 약 9,500~10,500kcal/m³ 정도이다.

해설

천연가스는 공기보다 가볍다.

관련이론 천연가스의 특성

- 주성분은 메탄(CH_4)이다.
- 독성이 없고 청결한 가스이다.
- 공기보다 가벼워 누출 시 천정에 고인다.
- 발열량은 약 9,500~10,500kcal/m³ 정도이다.
- 비점은 $-162°C$이다.
- 폭발범위는 5~15%이다.

정답 | ③

56

빈출도 ★★☆

불완전연소 현상의 원인으로 옳지 않은 것은?

① 가스압력에 비하여 공급 공기량이 부족할 때
② 환기가 불충분한 공간에 연소기가 설치되었을 때
③ 공기와의 접촉 혼합이 불충분할 때
④ 불꽃의 온도가 증대되었을 때

해설

불완전연소란 가연성가스의 연소반응에 필요한 산소수가 부족하다는 의미이다.

관련이론 불완전연소 원인

- 공기량 부족
- 프레임 냉각
- 가스조성 불량
- 배기, 환기 불량
- 연소기구 불량

정답 | ④

57
100J 일의 양을 cal 단위로 나타내면 약 얼마인가?

① 24 ② 40
③ 240 ④ 400

해설

$100J \times \dfrac{1cal}{4.19J} = 23.9cal \approx 24cal$

※ $1cal = 4.19J$

정답 | ①

58 〈고난도〉
부탄 $1Nm^3$을 완전연소시키는데 필요한 이론공기량은 약 몇 Nm^3인가? (단, 공기 중의 산소농도는 21v%이다.)

① 5 ② 6.5
③ 23.8 ④ 31

해설

부탄(C_4H_{10})의 완전연소 반응식
$C_4H_{10} + 6.5O_2 \rightarrow 4CO_2 + 5H_2O$
이론산소량: $6.5Nm^3$
공기량 = 이론산소량 $\times \dfrac{1}{0.21} = 6.5 \times \dfrac{1}{0.21} \approx 31Nm^3$

정답 | ④

59
다음 중 1atm에 해당하지 않는 것은?

① 1mbar ② 14.7psi
③ 760mmHg ④ $1.033kg/cm^2$

해설

$1atm = 1.0332kg/cm^2 = 10,332kg/m^2 = 10,332mmH_2O$
$= 101,325Pa = 101,325N/m^2 = 101.325kPa = 760mmHg$
$= 29.92inHg = 14.7psi = 1.013bar$

정답 | ①

60 〈고난도〉
섭씨온도와 화씨온도가 같은 경우는?

① $-40°C$ ② $32°F$
③ $273°C$ ④ $45°F$

해설

$-40°C$일 때 $-40°F$로 일치한다.

관련이론 온도단위 변환

화씨[°F] → 섭씨[°C]	섭씨[°C] → 화씨[°F]
$°C = \dfrac{5}{9}(°F - 32)$	$°F = \dfrac{9}{5}°C + 32$

① $°F = \dfrac{9}{5}°C + 32 = \dfrac{9}{5}(-40) + 32 = -40°F$
② $°C = \dfrac{5}{9}(°F - 32) = \dfrac{5}{9}(32 - 32) = 0°C$
③ $°F = \dfrac{9}{5}°C + 32 = \dfrac{9}{5} \times 273 + 32 = 523.4°F$
④ $°C = \dfrac{5}{9}(°F - 32) = \dfrac{5}{9}(45 - 32) = 7.2°C$

정답 | ①

2023년 2회 CBT 복원문제

PART 02 8개년 CBT 복원문제

01
빈출도 ★☆☆

다음 특정설비 재검사 대상인 것은?

① 역화방지장치
② 차량에 고정된 탱크
③ 독성가스 배관용 밸브
④ 자동차용 가스 자동주입기

해설

재검사 대상은 다음 표와 같다.

특정설비	재검사
저장탱크	○
안전밸브, 긴급차단장치	○
역화방지장치	
압력용기	○
자동차용 가스 자동주입기	
독성가스 배관용 밸브	
냉동설비	
특정고압가스용 실린더 캐비넷	
자동차용 압축천연가스 완속충전설비	
액화석유가스용 용기잔류 가스회수장치	
차량에 고정된 탱크	○

정답 | ②

02
빈출도 ★★★

흡수식 냉동설비의 냉동능력 정의로 옳은 것은?

① 발생기를 가열하는 1시간의 입열량 3천 320kcal를 1일의 냉동능력 1톤으로 본다.
② 발생기를 가열하는 1시간의 입열량 6천 640kcal를 1일의 냉동능력 1톤으로 본다.
③ 발생기를 가열하는 24시간의 입열량 3천 320kcal를 1일의 냉동능력 1톤으로 본다.
④ 발생기를 가열하는 24시간의 입열량 6천 640kcal를 1일의 냉동능력 1톤으로 본다.

해설

흡수식 냉동기의 냉동능력 1톤(1RT)은 1시간당 6,640kcal의 입열량과 같다.

관련이론 냉동능력: RT(Ton of Refrigeration)

구분	1RT
한국 냉동톤	3,320kcal/hr
흡수식 냉동기	6,640kcal/hr
원심식 압축기	1.2kW

정답 | ②

03

고압가스 용기 재료의 구비조건이 아닌 것은?

① 내식성, 내마모성을 가질 것
② 무겁고 충분한 강도를 가질 것
③ 용접성이 좋고 가공 중 결함이 생기지 않을 것
④ 저온 및 사용온도에 견디는 연성과 점성강도를 가질 것

해설
고압가스 용기 재료는 가볍고 충분한 강도를 가져야 한다.

관련이론 고압가스 용기 재료의 구비조건
- 내식성, 내마모성을 가질 것
- 가볍고 충분한 강도를 가질 것
- 용접성이 좋고 가공 중 결함이 생기지 않을 것
- 저온 및 사용온도에 견디는 연성과 점성강도를 가질 것

정답 | ②

04 [고난도]

처리능력이 1일 35,000m³인 산소 처리설비로 전용공업지역이 아닌 지역일 경우 처리설비 외면과 사업소 밖에 있는 병원과는 몇 m 이상 안전거리를 유지하여야 하는가?

① 16m
② 17m
③ 18m
④ 20m

해설
3만m³ 초과 4만m³ 이하의 저장능력을 갖춘 산소의 저장설비와 제1종 보호시설(병원)과의 안전거리는 18m 이상이다.

관련이론 산소 설비와의 안전거리

처리 및 저장능력	제1종 보호시설	제2종 보호시설
1만 이하	12m 이상	8m 이상
1만 초과 2만 이하	14m 이상	9m 이상
2만 초과 3만 이하	16m 이상	11m 이상
3만 초과 4만 이하	18m 이상	13m 이상
4만 초과	20m 이상	14m 이상

정답 | ③

05

도시가스 배관이 하천을 횡단하는 배관 주위의 흙이 사질토의 경우 방호구조물의 비중은?

① 배관 내 유체 비중 이상의 값
② 물의 비중 이상의 값
③ 토양의 비중 이상의 값
④ 공기의 비중 이상의 값

해설
보호관 또는 방호구조물의 비중은 주위의 흙이 사질토인 경우 물의 비중 이상이 되도록 한다.

정답 | ②

06

압력 조정기 출구에서 연소기 입구까지의 호스는 얼마 이상의 압력으로 기밀시험을 실시하는가?

① 2.3kPa
② 3.3kPa
③ 5.63kPa
④ 8.4kPa

해설
압력 조정기 출구에서 연소기 입구까지의 호스는 8.4kPa 이상의 압력으로 기밀시험을 실시하여 누출이 없도록 한다.

정답 | ④

07

도시가스 배관을 지상에 설치 시 검사 및 보수를 위하여 지면으로부터 몇 cm 이상의 거리를 유지하여야 하는가?

① 10cm
② 15cm
③ 20cm
④ 30cm

해설
도시가스 배관을 지상에 설치 시 검사 및 보수를 위해 지면으로부터 30cm 이상의 거리를 유지하여야 한다.

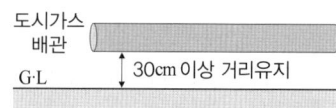

정답 | ④

08
빈출도 ★★★

공기 중에서 폭발범위가 가장 좁은 것은?

① 메탄 ② 프로판
③ 수소 ④ 아세틸렌

해설
프로판(C_3H_8)의 폭발범위가 2.1~9.5%로 가장 좁다.

선지분석
① 메탄(CH_4): 5~15%
② 프로판(C_3H_8): 2.1~9.5%
③ 수소(H_2): 4~75%
④ 아세틸렌(C_2H_2): 2.5~81%

정답 | ②

09
빈출도 ★★★

100J 일의 양을 cal 단위로 나타내면 약 얼마인가?

① 24 ② 40
③ 240 ④ 400

해설
$100J \times \dfrac{1cal}{4.19J} = 23.9cal ≒ 24cal$

※ 1cal = 4.19J

정답 | ①

10
빈출도 ★☆☆

액화석유가스 저장탱크 벽면의 국부적인 온도상승에 따른 저장탱크의 파열을 방지하기 위하여 저장탱크 내벽에 설치하는 폭발방지장치의 재료로 맞는 것은?

① 다공성 철판
② 다공성 알루미늄판
③ 다공성 아연판
④ 오스테나이트계 스테인리스판

해설
폭발방지장치는 다공성 벌집형 알루미늄합금박판을 사용하여 저장탱크 내벽에 설치한다.

정답 | ②

11
빈출도 ★★★

암모니아 200kg을 내용적 50L 용기에 충전할 경우 필요한 용기의 개수는? (단, 충전 정수를 1.86으로 한다.)

① 4개 ② 6개
③ 8개 ④ 12개

해설
충전량을 구하는 공식은 다음과 같다.
$$W = \dfrac{V}{C}$$
• W: 충전량[kg], V: 내용적[L], C: 가스정수
$W = \dfrac{50}{1.86} = 26.88kg$
전체 용기 수 = 200 ÷ 26.88 = 7.44 ≒ 8개

정답 | ③

12
빈출도 ★☆☆

용기 파열사고의 원인으로 가장 거리가 먼 것은?

① 용기의 내압력 부족
② 용기 내 규정압력의 초과
③ 용기 내에서 폭발성 혼합가스에 의한 발화
④ 안전밸브의 작동

해설
안전밸브는 용기 내부의 과압을 외부로 방출하여 압력을 낮춤으로써 파열사고를 예방한다.

정답 | ④

13

가스사용시설인 가스보일러의 급·배기방식에 따른 구분으로 틀린 것은?

① 반밀폐형 자연배기식(CF)
② 반밀폐형 강제배기식(FE)
③ 밀폐형 자연배기식(RF)
④ 밀폐형 강제급배기식(FF)

해설

가스보일러는 급·배기방식에 따라 반밀폐식인 자연배기식, 강제배기식과 밀폐식인 자연급배기식, 강제급배기식으로 구분된다.

관련이론 가스보일러의 급·배기방식에 따른 분류

반밀폐식	자연배기식 (CF)	· 연소용 공기가 옥내에 있다. · 배기가스는 자연통풍방식으로 배출한다.
	강제배기식 (FE)	· 연소용 공기가 옥내에 있다. · 배기가스는 강제통풍방식으로 배출한다.
밀폐식	자연급배기식 (BF)	· 급·배기통을 옥외에 설치한다. · 자연통풍으로 급·배기를 실시한다.
	강제급배기식 (FF)	· 급·배기통을 옥외에 설치한다. · 강제통풍으로 급·배기를 실시한다.

정답 | ③

14

가연성가스를 취급하는 장소에서 공구의 재질로 사용하였을 경우 불꽃이 발생할 가능성이 가장 큰 것은?

① 고무
② 가죽
③ 알루미늄합금
④ 나무

해설

가연성가스를 취급하는 장소에서는 스파크(점화원)가 발생될 우려가 없는 공구인 고무, 가죽, 나무, 베릴륨합금 등을 사용하여야 한다.

정답 | ③

15

폭발등급은 안전간격에 따라 구분한다. 폭발등급 Ⅰ급이 아닌 것은?

① 일산화탄소
② 메탄
③ 암모니아
④ 수소

해설

폭발등급 및 안전간격은 다음 표와 같다.

폭발등급	안전간격	적용가스
1등급	0.6mm 초과	2, 3등급 외 가스 (C_3H_8, C_4H_{10}, CH_4, NH_3 등)
2등급	0.4mm 초과 0.6mm 이하	C_2H_4, 석탄가스
3등급	0.4mm 이하	C_2H_2, H_2, CS_2, 수성가스

정답 | ④

16

액화석유가스 사용시설을 변경하여 도시가스를 사용하기 위해서 실시하여야 하는 안전조치 중 잘못 설명한 것은?

① 일반도시가스사업자는 도시가스를 공급한 이후에 연소기 변경 사실을 확인하여야 한다.
② 액화석유가스의 배관 양단에 막음조치를 하고 호스는 철거하여 설치하려는 도시가스 배관과 구분되도록 한다.
③ 용기 및 부대설비가 액화석유가스 공급자의 소유인 경우에는 도시가스공급 예정일까지 용기 등을 철거해 줄 것을 공급자에게 요청해야 한다.
④ 도시가스로 연료를 전환하기 전에 액화석유가스 안전공급계약을 해지하고 용기 등의 철거와 안전조치를 확인하여야 한다.

해설

일반도시가스사업자는 도시가스를 공급하기 전에 연소기 변경 사실을 확인해야 한다.

정답 | ①

17
빈출도 ★★★

아세틸렌 충전용기에 사용되는 다공물질의 종류가 아닌 것은?

① 석면
② 규조토
③ 석회
④ 활성탄

해설
아세틸렌 충전용기에 사용되는 다공물질에는 석면, 석회, 목탄, 규조토, 다공성플라스틱 등이 있다.

관련이론 다공물질의 구비조건
- 경제적일 것
- 고다공도일 것
- 안정성이 있을 것
- 기계적 강도가 있을 것
- 가스충전이 용이할 것

정답 | ④

18
빈출도 ★★☆

다음 중 상온에서 가스를 압축, 액화상태로 용기에 충전시키기가 가장 어려운 가스는?

① C_3H_8
② CH_4
③ Cl_2
④ CO_2

해설
비점이 낮을수록 액화하기 어려우므로, 비점이 가장 낮은 CH_4가 압축, 액화상태로 용기에 충전시키기가 가장 어렵다.

선지분석 물질별 비점
① 프로판(C_3H_8): $-42°C$
② 메탄(CH_4): $-162°C$
③ 염소(Cl_2): $-34°C$
④ 이산화탄소(CO_2): $-56°C$

정답 | ②

19
빈출도 ★☆☆

가연성 가스의 발화점이 낮아지는 경우가 아닌 것은?

① 압력이 높을수록
② 산소 농도가 높을수록
③ 탄화수소의 탄소수가 많을수록
④ 화학적으로 발열량이 낮을수록

해설
가연성 가스는 화학적으로 발열량이 높을수록 발화점이 낮아진다.

관련이론 발화점이 낮아지는 경우
- 반응활성도가 클수록
- 압력이 높을수록
- 산소 농도가 클수록
- 탄화수소에서 탄소수가 많은 분자일수록
- 화학적으로 발열량이 높을수록

정답 | ④

20
빈출도 ★★☆

가스의 연소한계에 대하여 가장 바르게 나타낸 것은?

① 착화온도의 상한과 하한
② 물질이 탈 수 있는 최저온도
③ 완전연소가 될 때의 산소공급 한계
④ 연소가 가능한 가스의 공기와의 혼합비율의 상한과 하한

해설
가스의 연소한계란 폭발범위와 같은 의미로, 연소가 가능한 가스의 공기와의 혼합비율의 상한(%)과 하한(%)을 말한다.

정답 | ④

21

산화에틸렌 충전용기에는 질소 또는 탄산가스를 충전하는데 그 내부가스 압력의 기준으로 옳은 것은?

① 상온에서 0.2MPa 이상
② 35°C에서 0.2MPa 이상
③ 40°C에서 0.4MPa 이상
④ 45°C에서 0.4MPa 이상

해설
산화에틸렌 충전용기 상부에는 질소나 탄산가스(불활성 가스)를 45°C에서 0.4MPa 이상으로 충전한다.

정답 | ④

22

가연성가스의 지상 저장탱크의 경우 외부에 바르는 도료의 색깔은 무엇인가?

① 청색
② 녹색
③ 은·백색
④ 검정색

해설
가연성가스의 지상 저장탱크는 외부에 바르는 색깔을 은색 및 백색의 도료로 한다.

정답 | ③

23

고압가스 용기의 파열사고 원인으로서 가장 거리가 먼 것은?

① 압축산소를 충전한 용기를 차량에 눕혀서 운반하였을 때
② 용기의 내압이 이상 상승하였을 때
③ 용기 재질의 불량으로 인하여 인장강도가 떨어질 때
④ 균열 되었을 때

해설
용기를 운반차량의 적재함 높이 이하로 눕혀서 운반할 수 있으므로 파열사고와는 거리가 멀다.

정답 | ①

24

LPG용기 및 저장탱크에 주로 사용되는 안전밸브의 형식은?

① 가용전식
② 파열판식
③ 중추식
④ 스프링식

해설
일반적으로 광범위하게 사용되는 안전밸브는 스프링식이다. 스프링식은 용기 및 저장탱크 등에 설치하여 내부에 형성된 과압을 낮춰주며 스프링의 힘에 의해 복귀되는 안전장치이다.

정답 | ④

25

초저온용기나 저온용기의 부속품에 표시하는 기호는?

① AG
② PG
③ LG
④ LT

해설
초저온용기 및 저온용기의 부속품은 LT로 표시한다.

관련이론 용기 종류별 부속품 기호

기호	설명
AG	아세틸렌가스를 충전하는 용기의 부속품
PG	압축가스를 충전하는 용기의 부속품
LG	LPG 이외의 액화가스를 충전하는 용기의 부속품
LPG	액화석유가스를 충전하는 용기의 부속품
LT	초저온용기 및 저온용기의 부속품

정답 | ④

26

임계온도에 대한 설명으로 옳은 것은?

① 기체를 액화할 수 있는 절대온도
② 기체를 액화할 수 있는 평균온도
③ 기체를 액화할 수 있는 최저의 온도
④ 기체를 액화할 수 있는 최고의 온도

해설
임계온도란 기체를 액화시킬 수 있는 최고의 온도이다.

관련이론 임계압력
기체를 액화시킬 수 있는 최저의 압력이다.

정답 | ④

27

다음 각 독성가스 누출 시 사용하는 제독제로서 적합하지 않은 것은?

① 염소: 탄산소다수용액
② 포스겐: 소석회
③ 산화에틸렌: 소석회
④ 황화수소: 가성소다수용액

해설
산화에틸렌의 제독제는 물(H_2O)이다.

관련이론 물을 흡수제 및 제해제로 사용하는 독성가스
- 아황산가스
- 산화에틸렌
- 암모니아
- 염화메탄

정답 | ③

28

가스 운반 시 차량 비치 항목이 아닌 것은?

① 가스 표시 색상
② 가스 특성(온도와 압력과의 관계, 비중, 색깔, 냄새)
③ 인체에 대한 독성 유무
④ 화재, 폭발의 위험성 유무

해설
가스 표시 색상은 차량에 비치하지 않아도 된다.

관련이론 가스 운반 시 차량 비치 항목
- 가스의 명칭
- 가스의 특성(온도와 압력과의 관계, 비중, 색깔, 냄새)
- 화재·폭발의 위험성 유무
- 인체에 대한 독성 유무

정답 | ①

29

도시가스 배관을 폭 8m 이상의 도로에서 지하에 매설 시 지표면으로부터 배관의 외면까지의 매설깊이의 기준은?

① 0.6m 이상
② 1.0m 이상
③ 1.2m 이상
④ 1.5m 이상

해설
폭 8m 이상의 도로에서는 1.2m 이상. 다만, 도로에 매설된 최고사용압력이 저압인 배관에서 횡으로 분기하여 수요가에게 직접 연결되는 배관의 경우에는 0.8m 이상으로 할 수 있다.

관련이론 배관설비 매설깊이 기준

구분		매설 깊이
폭 8m 이상 도로		1.2m 이상
폭 4m 이상 8m 미만 도로		1.0m 이상
도로에 매설된 최고사용압력이 저압인 배관에서 횡으로 분기 수요자에게 직접 연결되는 배관		0.8m 이상
호칭경 300mm 이하 최고사용압력 저압배관		0.8m 이상
폭 4m 미만 도로		0.6m 이상
공동주택 부지 안		0.6m 이상
철도 부지	궤도 중심(수평거리:4m)	1.2m 이상
	부지 경계(수평거리:1m)	
하천	횡단	4.0m 이상
	소하천 및 수로	2.5m 이상
	좁은 수로	1.2m 이상

정답 | ③

30

고압가스제조소의 작업원은 얼마의 기간 이내에 1회 이상 보호구의 사용훈련을 받아 사용방법을 숙지하여야 하는가?

① 1개월
② 3개월
③ 6개월
④ 12개월

해설
고압가스제조소의 작업원은 3개월마다 1회 이상 보호구 사용훈련을 받으며 사용방법을 숙지하여야 한다.

정답 | ②

31

LPG를 탱크로리에서 저장탱크로 이송 시 작업을 중단해야 되는 경우가 아닌 것은?

① 과충전이 된 경우
② 충전기에서 자동차에 충전하고 있을 때
③ 작업 중 주위에 화재 발생 시
④ 누출이 생길 경우

해설
이송 시 작업을 중단해야 되는 경우는 다음과 같다.
• 과충전이 된 경우
• 작업 중 주위에 화재 발생 시
• 누출이 생길 경우
• 펌프 이송의 경우 베이퍼록 발생 시
• 압축기 이송의 경우 액압축 발생 시
• 안전관리자 부재 시

관련이론 이입과 이송

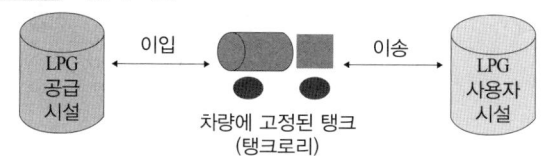

• 이입: LPG 공급시설에서 탱크로리로 충전하는 작업이다.
• 이송: 탱크로리에서 사용자시설 탱크로 충전하는 작업이다.

정답 | ②

32

고압장치의 재료로서 가장 적합하게 연결된 것은?

① 액화염소용기 – 화이트메탈
② 압축기의 베어링 – 13% 크롬강
③ LNG 탱크 – 9% 니켈강
④ 고온고압의 수소반응탑 – 탄소강

선지분석
① 액화염소용기 – 탄소강
② 압축기의 베어링 – 주철, 단조강
④ 고온고압의 수소반응탑 – 특수강

정답 | ③

33

다음 열전대 중 측정온도가 가장 높은 것은?

① 백금-백금·로듐형
② 크로멜-알루멜형
③ 철-콘스탄탄형
④ 동-콘스탄탄형

해설
측정온도가 가장 높은 열전대는 측정범위가 0~1,600℃인 백금-백금·로듐형이다.

관련이론 열전대의 측정범위

백금-백금·로듐형	0~1,600℃
크로멜-알루멜형	-20~1,200℃
철-콘스탄탄형	-20~800℃
동-콘스탄탄형	-200~350℃

정답 | ①

34

다음 중 1차 압력계는?

① 부르동관 압력계
② 전기저항식 압력계
③ U자관형 마노미터
④ 벨로즈 압력계

해설
1차 압력계의 종류는 자유(부유) 피스톤식 압력계, 액주식(마노미터) 압력계 등이 있다.

관련이론 1, 2차 압력계의 종류와 용도

구분		적용
1차 압력계	용도	2차 압력계의 교정용으로 사용된다.
	종류	자유(부유) 피스톤식 압력계, 액주식(마노미터) 압력계 등
2차 압력계	용도	주로 현장에서 사용되는 압력계이다.
	종류	부르동관 압력계, 벨로즈 압력계, 다이어프램 압력계, 전기저항 압력계 등

정답 | ③

35

기화기의 성능에 대한 설명으로 틀린 것은?

① 온수가열방식은 그 온수의 온도가 90℃ 이하일 것
② 증기가열방식은 그 증기의 온도가 120℃ 이하일 것
③ 압력계는 그 최고눈금이 상용압력의 1.5~2배일 것
④ 기화통 안의 가스액이 토출배관으로 흐르지 않도록 적합한 자동제어장치를 설치할 것

해설
온수가열방식은 온수의 온도가 80℃ 이하이다.

정답 | ①

36

다음 액면계 중 자동제어에 이용하기 어려운 것은?

① 유리관식 액면계
② 부력검출식 액면계
③ 부자식 액면계
④ 압력검출식 액면계

해설
유리관식 액면계는 자동제어로 이용할 수 없으며 육안으로만 확인 가능하다.

정답 | ①

37

다음 중 터보압축기에서 주로 발생할 수 있는 현상은?

① 수격작용(Water hammer)
② 베이퍼 록(Vapor lock)
③ 서징(Surging)
④ 캐비테이션(Cavitation)

해설
서징(Surging, 맥동현상)은 풍량이 감소하고 불완전한 진동을 일으키는 현상으로, 터보압축기에서 주로 발생할 수 있는 현상이다.

선지분석
①, ②, ④은 펌프에서 주로 발생하는 현상이다.

정답 | ③

38

압력배관용 탄소강관의 사용압력 범위로 가장 적당한 것은?

① 1~2MPa
② 1~10MPa
③ 10~20MPa
④ 10~50MPa

해설
압력배관용 탄소강관(SPPS)의 사용압력 범위는 1MPa 이상 10MPa 미만이다.

관련이론 탄소강관의 사용압력 범위

배관의 종류	사용압력 범위
SPP (배관용 탄소강관)	1MPa 미만
SPPS (압력배관용 탄소강관)	1MPa~10MPa 미만
SPPH (고압배관용 탄소강관)	10MPa 이상

정답 | ②

39

도시가스의 제조공정이 아닌 것은?

① 열분해 공정
② 접촉분해 공정
③ 수소화분해 공정
④ 상압증류 공정

해설
상압증류 공정은 제품의 끓는점 차이에 따라 분별 증류의 원리를 이용해 제품을 생산하는 석유화학 공정을 의미한다.

관련이론 도시가스 제조공정
- 열분해 공정
- 부분연소 공정
- 수소화분해 공정
- 접촉분해 공정

정답 | ④

40

비중이 0.5인 LPG를 제조하는 공장에서 1일 10만L를 생산하여 24시간 정치 후 모두 산업현장으로 보낸다. 이 회사에서 생산하는 LPG를 저장하려면 저장용량이 5톤인 저장탱크 몇 개를 설치해야 하는가?

① 2
② 5
③ 7
④ 10

해설

LPG의 1일 생산량 = 100,000L × 0.5kg/L = 50,000kg
따라서, 5톤(5,000kg) 저장탱크의 개수는
50,000kg ÷ 5,000kg = 10개

정답 | ④

41 고난도

다음 중 나사압축기에서 숫로터의 직경 150mm, 로터 길이 100mm, 회전수가 350rpm이라고 할 때 이론적 토출량은 약 몇 m³/min? (단, 로터 형상에 의한 계수 [C_v]는 0.476이다.)

① 0.11
② 0.21
③ 0.37
④ 0.47

해설

$Q = C_v \times D^2 \times L \times N$
- C_v: 로터 형상 계수, D: 로터 직경[m], L: 로터 길이[m]
- N: 회전수[rpm]

$Q = 0.476 \times 0.15^2 \times 0.1 \times 350 ≒ 0.37 m^3/min$

정답 | ③

42

공기, 질소, 산소 및 헬륨 등과 같이 임계온도가 낮은 기체를 액화하는 액화사이클의 종류가 아닌 것은?

① 구데 공기액화사이클
② 린데 공기액화사이클
③ 필립스 공기액화사이클
④ 캐스케이드 공기액화사이클

해설

액화사이클의 종류는 클라우드식, 린데식, 필립스식, 캐피자식, 캐스케이드 등이 있다.

관련이론 액화사이클의 종류와 원리

종류	원리
클라우드식	단열 팽창기를 이용하여 액화한다.
린데식	줄-톰슨효과를 이용하여 액화한다.
필립스식	피스톤과 보조피스톤으로 구성한다.
캐피자식	축냉기로 7atm 정도 압축공기를 냉각한다.
캐스케이드	비점이 낮은 냉매를 사용하여 액화한다.

정답 | ①

43

다음 [보기]와 관련 있는 분석방법은?

[보기]
- 쌍극자모멘트의 알짜변화
- 진동 짝지움
- Nernst 백열등
- Fourier 변환분광계

① 질량분석법
② 흡광광도법
③ 적외선 분광분석법
④ 킬레이트 적정법

해설

적외선 분광분석법은 쌍극자모멘트의 알짜변화, 진동 짝지움, Nernst 백열등, Fourier 변환분광계 방법으로 진동을 일으킴으로써 적외선 흡수가 일어나지만, 2원자 분자는 적외선을 흡수하지 않아 분석할 수 없다.

정답 | ③

44

1,000L의 액산 탱크에 액산을 넣어 방출밸브를 개방하여 12시간 방치하였더니 탱크 내의 액산이 4.8kg 방출되었다면 1시간당 탱크에 침입하는 열량은 약 몇 kcal인가? (단, 액산의 증발잠열은 60kcal/kg이다.)

① 12
② 24
③ 70
④ 150

해설

12시간동안 액산 4.8kg이 방출되었으므로 1시간당 열량은 다음 비례식으로 계산할 수 있다.

12hr : 4.8kg×60kcal/kg=1hr : x

$x = \dfrac{1 \times 4.8 \times 60}{12} = 24 \text{kcal}$

정답 | ②

45

도시가스 정압기에 사용되는 정압기용 필터의 제조기술기준으로 옳은 것은?

① 내가스 성능시험의 질량변화율은 5~8%이다.
② 입, 출구 연결부는 플랜지식으로 한다.
③ 기밀시험은 최고사용압력 1.25배 이상의 수압으로 실시한다.
④ 내압시험은 최고사용압력 2배의 공기압으로 실시한다.

선지분석

① 내가스 성능시험 질량변화율은 −8~5% 이내이다.
③ 기밀시험은 최고사용압력 1.1배 이상의 공기압으로 실시하며, 1분간 누출이 없어야 한다.
④ 내압시험은 최고사용압력 1.5배 이상의 수압으로 실시하며, 1분간 누출이 없어야 한다.

정답 | ②

46

가연성가스를 냉매로 사용하는 냉동제조시설의 수액기에는 액면계를 설치한다. 다음 중 수액기의 액면계로 사용할 수 없는 것은?

① 환형유리관 액면계
② 차압식 액면계
③ 초음파식 액면계
④ 방사선식 액면계

해설

환형유리관 액면계는 유리 재질이므로 수액기 액면계로 사용할 수 없다.

정답 | ①

47

온도 410°F를 절대온도로 나타내면?

① 273K
② 483K
③ 512K
④ 612K

해설

섭씨온도[°C]와 화씨온도[°F]의 관계식을 통해 섭씨온도를 구한다.

°F = $\dfrac{9}{5}$°C + 32

°C = $\dfrac{5}{9}$(°F − 32) = $\dfrac{5}{9}$(410 − 32) = 210°C

K = °C + 273 = 210 + 273 = 483K

정답 | ②

48

부탄가스의 주된 용도가 아닌 것은?

① 산화에틸렌 제조
② 자동차 연료
③ 라이터 연료
④ 에어졸 제조

해설

산화에틸렌 제조는 부탄(C_4H_{10})가스의 주된 용도가 아니다.

관련이론 부탄(C_4H_{10})의 용도

- LPG의 주성분
- 자동차 연료
- 라이터 연료
- 에어졸 제조
- 휴대용 연료(부탄가스)

정답 | ①

49 [고난도] 빈출도 ★★☆

20°C의 물 50kg을 90°C로 올리기 위해 LPG를 사용하였다면, 이 때 필요한 LPG의 양은 몇 kg인가? (단, LPG발열량은 10,000kcal/kg이고, 열효율은 50%이다.)

① 0.5
② 0.6
③ 0.7
④ 0.8

해설

Q(물의 현열량)$= G \cdot C \cdot \Delta t$
- G: 질량[kg], C: 비열[kcal/kg·K, 물의 비열은 1]
- Δt: 온도 변화량[K]

$Q = 50 \times 1 \times (90-20) = 3,500 \text{kcal}$

연료(LPG) 소비량 $= \dfrac{\text{필요한 총열량}(Q)}{\text{연료 발열량} \times \text{열효율}}$

$= \dfrac{3,500}{10,000 \times 0.5} = 0.7 \text{kg}$

정답 | ③

50 빈출도 ★★★

압력에 대한 설명 중 틀린 것은?

① 게이지압력은 절대압력에 대기압을 더한 압력이다.
② 압력이란 단위 면적당 작용하는 힘의 세기를 말한다.
③ 1.0332kg/cm²의 대기압을 표준대기압이라고 한다.
④ 대기압은 수은주를 76cm 만큼의 높이로 밀어올릴 수 있는 압력이다.

해설
- 게이지압력＝절대압력－대기압
- 절대압력＝게이지압력＋대기압

정답 | ①

51 빈출도 ★★☆

열역학 제1법칙에 대한 설명이 아닌 것은?

① 에너지보존의 법칙이라고 한다.
② 열은 항상 고온에서 저온으로 흐른다.
③ 열과 일은 일정한 관계로 상호 교환된다.
④ 제1종 영구기관이 영구적으로 일하는 것은 불가능하다는 것을 알려준다.

해설

열역학 제2법칙은 열은 항상 고온에서 저온으로 흐른다는 법칙이다.

관련이론 열역학 법칙

열역학 제0법칙	· 열의 평형 법칙이라고도 한다. · 고온의 물체와 저온의 물체가 혼합되면 시간이 경과 후 온도가 같아진다.
열역학 제1법칙	· 에너지보존의 법칙이라고도 한다. · 열은 본질상 일과 같이 에너지의 형태이다. · 열과 일은 일정한 관계로 서로 전환이 가능하다.
열역학 제2법칙	· 일은 열로 바꿀 수 있다. · 열은 일로 전부 바꿀 수 없다.(효율이 100%인 열기관은 제작이 불가능하다.) · 저온의 유체에서 고온의 유체로는 이동이 불가능하다. · 일을 할 수 있는 능력을 표시하는 엔트로피를 나타낸다. · 엔트로피는 가역 과정에서 0이다. · 비가역 과정에서는 엔트로피의 변화량이 항상 증가한다.
열역학 제3법칙	어떠한 방법으로도 물질의 온도를 0K 이하로 내릴 수 없다.

정답 | ②

52

고압가스의 성질에 따른 분류가 아닌 것은?

① 가연성 가스 ② 액화가스
③ 조연성 가스 ④ 불연성 가스

해설
액화가스는 고압가스의 상태에 따른 분류에 속한다.

관련이론 고압가스의 분류

상태에 따른 분류	• 압축가스 • 액화가스 • 용해가스
연소성에 따른 분류	• 가연성 가스 • 불연성 가스 • 조연성 가스
독성에 따른 분류	• 독성가스 • 비독성가스

정답 | ②

53

산소에 대한 설명으로 옳은 것은?

① 안전밸브는 파열판식을 주로 사용한다.
② 용기는 탄소강으로 된 용접용기이다.
③ 의료용 용기는 녹색으로 도색한다.
④ 압축기 내부 윤활유는 양질의 광유를 사용한다.

선지분석
② 산소용기는 무이음 용기를 사용한다.
③ 의료용 산소 용기는 백색으로 도색한다.
④ 산소압축기 윤활유는 물 또는 10% 이하 글리세린수를 사용한다.

정답 | ①

54

다음 중 지연성 가스로만 구성되어 있는 것은?

① 일산화탄소, 수소 ② 질소, 아르곤
③ 산소, 이산화질소 ④ 석탄가스, 수성가스

해설
지연성(조연성) 가스에 산소, 이산화질소, 오존, 염소 등이 속한다.

정답 | ③

55

대기압 하에서 다음 각 물질별 온도를 바르게 나타낸 것은?

① 물의 동결점: $-273K$
② 질소 비등점: $-183°C$
③ 물의 동결점: $32°F$
④ 산소 비등점: $-196°C$

선지분석
① 물의 동결점: $273K$
② 질소 비등점: $-196°C$
④ 산소 비등점: $-183°C$

정답 | ③

56

어떤 물질의 고유의 양으로 측정하는 장소에 따라 변함이 없는 물리량은?

① 질량 ② 중량
③ 부피 ④ 밀도

해설
질량은 어떤 물질의 고유의 양으로 측정하는 장소에 따라 변함이 없는 물리량이다.

정답 | ①

57

게이지압력 1,520mmHg는 절대압력으로 몇 기압인가?

① 0.33atm ② 3atm
③ 30atm   ④ 33atm

해설

절대압력 = 게이지압력 + 대기압

게이지압력 = $1,520\text{mmHg} \times \dfrac{1\text{atm}}{760\text{mmHg}} = 2\text{atm}$

절대압력 = 2atm + 1atm = 3atm

※ 1atm = 760mmHg

정답 | ②

58

다음 각 가스의 특성에 대한 설명으로 틀린 것은?

① 수소는 고온, 고압에서 탄소강과 반응하여 수소취성을 일으킨다.
② 산소는 공기액화분리장치를 통해 제조하며, 질소와 분리 시 비등점 차이를 이용한다.
③ 일산화탄소는 담황색의 무취기체로 허용농도는 TLV-TWA 기준으로 50ppm이다.
④ 암모니아는 붉은 리트머스를 푸르게 변화시키는 성질을 이용하여 검출할 수 있다.

해설

일산화탄소(CO)는 무색·무취의 독성가스이다.

정답 | ③

59

저장탱크에 의한 액화석유가스 사용시설에서 가스계량기는 화기와 몇 m 이상의 우회거리를 유지해야 하는가?

① 2m ② 3m
③ 5m ④ 8m

해설

저장탱크에 의한 액화석유가스 사용시설에서 가스계량기는 화기와 2m 이상 우회거리를 유지해야 한다.

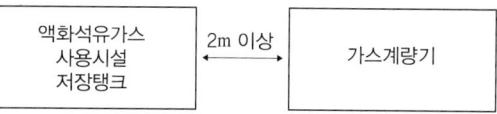

정답 | ①

60

고압가스 제조설비에 설치하는 가스누출경보 및 자동차단장치에 대한 설명으로 틀린 것은?

① 계기실 내부에도 1개 이상 설치한다.
② 잡가스에는 경보하지 아니하는 것으로 한다.
③ 누출을 검지하여 그 농도를 지시함과 동시에 경보를 울리는 방식으로 한다.
④ 가연성 가스의 제조설비에 격막갈바니전지방식의 것을 설치한다.

해설

가연성 가스는 접촉연소식을 사용한다.

정답 | ④

2022년 1회 CBT 복원문제

PART 02 · 8개년 CBT 복원문제

01
빈출도 ★☆☆

액화가스를 운반하는 탱크로리(차량에 고정된 탱크)의 내부에 설치하는 것으로서 탱크 내 액화가스 액면요동을 방지하기 위해 설치하는 것은?

① 폭발방지장치 ② 방파판
③ 압력방출장치 ④ 다공성 충진제

해설
방파판은 탱크 내 액화가스 액면의 요동을 방지하기 위해 설치한다.

관련이론 방파판
- 목적: 내부 액면의 요동 방지
- 적용: 액화가스 충전탱크 및 차량 고정탱크
- 면적: 탱크 횡단면적의 40% 이상

정답 | ②

02
빈출도 ★★★

냉동기란 고압가스를 사용하여 냉동하기 위한 기기로서 냉동능력 산정기준에 따라 계산된 냉동능력 몇 톤 이상인 것을 말하는가?

① 1   ② 1.2
③ 2   ④ 3

해설
냉동기는 고압가스안전관리법 적용을 받는 법정 냉동능력 3톤 이상의 것을 의미한다.

관련이론 냉동능력의 단위
냉동능력의 단위는 RT(Ton of Refrigeration)이며 기기에 따른 단위 환산은 다음과 같다.

구분	1RT
한국 냉동톤	3,320kcal/hr
흡수식 냉동기	6,640kcal/hr
원심식 압축기	1.2kW

정답 | ④

03
빈출도 ★☆☆

배관의 설치방법으로 산소 또는 천연메탄을 수송하기 위한 배관과 이에 접속하는 압축기와의 사이에 반드시 설치하여야 하는 것은?

① 방파판   ② 솔레노이드
③ 수취기   ④ 안전밸브

해설
압축기는 액 압축이 되면 압축기 파손 등의 심각한 문제가 발생할 위험이 있다. 따라서, 압축기 전단에는 수취기를 설치하여 물(수분) 등의 액체성분을 제거하여야 한다.

정답 | ③

04
빈출도 ★★☆

가스도매사업의 가스공급시설 중 배관을 지하에 매설할 때의 기준으로 틀린 것은?

① 배관은 그 외면으로부터 수평거리로 건축물까지 1.0m 이상을 유지한다.
② 배관은 그 외면으로부터 지하의 다른 시설물과 0.3m 이상의 거리를 유지한다.
③ 배관을 산과 들에 매설할 때는 지표면으로부터 배관의 외면까지의 매설깊이를 1m 이상으로 한다.
④ 배관은 지반 동결로 손상을 받지 아니하는 깊이로 매설한다.

해설
지하매설배관은 그 외면으로부터 수평거리로 건축물까지 1.5m 이상을 유지한다.

관련이론 가스도매사업 배관매설 기준

매설 위치	설치 환경	매설 깊이 또는 설치 간격
지하 매설 배관	건축물	1.5m 이상
	타 시설물	0.3m 이상
	산·들	1m 이상
	산·들 이외 지역	1.2m 이상

정답 | ①

05

액화석유가스의 용기보관소 시설기준으로 틀린 것은?

① 용기보관실은 사무실과 구분하여 동일 부지에 설치한다.
② 저장 설비는 용기 집합식으로 한다.
③ 용기보관실은 불연재료를 사용한다.
④ 용기보관실 창의 유리는 망입유리 또는 안전유리로 한다.

해설
저장 설비는 용기 집합식으로 하지 않는다.

관련이론 액화석유가스 용기저장소 시설·기술·검사 기준
- 용기보관실은 불연재료를 사용한다.
- 지붕은 불연재료를 사용한 가벼운 지붕으로 설치한다.
- 용기보관실의 벽은 방호벽으로 한다.
- 용기보관실은 사무실과 구분하여 동일 부지에 설치한다.
- 용기보관실 창의 유리는 망입유리 또는 안전유리로 한다.
- 저장 설비는 용기 집합식으로 하지 않는다.
- 용기보관실은 누출가스가 사무실로 유입되지 않도록 한다.

정답 | ②

06

다음 각 가스의 품질검사 합격기준으로 옳은 것은?

① 수소: 99.0% 이상
② 산소: 98.5% 이상
③ 아세틸렌: 98.0% 이상
④ 모든 가스: 99.5% 이상

해설
아세틸렌 가스의 품질검사 합격기준은 98.0% 이상이다.

관련이론 고압가스의 제조시 품질검사 기준
- 수소: 98.5% 이상
- 산소: 99.5% 이상
- 아세틸렌: 98.0% 이상

정답 | ③

07

다음 중 허가대상 가스용품이 아닌 것은?

① 용접절단기용으로 사용되는 LPG 압력조정기
② 가스용 폴리에틸렌 플러그형 밸브
③ 가스소비량이 132.6kW인 연료전지
④ 도시가스정압기에 내장된 필터

해설
도시가스정압기에 내장된 필터는 허가대상 가스용품에 해당하지 않는다.

관련이론 가스용품제조 허가품목
- 압력조정기
- 가스누출 자동차단장치
- 정압기용 필터(정압기에 내장된 것은 제외)
- 매몰형 정압기
- 호스
- 배관용 밸브(볼밸브, 글로브밸브)
- 퓨즈콕, 상자콕, 노즐콕
- 배관 이음관
- 강제혼합식 가스버너
- 연소기(가스소비량이 232.6kW(20만kcal/hr) 이하인 것)
- 다기능가스안전계량기
- 로딩암
- 연료전지(가스소비량이 232.6kW(20만kcal/hr) 이하인 것)
- 다기능보일러(가스소비량이 232.6kW(20만kcal/hr) 이하인 것)

정답 | ④

08

빈출도 ★☆☆

가연성가스 및 독성가스의 충전용기보관실에 대한 안전거리 규정으로 옳은 것은?

① 충전용기보관실 1m 이내에 발화성물질을 두지 말 것
② 충전용기보관실 2m 이내에 인화성물질을 두지 말 것
③ 충전용기보관실 3m 이내에 발화성물질을 두지 말 것
④ 충전용기보관실 8m 이내에 인화성물질을 두지 말 것

해설

충전용기보관장소의 주위 2m 이내에는 인화성물질을 두지 않아야 한다.

| 가연성가스 독성가스 충전용기보관실 | ←2m 이상→ | 인화성 물질 |

정답 | ②

09

빈출도 ★★☆

다음 각 폭발의 종류와 그 관계로서 맞지 않은 것은?

① 화학 폭발: 화약의 폭발
② 압력 폭발: 보일러의 폭발
③ 촉매 폭발: C_2H_2의 폭발
④ 중합 폭발: HCN의 폭발

해설

아세틸렌(C_2H_2)의 폭발종류는 분해폭발, 산화폭발, 화합폭발이다.

정답 | ③

10

빈출도 ★☆☆

다음 ( )안의 Ⓐ와 Ⓑ에 들어갈 명칭은?

> 아세틸렌을 용기에 충전하는 때에는 미리 용기에 다공물질을 고루 채워 다공도가 75% 이상, 92% 미만이 되도록 한 후 (Ⓐ) 또는 (Ⓑ)를 고루 침윤시키고 충전하여야 한다.

① Ⓐ 아세톤, Ⓑ 알코올
② Ⓐ 아세톤, Ⓑ 물(H_2O)
③ Ⓐ 아세톤, Ⓑ 디메틸포름아미드
④ Ⓐ 알코올, Ⓑ 물(H_2O)

해설

아세틸렌은 충전시 아세톤, 디메틸포름아미드 용제에 녹이면서 충전한다.

관련이론 다공물질

(1) 개요
아세틸렌의 분해폭발을 방지하기 위해 용기 내 공간에 채우는 물질로, 석면, 규조토, 목탄, 다공성플라스틱, 석회 등이 있다.

(2) 다공도의 공식

$$\frac{V-E}{V} \times 100$$

- V: 다공물질의 용적, E: 침윤 후 잔용적

정답 | ③

11

빈출도 ★☆☆

고압가스 제조설비에서 누출된 가스의 확산을 방지할 수 있는 제해조치를 하여야 하는 가스가 아닌 것은?

① 황화수소
② 시안화수소
③ 아황산가스
④ 탄산가스

해설

탄산가스는 인체에 해가 없는 무독성 가스이므로 제해조치가 필요 없다.

정답 | ④

12
빈출도 ★★☆

가스사고가 발생하면 산업통상자원부령에서 정하는 바에 따라 관계기관에 가스사고를 통보해야 한다. 다음 중 사고 통보내용이 아닌 것은?

① 통보자의 소속, 직위, 성명 및 연락처
② 사고원인자 인적사항
③ 사고발생 일시 및 장소
④ 시설현황 및 피해현황(인명 및 재산)

해설
사고 통보내용 중 사고원인자 인적사항은 포함되지 않는다.

관련이론 가스사고 발생 시 통보사항
- 통보자의 소속, 직위, 성명 및 연락처
- 사고발생 일시
- 사고발생 장소
- 사고내용(가스 종류, 양 및 확산거리 등)
- 시설현황(시설의 종류, 위치 등)
- 인명 및 재산의 피해현황

정답 | ②

13
빈출도 ★☆☆

다음 중 공동주택 등에 도시가스를 공급하기 위한 것으로서 압력조정기의 설치가 가능한 경우는?

① 가스압력이 중압으로서 전체세대수가 100세대인 경우
② 가스압력이 중압으로서 전체세대수가 150세대인 경우
③ 가스압력이 저압으로서 전체세대수가 250세대인 경우
④ 가스압력이 저압으로서 전체세대수가 300세대인 경우

해설
공동주택 도시가스 압력조정기 설치기준은 다음과 같다.

공급압력	전체세대수
중압 이상	150세대 미만인 경우
저압	250세대 미만인 경우

정답 | ①

14
빈출도 ★★★

가스보일러의 공통 설치기준에 대한 설명으로 틀린 것은?

① 가스보일러는 전용보일러실에 설치한다.
② 가스보일러는 지하실 또는 반지하실에 설치하지 아니한다.
③ 전용보일러실에는 반드시 환기팬을 설치한다.
④ 전용보일러실에는 사람이 거주하는 곳과 통기될 수 있는 가스렌지 배기덕트를 설치하지 아니한다.

해설
전용보일러실에는 환기팬을 설치하지 않는다.

관련이론 가스보일러 설치기준

(1) 공통 설치기준
- 가스보일러는 전용보일러실에 설치한다.
- 전용보일러실에 가스보일러를 설치하지 않아도 되는 경우는 다음과 같다.
  - 밀폐식 보일러
  - 보일러 옥외 설치 시
  - 전용 급기통을 부착시키는 구조로 검사에 합격한 강제식 보일러
- 전용보일러실에는 환기팬을 설치하지 않는다.
- 보일러는 지하실, 반지하실에 설치하지 않는다.

(2) 반밀폐식과 자연배기식
- 배기통의 굴곡수는 4개 이하로 한다.
- 배기통의 입상부 높이는 10m 이하로 한다.(단, 10m 초과 시 보온조치한다.)
- 배기통의 가로길이는 5m 이하로 한다.

정답 | ③

15
빈출도 ★☆☆

가스 폭발을 일으키는 영향 요소로 가장 거리가 먼 것은?

① 온도
② 매개체
③ 조성
④ 압력

해설
가스 폭발을 일으키는 영향 요소에는 온도, 압력, 조성 등이 해당한다.

정답 | ②

16
빈출도 ★★☆

고압가스 충전용 밸브를 가열할 때의 방법으로 가장 적당한 것은?

① 60℃ 이상의 더운물을 사용한다.
② 열습포를 사용한다.
③ 가스버너를 사용한다.
④ 복사열을 사용한다.

해설
고압가스 충전용 밸브는 40℃ 이하의 온수 및 열습포를 사용하여 가열한다.

정답 | ②

17
빈출도 ★☆☆

고압가스 특정제조시설에서 선임하여야 하는 안전관리원의 선임인원 기준은?

① 1명 이상　　② 2명 이상
③ 3명 이상　　④ 5명 이상

해설
고압가스 특정제조시설에 선임하는 안전관리원은 2명 이상이다.

관련이론 고압가스 특정제조시설 선임 인원 기준

시설	구분	인원
고압가스 특정제조시설	안전관리 총괄자	1인 이상
	안전관리 부총괄자	1인 이상
	안전관리 책임자	1인 이상
	안전관리원	2인 이상

정답 | ②

18
빈출도 ★★☆

독성가스 외의 고압가스 충전 용기를 차량에 적재하여 운반할 때 부착하는 경계표지에 대한 내용으로 옳은 것은?

① 적색글씨로 "위험 고압가스"라고 표시
② 황색글씨로 "위험 고압가스"라고 표시
③ 적색글씨로 "주의 고압가스"라고 표시
④ 황색글씨로 "주의 고압가스"라고 표시

해설
충전용기를 차량에 적재하여 운반하는 때에는 그 차량의 앞뒤 보기 쉬운 곳에 각각 붉은 글씨로 "위험 고압가스", "독성가스"라는 경계표지와 위험을 알리는 도형, 상호, 사업자의 전화번호, 운반기준 위반행위를 신고할 수 있는 등록관청의 전화번호 등이 표시된 안내문을 부착한다.

정답 | ①

19
빈출도 ★★☆

도시가스사용시설에서 배관의 이음부와 절연전선과의 이격거리는 몇 cm 이상으로 하여야 하는가?

① 10　　② 15
③ 30　　④ 60

해설
도시가스 사용시설에서 배관의 이음부와 절연전선과의 이격거리는 10cm 이상으로 한다.

관련이론 배관 이음부와의 이격거리

유지거리	공급시설 및 사용시설
전기계량기, 전기개폐기	60cm 이상
전기점멸기, 전기접속기	30cm 이상
절연전선	10cm 이상
절연조치 하지 않은 전선, 단열조치 하지 않은 굴뚝	15cm 이상

정답 | ①

20
고압가스 제조허가의 종류가 아닌 것은? 　　빈출도 ★☆☆

① 고압가스 특수제조　② 고압가스 일반제조
③ 고압가스 충전　　　④ 냉동제조

해설
고압가스 특수제조는 제조허가 종류에 해당하지 않는다.

관련이론 고압가스 제조허가 종류
- 고압가스 특정제조
- 고압가스 일반제조
- 고압가스 충전
- 냉동제조

정답 | ①

21
압력에 대한 설명으로 틀린 것은? 　　빈출도 ★★★

① 수주 280cm는 $0.28kg/cm^2$와 같다.
② $1kg/cm^2$은 수은주 760mm와 같다.
③ $160kg/mm^2$은 $16,000kg/cm^2$에 해당한다.
④ 1atm이란 $1cm^2$당 1.033kg의 무게와 같다.

해설
$1kg/cm^2$(공학기압)=735mmHg와 같다.
※ 수주 10m(1,000cm)=$1kg/cm^2$
※ 1atm=$1.0332kg/cm^2$

정답 | ②

22
용기종류별 부속품의 기호 표시로서 틀린 것은? 　　빈출도 ★★★

① AG: 아세틸렌가스를 충전하는 용기의 부속품
② PG: 압축가스를 충전하는 용기의 부속품
③ LG: 액화석유가스를 충전하는 용기의 부속품
④ LT: 초저온용기 및 저온용기의 부속품

해설
LG는 LPG 이외의 액화가스를 충전하는 용기의 부속품이다.

관련이론 용기 종류별 부속품 기호

LPG	액화석유가스를 충전하는 용기의 부속품
AG	아세틸렌가스를 충전하는 용기의 부속품
LT	초저온용기 및 저온용기의 부속품
PG	압축가스를 충전하는 용기의 부속품
LG	LPG 이외의 액화가스를 충전하는 용기의 부속품

정답 | ③

23 〈고난도〉
공기 중 폭발범위에 따른 위험도가 가장 큰 가스는? 　　빈출도 ★★☆

① 암모니아　② 황화수소
③ 석탄가스　④ 이황화탄소

선지분석
위험도(H)=$\dfrac{U-L}{L}$

H: 위험도, U: 연소상한계[%], L: 연소하한계[%]

① 암모니아의 위험도=$\dfrac{28-15}{15}$=0.87

② 황화수소의 위험도=$\dfrac{45-4.3}{4.3}$=9.46

③ 석탄가스의 위험도=$\dfrac{74-12.5}{12.5}$=4.92

④ 이황화탄소의 위험도=$\dfrac{44-1.25}{1.25}$=34.2

관련이론 폭발범위

가스	폭발범위	가스	폭발범위
암모니아	15~28%	황화수소	4.3~45%
석탄가스	12.5~74%	이황화탄소	1.25~44%

정답 | ④

24
빈출도 ★★★

특정설비 중 압력용기의 재검사 주기는?

① 3년마다
② 4년마다
③ 5년마다
④ 10년마다

해설
압력용기는 4년마다 재검사를 해야 한다.

관련이론 용기 및 특정설비의 재검사기간

용기 구분		신규검사 이후 사용 경과연수		
		15년 미만	15년~20년	20년이상
		재검사 주기		
용접 용기	500L 이상	5년마다	2년마다	1년마다
	500L 미만	3년마다	2년마다	1년마다
LPG 용접 용기	500L 이상	5년마다	2년마다	1년마다
	500L 미만	5년마다		2년마다
이음매 없는 용기	500L 이상	5년마다		
	500L 미만	신규검사 후 10년 이하		5년마다
		신규검사 후 10년 초과		3년마다
기화 장치	저장탱크 함께 설치	검사 후 2년 경과시 설치되어 있는 저장탱크의 재검사 때마다		
	저장탱크 없는 곳	3년마다		
압력용기		4년마다		

※ 압력용기는 특정설비로 분류된다.

정답 | ②

25
빈출도 ★★☆

도시가스로 천연가스를 사용하는 경우 가스누출경보기의 검지부 설치위치로 가장 적합한 것은?

① 바닥에서 15cm 이내
② 바닥에서 30cm 이내
③ 천장에서 15cm 이내
④ 천장에서 30cm 이내

해설
도시가스는 공기보다 가볍기 때문에 가스누출경보기의 검지부는 천장으로부터 30cm 이내에 설치하여야 한다.

관련이론 가스누출경보기의 검지부 설치 위치
- 공기보다 가벼운 가스: 천장에서 30cm 이내
- 공기보다 무거운 가스: 바닥에서 30cm 이내

정답 | ④

26
빈출도 ★☆☆

도시가스 사용시설에서 PE배관은 온도가 몇 ℃ 이상이 되는 장소에 설치하지 아니하는가?

① 25℃
② 30℃
③ 40℃
④ 60℃

해설
PE배관은 변형을 고려하여 40℃ 이상이 되는 장소에 설치하지 않는다.

정답 | ③

27
빈출도 ★★★

도시가스 사용시설의 지상배관은 표면색상을 무슨 색으로 도색하여야 하는가?

① 황색
② 적색
③ 회색
④ 백색

해설
도시가스 사용시설의 지상배관 표면색상은 황색으로 하여야 한다.

관련이론 도시가스 사용시설 배관의 표면색상

배관 종류		색상
도시가스 지상배관		황색
도시가스 매몰배관	저압 배관	황색
	중압 배관	적색

정답 | ①

28
빈출도 ★☆☆

도시가스배관이 굴착으로 20m 이상이 노출되어 누출가스가 체류하기 쉬운 장소일 때 가스누출경보기는 몇 m마다 설치해야 하는가?

① 5
② 10
③ 20
④ 30

해설
굴착으로 배관이 노출되었을 경우 20m마다 가스누출경보기를 설치한다.

정답 | ③

29

오스트나이트계 스테인리스강에 대한 설명으로 틀린 것은?

① Fe−Cr−Ni 합금이다.
② 내식성이 우수하다.
③ 강한 자성을 갖는다.
④ 18−8 스테인리스강이 대표적이다.

해설
오스트나이트계 스테인리스강은 제조시 열처리 과정에서 자성을 잃는다.

정답 | ③

30

질소를 취급하는 금속재료에서 내질화성을 증대시키는 원소는?

① Ni
② Al
③ Cr
④ Ti

해설
- 내질화성 금속: Ni(니켈)
- 질화작용 금속: Al(알루미늄), Cr(크롬), Mo(몰리브덴), Ti(티타늄)

정답 | ①

31

다음 중 전기설비 방폭구조의 종류가 아닌 것은?

① 접지방폭구조
② 유입방폭구조
③ 압력방폭구조
④ 안전증방폭구조

해설
접지방폭구조는 전기설비 방폭구조가 아니다.

관련이론 방폭구조의 종류

방폭구조	기호
본질안전방폭구조	ia, ib
안전증방폭구조	e
내압방폭구조	d
압력방폭구조	p
유입방폭구조	o
특수방폭구조	s

정답 | ①

32

고압가스안전관리법의 적용을 받는 가스는?

① 철도차량의 에어컨디셔너 안의 고압가스
② 냉동능력 3톤 미만인 냉동설비 안의 고압가스
③ 용접용 아세틸렌가스
④ 액화브롬화메탄 제조설비 외에 있는 액화브롬화메탄

해설
용접용 아세틸렌 가스는 15℃에서 압력이 0Pa을 초과하므로 고압가스에 해당한다.

관련이론 고압가스안전관리법의 고압가스 범위
- 상용 또는 35℃에서 1MPa 이상이 되는 압축가스(단, 아세틸렌 가스는 제외한다)
- 15℃에서 0Pa을 초과하는 아세틸렌가스
- 상용 온도에서 0.2MPa 이상이 되는 액화가스
- 압력이 0.2MPa이 되는 경우 35℃ 이하인 액화가스
- 35℃에서 0Pa을 초과하는 액화가스 중 액화시안화수소, 액화브롬화메탄 및 액화산화에틸렌가스

정답 | ③

33

LP가스 수송관의 이음부분에 사용할 수 있는 패킹재료로 적합한 것은?

① 종이
② 천연고무
③ 구리
④ 실리콘 고무

해설
LP가스는 천연고무를 용해하기 때문에 합성고무인 실리콘 고무를 패킹재료로 사용한다.

정답 | ④

34

빈출도 ★★☆

아세틸렌 용기에 주로 사용되는 안전밸브의 종류는?

① 스프링식 ② 파열판식
③ 가용전식 ④ 압전식

해설
아세틸렌 용기에는 가용전(Fusible Plug)식 안전밸브가 주로 사용된다.

관련이론 가용전(Fusible Plug)식 안전밸브
- 주변 화재로 인한 용기 등의 내부온도 상승 시 용기의 파열을 방지하는 안전밸브이다.
- 주변온도 상승 시 적정온도에 도달하면 용기에 부착된 가용전이 녹아 내부의 상승된 압력을 배출한다.
- 납과 주석의 합금으로 가용전을 제작 및 설치한다.
- 가용전의 용융온도는 75℃ 이하이다.

정답 | ③

35

빈출도 ★★☆

다음 중 유체의 흐름방향을 한 방향으로만 흐르게 하는 밸브는?

① 글로우밸브 ② 체크밸브
③ 앵글밸브 ④ 게이트밸브

해설
체크밸브(Check valve)는 유체의 흐름을 한 방향으로만 흐르도록 하여 유체의 역류를 방지한다.

정답 | ②

36

빈출도 ★☆☆

고압가스 배관재료로 사용되는 동관의 특징에 대한 설명으로 틀린 것은?

① 가공성이 좋다. ② 열전도율이 적다.
③ 시공이 용이하다. ④ 내식성이 크다.

해설
동관의 주성분은 구리(Cu)로서 열전도율이 좋다.

정답 | ②

37

빈출도 ★☆☆

다음 펌프 중 시동하기 전에 프라이밍이 필요한 펌프는?

① 기어펌프 ② 원심펌프
③ 축류펌프 ④ 왕복펌프

해설
펌프 시동 전 프라이밍이 필요한 펌프는 원심펌프(터빈, 볼류트)이다.

관련이론 프라이밍
프라이밍은 펌프를 가동하기 전 내부의 공기를 빼기 위해 물을 채워주는 작업이다.

정답 | ②

38

빈출도 ★☆☆

고압식 액화분리 장치의 작동 개요에 대한 설명이 아닌 것은?

① 원료 공기는 여과기를 통하여 압축기로 흡입하여 약 150~200kg/cm²으로 압축시킨다.
② 압축기를 빠져나온 원료 공기는 열교환기에서 약간 냉각되고 건조기에서 수분이 제거된다.
③ 압축 공기는 수세정탑을 거쳐 축냉기로 송입되어 원료공기와 불순 질소류가 서로 교환된다.
④ 액체 공기는 상부 정류탑에서 약 0.5atm 정도의 압력으로 정류된다.

해설
공기액화분리장치(ASU) 축냉기에서는 H_2O(수분)와 CO_2가 분리된다.
- CO_2 제거: $2NaOH + CO_2 \rightarrow Na_2CO_3 + H_2O$
- H_2O 제거: 가성소다(NaOH), 실리카겔(SiO_2), 활성알루미나(Al_2O_3), 소바비드

정답 | ③

39

액주식 압력계에 대한 설명으로 틀린 것은?

① 경사관식은 정도가 좋다.
② 단관식은 차압계로도 사용된다.
③ 링 밸런스식은 저압가스의 압력측정에 적당하다.
④ U자관은 메니스커스의 영향을 받지 않는다.

해설
U자관은 메니스커스의 영향을 받는다.

관련이론 메니스커스
내부액체와 유리관 사이의 상호작용이 발생하여 위로 볼록하거나 아래로 볼록해지는 현상이다.

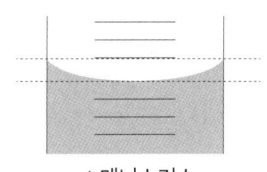
▲메니스커스

정답 | ④

40

다단 왕복동 압축기의 중간단의 토출온도가 상승하는 주된 원인이 아닌 것은?

① 압축비 감소
② 토출밸브 불량에 의한 역류
③ 흡입밸브 불량에 의한 고온가스 흡입
④ 전단쿨러 불량에 의한 고온가스 흡입

해설
압축비가 증가할수록 압축기 중간단의 토출온도가 상승한다.

관련이론 왕복동 압축기 중간단 토출온도 상승 원인
• 압축비 증가
• 토출밸브 불량에 의한 역류
• 흡입밸브 불량에 의한 고온가스 흡입
• 전단쿨러 불량에 의한 고온가스 흡입

정답 | ①

41

로터미터는 어떤 형식의 유량계인가?

① 차압식
② 터빈식
③ 회전식
④ 면적식

해설
로터미터는 면적식 유량계이다.

관련이론 유량계의 종류
• 차압식: 오리피스, 벤튜리, 플로노즐 등
• 터빈식: 임펠러식(용적식) 등
• 회전식: 오벌기어식, 루트식 등
• 면적식: 로터미터, 부자식(플로트식) 등

정답 | ④

42

탄소강 중에서 저온취성을 일으키는 원소로 옳은 것은?

① P
② S
③ Mo
④ Cu

해설
탄소강 중에서 저온취성을 일으키는 원소는 P(인)이다.

선지분석
② S(황)은 적열취성의 원인이다.
③ Mo(몰리브덴)은 인장강도와 경도를 증가시킨다.
④ Cu(구리)는 내산화성을 증가시킨다.

정답 | ①

43

도시가스 공급시설의 정압실에 설치하는 가스누출경보기의 검지부는 바닥면 둘레 몇 m에 대하여 1개 이상의 비율로 설치해야 하는가?

① 바닥면 둘레 10m에 대하여 1개 이상
② 바닥면 둘레 20m에 대하여 1개 이상
③ 바닥면 둘레 30m에 대하여 1개 이상
④ 바닥면 둘레 40m에 대하여 1개 이상

해설

정압실에 설치하는 가스누출경보기의 검지부는 바닥면 둘레 20m에 대하여 1개 이상으로 한다.

관련이론 가스누출경보기 검지부의 설치 개수
- 건축물 안: 바닥면 둘레 10m에 대하여 1개 이상
- 지하 전용탱크 처리설비실: 바닥면 둘레 10m에 대하여 1개 이상
- 정압기실(지하 정압기실 포함): 바닥면 둘레 20m에 대하여 1개 이상

정답 | ②

44

재료가 일정 온도 이상에서 응력이 작용할 때 시간이 경과함에 따라 변형이 증대되고 때로는 파괴되는 현상을 무엇이라 하는가?

① 피로
② 크리프
③ 에로숀
④ 탈탄

해설

크리프란 일정 온도 이상에서 응력이 작용할 때 시간이 경과함에 따라 변형이 증대되는 현상이다.

선지분석
① 피로: 재료에 반복적으로 하중을 가해 저항력이 저하되는 현상이다.
③ 에로숀: 유체의 유속이 큰 부분이 부식성 환경에서 현저하게 마모되는 현상이다.
④ 탈탄: 강 표면에 있는 탄소가 산화되어 탄소량이 감소하는 현상이다.

정답 | ②

45

루트식 가스미터의 설명으로 옳지 않은 것은?

① 설치면적이 작다.
② 대수용가에 적합하다.
③ 스트레이너 설치 및 유지관리가 필요하다.
④ 기준 가스미터로 사용된다.

해설

기준 가스미터로 사용되는 것은 습식 가스미터이다.

관련이론 가스미터의 종류와 특징

종류	용도	용량 [m³/h]	특징
막식	일반 수용가	1.5~200	• 가격이 저렴하다. • 유지관리 용이하다. • 대용량은 설치면적이 크다.
습식	기준 가스미터, 실험실용	0.2~3,000	• 계량이 정확하다. • 기차변동이 없다. • 설치면적이 크다. • 수위 조정이 필요하다.
루트식	대 수용가	100~5,000	• 설치면적이 작다. • 중압 계량이 가능하다. • 대유량의 가스를 측정한다. • 스트레이너 설치 및 유지관리가 필요하다. • 0.5m³/h 이하에서는 부동의 우려가 있다.

정답 | ④

46

빙점 이하의 낮은 온도에서 사용되며 LPG탱크, 저온에도 인성이 감소되지 않는 화학공업 배관 등에 주로 사용되는 관의 종류는?

① SPLT ② SPHT
③ SPPH ④ SPPS

해설
SPLT는 저온배관용 탄소강관으로, 빙점 이하의 낮은 온도에서 사용되며 LPG탱크, 저온에서도 인성이 감소되지 않는 화학공업 배관 등에 주로 사용되는 관이다.

선지분석
① SPLT: 저온배관용 탄소강관
② SPHT: 고온배관용 탄소강관
③ SPPH: 고압배관용 탄소강관
④ SPPS: 압력배관용 탄소강관

정답 | ①

47

다음 중 혼합상태에 따른 연소의 분류 중 가연성 기체와 산소를 미리 혼합시킨 후 연소하는 방식은?

① 예혼합연소 ② 확산연소
③ 층류연소 ④ 난류연소

해설
예혼합연소는 산소와 미리 혼합시킨 후 연소하는 연소방식이다.

관련이론 예혼합연소와 확산연소

	정의	산소와 미리 혼합시킨 후 연소하는 방식
예혼합연소	특징	• 조작이 어렵다. • 화염이 불안정하다. • 확산연소보다 역화의 위험성이 크다.
	정의	확산시키면서 연소하는 방식
확산연소	특징	• 조작이 용이하다. • 화염이 안정하다. • 역화의 위험이 없다.

정답 | ①

48

표준상태의 가스 $1m^3$를 완전연소시키기 위하여 필요한 최소한의 공기를 이론공기량이라고 한다. 다음 중 이론공기량으로 적합한 것은? (단, 공기 중에 산소는 21% 존재한다.)

① 메탄: 9.5배 ② 메탄: 12.5배
③ 프로판: 15배 ④ 프로판: 30배

해설
이론공기량(A_0) = 이론산소량(O_0) × $\frac{1}{0.21}$

• 메탄(CH_4)
  $CH_4 + 2O_2 \rightarrow CO_2 + H_2O$
  메탄(CH_4)의 이론산소량은 2mol이다.
  메탄의 이론공기량(A_0) = $2 \times \frac{1}{0.21} = 9.52 Nm^3/m^3$

• 프로판(C_3H_8)
  $C_3H_8 + 5O_2 \rightarrow 3CO_2 + 4H_2O$
  C_3H_8의 이론산소량은 5mol이다.
  프로판의 이론공기량(A_0) = $5 \times \frac{1}{0.21} = 23.81 Nm^3/m^3$

정답 | ①

49

어떤 도시가스의 발열량이 $15,000 kcal/Sm^3$일 때 웨버지수는 얼마인가? (단, 가스의 비중은 0.5로 한다.)

① 12,121 ② 20,000
③ 21,213 ④ 30,000

해설
웨버지수(WI)를 구하는 공식은 다음과 같다.
웨버지수(WI) = $\frac{H_g}{\sqrt{d}}$
H_g: 가스의 발열량[$kcal/Sm^3$], d: 가스의 비중
WI = $\frac{15,000}{\sqrt{0.5}} = 21,213$

정답 | ③

50

빈출도 ★☆☆

가스분석 시 이산화탄소의 흡수제로 사용되는 것은?

① KOH
② H_2SO_4
③ NH_4Cl
④ $CaCl_2$

해설

KOH(수산화칼륨)용액은 이산화탄소(CO_2)의 흡수제로 사용된다.

관련이론 흡수분석법의 가스별 흡수제

가스	흡수제
CO_2(이산화탄소)	KOH 용액
C_mH_n(탄화수소)	발연황산
O_2(산소)	알칼리성 피로카롤용액
CO(일산화탄소)	암모니아성 염화제1구리용액

정답 | ①

51

빈출도 ★★☆

액화 암모니아 10kg을 기화시키면 표준상태에서 약 몇 m^3의 기체로 되는가?

① 4
② 5
③ 13
④ 26

해설

암모니아(NH_3)의 분자량은 17이므로 비례식으로 계산하면,

$17kg : 22.4m^3 = 10kg : x[m^3]$

$x = \dfrac{10 \times 22.4}{17} = 13.18 m^3$

정답 | ③

52

빈출도 ★☆☆

가연성 물질을 공기로 연소시키는 경우 공기 중의 산소 농도를 높게 하면 연소속도와 발화온도는 어떻게 변하는가?

① 연소속도는 빠르게 되고, 발화온도는 높아진다.
② 연소속도는 빠르게 되고, 발화온도는 낮아진다.
③ 연소속도는 느리게 되고, 발화온도는 높아진다.
④ 연소속도는 느리게 되고, 발화온도는 낮아진다.

해설

공기중의 산소농도가 높아지면 가연성 물질의 연소가 촉진되어 연소속도는 빨라지고, 발화온도(착화온도)는 낮아진다.

정답 | ②

53

빈출도 ★★☆

프로판을 사용하고 있던 버너에 부탄을 사용하려고 한다. 프로판의 경우보다 약 몇 배의 공기가 필요한가?

① 1.2배
② 1.3배
③ 1.5배
④ 2.0배

해설

• 프로판(C_3H_8)의 완전연소반응식
　$C_3H_8 + 5O_2 \rightarrow 3CO_2 + 4H_2O$
• 부탄(C_4H_{10})의 완전연소반응식
　$C_4H_{10} + 6.5O_2 \rightarrow 4CO_2 + 5H_2O$

공기 중의 산소는 21%이므로, 공기의 비는 산소의 비와 같다고 할 수 있다.

$\dfrac{6.5(\text{부탄 연소시 필요한 산소의 몰 수})}{5(\text{프로판 연소시 필요한 산소의 몰 수})} = 1.3$배

따라서, 프로판(C_3H_8)를 사용할 때보다 부탄(C_4H_{10})을 사용할 때 1.3배의 공기가 더 필요하다.

정답 | ②

54 〈고난도〉 빈출도 ★★★

0°C에서 10L의 밀폐된 용기 속에 32g의 산소가 들어 있다. 온도를 150°C로 가열하면 압력은 약 얼마가 되는가?

① 0.11atm ② 3.47atm
③ 34.7atm ④ 111atm

해설

이상기체상태방정식에 따라 가열 전 압력을 구한다.
$PV = nRT$
- P: 압력[atm], V: 부피[L], n: 몰수[mol]
- R: 기체 상수[L·atm/mol·K], T: 절대온도[K]

여기서, $n = \dfrac{w(질량)}{M(분자량)}$

$P = \dfrac{wRT}{VM} = \dfrac{32 \times 0.082 \times (273+0)}{10 \times 32} = 2.2386 \text{atm}$

보일-샤를 법칙에 따라 가열 후 압력을 구한다.

$\dfrac{P_1 V_1}{T_1} = \dfrac{P_2 V_2}{T_2}$ ($V_1 = V_2$)

$P_2 = \dfrac{P_1 T_2}{T_1} = \dfrac{2.2386 \times (273+150)}{273} = 3.47 \text{atm}$

정답 | ②

55 빈출도 ★★★

다음 가스 중 비중이 가장 작은 것은?

① CO ② C_3H_8
③ Cl_2 ④ NH_3

해설

가스의 분자량이 작을수록 비중이 작기 때문에 분자량이 가장 작은 NH_3(암모니아)의 비중이 가장 작다.

선지분석

비중 = $\dfrac{물질의 분자량}{공기의 분자량(29)}$

① CO(일산화탄소)의 비중 = $\dfrac{28}{29} = 0.97$

② C_3H_8(프로판)의 비중 = $\dfrac{44}{29} = 1.52$

③ Cl_2(염소)의 비중 = $\dfrac{70}{29} = 2.41$

④ NH_3(암모니아)의 비중 = $\dfrac{17}{29} = 0.59$

정답 | ④

56 빈출도 ★★★

현열에 대한 가장 적절한 설명은?

① 물질이 상태변화 없이 온도가 변할 때 필요한 열이다.
② 물질이 온도변화 없이 상태가 변할 때 필요한 열이다.
③ 물질이 상태, 온도 모두 변할 때 필요한 열이다.
④ 물질이 온도변화 없이 압력이 변할 때 필요한 열이다

해설

현열은 물질의 상태변화 없이 온도가 변할 때 필요한 열을 말한다.

관련이론 현열과 잠열

- 현열: 물질의 상태변화 없이 온도가 변할 때 필요한 열이다.
- 잠열: 물질의 온도변화 없이 상태가 변할 때 필요한 열이다.

정답 | ①

57 빈출도 ★★☆

단위체적당 물체의 질량은 무엇을 나타내는 것인가?

① 중량 ② 비열
③ 비체적 ④ 밀도

해설

밀도[kg/m^3]는 단위체적당 물체의 질량을 나타낸다.

선지분석

① 중량[N]: 물체가 중력에 의해 받는 힘이다.
② 비열[$kJ/kg·°C$]: 단위질량당 물체의 온도를 높이는데 드는 열에너지를 말한다.
③ 비체적[m^3/kg]: 단위질량당 물체의 체적이다.

정답 | ④

58
빈출도 ★★★

암모니아의 성질에 대한 설명으로 옳지 않은 것은?

① 가스일 때 공기보다 무겁다.
② 물에 잘 녹는다.
③ 구리에 대하여 부식성이 강하다.
④ 자극성 냄새가 있다.

해설
암모니아의 분자량은 17, 공기의 분자량은 29이므로 암모니아가 가스일 때 공기보다 가볍다.

정답 | ①

59
빈출도 ★★☆

다음 가스 1몰을 완전연소시키고자 할 때 공기가 가장 적게 필요한 것은?

① 수소
② 메탄
③ 아세틸렌
④ 에탄

해설
공기량 = $\dfrac{산소량}{0.21}$ 이므로 산소요구량이 적다는 것은 공기량이 적다는 의미이다.
따라서, 가스 1몰당 산소량이 적게 필요한 것은 0.5몰 산소가 필요한 수소(H_2)이므로 공기가 가장 적게 필요하다.

선지분석
완전연소 반응식
① 수소: $H_2 + 0.5O_2 \rightarrow H_2O$
② 메탄: $CH_4 + 2O_2 \rightarrow CO_2 + 2H_2O$
③ 아세틸렌: $C_2H_2 + 2.5O_2 \rightarrow 2CO_2 + H_2O$
④ 에탄: $C_2H_6 + 3.5O_2 \rightarrow 2CO_2 + 3H_2O$

정답 | ①

60
빈출도 ★☆☆

다음 중 아세틸렌의 발생방식이 아닌 것은?

① 주수식: 카바이드에 물을 넣는 방법
② 투입식: 물에 카바이드를 넣는 방법
③ 접촉식: 물과 카바이드를 소량씩 접촉시키는 방법
④ 가열식: 카바이드를 가열하는 방법

해설
가열식은 카바이드를 가열하는 방법으로 아세틸렌 발생방식에 해당하지 않는다.

관련이론 아세틸렌의 제조(발생)방식
$CaC_2(카바이드) + 2H_2O \rightarrow Ca(OH) + C_2H_2(아세틸렌)$
- 주수식: 카바이드에 물을 넣는 방법
- 투입식: 물에 카바이드를 넣는 방법
- 접촉식: 물과 카바이드를 소량씩 접촉시키는 방법

정답 | ④

2022년 2회 CBT 복원문제

01
빈출도 ★★☆

고압가스안전관리법에서 규정된 특수반응설비가 아닌 것은?

① 암모니아 2차 개질로
② 에틸렌 제조시설의 아세틸렌 수첨탑
③ 메탄올 합성 반응탑
④ 도시가스 기화설비

해설
도시가스 기화설비는 특수반응설비에 해당하지 않는다.

관련이론 특수반응설비
- 암모니아 2차 개질로
- 에틸렌 제조시설의 아세틸렌 수첨탑
- 산화에틸렌 제조시설의 에틸렌과 산소 또는 공기와의 반응기
- 사이크로헥산 제조시설의 벤젠 수첨반응기
- 석유 정제 시의 중유 직접수첨탈황반응기 및 수소화분해반응기
- 저밀도 폴리에틸렌 중합기 또는 메탄올 합성 반응탑

정답 | ④

02
빈출도 ★☆☆

액화독성가스의 운반질량이 1,000kg 미만 이동 시 휴대해야할 소석회는 몇 kg 이상이어야 하는가?

① 20kg ② 30kg
③ 40kg ④ 50kg

해설
운반하는 독성가스의 질량이 1,000kg 미만인 경우 20kg 이상의 소석회를, 1,000kg 이상인 경우 40kg 이상의 소석회를 휴대해야 한다.

운반하는 독성가스	1,000kg 미만	20kg 이상의 소석회
	1,000kg 이상	40kg 이상의 소석회

정답 | ①

03
빈출도 ★★☆

다음 중 이음매 없는 용기의 특징이 아닌 것은?

① 독성가스를 충전하는데 사용한다.
② 내압에 대한 응력 분포가 균일하다.
③ 고압에 견디기 어려운 구조이다.
④ 용접용기에 비해 값이 비싸다.

해설
무이음용기(이음매 없는 용기)는 고압에 견딜 수 있다.

관련이론 용접용기와 무이음용기의 특성

용접용기	• 모양과 치수가 자유롭다. • 경제성이 있다. • 두께 공차가 적다. • 고압에서는 사용이 곤란하다.
무이음용기	• 가격이 고가이다. • 응력분포가 균일하다. • 고압에 견딜 수 있어 주로 압축가스에 사용된다.

정답 | ③

04
빈출도 ★☆☆

고압가스 용기 밸브의 충전구 나사가 오른나사로 되어있는 가스는?

① C_2H_2 ② NH_3
③ C_3H_8 ④ C_4H_{10}

해설
고압가스 용기 밸브의 충전구 나사 구분은 다음과 같다.
- 왼나사: NH_3와 CH_3Br을 제외한 가연성가스
- 오른나사: NH_3와 CH_3Br을 포함하는 일반가스
※ NH_3와 CH_3Br는 가연성가스로 분류되지만 위험성이 크지 않기 때문에 오른나사를 적용한다.

정답 | ②

05

도시가스 사고의 사고 유형이 아닌 것은?

① 시설부식 ② 시설 부적합
③ 보호포 설치 ④ 연결부 이완

해설

보호포의 설치는 사고 유형이 아닌 사고 예방에 해당한다.
도시가스 매설 배관의 안전 확보를 위하여 배관 직상부에 보호포를 설치한다.

정답 | ③

06

굴착으로 인하여 도시가스배관이 65m가 노출되었을 경우 가스누출경보기의 설치 개수로 알맞은 것은?

① 1개 ② 2개
③ 3개 ④ 4개

해설

굴착으로 배관이 노출되었을 경우 20m마다 가스누출경보기를 설치한다.
문제에서 도시가스 배관이 65m 노출되었다고 하였으므로,
65m ÷ 20m = 3.25개 → 4개
※ 경보기의 개수는 정수여야 하기 때문에 4개가 된다.

정답 | ④

07

다음 중 독성가스 운반 시 필요한 보호구가 아닌 것은?

① 방진마스크 ② 방독면
③ 고무장갑 ④ 고무장화

해설

방진마스크는 먼지, 비산물, 분진 등의 발생장소에서 착용하는 보호구이다.

관련이론 독성가스 보호구
- 방독면(방독마스크)
- 고무장갑
- 고무장화
- 그 밖의 보호구와 재해발생방지를 위한 응급조치에 필요한 제독제, 자재 및 공구 등

정답 | ①

08

일반 도시가스 배관 중 중압 이하의 배관과 고압배관을 매설하는 경우 서로간의 거리를 몇 m 이상을 유지하여야 하는가?

① 1 ② 2
③ 3 ④ 5

해설

중압 이하의 배관과 고압배관을 매설하는 경우, 그 사이의 거리는 2m 이상으로 한다.

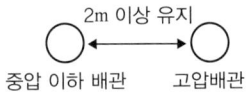

정답 | ②

09

다음 각 가스의 정의에 대한 설명으로 틀린 것은?

① 압축가스란 일정한 압력에 의하여 압축되어 있는 가스를 말한다.
② 액화가스란 가압·냉각 등의 방법에 의하여 액체 상태로 되어 있는 것으로서 대기압에서의 끓는점이 40℃ 이하 또는 상용온도 이하인 것을 말한다.
③ 독성가스란 인체에 유해한 독성을 가진 가스로서 허용농도가 100만분의 3,000 이하인 것을 말한다.
④ 가연성가스란 공기 중에서 연소하는 가스로서 폭발한계의 하한이 10% 이하인 것과 폭발한계의 상한과 하한의 차가 20% 이상인 것을 말한다.

해설

독성가스란 공기 중에 일정량 이상 존재하는 경우 인체에 유해한 독성을 가진 가스로서 허용농도가 100만분의 5,000 이하인 것을 말한다.

정답 | ③

10

압축기 최종단에 설치된 고압가스 냉동제조시설의 안전밸브는 얼마다 작동압력을 조정하여야 하는가?

① 3개월에 1회 이상
② 6개월에 1회 이상
③ 1년에 1회 이상
④ 2년에 1회 이상

해설
압축기 최종단에 설치된 안전밸브는 1년에 1회 이상 작동압력을 조정한다.

관련이론 안전밸브 작동압력 조정주기

압축기 최종단 안전밸브	1년에 1회 이상
그 밖의 안전밸브	2년에 1회 이상

정답 | ③

11

지상 배관은 안전을 확보하기 위해 그 배관의 외부에 다음의 항목들을 표기하여야 한다. 해당되지 않는 것은?

① 사용가스명
② 최고사용압력
③ 가스의 흐름방향
④ 공급회사명

해설
배관은 그 외부에 사용가스명, 최고사용압력 및 가스의 흐름방향을 표시한다. 다만, 지하에 매설하는 경우에는 흐름방향을 표시하지 않을 수 있다.

- 사용가스명: 도시가스
- 최고사용압력: 2.5kPa
- 흐름방향: →

도시가스 (2.5kPa) →

정답 | ④

12

시안화수소의 충전 시 사용되는 안정제가 아닌 것은?

① 암모니아
② 황산
③ 염화칼슘
④ 인산

해설
시안화수소의 충전 시 안정제는 다음과 같다.
- 아황산가스
- 황산
- 인산
- 오산화인
- 염화칼슘
- 동망

정답 | ①

13

위험장소의 분류 중 상용상태에서 가연성가스의 누출로 인한 폭발성 분위기가 간헐적 또는 주기적으로 형성되는 장소는?

① 0종 장소
② 1종 장소
③ 2종 장소
④ 3종 장소

해설
1종 장소에 대한 설명이다.

관련이론 위험장소의 분류

구분	정의
0종 장소	폭발성 가스 분위기가 연속적으로, 장기간 또는 빈번하게 존재하는 장소
1종 장소	정상 작동 중에 폭발성 가스 분위기가 주기적 또는 간헐적으로 생성되기 쉬운 장소
2종 장소	정상 작동 중에 폭발성 가스 분위기가 조성되지 않을 것으로 예상되며, 생성된다 하더라도 짧은 기간에만 지속되는 장소

정답 | ②

14
빈출도 ★★☆

액화석유가스 사용시설의 연소기 설치방법으로 옳지 않은 것은?

① 밀폐형 연소기는 급기구, 배기통과 벽과의 사이에 배기가스가 실내로 들어올 수 없게 한다.
② 반밀폐형 연소기는 급기구와 배기통을 설치한다.
③ 개방형 연소기를 설치한 실에는 환풍기 또는 환기구를 설치한다.
④ 배기통이 가연성 물질로 된 벽을 통과 시에는 금속 등 불연성 재료로 단열조치를 한다.

해설
배기통이 가연성 물질로 된 벽 또는 천장 등을 통과할 때에는 금속 외의 불연성 재료로 단열조치를 한다.

정답 | ④

15
빈출도 ★★★

폭발범위에 대한 설명으로 옳은 것은?

① 공기 중의 폭발범위는 산소 중의 폭발범위보다 넓다.
② 공기 중 아세틸렌가스의 폭발범위는 약 4~71%이다.
③ 한계산소 농도치 이하에서는 폭발성 혼합가스가 생성된다.
④ 고온 고압일 때 폭발범위는 대부분 넓어진다.

해설
대부분의 가연성 가스의 폭발범위는 고온 고압일수록 넓어진다. 단, CO(일산화탄소)는 고압일수록 폭발범위가 좁아진다.

선지분석
① 공기 중 보다 산소(O_2) 중의 폭발범위가 넓다.
② 공기 중 아세틸렌가스의 폭발범위는 2.5~81%이다.
③ 한계산소 농도치 이하에서는 폭발성 혼합가스가 생성되지 않는다.

정답 | ④

16
빈출도 ★★★

방류둑의 내측 및 그 외면으로부터 몇 m 이내에 그 저장탱크의 부속설비 이외의 것을 설치하지 못하도록 되어 있는가?

① 10m
② 20m
③ 30m
④ 40m

해설
방류둑의 내측 및 그 외면으로부터 10m 이내에는 그 저장탱크의 부속설비 외의 것을 설치하지 아니한다.

관련이론 방류둑 설치 시설 및 설비
(1) 방류둑 내부에 설치할 수 있는 시설 및 설비
- 송출 및 송액설비
- 불활성가스의 저장탱크
- 물분무장치 또는 살수장치
- 가스누출검지경보설비(검지부 한정)
- 재해설비(누출된 가스의 흡입부 한정)
- 조명설비, 계기시스템, 배수설비
- 배관 및 그 파이프랙(Pipe rack)과 이들에 부속하는 시설 및 설비
- 위에서 정한 것 이외의 것으로서 안전확보에 지장이 없는 시설 및 설비

(2) 방류둑 외부 10m 이내에 설치할 수 있는 시설 및 설비
- 송출 및 송액설비
- 불활성가스의 저장탱크
- 냉동설비, 열교환기, 기화기, 재해설비, 조명설비
- 가스누출검지경보설비, 계기시스템
- 누출된 가스의 확산을 방지하기 위하여 설치된 건물형태의 구조물
- 배관 및 그 파이프랙과 이들에 부속하는 시설 및 설비
- 소화설비, 통로 또는 지하에 매설되어 있는 시설
- 위에서 정한 것 이외의 것으로서 안전확보에 지장이 없는 시설 및 설비

정답 | ①

17

액화석유가스 집단공급 시설에서 가스설비의 상용압력이 1MPa일 때 이 설비의 내압시험압력은 몇 MPa으로 하는가?

① 1
② 1.25
③ 1.5
④ 2.0

해설

내압시험압력(TP)＝상용압력×1.5＝1MPa×1.5＝1.5MPa

정답 | ③

18

고압가스제조시설에서 가연성가스 가스설비 중 전기설비를 방폭구조로 하여야 하는 가스는?

① 암모니아
② 브롬화메탄
③ 수소
④ 공기 중에서 자기 발화하는 가스

해설

위험장소 안에 있는 전기설비에는 그 전기설비가 누출된 가스의 점화원이 되는 것을 방지하기 위하여 가연성가스(암모니아, 브롬화메탄 및 공기 중에서 자기발화하는 가스를 제외한다)의 제조설비 또는 저장설비 중 전기설비는 방폭성능을 갖도록 설치한다.

관련이론 전기방폭설비 설치 기준

가연성 가스를 저장, 취급하는 장소에서의 전기설비는 방폭구조를 하여야 한다. 암모니아와 브롬화메탄은 가연성가스이기는 하나 폭발범위가 작고 화재·폭발에 대한 위험성이 적어 방폭구조를 적용하지 않아도 된다.

가스 구분	시공 기준
가연성 외 가스(NH_3, CH_3Br 포함)	비방폭구조
가연성 가스(NH_3, CH_3Br 제외)	방폭구조

정답 | ③

19

도시가스사용시설 중 자연배기식 반밀폐식 보일러에서 배기톱의 옥상돌출부는 지붕면으로부터 수직거리로 몇 cm 이상으로 하여야 하는가?

① 30
② 50
③ 90
④ 100

해설

자연배기식 반밀폐식 보일러에서 배기톱의 옥상돌출부는 지붕면으로부터 수직거리로 100cm(1m) 이상으로 한다.

관련이론 반밀폐식 자연배기식 보일러의 급·배기설비 설치기준

구분		기준
배기통	굴곡 수	4개소 이하
	입상높이	10m 이하(초과 시 보온 조치)
	끝부분	옥외 시공
	가로길이	5m 이하
배기톱	위치	통풍이 잘되는 곳
	옥상돌출부	지붕면 1m(수직) 이상
급기구 상부 환기구	유효단면적	배기통 단면적 이상

정답 | ④

20

LPG 자동차에 고정된 용기충전시설에서 저장탱크의 물분무장치는 최대수량을 몇 분 이상 연속해서 방사할 수 있는 수원에 접속되어 있도록 하여야 하는가?

① 20분
② 30분
③ 40분
④ 60분

해설

물분무장치는 최대수량으로 30분 이상 연속해서 방사할 수 있는 수원에 접속되어 있도록 하여야 한다.

관련이론 물분무장치

- 조작위치: 탱크에서 15m 이상 떨어진 장소
- 연속분무 가능시간: 30분
- 소화전 호스끝 수압: 0.35MPa
- 방수능력: 400L/min

정답 | ②

21 〈고난도〉 빈출도 ★★☆

상용의 온도에서 사용압력이 1.2MPa인 고압가스 설비에 사용되는 배관의 재료로서 부적합한 것은?

① KS D 3562(압력배관용 탄소강관)
② KS D 3570(고온배관용 탄소강관)
③ KS D 3507(배관용 탄소강관)
④ KS D 3576(배관용 스테인리스 강관)

선지분석

① KS D 3562(압력배관용 탄소강관): 상용의 온도에서 사용압력이 1MPa~10MPa 미만으로, 고온·고압 조건에서 유체를 이송하는 데 사용되는 강관이다.
② KS D 3570(고온배관용 탄소강관): 사용 유체가 고온의 환경일 경우에 사용하기에 적합한 배관이다.
③ KS D 3507(배관용 탄소강관): 상용의 온도에서 사용압력이 1MPa 미만으로, 중·저압 조건에서 이송하는 일반 배관용 강관이다.
④ KS D 3576(배관용 스테인리스 강관): 배관의 부식 및 유체가 변질되지 않기 위해 사용되는 배관이다.

관련이론 고압가스 설비에 사용되는 배관의 재료

종류	사용압력
배관용 탄소강관(SPP)	1MPa 미만
압력배관용 탄소강관(SPPS)	1MPa~10MPa 미만
고압배관용 탄소강관(SPPH)	10MPa 이상

정답 | ③

22 빈출도 ★★☆

자연환기설비 설치 시 LP가스의 용기 보관실 바닥 면적이 $3m^2$ 이라면 통풍구의 크기는 몇 cm^2 이상으로 하도록 되어 있는가? (단, 철망 등이 부착되어 있지 않은 것으로 간주한다.)

① 500   ② 700
③ 900   ④ 1,100

해설

통풍구의 크기는 바닥면적 $1m^2$당 $300cm^2$ 이므로
$3 \times 300 = 900 cm^2$

관련이론 환기시설 기준

구분	능력
자연환기	통풍구 크기: 바닥면적의 3% 이상
기계환기	바닥면적 $1m^2$당 $0.5m^3$/min 이상

정답 | ③

23 빈출도 ★★★

가스도매사업자 가스공급시설의 시설기준 및 기술기준에 의한 배관의 해저 설치의 기준에 대한 설명으로 틀린 것은?

① 배관은 원칙적으로 다른 배관과 교차하지 아니한다.
② 두개 이상의 배관을 동시에 설치하는 경우에는 배관이 서로 접촉하지 아니하도록 필요한 조치를 한다.
③ 배관이 부양하거나 이동할 우려가 있는 경우에는 이를 방지하기 위한 조치를 한다.
④ 배관은 원칙적으로 다른 배관과 20m 이상의 수평거리를 유지한다.

해설

배관은 원칙적으로 다른 배관과 30m 이상의 수평거리를 유지한다.

정답 | ④

24

가스의 폭발에 대한 설명 중 틀린 것은?

① 폭발범위가 넓은 것은 위험하다.
② 폭굉은 화염전파속도가 음속보다 크다.
③ 안전간격이 큰 것일수록 위험하다.
④ 가스의 비중이 큰 것은 낮은 곳에 체류할 위험이 있다.

해설
안전간격이 작을수록 폭발위험이 큰 가스이다.

관련이론 폭발등급별 안전간격

등급	안전간격
폭발1등급	0.6mm 초과
폭발2등급	0.4mm 초과 0.6mm 이하
폭발3등급	0.4mm 이하

정답 | ③

25

고압가스를 제조하는 경우 가스를 압축해서는 아니되는 경우에 해당하지 않는 것은?

① 가연성 가스(아세틸렌, 에틸렌 및 수소 제외) 중 산소용량이 전체 용량의 4% 이상인 것
② 산소 중의 가연성가스의 용량이 전체 용량의 4% 이상인 것
③ 아세틸렌, 에틸렌 또는 수소 중의 산소용량이 전체 용량의 2% 이상인 것
④ 산소 중의 아세틸렌, 에틸렌 및 수소의 용량 합계가 전체 용량의 4% 이상인 것

해설
산소 중의 아세틸렌, 에틸렌 및 수소의 용량 합계가 전체 용량의 2% 이상인 것은 압축하지 않아야 한다.

관련이론 고압가스 제조시 압축금지 기준
- 전체 용량의 4% 이상시 압축금지: 가연성가스 중 산소 및 산소 중 가연성가스
- 전체 용량의 2% 이상시 압축금지: 아세틸렌, 에틸렌, 수소 중 산소 및 산소 중 아세틸렌, 에틸렌, 수소

정답 | ④

26

저장탱크 방류둑 용량은 저장능력에 상당하는 용적 이상의 용적이어야 한다. 다만, 액화산소 저장탱크의 경우에는 저장능력 상당용적의 몇 % 이상으로 할 수 있는가?

① 40
② 60
③ 80
④ 90

해설
액화산소 저장탱크의 경우 저장능력 상당용적의 60% 이상을 할 수 있다.

관련이론 액화가스 저장탱크의 방류둑 용량

방류둑 구분	저장탱크 상당용적대비
액화산소 가스	60% 이상
액화독성 및 가연성 가스	100% 이상

정답 | ②

27

압축, 액화 등의 방법으로 처리할 수 있는 가스의 용적이 1일 $100m^3$ 이상인 사업소에는 표준이 되는 압력계를 몇 개 이상 비치하여야 하는가?

① 1개
② 2개
③ 3개
④ 4개

해설
1일 $100m^3$ 이상 사업소는 표준압력계를 2개 이상 비치하여야 한다.

정답 | ②

28

가스 용기 충전구의 나사형식 중 충전구 나사가 암나사로 되어있는 형식은?

① A형
② B형
③ C형
④ D형

해설
가스 용기 충전구의 나사형식 중 충전구 나사가 암나사인 것은 B형이다.

관련이론 용기 밸브 충전구의 나사형식

형식	나사의 형태
A형	충전구의 나사가 숫나사
B형	충전구의 나사가 암나사
C형	충전구에 나사가 없음

정답 | ②

29

재료에 인장과 압축하중을 오랜 시간 반복적으로 작용시키면 그 응력이 인장강도보다 작은 경우에도 파괴되는 현상은?

① 인성파괴
② 피로파괴
③ 취성파괴
④ 크리프파괴

해설
피로파괴란 재료에 인장과 압축하중을 오랜 시간 반복적으로 작용시키면 그 응력이 인장강도보다 작은 경우에도 파괴되는 현상을 말한다.

관련이론 크리프
일정 온도 이상에서 응력이 작용할 때 시간이 경과함에 따라 변형이 증대되는 현상을 말한다.

정답 | ②

30

인체용 에어졸 제품의 용기에 기재하여야 할 사항으로 틀린 것은?

① 불 속에 버리지 말 것
② 가능한 한 인체에서 10cm 이상 떨어져서 사용할 것
③ 온도가 40℃ 이상 되는 장소에 보관하지 말 것
④ 특정부위에 계속하여 장시간 사용하지 말 것

해설
가능한 한 인체에서 20cm 이상 떨어져 사용할 것

관련이론 에어졸 제품의 용기 기재사항
- 불 속에 버리지 말 것
- 가능한 한 인체에서 20cm 이상 떨어져서 사용할 것
- 온도가 40℃ 이상 되는 장소에 보관하지 말 것
- 특정부위에 계속하여 장시간 사용하지 말 것
- 밀폐실 내에서 사용 후 환기시킬 것
- 사용 후 잔가스 제거 후 버릴 것

정답 | ②

31

일반 액화석유가스 압력조정기에 표시하는 사항이 아닌 것은?

① 제조자명이나 그 약호
② 제조번호나 로트번호
③ 입구압력(기호: P, 단위: MPa)
④ 검사 연월일

해설
액화석유가스 압력조정기에 표시하는 사항
- 제조자명이나 그 약호
- 제조번호나 로트번호
- 입구압력(기호: P, 단위: MPa)

정답 | ④

32

LP가스 이송설비 중 압축기에 의한 이송방식에 대한 설명으로 틀린 것은?

① 베이퍼록 현상이 없다.
② 잔가스 회수가 용이하다.
③ 펌프에 비해 이송시간이 짧다.
④ 저온에서 부탄가스가 재액화되지 않는다.

해설

압축기에 의한 이송방법은 부탄가스의 재액화의 우려가 있다.

관련이론 압축기와 펌프에 의한 이송방법

구분	장점	단점
압축기	• 충전시간이 짧음 • 잔가스 회수가 용이함 • 베이퍼록 우려가 없음	• 재액화 우려 • 드레인 우려
펌프	• 재액화 우려가 없음 • 드레인 우려가 없음	• 충전시간이 김 • 잔가스 회수가 불가능함 • 베이퍼록 우려

정답 | ④

33

도시가스 사용시설의 정압기실에 설치된 가스누출경보기의 점검주기는?

① 1일 1회 이상
② 1주일 1회 이상
③ 2주일 1회 이상
④ 1개월 1회 이상

해설

정압기실의 가스누출경보기 점검주기는 1주일에 1회 이상이다.

정답 | ②

34

저압가스 배관에서 가스 유량 $2.03\,\text{kg/h}$, 관의 내경 $1.61\,\text{cm}$, 길이 $20\,\text{m}$의 직관에서의 압력손실은 약 몇 mm 수주인가? (단, 온도 15℃에서 비중 1.58, 밀도 $2.04\,\text{kg/m}^3$, 유량계수 0.436이다.)

① 11.4
② 14.0
③ 15.2
④ 17.5

해설

저압배관 유량공식(Pole 공식)은 다음과 같다.

$$Q=K\sqrt{\frac{D^5 H}{SL}}$$

• Q: 유량[m³/h], K: 유량계수, D: 관경[cm]
• H: 압력손실[mmAq], S: 비중, L: 관의 길이[m]

질량유량을 밀도로 나누면 체적유량으로 환산할 수 있다.

$$Q=\frac{2.03\,\text{kg/h}}{2.04\,\text{kg/m}^3}=0.995\,\text{m}^3/\text{h}$$

압력손실을 구하는 문제이므로,

$$H=\frac{Q^2 \times S \times L}{K^2 \times D^5}=\frac{(0.995)^2 \times 1.58 \times 20}{0.436^2 \times 1.61^5}=15.21\,\text{mmAq}$$

정답 | ③

35

다음 가스 분석 중 화학분석법에 속하지 않는 방법은?

① 가스크로마토그래피법
② 중량법
③ 분광광도법
④ 요오드적정법

해설

가스크로마토그래피(G/C)법은 기기분석에 속한다.

관련이론 가스분석법

분석법	종류
흡수분석법	헴펠법, 오르자트법, 게겔법
연소분석법	폭발법, 완만연소법, 분별연소법
화학분석법	중량법, 요오드적정법, 분광광도법
기기분석법	가스크로마토그래피(G/C)법

정답 | ①

36
빈출도 ★★☆

가스누출검지기의 검지부에 누출된 가스가 검지되었을 때 경보를 울릴 수 있는 해당 가스의 설정 농도는?

① 폭발하한계(LEL)의 1/2 이하
② 폭발하한계(LEL)의 1/3 이하
③ 폭발하한계(LEL)의 1/4 이하
④ 폭발하한계(LEL)의 1/5 이하

해설
가스누출검지기는 미리 설정된 폭발하한계(LEL)의 1/4 이하에서 자동으로 경보를 울릴 수 있어야 한다.

정답 | ③

37
빈출도 ★★★

다음 중 용적식 유량계에 해당하는 것은?

① 오리피스 유량계
② 플로노즐 유량계
③ 벤투리관 유량계
④ 오벌기어식 유량계

해설
용적식 유량계는 오벌기어식, 가스미터기, 루트식, 회전원판식 등이 있다.

관련이론 용적식 유량계와 차압식 유량계

용적식 유량계	오벌기어식, 가스미터기, 루트식, 회전원판식 등
차압식 유량계	오리피스, 플로노즐, 벤투리관 등

정답 | ④

38
빈출도 ★★☆

터보압축기의 구성이 아닌 것은?

① 임펠러
② 피스톤
③ 디퓨저
④ 증속기어장치

해설
피스톤은 왕복동식 압축기의 구성요소에 속한다.

정답 | ②

39
빈출도 ★★★

압축기의 윤활에 대한 설명으로 옳은 것은?

① 산소압축기의 윤활유로는 물을 사용한다.
② 염소압축기의 윤활유로는 양질의 광유가 사용된다.
③ 수소압축기의 윤활유로는 식물성유가 사용된다.
④ 공기압축기의 윤활유로는 식물성유가 사용된다.

선지분석
② 염소압축기의 윤활유로는 진한 황산이 사용된다.
③ 수소압축기의 윤활유로는 양질의 광유가 사용된다.
④ 공기압축기의 윤활유로는 양질의 광유가 사용된다.

관련이론 압축기에 따른 윤활유

압축기	윤활유
산소(O_2)	물 또는 10% 이하 글리세린수
염소(Cl_2)	진한 황산
LP가스	식물성유
수소(H_2)	양질의 광유
아세틸렌(C_2H_2)	양질의 광유
공기	

정답 | ①

40
빈출도 ★☆☆

저비점의 액화가스 이송 시 발생하는 베이퍼록 현상을 방지하기 위한 방법으로 옳지 않은 것은?

① 흡입관경을 넓힌다.
② 회전수를 낮춘다.
③ 실린더라이너를 냉각시킨다.
④ 조압수조를 관선에 설치한다.

해설
베이퍼록의 방지법은 다음과 같다.
- 흡입관경을 넓힌다.
- 회전수를 낮춘다.
- 펌프설치 위치를 낮춘다.
- 실린더라이너를 냉각한다.
- 외부와 단열 조치한다.

관련이론 베이퍼록
저비점의 액화가스 이송 시 펌프 입구에서 발생되는 현상으로 액의 끓음에 의한 동요현상을 말한다.

정답 | ④

41

단열재의 구비조건이 아닌 것은?

① 경제적일 것
② 화학적으로 안정할 것
③ 밀도가 작을 것
④ 열전도율이 클 것

해설
열전도율이 작아야 한다.

관련이론 단열재의 구비조건
- 경제적일 것
- 화학적으로 안정할 것
- 밀도가 작을 것
- 열전도율이 작을 것
- 시공이 편리할 것
- 안전사용 온도범위가 넓을 것

정답 | ④

42

초저온용기의 단열성능 시험용 가스로 사용되지 않는 것은?

① 액화수소
② 액화질소
③ 액화산소
④ 액화아르곤

해설
단열성능 시험용 가스에는 액화질소, 액화산소, 액화아르곤 등이 있다.
액화수소는 취급하기가 까다롭고 경제적이지 않기 때문에 단열성능 시험용 가스와는 거리가 멀다.

정답 | ①

43

다음 중 저온장치 재료로서 가장 우수한 것은?

① 13% 크롬강
② 탄소강
③ 9% 니켈강
④ 주철

해설
저온장치 재료로 가장 우수한 것은 9% 니켈강이다.

관련이론 저온 장치 재료 종류
- 18-8 STS(오스테나이트계 스테인리스강)
- 9% Ni
- 구리 및 구리 합금
- 알루미늄 및 알루미늄 합금

정답 | ③

44 〈고난도〉

액화석유가스 소형저장탱크가 외경 $1,000\,mm$, 길이 $2,000\,mm$, 충전상수 0.03125, 온도보정계수 2.15일 때의 자연기화능력[kg/h]은 얼마인가?

① 11.2
② 13.2
③ 15.2
④ 17.2

해설
자연기화능력(C)을 구하는 공식은 다음과 같다.

$$C = \frac{D \times L \times K \times T}{12,000}$$

- C: 자연기화능력[kg/h], D: 외경[mm], L: 길이[mm]
- K: 충전상수, T: 온도보정계수, 12,000: 프로판 발열량(단위변환 상수)

$$C = \frac{1,000 \times 2,000 \times 0.03125 \times 2.15}{12,000} = 11.198\,kg/h$$

정답 | ①

45

암모니아 용기의 재료로 주로 사용되는 것은?

① 동
② 알루미늄합금
③ 동합금
④ 탄소강

해설
암모니아 용기의 재료로는 탄소강을 사용한다.
암모니아는 동 및 알루미늄에 부식을 일으키므로 사용이 제한되며 동합금의 경우 동 함유량이 62% 미만이어야 사용 가능하다.

정답 | ④

46

다음 중 암모니아 건조제로 사용되는 것은?

① 진한 황산
② 할로겐 화합물
③ 소다석회
④ 황산동 수용액

해설
암모니아 건조제로는 NaOH(수산화나트륨), CaO(산화칼슘), KOH(수산화칼륨) 등이 있다.
소다석회는 수산화나트륨(NaOH), 산화칼슘(CaO) 또는 수산화칼륨(KOH)의 혼합물로 이루어져 있어 암모니아의 건조제로 사용된다.

정답 | ③

47

SNG에 대한 설명으로 가장 적당한 것은?

① 액화석유가스 ② 액화천연가스
③ 정유가스 ④ 대체천연가스

해설
SNG(Synthetic Natural Gas)는 대체천연가스 또는 합성천연가스를 말하며, 석탄, 나프타 등의 원료를 화학적으로 처리하여 천연가스와 유사한 성질을 가진 인공가스이다.

정답 | ④

48

다음 화합물 중 탄소의 함유율이 가장 많은 것은?

① CO_2 ② CH_4
③ C_2H_4 ④ CO

해설
C 원자량은 12, O 원자량은 16, H 원자량은 1이다.

탄소 함유율 = $\frac{탄소(C) 원자량}{분자량} \times 100$ 이다.

C_2H_4의 탄소 함유율 = $\frac{12 \times 2}{12 \times 2 + 1 \times 4} \times 100 ≒ 85.7\%$

선지분석
① CO_2의 탄소 함유율 = $\frac{12}{12 + 16 \times 2} \times 100 ≒ 27.3\%$

② CH_4의 탄소 함유율 = $\frac{12}{12 + 1 \times 4} \times 100 ≒ 75\%$

④ CO의 탄소 함유율 = $\frac{12}{12 + 16} \times 100 ≒ 42.9\%$

정답 | ③

49

임계온도에 대한 설명으로 옳은 것은?

① 기체를 액화할 수 있는 절대온도
② 기체를 액화할 수 있는 평균온도
③ 기체를 액화할 수 있는 최저의 온도
④ 기체를 액화할 수 있는 최고의 온도

해설
임계온도란 기체를 액화시킬 수 있는 최고의 온도를 말한다.

관련이론 임계압력
기체를 액화시킬 수 있는 최저의 압력이다.

정답 | ④

50

다음에서 설명하는 기체와 관련된 법칙은?

> 기체의 종류에 관계없이 모든 기체 1몰은 표준상태 (0°C, 1기압)에서 22.4L의 부피를 차지한다.

① 보일의 법칙
② 헨리의 법칙
③ 아보가드로의 법칙
④ 아르키메데스의 법칙

선지분석
① 보일의 법칙(Boyle's law): 온도가 일정한 경우, 기체의 압력과 부피는 반비례한다.
② 헨리의 법칙(Henry's law): 기체의 용해도에 관한 법칙으로, 압력과 용해도는 비례한다.
③ 아보가드로의 법칙(Avogadro's law): 표준상태(STP) 0°C, 1기압에서 기체의 종류에 상관없이 모든 기체 1몰의 부피는 22.4L이다.
④ 아르키메데스의 법칙(Archimedes' Principle): 액체 속 물체는 그 물체가 밀어낸 유체의 무게만큼의 부력을 받는다.

정답 | ③

51
LP가스가 증발할 때 흡수하는 열을 무엇이라 하는가?

① 현열 ② 비열
③ 잠열 ④ 융해열

해설
LP가스가 증발하면 기체가 되며 상태가 변한다. 상태가 변하므로 이때 흡수하는 열을 잠열이라고 한다.

관련이론 현열과 잠열
- 현열: 물질의 상태변화 없이 온도가 변할 때 필요한 열이다.
- 잠열: 물질의 온도변화 없이 상태가 변할 때 필요한 열이다.

정답 | ③

52
완전진공을 0으로 하여 측정한 압력을 나타낸 것으로 옳은 것은?

① 절대압력 ② 진공압력
③ 게이지압력 ④ 대기압

해설
완전진공 상태를 기준으로 하여 나타내는 압력을 절대압력이라고 한다.

관련이론 절대압력과 게이지압력
- 절대압력: 완전진공을 0으로 측정한 압력이다.
- 게이지압력: 대기압을 0으로 측정한 압력이다.

정답 | ①

53
LP 가스의 성질에 대한 설명으로 틀린 것은?

① 온도변화에 따른 액 팽창률이 크다.
② 석유류 또는 동, 식물유나 천연고무를 잘 용해시킨다.
③ 물에 잘 녹으며 알코올과 에테르에 용해된다.
④ 액체는 물보다 가볍고, 기체는 공기보다 무겁다.

해설
LP 가스(액화석유가스)는 물에 녹지 않는다.

정답 | ③

54
수분이 존재할 때 일반 강재를 부식시키는 가스는?

① 황화수소 ② 수소
③ 일산화탄소 ④ 질소

해설
수분 존재 시 부식을 일으키는 가스는 황화수소(H_2S), 이산화황(SO_2), 이산화탄소(CO_2), 염소(Cl_2), 포스겐($COCl_2$) 등이 있다. 황화수소(H_2S)는 수분 존재 시 황산 생성으로 인해 부식된다.

정답 | ①

55
수소와 산소 또는 공기와의 혼합기체에 점화하면 급격히 화합하여 폭발하므로 위험하다. 이 혼합기체를 무엇이라고 하는가?

① 염소 폭명기 ② 수소 폭명기
③ 산소 폭명기 ④ 공기 폭명기

해설
수소 폭명기는 수소와 산소가 2:1의 비율로 반응하여 발생한 혼합기체로 점화 시 폭발적으로 연소한다.

관련이론 대표적인 폭명기

수소 폭명기	$2H_2 + O_2 \rightarrow 2H_2O$
염소 폭명기	$Cl_2 + H_2 \rightarrow 2HCl$
불소 폭명기	$F_2 + H_2 \rightarrow 2HF$

정답 | ②

56
표준상태에서 1몰의 아세틸렌이 완전연소될 때 필요한 산소의 몰 수는?

① 1몰 ② 1.5몰
③ 2몰 ④ 2.5몰

해설
아세틸렌(C_2H_2)의 완전연소반응식은 다음과 같다.
$C_2H_2 + 2.5O_2 \rightarrow 2CO_2 + H_2O$
 1몰 2.5몰 2몰 1몰
따라서, 1몰의 아세틸렌(C_2H_2)을 완전연소하기 위해서는 2.5몰의 산소(O_2)가 필요하다.

정답 | ④

57
빈출도 ★★★

일산화탄소의 성질에 대한 설명 중 틀린 것은?

① 산화성이 강한 가스이다.
② 공기보다 약간 가벼우므로 수상치환으로 포집한다.
③ 개미산에 진한 황산을 작용시켜 만든다.
④ 혈액 속의 헤모글로빈과 반응하여 산소의 운반력을 저하시킨다.

해설
일산화탄소(CO)는 환원성이 강한 가스이다.

정답 | ①

58
빈출도 ★★★

고압가스의 성질에 따른 분류가 아닌 것은?

① 가연성 가스
② 액화가스
③ 조연성 가스
④ 불연성 가스

해설
액화가스는 고압가스의 상태에 따른 분류에 속한다.

관련이론 고압가스의 분류

상태에 따른 분류	• 압축가스 • 액화가스 • 용해가스
연소성에 따른 분류	• 가연성 가스 • 불연성 가스 • 조연성 가스
독성에 따른 분류	• 독성가스 • 비독성가스

정답 | ②

59
빈출도 ★★★

비열에 대한 설명 중 틀린 것은?

① 단위는 kcal/kg·℃이다.
② 비열비는 항상 1보다 크다.
③ 정적비열은 정압비열보다 크다.
④ 물의 비열은 얼음의 비열보다 크다.

해설
정압비열이 정적비열보다 크다.

관련이론 비열
- 단위: kcal/kg·℃
- 비열비$(k) = \dfrac{\text{정압비열}(C_p)}{\text{정적비열}(C_v)}$, $k > 1$
- 정압비열은 정적비열보다 크다.
- 물의 비열: 1kcal/kg·℃
- 얼음의 비열: 0.5kcal/kg·℃

정답 | ③

60 〈고난도〉
빈출도 ★★★

27℃, 1기압 하에서 메탄가스 80g이 차지하는 부피는 약 몇 L인가?

① 112
② 123
③ 224
④ 246

해설
이상기체상태방정식에 따라 가열 전 압력을 구한다.
$PV = nRT$
- P: 압력[atm], V: 부피[L], n: 몰수[mol]
- R: 기체 상수[L·atm/mol·K], T: 절대온도[K]

여기서, $n = \dfrac{w(\text{질량})}{M(\text{분자량})}$

메탄가스(CH_4)의 분자량$(M) = 12 + 1 \times 4 = 16$

$V = \dfrac{wRT}{PM} = \dfrac{80 \times 0.082 \times (273+27)}{1 \times 16} = 123L$

정답 | ②

| 에듀윌이 |
| 너를 |
| 지지할게 |
ENERGY

실패가 두려워서
새로운 시도를 거부해서는 안 된다.

서글픈 인생은
"할 수 있었는데"
"할 뻔 했는데"
"해야 했는데"
라는 세 마디로 요약된다.

– 루이스 E. 분(Louis E. Boone)

2021년 1회 CBT 복원문제

8개년 CBT 복원문제

01　빈출도 ★★☆

특정고압가스사용시설 중 고압가스 저장량이 몇 kg 이상인 용기보관실에 있는 벽을 방호벽으로 설치하여야 하는가?

① 100　　　② 200
③ 300　　　④ 500

해설
300kg 이상의 액화가스를 저장하는 용기보관실의 벽은 방호벽으로 설치하여야 한다.

관련이론 방호벽 설치대상

구분	장소
고압가스 일반제조 중 C_2H_2가스 또는 9.8MPa 이상 압축가스 충전 시	• 압축기와 충전장소 사이 • 압축기와 충전용기 보관장소 사이 • 충전장소와 충전용기 보관장소 사이 • 충전장소와 충전용 주관밸브 사이
고압가스 판매시설	용기보관실의 벽
특정고압가스	압축(60m³), 액화(300kg) 이상 시설의 용기보관실 벽
충전시설	저장탱크와 가스 충전장소
저장탱크	사업소 내 보호시설

정답 | ③

02　빈출도 ★☆☆

고압가스의 제조시설에서 실시하는 가스설비의 점검 중 사용개시 전에 점검할 사항이 아닌 것은?

① 기초의 경사 및 침하
② 인터록, 자동제어장치의 기능
③ 가스설비의 전반적인 누출 유무
④ 배관 계통의 밸브 개폐 상황

해설
기초의 경사 및 침하는 평상시(상시) 점검사항이다.

정답 | ①

03　빈출도 ★★★

수소와 다음 중 어떤 가스를 동일차량에 적재하여 운반하는 때에 그 충전용기와 밸브가 서로 마주보지 않도록 적재하여야 하는가?

① 산소　　　② 아세틸렌
③ 브롬화메탄　　　④ 염소

해설
가연성 용기(수소, H_2)와 산소 용기의 충전밸브는 서로 마주보지 않도록 적재하여야 한다.

관련이론 혼합적재 금지
• 염소와 아세틸렌, 암모니아, 수소를 함께 적재하는 경우
• 가연성 용기와 산소 용기 충전밸브가 마주보는 경우
• 독성가스 중 가연성가스와 조연성가스를 함께 적재하는 경우

정답 | ①

04　빈출도 ★★★

내용적 94L인 액화프로판 용기의 저장능력은 몇 kg인가? (단, 충전상수 C는 2.35이다.)

① 20　　　② 40
③ 60　　　④ 80

해설
$$W = \frac{V}{C}$$

• W: 저장능력[kg], V: 내용적[L], C: 충전상수

$$W = \frac{94}{2.35} = 40\text{kg}$$

정답 | ②

05

액화석유가스 용기충전시설의 저장탱크에 폭발방지장치를 의무적으로 설치하여야 하는 경우는?

① 상업지역에 저장능력 15톤 저장탱크를 지상에 설치하는 경우
② 녹지지역에 저장능력 20톤 저장탱크를 지상에 설치하는 경우
③ 주거지역에 저장능력 5톤 저장탱크를 지상에 설치하는 경우
④ 녹지지역에 저장능력 30톤 저장탱크를 지상에 설치하는 경우

해설

상업지역에 10톤 이상의 저장탱크를 설치하는 경우 폭발방지장치를 설치해야 한다.

관련이론 LPG 탱크 폭발방지장치 설치

폭발방지장치를 설치해야 하는 경우	• 차량에 고정된 LPG 탱크(탱크로리) • 주거지역, 상업지역의 10t 이상 저장탱크
폭발방지장치를 설치하지 않아도 되는 경우	• 안전조치가 되어 있는 저장탱크 • 지하에 매몰하여 설치하는 저장탱크 • 마운드형 저장탱크

※ 폭발방지재료는 다공성 알루미늄 합금 박판을 사용한다.

정답 | ①

06

일반 공업지역의 암모니아를 사용하는 A공장에서 저장능력 25톤의 저장탱크를 지상에 설치하고자 한다. 저장설비 외면으로부터 사업소 외의 주택까지 몇 m 이상의 안전거리를 유지하여야 하는가?

① 12m
② 14m
③ 16m
④ 18m

해설

저장능력이 25,000kg(25톤)인 저장탱크와 제2종 보호시설인 주택까지의 안전거리는 16m 이상 유지하여야 한다.

관련이론 독성, 가연성 가스 저장설비와 보호시설과의 안전거리

처리 및 저장능력 압축가스: m^3 액화가스: kg	제1종 보호시설	제2종 보호시설
1만 이하	17m 이상	12m 이상
1만 초과 2만 이하	21m 이상	14m 이상
2만 초과 3만 이하	24m 이상	16m 이상
3만 초과 4만 이하	27m 이상	18m 이상
4만 초과 5만 이하	30m 이상	20m 이상

※ 주택은 제2종 보호시설이다.

정답 | ③

07

LPG사용시설에서 가스누출경보장치 검지부 설치높이의 기준으로 옳은 것은?

① 지면에서 30cm 이내
② 지면에서 60cm 이내
③ 천장에서 30cm 이내
④ 천장에서 60cm 이내

해설

LPG는 공기보다 무거우므로 가스누출경보장치 검지부는 지면에서 30cm 이내에 설치한다.

관련이론 가스누출경보장치 검지부

• 공기보다 무거운 가스: 지면에서 30cm 이내
• 공기보다 가벼운 가스: 천장에서 30cm 이내

정답 | ①

08

빈출도 ★★★

고압가스 특정제조 시설에서 긴급이송설비에 의하여 이송되는 가스를 안전하게 연소시킬 수 있는 장치는?

① 플레어스택
② 벤트스택
③ 인터록기구
④ 긴급차단장치

해설
플레어스택(Flarestack)은 고압가스 특정제조 시설에서 긴급이송설비에 의하여 이송되는 가스를 안전하게 연소시킬 수 있는 장치이다.

선지분석
② 벤트스택(Ventstack): 공정 중에 발생하는 기타 가스 등을 적절하게 처리 후 대기로 배출하는 설비이다.
③ 인터록기구: 공정 중 제조설비가 오조작 되거나 문제가 발생할 경우 원재료의 공급을 차단하도록 설계된 기구이다.
④ 긴급차단장치: 누설, 화재 등 사고발생시 가스의 유동을 차단하여 피해 확산을 방지하는 장치이다.

정답 | ①

09

빈출도 ★★☆

일반도시가스사업 가스공급시설의 입상관 밸브는 분리가 가능한 것으로서 바닥으로부터 몇 m 범위에 설치하여야 하는가?

① 0.5~1.0m
② 1.2~1.5m
③ 1.6~2.0m
④ 2.5~3.0m

해설
입상관 밸브는 바닥면에서 1.6~2.0m 이내 설치한다.

정답 | ③

10

빈출도 ★☆☆

고압가스 저장실 등에 설치하는 경계책과 관련된 기준으로 틀린 것은?

① 저장설비·처리설비 등을 설치한 장소의 주위에는 높이 1.5m 이상의 철책 또는 철망 등의 경계표지를 설치하여야 한다.
② 건축물 내에 설치하였거나, 차량의 통행 등 조업시행이 현저히 곤란하여 위해요인이 가중될 우려가 있는 경우에는 경계책 설치를 생략할 수 있다.
③ 경계책 주위에는 외부사람이 무단출입을 금하는 내용의 경계표지를 보기 쉬운 장소에 부착하여야 한다.
④ 경계책 안에는 불가피한 사유발생 등 어떠한 경우라도 화기, 발화 또는 인화하기 쉬운 물질을 휴대하고 들어가서는 아니된다.

해설
고압가스 저장시설 경계책 안에는 불가피한 사유발생 시 화기, 발화 또는 인화하기 쉬운 물질을 휴대하고 출입할 수 있다.

관련이론 경계책
고압가스시설의 안전을 확보하기 위하여 저장설비, 처리설비 및 감압설비를 설치한 장소 주위에는 외부인의 출입을 통제할 수 있도록 다음 기준에 따라 경계책을 설치한다. 다만, 저장설비, 처리설비 및 감압설비가 건축물 안에 설치된 경우 또는 차량의 통행 등 조업시행이 현저히 곤란하여 위해 요인이 가중될 우려가 있는 경우에는 경계책을 설치하지 않을 수 있다.

- 경계책 높이는 1.5m 이상으로 한다.
- 경계책의 재료는 철책, 철망 또는 관련기준에 적합한 것으로 한다.
- 경계책 주위에는 외부사람이 무단출입을 금하는 내용의 경계표지를 보기 쉬운 장소에 부착한다.
- 경계책 안에는 누구도 화기, 발화 또는 인화하기 쉬운 물질을 휴대하고 들어갈 수 없도록 필요한 조치를 강구한다. 다만, 해당 설비의 정비수리 등 불가피한 사유가 발생한 경우에 한정하여 안전관리책임자의 감독 하에 휴대 조치할 수 있다.

정답 | ④

11

도시가스배관에 설치하는 희생양극법에 의한 전위측정용 터미널은 몇 m 이내의 간격으로 하여야 하는가?

① 200m
② 300m
③ 500m
④ 600m

해설
희생양극법에 의한 전위측정용 터미널은 300m 이내의 간격으로 설치한다.

관련이론 전기방식법에 의한 전위측정용 터미널 간격

희생양극법	300m 이내
배류법	300m 이내
외부전원법	500m 이내

정답 | ②

12

도로굴착공사에 의한 도시가스배관 손상 방지기준으로 틀린 것은?

① 착공 전 도면에 표시된 가스배관과 기타 지장물 매설 유무를 조사하여야 한다.
② 도로굴착자의 굴착공사로 인하여 노출된 배관 길이가 10m 이상인 경우에는 점검통로 및 조명시설을 설치하여야 한다.
③ 가스배관이 있을 것으로 예상되는 지점으로부터 2m 이내에서 줄파기를 할 때에는 안전관리전담자의 입회하에 시행하여야 한다.
④ 가스배관의 주위를 굴착하고자 할 때에는 가스배관의 좌우 1m 이내의 부분은 인력으로 굴착한다.

해설
굴착공사로 인하여 노출된 배관 길이가 15m 이상인 경우에 점검통로 및 조명시설을 설치한다.

정답 | ②

13

다음은 이동식 압축도시가스 자동차충전시설을 점검한 내용이다. 이 중 기준에 부적합한 경우는?

① 이동충전차량과 가스배관구를 연결하는 호스의 길이가 6m이었다.
② 가스배관구 주위에는 가스배관구를 보호하기 위하여 높이 40cm, 두께 13cm인 철근콘크리트 구조물이 설치되어 있었다.
③ 이동충전차량과 충전설비 사이 거리는 8m이었고, 이동충전차량과 충전설비 사이에 강판제 방호벽이 설치되어 있었다.
④ 충전설비 근처 및 충전설비에서 6m 이상 떨어진 장소에 수동 긴급차단장치가 각각 설치되어 있었으며 눈에 잘 띄었다.

해설
이동충전차량과 가스배관구를 연결하는 호스의 길이는 5m 이내로 하여야 한다.

관련이론 이동식 압축도시가스 자동차충전시설의 기준

처리설비, 이동충전차량과 충전설비	안전거리 기준
화기와의 수평거리	5m 이상
고압전선 − 직류: 750V 초과 − 교류: 600V 초과	5m 이상
화기와의 우회거리	8m 이상
가연성물질 저장소	8m 이상
방호벽 설치 조건	30m 이내 보호시설이 있을때
가스배관구와 가스배관구 사이	8m 이상
이동충전차량과 충전설비 사이	(방호벽 설치시 제외)
이동충전차량, 충전설비 외면과 사업소 경계와의 거리	10m 이상 (방호벽 설치시 5m 이상)
충전설비와 도로경계	5m 이상 (방호벽 설치시 2.5m 이상)
충전설비와 철도와의 거리	15m 이상 유지
가스배관구 연결호스	5m 이내
충전기 보호의 구조물 및 가스배관구 보호 구조물	높이 30cm 이상, 두께 12cm 이상 철근콘크리트
충전설비 수동긴급차단장치	5m 이상
충전작업 이동충전차량 설치대수	3대 이하

정답 | ①

14

LPG 저장탱크에 설치하는 압력계는 상용압력 몇 배 범위의 최고눈금이 있는 것을 사용하여야 하는가?

① 1~1.5배
② 1.5~2배
③ 2~2.5배
④ 2.5~3배

해설
압력계를 선정할 때 압력계의 눈금은 상용압력의 1.5배 이상 2배 이하로 한다.

정답 | ②

15

고압가스제조시설에서 가연성가스 가스설비 중 전기설비를 방폭구조로 하여야 하는 가스는?

① 암모니아
② 브롬화메탄
③ 수소
④ 공기 중에서 자기 발화하는 가스

해설
위험장소 안에 있는 전기설비에는 그 전기설비가 누출된 가스의 점화원이 되는 것을 방지하기 위하여 가연성가스(암모니아, 브롬화메탄 및 공기 중에서 자기 발화하는 가스를 제외한다)의 제조설비 또는 저장설비 중 전기설비는 방폭성능을 갖도록 설치한다.

관련이론 전기방폭설비 설치 기준

가연성가스를 저장, 취급하는 장소에서의 전기설비는 방폭구조를 하여야 한다. 암모니아와 브롬화메탄은 가연성가스이기는 하나 폭발범위가 작고 화재·폭발에 대한 위험성이 적어 방폭구조를 적용하지 않아도 된다.

가스 구분	시공 기준
가연성 외 가스(NH_3, CH_3Br 포함)	비방폭구조
가연성 가스(NH_3, CH_3Br 제외)	방폭구조

정답 | ③

16

일반도시가스사업자의 가스공급시설 중 정압기의 분해점검주기의 기준은?

① 1년에 1회 이상
② 2년에 1회 이상
③ 3년에 1회 이상
④ 5년에 1회 이상

해설
가스공급시설 중 정압기의 분해점검은 2년에 1회 이상 실시한다.

관련이론 분해점검 점검주기

시설구분		검사주기
공급시설 점검		2년 1회 이상
사용시설	신규 점검	3년 1회 이상
	향후 점검	4년 1회 이상

정답 | ②

17

일반도시가스사업의 가스공급시설기준에서 배관을 지상에 설치할 경우 가스 배관의 표면 색상은?

① 흑색
② 청색
③ 적색
④ 황색

해설
지상에 설치하는 도시가스 배관은 황색 2중 띠로 설치한다.

관련이론 도시가스 배관 색상

구분		색상
도시가스 지상배관		황색(황색 2중 띠)
도시가스 매몰배관	저압 배관	황색
	중압 배관	적색

정답 | ④

18

도시가스사업법에서 정한 특정가스 사용시설에 해당하지 않는 것은?

① 제1종 보호시설 내 월사용예정량 1,000m³ 이상인 가스사용시설
② 제2종 보호시설 내 월사용예정량 2,000m³ 이상인 가스사용시설
③ 월사용예정량 2,000m³ 이만인 가스사용시설 중 많은 사람이 이용하는 시설로 시·도지사가 지정하는 시설
④ 전기사업법, 에너지이용합리화법에 의한 가스사용시설

해설
전기사업법, 에너지이용합리화법에 의한 가스사용시설은 특정가스 사용시설에서 제외된다.

관련이론 특정가스 사용시설
- 월사용예정량이 2천 세제곱미터(제1종 보호시설 안에 있는 경우에는 1천 세제곱미터) 이상인 가스사용시설
- 월사용예정량이 2천 세제곱미터(제1종 보호시설 안에 있는 경우에는 1천 세제곱미터) 미만인 가스사용시설로서 다음의 하나에 해당하는 시설
  - 내관 및 그 부속시설이 바닥·벽 등에 매립 또는 매몰 설치되는 가스사용시설(가정용 가스사용시설은 제외한다)
  - 많은 사람이 이용하는 시설로서 시·도지사가 안전관리를 위하여 필요하다고 인정하여 지정하는 가스사용시설
- 도시가스를 연료로 사용하는 자동차(야드 트랙터를 포함한다)의 가스사용시설
- 자동차용 압축천연가스 완속충전설비를 갖추고 도시가스를 자동차에 충전하는 가스사용시설
- 액화천연가스 저장탱크를 설치하고 천연가스를 사용하는 가스사용시설(고압의 가스가 흐르는 부분은 제외하며, 이하 "액화천연가스 저장탱크 설치·사용시설"이라 한다)

정답 | ④

19

LPG충전소에는 시설의 안전확보 상 "충전 중 엔진 정지"를 주위의 보기 쉬운 곳에 설치해야 한다. 이 표지판의 바탕색과 문자색은?

① 흑색 바탕에 백색 글씨
② 흑색 바탕에 황색 글씨
③ 백색 바탕에 흑색 글씨
④ 황색 바탕에 흑색 글씨

해설
"충전 중 엔진 정지" 표지판은 황색 바탕색에 흑색 글씨이며, "화기엄금"은 적색글씨로 하여야 한다.

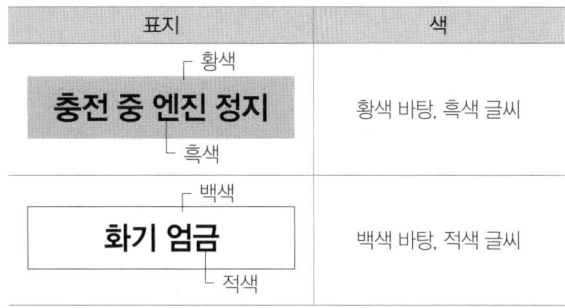

정답 | ④

20

고압가스 충전용기는 항상 몇 ℃ 이하의 온도를 유지하여야 하는가?

① 10℃ ② 30℃
③ 40℃ ④ 50℃

해설
고압가스 충전용기는 항상 40℃ 이하의 온도를 유지한다.

정답 | ③

21

용기 신규검사에 합격된 용기 부속품 기호 중 압축가스를 충전하는 용기 부속품의 기호는?

① AG
② PG
③ LG
④ LT

해설
압축가스를 충전하는 용기의 부속품의 기호는 PG이다.

관련이론 용기 종류별 부속품 기호

LPG	액화석유가스를 충전하는 용기의 부속품
AG	아세틸렌 가스를 충전하는 용기의 부속품
LT	초저온용기 및 저온용기의 부속품
PG	압축가스를 충전하는 용기의 부속품
LG	LPG 이외의 액화가스를 충전하는 용기의 부속품

정답 | ②

22

산소 압축기의 내부 윤활제로 적당한 것은?

① 광유
② 유지류
③ 물
④ 황산

해설
산소 압축기의 윤활유로 물 또는 10% 이하의 글리세린 수가 사용된다.

관련이론 윤활유(윤활제)
- 산소 압축기: 물 또는 10% 이하 글리세린 수
- 염소 압축기: 진한 황산
- 아세틸렌 압축기: 양질의 광유

정답 | ③

23

초저온용기의 단열성능 시험에 있어 침입열량 계산식은 다음과 같이 구해진다. 여기서 "q"가 의미하는 것은?

$$Q = \frac{W \cdot q}{H \cdot \Delta t \cdot V}$$

① 침입열량
② 측정시간
③ 기화된 가스량
④ 시험용 가스의 기화잠열

해설
q는 시험용 가스의 기화잠열이다.

관련이론 침입열량 계산식 및 단열성능

(1) 개요

단열성능시험 합격 기준은 다음과 같다.
- 내용적 1,000L 이상: 8.37J/L·h·℃ 이하
- 내용적 1,000L 미만: 2.09J/L·h·℃ 이하

(2) 공식

$$Q = \frac{W \cdot q}{H \cdot \Delta t \cdot V}$$

- Q: 침입열량[J/L·h·℃]
- W: 기화 가스량[kg]
- q: 시험용 가스의 기화잠열[J/kg]
- H: 측정시간[h]
- Δt: 시험용 가스의 비점과 대기와의 온도차[℃]
- V: 용기 내용적[L]

정답 | ④

24

다음 중 폭발한계의 범위가 가장 좁은 것은?

① 프로판
② 암모니아
③ 수소
④ 아세틸렌

선지분석
① 프로판: 2.1~9.5%
② 암모니아: 15~28%
③ 수소: 4~75%
④ 아세틸렌: 2.5~81%

정답 | ①

25

차량에 고정된 저장탱크로 염소를 운반할 때 용기의 내용적(L)은 얼마 이하가 되어야 하는가?

① 10,000
② 12,000
③ 15,000
④ 18,000

해설
독성가스인 염소(Cl_2)는 차량에 고정된 탱크로 운반할 때 용기의 내용적이 12,000L 이하가 되어야 한다.

관련이론 차량에 고정된 탱크(탱크로리) 운반 기준

구분	내용
가연성, 산소(LPG 제외)	18,000L 초과 운반 금지
독성가스(NH_3 제외)	12,000L 초과 운반 금지

정답 | ②

26

방폭전기 기기구조별 표시방법 중 "e"의 표시는?

① 안전증방폭구조
② 내압방폭구조
③ 유입방폭구조
④ 압력방폭구조

해설
안전증방폭구조의 표시기호는 e이다.

관련이론 방폭구조의 종류

방폭구조	기호
본질안전방폭구조	ia, ib
안전증방폭구조	e
내압방폭구조	d
압력방폭구조	p
유입방폭구조	o
특수방폭구조	s

정답 | ①

27

다음 가스 중 독성(LC_{50})이 가장 강한 것은?

① 암모니아
② 디메틸아민
③ 브롬화메탄
④ 아크릴로니트릴

해설
농도가 낮을수록 독성이 강하다. 따라서, 농도가 가장 낮은 아크릴로니트릴(20ppm)인 독성이 가장 강하다.

선지분석
① 암모니아: 7,338ppm
② 디메틸아민: 11,100ppm
③ 브롬화메탄: 850ppm
④ 아크릴로니트릴: 20ppm

정답 | ④

28

독성가스 제독작업에 필요한 보호구의 보관에 대한 설명으로 틀린 것은?

① 독성가스가 누출할 우려가 있는 장소에 가까우면서 관리하기 쉬운 장소에 보관한다.
② 긴급 시 독성가스에 접하고 반출할 수 있는 장소에 보관한다.
③ 정화통 등의 소모품은 정기적 또는 사용 후에 점검하여 교환 및 보충한다.
④ 항상 청결하고 그 기능이 양호한 장소에 보관한다.

해설
제독작업에 필요한 보호구 보관은 긴급 시 독성가스에서 떨어져 있고 반출이 가능한 장소에 보관한다.

관련이론 독성가스 기준
- TLV-TWA 기준: 200ppm 이하
- LC_{50} 기준: 5,000ppm 이하

정답 | ②

29 빈출도 ★★☆

LP GAS 사용 시 주의사항에 대한 설명으로 틀린 것은?

① 중간 밸브 개폐는 서서히 한다.
② 사용 시 조정기 압력은 적당히 조절한다.
③ 완전연소되도록 공기조절기를 조절한다.
④ 연소기는 급배기가 충분히 행해지는 장소에 설치하여 사용하도록 한다.

해설
조정기 압력은 사용자가 임의대로 조정할 수 없다.

정답 | ②

30 빈출도 ★☆☆

오스트나이트계 스테인리스강에 대한 설명으로 틀린 것은?

① Fe-Cr-Ni 합금이다.
② 내식성이 우수하다.
③ 강한 자성을 갖는다.
④ 18-8 스테인리스강이 대표적이다.

해설
오스트나이트계 스테인리스강은 제조시 열처리 과정에서 자성을 잃는다.

정답 | ③

31 빈출도 ★☆☆

도시가스 공급 시설이 아닌 것은?

① 압축기
② 홀더
③ 정압기
④ 용기

해설
도시가스는 파이프라인(배관망)을 통하여 공급하는 가스이므로 용기는 필요하지 않다.

정답 | ④

32 빈출도 ★★★

방류둑의 내측 및 그 외면으로부터 몇 m 이내에 그 저장탱크의 부속설비 외의 것을 설치하지 못하도록 되어 있는가?

① 3m
② 5m
③ 8m
④ 10m

해설
방류둑의 내측 및 그 외면으로부터 10m 이내에는 그 저장탱크의 부속설비 외의 것을 설치하지 아니한다.

관련이론 방류둑 설치 시설 및 설비
(1) 방류둑 내부에 설치할 수 있는 시설 및 설비
  • 송출 및 송액설비
  • 불활성가스의 저장탱크
  • 물분무장치 또는 살수장치
  • 가스누출검지경보설비(검지부에 한정)
  • 재해설비(누출된 가스의 흡입부에 한정)
  • 조명설비, 계기시스템, 배수설비
  • 배관 및 그 파이프랙(Pipe rack)과 이들에 부속하는 시설 및 설비
  • 위에서 정한 것 이외의 것으로서 안전확보에 지장이 없는 시설 및 설비
(2) 방류둑 외부 10m 이내에 설치할 수 있는 시설 및 설비
  • 송출 및 송액설비
  • 불활성가스의 저장탱크
  • 냉동설비, 열교환기, 기화기, 재해설비, 조명설비
  • 가스누출검지경보설비, 계기시스템
  • 누출된 가스의 확산을 방지하기 위하여 설치된 건물형태의 구조물
  • 배관 및 그 파이프랙과 이들에 부속하는 시설 및 설비
  • 소화설비, 통로 또는 지하에 매설되어 있는 시설
  • 위에서 정한 것 이외의 것으로서 안전확보에 지장이 없는 시설 및 설비

정답 | ④

33

빈출도 ★★☆

액화가스의 이송 펌프에서 발생하는 캐비테이션 현상을 방지하기 위한 대책으로서 틀린 것은?

① 흡입 배관을 크게 한다.
② 펌프의 회전수를 크게 한다.
③ 펌프의 설치위치를 낮게 한다.
④ 펌프의 흡입구 부근을 냉각한다.

해설
펌프의 회전수를 낮추어야 한다.

관련이론 캐비테이션(Cavitation)

의미	유체 내 압력이 그 유체의 증기압 이하로 떨어질 때 발생하는 증발 현상
방지법	• 회전수를 작게 한다. • 흡입 관경을 넓힌다. • 펌프 설치위치를 낮춘다. • 양흡입 펌프를 사용한다. • 두 대 이상의 펌프를 사용한다.

정답 | ②

34

빈출도 ★☆☆

금속재료의 저온에서의 성질에 대한 설명으로 가장 거리가 먼 것은?

① 강은 암모니아 냉동기용 재료로서 적당하다.
② 탄소강은 저온도가 될수록 인장강도가 감소한다.
③ 구리는 액화분리장치용 금속재료로서 적당하다.
④ 18-8 스테인리스강은 우수한 저온장치용 재료이다.

해설
탄소강은 저온일수록 인장강도와 경도가 증가하고 신율과 충격치는 감소한다.

정답 | ②

35

빈출도 ★☆☆

액주식 압력계에 사용되는 액체의 구비조건으로 틀린 것은?

① 화학적으로 안정되어야 한다.
② 모세관 현상이 없어야 한다.
③ 점도와 팽창계수가 작아야 한다.
④ 온도변화에 의한 밀도변화가 커야 한다.

해설
액주식 압력계는 온도변화에 의한 밀도변화가 작아야 한다.

관련이론 액주식 압력계 액체의 구비조건
• 점도와 팽창계수가 작아야 한다.
• 모세관 현상이 적어야 한다.
• 일정한 화학성분을 가지고 안정적이어야 한다.
• 온도변화에 의한 밀도변화가 작아야 한다.
• 휘발성 및 흡수성이 낮아야 한다.

정답 | ④

36

빈출도 ★★★

오리피스 미터의 특징에 대한 설명으로 옳은 것은?

① 압력손실이 매우 작다.
② 침전물이 관벽에 부착되지 않는다.
③ 내구성이 좋다.
④ 제작이 간단하고 교환이 쉽다.

선지분석
① 압력손실이 크다.
② 침전물이 관벽에 부착한다.
③ 내구성 및 정확도가 좋지 않다.

관련이론 오리피스 미터
• 설치가 용이하고, 제작이 간단하다.
• 교환이 쉽고 가격이 저렴하다.
• 압력손실이 크다.
• 침전물이 관벽에 부착된다.
• 내구성 및 정확도가 좋지 않다.

정답 | ④

37

왕복동 압축기 용량 조정 방법 중 단계적으로 조절하는 방법에 해당되는 것은?

① 회전수를 변경하는 방법
② 흡입 주밸브를 폐쇄하는 방법
③ 타임드밸브 제어에 의한 방법
④ 클리어런스 밸브에 의해 용적 효율을 낮추는 방법

해설
왕복동 압축기의 용량 조정의 단계적인 방법은 클리어런스 밸브에 의해 용적 효율을 낮추는 방법, 흡입밸브 강제개방법 등이 있다.

관련이론 왕복동 압축기의 용량 조정
토출량을 조정하고 무부하 운전 운영을 위해 왕복동 압축기의 용량을 조정해야 한다.

단계적 방법	• 클리어런스 밸브에 의해 용적 효율을 낮추는 방법 • 흡입밸브 강제 개방법
연속적 방법	• 회전수 변경법 • 타임드밸브의 제어에 의한 방법 • 흡입 주밸브 폐쇄법 • 바이패스밸브에 의한 방법

정답 | ④

38

수소(H_2)가스 분석방법으로 가장 적당한 것은?

① 팔라듐관 연소법
② 헴펠법
③ 황산바륨 침전법
④ 흡광광도법

해설
수소가스 분석법으로 가장 적당한 것은 팔라듐관 연소법이다.

관련이론 수소가스 분석법
• 열전도도법
• 폭발법
• 산화동에 의한 연소법
• 팔라듐블랙에 의한 흡수법

정답 | ①

39 〈고난도〉

펌프의 실제 송출유량을 Q, 펌프 내부에서의 누설유량을 $0.6Q$, 임펠러 속을 지나는 유량을 $1.6Q$라 할 때 펌프의 체적효율(η_V)은?

① 3.75%
② 40%
③ 60%
④ 62.5%

해설

$$\eta_V = \frac{Q_a}{Q_a + Q_w}$$

• η_V: 효율[%], Q_a: 실제 송출유량, Q_w: 누설유량

$$\eta_V = \frac{Q_a}{Q_a + Q_w} = \frac{Q}{Q + 0.6Q} = \frac{1}{1.6} = 0.625 = 62.5\%$$

정답 | ④

40

가스액화분리장치에서 냉동사이클과 액화사이클을 응용한 장치는?

① 한냉발생장치
② 정유분출장치
③ 정유흡수장치
④ 불순물제거장치

해설
냉동사이클과 액화사이클을 응용한 가스액화분리장치는 한냉발생장치이다.

정답 | ①

41

가스크로마토그래피의 구성요소가 아닌 것은?

① 광원
② 컬럼
③ 검출기
④ 기록계

해설
광원은 가스크로마토그래피의 구성요소가 아니다.

관련이론 가스크로마토그래피(G/C)의 구성요소
• 컬럼(분리관)
• 검출기
• 기록계

정답 | ①

42

다기능 가스안전계량기에 대한 설명으로 틀린 것은?

① 사용자가 쉽게 조작할 수 있는 테스트차단 기능이 있는 것으로 한다.
② 통상의 사용 상태에서 빗물, 먼지 등이 침입할 수 없는 구조로 한다.
③ 차단밸브가 작동한 후에는 복원조작을 하지 아니하는 한 열리지 않는 구조로 한다.
④ 복원을 위한 버튼이나 레버 등은 조작을 쉽게 실시 할 수 있는 위치에 있는 것으로 한다.

해설
사용자가 쉽게 조작할 수 없는 테스트차단 기능이 있는 것으로 한다.

정답 | ①

43

아세틸렌을 용기에 충전 시 미리 용기에 다공물질을 채우는데 이때 다공도의 기준은?

① 75% 이상, 92% 미만
② 80% 이상, 95% 미만
③ 95% 이상
④ 98% 이상

해설
아세틸렌 충전용기의 다공도의 기준은 75% 이상 92% 미만이다.

관련이론 다공물질
(1) 개요
아세틸렌의 분해폭발을 방지하기 위해 용기 내 공간에 채우는 물질로, 석면, 규조토, 목탄, 다공성플라스틱, 석회 등이 있다.
(2) 다공도의 공식
$$\frac{V-E}{V} \times 100$$
- V : 다공물질의 용적, E : 침윤 후 잔용적

정답 | ①

44

다음 중 고압배관용 탄소강관의 KS규격 기호는?

① SPPS
② SPPH
③ STS
④ SPHT

선지분석
① SPPS: 압력배관용 탄소강관
② SPPH: 고압배관용 탄소강관
③ STS: 스테인리스 강관
④ SPHT: 고온배관용 탄소강관

정답 | ②

45

긴급차단장치의 동력원으로 가장 부적당한 것은?

① 스프링
② X선
③ 기압
④ 전기

해설
X선은 긴급차단장치의 동력원이 아니다.

관련이론 긴급차단장치 동력원
- 스프링
- 기압
- 전기

정답 | ②

46

다음 중 엔트로피의 단위는?

① kcal/h
② kcal/kg
③ kcal/kg · m
④ kcal/kg · K

해설
엔트로피(Entropy)는 단위 중량당 열량을 절대온도로 나눈 값으로 단위는 kcal/kg · K이다.
엔탈피의 단위는 kcal/kg이다.

정답 | ④

47

"혼합기체가 가지는 전 압력은 각 성분 기체가 나타내는 압력의 합과 같다"는 어떤 이론인가?

① 헨리의 법칙
② 줄-톰슨효과
③ 보일의 법칙
④ 돌턴의 분압 법칙

해설
돌턴의 분압 법칙에 대한 설명이다.

관련이론 돌턴의 분압 법칙
혼합기체가 가지는 전 압력은 각 성분 기체가 나타내는 압력의 합과 같다.
$P_T = P_1 + P_2 + P_3 + \cdots$
- P: 압력

정답 | ④

48

다음 각 가스의 성질에 대한 설명으로 옳은 것은?

① 질소는 안정한 가스로서 불활성가스라고도 하고, 고온에서도 금속과 화합하지 않는다.
② 염소는 반응성이 강한 가스로 강재에 대하여 상온에서도 무수(無水) 상태로 현저한 부식성을 갖는다.
③ 산소는 액체 공기를 분류하여 제조하는 반응성이 강한 가스로 그 자신이 잘 연소한다.
④ 암모니아는 동을 부식하고 고온고압에서는 강재를 침식한다.

선지분석
① 안정한 가스로서 불활성가스라고도 하고, 고온·고압에서 금속과 화합한다.
② 반응성이 강하지만 수분이 없으면 부식되지 않는다.
③ 액체 공기를 분류하여 제조하며 자신이 연소하지 않고 다른 물질의 연소를 돕는 조연성 가스이다.

정답 | ④

49

0℃, 1atm인 표준상태에서 공기와의 같은 부피에 대한 무게비를 무엇이라고 하는가?

① 비중
② 비체적
③ 밀도
④ 비열

해설
비중은 0℃, 1atm인 표준상태에서 공기와 같은 부피에 대한 무게비를 의미하며, 가스 분자량과 공기의 분자량(29)의 비로 나타낸다. 비중이 1보다 클 경우 공기보다 무거운 가스를 의미한다.

$$\text{가스의 비중} = \frac{\text{가스의 분자량}}{\text{공기의 분자량}(29)}$$

선지분석
② 비체적[m^3/kg]: 단위질량당 물체의 체적이다.
③ 밀도[kg/m^3]: 단위체적당 물체의 질량을 나타낸다.
④ 비열[$kJ/kg \cdot ℃$]: 단위질량당 물체의 온도를 높이는데 드는 열에너지를 말한다.

정답 | ①

50

LNG의 특징에 대한 설명 중 틀린 것은?

① 냉열을 이용할 수 있다.
② 천연에서 산출한 천연가스를 약 -162℃까지 냉각하여 액화시킨 것이다.
③ LNG는 도시가스, 발전용 이외에 일반 공업용으로도 사용된다.
④ LNG로부터 기화한 가스는 부탄이 주성분이다.

해설
LNG의 주성분은 메탄(CH_4)이다.

관련이론 LNG의 특징
- 메탄(CH_4)을 주성분으로 하며 에탄, 프로판 등이 포함되어 있다.
- 물리적으로 무색, 무취, 무미의 성질을 나타낸다.
- 액화되면 체적이 약 1/600로 줄어든다.
- CO_2 배출량이 적어 청정가스로 불리운다.
- 발열량이 약 9,500kcal/m^3 정도이다.
- LNG의 기체 상태는 공기보다 가볍고 액체 상태는 물보다 가볍다.

정답 | ④

51

다음 중 드라이아이스의 제조에 사용되는 가스는?

① 일산화탄소　② 이산화탄소
③ 아황산가스　④ 염화수소

해설
이산화탄소(CO_2)를 원료로 드라이아이스를 제조한다.

정답 | ②

52

도시가스에 첨가되는 부취제 선정 시 조건으로 틀린 것은?

① 물에 잘 녹고 쉽게 액화될 것
② 토양에 대한 투과성이 좋을 것
③ 독성 및 부식성이 없을 것
④ 가스배관에 흡착되지 않을 것

해설
물에 녹지 않고 쉽게 액화되지 않아야 한다.

관련이론 부취제 구비조건
- 인체에 무해해야 한다.
- 일반적인 냄새와 명확하게 구분되어야 한다.
- 낮은 농도에서도 쉽게 구별되어야 한다.
- 배관 및 장치를 부식시키지 않아야 한다.
- 상온에서 쉽게 응축되지 않아야 한다.
- 완전연소가 가능하고 화학적으로 안정해야 한다.
- 토양에 대하여 투과성이 커야 한다.
- 경제적이어야 한다.
- 물에 잘 녹지 않고 쉽게 액화되지 않아야 한다.

정답 | ①

53 〈고난도〉

C_3H_8 비중이 1.5라고 할 때 20m 높이 옥상까지의 압력손실은 약 몇 mmH_2O인가?

① 12.9　② 16.9
③ 19.4　④ 21.4

해설
$P = 1.293 \times (S-1)H$
- P: 압력손실[mmH_2O], S: 비중, H: 높이[m]
$P = 1.293 \times (1.5-1) \times 20 = 12.9 mmH_2O$

정답 | ①

54

물질이 융해, 응고, 증발, 응축 등과 같은 상의 변화를 일으킬 때 발생 또는 흡수하는 열을 무엇이라 하는가?

① 비열　② 현열
③ 잠열　④ 반응열

해설
물질의 온도변화 없이 상태변화에 필요한 열량을 잠열이라고 한다.
물질의 상태변화 없이 온도변화에 필요한 열량은 현열이다.

정답 | ③

55

LP가스의 특성을 잘못 설명한 것은?

① 상온·상압에서 기체상태이다.
② 증기비중은 공기의 1.5~2.0배이다.
③ 액체는 물보다 무겁다.
④ 액체는 무색·투명하며 물에 잘 녹지 않는다.

해설
LP가스는 기체상태일 때 공기보다 무겁지만 액체상태에서는 비중이 0.55~0.58로, 물보다 가볍다.

정답 | ③

56 〈고난도〉

아래의 혼합기체를 르 샤틀리에 식을 이용하여 폭발하한계를 구한 값은 얼마인가?

	CH_4	C_2H_6	C_3H_8	C_4H_{10}
체적	80%	15%	4%	1%
LEL	5%	3%	2.1%	1.8%

① 2.3% ② 4.2%
③ 10.2% ④ 23.1%

해설

혼합가스의 폭발한계(르 샤틀리에 법칙)를 구하는 공식은 아래와 같다.

$$\frac{100}{L} = \frac{V_1}{L_1} + \frac{V_2}{L_2} + \frac{V_3}{L_3} + \cdots$$

- L: 하한계[%], V: 체적[%]

$$\frac{100}{L} = \frac{80}{5} + \frac{15}{3} + \frac{4}{2.1} + \frac{1}{1.8} = 23.46$$

$$L = \frac{100}{23.46} = 4.26\%$$

정답 | ②

57

다음 가스 중 가장 무거운 것은?

① 메탄 ② 프로판
③ 암모니아 ④ 헬륨

선지분석

분자량이 클수록 무겁다.
① 메탄(CH_4): 16
② 프로판(C_3H_8): 44
③ 암모니아(NH_3): 17
④ 헬륨(He): 4

정답 | ②

58

다음 압력 중 가장 높은 압력은?

① $1.5kg/cm^2$ ② $10mH_2O$
③ $745mmHg$ ④ $0.6atm$

선지분석

① $1.5kg/cm^2$
② $10mH_2O = 1kg/cm^2$
③ $745mmHg = 1.02kg/cm^2$
④ $0.6atm = 0.6kg/cm^2$

정답 | ①

59

다음 중 가스가 액화하기 위한 조건은?

① 고온, 저압 ② 고온, 고압
③ 저온, 저압 ④ 저온, 고압

해설

가스가 액화하기 위해서는 저온, 고압 조건이어야 한다.

관련이론 가스가 액화되기 위한 조건
- 임계온도 이하로 낮추어야 한다. (저온)
- 임계압력 이상으로 높여야 한다. (고압)

정답 | ④

60

암모니아에 대한 설명 중 틀린 것은?

① 물에 잘 용해된다.
② 무색, 무취의 가스이다.
③ 비료의 제조에 이용된다.
④ 암모니아가 분해하면 질소와 수소가 된다.

해설

암모니아는 자극성 냄새의 가스이다.

관련이론 암모니아
- 물에 잘 용해된다.
- 무색이나 자극성 냄새의 가스이다.
- 비료의 제조에 이용된다.
- 암모니아가 분해하면 질소와 수소가 된다.

정답 | ②

PART 02　8개년 CBT 복원문제

2021년 2회 CBT 복원문제

01　빈출도 ★★☆
다음 중 특정고압가스에 해당되지 않은 것은?

① 이산화탄소　② 수소
③ 산소　　　　④ 천연가스

해설
이산화탄소는 특정고압가스에 해당하지 않는다.

관련이론 특정고압가스 및 특수고압가스
「고압가스 안전관리법 제20조」

품명	특정고압가스	특정고압가스 (대통령령)	특수고압가스
	• 수소 • 산소 • 액화암모니아 • 아세틸렌 • 액화염소 • 천연가스 • 압축모노실란 • 압축디보레인 • 액화알진	• 포스핀 • 셀렌화수소 • 사불화유황 • 사불화규소 • 오불화비소 • 오불화인 • 삼불화인 • 삼불화질소 • 삼불화붕소 • 게르만 • 디실란	• 포스핀 • 압축모노실란 • 디실란 • 압축디보레인 • 액화알진 • 셀렌화수소 • 게르만

정답 | ①

02　빈출도 ★☆☆
고압가스 제조설비에서 기밀시험용으로 사용할 수 없는 것은?

① 산소　　　② 질소
③ 공기　　　④ 탄산가스

해설
탄산가스는 탄소와 산소가 이미 반응이 끝났으므로 다른 물질과 더 이상의 결합 및 활성 반응이 없기 때문에 기밀시험용으로 사용하여도 연소 및 폭발에 대한 위험성이 없다.

정답 | ④

03　빈출도 ★★☆
교량에 도시가스 배관을 설치하는 경우 보호조치 등 설계·시공에 대한 설명으로 옳은 것은?

① 교량첨가 배관은 강관을 사용하며, 기계적 접합을 원칙으로 한다.
② 제3자의 출입이 용이한 교량설치 배관의 경우 보행방지철조망 또는 방호철조망을 설치한다.
③ 지진발생 시 등 비상 시 긴급차단을 목적으로 첨가배관의 길이가 200m 이상인 경우 교량 양단의 가까운 곳에 밸브를 설치토록 한다.
④ 교량첨가 배관에 가해지는 여러 하중에 대한 합성응력이 배관의 허용응력을 초과하도록 설계한다.

선지분석
① 교량첨가 배관은 강관을 사용하며, 용접접합을 원칙으로 한다.
③ 긴급차단을 목적으로 첨가배관의 길이가 500m 이상인 경우 교량 양단의 가까운 곳에 밸브를 설치토록 한다.
④ 교량첨가 배관에 가해지는 여러 하중에 대한 합성응력이 배관의 허용응력을 초과하지 않도록 설계한다.

정답 | ②

04　빈출도 ★★☆
최대지름이 6m인 가연성가스 저장탱크 2개가 서로 유지하여야 할 최소 거리는?

① 0.6m　　② 1m
③ 2m　　　④ 3m

해설
탱크 간 이격거리 $= (D_1 + D_2) \times \dfrac{1}{4}$

• D: 지름[m]

이격거리 $= (6+6) \times \dfrac{1}{4} = 3\text{m}$

정답 | ④

05 〈고난도〉 빈출도 ★★★

다음 중 가연성이면서 독성가스인 것은?

① NH_3
② H_2
③ CH_4
④ N_2

해설
가연성이면서 독성가스인 것은 암모니아(NH_3)이다.

선지분석
② 수소(H_2)는 가연성가스이다.
③ 메탄(CH_4)은 가연성가스이다.
④ 질소(N_2)는 불연성가스이다.

관련이론 독성가스이면서 가연성인 가스
- 일산화탄소(CO)
- 산화에틸렌(C_2H_4O)
- 시안화수소(HCN)
- 황화수소(H_2S)
- 염화메탄(CH_3Cl)
- 이황화탄소(CS_2)
- 벤젠(C_6H_6)
- 암모니아(NH_3)
- 브롬화메탄(CH_3Br)

정답 | ①

06 빈출도 ★☆☆

LPG 저장탱크 지하 설치 시 저장탱크실 상부 윗면으로부터 저장탱크 상부까지의 깊이는 얼마 이상으로 하여야 하는가?

① 0.6m
② 0.8m
③ 1m
④ 1.2m

해설
LPG 저장탱크를 지하에 설치할 경우 저장탱크실의 상부 윗면으로부터 저장탱크의 상부까지의 깊이는 0.6m 이상으로 하여야 한다.

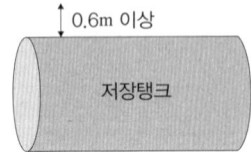

정답 | ①

07 빈출도 ★☆☆

다음 중 연소기구에서 발생할 수 있는 역화(Back fire)의 원인이 아닌 것은?

① 염공이 작게 되었을 때
② 가스의 압력이 너무 낮을 때
③ 콕이 충분히 열리지 않았을 때
④ 버너 위에 큰 용기를 올려서 장시간 사용할 경우

해설
염공이 작을 때에는 선화(Lifting)가 발생한다.

관련이론 역화와 선화

	역화(Back fire)	선화(Lifting)
의미	가스의 연소속도가 유출속도보다 빨라 연소기 내부에서 연소하는 현상	가스의 유출속도가 연소속도보다 빨라 염공을 떠나 연소하는 현상
원인	• 노즐 구멍이 클 때 • 가스 공급압력이 낮을 때 • 버너가 과열되었을 때 • 콕의 충분히 열리지 않을 때	• 노즐 구멍이 작을 때 • 염공이 작을 때 • 가스 공급압력이 높을 때 • 공기조절장치가 많이 개방되었을때

정답 | ①

08 빈출도 ★☆☆

고압가스 냉동제조의 시설 및 기술기준에 대한 설명으로 틀린 것은?

① 냉동제조시설 중 냉매설비에는 자동제어장치를 설치할 것
② 가연성가스 또는 독성가스를 냉매로 사용하는 냉매설비 중 수액기에 설치하는 액면계는 환형유리관 액면계를 사용할 것
③ 냉매설비에는 압력계를 설치할 것
④ 압축기 최종단에 설치한 안전장치는 1년에 1회 이상 점검을 실시할 것

해설
가연성가스 또는 독성가스를 냉매로 사용하는 냉매설비 중 수액기에 환형유리관 액면계를 설치하면 액면계 파손시 누출의 위험이 있으므로 사용을 지양해야 한다.

정답 | ②

09 고난도　　빈출도 ★★★

다음 중 방류둑을 설치하여야 할 기준으로 옳지 않은 것은?

① 저장능력이 5톤 이상인 독성가스 저장탱크
② 저장능력이 300톤 이상인 가연성가스 저장탱크
③ 저장능력이 1,000톤 이상인 액화석유가스 저장탱크
④ 저장능력이 1,000톤 이상인 액화산소 저장탱크

해설
가연성가스 저장탱크의 저장능력이 500톤 이상인 경우 방류둑을 설치한다.

관련이론 저장탱크 방류둑 설치기준
- 저장능력이 5톤 이상인 독성가스
- 저장능력이 500톤 이상인 가연성가스 저장탱크
- 저장능력이 1,000톤 이상인 액화산소 및 액화석유가스 저장탱크
- 저장능력이 1,000톤 이상인 도시가스 저장탱크
- 저장능력이 10,000L 이상의 고압가스 냉동 수액기

정답 | ②

10　　빈출도 ★★☆

도시가스는 공기 중의 혼합비율의 용량이 얼마인 상태에서 감지할 수 있도록 냄새가 나는 물질을 섞어 용기에 충전하여야 하는가?

① 1/10　　② 1/100
③ 1/1,000　　④ 1/10,000

해설
부취제 주입 농도: $\dfrac{1}{1,000}=0.1\%$

정답 | ③

11　　빈출도 ★★☆

아세틸렌 용접용기의 내압시험압력으로 옳은 것은?

① 최고 충전압력의 1.5배
② 최고 충전압력의 1.8배
③ 최고 충전압력의 5/3배
④ 최고 충전압력의 3배

해설
아세틸렌 용접용기의 내압시험압력은 최고충전압력(FP)의 3배이다.

관련이론 내압시험압력

용기 구분	내압시험 압력(TP)
아세틸렌 용기	FP×3배
초저온 및 저온용기	FP×5/3배
그 이외의 용기	FP×5/3배

※FP: 최고충전압력

정답 | ④

12　　빈출도 ★★★

가스제조시설에 설치하는 방호벽의 규격으로 옳은 것은?

① 박강판 벽으로 두께 3.2cm 이상, 높이 3m 이상
② 후강판 벽으로 두께 10mm 이상, 높이 3m 이상
③ 철근 콘크리트 벽으로 두께 12cm 이상, 높이 2m 이상
④ 철근 콘크리트블록 벽으로 두께 20cm 이상, 높이 2m 이상

해설
철근 콘크리트 벽의 경우 두께 12cm 이상, 높이 2m 이상이어야 한다.

관련이론 가스제조시설에 설치하는 방호벽의 규격

방호벽 종류	높이	두께
철근 콘크리트	2m 이상	12cm 이상
콘크리트블록	2m 이상	15cm 이상
박강판	2m 이상	3.2mm 이상
후강판	2m 이상	6mm 이상

정답 | ③

13

빈출도 ★★☆

가스공급 배관 용접 후 검사하는 비파괴 검사방법이 아닌 것은?

① 방사선투과검사
② 초음파탐상검사
③ 자분탐상검사
④ 전자현미경검사

해설
전자현미경검사는 비파괴검사가 아니다.

관련이론 비파괴검사(NDT)의 종류
- 육안검사(VT)
- 와전류탐상검사(ET)
- 방사선투과검사(RT)
- 초음파탐상검사(UT)
- 자분탐상검사(MT)
- 음향검사(AE)

정답 | ④

14

빈출도 ★☆☆

산소 가스설비의 수리 및 청소를 위한 저장탱크 내의 산소를 치환할 때 산소측정기 등으로 치환결과를 측정하여 산소의 농도가 최대 몇 % 이하가 될 때까지 계속하여 치환작업을 하여야 하는가?

① 18%
② 20%
③ 22%
④ 24%

해설
가스설비 수리시 치환 작업의 산소농도의 기준은 인체에 유해가 없는 18~22%가 적합하다.

관련이론 밀폐공간 작업시 적정 가스농도
- 산소(O_2): 18~22% 이하
- 이산화탄소(CO_2): 1.5% 이하
- 일산화탄소(CO): 30ppm 이하
- 황화수소(H_2S): 10ppm 이하

정답 | ③

15 〈고난도〉

빈출도 ★☆☆

도시가스도매사업자가 제조소에 다음 시설을 설치하고자 한다. 다음 중 내진설계를 하지 않아도 되는 시설은?

① 저장능력이 2톤인 지상식 액화천연가스 저장탱크의 지지구조물
② 저장능력이 300m^3인 천연가스 저장탱크의 지지구조물
③ 처리능력이 10m^3인 압축기의 지지구조물
④ 처리능력이 15m^3인 펌프의 지지구조물

해설
액화석유가스 저장탱크는 저장능력이 3톤 이상인 경우 지지구조물을 포함하여 내진설계를 하여야 한다.

관련이론 내진설계 적용대상의 분류
(1) 고압가스 안전관리법 적용 대상 시설
- 가연성, 독성 저장탱크: 5톤(500m^3) 이상(비가연성, 비독성 저장탱크: 10톤(1000m^3)
- 탑류로서 동체부 높이가 5m 이상인 압력용기
- 세로로 설치된 동체 길이 5m 이상의 원통형 응축기
- 내용적 5,000L 이상의 수액기
- 지상에 설치되는 사업소 밖의 고압가스 배관
- 위 시설의 지지구조물 및 기초와 이들의 연결부

(2) 액화석유가스 안전관리 및 사업법 적용 대상 시설
- 저장탱크: 3톤 또는 300m^3 이상
- 지상에 설치되는 액화석유가스 배관망공급 제조소 밖의 배관(사용자 공급관과 내관은 제외한다)
- 위 시설의 지지구조물 및 기초와 이들의 연결부
- 액화석유가스 배관망공급사업자의 철근콘크리트 구조의 정압기실(캐비닛 및 매몰형은 제외한다)

(3) 도시가스사업법 적용 대상 시설
- 제조시설: 3톤(300m^3) 이상 저장탱크 및 가스홀더
- 충전시설: 5톤(500m^3) 이상 저장탱크 및 가스홀더
- 탑류로서 동체부 높이가 5m 이상인 압력용기
- 지상에 설치하는 사업소 밖의 도시가스 배관(사용자 공급관과 내관은 제외한다)
- 주요설비: 압축기, 펌프, 기화기, 열교환기, 냉동설비, 정제설비, 부취제주입설비
- 특정 시설의 지지구조물 및 기초와 이들의 연결부

정답 | ①

16

도시가스 사용시설 중 가스계량기와 다음 설비와의 안전거리의 기준으로 옳은 것은?

① 전기계량기와는 60cm 이상
② 전기접속기와는 60cm 이상
③ 전기점멸기와는 60cm 이상
④ 절연조치를 하지 않은 전선과는 30cm 이상

선지분석

② 도시가스 사용시설에서 가스계량기와 전기접속기와의 최소 안전거리는 30cm 이상이다.
③ 도시가스 사용시설에서 가스계량기와 전기점멸기와의 최소 안전거리는 30cm 이상이다.
④ 도시가스 사용시설에서 가스계량기와 절연조치를 하지 않은 전선과의 최소 안전거리는 15cm 이상이다.

관련이론 가스계량기와의 최소 안전거리

유지거리	공급시설 및 사용시설
전기계량기, 전기개폐기	60cm 이상
전기점멸기, 전기접속기	30cm 이상
절연전선	10cm 이상
절연조치 하지 않은 전선, 단열조치 하지 않은 굴뚝	15cm 이상

정답 | ①

17

독성가스 여부를 판정할 때 기준이 되는 "허용농도"를 바르게 설명한 것은?

① 해당가스를 성숙한 흰쥐 집단에게 대기 중에서 1시간 동안 계속하여 노출시킨 경우 7일 이내에 그 흰쥐의 1/2 이상이 죽게 되는 가스의 농도를 말한다.
② 해당가스를 성숙한 흰쥐 집단에게 대기 중에서 24시간동안 계속하여 노출시킨 경우 7일 이내에 그 흰쥐의 1/2 이상이 죽게 되는 가스의 농도를 말한다.
③ 해당가스를 성숙한 흰쥐 집단에게 대기 중에서 1시간 동안 계속하여 노출시킨 경우 14일 이내에 그 흰쥐의 1/2 이상이 죽게 되는 가스의 농도를 말한다.
④ 해당가스를 성숙한 흰쥐 집단에게 대기 중에서 24시간 동안 계속하여 노출시킨 경우 14일 이내에 그 흰쥐의 1/2 이상이 죽게 되는 가스의 농도를 말한다.

해설

허용농도는 해당가스를 성숙한 흰쥐 집단에게 대기 중에서 1시간 동안 계속하여 노출시킨 경우 14일 이내에 그 흰쥐의 1/2 이상이 죽게 되는 가스의 농도를 말한다.

관련이론 독성가스 허용농도

	측정대상	노출시간	경과일수	측정결과
LC_{50}	흰쥐 집단	1시간	14일	1/2 이상 죽게 되는 농도
TLV-TWA	성인남자	8시간	주 40시간	건강에 지장이 없는 농도

정답 | ③

18

LP가스 사용시설에서 호스의 길이는 연소기까지 몇 m 이내로 하여야 하는가?

① 3m ② 5m
③ 7m ④ 9m

해설
호스의 길이는 연소기까지 3m 이내로 하고, 호스는 T형으로 연결하지 않는다.

관련이론 연소기까지의 호스길이
- 사용시설 배관 중 호스길이: 3m 이내
- LPG 충전기 호스길이: 5m 이내
- LNG 고정식, 이동식 충전기 호스길이: 8m 이내

정답 | ①

19

압축 또는 액화 그 밖의 방법으로 처리할 수 있는 가스의 용적이 1일 100m³ 이상인 사업소는 압력계를 몇 개 이상 비치하도록 되어 있는가?

① 1 ② 2
③ 3 ④ 4

해설
처리능력이 1일 100m³ 이상인 사업소는 표준압력계를 2개 이상 비치하여야 한다.

정답 | ②

20

상용압력이 10MPa인 고압설비의 안전밸브 작동압력은 얼마인가?

① 10MPa ② 12MPa
③ 15MPa ④ 20MPa

해설
안전밸브 작동압력=상용압력×1.2배=10MPa×1.2=12MPa

정답 | ②

21

다음 중 제독제로서 다량의 물을 사용하는 가스는?

① 일산화탄소 ② 이황화탄소
③ 황화수소   ④ 암모니아

해설
물을 제독제로 사용하는 가스는 암모니아이다.

관련이론 가스별 제독제

가스	제독제(중화제)
암모니아	다량의 물
산화에틸렌	다량의 물
염화메탄	다량의 물
아황산가스	가성소다 수용액, 탄산소다 수용액, 다량의 물
염소	가성소다 수용액, 탄산소다 수용액, 소석회
시안화수소	가성소다 수용액
황화수소	가성소다 수용액, 탄산소다 수용액
포스겐	가성소다 수용액, 탄산소다 수용액
일산화탄소	다량의 공기(환기)
브롬화메탄	연소 후 수산화나트륨에 흡수

정답 | ④

22 고난도

용기의 내용적 40L에 내압시험 압력의 수압을 걸었더니 내용적이 40.24L로 증가하였고, 압력을 제거하여 대기압으로 하였더니 용적은 40.02L가 되었다. 이 용기의 항구 증가량과 이 용기의 내압시험에 대한 합격여부는?

① 1.6%, 합격
② 1.6%, 불합격
③ 8.3%, 합격
④ 8.3%, 불합격

해설

항구증가율 = $\dfrac{\text{항구 증가량}}{\text{전증가량}} \times 100 = \dfrac{40.02 - 40}{40.24 - 40} \times 100 = 8.3\%$

※ 항구증가율이 10% 이하이면 내압시험 합격이다.

정답 | ③

23

에어졸 제조설비와 인화성 물질과의 최소 우회거리는?

① 3m 이상
② 5m 이상
③ 8m 이상
④ 10m 이상

해설

에어졸 제조설비와 인화성 물질과의 최소 우회거리는 8m 이상이다.

관련이론 에어졸의 제조 기준

- 내용적: 1L 미만
- 용기재료: 강, 경금속
- 금속제 용기두께: 0.125mm 이상
- 내압시험 압력: 0.8MPa
- 가압시험 압력: 1.3MPa
- 파열시험 압력: 1.5MPa
- 누설시험: 46℃ 이상 50℃ 미만의 온수
- 불꽃길이시험: 24℃ 이상 26℃ 미만
- 화기와 우회거리: 8m 이상

정답 | ③

24

차량에 고정된 충전탱크는 그 온도를 항상 몇 ℃ 이하로 유지하여야 하는가?

① 20
② 30
③ 40
④ 50

해설

차량에 고정된 충전탱크는 40℃ 이하로 유지한다.

정답 | ③

25

시안화수소(HCN)의 위험성에 대한 설명으로 틀린 것은?

① 인화온도가 아주 낮다.
② 오래된 시안화수소는 자체 폭발할 수 있다.
③ 용기에 충전한 후 60일을 초과하지 않아야 한다.
④ 호흡 시 흡입하면 위험하나 피부에 묻으면 아무 이상이 없다.

해설

시안화수소(HCN)를 흡입하거나 피부에 접촉하면 위험하다.

관련이론 시안화수소(HCN)

- 폭발범위가 6~41%인 가연성 가스이다.
- TLV-TWA 10ppm, LC_{50} 140ppm인 독성가스이다.
- 산화폭발, 중합폭발을 한다.
- 흡입시 현기증, 구토, 혼수상태, 심하면 사망한다.
- 피부 및 눈 접촉시 흐르는 다량의 물로 신속히 세척해야 한다.

정답 | ④

26

LP가스 충전설비의 작동상황 점검주기로 옳은 것은?

① 1일 1회 이상   ② 1주일 1회 이상
③ 1월 1회 이상   ④ 1년 1회 이상

해설
액화석유가스 충전설비 작동상황 점검은 1일 1회 이상 한다.

정답 | ①

27

고압가스 품질검사에 대한 설명으로 틀린 것은?

① 품질검사 대상 가스는 산소, 아세틸렌, 수소이다.
② 품질검사는 안전관리책임자가 실시한다.
③ 산소는 동·암모니아 시약을 사용한 오르자트법에 의한 시험결과 순도가 99.5% 이상이어야 한다.
④ 수소는 하이드로썰파이드 시약을 사용한 오르자트법에 의한 시험결과 순도가 99.0% 이상이어야 한다.

해설
수소의 품질검사는 순도가 98.5% 이상이어야 한다.

관련이론 품질검사
품질검사는 1일 1회 이상, 안전관리책임자가 실시한다.

물질별 품질검사	순도
수소	98.5% 이상
산소	99.5% 이상
아세틸렌	98% 이상

정답 | ④

28 〈고난도〉

독성가스 사용시설에서 처리설비의 저장능력이 45,000kg인 경우 제2종 보호시설까지 안전거리는 얼마 이상 유지하여야 하는가?

① 14m   ② 16m
③ 18m   ④ 20m

해설
처리 및 저장능력이 40,000m³ 초과 50,000m³ 이하인 경우 제2종 보호시설까지의 안전거리는 20m 이상으로 한다.

관련이론 독성가스 사용시설과의 안전거리

처리 및 저장능력	제1종 보호시설	제2종 보호시설
1만 이하	17m 이상	12m 이상
1만 초과 2만 이하	21m 이상	14m 이상
2만 초과 3만 이하	24m 이상	16m 이상
3만 초과 4만 이하	27m 이상	18m 이상
4만 초과 5만 이하	30m 이상	20m 이상

정답 | ④

29

독성가스인 암모니아의 저장탱크에는 그 가스의 용량이 그 저장탱크 내용적의 몇 %를 초과하지 않아야 하는가?

① 80%   ② 85%
③ 90%   ④ 95%

해설
대부분의 저장탱크와 용기는 90% 이하로 충전한다. 단, 소형저장탱크, LPG 차량용 용기 등은 85% 이하로 충전한다.

정답 | ③

30

정전기에 대한 설명 중 틀린 것은?

① 습도가 낮을수록 정전기를 축적하기 쉽다.
② 화학섬유로 된 의류는 흡수성이 높으므로 정전기가 대전하기 쉽다.
③ 액상의 LP가스는 전기 절연성이 높으므로 유동 시에는 대전하기 쉽다.
④ 재료 선택 시 접촉 전위차를 적게 하여 정전기 발생을 줄인다.

해설
화학섬유로 된 의류는 흡수성이 낮으므로 정전기가 대전하기 쉽다.

정답 | ②

31

고압가스안전관리법령에 따라 고압가스 판매시설에서 갖추어야 할 계측설비가 바르게 짝지어진 것은?

① 압력계, 계량기
② 온도계, 계량기
③ 압력계, 온도계
④ 온도계, 가스분석계

해설
고압가스 판매시설은 압력계와 계량기를 갖추어야 한다.

관련이론 고압가스 판매시설 계측설비
- 압력계: 설비 등의 압력을 확인(안전상태 확인 등)한다.
- 계량기: 판매할 양을 정확히 계측한다.

정답 | ①

32

1단 감압식 저압조정기의 조정압력(출구압력)은?

① 2.3~3.3kPa
② 5~30kPa
③ 32~83kPa
④ 57~83kPa

해설
1단 감압식 저압조정기의 조정압력은 2.3~3.3kPa이다.

관련이론 1단 감압식 저압조정기

입구압력	$0.7 \sim 15.6 kg/cm^2$
조정압력	2.3~3.3kPa
최대폐쇄압력	3.5kPa 이하

정답 | ①

33

저비점(低沸點) 액체용 펌프 사용상의 주의사항으로 틀린 것은?

① 밸브와 펌프사이에 기화가스를 방출할 수 있는 안전밸브를 설치한다.
② 펌프의 흡입, 토출관에는 신축 죠인트를 장치한다.
③ 펌프는 가급적 저장용기(貯槽)로부터 멀리 설치한다.
④ 운전개시 전에는 펌프를 청정(淸淨)하여 건조한 다음 펌프를 충분히 예냉(豫冷)한다.

해설
펌프의 이상현상 방지를 위해 가급적 저장용기(貯槽) 가까이에 설치한다.

정답 | ③

34 고난도
빈출도 ★★☆

양정 90m, 유량이 90m³/h인 송수 펌프의 소요동력은 약 몇 kW인가? (단, 펌프의 효율은 60%이다.)

① 30.6
② 36.8
③ 50.2
④ 56.8

해설

$$L_{kW} = \frac{\gamma \cdot H \cdot Q}{102\,\eta}$$

- L_{kW}: 동력[kW], γ: 비중량(1,000kg/m²)
- Q: 유량[m³/s], H: 양정[m], η: 효율[%]

$$L_{kW} = \frac{1,000 \times 90 \times 90}{102 \times 0.6 \times 3,600} = 36.8 \text{kW}$$

정답 | ②

35
빈출도 ★★★

다음 중 대표적인 차압식 유량계는?

① 오리피스 미터
② 로터미터
③ 마노미터
④ 습식 가스미터

선지분석

② 로터미터: 면적식 유량계
③ 마노미터: 압력측정기기
④ 습식 가스미터: 가스미터

관련이론 유량계의 종류

차압식 유량계	오리피스, 벤튜리, 플로노즐
터빈식 유량계	임펠러식(용적식)
회전식 유량계	오벌기어식, 루트식
면적식 유량계	로터미터, 부자식(플로트식)

정답 | ①

36
빈출도 ★☆☆

가스종류에 따른 용기의 재질로서 부적합한 것은?

① LPG: 탄소강
② 암모니아: 동
③ 수소: 크롬강
④ 염소: 탄소강

해설

암모니아는 동 및 동합금에 부식을 일으키므로 반드시 동 함유량이 62% 미만이어야 한다.

정답 | ②

37
빈출도 ★★★

가스누출을 감지하고 차단하는 가스누출자동차단기의 구성요소가 아닌 것은?

① 제어부
② 중앙통제부
③ 검지부
④ 차단부

해설

중앙통제부는 가스누출자동차단기의 구성요소가 아니다.

관련이론 가스누출자동차단기 구성요소

검지부	누출가스를 검지하고 제어부로 신호를 전송한다.
제어부	차단부로 차단 신호를 전송한다.
차단부	신호를 받아 밸브를 자동으로 차단한다.

정답 | ②

38

저장탱크 내부의 압력이 외부의 압력보다 낮아져 그 탱크가 파괴되는 것을 방지하기 위한 설비와 관계없는 것은?

① 압력계
② 진공안전밸브
③ 압력경보설비
④ 벤트스택

해설
벤트스택은 가스를 연소하지 않고 대기를 배출하는 장치로, 저장탱크 내부 압력과 관련이 없다.

관련이론 부압파괴 방지설비
부압이란 탱크 내부의 압력이 외부의 압력보다 낮아지며 저장탱크가 파괴되는(찌그러지는) 현상을 말하며, 이에 부압파괴 방지설비는 다음과 같다.
- 압력계
- 압력 경보설비
- 진공 안전밸브
- 다른 저장탱크 또는 시설로부터의 가스도입배관(균압관)
- 압력과 연동하는 긴급차단장치를 설치한 냉동제어설비
- 압력과 연동하는 긴급차단장치를 설치한 송액설비 등

정답 | ④

39

도시가스사업법령에서는 도시가스를 압력에 따라 고압, 중압 및 저압으로 구분하고 있다. 중압의 범위로 옳은 것은? (단, 액화가스가 기화되고 다른 물질과 혼합되지 않은 경우로 가정한다.)

① 0.1MPa 이상, 1MPa 미만
② 0.2MPa 이상, 1MPa 미만
③ 0.1MPa 이상, 0.2MPa 미만
④ 0.01MPa 이상, 0.2MPa 미만

해설

구분	기준
고압	1MPa 이상
중압	0.1MPa 이상 1MPa 미만 (단, 액화가스가 기화되고 다른 물질과 혼합되지 않은 경우 0.01Mpa 이상 0.2MPa 미만)
저압	0.1MPa 미만 (단, 액화가스가 기화되고 다른 물질과 혼합되지 않은 경우 0.01Mpa 미만)

정답 | ④

40

공기액화분리장치의 내부를 세척하고자 할 때 세정액으로 가장 적당한 것은?

① 염산(HCl)
② 가성소다(NaOH)
③ 사염화탄소(CCl_4)
④ 탄산나트륨(Na_2CO_3)

해설
공기액화분리장치의 내부 세정제는 사염화탄소(CCl_4)가 사용된다.

정답 | ③

41

원심식 압축기 중 터보형의 날개출구각도에 해당하는 것은?

① 90°보다 작다.
② 90°이다.
③ 90°보다 크다.
④ 평행이다.

해설
원심식 압축기 중 터보형의 날개출구 각도는 90°보다 작다.

관련이론 원심식 압축기

터보형	임펠러 출구각 90° 미만
레이디얼형	임펠러 출구각 90°
다익형	임펠러 출구각 90° 초과

정답 | ①

42

빈출도 ★★★

고점도 액체나 부유 현탁액의 유체 압력측정에 가장 적당한 압력계는?

① 벨로우즈
② 다이어프램
③ 부르동관
④ 피스톤

해설

고점도 유체나 부유 현탁액 등의 유체에 압력계 내부에 직접 접촉되지 않고 측정가능한 다이어프램 압력계를 설치한다.

관련이론 다이어프램식 압력계

- 정확성이 높다.
- 반응속도가 빠르다.
- 온도에 따른 영향이 있다.
- 고감도이므로 미소압력을 측정할 때 유리하다.
- 부식성 및 점도가 있는 유체 측정이 가능하다.

정답 | ②

43 〈고난도〉

빈출도 ★★★

염화파라듐지로 검지할 수 있는 가스는?

① 아세틸렌
② 황화수소
③ 염소
④ 일산화탄소

해설

염화파라듐지로 검지할 수 있는 가스는 일산화탄소(CO)이다.

관련이론 가스별 누설검지 시험지 및 변색 상태

가스	시험지	변색 상태
암모니아(NH_3)	적색 리트머스지	청색
염소(Cl_2)	KI 전분지	청색
시안화수소(HCN)	초산(질산구리) 벤젠지	청색
아세틸렌(C_2H_2)	염화제1동 착염지	적색
황화수소(H_2S)	연당지	흑색
일산화탄소(CO)	염화파라듐지	흑색
포스겐($COCl_2$)	하리슨 시험지	심등색

정답 | ④

44

빈출도 ★☆☆

초저온용기의 단열성능 검사 시 측정하는 침입열량의 단위는?

① $kJ/h \cdot L \cdot ℃$
② $kJ/m^2 \cdot h \cdot ℃$
③ $kJ/m \cdot h \cdot ℃$
④ $kJ/m \cdot h \cdot bar$

해설

침입열량의 단위는 $kJ/h \cdot L \cdot ℃$를 사용하며, 단열성능시험 가스는 액화질소, 액화산소, 액화아르곤 등이 있다.

정답 | ①

45

빈출도 ★★★

다음 중 1atm에 해당하지 않는 것은?

① 760mmHg
② 14.7psi
③ 29.92inHg
④ $1,013kg/m^2$

해설

$1atm = 1.033kg/cm^2 = 10,332kg/m^2 = 10,332mmH_2O$
$= 101,325Pa = 101.325kPa = 101,325N/m^2 = 760mmHg$
$= 29.92inHg = 14.7PSI = 1.013bar$

정답 | ④

46

빈출도 ★☆☆

가스배관 내 잔류물질을 제거할 때 사용하는 것이 아닌 것은?

① 피그
② 거버너
③ 압력계
④ 컴프레서

해설

거버너(Governor)는 정압기를 의미한다.

정답 | ②

47

샤를의 법칙에서 기체의 압력이 일정할 때 모든 기체의 부피는 온도가 1°C 상승함에 따라 0°C때의 부피보다 어떻게 되는가?

① 22.4배씩 증가한다. ② 22.4배씩 감소한다.
③ 1/273씩 증가한다. ④ 1/273씩 감소한다.

해설

샤를의 법칙은 일정한 압력에서 기체의 부피는 온도와 비례하므로 1°C(273K) 상승 시 $\frac{1}{273}$ 만큼의 부피가 증가한다.

관련이론 보일의 법칙과 샤를의 법칙

(1) 보일의 법칙(Boyle's law)
   온도가 일정한 경우, 기체의 압력(P)과 부피(V)는 반비례한다.
   $P_1 V_1 = P_2 V_2$

(2) 샤를의 법칙(Charles's law)
   압력이 일정한 경우, 기체의 부피(V)는 절대온도(T)와 비례한다.
   $\frac{V_1}{T_1} = \frac{V_2}{T_2}$

정답 | ③

48

다음은 어떤 안전설비에 대한 설명인가?

> 설비가 잘못 조작되거나 정상적인 제조를 할 수 없는 경우 자동으로 원재료의 공급을 차단시키는 등 고압가스 제조설비 안의 제조를 제어하는 기능을 한다.

① 안전밸브 ② 긴급차단장치
③ 인터록기구 ④ 벤트스택

해설

인터록기구는 설비가 잘못 조작되거나 정상적인 제조를 할 수 없는 경우 자동으로 원재료의 공급을 차단시키는 제어장치이다.

선지분석

① 안전밸브: 설비 내부에 형성된 과압을 안전하게 외부로 배출시켜 과압을 해소시키는 장치이다.
② 긴급차단장치: 누설, 화재 등 사고발생 시 작동하여 가스 유동차단 및 피해 확산을 방지하는 장치이다.
④ 벤트스택(Vent stack): 공정 중에 발생하는 기타 가스 등을 적절하게 처리 후 대기로 배출하는 설비이다.

정답 | ③

49

기화기에 대한 설명으로 틀린 것은?

① 기화기 사용 시 장점은 LP가스 종류에 관계없이 한냉 시에도 충분히 기화시킨다.
② 기화장치의 구성요소 중에는 기화부, 제어부, 조압부 등이 있다.
③ 감압가열방식은 열교환기에 의해 액상의 가스를 기화시킨 후 조정기로 감압시켜 공급하는 방식이다.
④ 기화기를 증발형식에 의해 분류하면 순간증발식과 유입증발식이 있다.

해설

감압가열방식은 액상의 가스를 감압시킨 후 기화시켜 공급하는 방식이다.

관련이론 LP가스 기화방식

가온감압방식	액상의 LP가스를 기화한 후 기화된 LP가스를 감압하여 공급하는 방식
감압가온방식	액상의 LP가스를 감압한 후 감압된 LP가스를 기화하여 공급하는 방식

정답 | ③

50

다음 중 확산속도가 가장 빠른 것은?

① O_2 ② N_2
③ CH_4 ④ CO_2

해설

그레이엄의 법칙에 따라 분자량이 가장 적은 CH_4(메탄)이 가장 확산속도가 빠르다.

선지분석

물질별 분자량

① O_2: 32
② N_2: 28
③ CH_4: 16
④ CO_2: 44

관련이론 그레이엄의 법칙

기체의 확산속도는 분자량, 밀도의 제곱근에 반비례한다.

$$\frac{v_1}{v_2} = \sqrt{\frac{M_2}{M_1}} = \sqrt{\frac{d_2}{d_1}}$$

v: 기체확산속도, M: 분자량, d: 밀도

정답 | ③

51

빈출도 ★★★

다음 중 폭발범위가 가장 넓은 가스는?

① 암모니아   ② 메탄
③ 황화수소   ④ 일산화탄소

선지분석
① 암모니아(NH_3): 15~28%
② 메탄(CH_4): 5~15%
③ 황화수소(H_2S): 4.3~45%
④ 일산화탄소(CO): 12.5~74%

정답 | ④

52

빈출도 ★★☆

다음 중 수소(H_2)의 제조법이 아닌 것은?

① 공기액화 분리법   ② 석유 분해법
③ 천연가스 분해법   ④ 일산화탄소 전화법

해설
공기액화 분리법은 수소(H_2)의 제조법이 아니다.

관련이론 수소의 제조법
- 석유 분해법
- 천연가스 분해법
- 일산화탄소 전화법
- 물의 전기분해

정답 | ①

53

빈출도 ★★☆

하버-보시법으로 암모니아 44g을 제조하려면 표준상태에서 수소는 약 몇 L가 필요한가?

① 22   ② 44
③ 87   ④ 100

해설
질소와 수소가 반응하여 암모니아가 만들어진다.
$N_2 + 3H_2 \rightarrow 2NH_3$
$3 \times 22.4L : 34g = x[L] : 44g$
$x = \dfrac{3 \times 22.4 \times 44}{34} = 86.96 ≒ 87L$

※ NH_3의 분자량: 34

정답 | ③

54

빈출도 ★★★

염소(Cl_2)에 대한 설명으로 틀린 것은?

① 황록색의 기체로 조연성이 있다.
② 강한 자극성의 취기가 있는 독성기체이다.
③ 수소와 염소의 등량 혼합기체를 염소폭명기라 한다.
④ 건조 상태의 상온에서 강재에 대하여 부식성을 갖는다.

해설
염소(Cl_2)는 수분과 함께 존재하는 상태의 상온에서 강재에 대하여 부식성을 갖는다.

관련이론 염소(Cl_2)
- 황록색의 기체로 조연성이 있다.
- 강한 자극성의 취기가 있는 독성가스이다.
- 독성가스이므로 흡입시 유해하다.
- 수소와 염소의 등량 혼합기체를 염소폭명기라고 한다.
- 수분이 존재하는 상온에서 강재에 대하여 부식성을 가진다.
- 표백제 및 수돗물의 살균·소독에 사용된다.

정답 | ④

55

빈출도 ★★☆

'어떠한 방법으로도 물체의 온도를 절대온도 0K로 내리는 것은 불가능하다.' 라고 표현되는 법칙은?

① 열역학 제0법칙   ② 열역학 제1법칙
③ 열역학 제2법칙   ④ 열역학 제3법칙

해설
열역학 제3법칙에 대한 설명으로 절대온도의 개념이 적용된 이론이다.

관련이론 열역학 제3법칙(절대온도)
절대온도에 관련된 법칙으로 어떤 물질도 절대온도에 다다르면 더이상의 변화(분자운동)가 일어나지 않는다. 다시 말해 절대0도에서는 엔트로피는 0이 된다.

정답 | ④

56

일산화탄소와 염소가 반응하였을 때 주로 생성되는 것은?

① 포스겐 ② 카르보닐
③ 포스핀 ④ 사염화탄소

해설

일산화탄소(CO)와 염소(Cl_2)가 반응하면 주로 포스겐($COCl_2$)이 생성된다.

$CO + Cl_2 \rightarrow COCl_2$

정답 | ①

57

1kW의 열량을 환산한 것으로 옳은 것은?

① 536kcal/h ② 632kcal/h
③ 720kcal/h ④ 860kcal/h

해설

1kW = 860kcal/h

정답 | ④

58

고압가스 종류별 발생 현상 또는 작용으로 틀린 것은?

① 수소 – 탈탄작용
② 아세틸렌 – 아세틸라이드 생성
③ 염소 – 부식
④ 암모니아 – 카르보닐 생성

해설

암모니아(NH_3)는 질화 또는 수소취성(탈탄작용)이 발생한다. 카르보닐을 생성하는 가스는 일산화탄소(CO)이다.

정답 | ④

59

다음 중 헨리의 법칙에 잘 적용되지 않는 가스는?

① 암모니아 ② 수소
③ 산소 ④ 이산화탄소

해설

암모니아(NH_3)는 헨리의 법칙이 잘 적용되지 않는다.

관련이론 헨리의 법칙

(1) 개요
- 기체의 용해도에 관한 법칙이다.
- 온도가 낮고 압력이 높을수록 용해도가 좋다.
- 용해도는 압력에 비례한다.

(2) 적용되는 가스와 적용되지 않는 가스
- 적용되는 가스: O_2, H_2, N_2, CO_2 등
- 적용되지 않는 가스: NH_3, HCl 등

정답 | ①

60

관내를 흐르는 유체의 압력강하에 대한 설명으로 틀린 것은?

① 가스비중에 비례한다.
② 관내경의 5승에 반비례한다.
③ 관 길이에 비례한다.
④ 압력에 비례한다.

해설

관 내 흐르는 유체의 압력과는 무관하다.

관련이론 저압배관 유량공식(Pole 공식)

$$Q = K\sqrt{\frac{D^5 H}{SL}}$$

- H: 압력손실[mmH_2O], Q: 가스유량[m^3/h], S: 가스비중,
- L: 관길이[m], K: 유량계수, D: 관경[cm]

정답 | ④

2020년 1회 CBT 복원문제

PART 02 · 8개년 CBT 복원문제

01
빈출도 ★★★

다음 중 폭발방지대책으로서 가장 거리가 먼 것은?

① 방폭성능 전기설비 설치
② 정전기 제거를 위한 접지
③ 압력계 설치
④ 폭발하한 이내로 불활성가스에 의한 희석

해설
압력계는 유체의 압력을 측정하는 장치로 폭발 방지와는 거리가 멀다.

정답 | ③

02
빈출도 ★☆☆

지상에 설치하는 액화석유가스의 저장탱크 안전밸브에 가스 방출관을 설치하고자 한다. 저장탱크의 정상부가 8m일 경우 방출관의 방출구 높이는 지상에서 얼마 이상의 높이에 설치하여야 하는가?

① 5m
② 8m
③ 10m
④ 12m

해설
높이 기준에서 높은 높이로 결정한다.
8m(저장탱크 정상부)+2m=10m
따라서, 지상으로부터 5m와 10m 중 10m가 기준이 된다.

관련이론 액화석유가스 저장탱크 안전밸브 방출관 높이 기준
아래 조건 중 더 높은 높이를 기준으로 한다.
- 지상으로부터 5m 이상
- 저장탱크의 정상부 높이+2m 이상

정답 | ③

03
빈출도 ★☆☆

아세틸렌의 취급방법에 대한 설명으로 가장 부적절한 것은?

① 저장소는 화기엄금을 명기한다.
② 가스 출구 동결 시 60℃ 이하의 온수로 녹인다.
③ 산소용기와 같이 저장하지 않는다.
④ 저장소는 통풍이 양호한 구조이어야 한다.

해설
가스 용기등의 취급 및 저장장소는 40℃가 넘지 않도록 관리해야 한다. 또한, 가스 출구 동결 시 40℃ 이하의 온수 또는 열습포를 사용하여야 한다.

정답 | ②

04
빈출도 ★☆☆

증기 압축식 냉동기에서 냉매가 순환되는 경로로 옳은 것은?

① 압축기 → 증발기 → 응축기 → 팽창밸브
② 증발기 → 응축기 → 압축기 → 팽창밸브
③ 증발기 → 팽창밸브 → 응축기 → 압축기
④ 압축기 → 응축기 → 팽창밸브 → 증발기

해설
- 증기 압축식 냉동기
  압축기 → 응축기 → 팽창밸브 → 증발기
- 흡수식 냉동기
  흡수기 → 발생기(재생기) → 응축기 → 증발기

정답 | ④

05

플레어스택에 대한 설명으로 틀린 것은?

① 플레어스택에서 발생하는 복사열이 다른 제조 시설에 나쁜 영향을 미치지 아니하도록 안전한 높이 및 위치에 설치한다.
② 플레어스택에서 발생하는 최대열량에 장시간 견딜 수 있는 재료 및 구조로 되어 있는 것으로 한다.
③ 파이롯트버너를 항상 점화하여 두는 등 플레어스택에 관련된 폭발을 방지하기 위한 조치가 되어 있는 것으로 한다.
④ 특수반응설비 또는 이와 유사한 고압가스 설비에는 그 특수반응설비 또는 고압가스 설비마다 설치한다.

해설
특수반응설비 또는 이와 유사한 고압가스 설비에서 발생하는 가연성가스는 플레어스택으로 이송하여 모아진 가스를 연소시켜 처리한다.

정답 | ④

06

고압가스의 분출에 대하여 정전기가 가장 발생되기 쉬운 경우는?

① 가스가 충분히 건조되어 있을 경우
② 가스 속에 고체의 미립자가 있을 경우
③ 가스의 분자량이 작은 경우
④ 가스의 비중이 큰 경우

해설
가스 속에 고체의 미립자가 있을 경우 고압가스의 분출에 의하여 정전기의 발생 가능성이 높다.

정답 | ②

07

가스보일러의 설치기준 중 자연배기식 보일러의 배기통 설치방법으로 옳지 않은 것은?

① 배기통의 굴곡수는 6개 이하로 한다.
② 배기통의 끝은 옥외로 뽑아낸다.
③ 배기통의 입상높이는 원칙적으로 10m 이하로 한다.
④ 배기통의 가로 길이는 5m 이하로 한다.

해설
자연배기식 보일러의 배기통 굴곡수는 4개소 이하로 시공한다.

관련이론 반밀폐식 자연배기식 보일러의 급·배기설비 설치기준

구분		기준
배기통	굴곡 수	4개소 이하
	입상높이	10m 이하(초과 시 보온 조치)
	끝부분	옥외 시공
	가로길이	5m 이하
배기톱	위치	통풍이 잘되는 곳
	옥상돌출부	지붕면 1m(수직) 이상
급기구 상부 환기구	유효단면적	배기통 단면적 이상

정답 | ①

08

차량에 고정된 산소용기 운반 차량에는 일반인이 쉽게 식별할 수 있도록 표시하여야 한다. 운반차량에 표시하여야 하는 것은?

① 위험고압가스, 회사명
② 위험고압가스, 전화번호
③ 화기엄금, 회사명
④ 화기엄금, 전화번호

해설
일반인이 쉽게 알아볼 수 있도록 '위험고압가스'라는 경계표지와 전화번호를 표시하여야 한다.

관련이론 용기 운반차량 식별표시
황색바탕에 적색글씨로 표시하여야 한다.

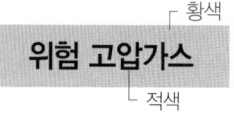

정답 | ②

09

방류둑의 성토는 수평에 대하여 몇 도 이하의 기울기로 하여야 하는가?

① 30°
② 45°
③ 60°
④ 75°

해설
방류둑 성토의 기울기는 45° 이하로 시공하여야 한다.

정답 | ②

10

용기 밸브 그랜드너트의 6각 모서리에 V형의 홈을 낸 것은 무엇을 표시하기 위한 것인가?

① 왼나사임을 표시
② 오른나사임을 표시
③ 암나사임을 표시
④ 수나사임을 표시

해설
용기 밸브 그랜드너트의 6각 모서리에 V형의 홈은 왼나사임을 표시하는 것이며, 용기와 체결시 유의해야 함을 의미한다.

정답 | ①

11

압축 또는 액화 그 밖의 방법으로 처리할 수 있는 가스의 용적이 1일 100m³ 이상인 사업소는 압력계를 몇 개 이상 비치하도록 되어 있는가?

① 1
② 2
③ 3
④ 4

해설
1일 100m³ 이상 사업소는 표준압력계를 2개 이상 비치하여야 한다.

정답 | ②

12

0종 장소에는 원칙적으로 어떤 방폭구조의 것으로 하여야 하는가?

① 내압방폭구조
② 안전증방폭구조
③ 특수방폭구조
④ 본질안전방폭구조

해설
0종 장소에는 본질안전방폭구조로 하여야 한다.

관련이론 방폭구조

위험장소	사용가능한 방폭구조
0종 장소	• 본질안전방폭구조(ia, ib)
1종 장소	• 본질안전방폭구조(ia, ib) • 유입방폭구조(o) • 압력방폭구조(p) • 내압방폭구조(d)
2종 장소	• 본질안전방폭구조(ia, ib) • 유입방폭구조(o) • 압력방폭구조(p) • 내압방폭구조(d) • 안전증방폭구조(e)

정답 | ④

13

초저온용기에 대한 정의로 옳은 것은?

① 임계온도가 50℃ 이하인 액화가스를 충전하기 위한 용기
② 강판과 동판으로 제조된 용기
③ -50℃ 이하인 액화가스를 충전하기 위한 용기로서 용기내의 가스온도가 상용의 온도를 초과하지 않도록 한 용기
④ 단열재로 피복하여 용기내의 가스온도가 상용의 온도를 초과하도록 조치된 용기

해설
초저온용기는 -50℃ 이하인 액화가스를 충전하기 위한 용기로서 단열재를 씌우거나 냉동설비로 냉각시키는 등의 방법으로 용기내의 가스온도가 상용의 온도를 초과하지 않도록 한 용기를 말한다.

정답 | ③

14

당해 설비 내의 압력이 상용압력을 초과할 경우 즉시 상용압력 이하로 되돌릴 수 있는 안전장치의 종류에 해당하지 않는 것은?

① 감압밸브
② 안전밸브
③ 바이패스밸브
④ 파열판

해설
감압밸브는 압력을 감압하여 일정하게 공급하는 장치이다.
안전밸브 종류에는 스프링식 안전밸브, 파열판, 가용전 등이 있다.

정답 | ①

15

특정고압가스 사용시설의 시설기준 및 기술기준으로 틀린 것은?

① 가연성가스의 사용설비에는 정전기제거 설비를 설치한다.
② 지하에 매설하는 배관에는 전기부식 방지조치를 한다.
③ 독성가스의 저장설비에는 가스가 누출될 때 이를 흡수 또는 중화할 수 있는 장치를 설치한다.
④ 산소를 사용하는 밸브에는 밸브가 잘 동작할 수 있도록 석유류 및 유지류를 주입하여 사용한다.

해설
산소는 조연성 가스이기 때문에 가연물로 작용될 수 있는 석유류 및 유지류 등을 접촉하거나 주입하여서는 안된다.

정답 | ④

16

다음 굴착공사 중 굴착공사를 하기 전에 도시가스 사업자와 협의를 하여야 하는 것은?

① 굴착공사 예정지역 범위에 묻혀 있는 도시가스 배관의 길이가 110m인 굴착공사
② 굴착공사 예정지역 범위에 묻혀 있는 송유관의 길이가 200m인 굴착공사
③ 해당 굴착공사로 인하여 압력이 3.2kPa인 도시가스배관의 길이가 30m 노출될 것으로 예상되는 굴착공사
④ 해당 굴착공사로 인하여 압력이 0.8MPa인 도시가스배관의 길이가 8m 노출될 것으로 예상되는 굴착공사

해설
굴착공사 예정지역 범위에 묻혀 있는 도시가스 배관의 길이가 100m 이상인 굴착공사는 안전에 관하여 도시가스 사업자와 협의하여야 한다.

정답 | ①

17

액화석유가스 또는 도시가스용으로 사용되는 가스용 염화비닐호스는 그 호스의 안전성, 편리성 및 호환성을 확보하기 위하여 안지름 치수를 규정하고 있는데 그 치수에 해당하지 않는 것은?

① 4.8mm
② 6.3mm
③ 9.5mm
④ 12.7mm

해설
염화비닐호스 규격에는 6.3mm, 9.5mm, 12.7mm이 있다.

정답 | ①

18
다음 중 화학적 폭발로 볼 수 없는 것은?

① 증기폭발
② 중합폭발
③ 분해폭발
④ 산화폭발

해설
증기폭발은 물리적 폭발이다.

관련이론 폭발의 종류
- 물리적 폭발: 상태변화로 일어나는 폭발을 의미하며, 파열, 증기폭발 등이 있다.
- 화학적 폭발: 완전히 다른 물질로 변하여 일어나는 폭발을 의미하며, 산화, 분해, 중합, 화합 등이 있다.

정답 | ①

19 〈고난도〉
다음 가스 중 2중관 구조로 하지 않아도 되는 것은?

① 아황산가스
② 산화에틸렌
③ 염화메탄
④ 브롬화메탄

해설
2중관으로 시공하는 가스의 종류는 아래와 같다.
- 염소
- 황화수소
- 포스겐
- 염화메탄
- 산화에틸렌
- 암모니아
- 아황산가스
- 시안화수소

정답 | ④

20
공기 중에서 폭발범위가 가장 넓은 가스는?

① C_2H_4O
② CH_4
③ C_2H_4
④ C_3H_8

해설
C_2H_4O(아세트알데하이드)의 폭발범위가 3~80%로 가장 넓다.

선지분석
② 메탄(CH_4): 5~15%
③ 에틸렌(C_2H_4): 2.7~36%
④ 프로판(C_3H_8): 2.1~9.5%

정답 | ①

21
독성가스 저장시설의 제독조치로써 옳지 않은 것은?

① 흡수, 중화조치
② 흡착 제거조치
③ 이송설비로 대기 중에 배출
④ 연소조치

해설
독성가스는 반드시 적절한 제독조치(흡수, 중화, 흡착, 회수, 연소 등)를 실시한 후에 대기로 배출해야 한다.

정답 | ③

22
일반도시가스사업 정압기실에 설치되는 기계환기설비 중 배기구의 관경은 얼마 이상으로 하여야 하는가?

① 10cm
② 20cm
③ 30cm
④ 50cm

해설
정압기는 도시가스의 압력을 낮추어 사용자에게 일정한 압력을 공급하기 위한 장치로, 정압기실 기계환기설비 중 배기구는 10cm 이상으로 한다.

정답 | ①

23

특정고압가스 사용시설에서 독성가스 감압설비와 그 가스의 반응설비 간의 배관에 반드시 설치하여야 하는 설비는?

① 안전밸브
② 역화방지장치
③ 중화장치
④ 역류방지장치

해설
독성가스 감압설비와 그 반응설비 간의 배관에는 역류방지장치를 설치하여야 한다.

관련이론 역류방지(밸브)장치 설치위치
- 가연성가스 압축기와 충전용 주관 사이
- 아세틸렌 압축기의 유분리기와 고압 건조기 사이
- 암모니아 또는 메탄올 합성 정제탑 또는 정제탑과 압축기 사이 배관
- 특정고압가스 사용시설의 독성가스 감압설비와 그 반응설비 간의 배관

정답 | ④

24

도시가스 공급시설의 안전조작에 필요한 조명등의 조도는 몇 럭스 이상이어야 하는가?

① 100
② 150
③ 200
④ 300

해설
제조소 및 공급소에는 가스공급시설의 조작을 안전하고 확실하게 하기 위하여 조명등을 설치하고 조도를 150lx 이상으로 한다. 150lx(럭스) 이하는 조명이 어둡기 때문에 안전조작이 원활하지 않을 수 있다.

정답 | ②

25

다음 중 제1종 보호시설이 아닌 것은?

① 가설건축물이 아닌 사람을 수용하는 건축물로서 사실상 독립된 부분의 연면적이 1,500m²인 건축물
② 문화재보호법에 의하여 지정문화재로 지정된 건축물
③ 수용능력이 100인(人) 이상인 공연장
④ 어린이집 및 어린이놀이시설

해설
공연장 중 수용능력이 300인 이상이어야 제1종 보호시설이다.

관련이론 보호시설

제1종 보호시설	• 면적 1,000m² 이상 • 예식장, 전시장, 공연장 등 300인 이상 • 사회복지시설 20인 이상 • 학교, 유치원, 어린이집, 어린이놀이시설, 경로당, 청소년수련시설, 학원, 병원, 도서관, 전통시장, 숙박업 및 목욕장업, 영화상영관, 종교시설, 장례식장, 문화재
제2종 보호시설	• 주택 • 면적 100m² 이상 1,000m² 미만

정답 | ③

26

고압용기에 각인되어 있는 내용적의 기호는?

① V
② FP
③ TP
④ W

해설
내용적의 기호는 V이다.

관련이론 고압용기 기호
- V: 내용적
- FP: 최고충전압력
- TP: 내압시험압력
- W: 질량

정답 | ①

27
빈출도 ★☆☆

일반도시가스 공급시설의 시설기준으로 틀린 것은?

① 가스공급 시설을 설치한 곳에는 누출된 가스가 머물지 아니하도록 환기설비를 설치한다.
② 공동구 안에는 환기장치를 설치하며 전기설비가 있는 공동구에는 그 전기설비를 방폭구조로 한다.
③ 저장탱크의 안전장치인 안전밸브나 파열판에는 가스방출관을 설치한다.
④ 저장탱크의 안전밸브는 다이어프램식 안전밸브로 한다.

해설
저장탱크 및 설비 등에 가장 많이 적용되는 안전밸브는 스프링식 안전밸브이다.

정답 | ④

28
빈출도 ★☆☆

LP가스 저장탱크를 수리할 때 작업원이 저장탱크 속으로 들어가서는 아니 되는 탱크 내의 산소농도는?

① 16%   ② 19%
③ 20%   ④ 21%

해설
LP가스 저장탱크 수리 시 적정 산소농도는 18~22%이다.

관련이론 밀폐공간 작업시 적정 가스농도

산소(O_2)	18~22% 이하
이산화탄소(CO_2)	1.5% 이하
일산화탄소(CO)	30ppm 이하
황화수소(H_2S)	10ppm 이하

정답 | ①

29
빈출도 ★★☆

포스겐의 취급 방법에 대한 설명 중 틀린 것은?

① 환기시설을 갖추어 작업한다.
② 취급 시에는 반드시 방독마스크를 착용한다.
③ 누출 시 용기가 부식되는 원인이 되므로 약간의 누출에도 주의한다.
④ 포스겐을 함유한 폐기액은 염화수소로 충분히 처리한 후 처분한다.

해설
포스겐을 함유한 폐기액은 가성소다 수용액($NaOH$) 또는 소석회($Ca(OH)_2$)로 충분히 처리한 후 처분한다.

정답 | ④

30
빈출도 ★★★

아세틸렌 제조설비의 기준에 대한 설명으로 틀린 것은?

① 압축기와 충전장소 사이에는 방호벽을 설치한다.
② 아세틸렌 충전용 교체밸브는 충전장소와 격리하여 설치한다.
③ 아세틸렌 충전용 지관에는 탄소 함유량이 0.1% 이하의 강을 사용한다.
④ 아세틸렌에 접촉하는 부분에는 동 또는 동 함유량이 72% 이하의 것을 사용한다.

해설
아세틸렌에 접촉하는 부분에 사용하는 재료로서 동 또는 동함유량이 62%를 초과하는 동합금을 사용해서는 안된다.

정답 | ④

31

자동교체식 조정기 사용 시 장점으로 틀린 것은?

① 전체 용기수량이 수동식보다 적어도 된다.
② 배관의 압력손실을 크게 해도 된다.
③ 잔액이 거의 없어질 때까지 소비된다.
④ 용기 교환주기의 폭을 좁힐 수 있다.

해설

용기 교환주기의 폭을 넓힐 수 있다.

관련이론 자동교체식 조정기

- 용기 교환주기의 폭을 넓힐 수 있다.
- 잔액이 없어질 때까지 소비할 수 있다.
- 전체 용기수량이 수동교체식의 경우보다 적어도 된다.
- 자동절체식 분리형을 사용할 경우 1단 감압식에 비해 도관의 압력손실을 크게 해도 된다.

정답 | ④

32

다음 열전대 중 측정온도가 가장 높은 것은?

① 백금-백금·로듐형
② 크로멜-알루멜형
③ 철-콘스탄탄형
④ 동-콘스탄탄형

해설

백금-백금·로듐형 온도계의 측정범위는 0~1,600℃로 측정온도가 가장 높다.

관련이론 온도계 및 압력계측기

백금-백금·로듐형	0~1,600℃
크로멜-알루멜형	-20~1,200℃
철-콘스탄탄형	-20~800℃
동-콘스탄탄형	-200~350℃

정답 | ①

33

자동제어의 용어 중 피드백 제어에 대한 설명으로 틀린 것은?

① 자동제어에서 기본적인 제어이다.
② 출력측의 신호를 입력측으로 되돌리는 현상을 말한다.
③ 제어량의 값을 목표치와 비교하여 그것들을 일치하도록 정정동작을 행하는 제어이다.
④ 미리 정해진 순서에 따라서 제어의 각 단계가 순차적으로 진행되는 제어이다.

해설

미리 정해진 순서에 따라서 제어의 각 단계가 순차적으로 진행되는 제어는 시퀀스 제어이다.

관련이론 피드백 제어

(1) 개요
- 자동제어에서 기본적인 제어이다.
- 출력측의 신호를 입력측으로 되돌리는 현상을 말한다.
- 제어량의 값을 목표치와 비교하여 그것들을 일치하도록 정정동작을 행하는 제어이다.

(2) 피드백 제어의 구성
- 검출부: 제어대상의 출력값을 측정한다.
- 제어부: 검출된 출력값과 목표값을 비교한다.
- 조작부: 제어대상을 조작하는 장치이다.
- ※ 제어대상: 피드백 제어의 주체가 되는 대상이다.

정답 | ④

34

물체에 힘을 가하면 변형이 생긴다. 이 후크의 법칙에 대해 작용하는 힘과 변형이 비례하는 원리를 이용하는 압력계는?

① 액주식 압력계
② 분동식 압력계
③ 전기식 압력계
④ 탄성식 압력계

해설

탄성식 압력계는 물체에 가해진 힘의 변형을 이용하는 압력계이다.

정답 | ④

35

루트 미터에 대한 설명으로 옳은 것은?

① 설치공간이 크다.
② 일반 수용가에 적합하다.
③ 스트레이너가 필요 없다.
④ 대용량의 가스 측정에 적합하다.

해설
루트 미터는 대용량의 가스를 측정한다.

관련이론 가스미터의 종류와 특징

종류	용도	용량 [m³/h]	특징
막식	일반 수용가	1.5~ 200	• 가격이 저렴하다. • 유지관리 용이하다. • 대용량은 설치면적이 크다.
습식	기준 가스미터, 실험실용	0.2~ 3,000	• 계량이 정확하다. • 기차변동이 없다. • 설치면적이 크다. • 수위 조정이 필요하다.
루트식	대 수용가	100~ 5,000	• 설치면적이 작다. • 중압 계량이 가능하다. • 대유량의 가스를 측정한다. • 스트레이너 설치 및 유지관리가 필요하다. • 0.5m³/h 이하에서는 부동의 우려가 있다.

정답 | ④

36

공기액화분리기에서 이산화탄소 7.2kg을 제거하기 위해 필요한 건조제(NaOH)의 양은 약 몇 kg인가?

① 6
② 9
③ 13
④ 15

해설
이산화탄소 제거 반응식은 다음과 같다.
$2NaOH + CO_2 \rightarrow Na_2CO_3 \, H_2O$
$2 \times 40kg : 44kg = x[kg] : 7.2kg$
$x = \dfrac{2 \times 40 \times 7.2}{44} = 13kg$

정답 | ③

37

초저온 저장탱크의 측정에 많이 사용되며 차압에 의해 액면을 측정하는 액면계는?

① 햄프슨식 액면계
② 전기저항식 액면계
③ 초음파식 액면계
④ 크링카식 액면계

해설
햄프슨식 액면계는 차압식 액면계로서 초저온 저장탱크에 사용된다.

관련이론 액면계

클링커식 액면계 (유리관식 액면계)	경질의 유리관을 탱크에 부착하여 내부의 액면을 직접 확인할 수 있는 액면계이다.
플로트식 액면계 (부자식 액면계)	탱크 내부의 액체에 뜨는 물체(플로트)의 위치를 직접 확인하여 액면을 측정한다.
검척식 액면계	액면의 높이를 직접 자로 측정한다.
압력검출식 액면계	액면으로부터 작용하는 압력을 압력계에 의해 액면을 측정한다.
초음파식 액면계	발사된 초음파가 액면에서 왕복하는 시간으로 액면을 측정한다.
정전용량식 액면계	액면의 변화에 의한 정전 용량(물질의 유전율)을 이용하여 액면을 측정한다.
차압식 압력계 (햄프스식 액면계)	액화산소와 같은 극저온 저장조의 상·하부를 U자관에 연결해 차압에 의하여 액면을 측정한다.
다이어프램식 액면계	탱크 내 일정위치에 다이어프램을 설치하고 액면의 변위가 다이어프램으로 작용하는 유체의 압력을 이용하여 측정한다.
슬립 튜브식 액면계	저장탱크 정상부에서 밑면까지 스테인리스관을 붙인다. 이관을 상·하로 움직여 가스상태와 액체상태의 경계면을 찾아 액면을 측정한다.
편위식 액면계	아르키메데스의 원리를 이용한 것으로 측정액 중에 잠겨 있는 플로트의 부력으로 측정한다.

정답 | ①

38 (고난도) 빈출도 ★★★

펌프의 회전수를 1,000rpm에서 1,200rpm으로 변화시키면 동력은 약 몇 배가 되는가?

① 1.3
② 1.5
③ 1.7
④ 2.0

해설

$$P_2 = P_1 \times \left(\frac{1,200}{1,000}\right)^3 = 1.728 P_1 \fallingdotseq 1.7 P_1$$

관련이론 펌프의 상사법칙

펌프 동력은 회전수 변화의 세제곱에 비례한다.

$$P_2 = P_1 \times \left(\frac{N_2}{N_1}\right)^3$$

- P: 펌프 동력, N: 회전수

정답 | ③

39 빈출도 ★★☆

다음 배관재료 중 사용온도 350℃ 이하, 압력이 10MPa 이상의 고압관에 사용되는 것은?

① SPP
② SPPH
③ SPPW
④ SPPG

해설

SPPH(고압배관용 탄소강관)는 10MPa 이상의 고압에 사용된다.

관련이론 배관의 사용압력 범위

배관	사용압력
SPP (배관용 탄소강관)	1MPa 미만
SPPS (압력배관용 탄소강관)	1MPa~10MPa 미만
SPPH (고압배관용 탄소강관)	사용압력 10MPa 이상
SPPW (수도용 아연도금강관)	급수관

정답 | ②

40 빈출도 ★★☆

A의 분자량은 B의 분자량의 2배이다. A와 B의 확산 속도의 비는?

① $\sqrt{2} : 1$
② $4 : 1$
③ $1 : 4$
④ $1 : \sqrt{2}$

해설

그레이엄의 법칙에 의해 A와 B의 확산 속도비는 다음과 같다.

$$\frac{v_1}{v_2} = \sqrt{\frac{M_2}{M_1}} = \sqrt{\frac{d_2}{d_1}} = \sqrt{\frac{1}{2}}$$

- v: 기체확산속도, M: 분자량, d: 밀도

따라서, $1 : \sqrt{2}$이다.

관련이론 그레이엄의 법칙

기체의 확산속도는 분자량, 밀도의 제곱근에 반비례한다.

$$\frac{v_1}{v_2} = \sqrt{\frac{M_2}{M_1}} = \sqrt{\frac{d_2}{d_1}}$$

- v: 기체확산속도, M: 분자량, d: 밀도

정답 | ④

41 빈출도 ★★★

비점이 점차 낮은 냉매를 사용하여 저비점의 기체를 액화하는 사이클은?

① 클라우드 액화사이클
② 플립스 액화사이클
③ 캐스케이드 액화사이클
④ 캐피자 액화사이클

해설

캐스케이드 액화사이클은 냉매를 사용하여 저비점의 기체 가스를 액체상태로 액화시키는 사이클이다.

정답 | ③

42 〈고난도〉

상용압력 15MPa, 배관내경 15mm, 재료의 인장강도 480N/mm², 관내면 부식여유 1mm, 안전율 4, 외경과 내경의 비가 1.2 미만인 경우 배관의 두께는?

① 2mm
② 3mm
③ 4mm
④ 5mm

해설

외경과 내경의 비가 1.2 미만과 1.2 이상에 따라 배관의 두께 계산식은 다음과 같이 구분된다.

외경·내경비가 1.2 미만	외경·내경비가 1.2 이상
$t = \dfrac{PD}{2\dfrac{f}{s} - P} + C$	$t = \dfrac{D}{2}\left(\sqrt{\dfrac{\dfrac{f}{s}+P}{\dfrac{f}{s}-P}} - 1\right) + C$

- t: 배관 두께[mm], P: 상용압력[MPa]
- D: 배관 내경[mm], f: 인장강도[N/mm²]
- s: 안전율, C: 부식여유치[mm]

$t = \dfrac{15 \times 15}{2 \times \dfrac{480}{4} - 15} + 1 ≒ 2\text{mm}$

정답 | ①

43

시안화수소를 충전한 용기는 충전 후 얼마를 정치해야 하는가?

① 4시간
② 8시간
③ 16시간
④ 24시간

해설

시안화수소 충전용기는 24시간 정치한 후 가스 누출검사를 실시한다.

정답 | ④

44

LP가스 저압배관 공사를 완료하여 기밀시험을 하기 위해 공기압을 1,000mmH₂O로 하였다. 이때 관지름 25mm, 길이 30m로 할 경우 배관의 전체 부피는 약 몇 L인가?

① 5.7L
② 12.7L
③ 14.7L
④ 23.7L

해설

배관의 내용적을 구하는 식은 다음과 같다.

$V = \dfrac{\pi}{4} \times D^2 \times L$

- V: 내용적[L], D: 지름[m], L: 길이[m]

$V = \dfrac{\pi}{4} \times (0.025)^2 \times 30 = 0.0147\text{m}^3 = 14.7\text{L}$

※ $1\text{L} = 10^{-3}\text{m}^3$

정답 | ③

45

다음 중 다공도를 측정할 때 사용되는 식은? (단, V: 다공물질의 용적, E: 아세톤 침윤잔용적이다.)

① 다공도 $= V/(V-E)$
② 다공도 $= (V-E) \times (100/V)$
③ 다공도 $= (V+E) \times V$
④ 다공도 $= (V+E) \times (V/100)$

해설

아세틸렌 용기 다공도(%) 공식은 다음과 같다.

다공도 $= (V-E) \times \dfrac{100}{V} = \dfrac{V-E}{V} \times 100$

- V: 다공물질의 용적, E: 아세톤 침윤잔용적

정답 | ②

46

다음 중 연소의 3요소가 아닌 것은?

① 가연물
② 산소공급원
③ 점화원
④ 인화점

해설

연소의 3요소는 가연물, 산소공급원, 점화원이다.

정답 | ④

47

물체의 상태변화 없이 온도변화만 일으키는데 필요한 열량을 무엇이라 하는가?

① 현열
② 잠열
③ 열용량
④ 대사량

해설

물질의 상태변화 없이 온도변화에 필요한 열량을 현열이라고 한다. 물질의 온도변화 없이 상태변화에 필요한 열량은 잠열이다.

정답 | ①

48

아세틸렌에 대한 설명으로 틀린 것은?

① 공기보다 무겁다.
② 일반적으로 무색, 무취이다.
③ 폭발 위험성이 있다.
④ 액체 아세틸렌은 불안정하다.

해설

아세틸렌의 비중 $= \dfrac{\text{아세틸렌 분자량}}{\text{공기 분자량}} = \dfrac{26}{29} = 0.896$

아세틸렌 비중은 1보다 작으므로 공기보다 가볍다.

관련이론 아세틸렌(C_2H_2)

- 용해가스이면서 가연성가스이다.
- 공기보다 가볍고 무색인 기체이다.
- 융점과 비점이 비슷하여 고체 아세틸렌을 융해하지 않고 승화한다.
- 액체 아세틸렌은 불안정하지만, 고체 아세틸렌은 비교적 안정하다.
- 흡열 화합물이므로 압축 시 분해폭발의 우려가 있다.

정답 | ①

49

이상기체상태방정식의 R값을 옳게 나타낸 것은?

① $8.314 L \cdot atm/mol \cdot R$
② $0.082 L \cdot atm/mol \cdot K$
③ $8.314 m^3 \cdot atm/mol \cdot K$
④ $0.082 joule/mol \cdot K$

해설

이상기체방정식 $PV = nRT$에 따라 표준상태(1atm, 273K(0℃))에서의 기체상수(R)을 구한다.

$R = \dfrac{PV}{nT}$

- P : 압력[atm], V : 부피[L], n : 몰수[mol]
- T : 온도[K], 기체상수[L · atm/mol · K]

$R = \dfrac{1atm \times 22.4L}{1mol \times 273K} = 0.082 L \cdot atm/mol \cdot K = 8.314 J/mol \cdot K$

또는

$R = \dfrac{10,332 kg/m^2 \times 22.4 m^3}{1kmol \times 273K} = 848 kg \cdot m/kmol \cdot K$

정답 | ②

50

1몰의 프로판을 완전연소시키는데 필요한 산소의 몰수는?

① 3몰
② 4몰
③ 5몰
④ 6몰

해설

프로판(C_3H_8)의 완전연소식
$C_3H_8 + 5O_2 \rightarrow 3CO_2 + 4H_2O$
 1몰 5몰   3몰   4몰

따라서, 1몰의 프로판(C_3H_8)을 완전연소시키기 위해서는 5몰의 산소(O_2)가 필요하다.

정답 | ③

51

다음 [보기]에서 설명하는 가스는?

- 독성이 강하다.
- 연소시키면 잘 탄다.
- 각종 금속에 작용한다.
- 가압·냉각에 의해 액화가 쉽다.

① HCl
② NH_3
③ CO
④ C_2H_2

해설
암모니아(NH_3)에 대한 설명이다.

정답 | ②

52

설비나 장치 및 용기 등에서 취급 또는 운용되고 있는 통상의 온도를 무슨 온도라고 하는가?

① 상용온도
② 표준온도
③ 화씨온도
④ 캘빈온도

해설
상용온도는 취급, 운용되는 통상의 온도이다.

정답 | ①

53

다음 중 온도의 단위가 아닌 것은?

① °F
② °C
③ °R
④ T

해설
온도의 단위는 다음과 같다.
- °F: 화씨온도
- °C: 섭씨온도
- °R: 랭킨온도(화씨 절대온도)
- K: 캘빈온도(섭씨 절대온도)

정답 | ④

54

착화원이 있을 때 가연성액체나 고체의 표면에 연소한계 농도의 가연성 혼합기가 형성되는 최저온도는?

① 인화온도
② 임계온도
③ 발화온도
④ 포화온도

해설
인화온도란 착화원이 있을 때 가연성액체나 고체의 표면에 연소하한계 농도의 가연성 혼합기가 형성되는 최저온도를 말한다.

정답 | ①

55

다음 중 표준상태에서 비점이 가장 높은 것은?

① 나프타
② 프로판
③ 에탄
④ 부탄

선지분석
① 나프타: 30~200℃
② 프로판: −42.1℃
③ 에탄: −161.5℃
④ 부탄: −0.5℃

정답 | ①

56

순수한 물 1g을 온도 14.5℃에서 15.5℃까지 높이는 데 필요한 열량을 의미하는 것은?

① 1cal
② 1BTU
③ 1J
④ 1CHU

해설
순수한 물 1g을 온도 14.5℃에서 15.5℃까지 높이는데 필요한 열량을 1cal이라고 한다.

정답 | ①

57

가연성가스 정의에 대한 설명으로 맞는 것은?

① 폭발한계의 하한이 10% 이하인 것과 폭발한계의 상한과 하한의 차가 20% 이상인 것을 말한다.
② 폭발한계의 하한이 20% 이하인 것과 폭발한계의 상한과 하한의 차가 10% 이상인 것을 말한다.
③ 폭발한계의 상한이 10% 이하인 것과 폭발한계의 상한과 하한의 차가 20% 이상인 것은 말한다.
④ 폭발한계의 상한이 10% 이상인 것과 폭발한계의 상한과 하한의 차가 10% 이하인 것은 말한다.

해설
가연성가스란 폭발한계의 하한이 10% 이하인 것과 폭발한계의 상한과 하한의 차가 20% 이상인 것을 말한다.

정답 | ①

58

어떤 액의 비중을 측정하였더니 2.5이었다. 이 액의 액주 6m의 압력은 몇 kgf/cm² 인가?

① 15kgf/cm²
② 1.5kgf/cm²
③ 0.15kgf/cm²
④ 0.015kgf/cm²

해설
$P = \rho \times h$
- P: 압력[kg/m²], ρ: 비중량[kgf/m³], h: 높이[m]
물의 비중량은 1,000kgf/m³이다. 따라서, 문제의 액의 비중량은 $2.5 \times 1,000$kgf/m³ $= 2,500$kgf/m³이다.
$P = 2,500$kgf/m³ $\times 6$m $= 15,000$kgf/m² $= 1.5$kgf/cm²

정답 | ②

59

기체의 성질을 나타내는 보일의 법칙(Boyle's law)에서 일정한 값으로 가정한 인자는?

① 압력
② 온도
③ 부피
④ 비중

해설
보일의 법칙(Boyle's law)은 온도가 일정할 때, 기체의 압력과 부피는 반비례한다는 법칙이다.

관련이론 보일의 법칙과 샤를의 법칙
(1) 보일의 법칙(Boyle's law)
   온도가 일정한 경우, 기체의 압력(P)과 부피(V)는 반비례한다.
   $P_1 V_1 = P_2 V_2$
(2) 샤를의 법칙(Charles's law)
   압력이 일정한 경우, 기체의 부피(V)는 절대온도(T)와 비례한다.
   $\dfrac{V_1}{T_1} = \dfrac{V_2}{T_2}$

정답 | ②

60 〈고난도〉

정압비열(C_p)와 정적비열(C_v)의 관계를 나타내는 비열비(k)를 옳게 나타낸 것은?

① $k = C_p / C_v$
② $k = C_v / C_p$
③ $k < 1$
④ $k = C_v - C_p$

해설
비열비는 다음과 같다.
비열비(k) = $\dfrac{\text{정압비열}(C_p)}{\text{정적비열}(C_v)}$
- 비열비(k)는 항상 1보다 크다.
- $C_p - C_v = R$(기체상수)

정답 | ①

2020년 2회 CBT 복원문제

01
빈출도 ★★★

용기의 내부에 절연유를 주입하여 불꽃, 아크 또는 고온 발생 부분이 기름 속에 잠기게 함으로써 기름면 위에 존재하는 가연성 가스에 인화되지 않도록 한 방폭구조는?

① 압력방폭구조
② 유입방폭구조
③ 내압방폭구조
④ 안전증방폭구조

해설
용기의 내부에 절연유를 주입하여 불꽃, 아크 또는 고온발생 부분이 기름 속에 잠기도록 한 구조를 유입방폭구조(기호: o)라고 한다.

관련이론 방폭구조

방폭구조	기호	개요
내압방폭구조	d	용기 내부에서 폭발성 가스 또는 증기 폭발 시 용기가 해당 압력을 견디는 구조이다.
안전증방폭구조	e	점화원 또는 고온 부분 등의 발생을 방지하기 위해 기계적, 전기적으로 안전도를 증가시킨 구조이다.
압력방폭구조	p	용기 내부에 보호가스를 압입하여 내부압력을 유지함으로써 가연성가스가 용기 내부로 유입되지 않는 구조이다.
본질안전방폭구조	ia ib	전기불꽃아크 또는 고온부로 인하여 가연성가스가 점화되지 않는 것이 점화시험 등의 방법에 의해 확인된 구조이다.
유입방폭구조	o	용기 내부에 절연유를 주입하여 불꽃, 아크 또는 고온발생 부분이 기름 속에 잠기게 함으로써 가연성가스에 인화되지 않도록 한 구조이다.
특수방폭구조	s	명확하게 정해진 방법이 없으며 어느 조건이든 발화 가능성이 없도록 정해진 수준의 안전을 제공하는 방폭구조이다.

정답 | ②

02
빈출도 ★★☆

액화석유가스 충전소에서 저장탱크를 지하에 설치하는 경우에는 철근콘크리트로 저장탱크실을 만들고, 그 실내에 설치하여야 한다. 이 때 저장탱크 주위의 빈 공간에는 무엇을 채워야 하는가?

① 물
② 마른 모래
③ 자갈
④ 콜타르

해설
지하에 철근콘크리트 탱크실 내 저장탱크 설치시 저장탱크 주위 빈 공간에는 마른 모래를 채워 고정한다.

정답 | ②

03
빈출도 ★☆☆

일반도시가스사업자가 선임하여야 하는 안전점검원 선임의 기준이 되는 배관길이 산정 시 포함되는 배관은?

① 사용자공급관
② 내관
③ 가스사용자 소유 토지내의 본관
④ 공공도로 내의 공급관

해설
공공도로 내의 도시가스 공급관은 배관길이당 법으로 규정된 길이에 따라 안전점검원을 선임하여야 한다.

정답 | ④

04

가스누출 자동차단장치의 검지부 설치금지 장소에 해당하지 않는 것은?

① 출입구 부근 등으로서 외부의 기류가 통하는 곳
② 가스가 체류하기 좋은 곳
③ 환기구 등 공기가 들어오는 곳으로부터 1.5m 이내의 곳
④ 연소기의 폐가스에 접촉하기 쉬운 곳

해설

가스가 체류할 가능성이 있는 장소에는 가스누출 자동차단장치의 검지부를 설치해야 한다.

정답 | ②

05

고압가스 일반제조소에서 저장탱크 설치 시 물분무장치는 동시에 방사할 수 있는 최대 수량을 몇 분 이상 연속하여 방사할 수 있는 수원에 접속되어 있어야 하는가?

① 30분　　② 45분
③ 60분　　④ 90분

해설

물분무장치는 최대수량으로 30분 이상 연속해서 방사할 수 있는 수원에 접속되어 있도록 하여야 한다.

관련이론 물분무장치

- 조작위치: 탱크에서 15m 이상 떨어진 장소
- 연속분무 가능시간: 30분
- 소화전 호스끝 수압: 0.3MPa
- 방수능력: 400L/min

정답 | ①

06

도시가스사업자는 가스공급시설을 효율적으로 관리하기 위하여 배관·정압기에 대하여 도시가스배관망을 전산화하여야 한다. 이 때 전산관리 대상이 아닌 것은?

① 설치도면　　② 시방서
③ 시공자　　　④ 배관제조자

해설

배관제조자는 전산관리 대상이 아니다.

관련이론 도시가스 정압기, 배관 전산화 전산관리 대상

- 설치도면
- 시방서
- 시공자

정답 | ④

07

액화석유가스 취급시설에서 정전기를 제거하기 위한 접지접속선(Bonding)의 단면적은 얼마 이상으로 하여야 하는가?

① $3.5mm^2$　　② $4.5mm^2$
③ $5.5mm^2$　　④ $6.5mm^2$

해설

본딩용 접지접속선의 단면적은 $5.5mm^2$ 이상이어야 하며, 접지저항의 총합은 100Ω 이하여야 한다. (단, 피뢰설비 설치 시 10Ω 이하여야 한다.)

정답 | ③

08 빈출도 ★★★

액화염소가스 1,375kg을 용량 50L인 용기에 충전하려면 몇 개의 용기가 필요한가? (단, 액화염소가스의 정수(C)는 0.8이다.)

① 20　　　　② 22
③ 35　　　　④ 37

해설

$W = \dfrac{V}{C} = \dfrac{50}{0.8} = 62.5\text{kg}$

- W: 충전량[kg], 내용적[L], C: 가스정수

전체 용기 수 = 1,375 ÷ 62.5 = 22개

정답 | ②

09 빈출도 ★★☆

가연성가스 충전용기 보관실의 벽 재료의 기준은?

① 불연재료　　　　② 난연재료
③ 가벼운 재료　　　④ 불연 또는 난연재료

해설

가연성가스 및 산소의 충전용기 보관실의 벽은 그 저장설비의 보호와 그 저장설비를 사용하는 시설의 안전 확보를 위하여 불연재료를 사용하고, 가연성가스의 충전용기 보관실의 지붕은 가벼운 불연재료 또는 난연재료를 사용할 것

정답 | ①

10 빈출도 ★★★

가연성가스의 제조설비 중 전기설비를 방폭성능을 가지는 구조로 갖추지 아니하여도 되는 가스는?

① 암모니아　　　　② 염화메탄
③ 아크릴알데히드　④ 산화에틸렌

해설

위험장소 안에 있는 전기설비에는 그 전기설비가 누출된 가스의 점화원이 되는 것을 방지하기 위하여 가연성가스(암모니아, 브롬화메탄 및 공기 중에서 자기발화하는 가스를 제외한다)의 제조설비 또는 저장설비 중 전기설비는 방폭성능을 갖도록 설치한다.

관련이론 전기방폭설비 설치 기준

가연성 가스를 저장, 취급하는 장소에서의 전기설비는 방폭구조를 하여야 한다. 암모니아와 브롬화메탄은 가연성가스이기는 하나 폭발범위가 작고 화재·폭발에 대한 위험성이 적어 방폭구조를 적용하지 않아도 된다.

가스 구분	시공 기준
가연성 이외 가스(NH_3, CH_3Br 포함)	비방폭구조
가연성 가스(NH_3, CH_3Br 제외)	방폭구조

정답 | ①

11
아세틸렌 충전 시 첨가하는 다공질물의 구비조건이 아닌 것은?

① 화학적으로 안정할 것
② 기계적인 강도가 클 것
③ 가스의 충전이 쉬울 것
④ 다공도가 적을 것

해설
다공도가 커야 한다.

관련이론 다공물질의 종류 및 구비조건
(1) 다공물질의 종류
 • 석면   • 규조토
 • 석회   • 다공성플라스틱
 • 목탄
(2) 다공물질의 구비조건
 • 경제적일 것
 • 고다공도일 것
 • 안정성이 있을 것
 • 기계적 강도가 있을 것
 • 가스충전이 용이할 것

정답 | ④

12
산소의 저장설비 외면으로부터 얼마의 거리에서 화기를 취급할 수 없다고 규정하는가? (단, 자체 설비내의 것을 제외한다.)

① 2m 이내   ② 5m 이내
③ 8m 이내   ④ 10m 이내

해설
산소저장설비 외면으로부터 8m 이내에는 화기를 취급할 수 없다.

[산소저장설비] —8m 이격거리— [화기 취급]

정답 | ③

13
가스계량기와 전기개폐기와의 최소 안전거리는?

① 15cm   ② 30cm
③ 60cm   ④ 80cm

해설
가스계량기와 전기개폐기와의 최소 안전거리는 60cm 이상이다.

관련이론 가스계량기와의 최소 안전거리

유지거리	공급시설 및 사용시설
전기계량기, 전기개폐기	60cm 이상
전기점멸기, 전기접속기	30cm 이상
절연전선	10cm 이상
절연조치 하지 않은 전선, 단열조치 하지 않은 굴뚝	15cm 이상

정답 | ③

14 〈고난도〉
내화구조의 가연성가스 저장탱크에서 탱크 상호간의 거리가 1m 또는 두 저장 탱크의 최대지름을 합산한 길이의 1/4 길이 중 큰 쪽의 거리를 유지하지 못한 경우 물분무장치의 수량기준으로 옳은 것은?

① $4L/m^2 \cdot min$ ② $5L/m^2 \cdot min$
③ $6.5L/m^2 \cdot min$ ④ $8L/m^2 \cdot min$

해설
내화구조의 가연성가스 저장탱크에서 탱크 상호간의 거리가 1m 또는 두 저장 탱크의 최대지름을 합산한 길이의 1/4 길이 중 큰 쪽의 거리를 유지하지 못한 경우 물분무장치의 수량은 $4L/m^2 \cdot min$을 기준으로 한다.

관련이론 물분무장치의 수량기준

탱크 상호 1m 또는 최대직경 1/4 길이 중 큰쪽과 거리를 유지하지 않은 경우	• 저장탱크 전표면: $8L/m^2 \cdot min$ • 준내화구조: $6.5L/m^2 \cdot min$ • 내화구조: $4L/m^2 \cdot min$
저장탱크 최대직경의 1/4보다 작은 경우	• 저장탱크 전표면: $7L/m^2 \cdot min$ • 준내화구조: $4.5L/m^2 \cdot min$ • 내화구조: $2L/m^2 \cdot min$

정답 | ①

15

LPG 충전·집단공급 저장시설의 공기에 의한 내압시험 시 상용압력의 일정 압력 이상으로 승압한 후 단계적으로 승압시킬 때, 상용압력의 몇 %씩 증가시켜 내압시험 압력에 달하였을 때 이상이 없어야 하는가?

① 5
② 10
③ 15
④ 20

해설
공기에 의한 내압시험 시 최초 시험압력의 50%까지 승압한 후, 상용압력의 10%씩 단계적으로 증가시켜 승압한다.

정답 | ②

16

배관용 탄소강관에 아연(Zn)을 도금하는 주된 이유는?

① 미관을 아름답게 하기 위해
② 보온성을 증대하기 위해
③ 내식성을 증대하기 위해
④ 부식성을 증대하기 위해

해설
내식성을 증대하기 위해 탄소강관에 아연(Zn)을 도금한다.

정답 | ③

17

충전 용기를 차량에 적재하여 운반하는 도중에 주차하고자 할 때의 주의사항으로 옳지 않은 것은?

① 충전 용기를 적재한 차량은 제1종 보호시설로부터 15m 이상 떨어지고, 제2종 보호시설이 밀집된 지역은 가능한 한 피한다.
② 주차 시에는 엔진을 정지시킨 후 주차브레이크를 걸어 놓는다.
③ 주차를 하고자 하는 주위의 교통상황·지형조건·화기 등을 고려하여 안전한 장소를 택하여 주차한다.
④ 주차 시에는 긴급한 사태에 대비하여 바퀴 고정목을 사용하지 않는다.

해설
고압가스 충전용기 차량은 주차 시에는 반드시 바퀴 고정목을 사용해야 한다.

정답 | ④

18

다음 각 가스의 공업용 용기 도색이 옳지 않게 짝지어진 것은?

① 질소(N_2) — 회색
② 수소(H_2) — 주황색
③ 액화암모니아(NH_3) — 백색
④ 액화염소(Cl_2) — 황색

해설
액화염소(Cl_2)의 공업용 용기 도색은 갈색이다.

관련이론 일반 공업용 용기의 도색

질소	회색	아세틸렌	황색
수소	주황색	산소	녹색
암모니아	백색	탄산가스	청색
염소	갈색	LPG	밝은 회색

정답 | ④

19

고압가스 제조장치의 취급에 대한 설명 중 틀린 것은?

① 압력계의 밸브를 천천히 연다.
② 액화가스를 탱크에 처음 충전할 때에는 천천히 충전한다.
③ 안전밸브는 천천히 작동한다.
④ 제조장치의 압력을 상승시킬 때 천천히 상승시킨다.

해설
설정압력에 도달하면 안전밸브를 신속하게 작동하여 내부의 과압을 낮추어야 한다.

정답 | ③

20 〈고난도〉

탱크를 지상에 설치하고자 할 때 방류둑을 설치하지 않아도 되는 저장탱크는?

① 저장능력 1,000톤 이상의 질소탱크
② 저장능력 1,000톤 이상의 부탄탱크
③ 저장능력 1,000톤 이상의 산소탱크
④ 저장능력 5톤 이상의 염소탱크

해설
질소는 가연성가스가 아니므로 질소 저장탱크에는 방류둑을 설치할 필요가 없다.

관련이론 저장탱크 방류둑 설치기준
- 저장능력이 5톤 이상인 독성가스
- 저장능력이 500톤 이상인 가연성가스 저장탱크
- 저장능력이 1,000톤 이상인 액화산소 및 액화석유가스 저장탱크
- 저장능력이 1,000톤 이상인 도시가스 저장탱크
- 저장능력이 10,000L 이상의 고압가스 냉동 수액기

정답 | ①

21

가스 공급시설의 임시사용 기준 항목이 아닌 것은?

① 공급의 이익 여부
② 도시가스의 공급이 가능한지의 여부
③ 가스공급시설을 사용할 때 안전을 해칠 우려가 있는지 여부
④ 도시가스의 수급상태를 고려할 때 해당지역에 도시가스의 공급이 필요한지의 여부

해설
가스 공급시설의 임시사용 기준은 공급의 가능여부, 안전상태, 수급상태 등이 있으며, 공급의 이익 여부와는 거리가 멀다.

정답 | ①

22

지하에 매설된 도시가스 배관의 전기방식 기준으로 틀린 것은?

① 전기방식전류가 흐르는 상태에서 토양 중에 있는 배관 등의 방식전위 상한값은 포화황산동 기준전극으로 $-0.85V$ 이하일 것
② 전기방식전류가 흐르는 상태에서 자연전위와의 전위변화가 최소한 $-300mV$일 것
③ 배관에 대한 전위측정은 가능한 배관 가까운 위치에서 실시할 것
④ 전기방식시설의 관대지전위 등을 2년에 1회 이상 점검할 것

해설
전기방식시설의 관대지전위 등을 1년에 1회 이상 점검한다.

정답 | ④

23

빈출도 ★★★

암모니아 충전용기로서 내용적이 1,000L 이하인 것은 부식여유치가 A이고, 염소 충전용기로서 내용적이 1,000L 초과하는 것은 부식여유치가 B이다. A와 B항의 알맞은 부식 여유치는?

① A: 1mm, B: 2mm
② A: 1mm, B: 3mm
③ A: 2mm, B: 5mm
④ A: 1mm, B: 5mm

해설

암모니아 및 염소 충전용기의 내용적에 따른 부식여유치는 다음과 같다.

구분		부식여유치
암모니아 충전용기	내용적 1천 L 이하	1mm
	내용적 1천 L 초과	2mm
염소 충전용기	내용적 1천 L 이하	3mm
	내용적 1천 L 초과	5mm

정답 | ④

24 〈고난도〉

빈출도 ★★☆

고압가스의 충전 용기를 차량에 적재하여 운반하는 때의 기준에 대한 설명으로 옳은 것은?

① 염소와 아세틸렌 충전용기는 동일 차량에 적재하여 운반이 가능하다.
② 염소와 수소 충전용기는 동일 차량에 적재하여 운반이 가능하다.
③ 독성가스가 아닌 300m³의 압축 가연성 가스를 차량에 적재하여 운반하는 때에는 운반책임자를 동승시켜야 한다.
④ 독성가스가 아닌 2천kg의 액화 조연성가스를 차량에 적재하여 운반하는 때에는 운반책임자를 동승시켜야 한다.

해설

압축 가연성가스는 300m³ 이상을 차량에 적재하여 운반할 때 운반 책임자가 동승하여 운반에 대한 감독 또는 지원을 해야 한다.

관련이론 가스 운반 시 운반 책임자 동승 조건

가스종류		허용농도	적재용량
독성	압축가스	200ppm 초과 5,000ppm 이하	100m³ 이상
		200ppm 이하	10m³ 이상
	액화가스	200ppm 초과 5,000ppm 이하	1,000kg 이상
		200ppm 이하	100kg 이상
가연성 및 조연성	압축가스	가연성	300m³ 이상
		조연성	600m³ 이상
	액화가스	가연성	3,000kg 이상
		조연성	6,000kg 이상

정답 | ③

25
건축물 안에 매설할 수 없는 도시가스 배관의 재료는?

① 스테인리스강관
② 동관
③ 가스용 금속플렉시블호스
④ 가스용 탄소강관

해설
탄소강관은 부식성이 있어 사용할 수 없다.

관련이론 건축물 내 매설가능한 배관재료
- 스테인리스강관
- 동관
- 가스용 금속플렉시블호스

정답 | ④

26 〈고난도〉
산소 저장설비에서 저장능력이 $9,000m^3$일 경우 제1종 보호시설 및 제2종 보호시설과의 안전거리는?

① 8m, 5m
② 10m, 7m
③ 12m, 8m
④ 14m, 9m

해설
산소 처리 및 저장능력이 $10,000m^3$ 이하인 경우 제1종 보호시설과의 안전거리는 12m 이상, 제2종 보호시설과의 안전거리는 8m 이상으로 한다.

관련이론 산소시설과의 안전거리

처리 및 저장능력 압축가스의 경우: m³ 액화가스의 경우: kg	제1종 보호시설	제2종 보호시설
1만 이하	12m 이상	8m 이상
1만 초과 2만 이하	14m 이상	9m 이상
2만 초과 3만 이하	16m 이상	11m 이상
3만 초과 4만 이하	18m 이상	13m 이상
4만 초과	20m 이상	14m 이상

정답 | ③

27
고압가스 특정제조시설에서 지하매설배관은 그 외면으로부터 지하의 다른 시설물과 몇 m 이상 거리를 유지하여야 하는가?

① 0.1
② 0.2
③ 0.3
④ 0.5

해설
지하매설배관은 그 외면으로부터 지하의 다른 시설물은 0.3m 이상의 거리를 유지해야 한다.

관련이론 지하매설배관과의 유지거리

구분	유지거리
건축물	1.5m 이상
지하도로 터널	10m 이상
독성가스 혼입 수도시설	300m 이상
다른 시설물	0.3m 이상
산 · 들	1m 이상
그 밖의 지역	1.2m 이상

정답 | ③

28
역화방지장치를 설치하지 않아도 되는 곳은?

① 가연성가스 압축기와 충전용 주관 사이의 배관
② 가연성가스 압축기와 오토클레이브 사이의 배관
③ 아세틸렌 충전용 지관
④ 아세틸렌 고압건조기와 충전용 교체밸브 사이의 배관

해설
가연성가스 압축기와 충전용 주관 사이의 배관에는 역류방지장치를 설치하지 않아도 된다.

관련이론 역화방지장치 설치장소
- 가연성가스 압축시(압축기와 오토클레이브 사이의 배관)
- 아세틸렌의 고압건조기와 충전용 교체밸브 사이 배관 및 충전용 지관
- 특정고압가스 사용시설의 산소, 수소, 아세틸렌의 화염 사용시설

정답 | ①

29

고압가스 설비의 내압 및 기밀시험에 대한 설명으로 옳은 것은?

① 내압시험은 상용압력의 1.1배 이상의 압력으로 실시한다.
② 기체로 내압시험을 하는 것은 위험하므로 어떠한 경우라도 금지된다.
③ 내압시험을 할 경우에는 기밀시험을 생략할 수 있다.
④ 기밀시험은 상용압력 이상으로 하되, 0.7MPa을 초과하는 경우 0.7MPa 이상으로 한다.

선지분석
① 내압시험(TP)은 상용압력의 1.5배 이상의 압력으로 실시한다.
② 공기, 질소 등으로 내압시험(TP)을 실시한다.
③ 내압시험과 기밀시험은 별도로 진행한다. 내압시험은 내압력에 견디는 정도를 판단하며, 기밀시험은 누설 유무를 판단한다.

정답 | ④

30

고압가스용 용접용기 동판의 최대 두께와 최소 두께와의 차이는?

① 평균두께의 5% 이하
② 평균두께의 10% 이하
③ 평균두께의 20% 이하
④ 평균두께의 25% 이하

해설
용접용기 동판의 최대 두께와 최소 두께와의 차이는 평균두께의 10% 이하로 한다.

관련이론 용기 동판의 최대두께와 최소두께의 차
- 용접용기: 평균두께의 10% 이하
- 무이음 용기: 평균두께의 20% 이하

정답 | ②

31

자동절체식 일체형 저압조정기의 조정압력은?

① 2.30~3.30kPa
② 2.55~3.30kPa
③ 57~83kPa
④ 5.0~30kPa 이내에서 제조자가 설정한 기준압력의 ±20%

해설
자동절체식 일체형 저압조정기의 조정압력은 2.55~3.30kPa이다.

정답 | ②

32

계측기기의 구비조건으로 틀린 것은?

① 설비비 및 유지비가 적게 들 것
② 원거리 지시 및 기록이 가능할 것
③ 구조가 간단하고 정도가 낮을 것
④ 설치장소 및 주위조건에 대한 내구성이 클 것

해설
구조가 간단하고 정도가 높아야 한다.

관련이론 계측기기의 구비조건
- 견고하고 취급이 용이할 것
- 구조가 간단하고 정도가 높을 것
- 설치장소 및 주위조건에 대한 내구성이 클 것
- 설비비 및 유지비가 적게 들 것
- 원거리 지시 및 기록이 가능할 것

정답 | ③

33

빈출도 ★★☆

LPG 기화장치의 작동원리에 따른 구분으로 저온의 액화가스를 조정기를 통하여 감압한 후 열교환기에 공급해 강제기화시켜 공급하는 방식은?

① 감압가열 방식
② 가온감압 방식
③ 해수가열 방식
④ 중간매체 방식

선지분석

① 감압가열 방식: 액화가스가 조정기를 통하여 감압하고 열교환기로 공급되며 기화된 가스가 공급되는 방식이다.
② 가온감압 방식: 액화가스가 열교환기에서 기화되고 기화된 가스가 조정기를 통하여 공급하는 방식이다.
③ 해수가열 방식, ④ 중간매체 방식은 LNG 기화방식이다.

정답 | ①

34

빈출도 ★★★

액화산소, LNG 등에 일반적으로 사용될 수 있는 재질이 아닌 것은?

① Al 및 Al 합금
② Cu 및 Cu 합금
③ 고장력 주철강
④ 18-8 스테인리스강

해설

액화산소 및 LNG 등은 저온장치이기 때문에 저온장치 재료를 사용해야 하므로 고장력 주철강은 사용할 수 없다.

관련이론 저온장치 재료 종류

- 18-8 STS(오스테나이트계 스테인리스강)
- 9% Ni
- 구리 및 구리 합금
- 알루미늄 및 알루미늄 합금

정답 | ③

35

빈출도 ★★☆

오르자트법으로 시료가스를 분석할 때의 성분분석 순서로서 옳은 것은?

① $CO_2 \to O_2 \to CO$
② $CO \to CO_2 \to O_2$
③ $O_2 \to CO \to CO_2$
④ $O_2 \to CO_2 \to CO$

해설

- 오르자트법: $CO_2 \to O_2 \to CO$
- 헴펠법: $CO_2 \to C_mH_n \to O_2 \to CO$

정답 | ①

36

빈출도 ★★★

내용적 47L인 LP가스 용기의 최대 충전량은 몇 kg인가? (단, LP가스 정수는 2.35이다.)

① 20
② 42
③ 50
④ 220

해설

충전량 구하는 공식은 다음과 같다.

$$W = \frac{V}{C}$$

- W: 충전량[kg], V: 내용적[L], C: 가스정수

$$W = \frac{47}{2.35} = 20\text{kg}$$

정답 | ①

37

고속회전하는 임펠러의 원심력에 의해 속도에너지를 압력에너지로 바꾸어 압축하는 형식으로서 유량이 크고 설치면적이 적게 차지하는 압축기의 종류는?

① 왕복식
② 터보식
③ 회전식
④ 흡수식

해설

터보식 압축기는 고속회전하는 임펠러의 원심력에 의해 속도에너지를 압력에너지로 바꾸어 압축하는 형식이다.

선지분석

① 왕복식 압축기: 용적형이며 압축효율이 높아 쉽게 고압을 얻을 수 있고 토출압력 변화에 따른 용량 변화가 작다.
③ 회전식 압축기: 용적형이며 왕복식에 비해 소형이고 구조가 간단하며 압축이 연속적이다.
④ 흡수식은 압축기의 종류가 아닌 흡수식 냉동기이다.

정답 | ②

38

정압기(Governor)의 기능을 모두 옳게 나열한 것은?

① 감압기능
② 정압기능
③ 감압기능, 정압기능
④ 감압기능, 정압기능, 폐쇄기능

해설

정압기(Governor)는 감압기능, 정압기능, 폐쇄기능이 있다.

정답 | ④

39

가스미터의 설치장소로서 가장 부적당한 곳은?

① 통풍이 양호한 곳
② 전기공작물 주변의 직사광선이 비치는 곳
③ 가능한 한 배관의 길이가 짧고 꺾이지 않는 곳
④ 화기와 습기에서 멀리 떨어져 있고 청결하며 진동이 없는 곳

해설

가스미터는 전기공작물 주변의 직사광선이 비치지 않는 곳에 설치하여야 한다.

관련이론 가스미터의 설치장소

설치장소	• 검침·교체·유지관리 및 계량이 용이한 장소 • 환기가 양호하거나 창문 등이 설치된 장소 • 직사광선 또는 빗물이 접촉되지 않는 장소(접촉 우려시 보호상자 안에 설치) • 화기와(2m 이상 이격) 습기가 없는 장소 • 가능한 한 배관의 길이가 짧고 꺾이지 않는 곳 • 가스 사용자가 구분하여 소유하거나 점유하는 건축물의 외벽
설치 제한장소	• 진동의 영향을 받는 장소 • 석유류 등 위험물을 저장하는 장소 • 수전실, 변전실 등 고압전기설비가 있는 장소 • 공동주택의 대피공간, 방·거실 및 주방 등 사람이 거처하는 곳

정답 | ②

40

초저온 저장탱크에 주로 사용되며, 차압에 의하여 측정하는 액면계는?

① 시창식
② 햄프슨식
③ 부자식
④ 회전튜브식

해설

초저온 저장탱크에 사용되는 차압식 액면계는 햄프슨식 액면계이다.

정답 | ②

41

오리피스 유량계는 어떤 형식의 유량계인가?

① 차압식　　② 면적식
③ 용적식　　④ 터빈식

해설
차압식 유량계에는 오리피스, 벤투리관, 플로노즐 등이 있다.

관련이론 용적식 유량계와 차압식 유량계

용적식 유량계	오벌기어식, 가스미터기, 루트식, 회전원판식 등
차압식 유량계	오리피스, 플로노즐, 벤투리관 등

정답 | ①

42

반복하중에 의해 재료의 저항력이 저하하는 현상을 무엇이라고 하는가?

① 교축　　② 크리프
③ 피로　　④ 응력

해설
피로란 재료에 반복적으로 하중을 가해 저항력이 저하되는 현상이다.

선지분석
① 교축: 금속재료의 온도가 낮아져 수축되는 현상이다.
② 크리프: 어느 온도 이상에서 재료에 하중을 가하면 시간과 더불어 변형이 증대되는 현상이다.
④ 응력: 물체에 하중이 작용할 때 그 재료 내부에 생기는 저항력을 내력이라 하고 단위면적당 내력의 크기를 응력이라고 한다.

정답 | ③

43

저압가스 수송배관의 유량공식에 대한 설명으로 틀린 것은?

① 배관길이에 반비례한다.
② 가스비중에 비례한다.
③ 허용압력손실에 비례한다.
④ 관경에 의해 결정되는 계수에 비례한다.

해설
가스 수송배관의 유량공식에서 유량은 가스비중에 반비례한다.

관련이론 가스 수송배관의 유량공식

$$Q = K \times \sqrt{\frac{D^5 H}{SL}}$$

- Q: 가스유량[m³/h]
- K: 계수(0.701)
- D: 관경[cm]
- H: 압력손실[mmH₂O]
- S: 가스비중
- L: 관 길이[m]

- 배관길이에 반비례한다.
- 가스비중에 반비례한다.
- 허용압력손실에 비례한다.
- 관경에 의해 결정되는 계수에 비례한다.

정답 | ②

44

LP가스 이송설비 중 압축기의 부속장치로서 토출측과 흡입측을 전환시키며 액송과 가스회수를 한 동작으로 할 수 있는 것은?

① 액트랩　　② 액가스분리기
③ 전자밸브　④ 사방밸브

해설
사방밸브(4-way valve)는 LP가스 이송설비 중 압축기의 부속장치로서 토출측과 흡입측을 전환시키며 액송과 가스회수를 한 동작으로 할 수 있는 밸브를 말한다.

정답 | ④

45
다음 곡률 반지름(r)이 50mm일 때 90° 구부림 곡선 길이는 얼마인가?

① 48.54mm ② 58.54mm
③ 68.54mm ④ 78.54mm

해설
구부림 곡선 길이(원호)를 구하는 공식은 다음과 같다.
$l = 2\pi R \times \dfrac{\theta}{360}$
- l: 원호[mm], R: 반지름[mm], θ: 구부림 각도[°]

$l = 2\pi \times 50 \times \dfrac{90}{360} \fallingdotseq 78.54\text{mm}$

정답 | ④

46 〈고난도〉
수은을 이용한 U자관 압력계에서 액주높이(h) 600mm, 대기압(P_1)은 1kg/cm²일 때 P_2는 약 몇 kg/cm²인가?

① 0.22 ② 0.92
③ 1.82 ④ 9.16

해설
절대압력=대기압+게이지압력
여기서, 액주의 높이가 600mm이므로, 게이지압력은 600mmHg이다.
게이지압력
$=600\text{mmHg} \times \dfrac{1.0332\text{kg/cm}^2}{760\text{mmHg}}$
$=0.816\text{kg/cm}^2$
절대압력$=1+0.816=1.816 \fallingdotseq 1.82\text{kg/cm}^2$
※ mmHg는 수은 기둥의 높이를 기준으로 정의된 압력 단위이다.
※ 1atm=760mmHg=1.0332kg/cm²

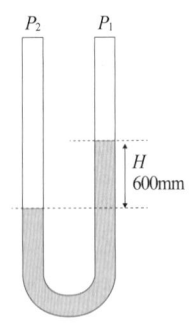

정답 | ③

47
질소의 용도가 아닌 것은?

① 비료에 이용 ② 질산제조에 이용
③ 연료용에 이용 ④ 냉매로 이용

해설
질소(N_2)는 불연성 및 불활성 가스이므로 연소되지 않기 때문에 연료용으로 사용할 수 없다.

정답 | ③

48
압력에 대한 설명으로 옳은 것은?

① 절대압력=게이지압력+대기압이다.
② 절대압력=대기압+진공압이다.
③ 대기압은 진공압보다 낮다.
④ 1atm은 1033.2kg/m²이다.

선지분석
② 절대압력=대기압-진공압이다.
③ 대기압은 진공압보다 높다.
④ 1atm은 1.0332kg/cm²이다.

정답 | ①

49
공기 중에 누출 시 폭발위험이 가장 큰 가스는?

① C_3H_8 ② C_4H_{10}
③ CH_4 ④ C_2H_2

선지분석
폭발범위가 넓을수록 폭발위험이 크다.
① C_3H_8: 2.1~9.5%
② C_4H_{10}: 1.8~8.4%
③ CH_4: 5~15%
④ C_2H_2: 2.5~81%

정답 | ④

50

기체연료의 일반적인 특징에 대한 설명으로 틀린 것은?

① 완전연소가 가능하다.
② 고온을 얻을 수 있다.
③ 화재 및 폭발의 위험성이 적다.
④ 연소조절 및 점화, 소화가 용이하다.

해설

기체연료는 화재나 폭발의 위험성이 크므로 취급에 주의하여야 한다.

정답 | ③

51

47L 고압가스 용기에 20℃의 온도로 15MPa의 게이지압력으로 충전하였다. 40℃로 온도를 높이면 게이지 압력은 약 얼마가 되겠는가?

① 16.024MPa
② 17.132MPa
③ 18.031MPa
④ 19.031MPa

해설

보일-샤를의 법칙에 따라 $\dfrac{T_1}{P_1} = \dfrac{T_2}{P_2}$ 이므로

$P_2 = \dfrac{P_1 T_2}{T_1} = \dfrac{15 \times (40+273)}{(20+273)} = 16.024\text{MPa}$

정답 | ①

52

다음 중 LP 가스의 일반적인 연소특성이 아닌 것은?

① 연소 시 다량의 공기가 필요하다.
② 발열량이 크다.
③ 연소속도가 늦다.
④ 착화온도가 낮다.

해설

LP가스는 연소 시 착화온도가 높다.

관련이론 LP가스의 연소

- 연소 시 다량의 공기가 필요하다.
- 발열량이 크다.
- 연소속도가 늦다.
- 착화온도가 높다.
- 연소범위가 좁다.

정답 | ④

53

프로판을 완전연소시켰을 때 주로 생성되는 물질은?

① CO_2, H_2
② CO_2, H_2O
③ C_2H_4, H_2O
④ C_4H_{10}, CO

해설

탄화수소계 연료는 완전연소 시 CO_2와 H_2O가 생성된다.

관련이론 프로판 완전연소 반응식

$C_3H_8 + 5O_2 \rightarrow 3CO_2 + 4H_2O$

정답 | ②

54

가정용 가스보일러에서 발생하는 가스중독사고 원인으로 배기가스의 어떤 성분에 의하여 주로 발생하는가?

① CH_4
② CO_2
③ CO
④ C_3H_8

해설
가스보일러의 가스중독사고 원인은 일산화탄소(CO)이다.

관련이론 탄소의 연소반응식
- $C + O_2 \rightarrow CO_2$ (완전연소)
- $C + 0.5O_2 \rightarrow CO$ (불완전연소)

정답 | ③

55

산소의 물리적 성질에 대한 설명 중 틀린 것은?

① 물에 녹지 않으며 액화산소는 담녹색이다.
② 기체, 액체, 고체 모두 자성이 있다.
③ 무색, 무취, 무미의 기체이다.
④ 강력한 조연성 가스로서 자신은 연소하지 않는다.

해설
물에 녹으며 액화산소는 담청색이다.

관련이론 산소(O_2)
- 물에 녹으며 액화산소는 담청색이다.
- 기체, 액체, 고체 모두 자성이 있다.
- 무색, 무취, 무미의 기체이다.
- 강력한 조연성 가스로서 자신은 연소하지 않는다.
- 대기(공기) 중에서 21%를 차지한다.
- 분자량은 32, 비등점은 $-183°C$이다.
- 산화(부식)의 주체이다.

정답 | ①

56

다음 중 일의 열당량을 올바르게 나타낸 것은?

① $\dfrac{1}{427}$ kcal/kg·m
② $\dfrac{1}{427}$ kg·m/kcal
③ 427 kg·m/kcal
④ 427 kcal/kg·m

해설
- 일의 열당량: $\dfrac{1}{427}$ kcal/kg·m
- 열의 일당량: 427 kg·m/kcal

정답 | ①

57

다음 각 온도의 단위환산 관계로서 틀린 것은?

① $0°C = 273K$
② $32°F = 492°R$
③ $0K = -273°C$
④ $0K = 460°R$

해설
$°R = 1.8K = 1.8 \times 0 = 0°R$

선지분석
① $K = °C + 273 = 0 + 273 = 273K$
② $°R = °F + 460 = 32 + 460 = 492°R$
③ $K = °C + 273 = -273 + 273 = 0K$

정답 | ④

58

고압가스의 성질에 따른 분류가 아닌 것은?

① 가연성 가스
② 액화가스
③ 조연성 가스
④ 불연성 가스

해설
액화가스는 고압가스의 상태에 따른 분류에 속한다.

관련이론 고압가스의 분류

상태에 따른 분류	• 압축가스 • 액화가스 • 용해가스
연소성에 따른 분류	• 가연성 가스 • 불연성 가스 • 조연성 가스
독성에 따른 분류	• 독성가스 • 비독성가스

정답 | ②

59

공기액화분리장치에서 액화되어 나오는 순서로 맞는 것은?

① $O_2 \rightarrow N_2 \rightarrow Ar$
② $O_2 \rightarrow Ar \rightarrow N_2$
③ $N_2 \rightarrow Ar \rightarrow O_2$
④ $N_2 \rightarrow O_2 \rightarrow Ar$

해설
공기액화분리장치에서 액화되는 순서는 비등점(비점)이 높은 순이므로, $O_2 \rightarrow Ar \rightarrow N_2$이다.
- 산소(O_2) 비등점: $-183℃$
- 아르곤(Ar) 비등점: $-186℃$
- 질소(N_2) 비등점: $-196℃$

정답 | ②

60

수소의 성질에 대한 설명 중 틀린 것은?

① 무색, 무미, 무취의 가연성 기체이다.
② 밀도가 아주 작아 확산속도가 빠르다.
③ 열전도율이 작다.
④ 높은 온도일 때에는 강재, 기타 금속재료라도 쉽게 투과한다.

해설
수소(H_2)는 열전도율이 크고 열에 대해 안정적이다.

관련이론 수소(H_2)
- 압축가스이면서 가연성 가스로 분류된다.
- 가장 작은 밀도로서 가장 가볍고, 확산속도가 빠른 기체이다.
- 상온에서 무색, 무미, 무취의 가연성 기체이다.
- 고온 조건에서 철과 반응한다.
- 열전도율이 크고 열에 대해 안정적이다.

정답 | ③

2019년 1회 CBT 복원문제

PART 02 · 8개년 CBT 복원문제

01 빈출도 ★★★

고압가스 설비에 설치하는 압력계의 최고눈금에 대한 측정범위의 기준으로 옳은 것은?

① 상용압력의 1.0배 이상, 1.2배 이하
② 상용압력의 1.2배 이상, 1.5배 이하
③ 상용압력의 1.5배 이상, 2.0배 이하
④ 상용압력의 2.0배 이상, 3.0배 이하

해설
고압가스 설비에 장치하는 압력계의 눈금은 상용압력의 1.5배 이상 2배 이하의 최고눈금이 있는 것으로 한다.

정답 | ③

02 빈출도 ★★☆

고압가스 저장탱크 및 처리설비에 대한 설명으로 틀린 것은?

① 가연성 저장탱크를 2개 이상 인접 설치 시에는 0.5m 이상의 거리를 유지한다.
② 지면으로부터 매설된 저장탱크 정상부까지의 깊이는 60cm 이상으로 한다.
③ 저장탱크를 매설한 곳의 주위에는 지상에 경계 표지를 한다.
④ 독성가스 저장탱크실과 처리설비실에는 가스누출 검지경보장치를 설치한다.

해설
가연성 저장탱크를 2개 이상 인접 설치 시에는 두 저장탱크의 최대지름을 합산한 길이의 $\frac{1}{4}$ 이상의 거리를 유지해야 한다.

정답 | ①

03 〈고난도〉 빈출도 ★★★

다음 중 방류둑을 설치하여야 할 기준으로 옳지 않은 것은?

① 저장능력이 5톤 이상인 독성가스 저장탱크
② 저장능력이 300톤 이상인 가연성가스 저장탱크
③ 저장능력이 1,000톤 이상인 액화석유가스 저장탱크
④ 저장능력이 1,000톤 이상인 액화산소 저장탱크

해설
가연성가스 저장탱크의 경우 저장능력이 500톤 이상인 경우 방류둑을 설치한다.

관련이론 저장탱크 방류둑 설치기준
- 저장능력이 5톤 이상인 독성가스
- 저장능력이 500톤 이상인 가연성가스 저장탱크
- 저장능력이 1,000톤 이상인 액화산소 및 액화석유가스 저장탱크
- 저장능력이 1,000톤 이상인 도시가스 저장탱크
- 저장능력이 10,000L 이상의 고압가스 냉동 수액기

정답 | ②

04 빈출도 ★★☆

자연환기설비 설치 시 LP가스의 용기보관실 바닥면적이 $3m^2$라면 통풍구의 크기는 몇 cm^2 이상으로 하도록 되어 있는가? (단, 철망 등이 부착되어 있지 않은 것으로 간주한다.)

① 500
② 700
③ 900
④ 1,100

해설
통풍구의 크기는 바닥면적 $1m^2$당 $300cm^2$ 이므로 $3 \times 300 = 900cm^2$이다.

정답 | ③

05

아세틸렌 용기내 다공물질의 다공도 기준으로 옳은 것은?

① 75% 이상 92% 미만
② 70% 이상 95% 미만
③ 62% 이상 75% 미만
④ 92% 이상

해설

아세틸렌 충전용기의 다공도의 기준은 75% 이상 92% 미만이다.

관련이론 다공물질

(1) 개요

아세틸렌의 분해폭발을 방지하기 위해 용기 내 공간에 채우는 물질로, 석면, 규조토, 목탄, 다공성플라스틱, 석회 등이 있다.

(2) 다공도의 공식

$$\frac{V-E}{V} \times 100$$

- V : 다공물질의 용적, E : 침윤 후 잔용적

정답 | ①

06

프로판 15v%와 부탄 85v%로 혼합된 가스의 공기 중 폭발하한값은 약 몇 %인가? (단, 프로판의 폭발하한값은 2.1v%이고 부탄은 1.8v%이다.)

① 1.84
② 1.88
③ 1.94
④ 1.98

해설

혼합가스의 폭발한계(르 샤틀리에 법칙)를 구하는 공식은 아래와 같다.

$$\frac{100}{L} = \frac{V_1}{L_1} + \frac{V_2}{L_2} + \frac{V_3}{L_3} + \cdots$$

- L: 하한계[%], V : 체적[%]

$$\frac{100}{L} = \frac{15}{2.1} + \frac{85}{1.8} = 54.365$$

$$L = \frac{100}{54.365} = 1.84$$

정답 | ①

07

도시가스배관에 설치하는 희생양극법에 의한 전위측정용 터미널은 몇 m 이내의 간격으로 하여야 하는가?

① 200m
② 300m
③ 500m
④ 600m

해설

희생양극법에 의한 전위측정용 터미널은 300m 이내의 간격으로 설치한다.

관련이론 전기방식법에 의한 전위측정용 터미널 간격

희생양극법	300m 이내
배류법	300m 이내
외부전원법	500m 이내

정답 | ②

08

아세틸렌가스 또는 압력이 9.8MPa 이상인 압축가스를 용기에 충전하는 경우 방호벽을 설치하지 않아도 되는 곳은?

① 압축기와 충전장소 사이
② 압축가스 충전장소와 그 가스충전용기 보관장소 사이
③ 압축기와 그 가스 충전용기 보관장소 사이
④ 압축가스를 운반하는 차량

해설

압축가스를 운반하는 차량과 충전용기 사이에는 방호벽을 설치하지 않아도 된다.

관련이론 방호벽 설치대상

구분	설치대상
고압가스 일반제조 중 C_2H_2가스 또는 9.8MPa 이상 압축가스 충전 시	• 압축기와 충전장소 사이 • 압축기와 충전용기 보관장소 사이 • 충전장소와 충전용기 보관장소 사이 • 충전장소와 충전용 주관밸브 사이
고압가스 판매시설	용기보관실의 벽
특정고압가스	압축(60m³), 액화(300kg) 이상 시설의 용기보관실 벽
충전시설	저장탱크와 가스 충전장소
저장탱크	사업소내 보호시설

정답 | ④

09

액화석유가스 취급시설에서 정전기를 제거하기 위한 접지접속선(Bonding)의 단면적은 얼마 이상으로 하여야 하는가?

① 3.5mm² ② 4.5mm²
③ 5.5mm² ④ 6.5mm²

해설
본딩용 접지접속선의 단면적은 5.5mm² 이상이어야 하며, 접지저항의 총합은 100Ω 이하여야 한다. (단, 피뢰설비 설치 시 10Ω 이하여야 한다.)

정답 | ③

10

LPG가 충전된 납붙임 또는 접합용기는 얼마의 온도에서 가스누출시험을 할 수 있는 온수시험탱크를 갖추어야 하는가?

① 20~30℃ ② 35~45℃
③ 46~50℃ ④ 60~80℃

해설
가스누출시험을 할 수 있는 온수시험탱크의 적정온도는 46~50℃이다.

정답 | ③

11

충전용 주관의 압력계는 정기적으로 표준압력계로 그 기능을 검사하여야 한다. 다음 중 검사의 기준으로 옳은 것은?

① 매월 1회 이상 ② 3개월에 1회 이상
③ 6개월에 1회 이상 ④ 1년에 1회 이상

해설
충전용 주관의 압력계는 매월 1회 이상 검사한다.

관련이론 압력계의 기능검사
- 충전용 주관의 압력계: 매월 1회 이상
- 기타 압력계: 3개월(분기별)에 1회 이상

정답 | ①

12

용기에 의한 고압가스 운반기준으로 틀린 것은?

① 3,000kg의 액화 조연성가스를 차량에 적재하여 운반할 때에는 운반책임자가 동승하여야 한다.
② 허용농도가 500ppm인 액화 독성가스 1,000kg을 차량에 적재하여 운반할 때에는 운반책임자가 동승하여야 한다.
③ 충전용기와 위험물안전관리법에서 정하는 위험물과는 동일 차량에 적재하여 운반할 수 없다.
④ 300m³의 압축 가연성가스를 차량에 적재하여 운반할 때에는 운전자가 운반책임자의 자격을 가진 경우에는 자격이 없는 사람을 동승시킬 수 있다.

해설
6,000kg의 액화 조연성가스를 차량에 적재하여 운반할 때에는 운반책임자가 동승하여야 한다.

정답 | ①

13

특정고압가스 사용시설에서 용기의 안전조치 방법으로 틀린 것은?

① 고압가스의 충전용기는 항상 40℃ 이하를 유지하도록 한다.
② 고압가스의 충전용기 밸브는 서서히 개폐한다.
③ 고압가스의 충전용기 밸브 또는 배관을 가열할 때에는 열습포는 40℃ 이하의 더운물을 사용한다.
④ 고압가스의 충전용기를 사용한 후에는 밸브를 열어 둔다.

해설
충전용기를 사용한 후에는 반드시 밸브를 잠가 두어야 한다.

정답 | ④

14

고압가스안전관리법의 적용을 받는 고압가스의 종류 및 범위로서 틀린 것은?

① 상용의 온도에서 압력이 1MPa 이상이 되는 압축가스
② 섭씨 35도의 온도에서 압력이 0MPa를 초과하는 아세틸렌 가스
③ 상용의 온도에서 압력이 0.2MPa 이상이 되는 액화가스
④ 섭씨 35도의 온도에서 압력이 0Pa을 초과하는 액화가스 중 액화시안화수소

해설
아세틸렌 가스는 섭씨 15도의 온도에서 압력이 0Pa을 초과할 때 고압가스 안전관리법 적용가스이다.

관련이론 고압가스안전관리법의 고압가스 범위
- 상용 또는 35°C에서 1MPa 이상이 되는 압축가스(단, 아세틸렌 가스는 제외한다)
- 15°C에서 0Pa을 초과하는 아세틸렌 가스
- 상용 온도에서 0.2MPa 이상이 되는 액화가스
- 압력이 0.2MPa이 되는 경우 35°C 이하인 액화가스
- 35°C에서 0Pa을 초과하는 액화가스 중 액화시안화수소, 액화브롬화메탄 및 액화산화에틸렌 가스

정답 | ②

15

차량에 고정된 탱크 중 독성가스는 내용적을 얼마 이하로 하여야 하는가?

① 12,000L   ② 15,000L
③ 16,000L   ④ 18,000L

해설
차량에 고정된 탱크 중 독성가스의 내용적은 12,000L 이하로 하여야 한다.

관련이론 차량에 고정된 탱크(탱크로리) 운반 기준
- 가연성, 산소(LPG 제외): 18,000L 초과 운반 금지
- 독성가스(NH_3 제외): 12,000L 초과 운반 금지

정답 | ①

16

가스계량기와 전기개폐기와의 최소 안전거리는?

① 15cm   ② 30cm
③ 60cm   ④ 80cm

해설
가스계량기와 전기개폐기와의 최소 안전거리는 60cm 이상이다.

관련이론 가스계량기와의 최소 안전거리

유지거리	공급시설 및 사용시설
전기계량기, 전기개폐기	60cm 이상
전기점멸기, 전기접속기	30cm 이상
절연전선	10m 이상
절연조치 하지 않은 전선, 단열조치 하지 않은 굴뚝	15m 이상

정답 | ③

17

액화석유가스를 저장하기 위하여 지상 또는 지하에 고정 설치된 탱크로서 액화석유가스의 안전관리 및 사업법에서 정한 "소형저장탱크"는 그 저장능력이 얼마인 것을 말하는가?

① 1톤 미만   ② 3톤 미만
③ 5톤 미만   ④ 10톤 미만

해설
액화석유가스 소형저장탱크의 저장능력은 3톤 미만이다.

관련이론 액화석유가스 저장시설
- 액화석유가스 저장탱크: 3톤 이상 (90% 충전)
- 액화석유가스 소형저장탱크: 3톤 미만 (85% 충전)

정답 | ②

18

흡수식 냉동설비의 냉동능력 정의로 옳은 것은?

① 발생기를 가열하는 1시간의 입열량 3천 320kcal를 1일의 냉동능력 1톤으로 본다.
② 발생기를 가열하는 1시간의 입열량 6천 640kcal를 1일의 냉동능력 1톤으로 본다.
③ 발생기를 가열하는 24시간의 입열량 3천 320kcal를 1일의 냉동능력 1톤으로 본다.
④ 발생기를 가열하는 24시간의 입열량 6천 640kcal를 1일의 냉동능력 1톤으로 본다.

해설
흡수식 냉동기의 냉동능력 1톤(1RT)은 1시간 동안 6,640kcal의 입열량과 같다.

관련이론 냉동능력의 단위
냉동능력의 단위는 RT(Ton of Refrigeration)이며 기기에 따른 단위 환산은 다음과 같다.

구분	1RT
한국 냉동톤	3,320kcal/hr
흡수식 냉동기	6,640kcal/hr
원심식 압축기	1.2kW

정답 | ②

19

고압가스 판매소의 시설기준에 대한 설명으로 틀린 것은?

① 충전용기의 보관실은 불연재료를 사용한다.
② 가연성가스·산소 및 독성가스의 저장실은 각각 구분하여 설치한다.
③ 용기보관실 및 사무실은 부지를 구분하여 설치한다.
④ 산소, 독성가스 또는 가연성가스를 보관하는 용기보관실의 면적은 각 고압가스별로 $10m^2$ 이상으로 한다.

해설
고압가스 판매소의 용기보관실 및 사무실은 동일 부지 안에 구분하여 설치한다.

정답 | ③

20

교량에 도시가스 배관을 설치하는 경우 보호조치 등 설계·시공에 대한 설명으로 옳은 것은?

① 교량첨가 배관은 강관을 사용하며, 기계적 접합을 원칙으로 한다.
② 제 3자의 출입이 용이한 교량설치 배관의 경우 보행방지철조망 또는 방호철조망을 설치한다.
③ 지진발생 시 등 비상 시 긴급차단을 목적으로 첨가배관의 길이가 200m 이상인 경우 교량 양단의 가까운 곳에 밸브를 설치토록 한다.
④ 교량첨가 배관에 가해지는 여러 하중에 대한 합성응력이 배관의 허용응력을 초과하도록 설계한다.

선지분석
① 교량첨가 배관은 강관을 사용하며, 용접접합을 원칙으로 한다.
③ 긴급차단을 목적으로 첨가배관의 길이가 500m 이상인 경우 교량 양단의 가까운 곳에 밸브를 설치토록 한다.
④ 교량첨가 배관에 가해지는 여러 하중에 대한 합성응력이 배관의 허용응력을 초과하지 않도록 설계한다.

정답 | ②

21

용기종류별 부속품의 기호 중 아세틸렌을 충전하는 용기의 부속품 기호는?

① AT
② AG
③ AA
④ AB

해설
아세틸렌 가스를 충전하는 용기의 부속품의 기호는 AG이다.

관련이론 용기 종류별 부속품 기호

LPG	액화석유가스를 충전하는 용기의 부속품
AG	아세틸렌 가스를 충전하는 용기의 부속품
LT	초저온용기 및 저온용기의 부속품
PG	압축가스를 충전하는 용기의 부속품
LG	LPG 이외의 액화가스를 충전하는 용기의 부속품

정답 | ②

22
빈출도 ★★☆

다음 중 고압가스 특정제조 허가의 대상이 아닌 것은?

① 석유정제시설에서 고압가스를 제조하는 것으로서 그 저장능력이 100톤 이상인 것
② 석유화학공업시설에서 고압가스를 제조하는 것으로서 그 처리능력이 1만세제곱미터 이상인 것
③ 철강공업시설에서 고압가스를 제조하는 것으로서 그 처리능력이 1만세제곱미터 이상인 것
④ 비료제조시설에서 고압가스를 제조하는 것으로서 그 저장능력이 100톤 이상인 것

해설
철강공업시설에서 고압가스를 제조하는 것은 그 처리능력이 100,000m^3 이상이어야 허가대상이다.

관련이론 고압가스 특정제조 허가의 대상
- 석유정제시설에서 고압가스를 제조하는 것으로서 그 저장능력이 100톤 이상인 것
- 석유화학 공업시설에서 고압가스를 제조하는 것으로서 그 저장능력이 100톤 이상이거나 처리능력이 10,000m^3 이상인 것
- 철강공업시설에서 고압가스를 제조하는 것으로서 그 처리능력이 100,000m^3 이상인 것
- 비료제조시설에서 고압가스를 제조하는 것으로서 그 저장능력이 100톤 이상이거나 처리능력이 100,000m^3 이상인 것

정답 | ③

23
빈출도 ★☆☆

독성가스 배관은 2중관 구조로 하여야 한다. 이때 외층관 내경은 내층관 외경의 몇 배 이상을 표준으로 하는가?

① 1.2 ② 1.5
③ 2   ④ 2.5

해설
외층관의 내경은 내층관 외경의 1.2배 이상이어야 한다.

2중관 구조
(내측관, 외측관)

정답 | ①

24
빈출도 ★★☆

고압가스용 용접용기 동판의 최대 두께와 최소 두께와의 차이는?

① 평균두께의 5% 이하
② 평균두께의 10% 이하
③ 평균두께의 20% 이하
④ 평균두께의 25% 이하

해설
고압가스용 용접용기(이음용기)의 동판 최대두께와 최소두께 차이는 평균두께의 10% 이하로 한다.

관련이론 용기 동판의 최대두께와 최소두께의 차
- 용접용기: 평균두께의 10% 이하
- 무이음 용기: 평균두께의 20% 이하

정답 | ②

25
빈출도 ★☆☆

도시가스 중 음식물쓰레기, 가축 분뇨, 하수슬러지 등 유기성 폐기물로부터 생성된 기체를 정제한 가스로서 메탄이 주성분인 가스를 무엇이라 하는가?

① 천연가스   ② 나프타부생가스
③ 석유가스   ④ 바이오가스

해설
바이오가스는 음식물쓰레기, 가축 분뇨, 하수슬러지 등 유기성 폐기물로부터 생성된 기체를 정제한 가스로서 메탄(CH_4)이 주성분인 가스를 말한다.

정답 | ④

26
빈출도 ★★☆

다음 중 고압배관용 탄소강관의 KS규격 기호는?

① SPPS   ② SPPH
③ STS   ④ SPHT

선지분석
① SPPS: 압력배관용 탄소강관
② SPPH: 고압배관용 탄소강관
③ STS: 스테인리스 강관
④ SPHT: 고온배관용 탄소강관

정답 | ②

27

LPG를 탱크로리에서 저장탱크로 이송 시 작업을 중단해야 되는 경우가 아닌 것은?

① 과충전이 된 경우
② 충전기에서 자동차에 충전하고 있을 때
③ 작업 중 주위에 화재 발생 시
④ 누출이 생길 경우

해설

이송 시 작업을 중단해야 되는 경우는 다음과 같다.
- 과충전이 된 경우
- 작업 중 주위에 화재 발생 시
- 누출이 생길 경우
- 펌프 이송시 베이퍼록 발생 시
- 압축기 이송시 액압축 발생 시
- 안전관리자 부재 시

관련이론 이입 작업과 이송 작업

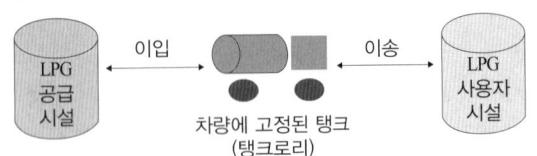

- 이입 작업: LPG 공급 시설에서 탱크로리에 충전하는 작업
- 이송 작업: 탱크로리에서 사용자시설 탱크에 충전하는 작업

정답 | ②

28

다음 방폭구조에 대한 설명 중 틀린 것은?

① 용기내부에 보호가스를 압입하여 내부압력을 유지 함으로써 가연성가스가 용기내부로 유입되지 않도록 한 구조를 압력방폭구조라 한다.
② 용기내부에 절연유를 주입하여 불꽃, 아크 또는 고온발생부분이 기름 속에 잠기게 함으로써 기름 면 위에 존재하는 가연성가스에 인화되지 않도록 한 구조를 유입방폭구조라 한다.
③ 정상운전 중에 가연성가스의 점화원이 될 전기불꽃 아크 또는 고온 부분 등의 발생을 방지하기 위해 기계적 전기적 구조상 또는 온도상승에 대해 특히 안전도를 증가시킨 구조를 특수방폭구조라 한다.
④ 정상 시 및 사고 시에 발생하는 전기불꽃아크 또는 고온부로 인하여 가연성가스가 점화되지 않는 것이 점화시험 그 밖의 방법에 의해 확인된 구조를 본질안전방폭구조라 한다.

해설

③번은 안전증방폭구조에 대한 설명이다.

관련이론 방폭구조

방폭구조	기호	개요
내압방폭구조	d	용기 내부에서 폭발성 가스 또는 증기의 폭발시 용기가 해당 압력을 견디는 구조이다.
안전증방폭구조	e	점화원 또는 고온 부분 등의 발생을 방지하기 위해 기계적, 전기적으로 안전도를 증가시킨 구조이다.
압력방폭구조	p	용기 내부에 보호가스를 압입하여 내부압력을 유지함으로써 가연성가스가 용기 내부로 유입되지 않는 구조이다.
본질안전방폭구조	ia ib	전기불꽃아크 또는 고온부로 인하여 가연성가스가 점화되지 않는 것이 점화시험 그 밖의 방법에 의해 확인된 구조이다.
유입방폭구조	o	용기내부에 절연유를 주입하여 불꽃, 아크 또는 고온발생부분이 기름 속에 잠기게 함으로써 가연성가스에 인화되지 않도록 한 구조이다.
특수방폭구조	s	명확하게 정해진 방법이 없으며 어느 조건이든 발화 가능성이 없도록 정해진 수준의 안전을 제공하는 방폭구조이다.

정답 | ③

29

다음은 어떤 안전설비에 대한 설명인가?

> 설비가 잘못 조작되거나 정상적인 제조를 할 수 없는 경우 자동으로 원재료의 공급을 차단시키는 등 고압가스 제조설비 안의 제조를 제어하는 기능을 한다.

① 긴급이송설비
② 안전밸브
③ 인터록기구
④ 벤트스택

해설

인터록기구는 설비가 잘못 조작되거나 정상적인 제조를 할 수 없는 경우 자동으로 원재료의 공급을 차단시키는 제어장치이다.

선지분석

① 긴급이송설비: 설비 내부에 이상사태 발생시 가스를 외부로 안전하게 이송하기 위한 설비이다.
② 안전밸브: 설비 내부에 형성된 과압을 안전하게 외부로 배출시켜 과압을 해소시키는 장치이다.
④ 벤트스택(Vent stack): 공정 중에 발생하는 기타 가스 등을 적절하게 처리 후 대기로 배출하는 설비이다.

정답 | ③

30

원심펌프의 양정과 회전속도의 관계는? (단, N_1: 처음 회전수, N_2: 변화된 회전수)

① (N_2/N_1)
② $(N_2/N_1)^2$
③ $(N_2/N_1)^3$
④ $(N_2/N_1)^5$

해설

펌프의 상사법칙(Law of Similarity)

유량(Q)	$Q_2 = Q_1 \times \left(\dfrac{N_2}{N_1}\right) \cdot \left(\dfrac{D_2}{D_1}\right)^3$
양정(H)	$H_2 = H_1 \times \left(\dfrac{N_2}{N_1}\right)^2 \cdot \left(\dfrac{D_2}{D_1}\right)^2$
동력(P)	$P_2 = P_1 \times \left(\dfrac{N_2}{N_1}\right)^3 \cdot \left(\dfrac{D_2}{D_1}\right)^5$

• N: 회전 수, D: 직경

정답 | ②

31 〈고난도〉

3단 토출압력이 $2\text{MPa} \cdot \text{g}$이고, 압축비가 2인 4단공기 압축기에서 1단 흡입압력은 약 몇 $\text{MPa} \cdot \text{g}$인가?

① $0.16\text{MPa} \cdot \text{g}$
② $0.26\text{MPa} \cdot \text{g}$
③ $0.36\text{MPa} \cdot \text{g}$
④ $0.46\text{MPa} \cdot \text{g}$

해설

흡입압력 구하는 공식은 다음과 같다.

$$\text{흡입압력(토출압력)} = \dfrac{\text{토출압력}}{\text{압축비}}$$

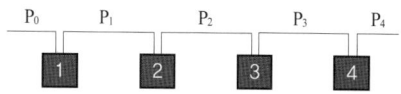

1) 3단 토출압력(절대압력) $= 2 + 0.1 = 2.1\text{MPa} \cdot \text{g}$
2) 3단 흡입압력(2단 토출압력) $= \dfrac{2.1}{2} = 1.05\text{MPa} \cdot \text{g}$
3) 2단 흡입압력(1단 토출압력) $= \dfrac{1.05}{2} = 0.525\text{MPa} \cdot \text{g}$
4) 1단 흡입압력 $= \dfrac{0.525}{2} = 0.26\text{MPa} \cdot \text{g}$

1단 흡입압력 요구사항이 게이지압력이므로,
$0.26\text{MPa} \cdot \text{g} - 0.1\text{MPa} \cdot \text{g} = 0.16\text{MPa} \cdot \text{g}$

정답 | ①

32

재충전금지 용기의 안전을 확보하기 위한 기준으로 틀린 것은?

① 용기와 용기부속품을 분리할 수 있는 구조로 한다.
② 최고충전압력이 22.5MPa 이하이고 내용적이 25L 이하로 한다.
③ 납붙임 부분은 용기 몸체 두께의 4배 이상의 길이로 한다.
④ 최고충전압력이 3.5MPa 이상인 경우에는 내용적이 5L 이하로 한다.

해설

재충전금지 용기는 용기의 안전을 확보하기 위해 용기와 용기부속품을 분리할 수 없는 구조로 하여야 한다.

정답 | ①

33

고압가스에 대한 사고예방설비 기준으로 옳지 않은 것은?

① 가연성가스의 가스설비 중 전기설비는 그 설치장소 및 그 가스의 종류에 따라 적절한 방폭성능을 가질 것
② 고압가스 설비에는 그 설비안의 압력이 내압압력을 초과하는 경우 즉시 그 압력을 내압압력 이하로 되돌릴 수 있는 안전장치를 설치하는 등 필요한 조치를 할 것
③ 폭발 등의 위해가 발생할 가능성이 큰 특수반응설비에는 그 위해의 발생을 방지하기 위하여 내부반응감시 설비 및 위험사태발생 방지설비의 설치 등 필요한 조치를 할 것
④ 저장탱크 및 배관에는 그 저장탱크 및 배관이 부식되는 것을 방지하기 위하여 필요한 조치를 할 것

해설

고압가스 설비에는 그 설비안의 압력이 설정압력을 초과하는 경우 즉시 그 압력을 설정압력 이하로 되돌릴 수 있는 안전장치를 설치하는 등 필요한 조치를 해야 한다.

관련이론 사고예방설비 기준

사고예방설비	개요
과압안전장치	고압가스 설비에는 그 고압가스 설비내의 압력이 상용의 압력을 초과하는 경우 즉시 상용의 압력 이하로 되돌릴 수 있도록 하기 위하여 설치한다.
가스누출경보 및 자동차단장치 설치	독성가스 및 공기보다 무거운 가연성가스의 제조시설에는 가스가 누출될 경우 이를 신속히 검지하여 효과적으로 대응할 수 있도록 하기 위하여 설치한다.
긴급차단장치	가연성가스 또는 독성가스의 저장탱크에 부착된 배관 및 시가지·주요 하천·호수 등을 횡단하는 배관에는 긴급 시 가스의 누출을 효과적으로 차단하기 위하여 설치한다.
역류방지장치	긴급시 가스가 역류되는 것을 효과적으로 차단하기 위하여 가연성가스를 압축하는 압축기와 충전용 주관과의 사이, 아세틸렌을 압축하는 압축기의 유분리기와 고압건조기와의 사이, 암모니아 또는 메탄올의 합성탑 및 정제탑과 압축기와의 사이의 배관에는 역류방지밸브를 설치한다.
역화방지장치	긴급 시 가스가 역화되는 것을 효과적으로 차단하기 위하여 가연성가스를 압축하는 압축기와 오토크레이브와의 사이의 배관, 아세틸렌의 고압건조기와 충전용 교체밸브 사이의 배관 및 아세틸렌충전용 지관에는 역화방지장치를 설치한다.
전기방폭설비	위험장소 안에 있는 전기설비에는 그 전기설비가 누출된 가스의 점화원이 되는 것을 방지하기 위하여 가연성가스(암모니아, 브롬화메탄 및 공기 중에서 자기발화하는 가스를 제외한다)의 제조설비 또는 저장설비 중 전기설비는 방폭성능을 갖도록 설치한다.
환기설비	가연성가스의 가스설비실 및 저장설비실에는 누출된 가스가 체류하지 않도록 환기설비를 설치하고 환기가 잘 되지 아니하는 곳에는 강제환기설비를 설치한다.
부식방지설비	저장탱크 및 배관에는 그 저장탱크 및 배관이 부식되는 것을 방지하기 위하여 부식방지조치를 강구한다.

정답 | ②

34 〈고난도〉

사용 압력이 2MPa, 관의 인장강도가 20kg/mm²일 때의 스케줄 번호(Sch No)는? (단, 안전율은 4로 한다.)

① 10
② 20
③ 40
④ 80

해설

허용압력(S) = 인장강도 $\times \dfrac{1}{안전율} = 20 \times \dfrac{1}{4} = 5 \text{kg/mm}^2$

$SCH = 10 \times \dfrac{P}{S}$

- SCH: 스케줄 번호, P: 사용압력[kg/cm²], S: 허용압력[kg/mm²]

$SCH = 10 \times \dfrac{20}{5} = 40$

※ 1Mpa = 10kg/cm²

정답 | ③

35

다음 가스폭발의 위험성 평가기법 중 정량적 평가방법은?

① HAZOP(위험성운전 분석기법)
② WHAT-IF(사고예상질문 분석기법)
③ Check List법
④ FTA(결함수 분석기법)

해설

FTA(결함수 분석기법)는 정량적 평가방법으로, 사고를 일으키는 장치의 이상이나 운전자 실수의 조합을 연역적으로 분석한다.

관련이론 위험성 평가기법

평가기법	개요
예비위험분석 (PHA)	공정 및 설비 등에 관한 상세한 정보를 얻을 수 없는 상황에서 위험물질과 공정요소에 초점을 맞춰 초기위험을 확인한다.
사고예상질문 (What-if)	공정의 잠재위험성들에 대하여 예상 질문을 통해 사전에 확인하고 위험을 줄이는 방법이다(정성적).
위험과 운전분석 (HAZOP)	공정에 존재하는 위험요소들과 공정의 효율을 떨어뜨릴 수 있는 운전상의 문제점을 찾아내어 그 원인을 제거한다(정성적).
결함수분석 (FTA)	사고를 일으키는 장치의 이상이나 운전자 실수의 조합을 연역적으로 분석한다(정량적).
이상 위험도 분석 (FMECA)	공정과 설비의 고장형태 및 영향, 고장형태별 위험도 순위 등을 결정한다.

정답 | ④

36

다음 금속재료 중 저온재료로 부적당한 것은?

① 탄소강
② 니켈강
③ 스테인리스강
④ 황동

해설

저온장치용 재료로는 18-8 STS(오스테나이트계 스테인리스강), 9% Ni 강, Cu 및 Cu 합금, Al 및 Al 합금 등이 있다. 탄소강은 저온의 환경에서 연신율, 단면수축율, 충격치 등이 감소하여 취약해진다. 특히, -70℃ 부근에서는 충격치가 0에 가깝게 되는 저온취성이 발생하므로 저온장치의 재료로는 부적당하다.

정답 | ①

37

저온장치에서 열의 침입 원인으로 가장 거리가 먼 것은?

① 내면으로부터의 열전도
② 연결 배관 등에 의한 열전도
③ 지지 요크 등에 의한 열전도
④ 단열재를 넣은 공간에 남은 가스의 분자 열전도

해설

내면으로부터의 열전도는 열의 침입 원인이 아니다.

관련이론 열의 침입요인

- 단열재를 충전한 공간에 남은 가스의 열전도
- 외면에서의 열복사
- 연결된 배관을 통한 열전도
- 밸브, 안전밸브에 의한 열전도

정답 | ①

38

수소를 취급하는 고온, 고압 장치용 재료로서 사용할 수 있는 것은?

① 탄소강, 니켈강
② 탄소강, 망간강
③ 탄소강, 18-8 스테인리스강
④ 18-8 스테인리스강, 크롬-바나듐강

해설

수소를 취급하는 시설에서의 부식을 수소취성이라고 한다.
$Fe_3C + 2H_2 \rightarrow CH_4 + 3Fe$ (탄소강 사용금지)
수소취성을 방지하기 위해서는 5~6% Cr강에 Ti, V, W, Mo를 첨가한다.

정답 | ④

39

액주식 압력계가 아닌 것은?

① U자관식 ② 경사관식
③ 벨로우즈식 ④ 단관식

해설
벨로우즈식은 탄성식 압력계이다.

관련이론 압력계

압력계		종류
1차 압력계	액주식 압력계	• U자관식 압력계 • 경사관식 압력계 • 환상천평식 압력계(링밸런스식) • 단관식 압력계
	자유피스톤식 압력계	
2차 압력계		• 부르동관 압력계 • 벨로우즈식 압력계 • 다이어프램식 압력계(박막식 또는 격막식)

정답 | ③

40

다음 가스 분석 중 화학분석법에 속하지 않는 방법은?

① 가스크로마토그래피법 ② 중량법
③ 분광광도법 ④ 요오드적정법

해설
가스크로마토그래피(G/C)는 기기분석에 속한다.

관련이론 가스분석법

분석법	종류
흡수분석법	헴펠법, 오르자트법, 게겔법 등
연소분석법	폭발법, 완만연소법, 분별연소법 등
화학분석법	중량법, 요오드적정법, 분광광도법 등
기기분석법	가스크로마토그래피법(G/C) 등

정답 | ①

41

"기체의 온도를 일정하게 유지할 때 기체가 차지하는 부피는 절대 압력에 반비례한다."라는 법칙은?

① 보일의 법칙 ② 샤를의 법칙
③ 헨리의 법칙 ④ 아보가드로의 법칙

해설
보일의 법칙에 대한 설명이다.

관련이론 보일의 법칙과 샤를의 법칙
(1) 보일의 법칙(Boyle's law)
온도가 일정한 경우, 기체의 압력과 부피는 반비례한다.
$P_1V_1 = P_2V_2$
(2) 샤를의 법칙(Charles's law)
압력이 일정한 경우, 기체의 부피는 절대온도와 비례한다.
$\dfrac{V_1}{T_1} = \dfrac{V_2}{T_2}$

정답 | ①

42

온도계의 선정방법에 대한 설명 중 틀린 것은?

① 지시 및 기록 등을 쉽게 행할 수 있을 것
② 견고하고 내구성이 있을 것
③ 취급하기가 쉽고 측정하기 간편할 것
④ 피측온체의 화학반응 등으로 온도계에 영향이 있을 것

해설
온도계 선정시 온도계는 피측온체의 화학반응 등으로 온도계에 영향이 없어야 한다.

정답 | ④

43

도시가스 제조 시 사용되는 부취제 중 T.H.T의 냄새는?

① 마늘 냄새
② 양파 썩는 냄새
③ 석탄가스 냄새
④ 암모니아 냄새

해설

THT	석탄가스 냄새
TBM	양파 썩는 냄새
DMS	마늘 냄새

정답 | ③

44

LNG의 주성분인 CH_4의 비점과 임계온도를 절대온도(K)로 바르게 나타낸 것은?

① 435K, 355K
② 111K, 355K
③ 435K, 283K
④ 111K, 283K

해설

메탄(CH_4)의 비점은 -162℃, 임계온도는 82℃이다. 이를 절대온도로 환산한다.
비점(K) = 273 + (-162) = 111K
임계온도(K) = 273 + 82 = 355K

정답 | ②

45

초저온 저장탱크의 측정에 많이 사용되며 차압에 의해 액면을 측정하는 액면계는?

① 햄프슨식 액면계
② 전기저항식 액면계
③ 초음파식 액면계
④ 크링카식 액면계

해설

햄프슨식 액면계는 차압식 액면계로서 초저온의 저장탱크에 사용된다.

관련이론 액면계

클링커식 액면계 (유리관식 액면계)	경질의 유리관을 탱크에 부착하여 내부의 액면을 직접 확인할 수 있다.
플로트식 액면계 (부자식 액면계)	탱크 내부의 액체에 뜨는 물체(플로트)의 위치를 직접 확인하여 액면을 측정한다.
검척식 액면계	액면의 높이를 직접 자로 측정한다.
압력검출식 액면계	액면으로부터 작용하는 압력을 압력계에 의해 액면을 측정한다.
초음파식 액면계	발사된 초음파가 액면에서 왕복하는 시간으로 액면을 측정한다.
정전용량식 액면계	액면의 변화에 의한 정전용량(물질의 유전율)을 이용하여 액면을 측정한다.
차압식 압력계 (햄프스식 액면계)	액화산소와 같은 극저온 저장조의 상·하부를 U자관에 연결해 차압에 의하여 액면을 측정한다.
다이어프램식 액면계	탱크 내 일정위치에 다이어프램을 설치하고 액면의 변위가 다이어프램으로 작용하는 유체의 압력을 이용하여 측정한다.
슬립튜브식 액면계	저장탱크 정상부에서 밑면까지 스테인리스관을 붙인다. 이 관을 상·하로 움직여 가스상태와 액체상태의 경계면을 찾아 액면을 측정한다.
편위식 액면계	아르키메데스의 원리를 이용한 것으로 측정액 중에 잠겨있는 플로트의 부력으로 측정한다.

정답 | ①

46 고난도   빈출도 ★☆☆

고압가스 저장능력 산정기준에서 액화가스의 저장탱크 저장능력을 구하는 식은? (단, Q, W는 저장능력, P는 최고충전압력, V는 내용적, C는 가스종류에 따른 정수, d는 가스의 비중이다.)

① $W = 0.9dV$ ② $Q = 10PV$
③ $W = V/C$ ④ $Q = (10P+1)V$

해설
액화가스의 저장탱크 저장능력을 구하는 공식은 다음과 같다.
$W = 0.9dV$
- d: 가스의 비중, V: 내용적

선지분석
② $Q = 10PV$: 압축가스 설비의 저장능력
③ $W = V/C$: 액화가스 용기의 저장능력
④ $Q = (10P+1)V$: 압축가스 용기의 저장능력

정답 | ①

47   빈출도 ★★☆

불완전연소 현상의 원인으로 옳지 않은 것은?

① 가스압력에 비하여 공급 공기량이 부족할 때
② 환기가 불충분한 공간에 연소기가 설치되었을 때
③ 공기와의 접촉 혼합이 불충분할 때
④ 불꽃의 온도가 증대되었을 때

해설
불완전연소란 가연성 가스의 연소반응에 필요한 산소수가 부족하여 발생한다.

관련이론 불완전연소 원인
- 공기량 부족
- 가스조성 불량
- 연소기구 불량
- 프레임 냉각
- 배기, 환기 불량

정답 | ④

48   빈출도 ★★☆

고압가스용 이음매 없는 용기에서 내력비란?

① 내력과 압궤강도의 비를 말한다.
② 내력과 파열강도의 비를 말한다.
③ 내력과 압축강도의 비를 말한다.
④ 내력과 인장강도의 비를 말한다.

해설
내력비 = $\dfrac{\text{내력}}{\text{인장강도}}$

정답 | ④

49   빈출도 ★★★

다음 중 아세틸렌의 폭발과 관계가 없는 것은?

① 산화폭발   ② 중합폭발
③ 분해폭발   ④ 화합폭발

해설
아세틸렌은 산화, 분해, 화합폭발의 성질이 있으며, 시안화수소(HCN)가 중합폭발의 성질이 있다.

정답 | ②

50   빈출도 ★★★

100J 일의 양을 cal 단위로 나타내면 약 얼마인가?

① 24   ② 40
③ 240   ④ 400

해설
1cal = 4.19J이므로,
100J 일의 양을 cal 단위로 나타내면
$100J \times \dfrac{1\text{cal}}{4.19J} = 24\text{cal}$이다.

정답 | ①

51
정압기를 평가·선정할 경우 고려해야 할 특성이 아닌 것은?

① 정특성
② 동특성
③ 유량특성
④ 압력특성

해설
압력특성은 정압기의 평가·선정시 고려요인과 거리가 멀다.

관련이론 정압기의 평가·선정시 고려해야 할 특성
- 정특성
- 동특성
- 유량특성
- 사용 최대차압
- 작동 최소차압

정답 | ④

52
다음 중 공기보다 가벼운 가스는?

① O_2
② SO_2
③ CO
④ CO_2

선지분석
공기의 분자량은 29이다.
① O_2: 32
② SO_2: 64
③ CO: 28
④ CO_2: 44

정답 | ③

53
다음 중 게이지압력을 옳게 표시한 것은?

① 게이지압력=절대압력－대기압
② 게이지압력=대기압－절대압력
③ 게이지압력=대기압＋절대압력
④ 게이지압력=절대압력＋진공압력

해설
게이지압력=절대압력－대기압

정답 | ①

54
0℃의 물 10kg을 대기압하에서 비등시켜 모두 기화시키는데 약 몇 kcal의 열이 필요한가? (단, 물의 증발잠열은 540kcal/kg이다.)

① 750
② 5,400
③ 6,400
④ 7,100

해설
기화에 필요한 열은 온도변화에 쓰이는 현열(Q_1)과 상태변화에 쓰이는 잠열(Q_2)을 더하여 구한다.
물의 현열량(Q_1)=$G \cdot C \cdot \varDelta t$
- G: 질량[kg], C: 비열[kcal/kg·℃], $\varDelta t$: 온도 변화량[℃]

$Q_1 = 10 \times 1 \times (100-0) = 1,000$kcal
물의 잠열(Q_2)=$G \cdot r$
- G: 질량[kg], r: 잠열[kcal/kg]

$Q_2 = 10 \times 540 = 5,400$kcal
$Q = Q_1 + Q_2 = 1,000 + 5,400 = 6,400$kcal

정답 | ③

55
액체는 무색투명하고, 특유의 복숭아 향을 가진 맹독성 가스는?

① 일산화탄소
② 포스겐
③ 시안화수소
④ 메탄

해설
시안화수소(HCN)에 대한 설명이다.

관련이론 시안화수소(HCN)
- 무색, 투명한 액체이다.
- 복숭아향 냄새를 가진다.
- 폭발범위가 6~41%로 가연성가스이다.
- TLV-TWA가 10ppm, LC_{50}가 140ppm인 독성가스이다.
- 산화폭발, 중합폭발의 성질이 있다.

정답 | ③

56
다음 중 불연성 가스는?

① CO_2 ② C_3H_6
③ C_2H_2 ④ C_2H_4

해설
CO_2(이산화탄소)는 불연성 가스이다.

선지분석
② C_3H_6(프로필렌)은 가연성 가스이다.
③ C_2H_2(아세틸렌)은 가연성 가스이다.
④ C_2H_4(에틸렌)은 가연성 가스이다.

정답 | ①

57
'효율이 100%인 열기관은 제작이 불가능하다.'라고 표현되는 법칙은?

① 열역학 제0법칙 ② 열역학 제1법칙
③ 열역학 제2법칙 ④ 열역학 제3법칙

해설
열역학 제2법칙(비가역 과정)에 대한 설명이다.

관련이론 열역학 법칙

열역학 제0법칙	• 열의 평형 법칙이라고도 한다. • 고온의 물체와 저온의 물체가 혼합되면 시간이 경과 후 온도가 같아진다.
열역학 제1법칙	• 에너지 보존의 법칙이라고도 한다. • 열은 본질상 일과 같이 에너지의 형태이다. • 열과 일은 일정한 관계로 서로 전환이 가능하다.
열역학 제2법칙	• 일은 열로 바꿀 수 있다. • 열은 일로 전부 바꿀 수 없다.(효율이 100%인 열기관은 제작이 불가능하다.) • 저온의 유체에서 고온의 유체로는 이동이 안된다. • 일을 할 수 있는 능력을 표시하는 엔트로피를 나타낸다. • 엔트로피는 가역 과정에서는 0이다. • 비가역 과정에서는 엔트로피의 변화량이 항상 증가 된다.
열역학 제3법칙	어떠한 방법으로도 물질의 온도를 0K 이하로 내릴 수 없다.

정답 | ③

58
저온장치 진공단열법에 해당되지 않는 것은?

① 고진공 단열법 ② 격막진공 단열법
③ 분말 진공 단열법 ④ 다층진공 단열법

해설
격막진공 단열법은 저온장치 진공단열법이 아니다.

관련이론 저온장치 진공단열법
• 고진공 단열법
• 분말진공 단열법
• 다층진공 단열법

정답 | ②

59
다음 압력 중 가장 높은 압력은?

① $1.5kg/cm^2$ ② $10mH_2O$
③ $745mmHg$ ④ $0.6atm$

선지분석
① $1.5kg/cm^2$
② $10mH_2O = 1kg/cm^2$
③ $745mmHg = 1.02kg/cm^2$
④ $0.6atm = 0.6kg/cm^2$

정답 | ①

60
밀도의 단위로 옳은 것은?

① g/s^2 ② g/cm^3
③ L/g ④ lb/in^2

해설
밀도 단위는 g/cm^3, kg/m^3 등이 있다.

정답 | ②

2019년 2회 CBT 복원문제

8개년 CBT 복원문제

PART 02

01   빈출도 ★★☆

도시가스의 웨버지수에 대한 설명으로 옳은 것은?

① 도시가스의 총발열량[kcal/m³]을 가스 비중의 평방근으로 나눈 값을 말한다.
② 도시가스의 총발열량[kcal/m³]을 가스 비중으로 나눈 값을 말한다.
③ 도시가스의 가스 비중을 총발열량[kcal/m³]의 평방근으로 나눈 값을 말한다.
④ 도시가스의 가스 비중을 총발열량[kcal/m³]으로 나눈 값을 말한다.

해설

웨버지수[WI] = $\dfrac{H_g(발열량)}{\sqrt{가스\ 비중}}$

정답 | ①

02   빈출도 ★★★

암모니아 충전용기로서 내용적이 1,000L 이하인 것은 부식여유치가 A이고, 염소 충전용기로서 내용적이 1,000L 초과하는 것은 부식여유치가 B이다. A와 B항의 알맞은 부식여유치는?

① A: 1mm, B: 2mm
② A: 1mm, B: 3mm
③ A: 2mm, B: 5mm
④ A: 1mm, B: 5mm

해설

구분		부식여유치
암모니아 충전용기	내용적 1천 L 이하	1mm
	내용적 1천 L 초과	2mm
염소 충전용기	내용적 1천 L 이하	3mm
	내용적 1천 L 초과	5mm

정답 | ④

03   빈출도 ★☆☆

도시가스사용시설의 가스계량기 설치기준에 대한 설명으로 옳은 것은?

① 시설 안에서 사용하는 자체 화기를 제외한 화기와 가스계량기와 유지하여야 하는 거리는 3m 이상이어야 한다.
② 시설 안에서 사용하는 자체 화기를 제외한 화기와 입상관과 유지하여야 하는 거리는 3m 이상이어야 한다.
③ 가스계량기와 단열조치를 하지 아니한 굴뚝과의 거리는 10cm 이상 유지하여야 한다.
④ 가스계량기와 전기개폐기와의 거리는 60cm 이상 유지하여야 한다.

선지분석

① 시설 안에서 사용하는 자체 화기를 제외한 화기와 가스계량기와 유지하여야 하는 거리는 2m 이상이어야 한다.
② 시설 안에서 사용하는 자체 화기를 제외한 화기와 입상관과 유지하여야 하는 거리는 2m 이상이어야 한다.
③ 가스계량기와 단열조치를 하지 아니한 굴뚝과의 거리는 15cm 이상 유지하여야 한다.

정답 | ④

04
빈출도 ★★★

지상에 설치하는 정압기실 방호벽의 높이와 두께 기준으로 옳은 것은?

① 높이 2m, 두께 7cm 이상의 철근콘크리트 벽
② 높이 1.5m, 두께 12cm 이상의 철근콘크리트 벽
③ 높이 2m, 두께 12cm 이상의 철근콘크리트 벽
④ 높이 1.5m, 두께 15cm 이상의 철근콘크리트 벽

해설
지상에 설치하는 정압기실 방호벽은 높이 2m, 두께 12cm 이상의 철근콘크리트벽으로 설치한다.

정답 | ③

05
빈출도 ★★☆

충전용기 등을 적재한 차량의 운반 개시 전 용기 적재상태의 점검내용이 아닌 것은?

① 차량의 적재중량 확인
② 용기 고정상태 확인
③ 용기 보호캡의 부착유무 확인
④ 운반계획서 확인

해설
운반계획서 확인은 운반 개시 전 용기 적재 상태의 점검내용에 해당되지 않는다.

정답 | ④

06
빈출도 ★★☆

액화석유가스의 안전관리 및 사업법에서 정한 용어에 대한 설명으로 틀린 것은?

① 저장설비란 액화석유가스를 저장하기 위한 설비로서 각종 저장탱크 및 용기를 말한다.
② 저장탱크란 액화석유가스를 저장하기 위하여 지상 또는 지하에 고정 설치된 탱크로서 그 저장능력이 3톤 이상인 탱크를 말한다.
③ 용기집합설비란 2개 이상의 용기를 집합하여 액화석유가스를 저장하기 위한 설비를 말한다.
④ 충전용기란 액화석유가스 충전 질량의 90% 이상이 충전되어 있는 상태의 용기를 말한다.

해설
충전용기란 액화석유가스 충전 질량의 50% 이상 충전되어 있는 상태를 말한다.
잔가스용기란 액화석유가스 충전 질량의 50% 미만 충전되어 있는 상태를 말한다.

정답 | ④

07
빈출도 ★★★

도시가스배관에 설치하는 희생양극법에 의한 전위측정용 터미널은 몇 m 이내의 간격으로 하여야 하는가?

① 200m
② 300m
③ 500m
④ 600m

해설
희생양극법에 의한 전위측정용 터미널은 300m 이내의 간격으로 설치한다.

관련이론 전기방식법에 의한 전위측정용 터미널 간격

희생양극법	300m 이내
배류법	300m 이내
외부전원법	500m 이내

정답 | ②

08

다음 중 보일러 중독사고의 주원인이 되는 가스는?

① 이산화탄소 ② 일산화탄소
③ 질소 ④ 염소

해설
보일러에서 연료의 불완전연소시 일산화탄소(CO)가 발생하며 일산화탄소를 흡입하면 중독 및 호흡계 질환이 발생할 수 있고 장시간 흡입하면 사망할 수도 있다.

정답 | ②

09

도시가스 매설배관의 주위에 파일박기 작업 시 손상방지를 위하여 유지하여야 할 최소거리는?

① 30cm ② 50cm
③ 1m ④ 2m

해설

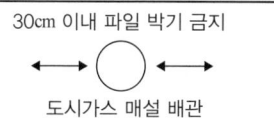

정답 | ①

10

일반도시가스사업의 설치하는 가스공급시설 중 정압기의 설치에 대한 설명으로 틀린 것은?

① 건축물 내부에 설치된 도시가스사업자의 정압기로서 가스누출경보기와 연동하여 작동하는 기계환기설비를 설치하고 1일 1회 이상 안전점검을 실시하는 경우에는 건축물의 내부에 설치할 수 있다.
② 정압기에 설치되는 가스방출관의 방출구는 주위에 불 등이 없는 안전한 위치로서 지면으로부터 3m 이상의 높이에 설치하여야 하며, 전기시설물과의 접촉 등으로 사고의 우려가 있는 장소에서는 5m 이상의 높이로 설치한다.
③ 정압기에 설치하는 가스차단장치는 정압기의 입구 및 출구에 설치한다.
④ 정압기는 2년에 1회 이상 분해점검을 실시하고 필터는 가스공급 개시 후 1월 이내 및 가스공급 개시 후 매년 1회 이상 분해점검을 실시한다.

해설
정압기에 설치되는 가스방출관의 방출구는 주위에 불 등이 없는 안전한 위치로서 지면으로부터 5m 이상의 높이에 설치하여야 하며, 전기시설물과의 접촉 등으로 사고의 우려가 있는 장소에서는 3m 이상의 높이로 설치한다.

정답 | ②

11

도시가스 사용시설에서 정한 액화가스란 상용의 온도 또는 섭씨 35도의 온도에서 압력이 얼마 이상이 되는 것을 말하는가?

① 0.1MPa ② 0.2MPa
③ 0.5MPa ④ 1MPa

해설
도시가스 사용시설의 액화가스는 상용의 온도 또는 35°C에서 0.2MPa 이상이 되는 액화가스를 말한다.

정답 | ②

12

독성가스 저장시설의 제독 조치로써 옳지 않은 것은?

① 흡수, 중화조치
② 흡착 제거조치
③ 이송설비로 대기 중에 배출
④ 연소조치

해설
독성가스는 반드시 적절한 제독조치(흡수, 중화, 흡착, 회수, 연소 등)를 실시한 후에 대기로 배출해야 한다.

정답 | ③

13

고압가스제조시설에서 가연성가스 가스설비 중 전기설비를 방폭구조로 하여야 하는 가스는?

① 암모니아
② 브롬화메탄
③ 수소
④ 공기 중에서 자기발화하는 가스

해설
위험장소 안에 있는 전기설비에는 그 전기설비가 누출된 가스의 점화원이 되는 것을 방지하기 위하여 가연성가스(암모니아, 브롬화메탄 및 공기 중에서 자기발화하는 가스를 제외한다)의 제조설비 또는 저장설비 중 전기설비는 방폭성능을 갖도록 설치한다.

관련이론 전기방폭설비 설치 기준
가연성 가스를 저장, 취급하는 장소에서의 전기설비는 방폭구조를 하여야 한다. 암모니아와 브롬화메탄은 가연성가스이지만 폭발범위가 작고 화재·폭발에 대한 위험성이 적어 방폭구조를 적용하지 않아도 된다.

가스 구분	시공 기준
가연성 이외 가스(NH_3, CH_3Br 포함)	비방폭구조
가연성 가스(NH_3, CH_3Br 제외)	방폭구조

정답 | ③

14

비등액체팽창증기폭발(BLEVE)이 일어날 가능성이 가장 낮은 곳은?

① LPG 저장탱크
② 액화가스 탱크로리
③ 천연가스 지구정압기
④ LNG 저장탱크

해설
비등액체팽창증기폭발(BLEVE)은 저장탱크에서 발생가능성이 있으므로 지구정압기는 해당사항이 없다.

정답 | ③

15

일반도시가스 배관의 설치기준 중 하천 등을 횡단하여 매설하는 경우로서 적합하지 않은 것은?

① 하천을 횡단하여 배관을 설치하는 경우에는 배관의 외면과 계획하상(河床, 하천의 바닥) 높이와의 거리는 원칙적으로 4.0m 이상으로 한다.
② 소하천, 수로를 횡단하여 배관을 매설하는 경우 배관의 외면과 계획하상(河床, 하천의 바닥) 높이와의 거리는 원칙적으로 2.5m 이상으로 한다.
③ 그 밖의 좁은 수로를 횡단하여 배관을 매설하는 경우 배관의 외면과 계획하상(河床, 하천의 바닥) 높이와의 거리는 원칙적으로 1.5m 이상으로 한다.
④ 하상변동, 패임, 닻내림 등의 영향을 받지 아니하는 깊이에 매설한다.

해설
그 밖의 좁은 수로를 횡단하여 배관을 매설하는 경우 배관의 외면과 계획하상(河床, 하천의 바닥) 높이와의 거리는 원칙적으로 1.2m 이상으로 한다.

관련이론 배관의 설치기준 중 하천과 병행할 때의 매설 기준
- 설치지역: 하상이 아닌 곳에 설치한다.
- 설치위치: 견고하고 내구력을 갖는 방호구조물 안에 설치한다.
- 매설심도(매설깊이): 배관 외면으로부터 2.5m 이상의 매설 심도를 유지한다.
- 위급상황 시에는 신속히 차단할 수 있는 장치를 설치한다.(단, 30분 이내 화기가 없는 안전한 장소로, 방출이 가능한 벤트스택, 플레어스택을 설치한 경우는 제외한다.)

정답 | ③

16

가연물의 종류에 따른 화재의 구분이 잘못된 것은?

① A급: 일반화재　② B급: 유류화재
③ C급: 전기화재　④ D급: 식용유 화재

해설

구분	화재	종류
A급	일반화재	종이, 섬유, 목재 등
B급	유류화재	가솔린, 알코올, 등유 등
C급	전기화재	전기합선, 과전류, 누전 등
D급	금속화재	금속분(Na, K) 등

정답 | ④

17

액화석유가스 또는 도시가스용으로 사용되는 가스용 염화비닐호스는 그 호스의 안전성, 편리성 및 호환성을 확보하기 위하여 안지름 치수를 규정하고 있는데 그 치수에 해당하지 않는 것은?

① 4.8mm　② 6.3mm
③ 9.5mm　④ 12.7mm

해설

염화비닐호스규격에는 6.3mm, 9.5mm, 12.7mm이 있다.

정답 | ①

18

가스도매사업의 가스공급시설에서 배관을 지하에 매설할 경우의 기준으로 틀린 것은?

① 배관을 시가지 외의 도로 노면 밑에 매설할 경우 노면으로부터 배관 외면까지 1.2m 이상 이격할 것
② 배관의 깊이는 산과 들에서는 1m 이상으로 할 것
③ 배관을 시가지의 도로 노면 밑에 매설할 경우 노면으로부터 배관 외면까지 1.5m 이상 이격할 것
④ 배관을 철도부지에 매설할 경우 배관 외면으로부터 궤도 중심까지 5m 이상 이격할 것

해설

배관을 철도부지에 매설할 경우 배관 외면으로부터 궤도 중심까지 4m 이상 이격한다.

관련이론 가스도매사업 배관매설 기준

매설 위치	설치 환경	매설 깊이 또는 설치 간격
지하 매설 배관	건축물	1.5m 이상
	타 시설물	0.3m 이상
	산·들	1m 이상
	산·들 이외 지역	1.2m 이상

정답 | ④

19

빈출도 ★★★

고압가스를 제조하는 경우 가스를 압축해서는 아니되는 경우에 해당하지 않는 것은?

① 가연성가스(아세틸렌, 에틸렌 및 수소 제외) 중 산소량이 전체 용량의 4% 이상인 것
② 산소 중의 가연성가스의 용량이 전체 용량의 4% 이상인 것
③ 아세틸렌, 에틸렌 또는 수소 중의 산소용량이 전체 용량의 2% 이상인 것
④ 산소 중의 아세틸렌, 에틸렌 및 수소의 용량 합계가 전체 용량의 4% 이상인 것

해설
산소 중 아세틸렌, 에틸렌 및 수소의 용량 합계가 전체 용량의 2% 이상인 경우 가스를 압축해서는 안된다.

관련이론 고압가스 제조시 압축금지 기준
- 4% 이상시 압축금지: 가연성가스 중 산소 및 산소 중 가연성가스
- 2% 이상시 압축금지: 아세틸렌, 에틸렌, 수소 중 산소 및 산소 중 아세틸렌, 에틸렌, 수소

정답 | ④

20

빈출도 ★☆☆

특정고압가스용 실린더캐비닛 제조설비가 아닌 것은?

① 가공설비
② 세척설비
③ 판넬설비
④ 용접설비

해설
판넬설비는 특정고압가스용 실린더캐비닛 제조설비가 아니다.

관련이론 특정고압가스용 실린더캐비닛 제조설비
- 가공설비
- 세척설비
- 용접설비

정답 | ③

21

빈출도 ★☆☆

고압가스 제조설비에서 누출된 가스의 확산을 방지할 수 있는 제해조치를 하여야 하는 가스가 아닌 것은?

① 황화수소
② 시안화수소
③ 아황산가스
④ 탄산가스

해설
탄산가스는 인체에 해가 없는 무독성 가스이므로 제해조치가 필요하지 않다.

정답 | ④

22

빈출도 ★★★

고압가스 제조설비에서 정전기의 발생 또는 대전 방지에 대한 설명으로 옳은 것은?

① 가연성가스 제조설비의 탑류, 벤트스택 등은 단독으로 접지한다.
② 제조장치 등에 본딩용 접속선은 단면적이 $5.5mm^2$ 미만의 단선을 사용한다.
③ 대전 방지를 위하여 기계 및 장치에 절연 재료를 사용한다.
④ 접지 저항치 총합이 100Ω 이하의 경우에는 정전기 제거 조치가 필요하다.

해설
정전기 발생 또는 대전 방지를 위해 가연성가스 제조설비의 탑류, 벤트스택 등은 단독으로 접지한다.

선지분석
② 제조장치 등에 본딩용 접속선은 단면적이 $5.5mm^2$ 이상의 단선을 사용한다.
③ 대전 방지를 위하여 기계 및 장치에 본딩용 접속선을 사용한다.
④ 접지 저항치 총합이 100Ω 이하로 하여야 하고, 정전기 제거 조치는 하지 않는다.

정답 | ①

23

가스의 경우 폭굉(Detonation)의 연소속도는 약 몇 m/s 정도인가?

① 0.03~10
② 10~50
③ 100~600
④ 1,000~3,000

해설

폭굉이란 화염전파속도가 음속보다 큰 경우로 파면선단에 충격파가 발생하고 격렬한 파괴작용을 일으키는 현상이다.

관련이론 폭굉과 폭연의 연소속도

구분	연소속도
폭굉(Detonation)	1,000~3,500m/s
폭연(Deflagration)	0.1~10m/s

정답 | ④

24

LP GAS 사용 시 주의사항에 대한 설명으로 틀린 것은?

① 중간밸브 개폐는 서서히 한다.
② 사용 시 조정기 압력은 적당히 조절한다.
③ 완전연소되도록 공기조절기를 조절한다.
④ 연소기는 급배기가 충분히 행해지는 장소에 설치하여 사용하도록 한다.

해설

조정기 압력은 사용자가 임의대로 조정할 수 없다.

정답 | ②

25 〈고난도〉

용기의 재검사 주기에 대한 기준으로 맞는 것은?

① 압력용기는 1년마다 재검사
② 저장탱크가 없는 곳에 설치한 기화기는 2년마다 재검사
③ 500L 이상 이음매 없는 용기는 5년마다 재검사
④ 용접용기로서 신규검사 후 15년 이상 20년 미만인 용기는 3년마다 재검사

선지분석

① 압력용기는 4년마다 재검사한다.
② 저장탱크가 없는 곳에 설치한 기화기는 3년마다 재검사한다.
④ 용접용기로서 신규검사 후 15년 이상 20년 미만인 용기는 5년마다 재검사한다.

관련이론 용기 및 특정설비의 재검사기간

용기 구분		신규검사 이후 사용 경과연수		
		15년 미만	15년~20년	20년이상
		재검사 주기		
용접 용기	500L 이상	5년마다	2년마다	1년마다
	500L 미만	3년마다	2년마다	1년마다
LPG 용접 용기	500L 이상	5년마다	2년마다	1년마다
	500L 미만	5년마다		2년마다
이음매 없는 용기	500L 이상	5년마다		
	500L 미만	신규검사 후 10년 이하		5년마다
		신규검사 후 10년 초과		3년마다
기화 장치	저장탱크 함께 설치	검사 후 2년 경과시 설치되어 있는 저장탱크의 재검사 때마다		
	저장탱크 없는 곳	3년마다		
압력용기		4년마다		

※ 압력용기는 특정설비로 분류된다.

정답 | ③

26
빈출도 ★★★

지상 배관은 안전을 확보하기 위해 그 배관의 외부에 다음의 항목들을 표기하여야 한다. 해당하지 않는 것은?

① 사용가스명
② 최고사용압력
③ 가스의 흐름방향
④ 공급회사명

해설

배관의 외부에 사용가스명, 최고사용압력 및 도시가스의 흐름방향을 표시할 것. 다만, 지하에 매설하는 경우에는 흐름방향을 표시하지 아니할 수 있다.

배관 외부 표기 예시	
• 사용가스명: 도시가스 • 최고사용압력: 2.5kPa • 흐름방향: →	도시가스 (2.5kPa) →

정답 | ④

27
빈출도 ★★★

오리피스 미터로 유량을 측정할 때 갖추지 않아도 되는 조건은?

① 관로가 수평일 것
② 정상류 흐름일 것
③ 관속에 유체가 충만되어 있을 것
④ 유체의 전도 및 압축의 영향이 클 것

해설

오리피스 미터는 차압식이므로 유체의 전도 및 압축의 영향이 작아야 한다.

정답 | ④

28
빈출도 ★★☆

가스사용시설에서 원칙적으로 PE배관을 노출배관으로 사용할 수 있는 경우는?

① 지상배관과 연결하기 위하여 금속관을 사용하여 보호조치를 한 경우로서 지면에서 20cm 이하로 노출하여 시공하는 경우
② 지상배관과 연결하기 위하여 금속관을 사용하여 보호조치를 한 경우로서 지면에서 30cm 이하로 노출하여 시공하는 경우
③ 지상배관과 연결하기 위하여 금속관을 사용하여 보호조치를 한 경우로서 지면에서 50cm 이하로 노출하여 시공하는 경우
④ 지상배관과 연결하기 위하여 금속관을 사용하여 보호조치를 한 경우로서 지면에서 1m 이하로 노출하여 시공하는 경우

해설

원칙적으로 PE배관은 노출배관으로 사용하지 않는다. 단, 지상배관과 연결하기 위해 금속관으로 보호조치를 한 경우 지면에서 30cm 이하로 노출 시공 가능하다.

정답 | ②

29
빈출도 ★☆☆

강관의 녹을 방지하기 위해 페인트를 칠하기 전에 먼저 사용되는 도료는?

① 알루미늄 도료
② 산화철 도료
③ 합성수지 도료
④ 광명단 도료

해설

강관의 녹(부식)을 방지하기 위해 페인트를 칠하기 전에 먼저 칠하는 밑칠용 도료는 광명단 도료이다.

정답 | ④

30

도시가스사용시설에 정압기를 2020년에 설치하였다. 다음 중 이 정압기의 분해점검 만료시기로 옳은 것은?

① 2022년
② 2023년
③ 2024년
④ 2025년

해설

사용시설에 설치 후 신규점검이므로 설치 후 3년 이내에 분해점검을 해야 한다.

관련이론 분해점검 점검주기

시설구분		검사주기
공급시설 점검		2년 1회 이상
사용시설	신규점검	3년 1회 이상
	향후 점검	4년 1회 이상

정답 | ②

31

공기액화분리장치의 폭발원인이 아닌 것은?

① 액체공기 중의 아르곤의 흡입
② 공기 취입구로부터 아세틸렌 혼입
③ 공기 중의 질소화합물(NO, NO_2)의 혼입
④ 압축기용 윤활유 분해에 따른 탄화수소 생성

해설

액체공기 중 아르곤의 흡입은 공기액화 분리장치의 폭발원인이 아니다.

관련이론 공기액화분리장치의 폭발원인 및 방지대책

원인	• 공기 취입구로부터 아세틸렌(C_2H_2)의 혼입 • 압축기용 윤활유의 분해로 탄화수소의 생성 • 액체 산소 내 오존(O_3)의 혼입 • 공기 중 질소산화물(NO, NO_2)의 혼입
방지 대책	• 근처에서 카바이드(CaC_2) 작업을 피할 것 • 윤활유는 양질의 것을 사용할 것 • 공기질이 좋은 곳에 공기 취입구를 설치할 것 • 장치 내 여과기를 설치할 것 • 1년에 1회 이상 사염화탄소(CCl_4)로 세척할 것

정답 | ①

32

액화석유가스 용기를 실외저장소에 보관하는 기준으로 틀린 것은?

① 용기보관장소의 경계 안에서 용기를 보관할 것
② 용기는 눕혀서 보관할 것
③ 충전용기는 항상 40℃ 이하를 유지할 것
④ 충전용기는 눈·비를 피할 수 있도록 할 것

해설

용기는 세워서 보관해야 한다.

관련이론 실외저장소 보관 기준
• 용기보관장소의 경계 안에서 용기를 보관할 것
• 용기는 세워서 보관할 것
• 충전용기는 항상 40℃ 이하를 유지할 것
• 충전용기는 눈·비를 피할 수 있도록 할 것

정답 | ②

33

배관 속을 흐르는 액체의 속도를 급격히 변화시키면 물이 관벽을 치는 현상이 일어나는데 이런 현상을 무엇이라 하는가?

① 캐비테이션 현상
② 워터햄머링 현상
③ 서징현상
④ 맥동현상

해설

워터햄머링 현상은 배관 속을 흐르는 액체의 속도를 급격히 변화시키면 물이 관벽을 치는 현상을 말한다.

선지분석

① 캐비테이션 현상: 유체 내 압력이 그 유체의 증기압 이하로 떨어질 때 발생하는 증발현상이다.
③ 서징현상: 펌프 운전 시 송출압력과 송출유량이 주기적으로 변동하여 진동과 소음이 발생하는 현상이다.
④ 맥동현상: 서징현상을 맥동현상이라고도 한다.

정답 | ②

34
빈출도 ★★★

압력조정기의 종류에 따른 조정압력이 틀린 것은?

① 1단 감압식 저압조정기: 2.3~3.3kPa
② 1단 감압식 준저압조정기: 5~30kPa 이내에서 제조자가 설정한 기준압력의 ±20%
③ 2단 감압식 2차용 저압조정기: 2.3~3.3kPa
④ 자동절체식 일체형 저압조정기: 2.3~3.3kPa

해설
자동절체식 일체형 저압조정기의 조정압력은 2.55~3.3kPa이다.

정답 | ④

35
빈출도 ★★☆

부취제 주입용기를 가스압으로 밸런스시켜 중력에 의해서 부취제를 가스흐름 중에 주입하는 방식은?

① 적하주입 방식
② 펌프주입 방식
③ 위크 증발식주입 방식
④ 미터연결 바이패스주입 방식

해설
적하주입 방식에 대한 설명이다.

관련이론 부취제 주입방식

방식		개요
액체주입식	펌프주입 방식	소용량의 다이어프램 펌프 등을 이용하여 부취제를 주입한다.
	적하주입 방식	가장 간단한 방법으로 부취제를 중력에 의해 가스흐름 중에 떨어뜨려 주입한다.
	미터연결 바이패스주입 방식	바이패스 라인에 설치된 가스미터에 연동된 부취제 첨가장치를 구동하여 주입한다.
증발식	바이패스 증발식	가스를 저유속으로 흐르게 하여 부취제를 증발시켜 주입한다.
	위크 증발식	부취제가 상승하면 가스가 접촉하고 부취제가 증발하여 주입한다.

정답 | ①

36
빈출도 ★★☆

압축기에서 다단 압축을 하는 목적으로 틀린 것은?

① 소요 일량의 감소
② 이용 효율의 증대
③ 힘의 평형 향상
④ 토출온도 상승

해설
토출온도 상승을 방지하기 위해 다단 압축을 한다.

관련이론 압축기에서 다단 압축을 하는 목적
- 소요 일량의 감소
- 이용 효율의 증대
- 힘의 평형 향상
- 토출온도 상승 방지

정답 | ④

37
빈출도 ★★☆

수소불꽃을 이용하여 탄화수소의 누출을 검지할 수 있는 가스누출검출기는?

① FID
② OMD
③ 접촉연소식
④ 반도체식

해설
FID는 수소불꽃을 이용하여 탄화수소의 누출을 검지할 수 있는 가스누출검출기이다.

선지분석
② OMD: 광학식 메탄가스 검출기이다.
③ 접촉연소식: 가스의 농도를 이용한 가스누출경보기 탐지부 센서이다.
④ 반도체식: 전기전도도를 이용한 가스누출경보기 탐지부 센서이다.

정답 | ①

38

다음 중 염소의 용도로 적합하지 않는 것은?

① 소독용으로 사용된다.
② 염화비닐 제조의 원료이다.
③ 표백제로 사용된다.
④ 냉매로 사용된다.

해설
염소는 냉매로 사용하지 않는다.

관련이론 염소(Cl_2)의 용도
- 염산 및 포스겐 제조
- 수돗물의 살균 효과
- 펄프 및 종이 제조
- 섬유의 표백작용
- 염화비닐, 클로로포름, 사염화탄소의 원료

정답 | ④

39

액화천연가스(LNG)저장탱크 중 액화천연가스의 최고 액면을 지표면과 동등 또는 그 이하가 되도록 설치하는 형태의 저장탱크는?

① 지상식 저장탱크(Aboveground Storage Tank)
② 지중식 저장탱크(Inground Storage Tank)
③ 지하식 저장탱크(Underground Storage Tank)
④ 단일방호식 저장탱크(Single Containment)

해설
지중식 저장탱크는 액화천연가스의 최고 액면을 지표면과 동등 또는 그 이하가 되도록 설치하는 형태의 저장탱크를 말한다.

선지분석
① 지상식 저장탱크: 지표면 위에 설치하는 형태의 저장탱크로 기초의 형식에 따라 저부가열식과 고상식으로 구분한다.
③ 지하식 저장탱크: 지하에 설치하는 구조로서 콘크리트 지붕을 흙으로 완전히 덮어버린 형태의 저장탱크를 말한다.
④ 방호형식에 따라 단일방호식 저장탱크, 이중방호식 저장탱크, 완전방호식 저장탱크로 분류된다.

정답 | ②

40

시안화수소 충전 시 한 용기에서 60일을 초과할 수 있는 경우는?

① 순도가 90% 이상으로서 착색이 된 경우
② 순도가 90% 이상으로서 착색되지 아니한 경우
③ 순도가 98% 이상으로서 착색이 된 경우
④ 순도가 98% 이상으로서 착색되지 아니한 경우

해설
시안화수소(HCN)는 순도가 98% 이상이고 착색되지 않은 경우 60일을 초과할 수 있다.

정답 | ④

41

가스용품제조허가를 받아야 하는 품목이 아닌 것은?

① PE 배관
② 매몰형 정압기
③ 로딩암
④ 연료전지

해설
PE 배관은 허가를 받아야 하는 품목이 아니다.

관련이론 가스용품제조 허가품목
- 압력조정기
- 가스누출 자동차단장치
- 정압기용 필터(정압기에 내장된 것은 제외)
- 매몰형 정압기
- 호스
- 배관용 밸브(볼밸브, 글로브밸브)
- 퓨즈콕, 상자콕, 노즐콕
- 배관 이음관
- 강제혼합식 가스버너
- 연소기(가스소비량이 232.6kW(20만kcal/hr) 이하인 것)
- 다기능가스안전계량기
- 로딩암
- 연료전지(가스소비량이 232.6kW(20만kcal/hr) 이하인 것)
- 다기능보일러(가스소비량이 232.6kW(20만kcal/hr) 이하인 것)

정답 | ①

42
연소 배기가스 분석 목적으로 가장 거리가 먼 것은?

① 연소가스 조성을 알기 위하여
② 연소가스 조성에 따른 연소상태를 파악하기 위하여
③ 열정산 자료를 얻기 위하여
④ 열전도도를 측정하기 위하여

해설
열전도도 측정은 분석 목적에 해당하지 않는다.

정답 | ④

43
배관용 보온재의 구비조건으로 옳지 않은 것은?

① 장시간 사용온도에 견디며, 변질되지 않을 것
② 가공이 균일하고 비중이 적을 것
③ 시공이 용이하고 열전도율이 클 것
④ 흡습, 흡수성이 적을 것

해설
배관용 보온재는 단열성능을 위해 열전도율이 작아야 한다.

정답 | ③

44
산소 압축기의 윤활유로 사용되는 것은?

① 석유류
② 유지류
③ 글리세린
④ 물

해설
산소 압축기의 윤활유로 물 또는 10% 이하의 글리세린 수가 사용된다.

관련이론 압축기에 따른 윤활유

압축기	윤활유
산소(O_2)	물 또는 10% 이하 글리세린수
염소(Cl_2)	진한 황산
LP가스	식물성유
수소(H_2)	양질의 광유
아세틸렌(C_2H_2)	
공기	

정답 | ④

45
유체가 5m/s의 속도로 흐를 때 이 유체의 속도수두는 약 몇 m인가? (단, 중력가속도는 $9.8m/s^2$이다.)

① 0.98
② 1.28
③ 12.2
④ 14.1

해설
속도수두 $= \dfrac{v^2}{2g}$

- v: 유체의 유속[m/s], g: 중력가속도($9.8m/s^2$)

속도수두 $= \dfrac{5^2}{2 \times 9.8} = 1.275 ≒ 1.28$

정답 | ②

46
유리 온도계의 특징에 대한 설명으로 틀린 것은?

① 일반적으로 오차가 적다.
② 취급은 용이하나 파손이 쉽다.
③ 눈금 읽기가 어렵다.
④ 일반적으로 연속 기록 자동제어를 할 수 있다.

해설
유리 온도계는 육안으로만 확인 가능하며 자동제어를 할 수 없다.

정답 | ④

47
다음 중 유리병에 보관해서는 안 되는 가스는?

① O_2
② Cl_2
③ HF
④ Xe

해설
불화수소(HF)는 맹독성 가스로 유리를 부식시킨다.

정답 | ③

48

액체가 기체로 변하기 위해 필요한 열은?

① 융해열 ② 응축열
③ 승화열 ④ 기화열

해설
액체가 기체로 변하기 위해 필요한 열은 기화열이다.

관련이론 물질의 상태변화

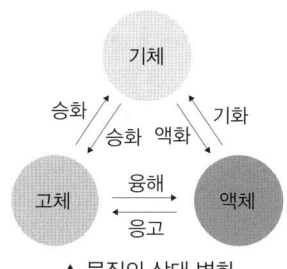
▲ 물질의 상태 변화

정답 | ④

49 [고난도]

부탄 1Nm³을 완전연소시키는데 필요한 이론공기량은 약 몇 Nm³인가? (단, 공기 중의 산소농도는 21v%이다.)

① 5 ② 6.5
③ 23.8 ④ 31

해설
부탄(C_4H_{10})의 완전연소 반응식
$C_4H_{10} + 6.5O_2 \rightarrow 4CO_2 + 5H_2O$
이론산소량: $6.5Nm^3$
공기량 = 이론산소량 $\times \dfrac{1}{0.21} = 6.5 \times \dfrac{1}{0.21} ≒ 31Nm^3$

정답 | ④

50

다음 휘발분이 없는 연료로서 표면연소를 하는 것은?

① 목탄, 코크스 ② 석탄, 목재
③ 휘발유, 등유 ④ 경유, 유황

해설
휘발분이 없고 표면연소를 하는 물질은 목탄, 코크스 등이 있다.

관련이론 연료의 종류별 연소의 형태

구분	연소	특징
고체	분해연소	목재, 종이, 플라스틱 등
	표면연소	숯, 코크스, 목탄 등
고체·액체	증발연소	양초 및 액체물질 등
액체	분무연소	액체의 미립화
	액면연소	연료의 표면
기체	확산연소	가벼운 기체
	예혼합연소	미리 공기와 혼합후 연소

정답 | ①

51

다음 중 LP 가스의 특성으로 옳은 것은?

① LP가스의 액체는 물보다 가볍다.
② LP가스의 기체는 공기보다 가볍다.
③ LP가스는 푸른 색상을 띠며 강한 취기를 가진다.
④ LP가스는 알코올에는 녹지 않으나 물에는 잘 녹는다.

선지분석
② 가스의 비중은 공기보다 무겁다.
③ 무색 무취의 가스이다.
④ 물에 녹지 않는다.

정답 | ①

52
연소에 필요한 공기를 전부 2차 공기로 취하며 불꽃의 길이가 길고, 온도가 가장 낮은 연소방식은?

① 분젠식
② 세미분젠식
③ 적화식
④ 전1차 공기식

해설
적화식은 2차 공기만으로 연소하여 불꽃의 길이가 길고 온도가 가장 낮다.

선지분석
① 분젠식: 1차, 2차 공기로 연소한다.
② 세미분젠식: 분젠식과 적화식의 중간 형태이다.
④ 전 1차 공기식: 1차 공기만으로 연소한다.

정답 | ③

53
도시가스는 무색, 무취이기 때문에 누출 시 중독 및 사고를 미연에 방지하기 위하여 부취제를 첨가하는데 그 첨가비율의 용량이 얼마의 상태에서 냄새를 감지할 수 있어야 하는가?

① 0.1%
② 0.01%
③ 0.2%
④ 0.02%

해설
도시가스 부취제 주입(착지농도): $\frac{1}{1,000} = 0.1\%$

정답 | ①

54
다음 중 조연성(지연성) 가스는?

① H_2
② O_3
③ Ar
④ NH_3

해설
조연성 가스로는 O_2, O_3, Cl_2, F_2, NO_2, NO 등이 있다.

정답 | ②

55
가스의 연소와 관련하여 공기 중에서 점화원 없이 연소하기 시작하는 최저온도를 무엇이라 하는가?

① 인화점
② 발화점
③ 끓는점
④ 융해점

선지분석
① 인화점: 점화원에 의해 연소가 시작되는 최저온도이다.
③ 끓는점: 액체가 기체 상태로 바뀌기 시작하는 온도이다.
④ 융해점(녹는점): 고체가 액체 상태로 바뀌는 온도이다.

정답 | ②

56
압력 20°C에서 체적 1L의 가스는 40°C에서는 약 몇 L가 되는가?

① 1.07
② 1.21
③ 1.30
④ 2

해설
샤를의 법칙에 따라 $\frac{V_1}{T_1} = \frac{V_2}{T_2}$ 이므로
$V_2 = V_1 \times \frac{T_2}{T_1} = 1 \times \frac{40+273}{20+273} = 1.07L$

정답 | ①

57
다음 중 부탄가스의 완전연소 반응식은?

① $C_3H_8 + 4O_2 \rightarrow 3CO_2 + 5H_2O$
② $C_3H_8 + 5O_2 \rightarrow 3CO_2 + 4H_2O$
③ $C_4H_{10} + 6O_2 \rightarrow 4CO_2 + 5H_2O$
④ $2C_4H_{10} + 13O_2 \rightarrow 8CO_2 + 10H_2O$

해설
부탄의 완전연소반응식은 다음과 같다.
$C_4H_{10} + 6.5O_2 \rightarrow 4CO_2 + 5H_2O$
각 계수에 2를 곱하면
$2C_4H_{10} + 13O_2 \rightarrow 8CO_2 + 10H_2O$

정답 | ④

58

다음 가연성 가스검출기 중 가연성가스의 굴절률 차이를 이용하여 농도를 측정하는 것은?

① 간섭계형 ② 안전등형
③ 검지관형 ④ 열선형

해설

간섭계형 검출기는 가연성가스의 굴절률 차이를 이용하여 농도를 측정한다.

관련이론 가스검출기의 종류

- 간섭계형: 굴절률 차이로 농도를 측정한다.
- 안전등형: 등유를 사용하여 메탄가스 농도를 측정한다.
- 열선형: 브릿지 회로의 편위전류를 이용하여 농도를 측정한다.

정답 | ①

59

다음 중 1atm에 해당하지 않는 것은?

① 760mmHg ② 14.7psi
③ 29.92inHg ④ 1,013kg/m²

해설

$1atm = 1.033kg/cm^2 = 10,332kg/m^2 = 10,332mmH_2O$
$= 101,325Pa = 101,325kPa = 101,325N/m^2 = 760mmHg$
$= 29.92inHg = 14.7PSI = 1.013bar$

정답 | ④

60

도시가스 배관의 지하매설 시 사용하는 침상재료(Bedding)는 배관 하단에서 배관 상단 몇 cm까지 포설하는가?

① 10 ② 20
③ 30 ④ 40

해설

도시가스 배관의 지하매설 시 사용하는 침상재료(Bedding)는 배관 하단에서 배관 상단 30cm까지 포설하여야 한다.

관련이론 도시가스 배관의 지하매설 시 사용하는 침상재료

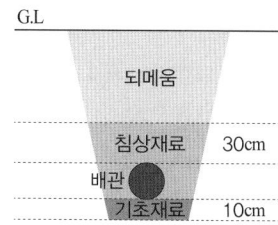

정답 | ③

2018년 1회 CBT 복원문제

01 빈출도 ★☆☆

독성가스 배관은 2중관 구조로 하여야 한다. 이때 외층관 내경은 내층관 외경의 몇 배 이상을 표준으로 하는가?

① 1.2
② 1.5
③ 2
④ 2.5

해설
외층관의 내경은 내층관 외경의 1.2배 이상이어야 한다.

정답 | ①

02 빈출도 ★★★

독성가스인 암모니아의 저장탱크에는 그 가스의 용량이 그 저장탱크 내용적의 몇 %를 초과하지 않아야 하는가?

① 80%
② 85%
③ 90%
④ 95%

해설
대부분의 저장탱크와 용기는 90% 이하로 충전한다. 단, 소형저장탱크, LPG 차량용 용기 등은 85% 이하로 충전한다.

정답 | ③

03 빈출도 ★★☆

고압가스안전관리법에서 규정된 특수반응설비가 아닌 것은?

① 암모니아 2차 개질로
② 에틸렌 제조시설의 아세틸렌 수첨탑
③ 메탄올 합성 반응탑
④ 도시가스 기화설비

해설
도시가스 기화설비는 특수반응설비에 해당하지 않는다.

관련이론 특수반응설비
- 암모니아 2차 개질로
- 에틸렌 제조시설의 아세틸렌 수첨탑
- 산화에틸렌 제조시설의 에틸렌과 산소 또는 공기와의 반응기
- 사이크로헥산 제조시설의 벤젠 수첨반응기
- 석유 정제 시의 중유 직접수첨탈황반응기 및 수소화분해반응기
- 저밀도 폴리에틸렌 중합기 또는 메탄올 합성 반응탑

정답 | ④

04 빈출도 ★★☆

가스 공급시설의 임시사용 기준 항목이 아닌 것은?

① 공급의 이익 여부
② 도시가스의 공급이 가능한지의 여부
③ 가스공급시설을 사용할 때 안전을 해칠 우려가 있는지 여부
④ 도시가스의 수급상태를 고려할 때 해당지역에 도시가스의 공급이 필요한지의 여부

해설
가스 공급시설의 임시사용 기준은 공급의 가능여부, 안전상태, 수급상태 등이 있으며, 공급의 이익 여부와는 거리가 멀다.

정답 | ①

05 〈고난도〉   빈출도 ★★★

도시가스 배관을 폭 8m 이상의 도로에서 지하에 매설 시 지표면으로부터 배관의 외면까지의 매설깊이의 기준은?

① 0.6m 이상
② 1.0m 이상
③ 1.2m 이상
④ 1.5m 이상

해설

폭 8m 이상의 도로에서는 1.2m 이상. 다만, 도로에 매설된 최고사용압력이 저압인 배관에서 횡으로 분기하여 수요가에게 직접 연결되는 배관의 경우에는 0.8m 이상으로 할 수 있다.

관련이론 배관설비 매설깊이 기준

구분		매설 깊이
폭 8m 이상 도로		1.2m 이상
폭 4m 이상 8m 미만 도로		1.0m 이상
도로에 매설된 최고사용압력이 저압인 배관에서 횡으로 분기 수요자에게 직접 연결되는 배관		0.8m 이상
호칭경 300mm 이하 최고사용압력 저압배관		0.8m 이상
폭 4m 미만 도로		0.6m 이상
공동주택 부지 안		0.6m 이상
철도 부지	궤도 중심(수평거리: 4m)	1.2m 이상
	부지 경계(수평거리: 1m)	
하천	횡단	4.0m 이상
	소하천 및 수로	2.5m 이상
	좁은 수로	1.2m 이상

정답 | ③

06   빈출도 ★★☆

도시가스사업자는 가스공급시설을 효율적으로 관리하기 위하여 배관·정압기에 대하여 도시가스배관망을 전산화하여야 한다. 이 때 전산관리 대상이 아닌 것은?

① 설치도면
② 시방서
③ 시공자
④ 배관제조자

해설

배관제조자는 전산관리 대상이 아니다.

관련이론 도시가스 정압기, 배관 전산화 전산관리 대상
- 설치도면
- 시방서
- 시공자

정답 | ④

07   빈출도 ★★☆

고압가스 저장탱크 및 처리설비에 대한 설명으로 틀린 것은?

① 가연성 저장탱크를 2개 이상 인접 설치 시에는 0.5m 이상의 거리를 유지한다.
② 지면으로부터 매설된 저장탱크 정상부까지의 깊이는 60cm 이상으로 한다.
③ 저장탱크를 매설한 곳의 주위에는 지상에 경계 표지를 한다.
④ 독성가스 저장탱크실과 처리설비실에는 가스누출 검지경보장치를 설치한다.

해설

가연성 저장탱크를 2개 이상 인접 설치 시에는 두 저장탱크의 최대지름을 합산한 길이의 $\frac{1}{4}$ 이상의 거리를 유지해야 한다.

정답 | ①

08   빈출도 ★★☆

액화석유가스를 저장하기 위하여 지상 또는 지하에 고정 설치된 탱크로서 액화석유가스의 안전관리 및 사업법에서 정한 "소형저장탱크"는 그 저장능력이 얼마인 것을 말하는가?

① 1톤 미만
② 3톤 미만
③ 5톤 미만
④ 10톤 미만

해설

액화석유가스 소형저장탱크의 저장능력은 3톤 미만이다.

관련이론 액화석유가스 저장시설
- 액화석유가스 저장탱크: 3톤 이상 (90% 충전)
- 액화석유가스 소형저장탱크: 3톤 미만 (85% 충전)

정답 | ②

09

빈출도 ★★☆

가스도매사업의 가스공급시설 중 배관을 지하에 매설할 때의 기준으로 틀린 것은?

① 배관은 그 외면으로부터 수평거리로 건축물까지 1.0m 이상을 유지한다.
② 배관은 그 외면으로부터 지하의 다른 시설물과 0.3m 이상의 거리를 유지한다.
③ 배관을 산과 들에 매설할 때는 지표면으로부터 배관의 외면까지의 매설깊이를 1m 이상으로 한다.
④ 배관은 지반 동결로 손상을 받지 아니하는 깊이로 매설한다.

해설
배관은 그 외면으로부터 수평거리로 건축물까지 1.5m 이상을 유지한다.

관련이론 가스도매사업 배관매설 기준

매설 위치	설치 환경	매설 깊이 또는 설치 간격
지하 매설 배관	건축물	1.5m 이상
	타 시설물	0.3m 이상
	산·들	1m 이상
	산·들 이외 지역	1.2m 이상

정답 | ①

10

빈출도 ★★☆

차량에 고정된 저장탱크로 염소를 운반할 때 용기의 내용적(L)은 얼마 이하가 되어야 하는가?

① 10,000
② 12,000
③ 15,000
④ 18,000

해설
독성가스인 염소(Cl_2)는 차량에 고정된 탱크로 운반할 때 용기의 내용적이 12,000L 이하가 되어야 한다.

관련이론 차량에 고정된 탱크(탱크로리) 운반 기준

구분	내용
가연성, 산소(LPG 제외)	18,000L 이상 운반 금지
독성가스(NH_3 제외)	12,000L 이상 운반 금지

정답 | ②

11

빈출도 ★★☆

굴착으로 인하여 도시가스배관이 65m가 노출되었을 경우 가스누출경보기의 설치 개수로 알맞은 것은?

① 1개
② 2개
③ 3개
④ 4개

해설
굴착으로 배관이 노출되었을 경우 20m마다 가스누출경보기를 설치한다.
문제에서 도시가스 배관이 65m 노출되었다고 하였으므로,
65m÷20m=3.25개 → 4개
※ 경보기의 개수는 정수여야 하기 때문에 4개가 된다.

정답 | ④

12 〈고난도〉

빈출도 ★★★

다음 중 방류둑을 설치하여야 할 기준으로 옳지 않은 것은?

① 저장능력이 5톤 이상인 독성가스 저장탱크
② 저장능력이 300톤 이상인 가연성가스 저장탱크
③ 저장능력이 1,000톤 이상인 액화석유가스 저장탱크
④ 저장능력이 1,000톤 이상인 액화산소 저장탱크

해설
가연성가스 저장탱크의 저장능력이 500톤 이상인 경우 방류둑을 설치한다.

관련이론 저장탱크 방류둑 설치기준
- 저장능력이 5톤 이상인 독성가스
- 저장능력이 500톤 이상인 가연성가스 저장탱크
- 저장능력이 1,000톤 이상인 액화산소 및 액화석유가스 저장탱크
- 저장능력이 1,000톤 이상인 도시가스 저장탱크
- 저장능력이 10,000L 이상의 고압가스 냉동 수액기

정답 | ②

13 빈출도 ★★★

고압가스를 제조하는 경우 가스를 압축해서는 아니되는 경우에 해당하지 않는 것은?

① 가연성가스(아세틸렌, 에틸렌 및 수소 제외) 중 산소량이 전체 용량의 4% 이상인 것
② 산소 중의 가연성가스의 용량이 전체 용량의 4% 이상인 것
③ 아세틸렌, 에틸렌 또는 수소 중의 산소용량이 전체 용량의 2% 이상인 것
④ 산소 중의 아세틸렌, 에틸렌 및 수소의 용량 합계가 전체 용량의 4% 이상인 것

해설
산소 중 아세틸렌, 에틸렌 및 수소의 용량 합계가 전체 용량의 2% 이상인 경우 가스를 압축해서는 안된다.

관련이론 고압가스 제조시 압축금지 기준
- 4% 이상시 압축금지: 가연성가스 중 산소 및 산소 중 가연성가스
- 2% 이상시 압축금지: 아세틸렌, 에틸렌, 수소 중 산소 및 산소 중 아세틸렌, 에틸렌, 수소

정답 | ④

14 빈출도 ★★★

고압가스제조시설에서 가연성가스 가스설비 중 전기설비를 방폭구조로 하여야 하는 가스는?

① 암모니아
② 브롬화메탄
③ 수소
④ 공기 중에서 자기 발화하는 가스

해설
위험장소 안에 있는 전기설비에는 그 전기설비가 누출된 가스의 점화원이 되는 것을 방지하기 위하여 가연성가스(암모니아, 브롬화메탄 및 공기 중에서 자기 발화하는 가스를 제외한다)의 제조설비 또는 저장설비 중 전기설비는 방폭성능을 갖도록 설치한다.

관련이론 전기방폭설비 설치 기준
가연성가스를 저장, 취급하는 장소에서의 전기설비는 방폭구조를 하여야 한다. 암모니아와 브롬화메탄은 가연성가스이기는 하나 폭발범위가 작고 화재·폭발에 대한 위험성이 적어 방폭구조를 적용하지 않아도 된다.

가스 구분	시공 기준
가연성 외 가스(NH_3, CH_3Br 포함)	비방폭구조
가연성 가스(NH_3, CH_3Br 제외)	방폭구조

정답 | ③

15 빈출도 ★★★

지상 배관은 안전을 확보하기 위해 그 배관의 외부에 다음의 항목들을 표기하여야 한다. 해당하지 않는 것은?

① 사용가스명
② 최고사용압력
③ 가스의 흐름방향
④ 공급회사명

해설
배관의 외부에 사용가스명, 최고사용압력 및 도시가스의 흐름방향을 표시할 것. 다만, 지하에 매설하는 경우에는 흐름방향을 표시하지 아니할 수 있다.

배관 외부 표기 예시	
• 사용가스명: 도시가스 • 최고사용압력: 2.5kPa • 흐름방향: →	도시가스 (2.5kPa) →

정답 | ④

16
빈출도 ★☆☆

에어졸 제조설비와 인화성 물질과의 최소 우회거리는?

① 3m 이상 ② 5m 이상
③ 8m 이상 ④ 10m 이상

해설
에어졸 제조설비와 인화성 물질과의 최소 우회거리는 8m 이상이다.

관련이론 에어졸의 제조 기준
- 내용적: 1L 미만
- 용기재료: 강, 경금속
- 금속제 용기두께: 0.125mm 이상
- 내압시험 압력: 0.8MPa
- 가압시험 압력: 1.3MPa
- 파열시험 압력: 1.5MPa
- 누설시험: 46℃ 이상 50℃ 미만의 온수
- 불꽃길이시험: 24℃ 이상 26℃ 미만
- 화기와 우회거리: 8m 이상

정답 | ③

17 〈고난도〉
빈출도 ★★☆

압축 가연성가스를 몇 m^3 이상을 차량에 적재하여 운반하는 때에 운반책임자를 동승시켜 운반에 대한 감독 또는 지원을 하도록 되어 있는가?

① 100 ② 300
③ 600 ④ 1,000

해설
압축 가연성가스는 300m^3 이상을 차량에 적재하여 운반할 때 운반 책임자가 동승하여 운반에 대한 감독 또는 지원을 해야 한다.

관련이론 가스 운반 시 운반 책임자 동승 조건

가스종류			허용농도	적재용량
독성	압축가스		200ppm 초과 5,000ppm 이하	100m^3 이상
			200ppm 이하	10m^3 이상
	액화가스		200ppm 초과 5,000ppm 이하	1,000kg 이상
			200ppm 이하	100kg 이상
가연성 및 조연성	압축가스	가연성		300m^3 이상
		조연성		600m^3 이상
	액화가스	가연성		3,000kg 이상
		조연성		6,000kg 이상

정답 | ②

18
빈출도 ★★★

도시가스 배관을 노출하여 설치하고자 할 때 배관 손상 방지를 위한 방호조치 기준으로 옳은 것은?

① 방호철판 두께는 최소 10mm 이상으로 한다.
② 방호 구조물 두께 10cm 이상 높이 1m 이상으로 한다.
③ 철근 콘크리트재 방호 구조물은 두께가 15cm 이상이어야 한다.
④ 철근 콘크리트재 방호 구조물은 높이가 1.5m 이상 이어야 한다.

선지분석
① 방호철판 두께는 최소 4mm 이상으로 한다.
③ 철근 콘크리트재 방호 구조물은 두께가 10cm 이상이어야 한다.
④ 철근 콘크리트재 방호 구조물은 높이가 1m 이상이어야 한다.

정답 | ②

19
빈출도 ★★☆

자연환기설비 설치 시 LP가스의 용기 보관실 바닥 면적이 $3m^2$ 이라면 통풍구의 크기는 몇 cm^2 이상으로 하도록 되어 있는가? (단, 철망 등이 부착되어 있지 않은 것으로 간주한다.)

① 500 ② 700
③ 900 ④ 1,100

해설
통풍구의 크기는 바닥면적 1m^2당 300cm^2 이므로 3×300=900cm^2

관련이론 환기시설 기준

구분	능력
자연환기	통풍구 크기: 바닥면적의 3% 이상
기계환기	바닥면적 1m^2당 0.5m^3/min 이상

정답 | ③

20

LPG충전소에는 시설의 안전확보 상 "충전 중 엔진 정지"를 주위의 보기 쉬운 곳에 설치해야 한다. 이 표지판의 바탕색과 문자색은?

① 흑색 바탕에 백색 글씨
② 흑색 바탕에 황색 글씨
③ 백색 바탕에 흑색 글씨
④ 황색 바탕에 흑색 글씨

해설

"충전 중 엔진 정지" 표지판은 황색 바탕색에 흑색 글씨이며, "화기엄금"은 적색글씨로 하여야 한다.

표지	색
충전 중 엔진 정지 (황색/흑색)	황색 바탕, 흑색 글씨
화기 엄금 (백색/적색)	백색 바탕, 적색 글씨

정답 | ④

21

가스계량기와 전기개폐기와의 최소 안전거리는?

① 15cm
② 30cm
③ 60cm
④ 80cm

해설

가스계량기와 전기개폐기와의 최소 안전거리는 60cm 이상이다.

관련이론 가스계량기와의 최소 안전거리

유지거리	공급시설 및 사용시설
전기계량기, 전기개폐기	60cm 이상
전기점멸기, 전기접속기	30cm 이상
절연전선	10cm 이상
절연조치 하지 않은 전선, 단열조치 하지 않은 굴뚝	15cm 이상

정답 | ③

22

가스보일러의 안전사항에 대한 설명으로 틀린 것은?

① 가동 중 연소상태, 화염 유무를 수시로 확인한다.
② 가동 중지 후 노 내 잔류가스를 충분히 배출한다.
③ 수면계의 수위는 적정한지 자주 확인한다.
④ 점화전 연료가스를 노 내에 충분히 공급하여 착화를 원활하게 한다.

해설

점화전 연료가스를 노 내에 공급하면 역화(Back Fire)의 위험이 있다.

정답 | ④

23

방류둑의 성토는 수평에 대하여 몇 도 이하의 기울기로 하여야 하는가?

① 30°
② 45°
③ 60°
④ 75°

해설

방류둑 성토의 기울기는 45° 이하로 시공하여야 한다.

정답 | ②

24

다음 중 동일 차량에 적재하여 운반할 수 없는 가스는?

① 산소와 질소
② 염소와 아세틸렌
③ 질소와 탄산가스
④ 탄산가스와 아세틸렌

해설

가스 충전용기 운반 시 염소와 아세틸렌, 암모니아, 수소는 동일 차량에 적재할 수 없다.

관련이론 가스 충전용기 운반 시 혼합 적재 금지
- 염소와 아세틸렌, 암모니아, 수소를 함께 적재하는 경우
- 가연성 용기와 산소 용기 충전 밸브가 마주보는 경우
- 독성가스 중 가연성 가스와 조연성 가스를 함께 적재하는 경우

정답 | ②

25

가스사용시설에서 원칙적으로 PE배관을 노출배관으로 사용할 수 있는 경우는?

① 지상배관과 연결하기 위하여 금속관을 사용하여 보호조치를 한 경우로서 지면에서 20cm 이하로 노출하여 시공하는 경우
② 지상배관과 연결하기 위하여 금속관을 사용하여 보호조치를 한 경우로서 지면에서 30cm 이하로 노출하여 시공하는 경우
③ 지상배관과 연결하기 위하여 금속관을 사용하여 보호조치를 한 경우로서 지면에서 50cm 이하로 노출하여 시공하는 경우
④ 지상배관과 연결하기 위하여 금속관을 사용하여 보호조치를 한 경우로서 지면에서 1m 이하로 노출하여 시공하는 경우

해설
원칙적으로 PE배관은 노출배관으로 사용하지 않는다. 단, 지상배관과 연결하기 위해 금속관으로 보호조치를 한 경우 지면에서 30cm 이하로 노출 시공 가능하다.

정답 | ②

26

위험장소의 분류 중 상용상태에서 가연성가스의 누출로 인한 폭발성 분위기가 간헐적 또는 주기적으로 형성되는 장소는?

① 0종 장소
② 1종 장소
③ 2종 장소
④ 3종 장소

해설
1종 장소에 대한 설명이다.

관련이론 위험장소의 분류

구분	정의
0종 장소	폭발성 가스 분위기가 연속적으로, 장기간 또는 빈번하게 존재하는 장소
1종 장소	정상 작동 중에 폭발성 가스 분위기가 주기적 또는 간헐적으로 생성되기 쉬운 장소
2종 장소	정상 작동 중에 폭발성 가스 분위기가 조성되지 않을 것으로 예상되며, 생성된다 하더라도 짧은 기간에만 지속되는 장소

정답 | ②

27

정전기에 대한 설명 중 틀린 것은?

① 습도가 낮을수록 정전기를 축적하기 쉽다.
② 화학섬유로 된 의류는 흡수성이 높으므로 정전기가 대전하기 쉽다.
③ 액상의 LP가스는 전기 절연성이 높으므로 유동 시에는 대전하기 쉽다.
④ 재료 선택 시 접촉 전위차를 적게 하여 정전기 발생을 줄인다.

해설
화학섬유로 된 의류는 흡수성이 낮으므로 정전기가 대전하기 쉽다.

정답 | ②

28

고압가스 일반제조에서 차량 정지목을 설치하는 탱크의 크기는?

① 4,000L 이상
② 3,000L 이상
③ 2,000L 이상
④ 1,000L 이상

해설
고압가스 일반제조 시 탱크 용량이 2,000L 이상일 경우 차량 정지목을 설치해야 한다.

관련이론 차량에 고정된 탱크의 정지목 설치기준

고압가스 일반제조	2,000L 이상
액화석유가스사업법	5,000L 이상

정답 | ③

29

다음 중 폭발방지대책으로서 가장 거리가 먼 것은?

① 방폭성능 전기설비 설치
② 정전기 제거를 위한 접지
③ 압력계 설치
④ 폭발하한 이내로 불활성가스에 의한 희석

해설
압력계는 유체의 압력을 측정하는 장치로 폭발 방지와는 거리가 멀다.

정답 | ③

30

가연물의 종류에 따른 화재의 구분이 잘못된 것은?

① A급: 일반화재
② B급: 유류화재
③ C급: 전기화재
④ D급: 식용유 화재

해설

구분	화재	종류
A급	일반화재	종이, 섬유, 목재 등
B급	유류화재	가솔린, 알코올, 등유 등
C급	전기화재	전기합선, 과전류, 누전 등
D급	금속화재	금속분(Na, K) 등

정답 | ④

31

재료에 인장과 압축하중을 오랜 시간 반복적으로 작용시키면 그 응력이 인장강도보다 작은 경우에도 파괴되는 현상은?

① 인성파괴
② 피로파괴
③ 취성파괴
④ 크리프파괴

해설

피로파괴란 재료에 인장과 압축하중을 오랜 시간 반복적으로 작용시키면 그 응력이 인장강도보다 작은 경우에도 파괴되는 현상을 말한다.

관련이론 크리프

일정 온도 이상에서 응력이 작용할 때 시간이 경과함에 따라 변형이 증대되는 현상을 말한다.

정답 | ②

32 고난도

사용 압력이 2MPa, 관의 인장강도가 20kg/mm²일 때의 스케줄 번호(Sch No)는? (단, 안전율은 4로 한다.)

① 10
② 20
③ 40
④ 80

해설

허용압력(S) = 인장강도 × $\dfrac{1}{안전율}$ = $20 \times \dfrac{1}{4}$ = 5kg/mm²

SCH = $10 \times \dfrac{P}{S}$

- SCH: 스케줄 번호, P: 사용압력[kg/cm²], S: 허용압력[kg/mm²]

SCH = $10 \times \dfrac{20}{5}$ = 40

※ 1MPa = 10kg/cm²

정답 | ③

33

오리피스 미터로 유량을 측정할 때 갖추지 않아도 되는 조건은?

① 관로가 수평일 것
② 정상류 흐름일 것
③ 관속에 유체가 충만되어 있을 것
④ 유체의 전도 및 압축의 영향이 클 것

해설

오리피스 미터는 차압식이므로 유체의 전도 및 압축의 영향이 작아야 한다.

정답 | ④

34 고난도 빈출도 ★★★

펌프의 회전수를 1,000rpm에서 1,200rpm으로 변화시키면 동력은 약 몇 배가 되는가?

① 1.3
② 1.5
③ 1.7
④ 2.0

해설

$P_2 = P_1 \times \left(\dfrac{1,200}{1,000}\right)^3 = 1.728 P_1 ≒ 1.7 P_1$

관련이론 펌프의 상사법칙

펌프 동력은 회전수 변화의 세제곱에 비례한다.

$P_2 = P_1 \times \left(\dfrac{N_2}{N_1}\right)^3$

- P: 펌프 동력, N: 회전수

정답 | ③

35 빈출도 ★★☆

고압가스용 용접용기 동판의 최대 두께와 최소 두께와의 차이는?

① 평균두께의 5% 이하
② 평균두께의 10% 이하
③ 평균두께의 20% 이하
④ 평균두께의 25% 이하

해설

용접용기 동판의 최대 두께와 최소 두께와의 차이는 평균두께의 10% 이하로 한다.

관련이론 용기 동판의 최대두께와 최소두께의 차
- 용접용기: 평균두께의 10% 이하
- 무이음 용기: 평균두께의 20% 이하

정답 | ②

36 빈출도 ★★★

비점이 점차 낮은 냉매를 사용하여 저비점의 기체를 액화하는 사이클은?

① 클라우드 액화사이클
② 플립스 액화사이클
③ 캐스케이드 액화사이클
④ 캐피자 액화사이클

해설

캐스케이드 액화사이클은 냉매를 사용하여 저비점의 기체 가스를 액체상태로 액화시키는 사이클이다.

정답 | ③

37 빈출도 ★☆☆

금속재료의 저온에서의 성질에 대한 설명으로 가장 거리가 먼 것은?

① 강은 암모니아 냉동기용 재료로서 적당하다.
② 탄소강은 저온도가 될수록 인장강도가 감소한다.
③ 구리는 액화분리장치용 금속재료로서 적당하다.
④ 18-8 스테인리스강은 우수한 저온장치용 재료이다.

해설

탄소강은 저온일수록 인장강도와 경도가 증가하고 신율과 충격치는 감소한다.

정답 | ②

38 빈출도 ★☆☆

공기액화분리장치의 내부를 세척하고자 할 때 세정액으로 가장 적당한 것은?

① 염산(HCl)
② 가성소다($NaOH$)
③ 사염화탄소(CCl_4)
④ 탄산나트륨(Na_2CO_3)

해설

공기액화분리장치의 내부 세정제는 사염화탄소(CCl_4)가 사용된다.

정답 | ③

39

원심식 압축기 중 터보형의 날개출구각도에 해당하는 것은?

① 90°보다 작다.
② 90°이다.
③ 90°보다 크다.
④ 평행이다.

해설
원심식 압축기 중 터보형의 날개출구 각도는 90°보다 작다.

관련이론 원심식 압축기

터보형	임펠러 출구각 90° 미만
레디얼형	임펠러 출구각 90°
다익형	임펠러 출구각 90° 초과

정답 | ①

40

다음 펌프 중 시동하기 전에 프라이밍이 필요한 펌프는?

① 기어펌프
② 원심펌프
③ 축류펌프
④ 왕복펌프

해설
펌프 시동 전 프라이밍이 필요한 펌프는 원심펌프(터빈, 볼류트)이다.

관련이론 프라이밍
프라이밍은 펌프를 가동하기 전 내부의 공기를 빼기 위해 물을 채워주는 작업이다.

정답 | ②

41

강관의 녹을 방지하기 위해 페인트를 칠하기 전에 먼저 사용되는 도료는?

① 알루미늄 도료
② 산화철 도료
③ 합성수치 도료
④ 광명단 도료

해설
강관의 녹(부식)을 방지하기 위해 페인트를 칠하기 전에 먼저 칠하는 밑칠용 도료는 광명단 도료이다.

정답 | ④

42

정압기(Governor)의 기능을 모두 옳게 나열한 것은?

① 감압기능
② 정압기능
③ 감압기능, 정압기능
④ 감압기능, 정압기능, 폐쇄기능

해설
정압기(Governor)는 감압기능, 정압기능, 폐쇄기능이 있다.

정답 | ④

43

다음 중 저온장치 재료로서 가장 우수한 것은?

① 13% 크롬강
② 탄소강
③ 9% 니켈강
④ 주철

해설
저온장치 재료로 가장 우수한 것은 9% 니켈강이다.

관련이론 저온 장치 재료 종류
- 18-8 STS(오스테나이트계 스테인리스강)
- 9% Ni
- 구리 및 구리 합금
- 알루미늄 및 알루미늄 합금

정답 | ③

44

LP가스 이송설비 중 압축기의 부속장치로서 토출측과 흡입측을 전환시키며 액송과 가스회수를 한 동작으로 할 수 있는 것은?

① 액트랩
② 액가스분리기
③ 전자밸브
④ 사방밸브

해설
사방밸브(4-way valve)는 LP가스 이송설비 중 압축기의 부속장치로서 토출측과 흡입측을 전환시키며 액송과 가스회수를 한 동작으로 할 수 있는 밸브를 말한다.

정답 | ④

45

일반 액화석유가스 압력조정기에 표시하는 사항이 아닌 것은?

① 제조자명이나 그 약호
② 제조번호나 로트번호
③ 입구압력(기호: P, 단위: MPa)
④ 검사 연월일

해설

액화석유가스 압력조정기에 표시하는 사항
- 제조자명이나 그 약호
- 제조번호나 로트번호
- 입구압력(기호: P, 단위: MPa)

정답 | ④

46

다음 각 가스의 성질에 대한 설명으로 옳은 것은?

① 질소는 안정한 가스로서 불활성 가스라고도 하고, 고온에서도 금속과 화합하지 않는다.
② 염소는 반응성이 강한 가스로 강재에 대하여 상온에서도 무수(無水) 상태로 현저한 부식성을 갖는다.
③ 산소는 액체 공기를 분류하여 제조하는 반응성이 강한 가스로 그 자신이 잘 연소한다.
④ 암모니아는 동을 부식하고 고온, 고압에서는 강재를 침식한다.

해설

암모니아(NH_3)는 동을 부식하고 고온, 고압에서 강재를 침식시킨다.

선지분석
① 질소(N_2): 안정한 가스로서 불활성 가스라고도 하고, 고온, 고압에서 금속과 화합한다.
② 염소(Cl_2): 반응성이 강하지만 수분이 없으면 부식되지 않는다.
③ 산소(O_2): 액체 공기를 분류하여 제조하며 자신이 연소되지 않고 가연물의 연소를 돕는 조연성 가스이다.

정답 | ④

47

"압축된 가스를 단열 팽창시키면 온도가 강하한다."는 것은 무슨 효과라고 하는가?

① 단열효과
② 줄-톰슨효과
③ 정류효과
④ 팽윤효과

해설

줄-톰슨효과(Joule-Thomson effect)는 압축된 가스를 단열 팽창시키면 온도가 강하하는 효과를 말한다. 압축가스를 단열 팽창시키면 온도와 압력이 감소한다.

정답 | ②

48

다음 중 부탄가스의 완전연소반응식은?

① $C_3H_8 + 4O_2 \rightarrow 3CO_2 + 5H_2O$
② $C_3H_8 + 5O_2 \rightarrow 3CO_2 + 4H_2O$
③ $C_4H_{10} + 6O_2 \rightarrow 4CO_2 + 5H_2O$
④ $2C_4H_{10} + 13O_2 \rightarrow 8CO_2 + 10H_2O$

해설

부탄의 완전연소반응식은 다음과 같다.
$C_4H_{10} + 6.5O_2 \rightarrow 4CO_2 + 5H_2O$
각 계수에 2를 곱하면
$2C_4H_{10} + 13O_2 \rightarrow 8CO_2 + 10H_2O$

정답 | ④

49

수소와 산소 또는 공기와의 혼합기체에 점화하면 급격히 화합하여 폭발하므로 위험하다. 이 혼합기체를 무엇이라고 하는가?

① 염소 폭명기 ② 수소 폭명기
③ 산소 폭명기 ④ 공기 폭명기

해설
수소 폭명기는 수소와 산소가 2:1의 비율로 반응하여 발생한 혼합기체로 점화 시 폭발적으로 연소한다.

관련이론 대표적인 폭명기

수소 폭명기	$2H_2 + O_2 \rightarrow 2H_2O$
염소 폭명기	$Cl_2 + H_2 \rightarrow 2HCl$
불소 폭명기	$F_2 + H_2 \rightarrow 2HF$

정답 | ②

50

LNG의 특징에 대한 설명 중 틀린 것은?

① 냉열을 이용할 수 있다.
② 천연에서 산출한 천연가스를 약 −162℃까지 냉각하여 액화시킨 것이다.
③ LNG는 도시가스, 발전용 이외에 일반 공업용으로도 사용된다.
④ LNG로부터 기화한 가스는 부탄이 주성분이다.

해설
LNG의 주성분은 메탄(CH_4)이다.

관련이론 LNG의 특징
- 메탄(CH_4)을 주성분으로 하며 에탄, 프로판 등이 포함되어 있다.
- 물리적으로 무색, 무취, 무미의 성질을 나타낸다.
- 액화되면 체적이 약 1/600로 줄어든다.
- CO_2 배출량이 적어 청정가스로 불리운다.
- 발열량이 약 9,500kcal/m³ 정도이다.
- LNG의 기체 상태는 공기보다 가볍고 액체 상태는 물보다 가볍다.

정답 | ④

51

다음 중 액화석유가스의 일반적인 특성이 아닌 것은?

① 기화 및 액화가 용이하다.
② 공기보다 무겁다.
③ 액상의 액화석유가스는 물보다 무겁다.
④ 증발잠열이 크다.

해설
액화석유가스의 비중은 0.5로 비중이 1인 물보다 가볍다.

관련이론 LNG의 특징
- 메탄(CH_4)을 주성분으로 하며 에탄, 프로판 등이 포함되어 있다.
- 물리적으로 무색, 무취, 무미의 성질을 나타낸다.
- 액화되면 체적이 약 1/600로 줄어든다.
- CO_2 배출량이 적어 청정가스로 불린다.
- 발열량이 약 9,500kcal/m³ 정도이다.
- LNG의 기체 상태는 공기보다 가볍고 액체 상태는 물보다 가볍다.

정답 | ③

52

다음 중 1atm에 해당하지 않는 것은?

① 760mmHg ② 14.7psi
③ 29.92inHg ④ 1,013kg/m²

해설
$1atm = 1.033kg/cm^2 = 10,332kg/m^2 = 10,332mmH_2O$
$= 101,325Pa = 101.325kPa = 101,325N/m^2 = 760mmHg$
$= 29.92inHg = 14.7PSI = 1.013bar$

정답 | ④

53

다음 가스 1몰을 완전연소시키고자 할 때 공기가 가장 적게 필요한 것은?

① 수소
② 메탄
③ 아세틸렌
④ 에탄

해설

공기량 $=\dfrac{\text{산소량}}{0.21}$ 이므로 산소요구량이 적다는 것은 공기량이 적다는 의미이다.

따라서, 가스 1몰당 산소량이 적게 필요한 것은 0.5몰 산소가 필요한 수소(H_2)이다.

선지분석

완전연소 반응식
① 수소: $H_2 + 0.5O_2 \to H_2O$
② 메탄: $CH_4 + 2O_2 \to CO_2 + 2H_2O$
③ 아세틸렌: $C_2H_2 + 2.5O_2 \to 2CO_2 + H_2O$
④ 에탄: $C_2H_6 + 3.5O_2 \to 2CO_2 + 3H_2O$

정답 | ①

54

랭킨 온도가 420°R일 경우 섭씨온도로 환산한 값으로 옳은 것은?

① -30°C
② -40°C
③ -50°C
④ -60°C

해설

°R = 1.8K

$K = \dfrac{°R}{1.8} = \dfrac{420}{1.8} = 233.33K$

°C = K − 273 = 233.33 − 273 = −39.67 ≒ −40°C

따라서, 420°R = −40°C이다.

정답 | ②

55

불완전연소 현상의 원인으로 옳지 않은 것은?

① 가스압력에 비하여 공급 공기량이 부족할 때
② 환기가 불충분한 공간에 연소기가 설치되었을 때
③ 공기와의 접촉 혼합이 불충분할 때
④ 불꽃의 온도가 증대되었을 때

해설

불완전연소란 가연성가스의 연소반응에 필요한 산소수가 부족하다는 의미이다.

관련이론 불완전연소 원인
• 공기량 부족
• 프레임 냉각
• 가스조성 불량
• 배기, 환기 불량
• 연소기구 불량

정답 | ④

56

시안화수소 충전에 대한 설명 중 틀린 것은?

① 용기에 충전하는 시안화수소는 순도가 98% 이상이어야 한다.
② 시안화수소를 충전한 용기는 충전 후 24시간 이상 정치한다.
③ 시안화수소는 충전 후 30일이 경과되기 전에 다른 용기에 옮겨 충전하여야 한다.
④ 시안화수소 충전용기는 1일 1회 이상 질산구리 벤젠 등의 시험지로 가스누출 검사를 한다.

해설

시안화수소는 충전 후 60일이 경과하기 전에 다른 용기에 옮겨 충전하여야 한다.

정답 | ③

57

도시가스에 사용되는 부취제 중 DMS의 냄새는?

① 석탄가스 냄새 ② 마늘 냄새
③ 양파 썩는 냄새 ④ 암모니아 냄새

해설

부취제의 종류 및 냄새는 다음과 같다.

THT	석탄가스 냄새
TBM	양파 썩는 냄새
DMS	마늘 냄새

정답 | ②

58 〈고난도〉

다음 가스 중 기체밀도가 가장 작은 것은?

① 프로판 ② 메탄
③ 부탄 ④ 아세틸렌

선지분석

밀도 $= \dfrac{\text{분자량}}{22.4\text{L}}$

① 프로판: $\dfrac{44}{22.4} = 1.96$

② 메탄: $\dfrac{16}{22.4} = 0.71$

③ 부탄: $\dfrac{58}{22.4} = 2.59$

④ 아세틸렌: $\dfrac{26}{22.4} = 1.16$

관련이론 분자량

가스	분자량
프로판(C_3H_8)	44
메탄(CH_4)	16
부탄(C_4H_{10})	58
아세틸렌(C_2H_2)	26

정답 | ②

59

수소의 성질에 대한 설명 중 틀린 것은?

① 무색, 무미, 무취의 가연성 기체이다.
② 밀도가 아주 작아 확산속도가 빠르다.
③ 열전도율이 작다.
④ 높은 온도일 때에는 강재, 기타 금속재료라도 쉽게 투과한다.

해설

수소(H_2)는 열전도율이 크고 열에 대해 안정적이다.

관련이론 수소(H_2)

- 압축가스이면서 가연성 가스로 분류된다.
- 가장 작은 밀도로서 가장 가볍고, 확산속도가 빠른 기체이다.
- 상온에서 무색, 무미, 무취의 가연성 기체이다.
- 고온 조건에서 철과 반응한다.
- 열전도율이 크고 열에 대해 안정적이다.

정답 | ③

60

프로판 15v%와 부탄 85v%로 혼합된 가스의 공기 중 폭발하한값은 약 몇 %인가? (단, 프로판의 폭발하한값은 2.1v%이고 부탄은 1.8v%이다.)

① 1.84 ② 1.88
③ 1.94 ④ 1.98

해설

혼합가스의 폭발한계(르 샤틀리에 법칙)를 구하는 공식은 아래와 같다.

$$\dfrac{100}{L} = \dfrac{V_1}{L_1} + \dfrac{V_2}{L_2} + \dfrac{V_3}{L_3} + \cdots$$

- L: 하한계[%], V: 체적[%]

$\dfrac{100}{L} = \dfrac{15}{2.1} + \dfrac{85}{1.8} = 54.365$

$L = \dfrac{100}{54.365} = 1.84$

정답 | ①

2018년 2회 CBT 복원문제

PART 02 · 8개년 CBT 복원문제

01
빈출도 ★★★

아세틸렌 용기내 다공물질의 다공도 기준으로 옳은 것은?

① 75% 이상 92% 미만
② 70% 이상 95% 미만
③ 62% 이상 75% 미만
④ 92% 이상

해설
아세틸렌 충전용기의 다공도의 기준은 75% 이상 92% 미만이다.

관련이론 다공물질

(1) 개요
아세틸렌의 분해폭발을 방지하기 위해 용기 내 공간에 채우는 물질로, 석면, 규조토, 목탄, 다공성플라스틱, 석회 등이 있다.

(2) 다공도의 공식
$$\frac{V-E}{V} \times 100$$
- V : 다공물질의 용적, E : 침윤 후 잔용적

정답 | ①

02
빈출도 ★☆☆

고압가스 특정제조시설에서 가연성 또는 독성가스의 액화가스 저장탱크는 그 저장탱크의 외면으로부터 몇 m 이상 떨어진 위치에서 조작할 수 있는 긴급차단밸브를 설치해야 하는가?

① 5m
② 10m
③ 15m
④ 20m

해설
고압가스 특정제조시설에서 가연성 또는 독성가스의 액화가스 저장탱크는 그 저장탱크의 외면으로부터 10m 이상 떨어진 위치에서 조작할 수 있는 긴급차단밸브를 설치해야 한다.

관련이론 긴급차단밸브

(1) 개요
- 이상사태 발생 시 가스 공급을 차단하여 피해 확대를 방지하는 장치(밸브)이다.
- 적용시설: 내용적 5,000L 이상의 저장탱크
- 원격조작온도: 110℃
- 동력원: 유압, 공기압, 전기, 스프링유압, 공기압, 전기, 스프링 등
- 설치위치: 탱크 내부, 탱크와 주밸브 사이, 주밸브의 외측 (단, 주밸브와 겸용으로 사용해서는 안된다.)

(2) 조작부 설치위치

고압가스 일반제조시설 액화석유가스법 일반 도시가스 사업법	고압가스특정제조시설 가스도매사업
탱크 외면 5m 이상	탱크 외면 10m 이상

정답 | ②

03

도시가스 공급시설을 제어하기 위한 기기를 설치한 계기실의 구조에 대한 설명으로 틀린 것은?

① 계기실의 구조는 내화구조로 한다.
② 내장재는 불연성 재료로 한다.
③ 창문은 망입(網入)유리 및 안전유리 등으로 한다.
④ 출입구는 1곳 이상에 설치하고 출입문은 방폭문으로 한다.

해설
계기실의 출입구는 2곳 이상의 장소에 설치하고 출입문은 방화문으로 한다.

정답 | ④

04

교량에 도시가스 배관을 설치하는 경우 보호조치 등 설계·시공에 대한 설명으로 옳은 것은?

① 교량첨가 배관은 강관을 사용하며, 기계적 접합을 원칙으로 한다.
② 제3자의 출입이 용이한 교량설치 배관의 경우 보행방지철조망 또는 방호철조망을 설치한다.
③ 지진발생 시 등 비상 시 긴급차단을 목적으로 첨가배관의 길이가 200m 이상인 경우 교량 양단의 가까운 곳에 밸브를 설치토록 한다.
④ 교량첨가 배관에 가해지는 여러 하중에 대한 합성 응력이 배관의 허용응력을 초과하도록 설계한다.

선지분석
① 교량첨가 배관은 강관을 사용하며, 용접접합을 원칙으로 한다.
③ 긴급차단을 목적으로 첨가배관의 길이가 500m 이상인 경우 교량 양단의 가까운 곳에 밸브를 설치토록 한다.
④ 교량첨가 배관에 가해지는 여러 하중에 대한 합성 응력이 배관의 허용응력을 초과하지 않도록 설계한다.

정답 | ②

05

가스 용기 충전구의 나사형식 중 충전구 나사가 암나사로 되어있는 형식은?

① A형
② B형
③ C형
④ D형

해설
가스 용기 충전구의 나사형식 중 충전구 나사가 암나사인 것은 B형이다.

관련이론 용기 밸브 충전구의 나사형식

형식	나사의 형태
A형	충전구의 나사가 숫나사
B형	충전구의 나사가 암나사
C형	충전구에 나사가 없음

정답 | ②

06

액화석유가스 또는 도시가스용으로 사용되는 가스용 염화비닐호스는 그 호스의 안전성, 편리성 및 호환성을 확보하기 위하여 안지름 치수를 규정하고 있는데 그 치수에 해당하지 않는 것은?

① 4.8mm
② 6.3mm
③ 9.5mm
④ 12.7mm

해설
염화비닐호스 규격에는 6.3mm, 9.5mm, 12.7mm이 있다.

정답 | ①

07

차량에 고정된 충전탱크는 그 온도를 항상 몇 ℃ 이하로 유지하여야 하는가?

① 20
② 30
③ 40
④ 50

해설
차량에 고정된 충전탱크는 40℃ 이하로 유지한다.

정답 | ③

08

빈출도 ★☆☆

도시가스 배관을 지상에 설치 시 검사 및 보수를 위하여 지면으로부터 몇 cm 이상의 거리를 유지하여야 하는가?

① 10cm
② 15cm
③ 20cm
④ 30cm

해설

도시가스 배관을 지상에 설치 시 검사 및 보수를 위해 지면으로부터 30cm 이상의 거리를 유지하여야 한다.

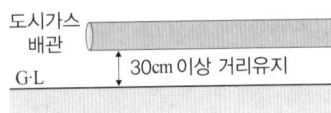

정답 | ④

09

빈출도 ★★☆

용기의 안전점검 기준에 대한 설명으로 틀린 것은?

① 용기의 도색 및 표시 여부를 확인
② 용기의 내·외면을 점검
③ 재검사기간의 도래 여부를 확인
④ 열 영향을 받은 용기는 재검사와 상관이 없이 새 용기로 교환

해설

용기의 안전점검 기준

- 용기의 내면·외면을 점검하여 사용에 지장을 주는 부식·금·주름 등이 있는지를 확인할 것
- 용기에 도색과 표시가 되어 있는지를 확인할 것
- 용기의 스커트에 찌그러짐이 있는지와 사용에 지장이 없도록 적정 간격을 유지하고 있는지를 확인할 것
- 유통 중 열 영향을 받았는지를 점검할 것
- 열 영향을 받은 용기는 재검사를 할 것
- 용기캡이 씌워져 있거나 프로텍터가 부착되어 있는지를 확인할 것
- 재검사기간의 도래 여부를 확인할 것
- 용기 아랫부분의 부식상태를 확인할 것
- 밸브의 몸통·충전구나사 및 안전밸브에 사용에 지장을 주는 홈, 주름, 스프링의 부식 등이 있는지를 확인할 것
- 밸브의 그랜드너트가 이탈하는 것을 방지하기 위하여 고정핀 등을 이용하는 등의 조치가 있는지를 확인할 것
- 밸브의 개폐 조작이 쉬운 핸들이 부착되어 있는지를 확인할 것

정답 | ④

10 〈고난도〉

빈출도 ★★★

독성가스 사용시설에서 처리설비의 저장능력이 45,000kg인 경우 제2종 보호시설까지 안전거리는 얼마 이상 유지하여야 하는가?

① 14m
② 16m
③ 18m
④ 20m

해설

처리 및 저장능력이 40,000m³ 초과 50,000m³ 이하인 경우 제2종 보호시설까지의 안전거리는 20m 이상으로 한다.

관련이론 독성가스 사용시설과의 안전거리

처리 및 저장능력	제1종 보호시설	제2종 보호시설
1만 이하	17m 이상	12m 이상
1만 초과 2만 이하	21m 이상	14m 이상
2만 초과 3만 이하	24m 이상	16m 이상
3만 초과 4만 이하	27m 이상	18m 이상
4만 초과 5만 이하	30m 이상	20m 이상

정답 | ④

11

빈출도 ★☆☆

고압가스용 이음매 없는 용기의 재검사 시 내압시험 합격 판정의 기준이 되는 영구증가율은?

① 0.1% 이하
② 3% 이하
③ 5% 이하
④ 10% 이하

해설

고압가스용 이음매 없는 용기의 재검사 시 내압시험 합격 판정의 기준이 되는 영구증가율은 10% 이하이다.

관련이론 고압가스용 용기의 재검사 시 내압시험 합격 판정 기준

신규검사	항구 증가율 10% 이하
재검사	• 질량검사 95% 이상: 항구 증가율 10% 이하 • 질량검사 90% 이상 95% 미만: 항구 증가율 6%

※ 항구(영구) 증가율(%) = $\dfrac{\text{항구 증가량}}{\text{전 증가량}} \times 100$

정답 | ④

12

LPG 저장탱크 지하 설치 시 저장탱크실 상부 윗면으로부터 저장탱크 상부까지의 깊이는 얼마 이상으로 하여야 하는가?

① 0.6m
② 0.8m
③ 1m
④ 1.2m

해설

LPG 저장탱크를 지하에 설치할 경우 저장탱크실의 상부 윗면으로부터 저장탱크의 상부까지의 깊이는 0.6m 이상으로 하여야 한다.

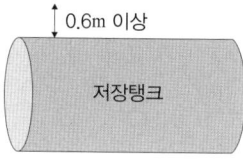

정답 | ①

13

액화석유가스 저장탱크 벽면의 국부적인 온도상승에 따른 저장탱크의 파열을 방지하기 위하여 저장탱크 내벽에 설치하는 폭발방지장치의 재료로 맞는 것은?

① 다공성 철판
② 다공성 알루미늄판
③ 다공성 아연판
④ 오스테나이트계 스테인리스판

해설

폭발방지장치는 다공성 벌집형 알루미늄합금박판을 사용하여 저장탱크 내벽에 설치한다.

정답 | ②

14

도시가스 사용시설의 지상배관은 표면색상을 무슨 색으로 도색하여야 하는가?

① 황색
② 적색
③ 회색
④ 백색

해설

도시가스 사용시설의 지상배관 표면색상은 황색으로 하여야 한다.

관련이론 도시가스 사용시설 배관의 표면색상

배관 종류		색상
도시가스 지상배관		황색
도시가스 매몰배관	저압 배관	황색
	중압 배관	적색

정답 | ①

15

충전용 주관의 압력계는 정기적으로 표준압력계로 그 기능을 검사하여야 한다. 다음 중 검사의 기준으로 옳은 것은?

① 매월 1회 이상
② 3개월에 1회 이상
③ 6개월에 1회 이상
④ 1년에 1회 이상

해설

충전용 주관의 압력계는 매월 1회 이상 검사한다.

관련이론 압력계의 기능검사
- 충전용 주관의 압력계: 매월 1회 이상
- 기타 압력계: 3개월(분기별)에 1회 이상

정답 | ①

16

특정고압가스용 실린더캐비닛 제조설비가 아닌 것은?

① 가공설비
② 세척설비
③ 판넬설비
④ 용접설비

해설

판넬설비는 특정고압가스용 실린더캐비닛 제조설비가 아니다.

관련이론 특정고압가스용 실린더캐비닛 제조설비
- 가공설비
- 세척설비
- 용접설비

정답 | ③

17

액화석유가스 충전시설 중 충전설비는 그 외면으로부터 사업소 경계까지 몇 m 이상의 거리를 유지하여야 하는가?

① 5
② 10
③ 15
④ 24

해설
액화석유가스 충전시설의 충전설비는 외면으로부터 사업소의 경계까지 24m 이상의 거리를 유지하여야 한다.

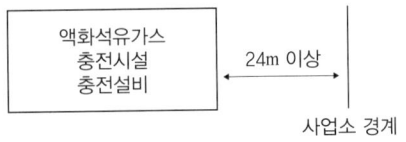

정답 | ④

18

가스 운반 시 차량 비치 항목이 아닌 것은?

① 가스 표시 색상
② 가스 특성(온도와 압력과의 관계, 비중, 색깔, 냄새)
③ 인체에 대한 독성 유무
④ 화재, 폭발의 위험성 유무

해설
가스 표시 색상은 차량에 비치하지 않아도 된다.

관련이론 가스 운반 시 차량 비치 항목
- 가스의 명칭
- 가스의 특성(온도와 압력과의 관계, 비중, 색깔, 냄새)
- 화재·폭발의 위험성 유무
- 인체에 대한 독성 유무

정답 | ①

19

액화석유가스 집단공급 시설에서 가스설비의 상용압력이 1MPa일 때 이 설비의 내압시험압력은 몇 MPa으로 하는가?

① 1
② 1.25
③ 1.5
④ 2.0

해설
내압시험압력(TP) = 상용압력 × 1.5 = 1MPa × 1.5 = 1.5MPa

정답 | ③

20 고난도

고압가스 품질검사에 대한 설명으로 틀린 것은?

① 품질검사 대상 가스는 산소, 아세틸렌, 수소이다.
② 품질검사는 안전관리책임자가 실시한다.
③ 산소는 동·암모니아 시약을 사용한 오르자트법에 의한 시험결과 순도가 99.5% 이상이어야 한다.
④ 수소는 하이드로설파이드 시약을 사용한 오르자트법에 의한 시험결과 순도가 99.0% 이상이어야 한다.

해설
고압가스 품질검사 시 수소는 하이드로설파이드 시약을 사용한 오르자트법에 의한 시험결과 순도가 98.5% 이상이어야 한다.

관련이론 고압가스 품질검사
품질검사는 1일 1회 이상, 안전관리책임자가 실시한다.

가스	검사시약	검사방법	순도
산소	동·암모니아	오르자트법	99.5% 이상
수소	피로카롤	오르자트법	98.5% 이상
	하이드로설파이드		
아세틸렌	발연황산	오르자트법	98% 이상
	브롬시약	뷰렛법	

정답 | ④

21

액화석유가스 취급시설에서 정전기를 제거하기 위한 접지접속선(Bonding)의 단면적은 얼마 이상으로 하여야 하는가?

① 3.5mm² ② 4.5mm²
③ 5.5mm² ④ 6.5mm²

해설
본딩용 접지접속선의 단면적은 5.5mm² 이상이어야 하며, 접지저항의 총합은 100Ω 이하여야 한다. (단, 피뢰설비 설치 시 10Ω 이하여야 한다.)

정답 | ③

22 〈고난도〉

고압가스안전관리법 시행령에 규정한 특정고압가스에 해당하지 않는 것은?

① 삼불화질소 ② 사불화규소
③ 이산화탄소 ④ 오불화비소

해설
이산화탄소는 특정고압가스에 해당하지 않는다.

관련이론 특정고압가스 및 특수고압가스
「고압가스 안전관리법 제20조」

	특정고압가스	특정고압가스 (대통령령)	특수고압가스
품명	• 수소 • 산소 • 액화암모니아 • 아세틸렌 • 액화염소 • 천연가스 • 압축모노실란 • 압축디보레인 • 액화알진	• 포스핀 • 셀렌화수소 • 사불화유황 • 사불화규소 • 오불화비소 • 오불화인 • 삼불화인 • 삼불화질소 • 삼불화붕소 • 게르만 • 디실란	• 포스핀 • 압축모노실란 • 디실란 • 압축디보레인 • 액화알진 • 셀렌화수소 • 게르만

정답 | ③

23

저장탱크에 의한 액화석유가스 사용시설에서 가스계량기는 화기와 몇 m 이상의 우회거리를 유지해야 하는가?

① 2m ② 3m
③ 5m ④ 8m

해설
저장탱크에 의한 액화석유가스 사용시설에서 가스계량기는 화기와 2m 이상 우회거리를 유지해야 한다.

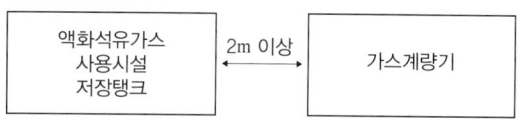

정답 | ①

24

LPG 자동차에 고정된 용기충전시설에서 저장탱크의 물분무장치는 최대수량을 몇 분 이상 연속해서 방사할 수 있는 수원에 접속되어 있도록 하여야 하는가?

① 20분 ② 30분
③ 40분 ④ 60분

해설
물분무장치는 최대수량으로 30분 이상 연속해서 방사할 수 있는 수원에 접속되어 있도록 하여야 한다.

관련이론 물분무장치
• 조작위치: 탱크에서 15m 이상 떨어진 장소
• 연속분무 가능시간: 30분
• 소화전 호스끝 수압: 0.35MPa
• 방수능력: 400L/min

정답 | ②

25

빈출도 ★★☆

용접용기의 이점으로 옳지 않은 것은?

① 같은 내용적의 이음새가 없는 용기에 비하여 값이 싸다.
② 고압에 견디기 쉬운 구조이다.
③ 용기의 형태와 치수를 자유롭게 선택할 수 있다.
④ 강판을 사용하여 두께 공차가 적다.

해설
용접용기는 고압에는 사용이 곤란하며, 고압에 견디기 쉬운 것은 무이음용기이다.

관련이론 용접용기와 무이음용기의 특성

용접용기	• 모양과 치수가 자유롭다. • 경제성이 있다. • 두께 공차가 적다. • 고압에서는 사용이 곤란하다.
무이음용기	• 가격이 고가이다. • 응력분포가 균일하다. • 고압에 견딜 수 있어 주로 압축가스에 사용된다.

정답 | ②

26

빈출도 ★★★

암모니아 200kg을 내용적 50L 용기에 충전할 경우 필요한 용기의 개수는? (단, 충전 정수를 1.86으로 한다.)

① 4개
② 6개
③ 8개
④ 12개

해설
충전량을 구하는 공식은 다음과 같다.
$W = \dfrac{V}{C}$
• W : 충전량[kg], V : 내용적[L], C : 가스정수
$W = \dfrac{50}{1.86} = 26.88\text{kg}$
전체 용기 수 $= 200 \div 26.88 = 7.44 ≒ 8$개

정답 | ③

27

빈출도 ★★☆

일반 공업용 용기의 도색의 기준으로 틀린 것은?

① 액화염소 — 갈색
② 액화암모니아 — 백색
③ 아세틸렌 — 황색
④ 수소 — 회색

해설
일반 공업용 용기 중 수소 용기는 주황색으로 도색한다.

관련이론 일반 공업용 용기의 도색 기준

가스 종류	도색 색상	가스 종류	도색 색상
액화염소	갈색	암모니아	백색
아세틸렌	황색	수소	주황색
이산화탄소	청색	산소	녹색
LPG	밝은 회색	기타	회색

정답 | ④

28

빈출도 ★★☆

비등액체팽창증기폭발(BLEVE)이 일어날 가능성이 가장 낮은 곳은?

① LPG 저장탱크
② 액화가스 탱크로리
③ 천연가스 지구정압기
④ LNG 저장탱크

해설
비등액체팽창증기폭발(BLEVE)은 저장탱크에서 발생가능성이 있으므로 지구정압기는 해당사항이 없다.

정답 | ③

29

가스제조시설에 설치하는 방호벽의 규격으로 옳은 것은?

① 박강판 벽으로 두께 3.2cm 이상, 높이 3m 이상
② 후강판 벽으로 두께 10mm 이상, 높이 3m 이상
③ 철근콘크리트 벽으로 두께 12cm 이상, 높이 2m 이상
④ 철근콘크리트블록 벽으로 두께 20cm 이상, 높이 2m 이상

해설

철근콘트리트 벽의 경우 두께 12cm 이상, 높이 2m 이상이어야 한다.

관련이론 가스제조시설에 설치하는 방호벽의 규격

방호벽 종류	높이	두께
철근콘크리트	2m 이상	12cm 이상
콘크리트블럭	2m 이상	15cm 이상
박강판	2m 이상	3.2mm 이상
후강판	2m 이상	6mm 이상

정답 | ③

30

고압가스 저장실 등에 설치하는 경계책과 관련된 기준으로 틀린 것은?

① 저장설비·처리설비 등을 설치한 장소의 주위에는 높이 1.5m 이상의 철책 또는 철망 등의 경계표지를 설치하여야 한다.
② 건축물 내에 설치하였거나, 차량의 통행 등 조업시행이 현저히 곤란하여 위해요인이 가중될 우려가 있는 경우에는 경계책 설치를 생략할 수 있다.
③ 경계책 주위에는 외부사람이 무단출입을 금하는 내용의 경계표지를 보기 쉬운 장소에 부착하여야 한다.
④ 경계책 안에는 불가피한 사유발생 등 어떠한 경우라도 화기, 발화 또는 인화하기 쉬운 물질을 휴대하고 들어가서는 아니된다.

해설

고압가스 저장시설 경계책 안에는 불가피한 사유발생 시 화기, 발화 또는 인화하기 쉬운 물질을 휴대하고 출입할 수 있다.

관련이론 경계책

고압가스시설의 안전을 확보하기 위하여 저장설비, 처리설비 및 감압설비를 설치한 장소 주위에는 외부인의 출입을 통제할 수 있도록 다음 기준에 따라 경계책을 설치한다. 다만, 저장설비, 처리설비 및 감압설비가 건축물 안에 설치된 경우 또는 차량의 통행 등 조업시행이 현저히 곤란하여 위해 요인이 가중될 우려가 있는 경우에는 경계책을 설치하지 않을 수 있다.

- 경계책 높이는 1.5m 이상으로 한다.
- 경계책의 재료는 철책, 철망 또는 관련기준에 적합한 것으로 한다.
- 경계책 주위에는 외부사람이 무단출입을 금하는 내용의 경계표지를 보기 쉬운 장소에 부착한다.
- 경계책 안에는 누구도 화기, 발화 또는 인화하기 쉬운 물질을 휴대하고 들어갈 수 없도록 필요한 조치를 강구한다. 다만, 해당 설비의 정비수리 등 불가피한 사유가 발생한 경우에 한정하여 안전관리책임자의 감독 하에 휴대 조치할 수 있다.

정답 | ④

31　빈출도 ★☆☆

탄소강 중에서 저온취성을 일으키는 원소로 옳은 것은?

① P
② S
③ Mo
④ Cu

해설
탄소강 중에서 저온취성을 일으키는 원소는 P(인)이다.

선지분석
② S(황)은 적열취성의 원인이다.
③ Mo(몰리브덴)은 인장강도와 경도를 증가시킨다.
④ Cu(구리)는 내산화성을 증가시킨다.

정답 | ①

---

32 〈고난도〉　빈출도 ★★☆

양정 90m, 유량이 90m³/h인 송수 펌프의 소요동력은 약 몇 kW인가? (단, 펌프의 효율은 60%이다.)

① 30.6
② 36.8
③ 50.2
④ 56.8

해설

$$L_{kW} = \frac{\gamma \cdot H \cdot Q}{102\,\eta}$$

- L_{kW}: 동력[kW], γ: 비중량(1,000kg/m³), Q: 유량[m³/s]
- H: 양정[m], η: 효율[%]

$$L_{kW} = \frac{1,000 \times 90 \times 90}{102 \times 0.6 \times 3,600} = 36.8\,\text{kW}$$

정답 | ②

33　빈출도 ★★☆

초저온 저장탱크의 측정에 많이 사용되며 차압에 의해 액면을 측정하는 액면계는?

① 햄프슨식 액면계
② 전기저항식 액면계
③ 초음파식 액면계
④ 크링카식 액면계

해설
햄프슨식 액면계는 차압식 액면계로서 초저온의 저장탱크에 사용된다.

관련이론 액면계

클링커식 액면계 (유리관식 액면계)	경질의 유리관을 탱크에 부착하여 내부의 액면을 직접 확인할 수 있는 액면계이다.
플로트식 액면계 (부자식 액면계)	탱크 내부의 액체에 뜨는 물체(플로트)의 위치를 직접 확인하여 액면을 측정한다.
검척식 액면계	액면의 높이를 직접 자로 측정한다.
압력검출식 액면계	액면으로부터 작용하는 압력을 압력계에 의해 액면을 측정한다.
초음파식 액면계	발사된 초음파가 액면에서 왕복하는 시간으로 액면을 측정한다.
정전용량식 액면계	액면의 변화에 의한 정전 용량(물질의 유전율)을 이용하여 액면을 측정한다.
차압식 압력계 (햄프스식 액면계)	액화산소와 같은 극저온 저장조의 상·하부를 U자관에 연결해 차압에 의하여 액면을 측정한다.
다이어프램식 액면계	탱크 내 일정위치에 다이어프램을 설치하고 액면의 변위가 다이어프램으로 작용하는 유체의 압력을 이용하여 측정한다.
슬립 튜브식 액면계	저장탱크 정상부에서 밑면까지 스테인리스관을 붙인다. 이관을 상·하로 움직여 가스상태와 액체상태의 경계면을 찾아 액면을 측정한다.
편위식 액면계	아르키메데스의 원리를 이용한 것으로 측정액 중에 잠겨 있는 플로트의 부력으로 측정한다.

정답 | ①

34

계측기기의 구비조건으로 틀린 것은?

① 설비비 및 유지비가 적게 들 것
② 원거리 지시 및 기록이 가능할 것
③ 구조가 간단하고 정도가 낮을 것
④ 설치장소 및 주위조건에 대한 내구성이 클 것

해설

계측기기는 정도가 높고 구조가 간단하여야 한다.

관련이론 계측기기 구비조건

- 견고하고 취급이 용이할 것
- 구조가 간단하고 정도가 높을 것
- 설치장소 및 주위조건에 대한 내구성이 클 것
- 설비비 및 유지비가 적게 들 것
- 원거리 지시 및 기록이 가능할 것

정답 | ③

35

저압가스 수송배관의 유량공식에 대한 설명으로 틀린 것은?

① 배관길이에 반비례한다.
② 가스비중에 비례한다.
③ 허용압력손실에 비례한다.
④ 관경에 의해 결정되는 계수에 비례한다.

해설

가스 수송배관의 유량공식에서 유량은 가스비중에 반비례한다.

관련이론 가스 수송배관의 유량공식

$$Q = K\sqrt{\frac{D^5 H}{SL}}$$

- Q: 가스 유량[m³/h]
- K: 계수(0.701)
- D: 관 지름[cm]
- H: 압력손실[mmH$_2$O]
- S: 가스 비중
- L: 관 길이[m]

- 배관길이에 반비례한다.
- 가스비중에 반비례한다.
- 허용압력손실에 비례한다.
- 관경에 의해 결정되는 계수에 비례한다.

정답 | ②

36

오르자트법으로 시료가스를 분석할 때의 성분분석 순서로서 옳은 것은?

① $CO_2 \to O_2 \to CO$
② $CO \to CO_2 \to O_2$
③ $O_2 \to CO \to CO_2$
④ $O_2 \to CO_2 \to CO$

해설

- 오르자트법: $CO_2 \to O_2 \to CO$
- 헴펠법: $CO_2 \to C_mH_n \to O_2 \to CO$

정답 | ①

37

LP가스 이송설비 중 압축기에 의한 이송방식에 대한 설명으로 틀린 것은?

① 베이퍼록 현상이 없다.
② 잔가스 회수가 용이하다.
③ 펌프에 비해 이송시간이 짧다.
④ 저온에서 부탄가스가 재액화되지 않는다.

해설

압축기에 의한 이송방법은 부탄가스의 재액화 우려가 있다.

관련이론 압축기와 펌프에 의한 이송방법

구분	장점	단점
압축기	• 충전시간이 짧음 • 잔가스 회수가 용이함 • 베이퍼록 우려가 없음	• 재액화 우려 • 드레인 우려
펌프	• 재액화 우려가 없음 • 드레인 우려가 없음	• 충전시간이 김 • 잔가스 회수가 불가능함 • 베이퍼록 우려

정답 | ④

38

빈출도 ★★☆

루트미터에 대한 설명으로 옳은 것은?

① 설치공간이 크다.
② 일반 수용가에 적합하다.
③ 스트레이너가 필요 없다.
④ 대용량의 가스 측정에 적합하다.

해설

루트미터는 대용량의 가스 측정에 적합하다.

관련이론 가스미터의 종류와 특징

종류	용도	용량 [m³/h]	특징
막식	일반 수용가	1.5~200	• 가격이 저렴하다. • 유지관리 용이하다. • 대용량은 설치면적이 크다.
습식	기준 가스미터, 실험실용	0.2~3,000	• 계량이 정확하다. • 기차변동이 없다. • 설치면적이 크다. • 수위 조정이 필요하다.
루트식	대 수용가	100~5,000	• 설치면적이 작다. • 중압 계량이 가능하다. • 대유량의 가스를 측정한다. • 스트레이너 설치 및 유지관리가 필요하다. • 0.5m³/h 이하에서는 부동의 우려가 있다.

정답 | ④

39

빈출도 ★★★

산소 압축기의 윤활유로 사용되는 것은?

① 석유류　② 유지류
③ 글리세린　④ 물

해설

산소 압축기의 윤활유로 물 또는 10% 이하의 글리세린 수가 사용된다.

관련이론 압축기에 따른 윤활유

압축기	윤활유
산소(O_2)	물 또는 10% 이하 글리세린수
염소(Cl_2)	진한 황산
LP가스	식물성유
수소(H_2)	양질의 광유
아세틸렌(C_2H_2)	
공기	

정답 | ④

40

빈출도 ★★☆

단열재의 구비조건이 아닌 것은?

① 경제적일 것
② 화학적으로 안정할 것
③ 밀도가 작을 것
④ 열전도율이 클 것

해설

열전도율이 작아야 한다.

관련이론 단열재의 구비조건

• 경제적일 것
• 화학적으로 안정할 것
• 밀도가 작을 것
• 열전도율이 작을 것
• 시공이 편리할 것
• 안전사용 온도범위가 넓을 것

정답 | ④

41

가스누출검지기의 검지부에 누출된 가스가 검지되었을 때 경보를 울릴 수 있는 해당 가스의 설정 농도는?

① 폭발하한계(LEL)의 1/2 이하
② 폭발하한계(LEL)의 1/3 이하
③ 폭발하한계(LEL)의 1/4 이하
④ 폭발하한계(LEL)의 1/5 이하

해설
가스누출검지기는 미리 설정된 폭발하한계(LEL)의 1/4 이하에서 자동으로 경보를 울릴 수 있어야 한다.

정답 | ③

42

액주식 압력계가 아닌 것은?

① U자관식
② 경사관식
③ 벨로우즈식
④ 단관식

해설
벨로우즈식은 탄성식 압력계이다.

관련이론 압력계

압력계		종류
1차 압력계	액주식 압력계	• U자관식 압력계 • 경사관식 압력계 • 환상천평식 압력계(링밸런스식) • 단관식 압력계
	자유피스톤식 압력계	
2차 압력계		• 부르동관 압력계 • 벨로우즈식 압력계 • 다이어프램식 압력계(박막식 또는 격막식)

정답 | ③

43

LP가스 공급 방식 중 강제기화방식의 특징에 대한 설명 중 틀린 것은?

① 기화량 가감이 용이하다.
② 공급가스의 조성이 일정하다.
③ 계량기를 설치하지 않아도 된다.
④ 한냉시에도 충분히 기화시킬 수 있다.

해설
계량기는 강제기화방식과 자연기화방식에 모두 설치해야 한다.

정답 | ③

44

가스크로마토그래피의 구성요소가 아닌 것은?

① 광원
② 컬럼
③ 검출기
④ 기록계

해설
광원은 가스크로마토그래피의 구성요소가 아니다.

관련이론 가스크로마토그래피(G/C)의 구성요소
- 컬럼(분리관)
- 검출기
- 기록계

정답 | ①

45

도시가스 사용시설의 정압기실에 설치된 가스누출경보기의 점검주기는?

① 1일 1회 이상
② 1주일 1회 이상
③ 2주일 1회 이상
④ 1개월 1회 이상

해설
정압기실의 가스누출경보기 점검주기는 1주일에 1회 이상이다.

정답 | ②

46
가정용 가스보일러에서 발생하는 가스중독사고 원인으로 배기가스의 어떤 성분에 의하여 주로 발생하는가?

① CH_4
② CO_2
③ CO
④ C_3H_8

해설
가스보일러의 가스중독사고 원인은 일산화탄소(CO)이다.

관련이론 탄소의 연소반응식
- $C+O_2 \rightarrow CO_2$ (완전연소)
- $C+0.5O_2 \rightarrow CO$ (불완전연소)

정답 | ③

47
순수한 물 1kg을 1℃ 높이는데 필요한 열량을 무엇이라 하는가?

① 1kcal
② 1B.T.U
③ 1C.H.U
④ 1kJ

해설
1kcal는 순수한 물 1kg을 1℃ 높이는데 필요한 열량을 말한다.

선지분석
② 1B.T.U: 순수한 물 1lb을 1℉ 높이는데 필요한 열량이다.
③ 1C.H.U: 순수한 물 1lb을 1℃ 높이는데 필요한 열량이다.
④ 1kJ: 열량을 변환하는 SI 단위로, 1kcal=4.2kJ이다.

정답 | ①

48
다음 중 공기보다 가벼운 가스는?

① O_2
② SO_2
③ CO
④ CO_2

선지분석
공기의 분자량은 29이다.
① O_2: 32
② SO_2: 64
③ CO: 28
④ CO_2: 44

정답 | ③

49
기체의 성질을 나타내는 보일의 법칙(Boyle's law)에서 일정한 값으로 가정한 인자는?

① 압력
② 온도
③ 부피
④ 비중

해설
보일의 법칙(Boyle's law)은 온도가 일정할 때, 기체의 압력과 부피는 반비례한다는 법칙이다.

관련이론 보일의 법칙과 샤를의 법칙
(1) **보일의 법칙**(Boyle's law)
   온도가 일정한 경우, 기체의 압력과 부피는 반비례한다.
   $P_1V_1=P_2V_2$
(2) **샤를의 법칙**(Charles's law)
   압력이 일정한 경우, 기체의 부피는 절대온도와 비례한다.
   $\dfrac{V_1}{T_1}=\dfrac{V_2}{T_2}$

정답 | ②

50
일정 압력 20℃에서 체적 1L 의 가스는 40℃에서는 약 몇 L가 되는가?

① 1.07
② 1.21
③ 1.30
④ 2

해설
샤를의 법칙에 따라 $\dfrac{V_1}{T_1}=\dfrac{V_2}{T_2}$이므로
$V_2=V_1 \times \dfrac{T_2}{T_1}=1 \times \dfrac{40+273}{20+273}=1.07L$

정답 | ①

51

산소(O_2)에 대한 설명 중 틀린 것은?

① 무색, 무취의 기체이며, 물에는 약간 녹는다.
② 가연성가스이나 그 자신은 연소하지 않는다.
③ 용기의 도색은 일반 공업용이 녹색, 의료용이 백색이다.
④ 저장용기는 무계목 용기를 사용한다.

해설
산소(O_2)는 조연성 가스로 자신이 연소되지 않고 가연물의 연소를 돕는다.

관련이론 산소(O_2)
- 물에 녹으며 액화산소는 담청색이다.
- 기체, 액체, 고체 모두 자성이 있다.
- 무색, 무취, 무미의 기체이다.
- 강력한 조연성 가스로서 자신은 연소하지 않는다.
- 대기(공기) 중에서 21%를 차지한다.
- 분자량은 32, 비등점은 -183℃이다.
- 산화(부식)의 주체이다.

정답 | ②

52

다음 중 폭발범위가 가장 넓은 가스는?

① 암모니아
② 메탄
③ 황화수소
④ 일산화탄소

선지분석
① 암모니아(NH_3): 15~28%
② 메탄(CH_4): 5~15%
③ 황화수소(H_2S): 4.3~45%
④ 일산화탄소(CO): 12.5~74%

정답 | ④

53

25℃의 물 10kg을 대기압하에서 비등시켜 모두 기화시키는데 약 몇 kcal의 열이 필요한가? (단, 물의 증발잠열은 540kcal/kg이다.)

① 750
② 5,400
③ 6,150
④ 7,100

해설
기화에 필요한 열은 온도변화에 쓰이는 현열(Q_1)과 상태변화에 쓰이는 잠열(Q_2)을 더하여 구한다.
물의 현열량(Q_1) = $G \cdot C \cdot \Delta t$
- G: 질량[kg], C: 비열[kcal/kg·℃], Δt: 온도 변화량[℃]
$Q_1 = 10 \times 1 \times (100-25) = 750$ kcal
물의 잠열(Q_2) = $G \cdot r$
- G: 질량[kg], r: 잠열[kcal/kg]
$Q_2 = 10 \times 540 = 5,400$ kcal
$Q = Q_1 + Q_2 = 750 + 5,400 = 6,150$ kcal

정답 | ③

54

착화원이 있을 때 가연성액체나 고체의 표면에 연소하한계 농도의 가연성 혼합기가 형성되는 최저온도는?

① 인화온도
② 임계온도
③ 발화온도
④ 포화온도

해설
인화온도(인화점)란 가연물이 점화원에 의해 연소 가능한 최저온도를 말한다.

정답 | ①

55 빈출도 ★★☆

"열은 스스로 저온의 물체에서 고온의 물체로 이동하는 것은 불가능하다."와 같은 관계있는 법칙은?

① 에너지 보존의 법칙 ② 열역학 제2법칙
③ 평형 이동의 법칙 ④ 보일-샤를의 법칙

해설
열역학 제2법칙에 관한 내용이다.

선지분석
① 에너지 보존의 법칙: 열역학 제1법칙
③ 평형 이동의 법칙: 열역학 제0법칙
④ 보일-샤를의 법칙: 기체의 부피는 압력에 반비례하고 절대온도에 비례한다. ($\frac{P_1V_1}{T_1}=\frac{P_2V_2}{T_2}$)

정답 | ②

56 빈출도 ★★★

다음 압력 중 가장 높은 압력은?

① $1.5kg/cm^2$ ② $10mH_2O$
③ $745mmHg$ ④ $0.6atm$

선지분석
① $1.5kg/cm^2$
② $10mH_2O=1kg/cm^2$
③ $745mmHg=1.02kg/cm^2$
④ $0.6atm=0.6kg/cm^2$

정답 | ①

57 빈출도 ★★★

다음 각 온도의 단위환산 관계로서 틀린 것은?

① $0°C=273K$ ② $32°F=492°R$
③ $0K=-273°C$ ④ $0K=460°R$

해설
$°R=1.8K=1.8×0=0°R$

선지분석
① $K=°C+273=0+273=273K$
② $°R=°F+460=32+460=492°R$
③ $K=°C+273=-273+273=0K$

정답 | ④

58 빈출도 ★★★

공기액화분리장치에서 액화되어 나오는 순서로 맞는 것은?

① $O_2 \to N_2 \to Ar$
② $O_2 \to Ar \to N_2$
③ $N_2 \to Ar \to O_2$
④ $N_2 \to O_2 \to Ar$

해설
공기액화분리장치에서 액화되는 순서는 비등점(비점)이 높은 순이므로, $O_2 \to Ar \to N_2$이다.
- 산소(O_2) 비등점: $-183°C$
- 아르곤(Ar) 비등점: $-186°C$
- 질소(N_2) 비등점: $-196°C$

정답 | ②

59 빈출도 ★☆☆

탄화수소에서 탄소(C)의 수가 증가할수록 높아지는 것은?

① 증기압 ② 발화점
③ 비등점 ④ 폭발하한계

해설
탄화수소에서 탄소(C)의 수가 증가할수록 비등점은 높아지며, 증기압, 발화점, 폭발하한계는 낮아진다.

정답 | ③

60 [고난도] 빈출도 ★★☆

10L 용기에 들어있는 산소의 압력이 10MPa이었다. 이 기체를 20L 용기에 옮겨놓으면 압력은 몇 MPa로 변하는가?

① 2 ② 5
③ 10 ④ 20

해설
보일의 법칙에 따라 $P_1V_1=P_2V_2$이므로
$P_2=\frac{P_1V_1}{V_2}=\frac{10MPa×10L}{20L}=5MPa$

정답 | ②

에듀윌이
너를
지지할게

ENERGY

삶의 순간순간이
아름다운 마무리이며
새로운 시작이어야 한다.

– 법정 스님

여러분의 작은 소리 에듀윌은 크게 듣겠습니다.

본 교재에 대한 여러분의 목소리를 들려주세요.
공부하시면서 어려웠던 점, 궁금한 점,
칭찬하고 싶은 점, 개선할 점, 어떤 것이라도 좋습니다.

에듀윌은 여러분께서 나누어 주신 의견을
통해 끊임없이 발전하고 있습니다.

에듀윌 도서몰 book.eduwill.net
- 부가학습자료 및 정오표: 에듀윌 도서몰 → 도서자료실
- 교재 문의: 에듀윌 도서몰 → 문의하기 → 교재(내용, 출간) / 주문 및 배송

2026 에듀윌 가스기능사 필기 2주끝장

발 행 일	2025년 8월 22일 초판
편 저 자	양성진
펴 낸 이	양형남
개발책임	목진재
개 발	양지은
펴 낸 곳	(주)에듀윌
I S B N	979-11-360-3885-2
등록번호	제25100-2002-000052호
주 소	08378 서울특별시 구로구 디지털로34길 55 코오롱싸이언스밸리 2차 3층

* 이 책의 무단 인용·전재·복제를 금합니다.

www.eduwill.net
대표전화 1600-6700